JN437682

유기 반응의 이해

이종건

Understanding Organic Reactions

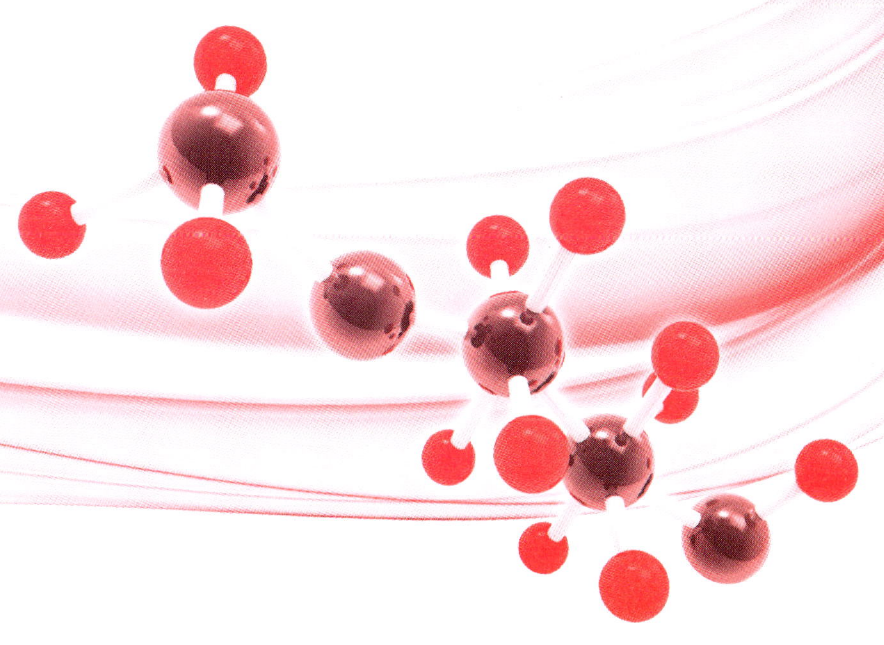

자유아카데미

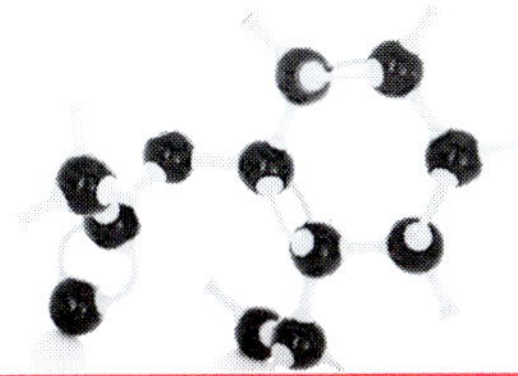

유기 반응 학습법

이 책은 유기 반응을 어떻게 빠르게 이해하고, 이를 실제로 어떻게 이용할 수 있는가에 초점이 맞추어져 있다. 즉, 유기 반응이 어떻게 일어나는지를 이론적으로 접근하는 물리유기화학적 데이터와 설명은 줄이고 생략하는 대신에, 처음 대하는 반응이나 전혀 생소한 반응을 보게 될 때 어떤 식으로 접근하여 이해하며, 응용할 수 있는가에 주안점을 두고 있다. 따라서 메커니즘을 규명하기 위한 각종 실험 결과와 그에 따른 이론 등은 과감히 삭제해 버렸다. 또한 반응 예들 또한 반응을 연구하기 위한 기본 단위들만을 포함하는 간단한 화합물이 아닌 여러 개의 작용기를 가지는 복잡한 분자들의 반응 예가 많이 나와 있다. 즉, 반응을 빠르게 이해하고 응용하는 능력 배양을 목표로 하고 있다.

유기 반응은 반응물이 생성물로 바뀌려면 결합깨짐과 결합형성의 일련의 과정을 거쳐가게 된다. 반응 메커니즘이란 결합의 변화가 일어나는 일련의 기본 단계의 순차적인 조합이라 할 수 있다. 미지의 반응에 대해서는 여러 메커니즘을 제안할 수 있으며, 그중에서 가장 타당성 있는 반응 메커니즘을 고르려면 유기 분자들이 갖는 또는 유기 반응이 나타내는 기본적인 사항들을 알고 있어야 한다. 유기화합물의 결합 특성과 오비탈 이론, 구조적 또는 입체화학적 특성, 반응에 수반하는 여러 열역학적 파라미터, 화학 반응 속도와 전이상태 이론 등의 기초 지식을 더 갖추면 갖출수록 여러 가능한 메커니즘 중에서 합당치 않은 것들을 재빠르게 제외시켜 버릴 수 있고, 가장 타당한 메커니즘을 빠르게 제안할 수 있게 된다. 보기에도 듣기에도 엄청 어려운 것으로 생각할 수 있으나 이는 기초 공부를 게을리하였을 경우이다. 유기화학을 어렵다고 하는 모든 학생들은 결국 이와 같은 기본을 충실하게 학습하지 않고 배워가는 학생들이다.

유기 반응을 이해하는데 가장 중요한 것은 유기화합물의 구조를 그리는 일이다. 공명구조를 포함하여 Lewis 구조를 그리는 연습부터 시작하게 된다. 점차 어려운 반응을 취급하게 되면 유기화합물은 평면 구조가 아닌 입체 구조를 하고 있다는 점에 유의해야 하며, 이를 이해하기 위한 conformation, chirality 또한 대단히 중요한 것으로 충분한 학습을 필요로 한다.

결합깨짐과 결합형성의 일련의 과정은 복잡한 반응일수록 단계수가 많아진다. 결합깨짐과 결합형성은 전자의 이동에 의한 것이고, 반응을 이해한다는 것은 결국 이와 같은 전자의 이동을 이해하는 것이다. 메커니즘의 각 기본 단계는 어떤 결합이 깨지고 다른 결합이 형성되는 과정을 구부린 화살표를 사용하여 전자의 흐름을 보여줌으로써 쉽게 묘사할 수 있다. 구부린 화살표를 이용하여 화학 결합이 깨지고 형성되는 순서를 표현하는 기법을 충분히 학습하게 된다. 전자 미는 법(pushing electrons)은 구부린 화살표를 이용하여 반응 과정에서 전자의 움직임을 설명하기 위하여, 즉 반응 메커니즘을 이해하는 데 있어 거의 필수적이라 할 수 있다.

Lewis 구조를 그릴 수 있고, 전자 미는 법을 배운다고 모든 문제가 해결되지 않는다. 현대 유기화학에서는 화합물의 구조, 입체화학, 결합깨짐과 결합형성 등 모든 문제를 오비탈 이론을 사용해서 설명한다. 특히 복잡하고 이해하기 까다로운 반응일수록 오비탈 개념에 더 많이 의존하게 된다. 아주 어려운 것은 제쳐두고라도 유기 반응을 이해하는데 꼭 필요한 오비탈 관련 지식을 충분히 학습해야 할 것이다.

모든 화학적 변화는 반드시 에너지의 변화를 수반한다. 높던 낮던 간에 모든 화학 반응은 에너지 장벽을 넘어야 일어날 수 있다. 에너지 장벽의 정점을 전이상태라 하는데, 결국 일어나지 않는 반응은 이 활성화 에너지가 높은 것이고, 쉽게 일어나는 반응은 이 활성화 에너지가 낮은 것이다. 무엇이 이 에너지 장벽의 높이를 좌우하는가? 여러 가능성이 모두 열려 있다면 당연히 반응은 낮은 에너지 전이상태를 거치는 반응이 절대적으로 우세하게 일어나게 되고, 이 에너지가 높아지게 되면 더 낮은 에너지 전이상태를 거치는 다른 경로의 반응이 일어나게 된다. 반응에 따르는 엔탈피나 자유에너지 변화에 따르는 평형 이론보다 더 중요한 개념이다.

반응 메커니즘을 기술하기 위하여, 우리는 반응물에서 생성물로 가는 경로에서 형성되는 모든 중간체의 존재를 밝혀야 한다. 만약 (대충만이라도) 이런 중간체의 에너지에 대해 알고 있다면, 중간체 전이상태의 구조와 에너지를 개략적으로 알 수 있고, 매우 유사한 반응의 상대적 반응성을 예측할 수 있다. 수천 가지가 넘는 개개의 반응을 일일이 다 배울 수도 없고, 그럴 필요도 없다. 그 대신 우리는 몇 가지의 반응을 정말로 잘 배우고 익혀 유사한 경우에 그 지식을 응용하면 된다. 우리가 알고 있는 유기 반응에 관한 지식은 그 반응 메커니즘을 알기 전까지는 다른 반응에 연장 적용할 수 없다.

유기 반응은 반응 유형에 따라 몇 가지로 구분된다. 비슷한 유형의 반응은 많은 공통점을 가지고 있어 한데 묶어 취급하는 것이 훨씬 더 용이하고 이해하기 쉽다. 많은 경우 결합깨짐을 기준으로 하게 된다. 결합의 불균등 분해로 진행되는 경우 이온성 반응이라고 한다. 이온성 반응은 산성하에서 일어나는 반응과 염기 존재하에서 일어나는 반응으로 구분하기도 하지만, 이는 보는 각도에 따라 다른 것이고 많은 경우 양이온 또는 음이온 중간체를 거쳐 진행되기도 한다. **균등 분해**를 거치는 모든 반응은 라디칼 중간체를 경유하게 되며, 이들을 **라디칼 반응**이라고 한다. 예전과는 달리 라디칼 반응을 이용하는 합성 반응수가 늘어나고 있다. 반응성 중간체를 전혀 거치지 않고 모든 결합깨짐과 결합형성이 동시에 진행되는 한 단계로 진행되는 **고리형협동 반응**이 또한 부류의 반응을 형성한다. 전이금속 화합물을 촉매로 이용하는 반응의 수가 점차 증가하고 있는 추세이다.

본 과정은 크게 다음과 같은 세 그룹으로 이루어져 있다. 초반부에서는 유기 반응을 이해하기 위하여 반드시 숙지하여 자유자재로 사용할 수 있을 때까지 연습이 필요한, 공명 구조를 포함한 Lewis 구조 그리기, 산·염기의 기본 개념, Lewis 산·염기 반응과 이에 따르는 전자이동 표시로 메커니즘 그리기, 화학 반응의 기본을 이루는 오비탈 이론, 속도론에 입각한 전이상태 이론, 열역학과 평형의 원리 등 기본적인 지식을 총괄하여 재학습하게 된다. 바로 이 교재의 중심 내용이다.

둘째 파트에서는 유기 반응의 대부분을 이루는 이온성 반응을 반응 특성에 따라 몇 가지로 구분하여 다루게 된다. 이온성 반응은 어떻게 나누어 어떤 순서로 구성하는 것이 가장 효과적인가는 제각기 다를 수 있다. 하지만 기본적으로 유기화합물에서 가장 흔하게 등장하는 작용기는 C–X, C=O, C=C 결합이라고 할 수 있고, 활용면에서 본다면 그중에서 가장 중요한 작용기가 탄소–헤테로원자 다중결합이라고 할 수 있다. 이를 가장 먼저 다루고 이어서 탄소–헤테로원자 시그마 결합 탄소–탄소 파이 결합의 순으로 다루기로 한다.

셋째 파트는 유기 반응 범주의 특별한 취급을 요하는 몇 가지 부류의 반응을 정리하였다. 라디칼을 경유하는 반응, Diels-Alder 반응을 비롯한 고리형협동 반응은 이온성 반응과는 틀을 달리하는 반응들로 특별한 취급을 요하는 반응들이다. 또한 합성 반응으로 점차 그 중요성을 더해가는 전이금속을 촉매로 하는 반응 또한 특별한 취급을 받아야 하는 반응들이다. 덧붙여 반응 메커니즘의 이해가 쉽지 않은 자리옮김 반응과 입체선택적인 반응을 나른 단원으로 묶어 모두 이 파트에서 다루기로 하였다. 모쪼록 유기화학 실력이 부쩍 늘기를 기대해 본다.

지은이

2012년 2월

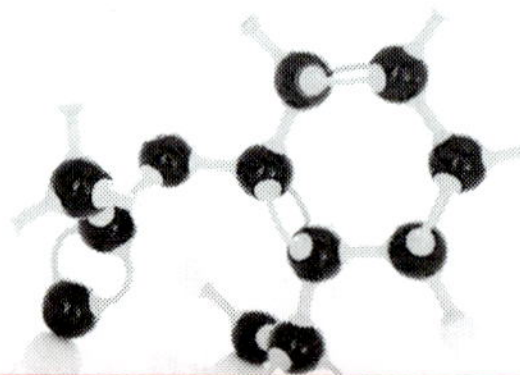

차례

CHAPTER 01 Lewis Structure, Resonance and Functional Groups

CHAPTER 02 Orbital Interactions and Bond Formation

CHAPTER 04 Lewis Acids and Bases : Nucleophiles and Electrophiles

CHAPTER 05 Configuration and Conformation

CHAPTER 07 How to Draw Reaction Mechanisms

CHAPTER 08 Classification of Organic Reactions

CHAPTER 01

Lewis Structure, Resonance and Functional Groups

유기 반응이 어떻게 일어나는가를 이해할 수 있는 가장 간편한 수단이 반응 메커니즘 그리기일 것이다. **반응 메커니즘**이란 출발물에서 시작하여 결합이 어떠한 경로를 거쳐 깨지고 형성되어 생성물에 이르게 되는가를 상세히 기술하는 것이라 할 수 있다. 합리적인 반응 메커니즘을 그릴 수 있다면, 새로 보는 기질의 반응을 예측하고, 새로운 반응을 개발하고, 또는 새로운 반응 시약을 개발하는데 크게 도움을 받을 수 있다.

합리적인 반응 메커니즘을 정확하게 그릴 수 있으려면 먼저 반응에 관계되는 분자들의 구조에 관한 세세한 지식을 필요로 하며, 이들을 헷갈리지 않고 명백하게 표시할 수 있도록 충분한 연습을 거쳐야 한다. 분자 구조나 메커니즘을 그린다는 관점에서 보면 가장 중요한 것이 원자들의 배열 순서, 전자의 정확한 배분과 과부족을 정확하게 이해하는 것이다. 따라서 이 책을 학습하는데 있어 (유기 반응을 새롭게 이해하는데 있어) 우선적으로 학습해야 할 내용은, 합리적으로 전자가 배분되어 있는 정확한 Lewis 구조를 그릴 수 있는 능력을 배양하는 일일 것이다.

1.1 Lewis Structure and Formal Charge

Lewis 구조란 원자가전자를 점으로 표시하는(electron dot structure) 공유결합을 이루는 분자의 묘사법이라 할 수 있다. 이 책의 공부를 시작하는 학생이라면 이미 많은 유기 분자들의 Lewis 구조를 그려 보았을 것이다. 원자의 내부 전자들은 표시하지 않으며 **원자가전자**(valence electrons)만을 표시한다거나, 모든 결합 전자쌍은 편의상 선을 그려서 표시한다거나 하는 것들은 이미 숙지하고 있을 것이다. 그럼에도 불구하고 상급 학년이나 대학원 전공자들도 구조를 제대로 그리지 못하거나, 잘못 그려서 엉뚱한 결말에 이르는 경우가 비일비재하게 많이 일어난다. Lewis 구조를 정확하게 그리는 연습이야말로 유기 화학 학습의 기본이고 아무리 해도 지나치지 않는다.

1.1.1 How many Bonds are needed?

원자들이 모여 결합을 형성하여 분자를 이루게 되면 분자를 구성하는 원자들은 원자가전자 껍질을 채우게 된다. 원자가전자 껍질을 채우는데 필요한 전자수를 **필요 전자수**(electron demand)라고 하자. 유기 화합물의 구성 원자들은 대부분이 둘째-주기 원소들이며, 이들의 **필요 전자수**는 **8**이다. 이를 "octet rule"이라 한다. 수소의 필요 전자수는 2이며 3A족인 B, Al은 6개의 전자만 있으면 충족된다.

여러 원자들이 모여 화합물을 형성하는데 몇 개의 결합이 형성되어야 하는가는 필요 전자수와 중성 원자들이 가지고 있는 **제공 전자수**(electron supply)에 의해 결정된다. 즉, octet rule에 따라 필요한 전자수에 비해 제공 전자수는 항상 모자라게 되며, 부족분은 전자쌍을 공유하여 (결합을 이루어) 각 원자의 필요 전자수를 만족시키게 된다. 그러면 주어진 분자식을 보면 몇 개의 결합을 그려야 하는지를 어떻게 산출하는가? 아래 식에서와 같이 필요전자수와 제공 전자수의 차의 절반이 그려야 하는 결합수이다.

$$\text{Number of Bonds} = \frac{1}{2}\,(\text{Electron Demand} - \text{Electron Supply})$$

제공 전자수는 대개의 경우 주기율표상의 족번호(1~8)와 일치한다. 이온이 형성되는 경우 제공되는 전자수는, 양이온의 경우에는 1을 빼고 음이온의 경우에는 1을 더한다. Lewis 구조를 그리는 데는 이 숫자만큼의 결합을 그려 넣게 된다. 이중결합이나 삼중결합도 여기에 포함되며 이들 결합수가 둘, 셋이 되는 것은 말할 나위가 없다.

1.1.2 Index of Hydrogen Deficiency

탄소수가 n인 포화된 비고리형 탄화수소는 (2n+2)개의 수소를 필요로 한다. 고리나 π-결합이 존재하게 되면 수소의 수는 둘씩 줄어들게 된다. 이를 거꾸로 이용하면 주어진 분자식에 합리적인 구조를 그리는데 있어 그려 넣어야 되는 고리 또는 π-결합의 수를 알아낼 수가 있다. 이를 수소 결핍지수(IHD; Index of Hydrogen Deficiency) 또는 불포화도(degree of unsaturation)라 하며, 다음과 같이 쉽게 계산할 수 있다.

$$\text{IHD} = \frac{1}{2}\,(2n + 2 - h)$$

여기서 **n**은 탄소 원자의 수이며 (2n+2)는 탄소의 수가 **n**인 탄화수소에 필요한 수소의 수이다. **h**는 분자내의 수소 원자의 수이다. 탄소나 수소 이외의 원자들이 있는 경우에는 다음과 같이 **h**에 다소의 가감이 필요하다.

- 질소: 질소 원자 하나당 **h**에서 1을 뺀다.
- 할로젠: 할로젠 원자 하나당 1을 더한다.
- 산소: 변화 없이 산소 원자를 제외한 탄화수소와 같다.

원자가 껍질이 확장될 수 있어 8개 이상의 전자를 수용할 수 있는 P나 S 원자가 있는 경우에는 들어 맞지 않을 수도 있다.

Index of Hydrogen Deficiency for Some Organic Molecules

$C_6H_{11}Br$	C_5H_8	C_3H_5OCl	C_6H_9N
$= \frac{1}{2}[(2x6 + 2) - (11+1)]$	$= \frac{1}{2}(2x5 + 2) - 8$	$= \frac{1}{2}[(2x3 + 2) - (5+1)]$	$= \frac{1}{2}[(2x6 + 2) - (9-1)]$
$= \frac{1}{2}(14-12)$	$= \frac{1}{2}(12 - 8)$	$= \frac{1}{2}(8 - 6)$	$= \frac{1}{2}(14 - 8)$
$= 1$	$= 2$	$= 1$	$= 3$

분자식이 아닌 그려진 구조를 보고 π-결합과 고리의 수의 합인 이중결합 해당값(DBE,

Number of Double-Bond Equivalent)을 알아낼 수 있으면 이 값이 위의 수소결핍 지수와 같은 값이 되므로, 다음에 표시된 몇 개의 예에서와 같이 탄소나 수소의 수를 헤아리지 않고도 구조식만 보면 쉽게 DBE 또는 IHD를 알 수 있다.

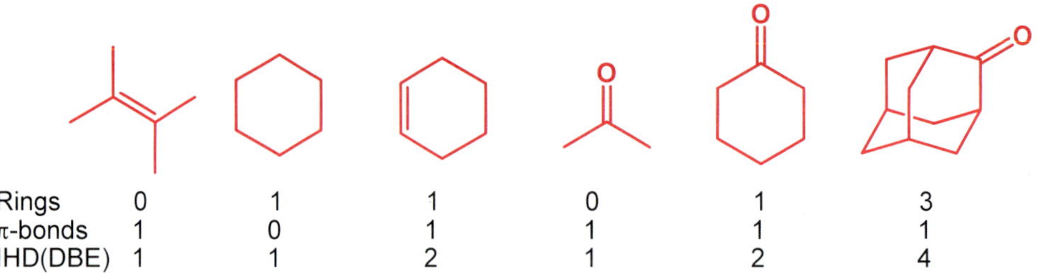

문제 1.1 다음 분자식을 갖는 화합물의 구조에는 몇 개의 결합을 그리게 되며, 또한 몇 개의 π-결합이나 고리가 있어야 하는가?

(a) CH_3NO (b) $C_2H_3O_2Cl$ (c) $C_6H_4NO_2Cl$ (d) $C_6H_8O_3$

1.1.3 Drawing Lewis Structure

Lewis 구조를 그리기 위해서는 결합을 2개 이상 형성하는 원자들로 분자의 뼈대를 그려야 하며, 필요한 결합이나 고리의 수를 충족시키고 원자가를 맞춰가며, 나머지 수소 원자들을 그려 넣으면 된다. 탄소만으로 이루어지는 골격은 선만을 연결하는 뼈대형으로 표시하는 것이 보통이며, 때로는 작은 알킬기를 나타내는 기호로서 이들을 표시하기도 한다. 합리적인 Lewis 구조를 그렸다면, 모든 원자가 필요 전자수를 충족하여야 한다. 즉, H는 2, B와 Al은 6, 나머지 원자들은 8 원자를 충족하여야 한다. 수소와 둘째 주기 원소들로 이루어진 분자의 합리적인 Lewis 구조를 그렸다면, 그 구조는 다음과 같은 구조 단위로 이루어짐을 알 수 있게 된다. 결합은 모두 σ-결합일 수도 있고 하나 또는 그 이상의 π-결합을 포함할 수도 있다.

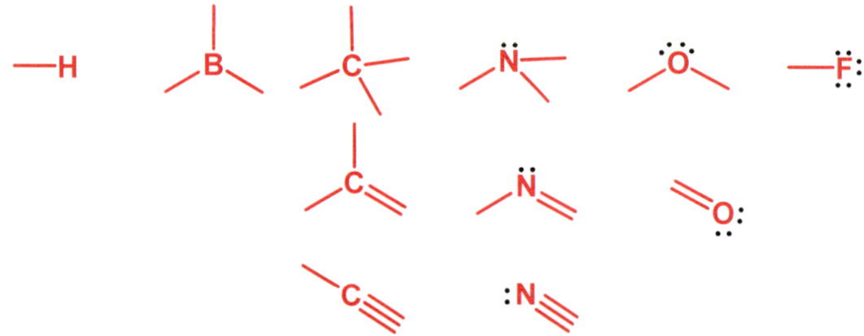

유기 화합물의 구조에 많이 나타나는 몇몇 셋째 주기 원소들의 구조 단위를 정리해 보면 다음과 같으며 자주 보게 될 것이다. 인과 황 원자는 확장 오비탈을 사용하여 다섯 또는 여섯 개의 결합을 그려 넣을 수 있으며 모두 단일결합일 수도 있고 이중결합을 포함할 수도 있다.

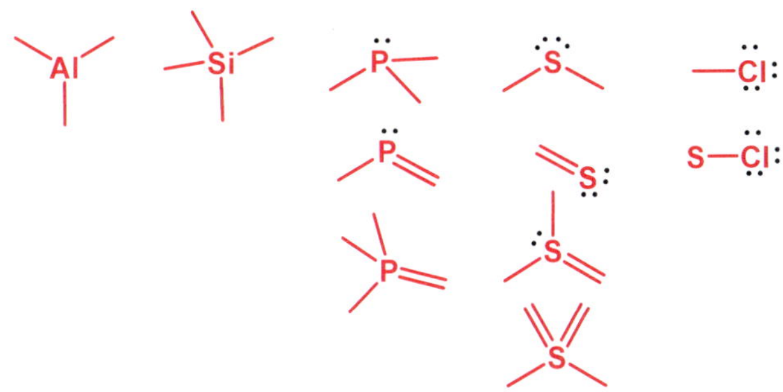

분자의 뼈대나 원자의 연결 순서를 모르거나 주어져 있지 않은 경우에는 분자식이 같은 여러 개의 Lewis 구조를 그릴 수 있다. 분자식에서 구조식을 유추할 수 있는 능력은 유기화학 학습에 크게 도움이 되므로, 주어진 분자식에서 가능한 한 여러 구조를 그려보도록 충분히 연습하여야 할 것이다.

예 1 분자식이 C_2H_4O인 타당한 Lewis 구조를 모두 그려보라.

	2C	4H	O	total
Electron demand	16	8	8	32
Electron Supply	8	4	6	18
Number of bonds	(32−18)/2 = 7 bonds			
IHD	(2n + 2 − h) / 2 = 1			

π-결합이나 고리가 존재하므로 분자의 골격은 $\overset{\text{O}}{\text{C—C}}$, C=C−O, C−C=O 일 수 있다. 산소가 중앙에 위치하면 전하를 가지는 아주 불안정한 구조가 된다. 나머지 수소 넷을 그려 넣고 남는 전자 네 개를 여덟 전자를 가질 수 있게 맞추어 octet를 채워야 하는 원자에 배분해 넣으면 다음과 같은 세 가지의 타당한 구조를 그릴 수 있다.

예 2 분자식이 C_2H_5N인 타당한 Lewis 구조를 모두 그려보라.

	2C	5H	N	total
Electron demand	16	10	8	34
Electron Supply	8	5	5	18
Number of bonds	(32−18)/2 = 8 bonds			
IHD	(2n + 2 − h) / 2 = 1			

분자내에 π-결합이나 고리가 하나 존재하므로 분자의 골격은 C=C−N, C−C=N, C−N=C 또는 고리형일 수 있으며, 나머지 수소 다섯을 그려 넣으면 다음과 같은 네 개의 타당한 구조를 그릴 수 있다. 모든 구조에서 전체 결합수는 여덟 개로 동일하다.

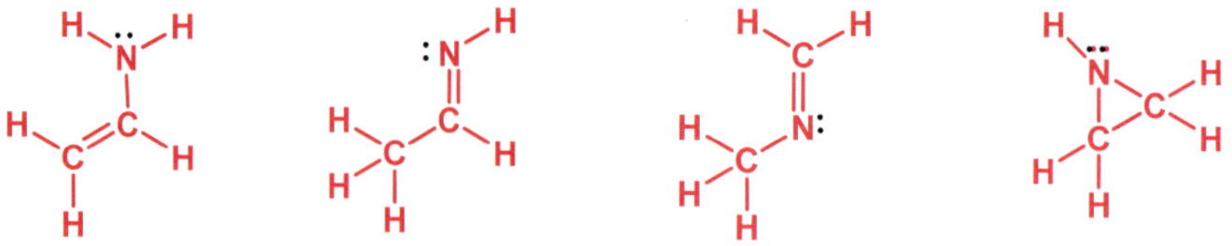

문제 1.2 위의 예제와 같은 방법으로 주어진 분자식에서 필요한 결합수와 IHD를 계산하고 그에 따라 합리적인 Lewis 구조를 모두 그려라.

(a) C_3H_8O (b) C_4H_8

문제 1.3 분자식이 $C_3H_4N_2$인 다섯-원자 고리형 화합물이 있다. 이 화합물의 결합수와 IHD (=DBE)를 계산하고 가능한 Lewis 구조 6개를 그려 보라.

1.1.4 Formal Charge

이온에는 반드시 전하가 표시되지만 중성인 분자라 할지라도 분자에 따라서 몇몇 원자는 charge를 그려야 하는 경우가 있다. 이를 **형식전하**(formal charge)라 하며, Lewis 구조상의 전자의 수납 상황을 한 눈에 알아볼 수 있어 분자내에 반응성 자리를 예측하는데 도움을 줄 뿐만 아니라, 조금 뒤에 논의하게 될 공명구조의 중요성을 이해하는 데도 많은 도움이 된다. 지금까지 보아왔던 Na^+, Br^-과 같은 이온들도 형식전하처럼 취급하여 문제가 없으며, SO_4^{2-}, NO_2^+와 같이 실제 전하를 갖는 이온들도 그 안에 공유결합을 포함하고 있으며, 중성 분자를 그리듯이 Lewis 구조를 그리고 형식전하를 표시해 넣어야 한다. Lewis 구조의 각 원자에 전하량을 부과하는 방식인 형식전하는 다음과 같이 계산한다.

$$\text{Formal charge} = \text{Number of valence electrons} - \text{Electrons owned}$$

$$\text{Electrons owned} = \text{Nonbonding electrons} + \frac{1}{2}\,(\text{Shared electrons})$$

원자의 소유 전자의 수는 그 원자의 결합수와 고립 전자쌍의 수에서 알 수 있다. 원자는 가지고 있는 비공유 전자 모두와 공유한 전자의 절반을 소유하고 있는 것으로 한다. 이를 중성 원자의 원자가전자의 수와 비교하여 소유한 전자수의 과부족을 형식전하로 나타내게 된다.

Nitromethane의 Lewis 구조를 예로 들어 보기로 하자. 분자식은 CH_3NO_2로서 아래에서 보는 바와 같이 π-결합 하나를 포함한 총 7개의 결합을 그려 넣고 전자를 배분하게 된다.

	C	3H	2O	N	total
Electron demand	8	6	16	8	38
Electron supply	4	3	12	5	24
Number of bonds		(38−24)/2 = 7 bonds			
IHD = (2n + 2 − h) / 2 = 1					

정확한 Lewis 구조를 그리고 각 원자의 소유 전자수를 산출하고, 중성 원자의 원자가전

자수에서 빼면 각 원자의 형식전하를 계산해 낼 수 있다.

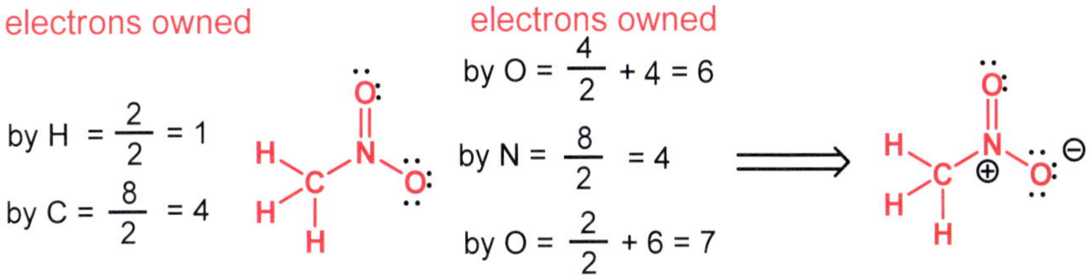

electrons owned

by H = $\frac{2}{2}$ = 1

by C = $\frac{8}{2}$ = 4

electrons owned

by O = $\frac{4}{2}$ + 4 = 6

by N = $\frac{8}{2}$ = 4

by O = $\frac{2}{2}$ + 6 = 7

두 원자가 형식 전하를 가지게 되는데 N는 +1, 결합이 하나뿐인 O는 −1의 형식전하를 갖게 된다. 분자식이 같은 CH_3NO_2로서 원자의 연결 순서가 달라지면 nitromethane이 아닌 형식전하가 없는 methyl nitrite를 그릴 수 있다.

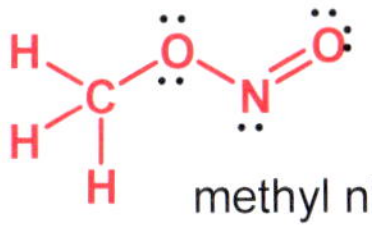

methyl nitrite

물론 위의 nitromethane과 methyl nitrite 말고도 methyl기를 그리지 않아도 된다면 CH_3NO_2의 분자식을 갖는 Lewis 구조를 여러 개 더 그릴 수 있다. 다음에 그려진 구조는 안정한 화합물일 수도 있고, 덜 안정한 중간체일 수도 있다.

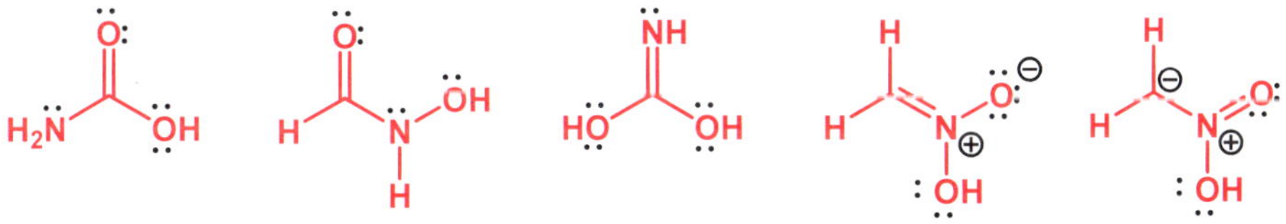

때로는 결합의 수를 헤아리는 편이 공유 전자수를 헤아리는 것보다 형식전하를 계산하기에 편리한 경우가 많다. 공유 전자수는 모두 헤아린 결합수의 두 배가 된다.

$$\textbf{Number of Bonds} = \frac{1}{2}\ \textbf{Shared Electrons}$$

일반적으로 자주 보는 유기화합물에서 나타나는 형식전하를 각 원자별로 정리하면 다음 Table 1.1과 같이 된다.

[Table 1.1] Formal Charges of Spin-paired Atoms

Atom	1 bond	2 bonds	3 bonds	4 bonds
C		0	+1 or −1	0
N, P		−1	0	+1
O, S	−1	0	+1	0 or +2
Halogen	0	+1		
B, A1			0	−1

형식양전하는 주어진 구조 내의 어떤 원자의 σ-와 π-결합을 합친 결합수가 C는 3, N는 4, O는 3인 경우이다. 형식음전하는 σ-와 π-결합을 합친 결합수가 C는 3, N는 2, O는 1인 경우에 나타나게 된다. 탄소는 결합수가 3이면 양전하를 가질 수도 있고 음전하를 가질 수도 있지만 구조식에서 질소의 결합수가 넷이거나, 산소의 결합수가 셋이면 예외 없이 형식양전하를 가지게 된다. (Table 1.2)

[Table 1.2] Formal Charges on C, N, O Frequently Appeared in Lewis Structure

	formal positive charge	formal negative charge
C		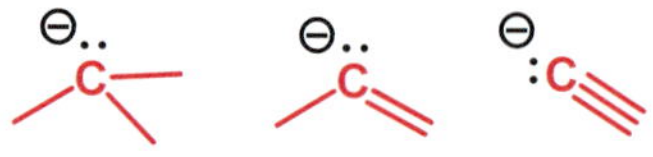
N	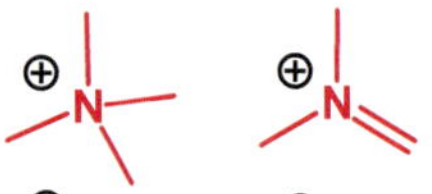	
O	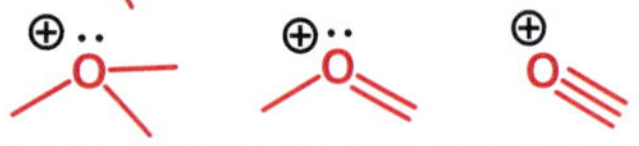	

여기서 주의해야 할 점은 형식양전하를 가지고 있는 원자는 모두 전자결핍 상태가 아니라는 사실이다. 형식양전하를 갖는 C는 전자결핍이지만 형식양전하를 갖는 N나 O 원자는 모두 여덟 전자를 가지고 있어 octet rule을 만족시키며, 따라서 어느 것도 전자결핍이 아니다. 즉, 형식양전하가 있는 N 또는 O 원자 어느 것도 추가로 전자쌍을 수용하거나 새로운 결합을 형성하는 것이 불가능하다.

문제 1.4 다음 Lewis 구조에서 수소를 제외한 모든 원자의 형식전하를 계산하라.

(a) (b) 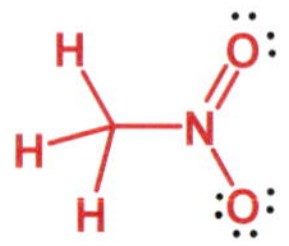 (c) 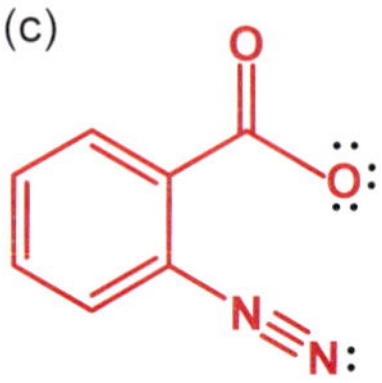 (d)

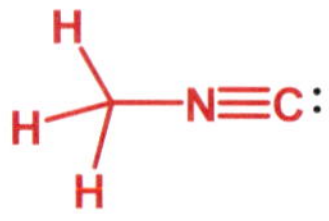

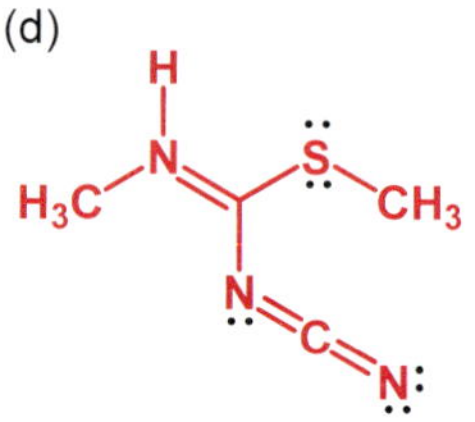

(e) 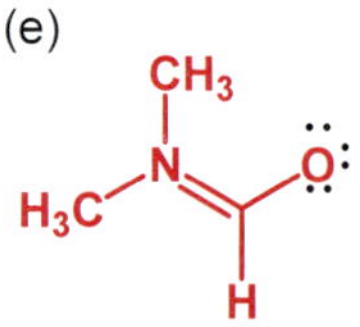 (f)

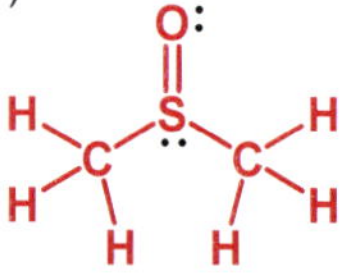

문제 1.5 다음의 구조들을 보지 말고 분자식이 C_2H_3N인 고리형 구조를 제외하고 유추 가능한 모든 Lewis 구조를 그려 보아라. 그린 구조와 다음의 구조를 비교하고 빠진 것이 없는가를 확인하라. 다음의 각각의 구조에서 수소를 제외한 모든 원자의 형식전하를 계산하라.

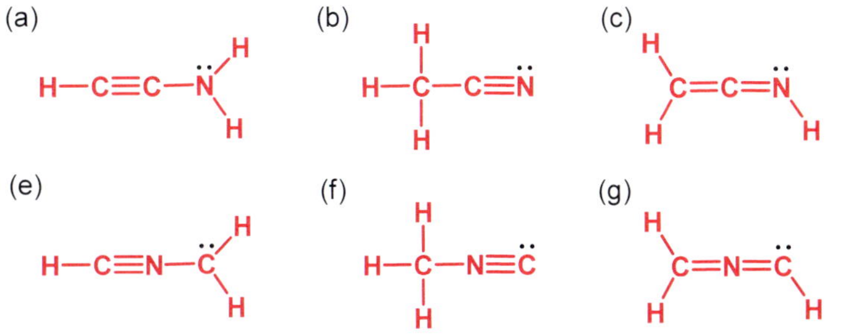

(a) (b) (c) (d)

(e) (f) (g)

문제 1.6 다음은 Strecker 아미노산 합성 반응의 메커니즘을 그린 것이다. 형식전하가 빠진 원자를 찾아 맞게 그려라.

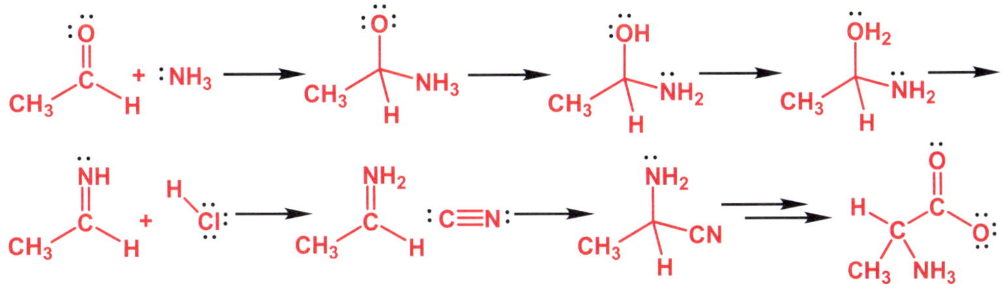

문제 1.7 다음 acetal의 산 촉매 가수분해 반응 메커니즘에서 형식전하를 그려 넣지 않았다. 화살표에 구애 받지 말고 찾아서 그려 넣어라.

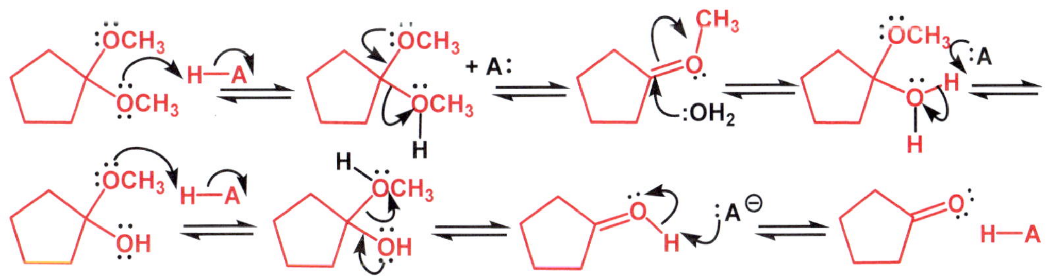

1.1.5 Octet Rule Does not Apply to Some Elements

유기화합물의 구조에 자주 등장하는 원소들 중에서 옥테트 규칙을 지키지 않아도 되는 원소로는 B, Al, P, S 등을 들 수 있다.

3족 원소인 B와 Al 원자는 3개의 원자가전자가 있으며 필요 전자수가 6이다. 위의 다른 화합물과 같이 계산하면 $B(CH_3)_3$나 $Al(CH_3)_3$는 각각 12개의 결합을 필요로 하며 다음과 같은 Lewis 구조를 그릴 수 있으며 하등 문제될 것이 없다. 그렇다고 이들 원자가 3개 이상의 결합을 할 수 없다는 뜻은 아니다. 수소, 탄소, 산소, 기타 다른 원자와의 결합으로 총 네 개의 결합을 할 수 있으며, 이때는 다음 구조식에서와 같이 B나 Al은 형식음전하를 갖게 된다.

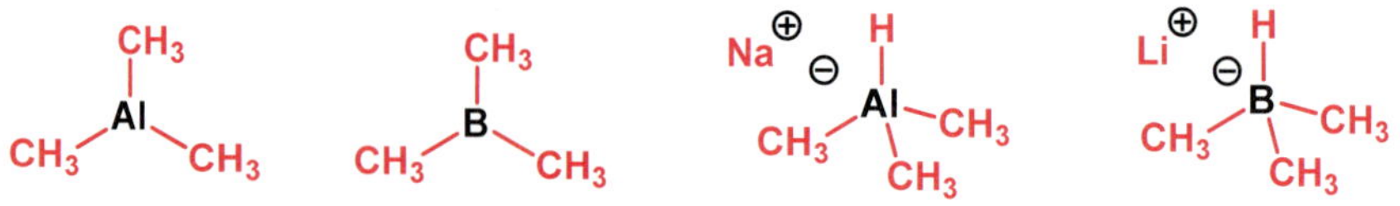

다음 P와 S에 관하여 살펴보자. P와 S를 포함하는 유기화합물이 정확하게 대응하는 N 또는 O의 유사체가 존재한다면 N 또는 O의 Lewis 구조를 그리고 N 자리에 P을, O 자리에 S를 그려 넣으면 된다. 이는 다음에 열거한 몇몇 인과 황 화합물의 예에 S를 O로, P를 N으로 바꾸면 모두 익숙하게 보아온 구조가 된다.

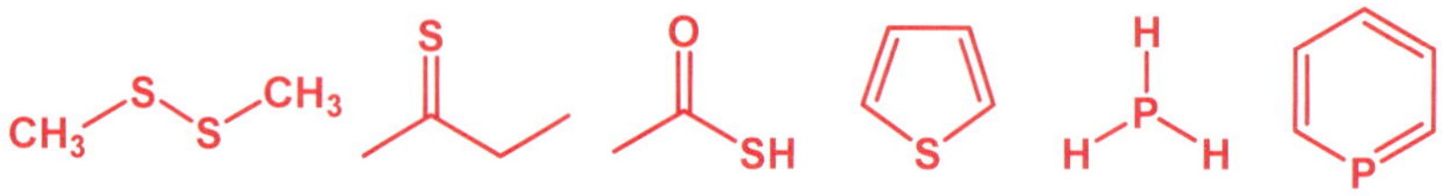

황(S)이나 인(P)에 말단 O가 연결되어 있는 S=O, P=O 구조 단위는 황산이나 인산을 비롯한 무기 화합물에서뿐만 아니라, 유기화합물에서도 아주 자주 보게 되는 구조 단위이다. 한 예가 DMSO(dimethyl sulfoxide)인데 이의 Lewis 구조를 그려 보자.

	2C	6H	S	O	total
Electron demand	16	12	8	8	44
Electron supply	86	6	6	26	
Number of Bonds		(44−26)/2 = 9 bonds			
IHD = (2n + 2 − h) / 2 = 0					

두 methyl기가 모두 S에 결합되어 있다면 9개의 결합에 18전자가 사용되고, 나머지 8개의 전자를 배분해 넣으면 되므로 S는 +1, O는 −1의 형식전하를 갖는 다음 그림의 왼쪽 구조를 그리게 된다.

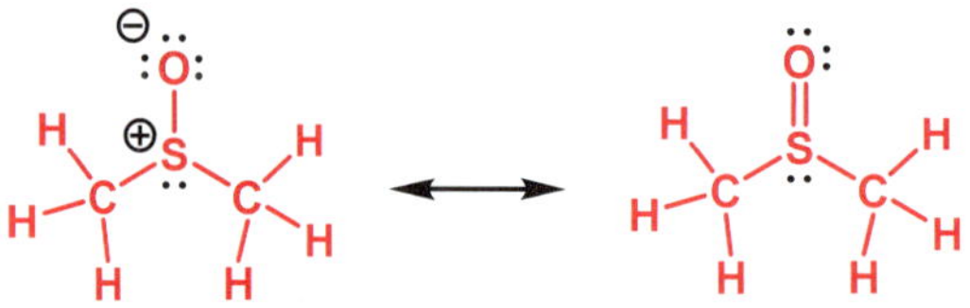

황 원자는 확장 오비탈을 사용하여 8개 이상의 전자를 수용할 수 있으며, 위의 둘째 구조에서와 같이 황이 *d* 오비탈 하나를 추가로 사용하여 10개의 전자를 수용한다면, 오른쪽과 같은 π 결합을 포함하여 총 10개의 결합을 가지는 다른 구조를 그릴 수 있고, 이 또한 dimethyl sulfoxide의 합리적인 Lewis 구조라 할 수 있다. 두 구조는 같은 화합물을 나타내는 다른 Lewis 구조이며, 실제 분자는 이 둘의 공명혼성체라 할 수 있다. (잠시 뒤에 다룸) 인(P) 원자도 같은 식으로 확장된 오비탈을 사용하는 구조를 그리는 경우가 많이 있다.

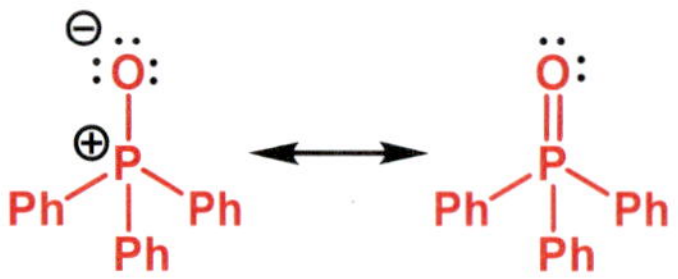

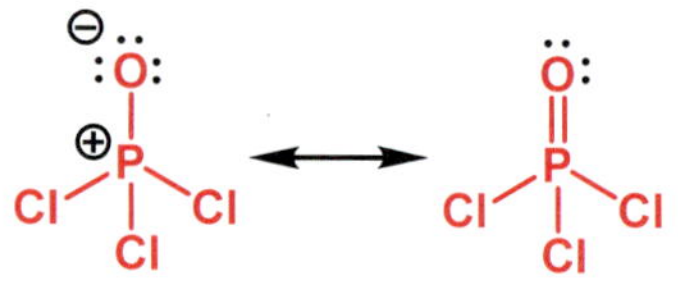

1.1.6 Drawing Skeletal Lewis Structures

복잡한 유기화합물의 Lewis 구조를 그릴 때, 오랜 시간과 많은 지면을 들여가며 모든 구성 원자와 모든 결합 및 모든 고립 전자쌍을 그려 넣는다는 것은 귀찮고 번거로운 일이다. 이를 간단히 하기 위하여 축약형 Lewis 구조를 그리거나 더 나아가 때로는 축약 기호를 사용하게 된다. 편의를 위해 뼈대형 구조를 그리게 되는데 이로 인해 오해를 일으키거나 헷갈리지 않기 위해서는, 다음과 같은 뼈대형 구조 그리기의 몇 가지 기본 규칙은 반드시 숙지하여야 하고 반드시 지켜야 한다.

1. 모든 탄소의 원소 기호는 써넣지 않아도 된다.
2. 탄소와 수소간의 결합은 표시를 생략할 수 있다.
3. 탄소와 수소를 제외한 모든 원자 (헤테로원자)는 반드시 표시해 넣는다.
4. 헤테로원자에 결합된 수소는 생략하지 아니한다.
5. 비공유 전자쌍은 생략할 수 있다.
6. 형식전하는 절대로 생략할 수 없다.

위의 규약에 어긋나는 점이 없이 충실하게 ethanol과 acetaldehyde의 뼈대형 구조를 그려보면 다음과 같다. 뼈대형 구조라 하더라도 필요에 따라 알데하이드의 수소와 같이 생략할 수 있는 수소나 탄소 원자 또는 전자쌍은 일부를 나타낼 수도 있다. Methanol이나 다른 methyl 유도체의 경우에는 생략하면 오히려 불편하여 그려 넣는 경우가 더 많다.

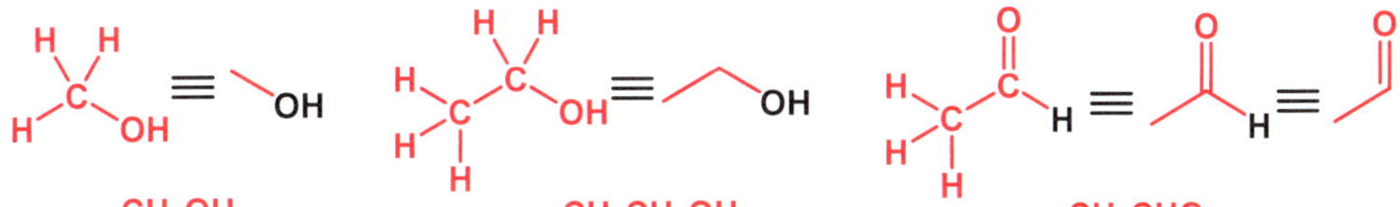

CH_3OH CH_3CH_2OH CH_3CHO

몇 가지 대표적인 뼈대형 Lewis 구조를 그려 놓았다. 이는 앞의 규약에 따라 그릴 수 있는 가장 간단하게 그린 Lewis 구조일 것이다. 유기화학에서는 또한 다음과 같이 별명을 사용하는 경우가 대단히 많다. 아래 예에서 전에 본 것도 있고 못 본 화합물도 있겠지만 나오는 대로 기억해 두는 것이 좋다. 특히 유기 반응의 반응식을 적을 때는 넣어주는 시약의 경우에 반응 화살표 위에 단순히 DIBAH라든가 PCC, LAH와 같이 부호로만 적어 놓는 경우가 많기 때문이다.

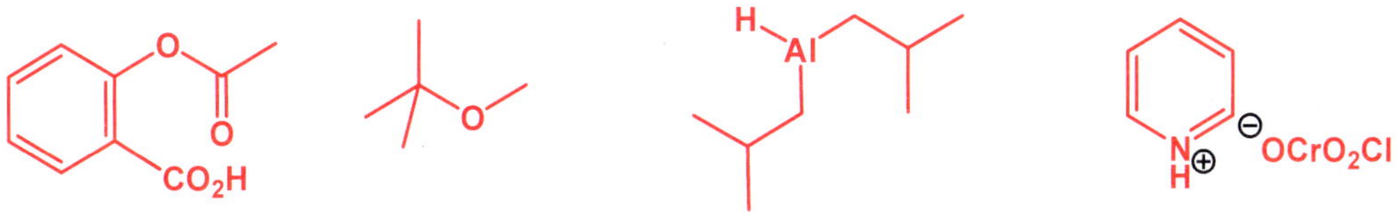

aspirin

MTBE
methyl *t*-butyl ether

DIBAH
diisobutylaluminum hydride

PCC
pyridinium dichromate

유기화학 교재나 논문에서 흔히 보게 되는 이러한 뼈대형 구조 몇 가지를 아래에 예시하였다. 그려 놓은 뼈대형 구조를 하나씩 살펴보면서 어떤 원소의 기호가 생략되었고, 어떤 것이 그려 넣어 졌는지를 하나하나 살펴볼 필요가 있다. 앞의 여섯 가지 규약을 어김없이 지키면서 그려야 한다. 생략한 탄소, 탄소–수소 결합, 전자쌍을 차례로 모두 그려 넣으면 완전한 Lewis 구조의 원형이 된다.

또한 유기 화합물의 구조에 흔히 나타나는 monovalent group을 단축기호(abbreviation)를 이용하여 표시하기도 한다. 그 중 사용 빈도가 높은 몇 가지를 편의상 이들 group이 염소 원자와 결합하고 있는 화합물을 그려 Table 1.3에 나타내었다.

[Table 1.3] Names and Abbreviations of Structural Units Used in Organic Chemistry

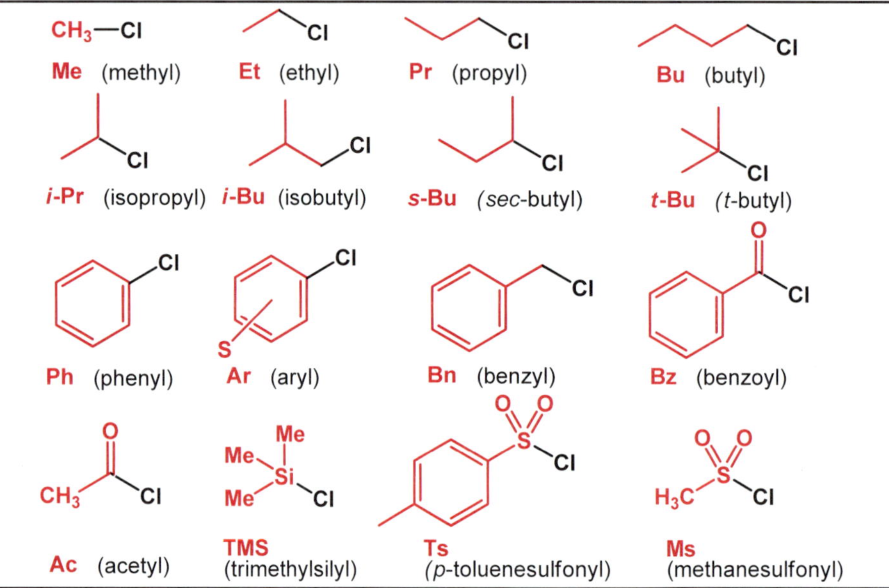

예를 들어, 위 표에서 *n*-Pr–Cl은 $CH_3CH_2CH_2$–Cl를 나타내며 (*normal*)-propyl chloride라고 읽는다. 이들 단축기호는 Lewis 구조를 그릴 때도 언제든지 이용할 수가 있다. 아주 자주 사용되는 기호 중 하나가 'Ar'로 표시하는 aryl기인데, 이는 phenyl뿐 아니라 치환된 phenyl을 비롯한 naphthyl, furyl, pyridyl과 같은 헤테로방향족 고리를 모두 아울러 사용되는 것이 보통이다.

또한 Table 1.3에 나타나 있는 대부분의 group 이름에 -oxy를 붙여 넣어 사용되는 경우가 많이 있음도 아울러 알아 둘 필요가 있다. 예컨대, *t*-butyl group에 O가 더해진 *t*-butyloxy는

t-BuO−group을 타내며, benzoyl group에 O가 하나 더 붙은 BzO−는 benzoyloxy group으로, tosyl에 O가 하나 더 붙은 TsO−는 tosyloxy라고 부르며, Table 1.3에 정리되어 있는 group들과 더불어 사용될 수 있다.

이들 단축 기호를 사용한 몇 개의 Lewis 구조가 아래에 그려져 있다. 이들 단축 기호는 반드시 말단 치환기이어야 하며 다음 잘못 사용된 두 예에서와 같이 단축 기호가 두 개 이상의 결합으로 연결되면 안 된다. 이는 학습 초기 단계에서 상당히 자주 저지르는 오류 중 하나이다.

1.1.7 Don't Make Errors in Drawing Lewis Structure

Lewis 구조를 그릴 때 반드시 유의해야 할 점이 몇 가지 있다. 이를 소홀히 하여 잘못된 Lewis 구조를 그리면 그 다음 과정의 모든 것을 망치게 된다.

첫째 반드시 octet rule을 따라야 한다. 유기화합물에서 주로 등장하는 원소의 원자들이 소유한 전자를 공유함으로써 (결합을 이룸으로써) octet rule에 따라 여덟 전자를 채우게 된다. 여덟 전자를 채우지 못한 덜 안정한 Lewis 구조를 그릴 수는 있으나, 둘째 주기 원소인 원자가 여덟 전자를 초과하는 Lewis 구조를 그리는 것은 절대로 있을 수 없다. 둘째 주기 원소의 경우에는 산소는 결합 3개 이상, 질소와 탄소는 4개 이상의 결합을 절대로 그려서는 안 된다. 이 같은 실수는 하나의 구조를 그릴 때보다 연속해서 구조의 변화가 일어나는 메커니즘 그리기에서 자주 나타나는 실수이다. 다음은 모두 octet rule을 지키지 않은 잘 못 그려진 Lewis 구조들이다. 하나도 빠짐없이 구성 원자의 어느 것인가에 너무 많은 개수의 결합이 그려져 있다.

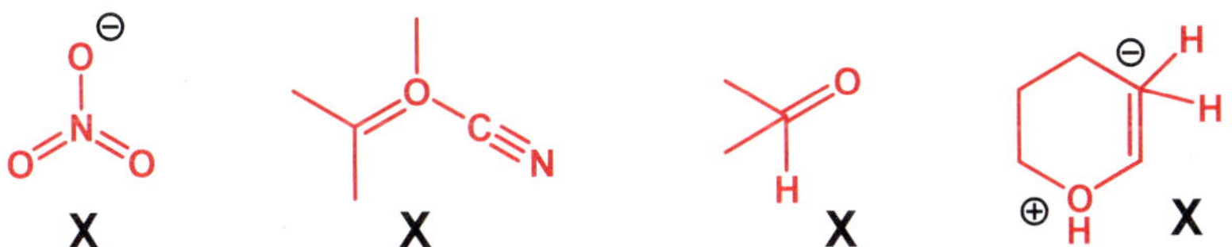

둘째로 형식전하를 빠뜨리면 안 된다. 이를 빼먹는 학생들에게는 필자는 유기화학을 처음부터 다시 시작하는 게 낫다고 충고한다. 그 정도로 중요하다는 뜻이다. Lewis 구조에서는 전자의 수납 상황을 정확하게 파악할 수 있어야 한다. 다음과 같이 *t*-butyl cation을 그려야 할 때 실수로 양전하를 빠뜨리면 isobutylene을 그린 것이 되며 *t*-butyl cation 또는 *t*-butyl anion에 형식전하를 빠뜨린 것으로 볼 수 없는 일이다.

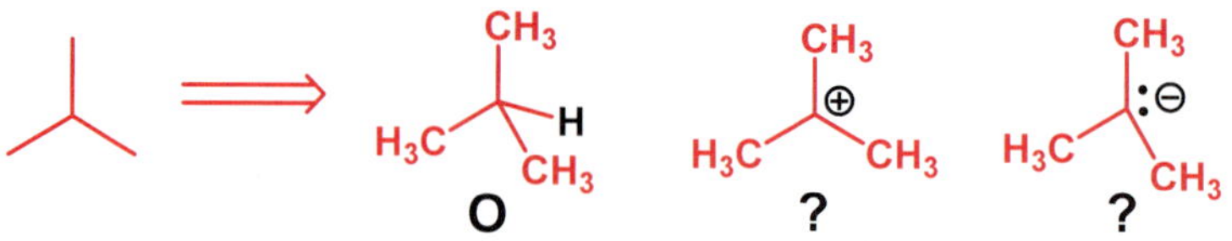

형식전하뿐만 아니라 앞에서 설명한 Lewis 구조 그리기에서 지켜야 할 점은 엄격하게 지켜져야 한다. 형식전하 이외에 빠뜨리면 절대 안 되는 것이 헤테로원자와 헤테로원자에 붙은 H임을 잊어서는 안 된다. 질소 화합물의 구조를 다음과 같이 그렸다면 그 자체가 틀린 구조이어서 형식전하가 빠진 이온성 중간체인지 아니면 중성 분자인지 도저히 알 수 없으며, 앞의 구조로 미루어 그릴 수 있는 Lewis 구조는 세 가지나 되며, 이들의 반응성은 제각기 천차만별이기 때문이다.

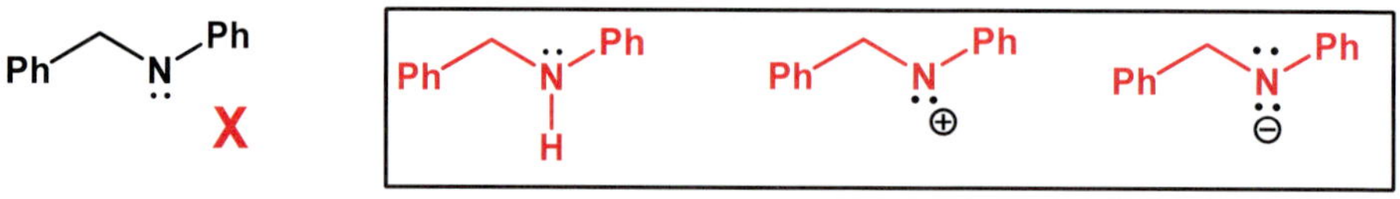

마지막으로 Lewis 구조를 보기 쉽게 제대로 그리려면 많은 연습을 해야 한다. 잘 그린 Lewis 구조는 어떻게 그리면 되는가? 첫째는 실제 결합길이는 결합에 따라 다르지만, 될 수 있는 대로 같은 길이로 결합을 그리도록 한다. 그려 넣는 원소 기호의 크기도 모두 같게 해야 하는 것은 물론이다. 둘째로 가능하면 결합각을 지키면서 그린다. sp^2 탄소 주위의 세 결합은 120°를 유지하도록 alkyne을 비롯한 삼중결합의 두 치환기는 선형으로 그리는 것이 좋다. sp^3 탄소 주위의 네 결합은 평면에 표시해 넣기 쉽지 않으나 탄소 사슬은 보통 보는 것과 같은 zigzag 형으로 그리고, 다른 치환기 하나만을 표시하면 되는 경우에는 120° 벌려 그리는 것이 보기에 좋다. 고리 구조는 모두 정삼, 사, 오, 육각형으로 그려 넣는다. 열 개 이상의 원자로 이루어진 고리는 정오각형 또는 정육각형 고리의 적당한 조합으로 그려 넣는다. 마지막으로 그리지 않아도 좋을 탄소나 수소 원자를 잔뜩 그려 넣은 구조는 그리기도 힘들고, 볼품도 없으며, 자칫 중요한 것을 놓치기 쉽다.

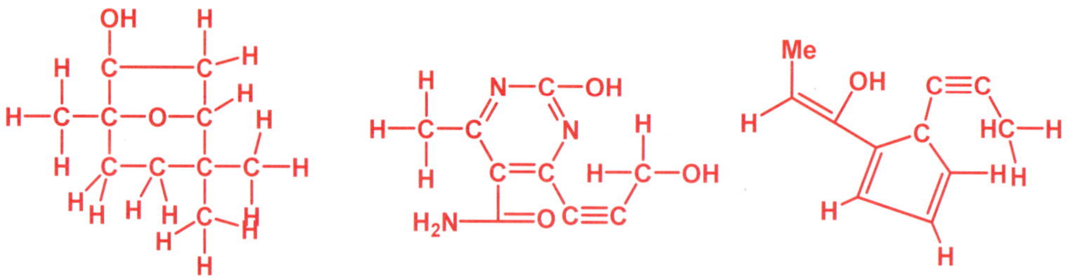

위에 그려진 세 Lewis 구조는 틀린 점은 없는 것 같은데 보아서 즉각 무슨 그림인지 눈에 들어오지 않는 난잡하게 그려진 구조이다. 이들을 제대로 그려진 것과 비교해 보면, 무엇에 주의하여 어떻게 그려야 할지를 알 수 있지 않을까?

문제 1.8 위에 그려져 있는 볼품없는 세 Lewis 구조에서 어색한 곳을 모두 고쳐 넣어 보기에 쉽고 간편한 그림으로 다시 그려 보라.

문제 1.9 다음 세 cycloalkane의 구조를 숫자 없이도 쉽게 알 수 있게 보기처럼 그려보라.

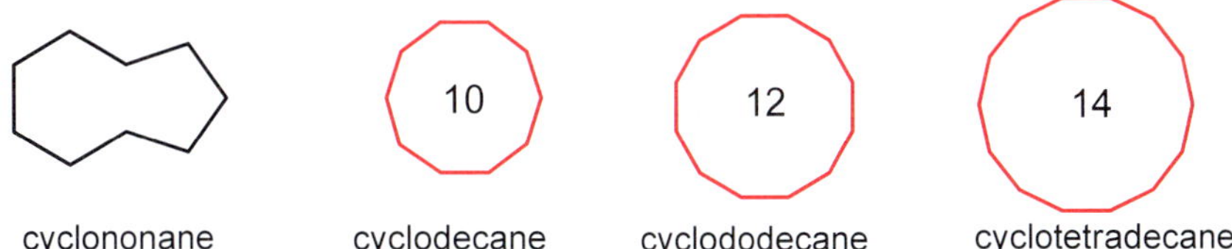

문제 1.10 다음 그림에서 특정 축약 기호를 정상적인 구조 단위로 바꾸어 그려보라.

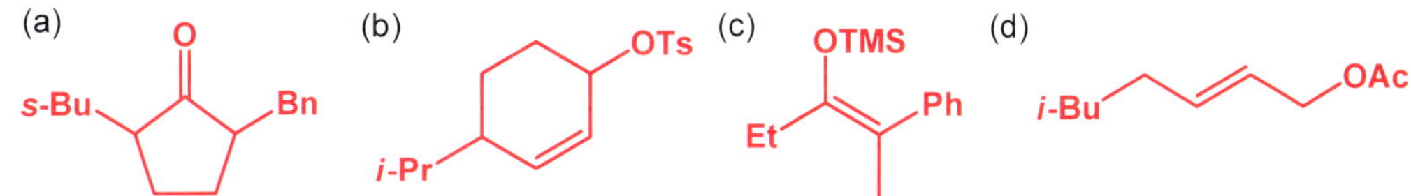

문제 1.11 다음을 탄소 골격을 제대로 그려서 알아보기 쉬운 선형 구조로 바꾸어 그려보라.

(a) $AcO(CH_2)_3NO_2$ (b) $MeO_2CCH_2CO_2Et$ (c) $CH_2{=}CHC(O)NH(CH_2)_2CN$

문제 1.12 다음 화합물에 단일 결합이 아니면 결합선을 더 그려 넣고 모든 lone pair와 필요한 형식전하를 그려 넣어라.

(a) CH_3OCH_3 (b) CH_3CHO (c) CH_3O (d) $CH_3C{\equiv}O$
(e) $CH_3CH{=}NCH_3$ (f) $CH_3CH_2NH_2$ (g) $H_2C{=}NH$ (h) CH_3CN
(i) CH_3CNO (j) CH_3NCS (k) CH_3NC (l) CH_3SCN

문제 1.13 다음은 Beckmann 자리옮김 반응이라 부르는 반응으로 탄소–탄소 결합 하나가 깨지고 헤테로원자 하나를 포함하는 여섯-원자 고리형 화합물이 얻어진다. 분자식과 IHD, 결합수는 변함이 없다. 가능한 생성물의 구조를 네 개 이상 그려보라.

OH
N
cat, H_2SO_4

1.2 Resonance Structure

어떤 분자는 단일 Lewis 구조에 의해 전자의 분포를 적절하게 표시할 수 없고, 전자의 배분만을 달리하는 둘 또는 그 이상의 타당한 Lewis 구조의 조합에 의해서만 가능하게 된다. 전자의 배분만 달리하는 Lewis 구조를 **공명구조**(resonance structure)라고 한다. 공명구조를 이용하면 분자나 이온 내의 전자의 비편재화를 나타낼 수 있고, 가장 합리적인 전자의 분포를 알아 볼 수 있게 된다. 공명구조를 그리고 다룰 줄 아는 능력은 유기화학 학습 전반을 통하여 꼭 필요한 아주 요긴한 기술이므로, 많은 연습을 거쳐 익숙해 지는 것이 중요하다.

1.2.1 Drawing Resonance Structures

음이온인 $(HCONH)^-$를 예로 들어보자. 필요한 결합수를 계산하면 모두 다섯 개의 결합을 그려야 하며, IHD는 1이고 고리형 구조가 아니라면 π-결합 하나가 존재하여야 한다. 이에 맞는 Lewis 구조를 둘 그릴 수 있으며, 구조 A에는 음전하를 갖는 N 원자와 C=O 이중결합을, 구조 B에서는 음전하의 O 원자와 C=N 이중결합을 갖고 있다. 이들 간에는 분자내의 골격의 변화 없이 (σ-결합을 하나도 다치지 않고) 전자의 배분 상태만이 다르다. 이들 구조를 일컬어 **공명구조**(resonance structure) 또는 **공명형**(resonance form)이라고 부른다. 이 두 공명구조를 분리하여 그리는데 **양쪽 화살표**(double-headed arrow)를 쓴다.

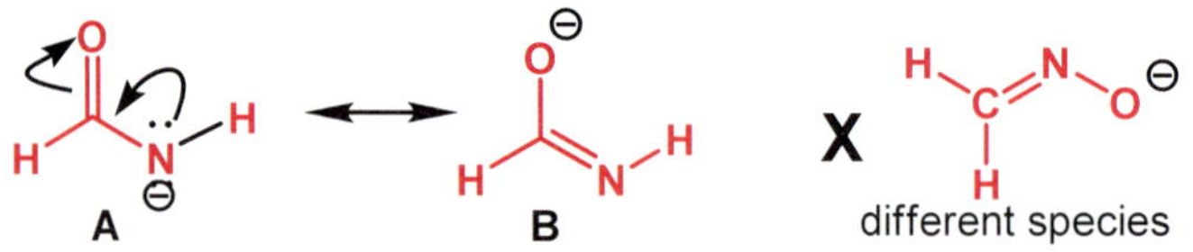

A ⟷ B X different species

구부린 화살표는 공명구조나 반응 메커니즘을 그릴 때 전자쌍의 이동을 나타내는 표현법이다. 이 표현으로 어떤 전자쌍의 이동도 나타낼 수 있다. 구부린 화살표 꼬리 부분의 전자쌍은 머리 쪽으로 이동하게 된다. 연속적인 전자쌍의 이동을 표시하기 위해서는 둘 또는 그 이상의 구부린 화살표를 연속하여 그리게 된다.

위의 공명구조 A와 B는 두 전자쌍의 위치를 달리하고 있으며, A를 B로 바꾸려면 질소의 전자쌍을 취하여 C와 N 간의 이중결합을 형성하고, C=O 이중결합의 한 전자쌍을 이동시켜 O의 고립 전자쌍으로 만들면 된다. 구부린 화살표 둘이 필요하다. 둘 이상의 구부린 화살표가 사용될 때는 반드시 구부린 화살표가 연속해서 같은 방향으로 진행되도록 하여야 한다. 절대로 화살표의 머리와 머리 또는 꼬리와 꼬리가 마주 보거나 맞닿도록 그리면 안 된다. 구부린 화살표는 이렇게 한 공명구조에서 다른 공명구조로 바뀌는 데 있어 전자쌍이 재배치되는 상황을 보여 준다. 전자가 실제로 이동하는 것이 아니다.

위의 carboxylate 음이온과 nitroalkane의 공명구조를 비교해 보라. 탄소는 네 개의 결합을 하고 형식전하가 0이지만 네 개의 결합을 한 질소는 +1의 형식전하를 갖는 것 말고는 거의 같은 방식으로 공명구조를 그리게 된다.

Benzene은 다음 그림에서와 같이 화살표 세 개가 꼬리에 꼬리를 물고 고리를 이루며 전자쌍이 이동한다. 여러 개의 benzene 고리가 접합된 polycyclic 방향족 화합물은 같은 방법으로 더 많은 공명구조를 그릴 수 있다. 구부린 화살표를 이용하여 각 공명구조 간의 결합의 변화를 그려 넣을 수 있다. 마찬가지로 모든 화살표는 원형을 이루며 이동한다.

연습을 통해서만 어떤 화합물에서 하나 이상의 Lewis 구조를 그릴 수 있는가를 쉽게 알아낼 수 있게 될 것이다.

문제 1.14 Naphthalene의 Lewis 구조 A에서 구조 B, 구조 B에서 C로 구부린 화살표를 그려 넣어라. 나머지 두 화합물 anthracene과 pyrrole에 대해서도 같은 방법으로 그림을 완성하되 각각 2개씩의 공명 구조를 더 그려 넣도록 하라.

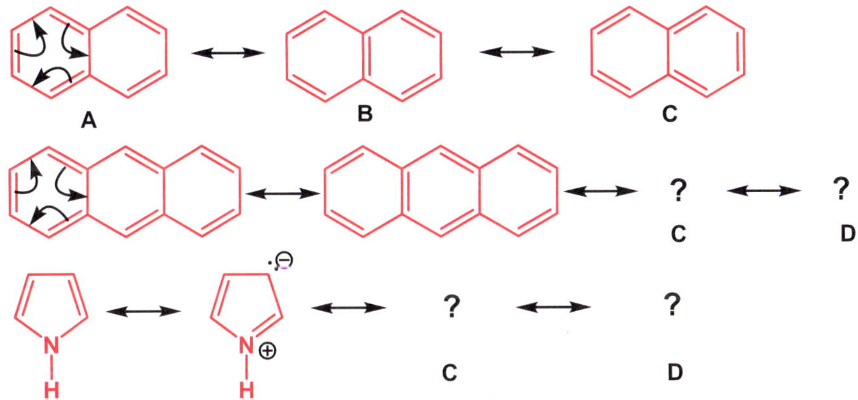

1.2.2 Resonance is Possible in Three Different Cases

모든 화합물에 모두 공명 구조를 그릴 수 있는가? 아니라면 어떤 경우에 공명구조 그리기가 가능한가? 이에 대한 답은 기본 조건으로 π-결합이 있어야 한다는 것이다. σ-결합에 어떤 변화가 있어도 안되기 때문이다. 다음과 같은 몇 가지 경우에는 틀림없이 두 개 이상의 다른 공명구조를 그릴 수 있는 경우이며, 유기 반응 메커니즘을 공부하는 데 있어 아주 큰 도움이 될 것이다.

1. **고립 전자쌍이 π-결합에 바로 이웃한 원자에 위치하고 있는 경우**에는 하나 이상의 공명구조를 그리게 된다. 여기서 π-결합이라 함은 C=C일 수도 있고, C=O, C=N, C≡N 탄소와 헤테로원자간의 결합뿐 아니라 N=N, N≡N, N=S, P=O 등 두 헤테로원자 간의 π-결합을 포함하여 어떠한 π-결합이라도 상관 없다. 이에 맞는 가장 기본적인 구조가 다음 그림의 allyl anion과 ketone의 enolate이다.

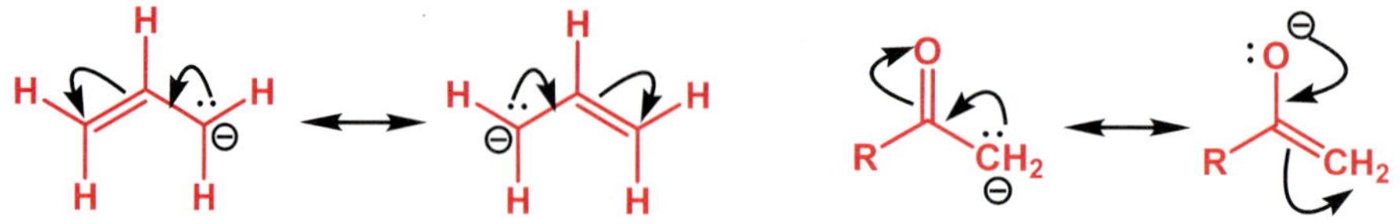

음전하를 가지는 원자의 전자쌍뿐 아니라 π-결합을 이웃한 중성 원자의 전자쌍도 이에 똑같이 해당되며, 이 경우에는 형식전하가 새로 생겨나기도 한다. 드물게는 양이온 화학종에서도 똑같이 공명구조를 그릴 수 있는 경우도 있다.

고립쌍을 갖는 화학종이 두 π-결합을 이웃하게 되면 더 많은 수의 공명구조를 그릴 수 있음은 물론이다. 또한 둘 이상의 π-결합이 conjugation을 이루면 연속적인 화살표 이동으로 여러 개의 공명구조를 그릴 수 있다. Cyclopentadienyl 음이온의 경우에는 다섯 개의 동등한 공명구조를 그릴 수 있으며 다섯 탄소와 다섯 수소 원자는 동일하다. Benzyl 음이온의 경우에도 동일하지는 않지만 다섯 개의 공명구조를 그릴 수 있다.

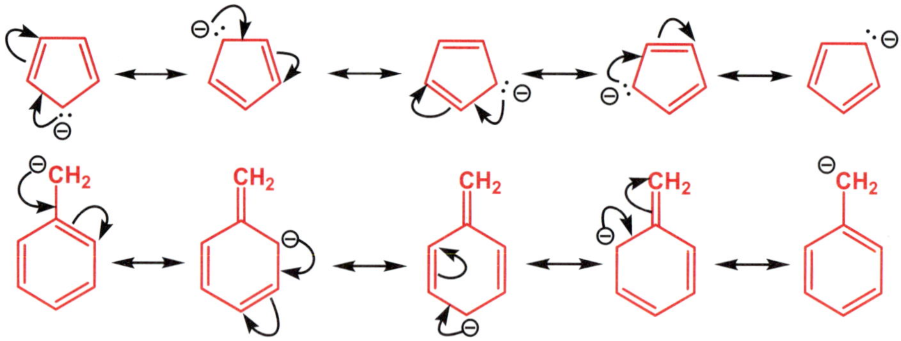

2. **전자결핍 원자가 π-결합에 이웃하고 있는 경우**도 둘 이상의 공명구조를 그릴 수 있다. 전자결핍 원자는 전자쌍을 받아드릴 수 있는 빈 오비탈을 가지고 있어야 하며, 양전하를 띠는 경우가 많다. Allyl, benzyl 및 propagyl 양이온은 모두 공명구조를 그릴 수 있으며, π-결합의 수가 늘어나면 늘어난 만큼 더 많은 공명구조로 양이온은 더욱 비편재화된다.

allylic cations

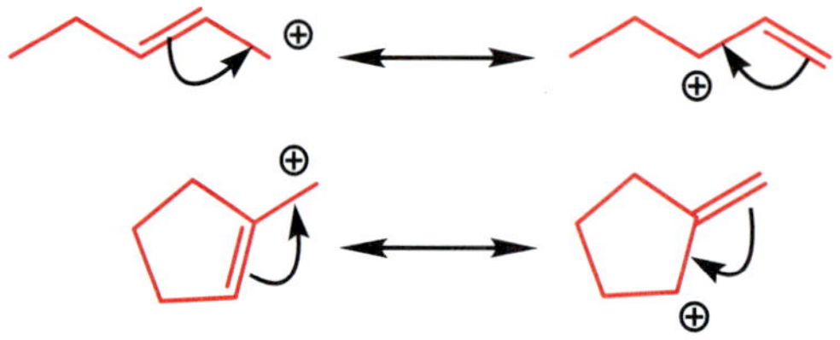

benzylic cation

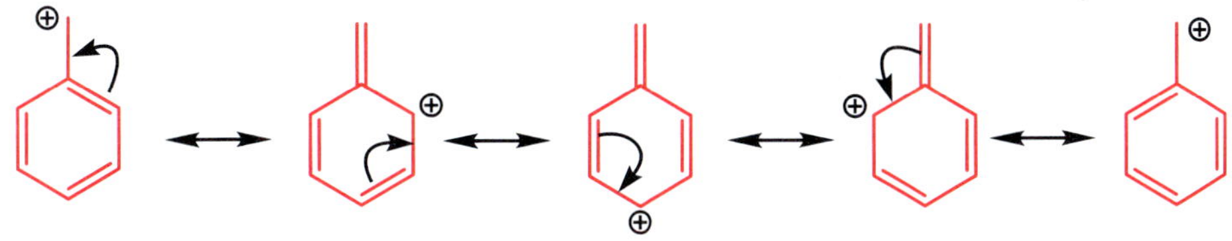

propagylic cation

Me C C≡C—H Me ⟷ Me C=C=C—H Me

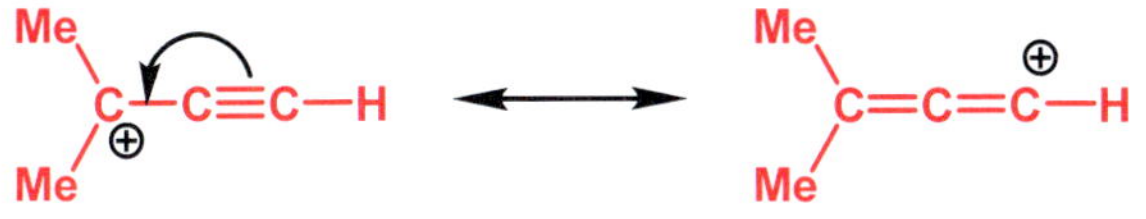

하지만 양의 형식전하를 가지는 모든 원자가 결합을 하나 더 할 수 있는 것은 아니다. 둘째 주기 원소의 경우 제아무리 많아도 8개 이상의 전자를 거느릴 수 없기 때문이다. 주위 전자수가 8개인 둘째 주기 원자는 전자결핍 원자가 아니다. 이들 원자는 남아 있는 빈 오비탈이 없음은 물론이다.

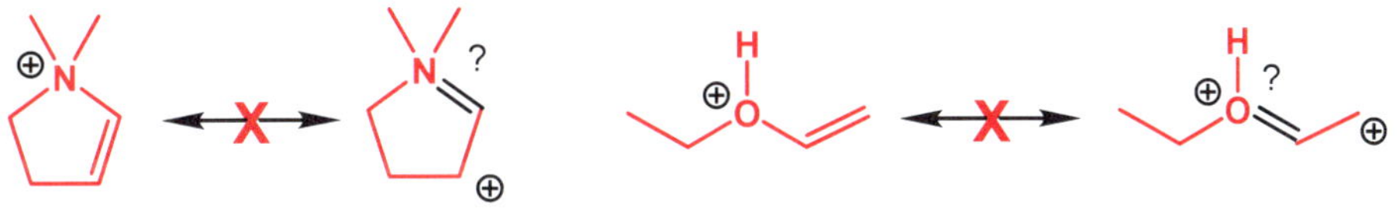

3. 고립쌍과 빈 오비탈을 가지는 전자결핍 중심이 이웃한 경우에도 π-결합을 그려 공명구조를 그릴 수 있다. 양이온과 고립쌍이 이웃하는 경우에는 양전하의 이동이 일어난다. 고립쌍을 이용하여 추가로 결합이 형성되면 전자쌍을 제공하는 원자가 형식양전하를 빈 오비탈을 제공하는 원자가 양전하가 없어지던지 음전하가 생겨나게 된다.

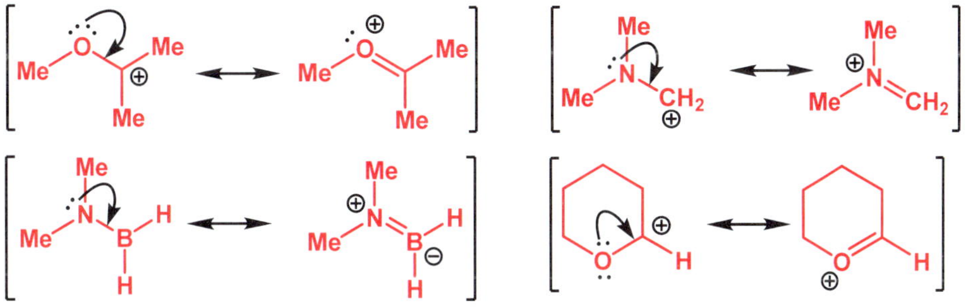

π-결합을 하고 있는 중성인 분자에서 π-결합이 깨진 구조를 그리면 zwitter ionic 구조를 그리게 되는데, 그 또한 공명구조임에는 틀림없으나 탄소-탄소 간의 π-결합에서는 여간 해서 그려야 할 필요가 없거나 흔하지 않다.

그러나 π-결합에 참여하는 두 원자의 전기음성도 차이가 큰 경우에는 zwitter ionic 공명

구조를 그릴 수 있으며, 때에 따라서 반응성을 이해하는데 key가 되기도 한다. 대표적인 것이 카보닐기인데 비록 덜 중요한 공명구조이기는 하지만, 카보닐기의 반응성은 이 zwitter ionic 기여체에 의해서 결정된다. Thiocarbonyl 화합물의 경우에는 황 원자의 3*p* 오비탈과 탄소의 2*p* 오비탈간의 π-결합은 덜 안정하여 zwitter ionic 공명구조의 기여도는 그만큼 더 커지게 된다.

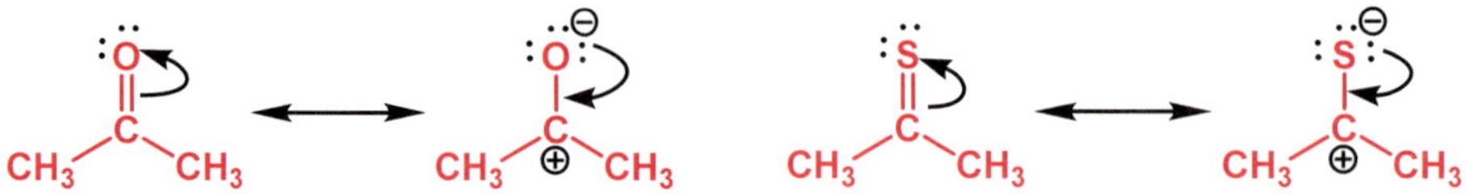

또한 이렇게 형성되는 양전하 또는 음전하가 위에서와 같이 다른 π-결합에 이웃하여 더 많은 공명구조를 그릴 수 있게 되면 그 중요성은 더 커진다. 다음 α,β-불포화 알데하이드가 그 예이다. Acrolein의 다음 공명구조에서 보듯이 이 화합물에는 양이온이 두 탄소에 분산될 수 있으며, 실제 반응에서도 친핵체는 전자쌍을 앞세워 부분 양전하를 가지는 두 전자결핍 탄소 중의 하나와 반응하게 된다.

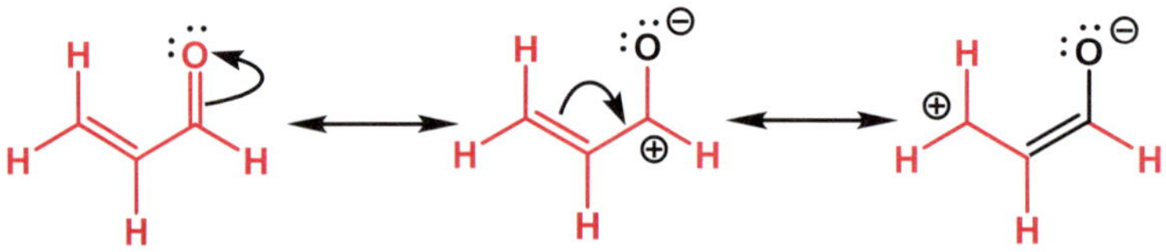

탄소–헤테로원자 간의 π-결합에 양성자붙임이 일어나거나 또는 Lewis 산과 결합하게 되면 양이온이 형성되며, 이때도 틀림없이 공명구조를 그릴 수 있다. 중성이던 헤테로원자는 양전하를 갖게 되고 공명구조에서도 음전하가 없이 형식 양전하만을 그리게 된다. α,β-불포화 화합물의 경우에는 그릴 수 있는 공명 기여구조의 수가 늘어나는 것은 π-결합 수가 늘어나는 앞의 보기에서와 같다.

문제 1.15 다음에 표시한 화학종의 공명구조를 그려라. 중성 원자의 경우에는 형식전하가 생겨날 수도 있음에 유의하라.

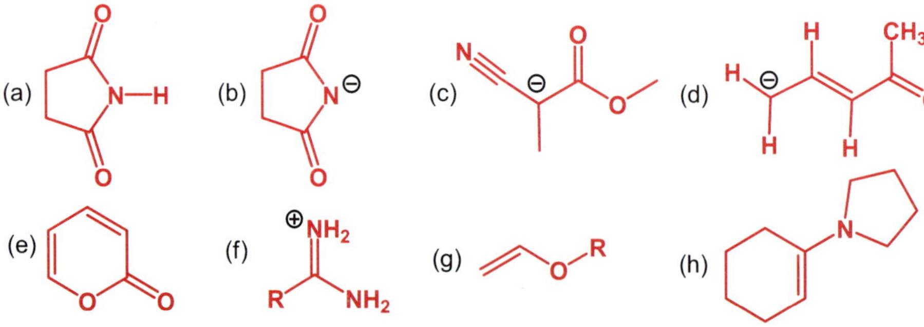

(a) (b) (c) (d)

(e) (f) (g) (h)

문제 1.16 다음 화학종의 공명구조를 모두 그려라.

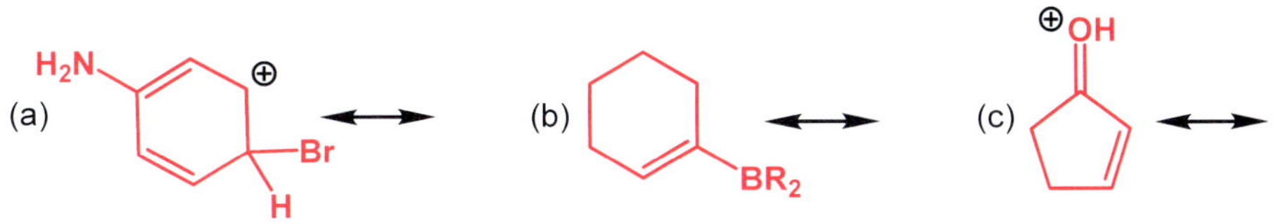

(a) (b) (c)

문제 1.17 다음 화합물에 양성자붙임이 일어나서 생성되는 양이온의 공명구조를 그려라. 양성자붙임은 전하의 분산이 일어나는 공명구조를 그릴 수 있는 자리에서 우선적으로 일어난다. (이는 chapter 3에서 상세하게 다루게 된다.)

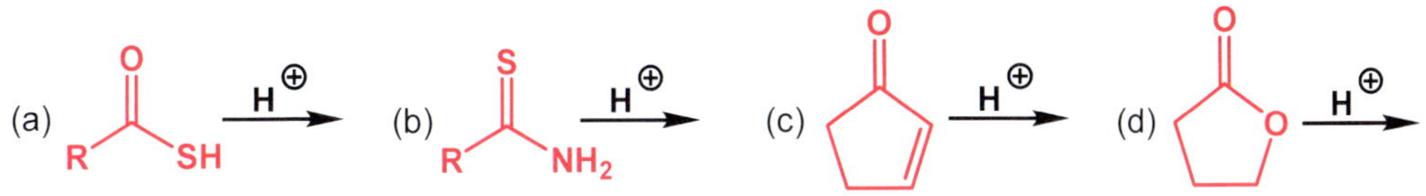

(a) (b) (c) (d)

문제 1.18 각 화학종의 두 번째 공명구조를 그려라.

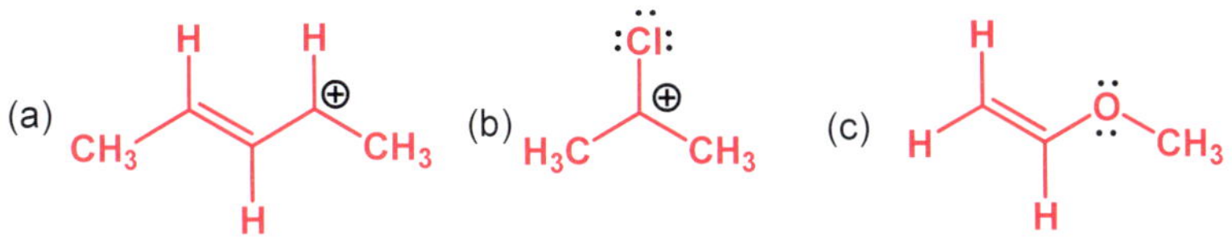

(a) (b) (c)

문제 1.19 주어진 각 화학종의 가능한 공명구조를 모두 그려보라.

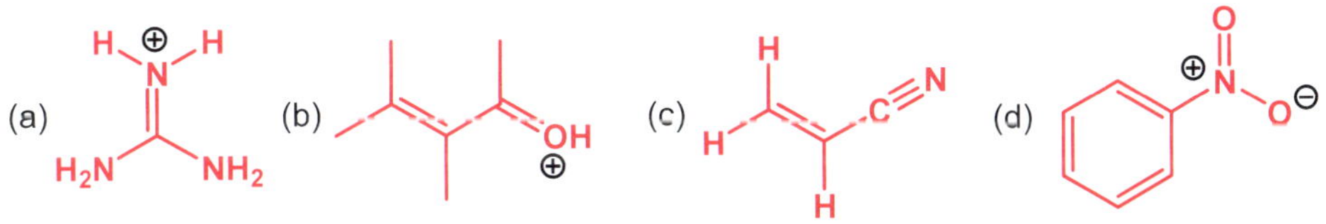

(a) (b) (c) (d)

1.2.3 Rules in Drawing Resonance Structures

공명구조는 한 화학종에 대해서 그릴 수 있는 여러 가지 Lewis 구조이다. 따라서 각각의 공명구조는 모두 합리적인 Lewis 구조이어야 한다. 수소는 전자 둘만을 갖고, B를 비롯한 모든 둘째 주기 원소들은 여덟 개 이상의 전자를 가져서는 안 된다. 결합 개수가 5개인 탄소, 5개인 질소 등은 절대로 그려서는 안 된다. 뿐만 아니라 형식전하를 생략해서는 안 된다는 등의 Lewis 구조 그리기의 모든 규칙을 정확하게 지키고 따라야 한다. 이를 따르지 않을 경우 흔히 가능하지 않은 반응성을 예측하게 되거나 아니면 엉뚱한 방향으로 메커니즘을 그리게 되기 때문이다.

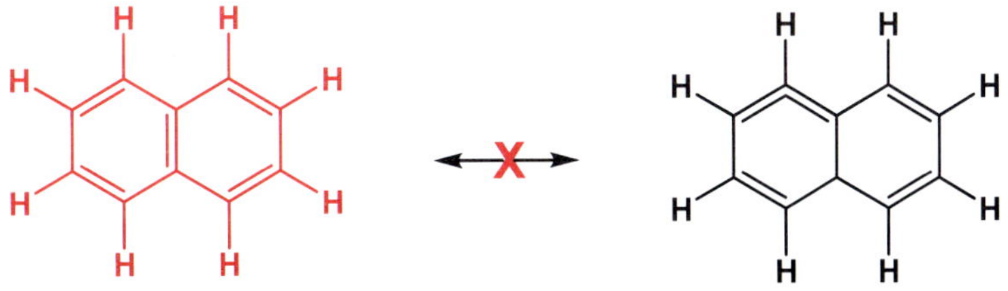

앞에서 확실하게 공명구조를 그리게 되는 세 가지 유형에 대해서 설명하였다. 즉, lone pair와 인접한 π-결합, lone pair와 인접한 전자결핍 중심, π-결합과 인접한 전자결핍 중심은 틀림없이 하나 이상의 공명구조를 그리는 핵심이 되며, 이를 따라 그리는 공명구조는 얼마든지 그려도 전혀 문제가 되지 않는다.

이들 세 가지 유형을 포함하여 공명구조를 그릴 때, 유의해야 하는 사항이 몇 가지 있다. 반드시 지켜야 하는 공명구조 그리기 규약은 다음과 같다.

Rule [1] 두 공명구조는 π-결합 전자쌍과 π-orbital로 쉽게 변할 수 있는 고립 전자쌍의 위치만을 달리 할 뿐이다. 원자나 단일결합의 위치는 변함없이 같아야 한다. 즉, 절대로 σ-결합은 깨지는 일도 새로 형성되는 일도 없어야 한다. Benzene과 Dewar benzene은 공명구조가 될 수 없다. Benzene에는 6개, Dewar benzene에는 7개의 C–C σ-결합이 있다.

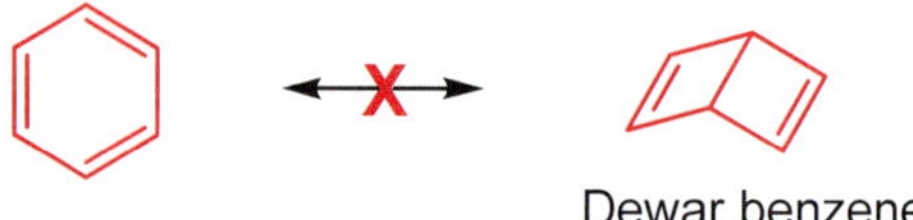

다음 alkene isomerization은 위의 benzene과 Dewar benzene에서와는 달리 π-결합과 σ-결합 개수가 같음에도 불구하고 두 이성질체간의 상호변환 반응이지 공명형이 아니다. 이 반응은 C–H σ-결합 하나가 깨지고 새로 다른 C–H σ-결합 하나가 생성되지 않으면 가능하지 않기 때문이다.

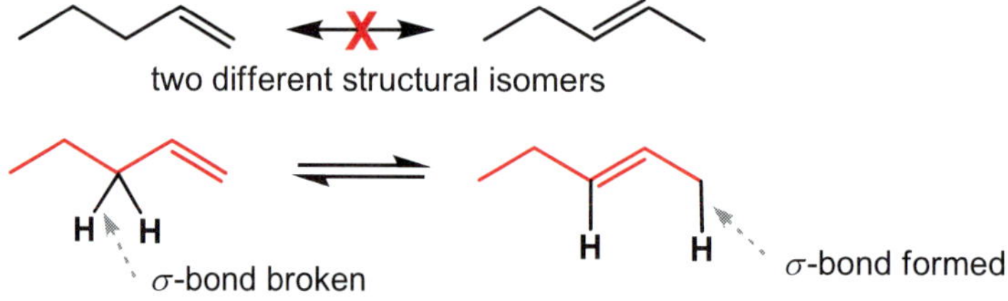

카보닐 화학에서 자주 등장하는 tautomerization은 alkene의 이성질화 반응과 거의 같으며 헤테로원자가 있다는 점만 다르다. 두 tautomer 간에 빠른 평형이 존재하는 이성질체임에 특히 주의를 요한다. (공명구조가 아님)

Nitromethane의 두 공명구조를 다음과 같이 그렸다고 하면 첫째 둘째 구조는 π-결합에 이웃한 lone pair의 공명구조 그리기에 부합하지만, 세 번째 구조에는 없던 O–O σ-결합이 새로 생성되었기 때문에 새로운 화합물이지 nitromethane의 공명구조가 될 수 없는 것이다. 공명구조가 아니라 구조를 달리하는 이성질체인 것이다. 또한 질소 원자가 산소와 두 개의 π-결합을 한 구조는 아예 그리면 안 되는 틀린 Lewis 구조이다.

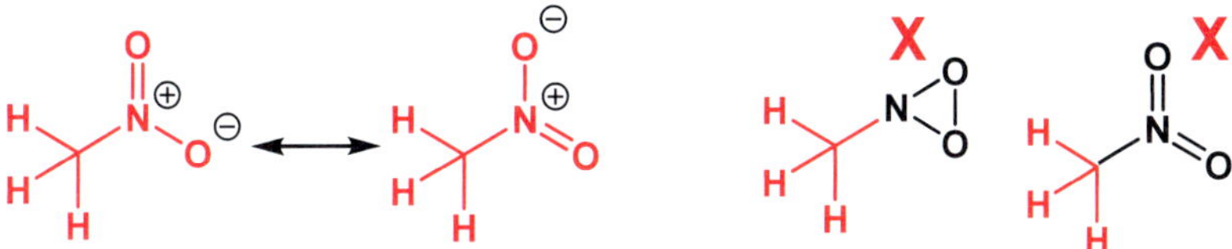

Rule [2] 두 공명구조는 짝지어지지 않는 전자의 수가 같아야 한다. 즉, 새로운 라디칼 쌍이 생겨나면 안 된다. 카복시산 음이온은 전혀 라디칼 성질을 갖지 않으며 따라서 셋째 구조는 전혀 기여도가 없는 구조이다. 스핀-짝지음(spin-paired) 분자에서 라디칼이 형성되면 이는 화학 반응이지 공명구조가 아니다.

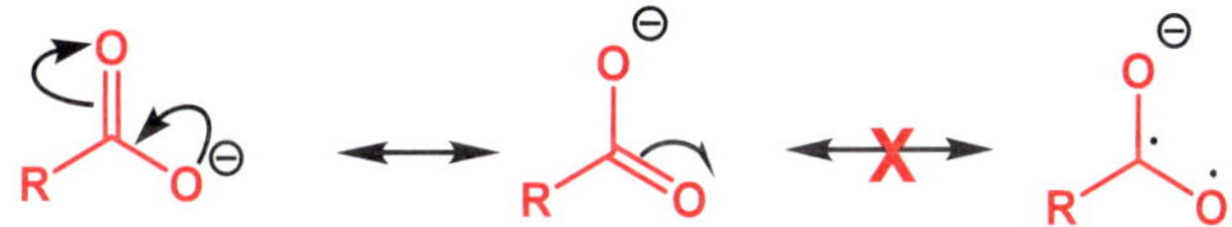

그러나 다음 allylic 라디칼처럼 엄연히 라디칼인 화학종은 여러 공명구조의 혼성체라고 할 수 있고 그만큼 안정화된다. 마찬가지로 benzene이 추가로 전자 하나를 받아들여 형성되는 음이온 라디칼은 아래 그림에서처럼 여러 개의 공명구조를 그릴 수 있다.

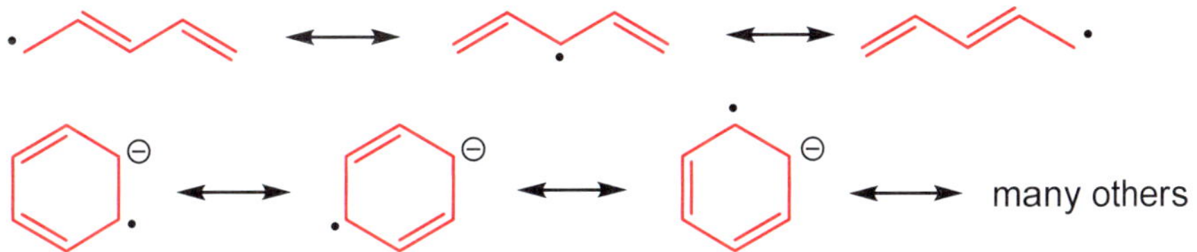

Rule [3] 공명구조란 주어진 화학종에서 lone pair와 π-결합의 비편재화라고 할 수 있다. 이렇게 비편재화 되려면 공명구조와 관련되는 모든 전자는 각기 π overlap이 가능하여야 한다. (Chapter 2 참조) 가장 효과적인 π overlap은 dihedral angle이 0°이거나 180°이며, 90°인 경우에는 overlap이 전혀 불가능하다. 다음에 overlap이 가능하지 않은 몇 가지 예를 살펴보기로 하자.

Pyridine의 lone pair는 π 평면에 수직인 sp^2 hybrid orbital에 의해서 기술된다. 따라서 pyridine의 고리형 π 전자계와 sp^2 orbital의 lone pair는 서로 수직이며, overlap이 불가능하다.

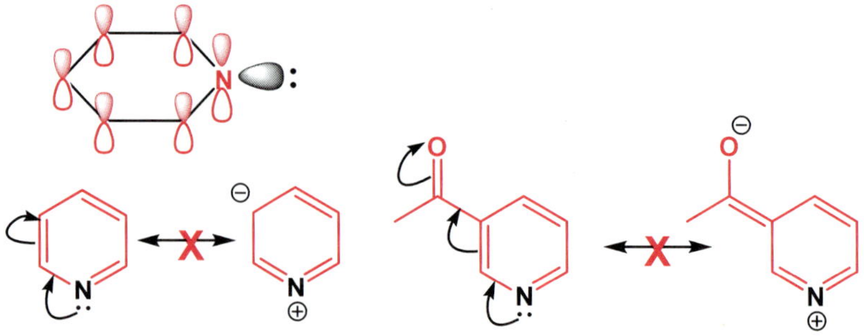

Bicyclo 화합물의 bridgehead에서 양이온의 생성 자체가 어려울 뿐 아니라, 생성되는 양이온에 이웃하여 lone pair나 π 전자계를 이웃하고 있다 하더라도 π overlap이 가능하지 않으며 **(Bredt's rule)**, 따라서 다음과 같은 공명구조는 그릴 수 없으며 공명에 의한 양이온의 안정화 또한 기대할 수 없다.

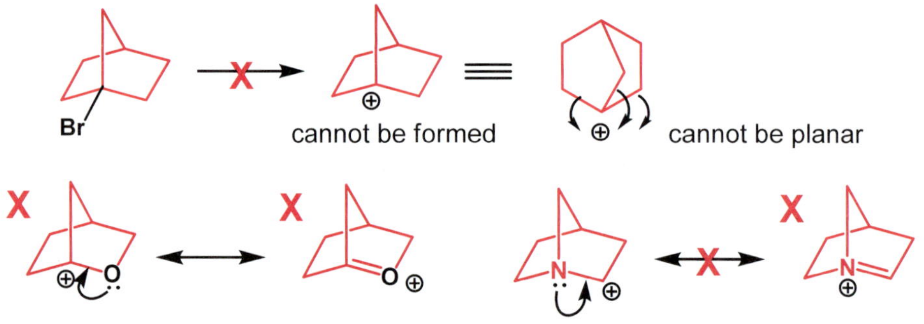

cannot be formed

cannot be planar

Aniline의 경우에는 전자끌개 치환기에 의한 공명 안정화가 가능하다. 하지만 N,N-dimethylaniline의 경우에는 *ortho* 자리에 거대 치환기가 있어 π overlap을 위한 평면상의 배열이 입체적인 장애로 방해를 받아 π overlap이 가능하지 않으며, 따라서 공명구조에 의한 안정화는 이룰 수 없게 된다.

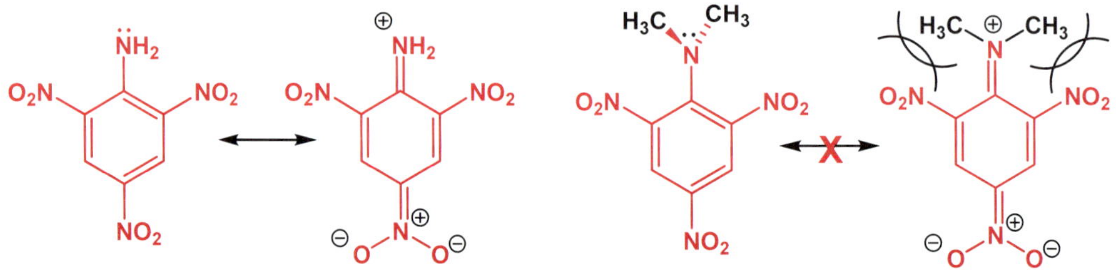

문제 1.20 각 쌍의 화합물이 이성질체인지 아니면 공명구조인지를 판별하라.

(a) 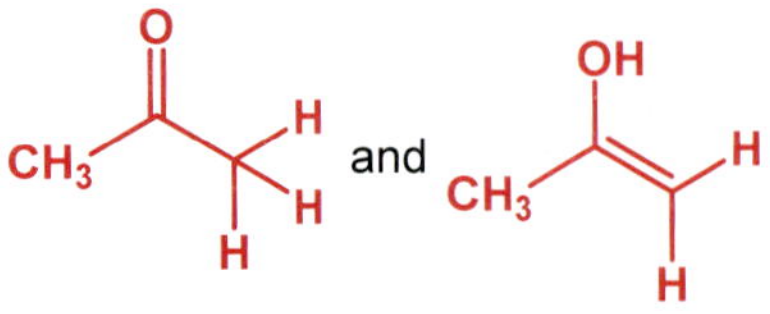 CH_3COCH_3 (CH₃–CO–CH₂H) and $CH_3C(OH)=CH_2$

(b) 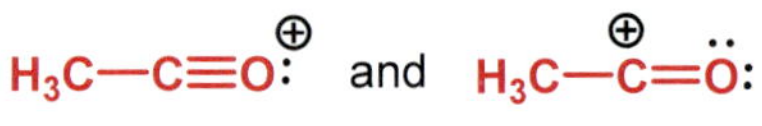 $H_3C{-}C{\equiv}\overset{\oplus}{O}:$ and $H_3C{-}\overset{\oplus}{C}{=}\ddot{O}:$

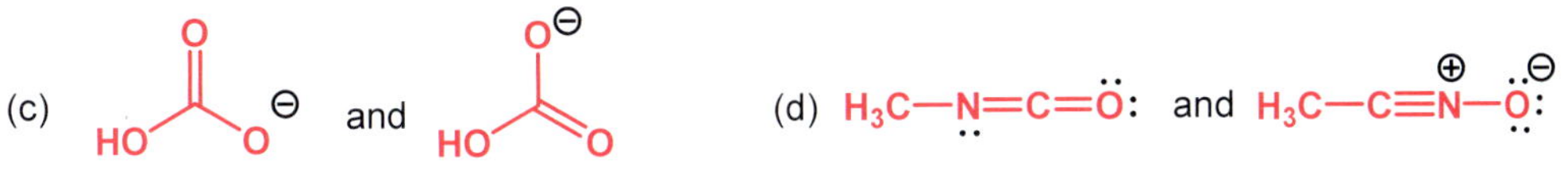

(c) HO–C(=O)–O⊖ and HO–C(–O⊖)=O (d) $H_3C—\ddot{N}=C=\ddot{O}:$ and $H_3C—C\equiv\overset{\oplus}{N}—\ddot{O}:^{\ominus}$

1.2.4 Resonance Hybrid

공명구조라 함은 같은 화학종에 대해 둘 이상의 Lewis 구조를 그릴 수 있다는 것이다. 둘 이상의 구조 그리기가 가능하다는 것은 것은 무슨 의미인가? 그리고 각각의 공명구조와 화학종의 실제 구조 또는 성질과는 어떻게 관련되어 있는가?

이에 대해 간단히 답하면 Lewis 구조로 표시되는 각 공명구조는 그 화학종의 실체가 아니라는 점이다. 실체는 그리기가 가능한 모든 Lewis 구조의 성질을 닮고 있다. 즉, 실체는 모든 가능한 Lewis 공명구조의 복합체이다. 이를 **공명 혼성체**(resonance hybrid)라 하며, 개개의 공명구조에서 다른 위치에 그려진 lone pair와 π 전자쌍은 공명 혼성체에서는 비편재화된다. 다음 naphthalene의 공명구조 각각은 어느 것도 실제 구조와는 다르며, 어느 C–C 간의 결합도 같지 않으며, 완전한 이중결합도 아니고 단일결합도 아니다.

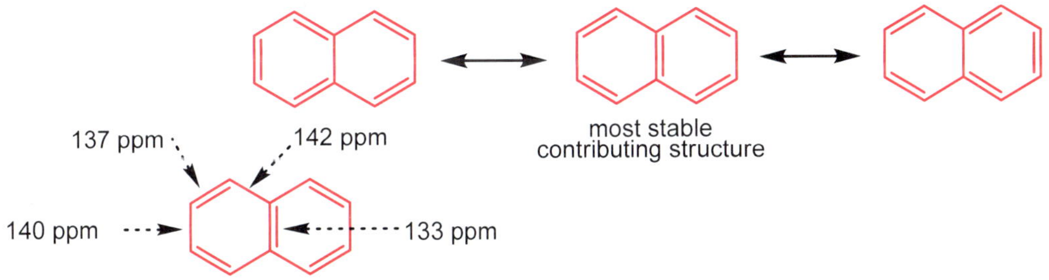

most stable
contributing structure

137 ppm
142 ppm
140 ppm
133 ppm

앞에서 살펴 보았던 formamide의 음이온 π-결합은 C와 O, 또는 C와 N 원자에 편재화되어(localized) 있는 것이 아니며, 음전하도 마찬가지로 질소와 산소 원자에 **비편재화**(delocalization) 되어 있다. 공명 혼성체가 개개의 어떤 공명구조보다 안정한 것은 기본적으로 전자밀도가 더 큰 체적에 비편재화되기 때문이다. 비편재화된 전자밀도를 가진 혼성체는 어떻게 그리면 되겠는가? 우선 먼저 공명구조 간에 무엇이 다른가를 알아내어야 한다. 흔히 다른 점이 두 가지가 있는데 하나가 π-결합의 위치이고, 다른 하나가 형식전하의 위치이다. 음이온인 $(HCONH)^-$의 두 공명 혼성체의 resonance hybrid를 그리는 법은 다음 그림과 같다.

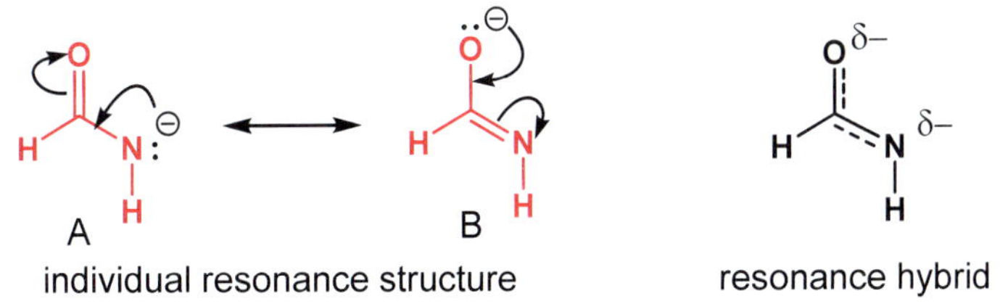

A B
individual resonance structure

resonance hybrid

혼성체에서의 이중결합의 위치는 점선으로 세 원자 간의 부분 이중결합을 나타낸다. 구조

A와 B의 두 다른 원자에 귀속되어 있는 음전하는 기호 δ−를 사용하여 N과 O 원자에 비편재화되어 있음을 나타낸다. 두 공명구조가 다른 경우에는 혼성체는 실제 구조와 더 가까운 공명구조를 더 많이 닮게 된다. 더 나은 공명구조를 **큰 몫 기여체**(major contributor) 그리고 다른 모든 기여체는 **작은 몫 기여체**(minor contributor)라고 한다[1]. 혼성체는 기여하는 모든 공명구조들의 기여도를 감안한 평균이다. Carboxylate anion이나 allylic cation의 경우처럼 두 공명구조가 동일한 경우 각 공명구조는 혼성체에 동등하게 기여한다.

Lewis 구조를 달리하는 공명구조의 기여도는 Lewis 구조에 따라 달라진다. 어떻게 하면 어느 공명구조의 기여도가 커지고 작아지게 되는가? 이에 영향을 미치는 요인은 여러 가지가 있겠으나, 한 두 가지 정도만 알면 어느 구조가 더 기여도가 큰지를 이해하는 데 큰 어려움이 없다.

1. 기여도가 큰 "더 나은" 공명구조는 결합수가 더 많고 전하수가 적다. Acetone의 경우를 보면 전하의 분리를 동반한 구조 A는 구조 B보다 덜 안정한 구조이고 작은 몫 기여체로 기여도가 더 작다. 따라서 혼성체는 A보다는 B를 더 많이 닮는다.

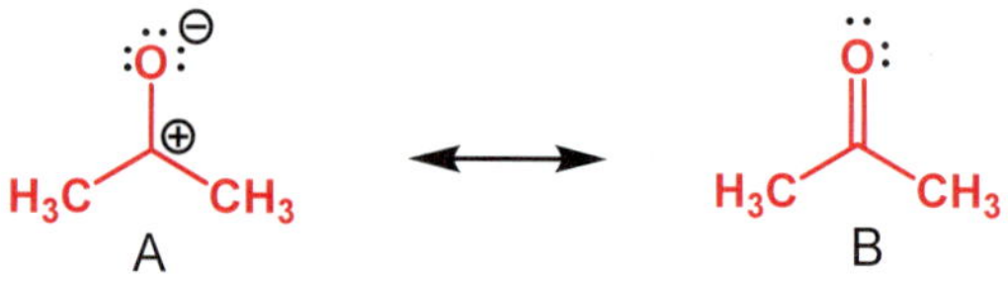

   H_3C, CH_3 A ⟷ H_3C, CH_3 B

   다음 두 공명구조를 살펴보아도 역시 마찬가지이다. 전하의 분리를 수반하는 공명구조는 에너지가 높아서, 전하의 분리를 수반하지 않는 공명구조에 비해 공명 혼성체에 의미 있는 기여를 하지 못한다. 동시에 결합수가 감소하는 것도 불리한 요인이다.

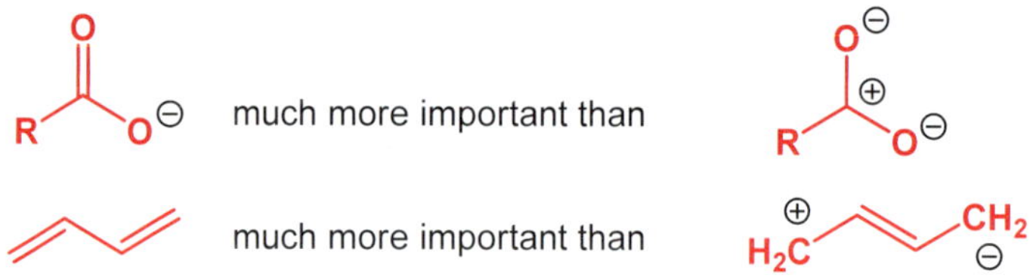

   O, R, O⊖ much more important than O⊖, ⊕, R, O⊖

   much more important than ⊕ H_2C, CH_2 ⊖

   여기서 유의할 점은 기여도가 적다고 하여 이를 완전히 무시하면 안 된다는 점이다. 위에서 예로 든 acetone은 쉽게 전자가 풍족한 친핵체의 공격을 받는데, 이는 acetone이 작은 몫 기여체의 성질을 갖고 있기 때문이다.

2. 음전하는 가장 전기음성인 그리고 양전하는 가장 전기양성인 원자에 놓이는 경우에 기여도가 큰 중요한 구조가 된다. 앞에서 본 acetone의 작은 몫 기여구조 A는 기여도는 작지만 이를 무시해서는 안 된다는 설명을 한 바 있다. 그러나 더 전기음성인 O에 양전하, 더

---

1 큰 몫 기여체(major contributor)는 주 기여체, 다른 모든 작은 몫 기여체(minor contributor)를 부기여체로 부르는 것보다 이해가 쉽다.

전기양성인 C에 음전하가 놓이는 기여구조는 절대로 그려서는 안 된다.

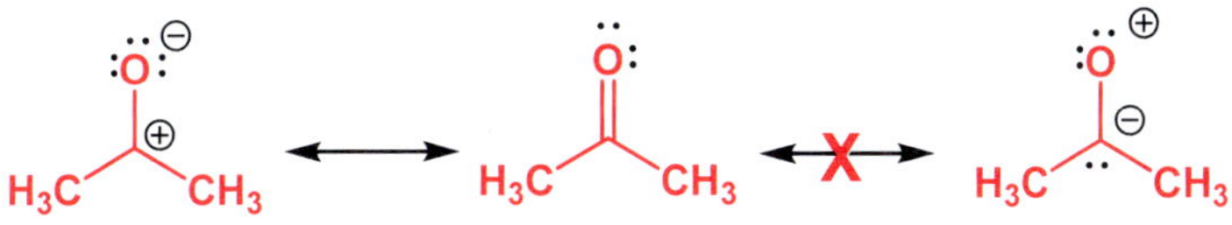

A B C

아래와 같이 acetone의 양성자떼기로 생성되는 짝염기는 산소에 음전하가 놓이는 enolate 음이온이 큰 몫 기여체이므로 하나만을 그린다면 당연히 이를 그리는 것이 더 타당하다고 하겠다. 탄소에 음전하가 놓이는 carbanion 구조는 덜 안정하며, 기여도가 낮기 때문에 하나만을 그릴 때는 가급적 그리지 않는 것이 좋다. 카보닐이 없었다면 이 음이온은 절대로 생성될 수 없으며 전이상태에서도 음전하는 카보닐 산소와 염기에 나뉘어 있게 된다. (대부분의 교재에서는 이를 지키지 않고 있다.)

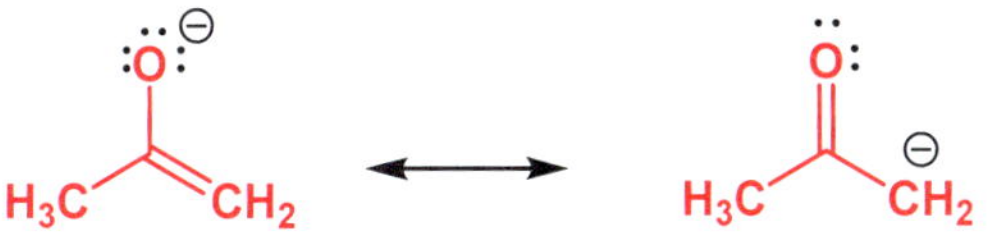

more stable
contributes more

less stable
contributes less

3. 전하의 분리가 일어나고 π-결합이 없어진 acetone의 기여구조는 기여도가 적어 주로 π-결합을 그려 넣은 기여 구조를 그리게 된다. 유의해야 할 점은 셋째 주기 원소인 S 또는 P (다른 셋째 주기 원소도 마찬가지지만) 원자는 3*d* 오비탈을 이용하여 전자 껍질을 확장하여 여덟 개 이상의 전자를 수용할 수 있으므로, 다음과 같은 공명구조가 가능하다. 전하의 분리가 일어난 DMSO의 Lewis 구조는 확장 오비탈을 이용하여 S가 10개의 전자를 수용하는 공명구조를 그릴 수 있다. 앞에서 살펴본 9개의 결합보다 한 개 더 많은 결합을 하는 셈이다. 같은 방식으로 triphenylphosphine oxide의 구조를 그리면 다음과 같은 두 공명구조를 그리게 된다. 확장 원자가껍질 이론은 때로 혼동하기 쉽다. 예를 들어, DMSO는 acetone과 흡사하지만 DMSO의 S는 고립쌍을 가지고 있으며 전자결핍 정도는 확연히 전자결핍 상태인 acetone의 카보닐 탄소와는 다르다.

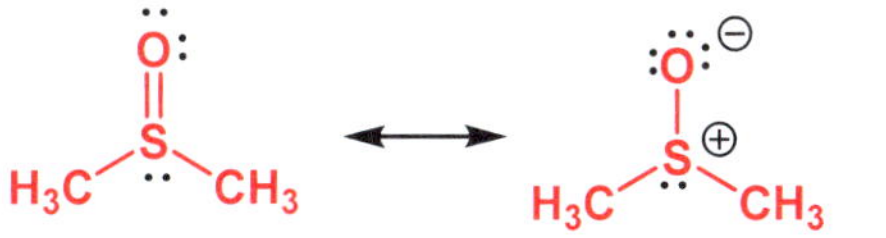

contributes less

contributes more

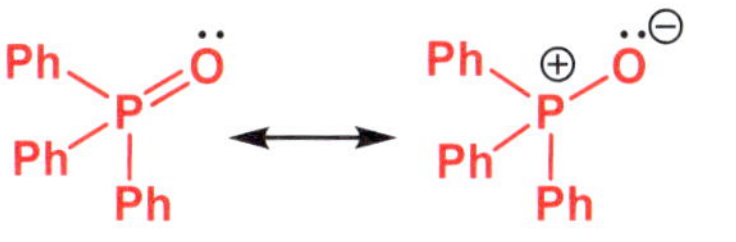

contributes more

확장 원자가 껍질을 사용하는 분자들의 구조는 혼동하기 쉽다. S=O 또는 P=O π-결합은 둘째 주기 원소인 O의 2*p* 오비탈과 셋째 주기 원소의 3*p* 오비탈 간의 겹침으로 2*p*–2*p* 간의 π-겹침보다는 훨씬 덜 효과적이며, 덜 안정한 결합이라는 점이다. 또 크기가 같은 오비탈끼리라도 3*p* 3*p* 오비탈 겹침은 2*p*–2*p* 겹침보다 덜 효과적이다. 예를 들어, DMSO는

acetone과 흡사하지만 산소와 π-결합을 형성한다 해도 그렇게 센 결합이 아니다.

efficient overlap of *p* orbitals of same size

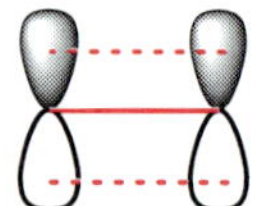

Inefficient overlap of *p* orbitals of larger size

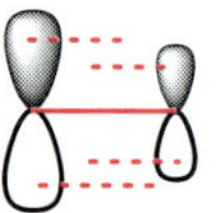

Inefficinet overlap of *p* orbitals of different size

따라서 S=O, P=O S=C 또는 P=C와 같은 결합을 발견하면 이는 단순한 둘째 주기 원소 간의 π-결합과는 다르게, 확장 원자가 껍질을 이용하는 덜 안정한 카보닐과는 성질이 다른 π-결합이라고 이해하면 될 것이다. 따라서 전하 분리가 일어난 이중극성의 구조가 DMSO나 phosphine oxide와 같은 화합물을 더 잘 묘사한 것이라 할 수 있으며, DMSO는 전하 분리가 있는 둘째 공명구조가 큰 몫 기여체인 셈이다. 하지만 화학자들의 오랜 관습은 잘 꺾이지 않으며 보통은 S=O 이중결합을 포함하는 구조를 그린다. 더 안정한 구조가 아님에도 황산은 이중결합을 그려 넣은 구조를 그리는 것이 관습화되어 있다.

minor contributor

major contributor

어찌됐든 간에 다음에 나타낸 Wittig 반응에 등장하는 phosphoylide의 경우도 마찬가지로 phosphorane이 아닌 phosphoylide로 그리는 것이 실체에 더 가까운 표현임을 기억해 두는 것이 좋을 것이다.

Phosphoylide

Phosphorane

major contributor

mino contributor

문제 1.21 아질산(HONO)과 아황산[HOS(O)OH]의 공명구조를 그리고 (전하 분리 포함), 어느 것이 큰 몫 기여체인지를 가려 보라.

문제 1.22 각 쌍의 공명구조에서 각각을 큰 몫 기여체, 작은 몫 기여체 및 같은 몫 기여체로 표시하라. 그런 다음 공명혼성체를 그려라.

(a)

(b)

문제 1.23 다음 각 화학종의 공명 기여구조 간에 전자쌍 이동 화살표를 모두 그려 넣고, 그

중에서 가장 안정하여 가장 기여도가 높은 큰 몫 기여체를 찾아보라.

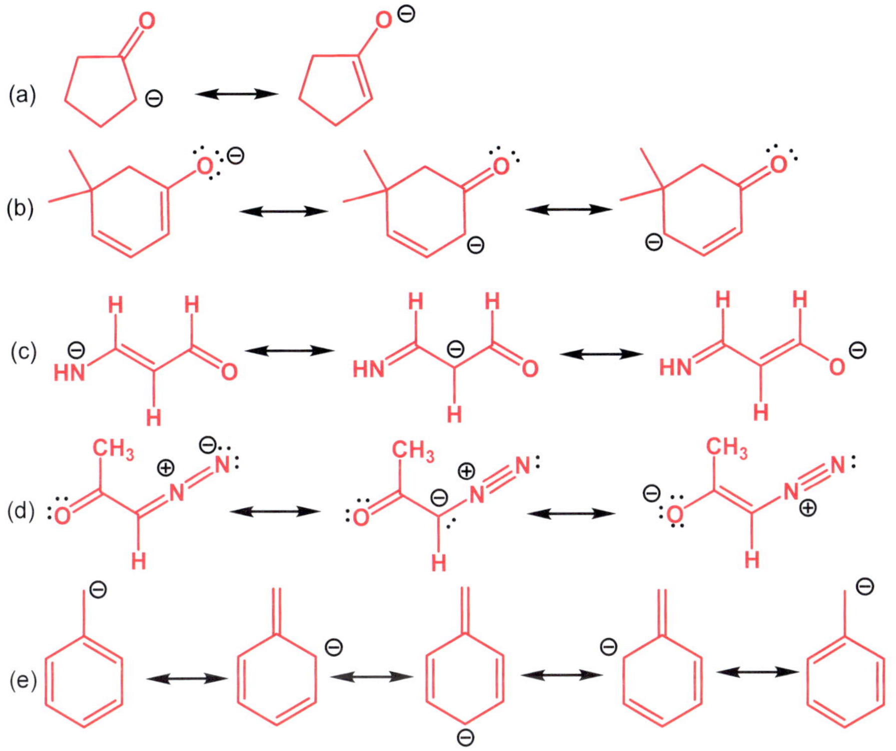

(a)

(b)

(c)

(d)

(e)

문제 1.24 다음 반응의 중간체의 공명기여체 중에서 어느 것이 가장 덜 안정하며 기여도가 낮은지 찾아보라.

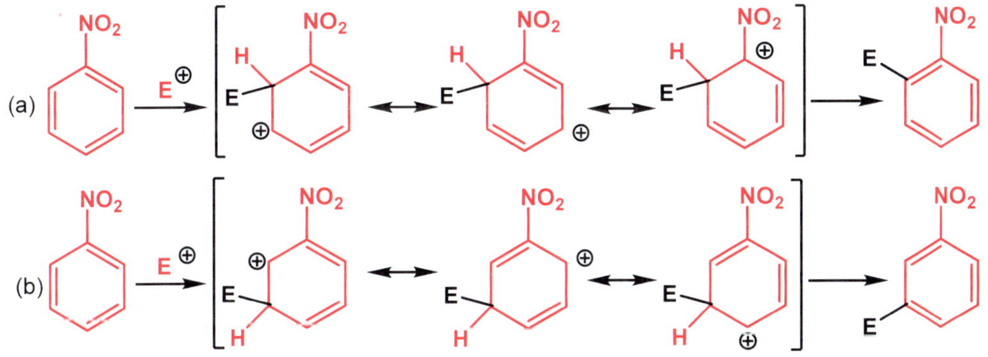

(a)

(b)

1.2.5 Stabilization by Resonance

π-결합 또는 전하가 비편재화되어 있는 실제 분자나 이온은 제일 안정한 큰 몫 기여체보다 항상 더 안정하다. 즉, 더 낮은 에너지 상태에 있다. 실제 구조와 가장 낮은 에너지 상태의 공명구조 간의 에너지 차를 **공명안정화 에너지**(resonance stabilization energy)라 부른다. 간단히 **공명에너지**라고 한다. 안정한 공명구조를 그릴 수 있는 분자나 화학종은 공명에 의해 어느

정도 안정화되는 것일까?

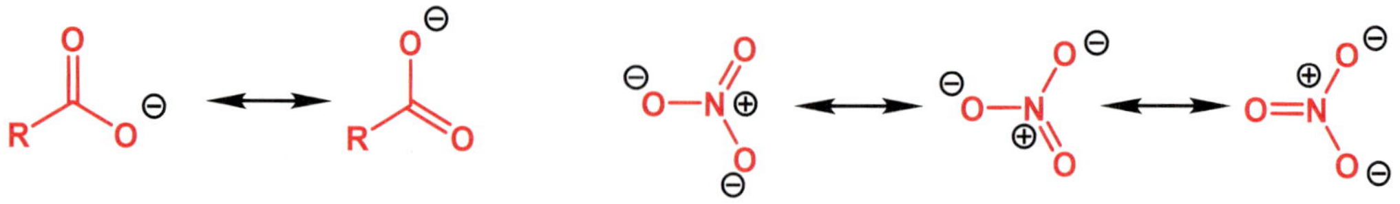

분자나 이온의 공명안정화 에너지는 부분적으로는 가능한 공명구조의 수에 따른다. 다른 요인이 모두 같다고 한다면 분자나 이온의 공명에너지는 더 적은 공명구조를 갖는 유사한 분자나 이온에 비해 더 많은 유사한 기여구조를 가지는 분자나 이온이 더 큰 공명에너지를 갖는다. Allyl 라디칼을 예로 들면, 공명안정화 에너지(RSE)가 약 12 kcal/mol인데 비하여, 이중결합이 하나 더 많은 pentadienyl radical의 공명안정화 에너지는 약 19 kcal/mol이나 된다.

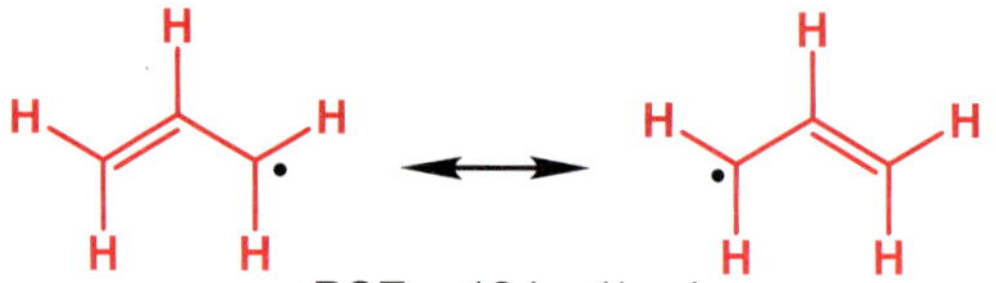

RSE = 12 kcal/mol

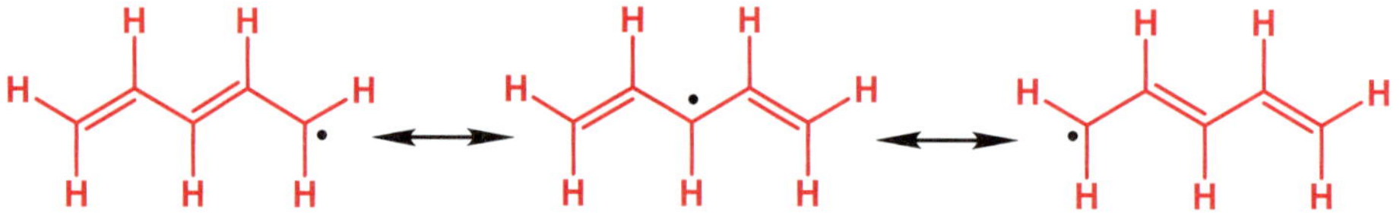

RSE = 19 kcal/mol

공명에너지 값은 또한 다양한 공명구조의 상대적인 안정성에 따르기도 한다. 공명구조 간의 에너지 차가 적을수록 전자의 비편재화의 정도가 높으며, 공명에너지 또한 커진다. 예를 들면, α-keto radical은 정확한 값을 이야기하기는 힘들지만, 위의 allyl 라디칼에 비해 공명에너지가 현저하게 떨어질 것으로 예상할 수 있다.

다음 세 음이온의 안정도를 비교해 보자. Ketone, amide, carboxylic acid의 짝음이온의 음전하는 탄소 < 질소 < 산소의 순으로 안정화하는 효과에 큰 차이를 보인다. 또한 C=C, C=N, C=O의 순으로 π-결합의 세기가 증가하여 전체적으로 carboxylate, amide, ketone의 순으로 공명안정화 효과가 감소하여 안정도가 크게 낮아진다.

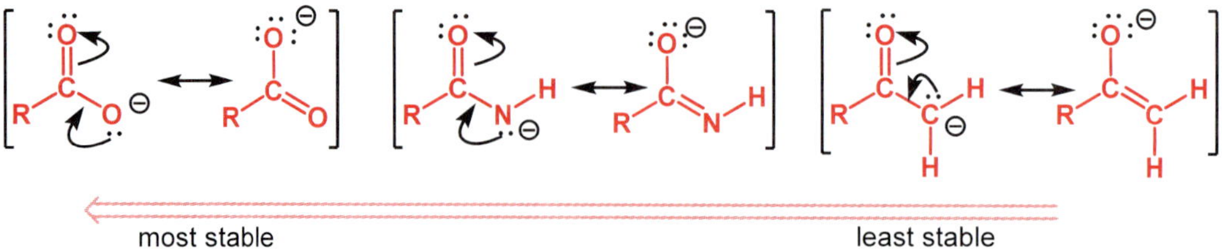

most stable　　least stable

이와 같이 음이온을 안정화 할 수 있는 이웃한 카보닐기가 두 개라면 안정화 효과는 배 이상이 된다. 카보닐기 뿐만 아니라 nitro기나 nitrile 또한 이웃한 음이온을 안정화하는 효과가 카보닐기와 비슷하거나 큰 치환기가 둘이 있어도 같은 효과를 갖는다.

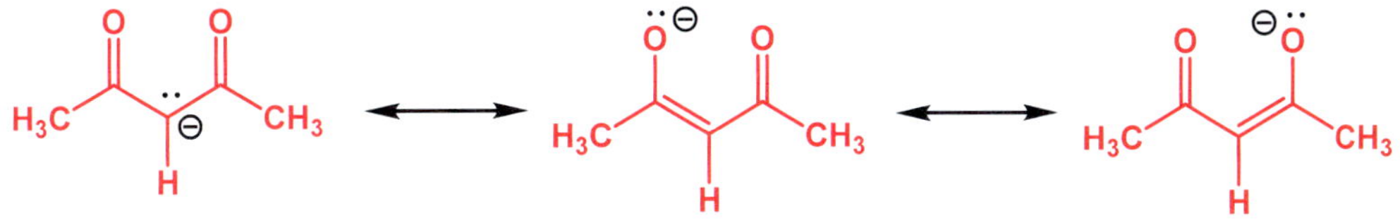

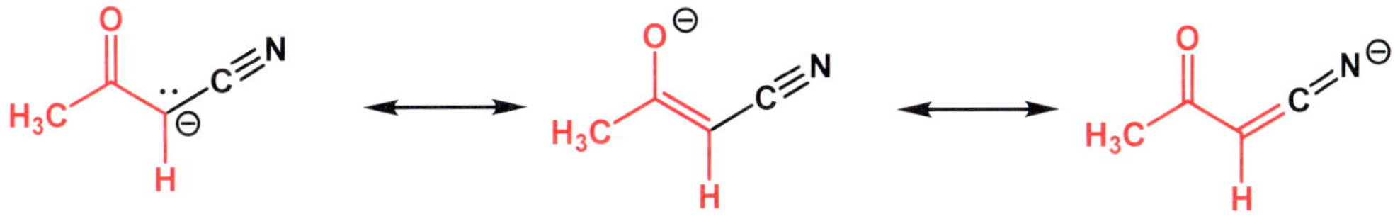

다음 carboxylic acid의 ester와 amide의 양성자붙임으로 생성되는 양이온의 안정도는 음이온과는 반대로 amide의 경우 안정도가 높다.

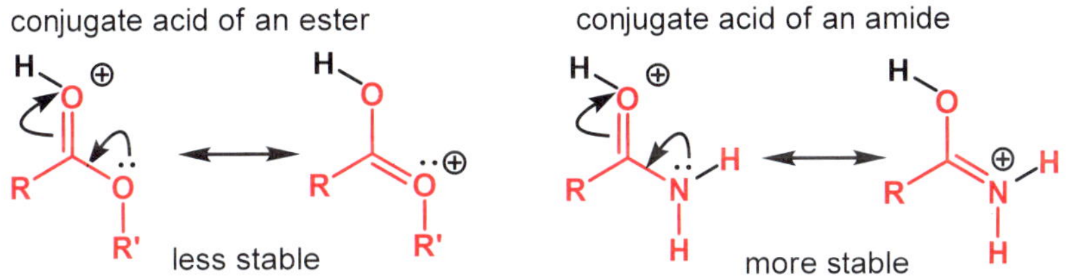

conjugate acid of an ester

less stable

conjugate acid of an amide

more stable

또한 이들은 각각 –OR', –NH_2에 양성자붙임이 일어나는 것보다는 카보닐 산소에 양성자붙임이 일어나는 것이 더 유리하다. –OR', –NH_2에 양성자붙임이 일어나면 위의 예에서와 같은 공명에 의한 안정화를 포기하게 되기 때문이다. (Lewis 구조 그리기가 잘못 되었다는 것이 아니고, 양성자붙임이 그 원자에서 일어나는 것이 불리하다는 뜻이다.)

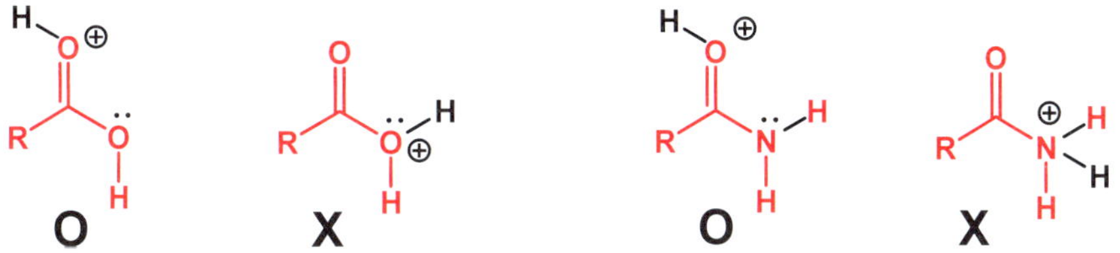

O X O X

유기화합물의 특성이나 유기 반응을 이해하는데 있어 공명 안정화는 폭넓게 사용되며, 또한 문제 해결에 아주 유용한 key를 제공한다. 공명구조에 관한 지금까지의 논의는 아직은 입문에 불과하다. 앞으로 공부하게 되는 거의 모든 chapter 곳곳에서 공명 이론과 공명구조는 여러 다양한 실험적 사실을 설명하고 예측하는데 이용될 수 있음을 보게 될 것이다. 예를 들면, 산·염기 이론을 다루는 Chapter 3에서는 산성도에 미치는 공명 안정화 효과의 중요성을 다루게 될 것이다. 공명구조에 관한 지금까지의 논의를 이해한다면 앞으로 여러 곳에서 접할 공명구조를 이용하는 반응성 또는 반응 자리의 예측이나 화합물이나 반응 중간체의 안정성에 관한 설명이나 논의를 이해하는데 크게 모자람이 없을 것이다.

문제 1.25 대표적인 네 카보닐 화합물의 구조를 표시하였다. 각각의 공명구조를 2~3개씩 그려 보라. 어느 구조가 가장 안정한가? 이는 함께 표시한 C–H의 *pKa* 값과 어떤 관계가 있는가?

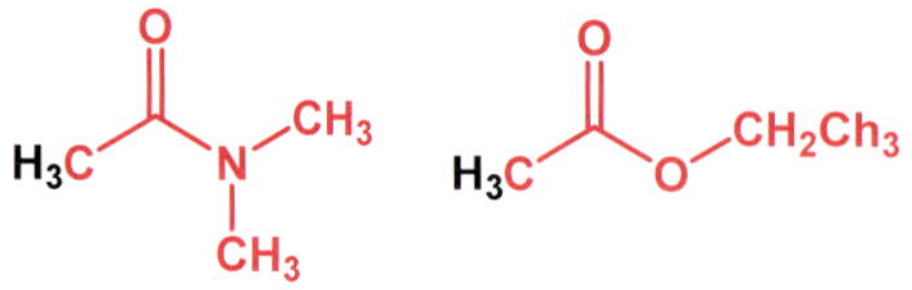

pKa 30 25 19 17

문제 1.26 다음은 자주 그리게 되는 중간체이다. 이보다 더 안정한 공명 구조를 그릴 수 있으면 그려 보라. 새로 그린 공명구조가 더 안정하다면 어떤 이유에서 인지 설명하여 보라.

(a) (b) 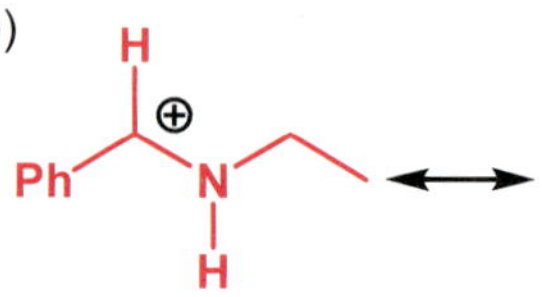 (c)

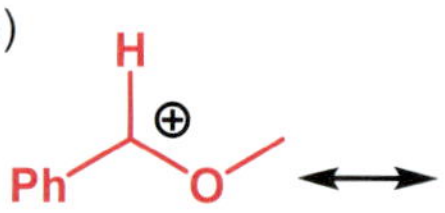

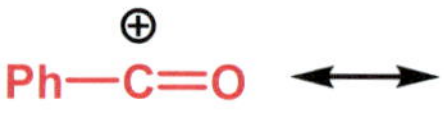

문제 1.27 공명구조를 그려 다음 두 방향족 화합물의 탄소–탄소 결합길이의 차이는 무엇에 기인하는가를 설명하라.

137 pm 142 pm 137 pm 140 pm

문제 1.28 다음 두 구조간의 관계는 공명구조인지 아니면 (다른) 이성질체인지 가려보라.

(a) and (b) and

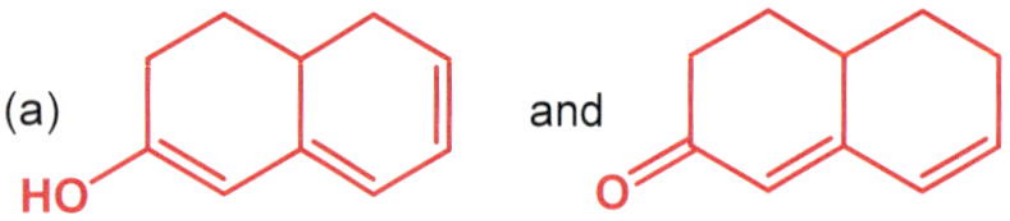

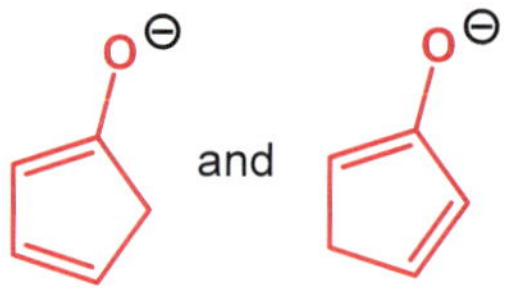

(c) and (d) and

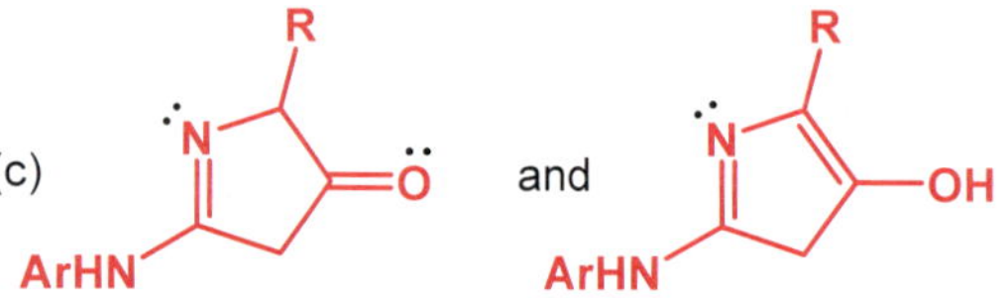

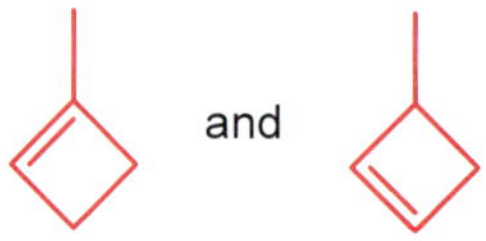

1.3 Organic Functional Groups

1.3.1 The Structure and Naming of Functional Groups

이 책을 공부하는 이는 아마도 유기화학의 기초 과정을 모두 마쳤을 것이다. 따라서 작용기뿐만 아니라 이들의 반응에 대해서도 또한 상당 수준 알고 있을 것이다. 반응에 자주 등장하는 주요 작용기들을 유기화학 학습 시작과 동시에 미리 익혀두는 것이 바람직하다. 일반 유기화학 교재와는 달리 이 책은 작용기 순으로 기술되어 있지 않고 반응 유형에 따라 모든 작용기를 함께 다루고 취급하기 때문에 이들을 미리 복습하고 익혀둘 필요가 있다. 앞으로 다루게 될 대부분의 작용기들이 Table 1.4에 망라되어 있다. 각 작용기의 구조를 꼼꼼히 살피고 생략된 전자쌍을 모두 챙겨보고 작용기와 화합물의 이름을 익혀두면 크게 도움이 될 것이다.

[Table 1.4] Lewis structure of functional groups frequently encountered

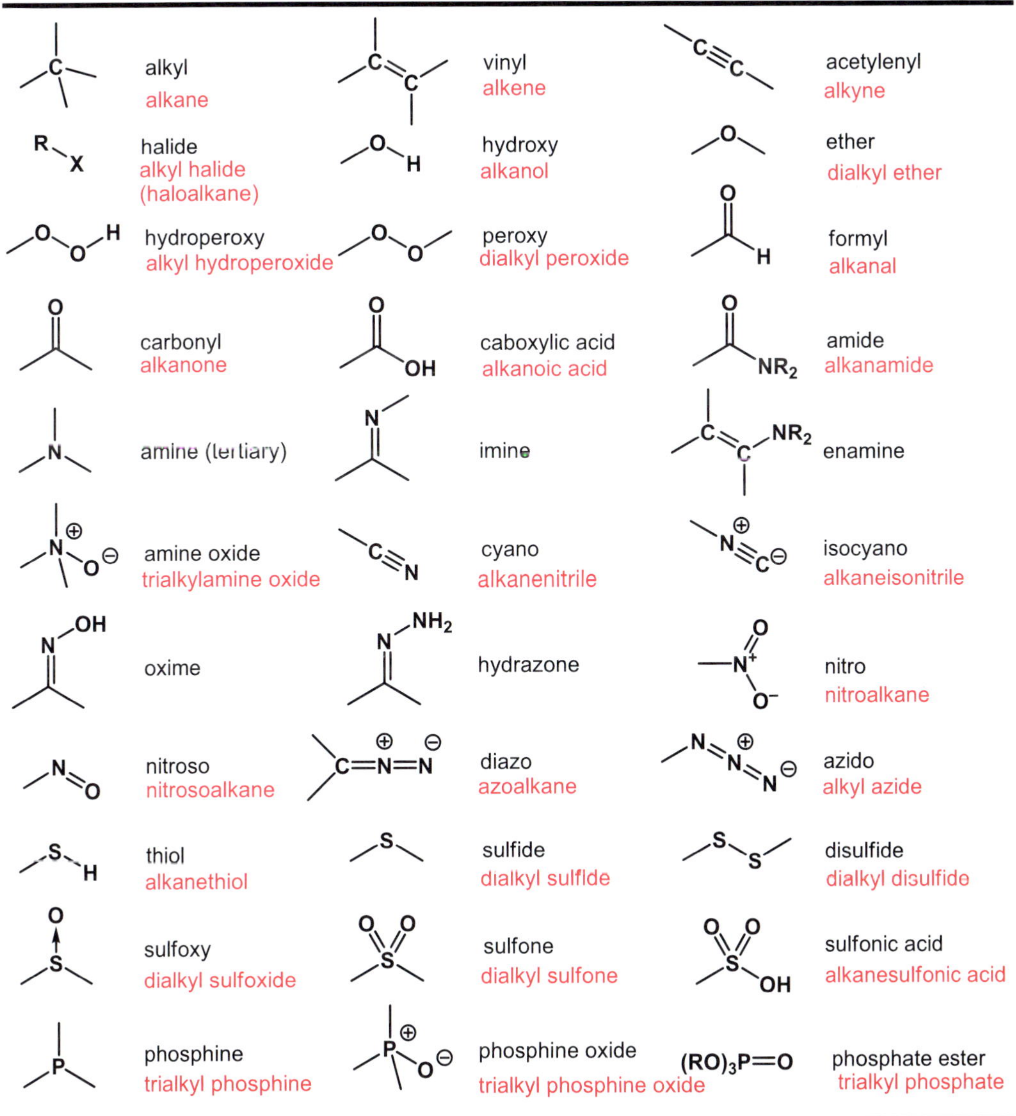

유기 화합물의 Lewis 구조 그리기는 결국 이들 작용기와 alkyl기의 조합이라고 보면 된

다. Alkyl기와 조합하면 거의 대부분의 유기화합물의 Lewis 구조를 그리는데 문제가 없다. Table 1.4에 이들 작용기에는 lone pair를 함께 표시하지 않았다. 이들 작용기를 갖는 화합물의 실제 반응을 이해함에 있어서 이들 lone pair가 중요한 역할을 하는 경우가 많으므로, 그려 넣어 보는 것도 괜찮은 연습이다. Table 1.4에 나와 있는 작용기에 일반 alkyl기인 R을 붙이면 alcohol, nitroalkane, dialkyl disulfide 등과 같이 일반명이 되며, 예를 들어 methyl기를 붙이면 trimethylamine, dimethyl sulfoxide, ethanenitrile과 같이 화합물명을 붙일 수 있게 된다. 복잡한 화합물의 경우에는 단순히 작용기가 붙어 있는 탄소 골격이 크고 복잡할 뿐 아니라 여러 다른 작용기가 함께 붙어 있게 된다.

Table 1.4에 나타낸 작용기에 적당한 alkyl나 기타 다른 탄소의 뼈대를 붙여 일련의 화합물을 그릴 수 있게 된다. 예를 들어, $-CO_2H$를 가진 다음 화합물은 모두 카복시산으로 부르며, 카복시산에 독특한 성질이나 반응을 논의할 때에는 분자내의 나머지 부분은 크게 신경 쓸 필요가 없는 경우가 대부분이다.

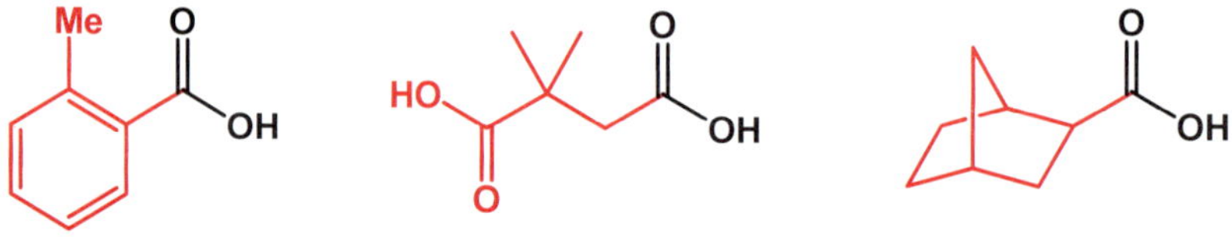

Ether 결합을 가지는 화합물의 경우를 몇 가지 예로 든다면 그 중에 몇몇은 보는 바와 같이 고리를 형성하는 경우도 있고 또한 같은 탄소가 둘 이상의 ether 결합을 형성하는 경우도 있다. 각기 다른 이름으로 부르지만 반응성에도 차이가 있지만, 똑같이 ethereal linkage를 가지고 있는 것은 틀림없는 사실이다. 고리형 ether 중에서 epoxide는 보통 ether와는 다르게 특별히 반응성이 크며 acetal과 orthoester는 한 탄소가 ether 결합을 두 번 이상 하고 있어 역시 다른 ether와는 반응성에 큰 차이를 보이게 된다.

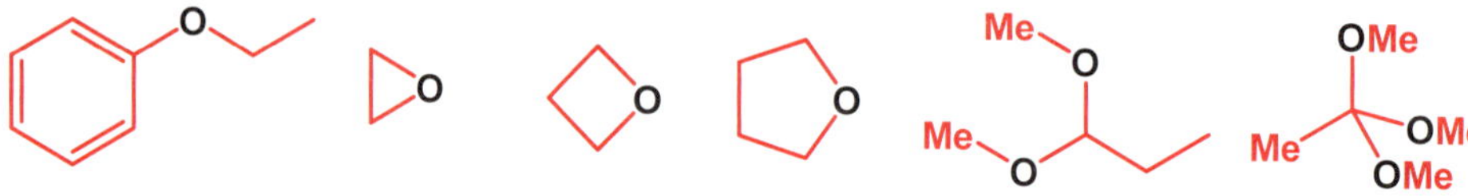

alkyl phenyl ether (phenetole) | epoxide (oxirane) | oxetane | THF (oxole) | acetal | orthoacetate

Table 1.4를 얼핏 보아도 알 수 있듯이 중요한 유기 작용기에는 대개 헤테로원자가 있고, 일반적으로 탄소와 헤테로원자간에는 결합 극성이 크다는 공통점을 갖는다. 대부분의 작용기로 붙어 있는 헤테로원자는 탄소보다 전기음성인 경우이고, 탄소는 전기적으로 양의 성질(친전자체)을 갖게 되며, 화학 반응에서 중추적인 역할을 하게 된다. 이들 헤테로원자와 탄소 간에 이중결합 또는 삼중결합을 이루게 되면 이러한 결합 극성은 더 커지게 되는데, 유기 반응에서 자주 보게 되는 카보닐기는 작용기의 대표적인 예라고 할 수 있다.

유기 작용기 중에서 유기나 생화학에서 으뜸가는 역할을 하는 것이 카보닐기이고, 따라서 이 교재와 극성 반응을 다루는 이어지는 2편에서는 C=O π-결합을 갖는 카보닐의 화학을 가장 중요하게 취급하여 우선적으로 다루고, 다음 여러 C–X σ-결합, 다음 C=C π-결합의 순으로 반응을 다루게 된다. 또한 탄소와 헤테로원자 간의 C–X σ-결합을 가지는 alcohol, alkyl halide, epoxide, ether 등은 함께 다루게 된다. 이 책에서 추구하는 바가 유기 반응의 이해이어서 다음 편의 '극성 반응'에서도 화합물 분류가 아닌 반응 유형과 특성에 따라 chapter가 구성되어 있다.

1.3.2 Same Functional Group May Differ in Reactivity

어떤 주어진 화합물만의 Lewis 구조를 그려야 하는 경우는 드물고 대개의 경우에는 반응에서 나타나는 출발물, 중간체 그리고 생성물을 연속해서 그려가며 메커니즘을 그리게 된다. 구부린 화살표를 그려가면서 메커니즘을 적어가다 보면 Lewis 구조 그리기의 기본을 잠시 망각하고 틀리는 경우가 종종 발생한다. 특히 유의해야 할 것이다.

위의 Table 1.4에 나와 있는 작용기는 비슷한 반응을 하는 작용기도 있고 전혀 다른 반응성을 보이는 작용기도 있다. Amine과 phosphine, alkyl halide와 epoxide, alcohol과 thiol은 서로 다른 작용기이지만 많은 유사한 반응을 한다. 그러나 작용기가 같다고 해서 모두 같은 성질과 반응성을 갖는 것은 아니다. 카보닐기는 유기화학에서 아주 중요한 작용기인데 탄소의 나머지 두 결합의 종류에 따라 많은 반응성의 차이를 보이게 된다. 카보닐기를 갖는 화합물의 친핵체에 대한 다음 반응성 순서는 앞으로도 수없이 여러 번 보게 된다.

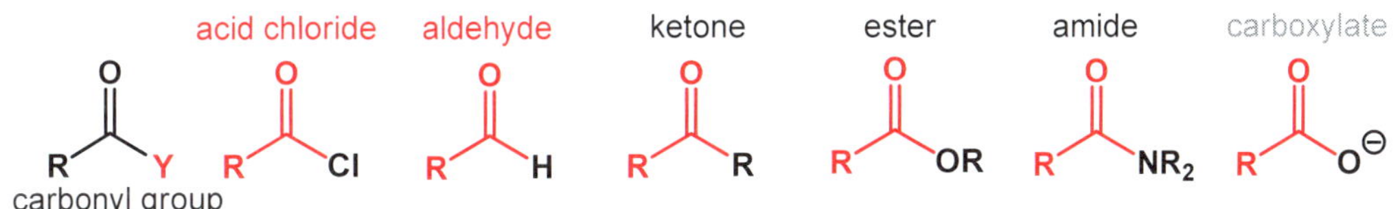

반응하는 친핵체의 반응성에 따라서 어떤 것은 반응성이 큰 친전자체와만 반응하고, 어떤 것은 무차별적으로 모든 친전자체와 반응한다. 예를 들어, $NaBH_4$는 acyl chloride, aldehyde, ketone만 반응하며, $LiAlH_4$는 위의 모든 카보닐 작용기와 반응한다. 그러나 이들의 반응성이 다르므로 반응하는 시약의 양을 조절하여 두 작용기를 동시에 갖는 화합물에서 선택적 반응이 가능해 지기도 한다. 이러한 선택성은 다른 보조물을 첨가하여 크게 향상되기도 한다.

반응 예를 하나 들어보기로 하자. 다음 화합물의 두 카보닐 작용기 중에서 케톤은 거의 대부분의 반응에서 카복시산 기보다 반응성이 크다. 반응성이 크지 않은 환원제인 $NaBH_4$는 선택적으로 케톤보다 반응성이 낮은 어떤 카복시산 유도체도 환원시키지 못한다. 만약 $LiAlH_4$를 충분량 사용한다면 두 작용기 모두에서 환원이 일어날 수 있다. 그러나 같은 B–H 결합을 가지는 borane은 케톤에 우선하여 선택적으로 카복시산 기만을 환원할 수 있다.

NaBH$_4$

BH$_3$

Borane(BH_3)은 케톤을 전혀 환원하지 못한다는 것이 아니고 카복시산에 비해서 반응성이 낮을 뿐이며, 적당한 반응 조건에서는 케톤을 환원할 수 있음은 물론이다. 반응하는 시약의 미묘한 차이에 의해서도 두 카보닐 기 중에서 선택적으로 하나가 환원되는 반응 예이다

반응성 정도는 다르지만 amino, hydroxy, phosphine, thiol, ether 등의 고립쌍을 갖는 많은 작용기가 친핵체로 모두 친전자성 화합물과 반응한다. 물론 이들의 반응성 차이를 이용하여 이러한 작용기를 함께 가진 화합물도 특정 작용기만 선택적으로 반응하도록 할 수 있다.

위의 친핵체와의 반응성 순서에서 acyl chloride와 aldehyde 중간 정도의 반응성을 가지는 아세트산 무수물과 hydroxyl기와 amino기를 동시에 가지고 있는 *p*-aminophenol과의 반응을 살펴보자. 두 작용기 모두에서 수소 대신 acetyl기로 치환될 수 있으며, 역으로 두 acetyl기 모두를 가수분해하여 제거할 수도 있다. 또는 선택적으로 한 작용기에만 acetyl기를 도입할 수도 있고, 또는 제거할 수도 있다. 반응할 수 있는 작용기가 여러 개 있을 때 그 중 하나가 선택적으로 반응하게 되면 **작용기 선택적**(chemoselective)으로 반응이 일어난다고 한다. *p*-Aminophenol은 한 당량만의 acetic anhydride를 사용하여 chemoselective하게 amino기만을 아세틸화할 수 있다. 또한 맨 오른쪽의 diacetyl 화합물은 작용기 선택적으로 ester만을 가수분해할 수 있다.

excess Ac$_2$O
100 °C, toluene reflux

1 equiv. Ac$_2$O
pyridine

NaOH
Ac$_2$O

NaOH, H_2O

앞으로 이러한 선택성이 문제가 되는 많은 반응 예들을 보게 될 것이다. 여러 가능한 생성물 중에서 선택적으로 어느 하나만이 생성된다든지, 아니면 화합물에 존재하는 여러 작용기 중에서 특정 작용기만이 선택적으로 반응한다든지 하는 예를 보게 되면 다른 반응보다 주의 깊게 살피고 생각하여 보는 지혜가 필요하다. 유기 반응을 깊이 있게 다루게 되면 이러한 **작용기 선택성**(chemoselectivity) 말고도 **위치선택성**(regioselectivity), **입체선택성**(stereoselectivity)

등 반응에 따르는 여러 가지 선택성의 문제와 부딪치게 된다.

문제 1.29 다음에 반응식이 여러 개 주어져 있다. 각 반응의 반응물, 중간체 및 생성물에서 헤테로원자가 들어가 있는 모든 작용기를 찾아 어떤 작용기인지 밝혀 보라.

(a) 1. H_2O_2/NaOH 2. acid workup

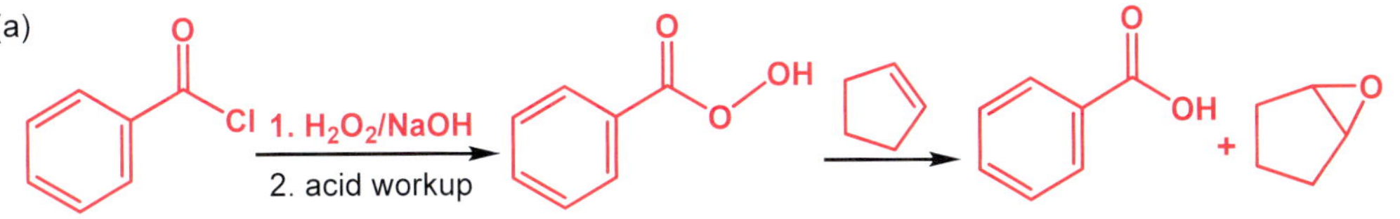

(b) 1. LDA 2. PhSSPh; *m*-CPBA; NH_3

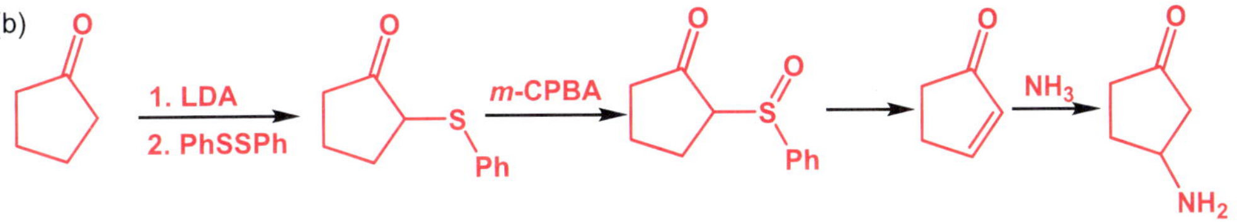

(c) 1. LDA 2. H_2O; HCl H_2O

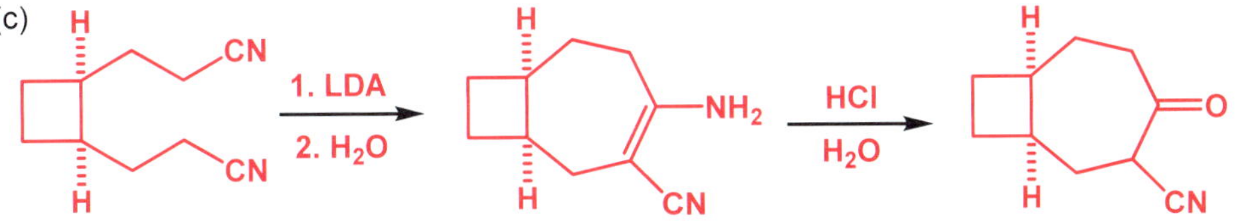

(d) CH_3SO_2Cl, pyridine; NaN_3, acetone

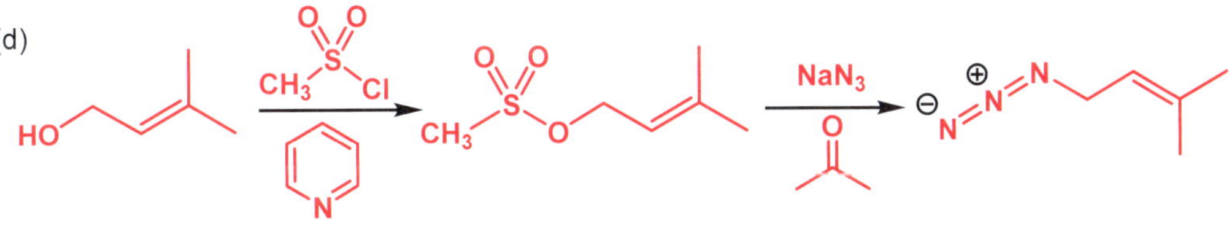

(e)

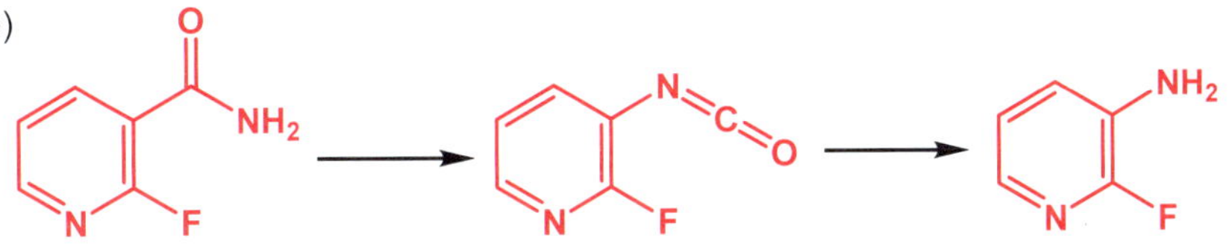

(f) NaOH; NH_2OH; H_2SO_4

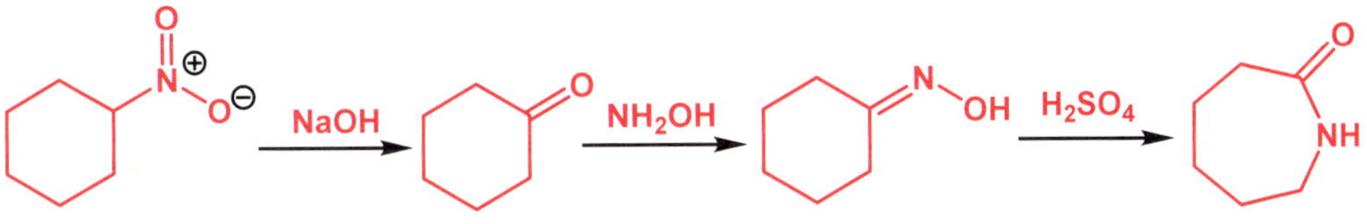

문제 1.30 Table 1.4의 미완성 결합에 모두 methyl기를 연결한 Lewis 구조를 그리면서 명명하여 보라. 예를 들어, Table 1.4의 넷째 줄에 나와 있는 구조 단위에 methyl 기가 첨가되면 바로 옆의 명명법에 따라 다음과 같이 명명할 수 있다.

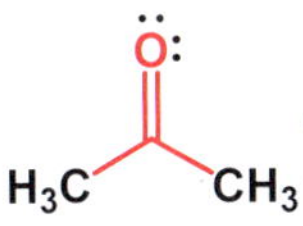

carbonyl alkanone — propanone

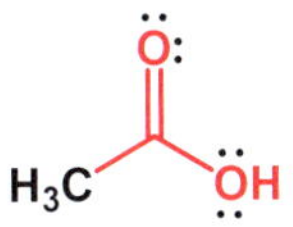

carboxylic acid alkanoic acid — ethanoic acid

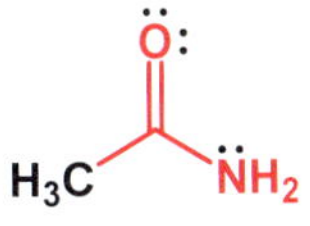

amide alkanamide — ethanamide

문제 1.31 다음에 화합물들을 작용기 명명법에 따라 명명하여 보라. (Table 1.4 참조)

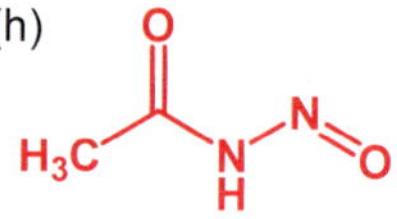

문제 1.32 다음 화합물 및 화학종의 Lewis 구조를 그려라. Table 1.4에 있는 작용기를 보고 탄소 골격에 붙여 이으면 어떤 것도 그릴 수 있다.

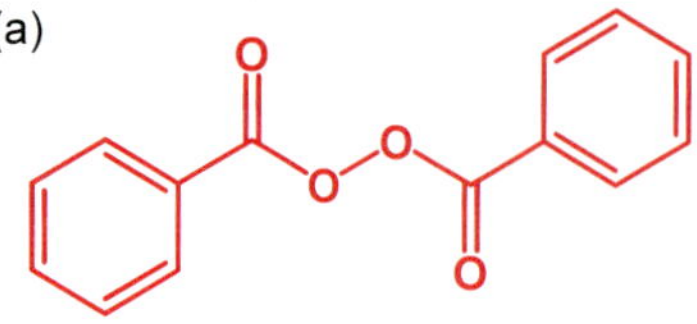

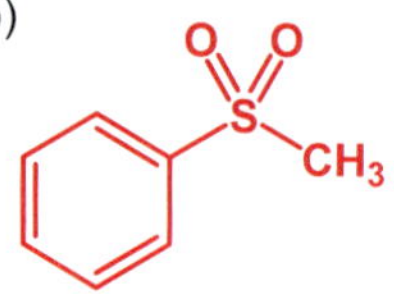

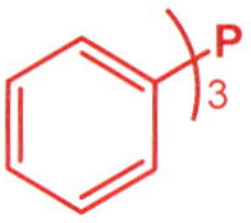

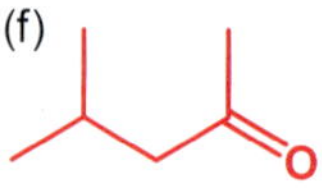

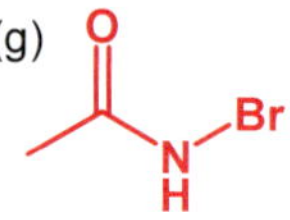

(a) 2-Nitrocyclohexanone
(b) Triethyl phosphate
(c) Acetyl azide
(d) Phenylhydrazone of acetone
(e) Pentanenitrile
(f) Diacetyl peroxide
(g) *N*-Nitroacetamide
(h) Butyl azide
(i) *t*-Butyl hydroperoxide
(j) Dimethylselenoxide
(k) Triethylamine oxide
(l) Ethyl phenyl sulfoxide
(m) Benzamide
(n) Diazomethane
(o) Acetyl azide
(p) 2,4-Dinitrophenylhydrazine
(q) Triphenylphosphine
(r) Diisopropylamine

CHAPTER 02

Orbital Interactions and Bond Formation

2.1 Atomic Orbitals

원자는 양성자, 중성자, 전자로 구성되는데, 양성자와 중성자는 원자의 핵심부(핵, nucleus)를 구성하고, 전자는 핵 주위에 구름처럼 퍼지게 된다. 화학에서 중요한 것은 전자 몇 개가 어떤 에너지 상태로 핵 주위에 어떻게 퍼져 있는가를 아는 것이다. 전자의 파동의 성질을 이용하여 이 문제를 해결하기 위한 노력이 **Schrödinger equation**으로 나타나고, 이 식에 대한 해(solution)가 **파동함수**(Φ)로서 전자의 에너지와 위치에 관한 정보를 얻게 된다.

Schrödinger equation의 해는 하나만 있는 것이 아니고 무수히 많다. 그 하나하나의 해인 파동함수를 **orbital**이라고 부른다. 많다고 해도 제멋대로가 아니고 다음 세 양자수에 의한 제한을 받게 된다. 즉, 모든 오비탈은 다음 세 양자수의 제한을 받는다.

주양자수(principal quantum number) ***n***: 주양자수에 의하여 오비탈은 에너지를 달리하는 n개의 group으로 나뉘게 된다. 주양자수가 같으면 거의 비슷한 에너지 준위에 있게 된다.

각운동량 양자수(angular momentum quantum number) ***ℓ***: 전자가 오비탈 안에서 운동할 때 각운동량을 결정하게 된다. 이로서 오비탈의 모양을 결정하게 되며 모양 양자수라고도 부른다. ℓ은 주양자수 n에 종속적으로 n보다 작은 양의 정수값을 가질 수 있다. $n = 1$이면 $\ell = 0$, $n = 2$이면 $\ell = 0, 1$, $n = 3$이면 $\ell = 0, 1, 2$ 등..... $\ell = 0$인 오비탈을 s 오비탈, $\ell = 1$인 오비탈을 p 오비탈이라고 하고, $\ell = 2$인 오비탈을 d 오비탈이라고 한다.

자기 양자수(magnetic quantum number) $\mathbf{m_\ell}$: 이 양자수에 의하여 오비탈의 방향이 결정되며, 이를 방향 양자수라고도 한다. 각운동량 양자수 ℓ에 종속적이며 $-\ell$에서 $+\ell$까지의 정수값을 가질 수 있다. ($\ell = 1$이면 $m_\ell = 1, 0, -1$)

각 오비탈에 의하여 기술될 수 있는 전자는 최대 두 개이며 이 두 전자는 위의 세 양자수와 같은 조합을 가지게 된다. 뒤에 이 두 전자는 **spin 양자수**를 달리하는 것으로 파악되었으며 (+½, −½) 이를 포함하여 조합하면 특정 원자내의 모든 전자는 각기 다른 네 양자수의 조합으로 나타나게 된다.

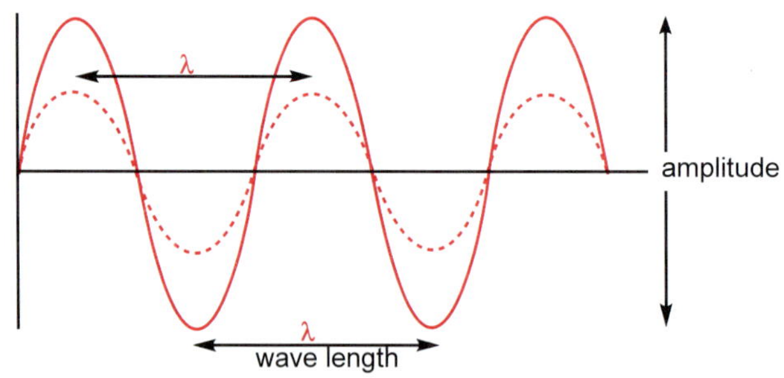

전자는 파동 방정식의 해로 기술된다. 파동함수 Φ는 어떻게 시각화할 수 있는가? 파동함수 Φ는 위 그림에서와 같이 파로 시각화할 수는 있지만 이것이 가지는 물리적 의미는 없다. 위 그림에 나타낸 두 파는 파장은 같고 진폭을 달리하는 두 파동의 그림이다. 파동의 **강도**

(intensity)는 **진폭**(amplitude)의 제곱에 비례하게 된다.

파동함수 Φ가 어떤 물리적 의미를 갖지 못하는 것과는 달리 파동함수의 제곱인 Φ^2은 주어진 점에서의 전자를 발견할 **확률밀도**를 나타낸다. 에너지 준위가 낮은 처음 세 원자 오비탈의 확률밀도를 점으로 표시하면 다음과 같다.

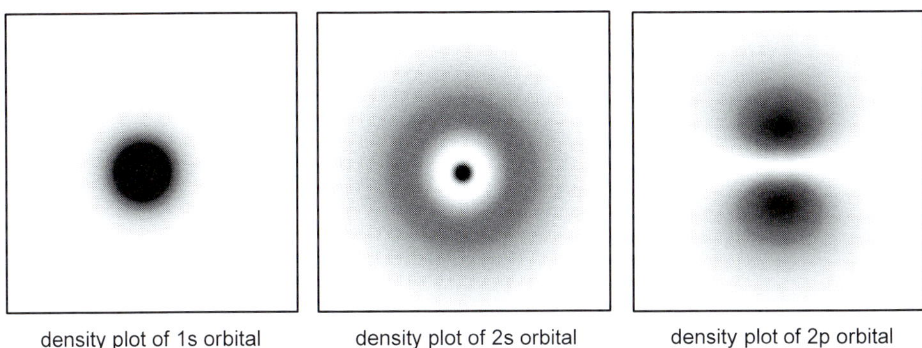

density plot of 1s orbital　　density plot of 2s orbital　　density plot of 2p orbital

또 한 가지 특색은 파동에 **마디**(node)가 존재하는 것이다. 마디를 중심으로 양쪽의 **상**(phase)이 바뀌게 된다. 마디에서 Φ^2은 0이며, 따라서 전자밀도가 0이 된다. 즉, 전자가 발견될 확률이 0인 영역이 존재하게 된다. 이러한 마디의 수가 증가하면 파장이 짧아지고 더 높은 에너지 상태가 된다. 위의 그림에서 1*s* 오비탈에는 전자밀도가 0인 node가 없지만, 2*s* 오비탈에는 구형의 **nodal surface**가 하나 존재한다. 위의 2*p* 오비탈에는 마찬가지로 **nodal plane**이 하나 존재한다. 주양자수가 3인 3*s*, 3*p*, 3*d* 오비탈은 모두 두 개씩의 node를 가지게 된다. 마디는 다음과 같은 조화 진동자(harmonic oscillator)를 가정하면 쉽게 이해할 수 있을 것이다.

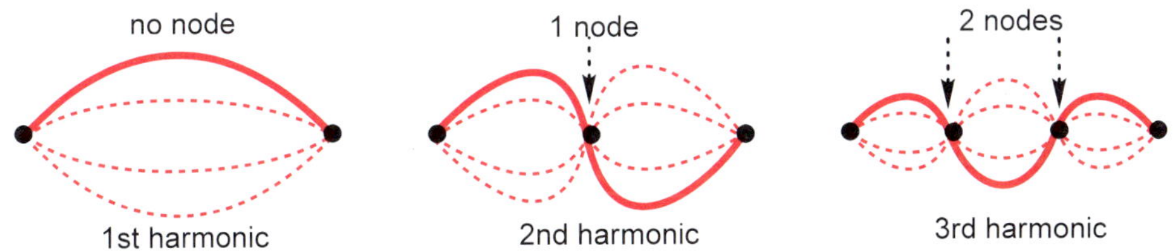

생겨나는 파는 정상파로 정수 개의 마디를 가지는 대칭성 파가 된다. 파의 제곱이 전자밀도가 되며, 앞의 세 오비탈의 모양은 이로서 결정되는 것이다. 이를 보면 또한 마디를 중심으로 phase의 변화가 있음도 알아볼 수 있다.

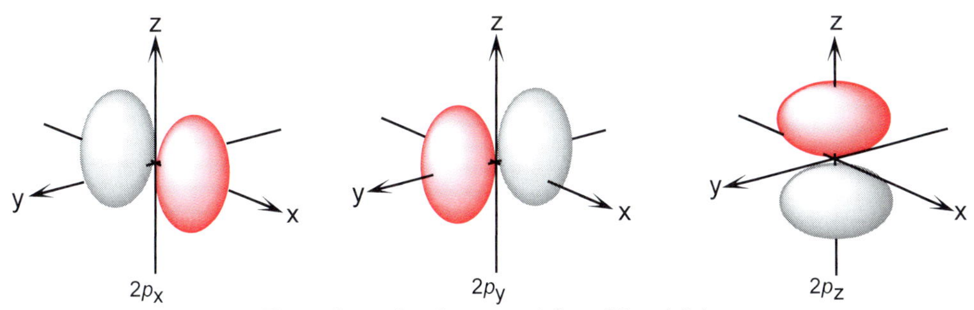

Three dimensional representaion of 2*p* orbitals

그러나 이러한 그림은 그려서 사용하기에는 대단히 불편하다. 따라서 그 안에서 전자를 발견할 확률이 예를 들어 90% 이상이 되도록 확률밀도가 같은 점들을 연결하는 간단한 그림을 그려 오비탈을 표시하게 된다. 우리가 흔히 보는 오비탈 그림은 경계면 그림인 것이다. 뒤에 이들 오비탈 간의 상호작용을 이해하기 위해서는 phase가 상당히 중요하며, 이를 표현하기 위하여 다음과 같이 색이나 shade의 변화 또는 더 간단하게 (+), (−) 부호를 표시해 넣는다.

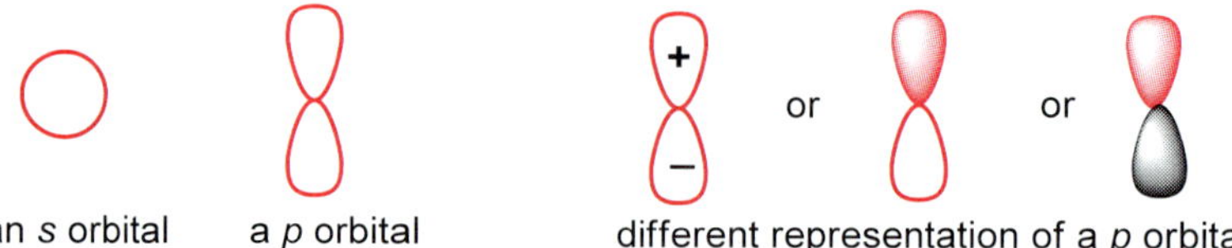

수소와는 달리 양성자를 여러 개 갖는 대부분의 원소의 원자는, 주양자수가 같더라도 각운동량 양자수에 따라 에너지 준위에 차이가 나게 되며, 이에 따라 $2p$ 오비탈은 $2s$ 오비탈보다 더 높은 에너지 상태에 있게 된다. 중성 원자의 전자들은 다음 그림에서처럼 차례로 전자 채우기를 하여 바닥상태 전자배치를 가지게 된다.

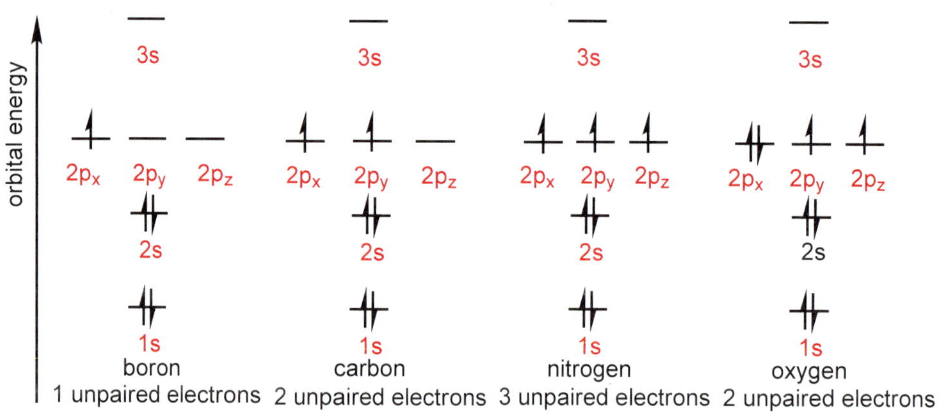

Ground state elecron configuration of 2nd low elements

낮은 에너지 오비탈부터 차곡차곡 채우게 되지만, 에너지 준위가 같은 오비탈이 여러 개 존재하면 하나씩 먼저 다 채운 후에 짝지은 전자들이 나오게 된다. 예를 들어, 탄소의 전자배치에서 p 오비탈 둘을 비워둔 채 한 $2p$ 오비탈에만 두 개의 전자가 배치되는 일도 없고, 산소의 $2p$ 오비탈을 하나씩 채우고 다음 전자가 $3s$ 오비탈을 점유하는 일도 없다. 그러한 전자배치가 가능하지 않다는 의미는 아니고, 그렇게 전자가 배치되면 에너지가 가장 낮은 바닥상태의 전자배치가 아니라는 뜻이다. 여기서는 전자 채워가기 방식만을 나타내어 각 원자의 s와 p오비탈 에너지 준위를 같게 그렸지만 실제로는 원자 오비탈은 원자에 따라 상당한 차이를 나타내는 것을 뒤에서 보게 된다.

2.2 σ-Interaction and σ-Bond Formation

화합물(분자)의 전자를 기술하는 가장 정확한 접근법이 오비탈 이론이다. 원자의 전자를 기술하는 오비탈을 **원자 오비탈**(AO, atomic orbital)이라 하며, 분자내의 전자를 기술하는 오비탈을 **분자 오비탈**(MO)이라 한다. 파의 상호작용이 있는 것처럼 전자를 파로 기술하는 오비탈 간에도 상호작용이 있을 수 있다. 위상(phase)이 맞는 파동함수의 조합으로 파는 증강되어 **생산적 겹침**(constructive overlap)이 되며, 위상이 반대인 파동함수의 조합은 파가 감쇄되며 **파괴적 겹침**(destructive overlap)이 된다.

파동함수(Φ)가 증강되면 그의 제곱(Φ^2)인 전자를 발견할 확률밀도가 높아지고, 두 핵은 이들 전자의 인력으로 묶이게 되며 이것이 결합이 형성되는 원동력이다. 이와 반대로 파의 감쇄로 Φ^2이 감소하면 두 핵 간의 전자밀도는 낮아져서 결합은 깨지게 된다.

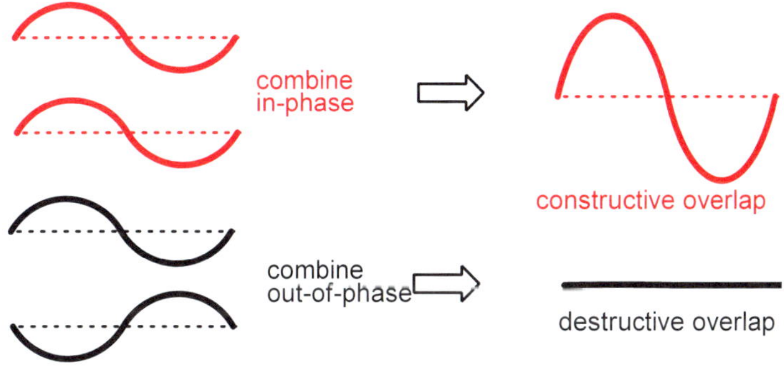

분자 오비탈을 축조하는 방법으로 AO를 조합하는 방법이 있는데, 이 접근법을 일컬어 **원자 오비탈의 선형조합**(LCAO: Linear Combination of Atomic Orbitals)이라 한다. AO는 파동함수이며 따라서 MO는 이들 AO를 조합한 파동함수이다. 생성되는 새로운 오비탈은 원자 오비탈(AO)가 아닌 **분자 오비탈**(MO)이며, 참여한 두 원자의 공유물이 된다. 두 원자의 *s* 오비탈의 이와 같은 상호작용을 경계면 그림으로 표시하면 다음과 같이 된다.

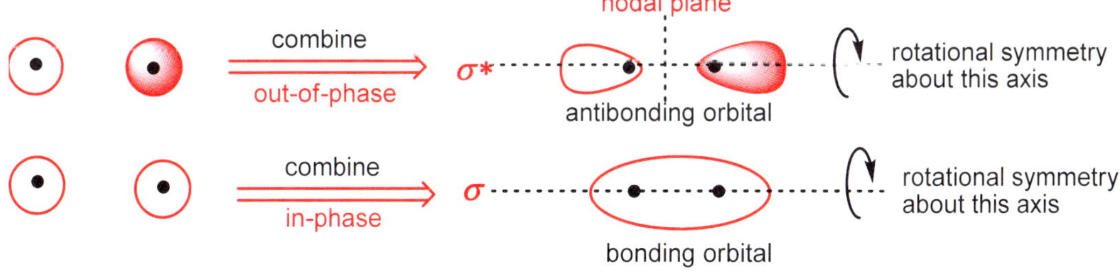

오비탈 상호작용의 기본 요건은 오비탈의 대칭성이다. 위의 *s* 오비탈 간의 상호작용은 두 원자핵 간의 축을 대칭 요소로 하는 **회전대칭성**이며(sigma symmetry, σ) 오비탈간의 상호작용으로 **겹침**(overlap)이 일어난다고 한다. 이러한 상호작용을 **σ 상호작용**이라 하며 생성되는 두 MO

중에서 위상(phase)이 맞아 생산적인(constructive) 겹침으로 두 핵간의 전자밀도가 증강되는 낮은 에너지의 **결합성 오비탈**(bonding orbital)을 **σ 오비탈**이라 하며, 위상이 반대이면 파괴적인(destructive) 겹침으로 형성되는 두 핵간의 전자밀도가 감소하는 높은 에너지의 **반결합성 오비탈**(anti-bonding orbital)을 **σ^* 오비탈**이라 한다. 두 오비탈 σ와 σ^*에는 모두 회전대칭성을 유지한다. σ 오비탈은 두 핵간에 node가 없으나 σ^* 오비탈은 두 핵간에 node가 하나 존재하게 된다.

이와 같이 두 핵을 축으로 하는 σ 회전 대칭성이 유지되는 p 오비탈 간의 상호작용을 같은 방법으로 경계면 그림을 그려 표시하면 다음과 같이 된다.

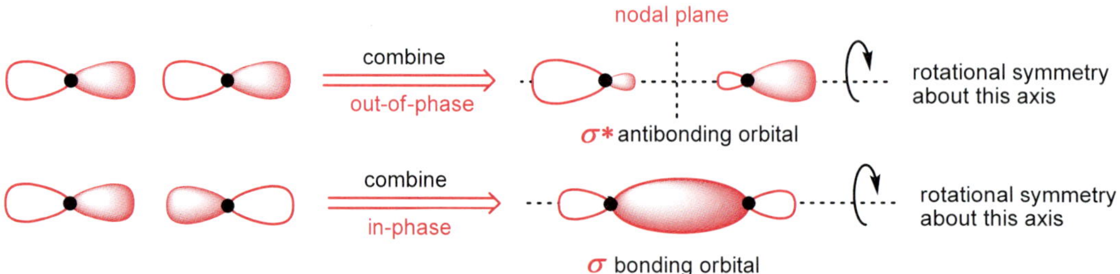

두 상호작용하는 p 오비탈은 이에 맞추어 배향을 해야 하며, 상호작용 결과로 형성되는 두 MO 또한 회전대칭성이어야 한다. 위상이 일치하는 constructive overlap으로 생성되는 낮은 에너지의 **결합성 σ 오비탈**과 destructive overlap으로 생성되는 높은 에너지의 **반결합성 σ^* 오비탈**이 있게 되며, 위의 s 오비탈 상호작용에서와 마찬가지로 두 오비탈 모두 회전대칭성을 유지한다. 앞에서와 마찬가지로 σ 오비탈에는 핵간을 지나는 **node**가 없으며, 반결합성 σ^* 오비탈에는 두 핵간을 지나는 node가 하나 있게 된다.

두 핵을 대칭축으로 하는 회전 대칭성을 유지하는 오비탈 상호작용은 p와 s 오비탈 간에도 일어날 수 있다. 위상이 맞는 constructive overlap으로 **σ 결합성 오비탈**이 형성되며, 위상이 반대인 파동함수의 조합은 destructive overlap으로 핵간의 nodal plane이 있는 **σ^* 반결합성 오비탈**이 형성된다.

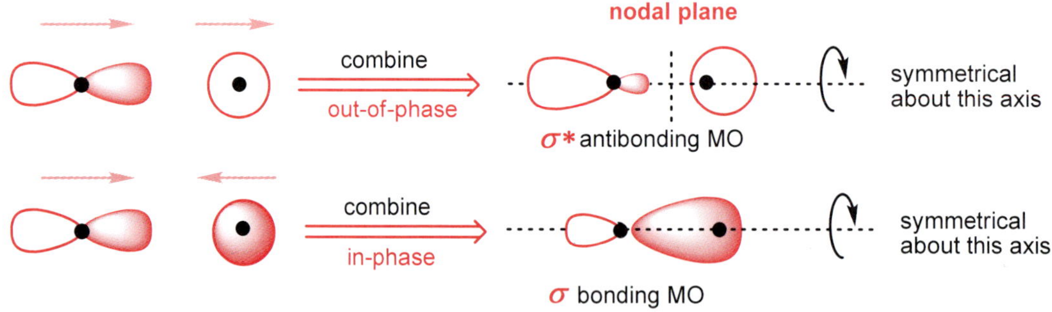

위의 s와 p 오비탈 간의 세 가지 유형의 상호작용을 예시하였으나, overlap의 효과는 같은 크기의 두 p 오비탈 간의 σ overlap이 가장 효과적이며 다음이 s와 p 오비탈 간의 σ 상호작용이며, 같은 s 오비탈 간의 σ 상호작용은 가장 비효율적인 overlap이 된다.

2.3 π-Interaction and π-Bond Formation

오비탈의 경우에는 두 오비탈이 머리를 맞대며 회전대칭성을 유지하는 오비탈 간의 σ 상호작용 이외에 또 한 가지의 오비탈 상호작용 mode가 있다. 나란히 선 이웃한 두 p 오비탈 간에는 다음과 같은 4가지 대칭요소가 존재한다.

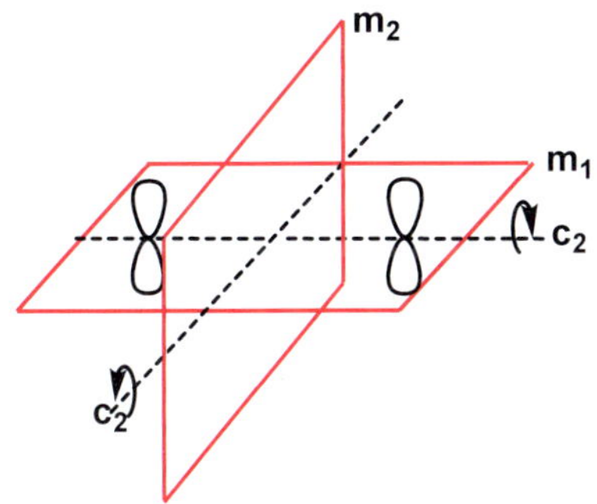

이웃한 두 p 오비탈이 나란히 선채로 상호작용하는 mode로서 m_1에 대해 반대칭성(antisymmetryric)인 대칭 요소를 π symmetry라고 부르며, 그 결과 두 MO이 형성된다.

위상이 맞는 (m_2에 대해 대칭성인) 두 오비탈 간의 생성되는 더 낮은 에너지의 오비탈을 **π 결합성 오비탈**, 위상이 맞지 않는 (m_2에 대해 반대칭성인) 두 오비탈 간의 상호작용으로 생기는 더 높은 에너지의 오비탈을 **π* 반결합성 오비탈**이라 한다. 앞의 σ-결합에서와 마찬가지로 π 결합성 오비탈에는 두 핵간에 node가 없지만, π^* 반결합성 오비탈은 두 핵간의 m_2 평면을 지나는 node가 생겨난다. p 오비탈을 가지는 원자는 이러한 π 상호작용이 한 번 이상 가능하며 두 이웃한 원자간에는 두 번의 π 상호작용으로 두 개의 π-결합의 생성이 가능하며, σ-결합 하나를 포함하면 세 개까지의 결합이 가능하다.

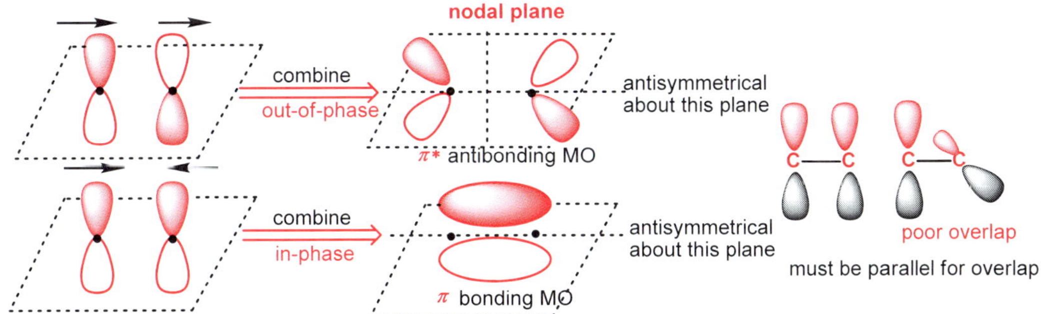

위의 그림에서 보는 것처럼 π-오비탈에 의하여 기술되는 전자밀도는 두 핵간의 축을 중심으로 위아래에 대칭적으로 분포하게 되며, σ 오비탈 전자보다는 두 핵을 binding하는 능력이 떨어진다.

따라서 두 핵간의 오비탈 상호작용에서는 원자 오비탈의 σ 상호작용에 기인하는 σ-결합을 우선적으로 형성한 다음에, 위상이 맞는 두 p 오비탈이 이웃하는 경우에 π 상호작용이 일어날 수 있고, 결과적으로 π-결합을 형성하게 된다. 두 원자간에 σ-결합이 없이 π-결합이 형성되는 일은 결코 있을 수 없다.

2.4 Energetics of Orbital Interaction

두 원자 오비탈 상호작용의 결과로 새로 분자 오비탈 둘이 형성된다. 하나는 에너지가 더 낮으며, 하나는 에너지가 더 높게 된다. 상호작용하는 오비탈 둘 모두가 완전히 채워져 있으면 한 오비탈의 에너지 낮춤 효과는 다른 하나의 에너지 높임과 상쇄되어 오비탈 상호작용에 의한 알짜 안정화는 없게 된다. 최소한 한 오비탈이 완전히 채워지지 않은 경우에만 알짜 안정화가 가능해 진다.

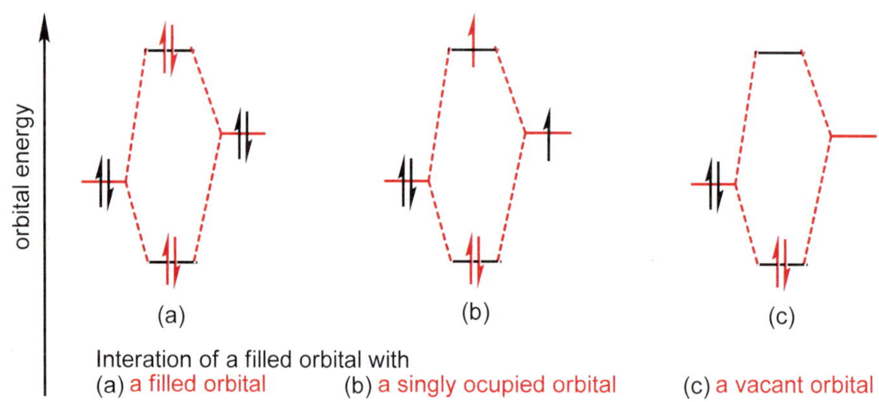

위 그림에는 한 성분의 완전히 채워진 더 낮은 에너지의 오비탈과 둘째 성분의 그보다 높은 에너지의 오비탈을 그려 놓았다. 에너지 측면에서 채워진 오비탈간의 상호작용은 의미가 없고 최대의 알짜 안정화는 채워진 오비탈과 빈 오비탈 간의 상호작용에서 가능하다. (이는 결합형성과 결합깨짐의 에너지측면에서 하는 이야기이고 실제로 채워진 오비탈 또는 빈 오비탈 끼리의 상호작용을 고려하는 경우도 생긴다.)

같은 유형의 상호작용이라도 두 오비탈의 에너지 차이에 따라 에너지 안정화 효과는 크게 달라질 수 있다. 아래에 원자 A와 B의 두 상호작용하는 반만 채워진 오비탈의 에너지 준위가 거의 같거나 비슷한 경우와 차이가 나는 경우, 그리고 차이가 너무 커서 오비탈 상호작용에 의한 효과가 거의 없는 경우를 구분하여 이들을 아래 그림으로 나타내었다.

상호작용하는 두 오비탈인 Φ_A와 Φ_B의 에너지 차이가 없거나 작으면 상호작용의 정도가 크고, 결합성 분자 오비탈은 원자 오비탈보다 에너지가 많이 낮으며, 반결합성 오비탈은 반대로 높은 에너지 상태에 있게 된다. 결합성 오비탈의 두 전자는 각 원자에 균등하게 배분되며 정통적인 공유결합을 형성한다. 결합깨짐은 균등 결합깨짐의 성향이 높으며 불균등 결합깨짐

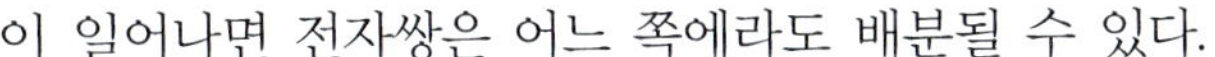

이 일어나면 전자쌍은 어느 쪽에라도 배분될 수 있다.

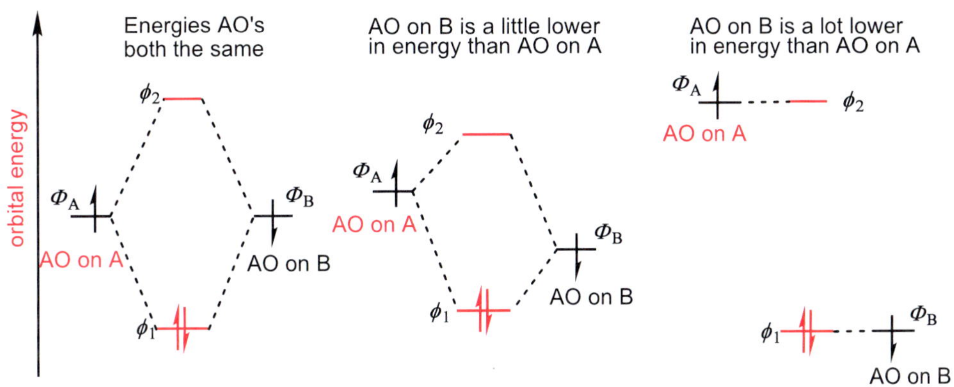

상호작용하는 오비탈 Φ_A와 Φ_B의 에너지 차가 커지면 상호작용은 덜 효과적이 되고 결합성 오비탈은 Φ_B보다 약간 낮아지며 반결합성 오비탈은 Φ_A보다 약간 높아진다. 결합성 오비탈에 대한 기여는 Φ_B의 기여도가 높으며 따라서 두 전자는 공유하고 있으나 B 원자의 몫이 크며 부분 이온성을 띤다. 이렇게 형성된 결합은 때로 두 라디칼로 균등 결합깨짐이 일어날 수도 있으나 A^+와 B^-의 이온으로 불균등 결합깨짐이 일어날 확률이 높아진다. 두 오비탈 Φ_A와 Φ_B 간의 에너지 차가 아주 크면 두 오비탈간의 오비탈-오비탈 상호작용은 무의미하게 되며 완전한 이온성 결합을 하게 된다.

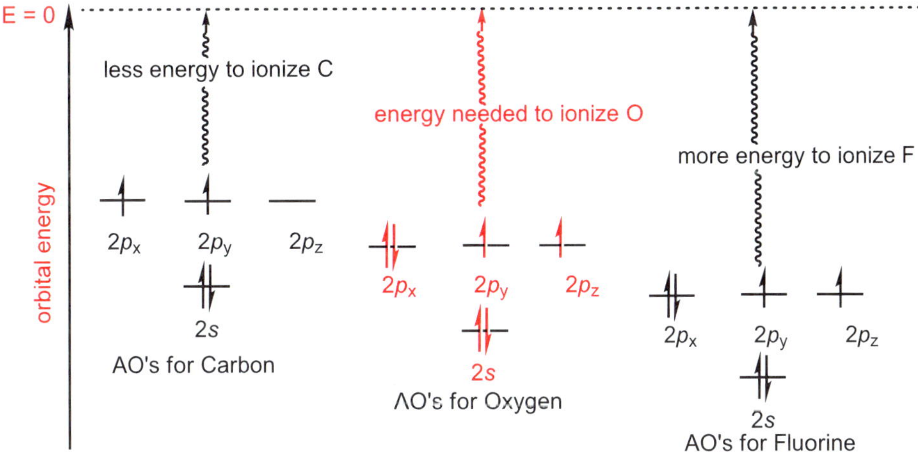

둘째-주기 원소인 C, O, F의 AO를 비교하면 위의 그림에서와 같이 fluorine의 AO가 가장 낮으며 다음이 산소, 질소의 순이며 탄소가 가장 높다. (그림에 N은 C와 O 사이에 있어야 하지만 생략됨.) C–C의 결합은 순수한 공유결합이며 C–N, C–O로 가면서 부분이온성이 증가하게 되고 C–F는 상당한 정도의 부분이온성을 갖게 된다. 오비탈 상호작용에 의한 안정화는 C–C, C–N, C–O, C–F의 순으로 감소한다. 이는 C, N, O, F 순으로 핵의 양성자수가 많고 같은 오비탈의 전자를 핵에 가깝게 끌어 당기기 때문이다.

유의해야 할 점은 전체의 결합세기는 오비탈 상호작용에 의한 부분과 이온성 결합세기에 의한 부분의 합이기 때문에, 오비탈 상호작용에 의한 결합성 MO의 에너지 준위가 전체의 결합세기를 결정하는 유일한 요인은 아니라는 점이다.

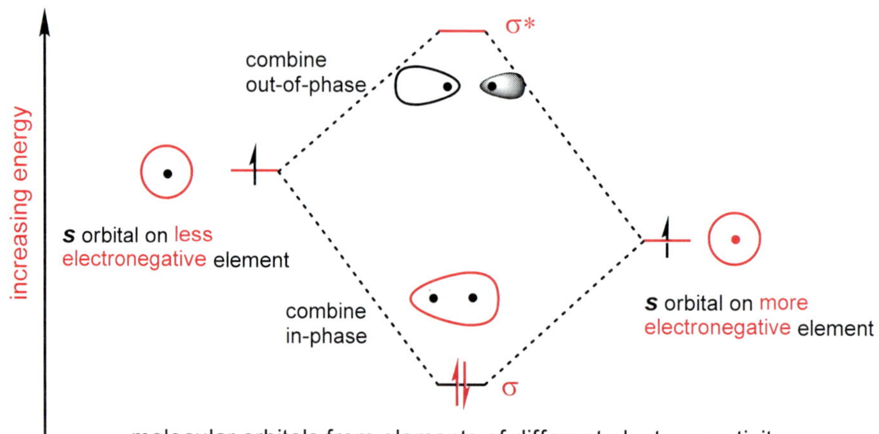

molecular orbitals from elements of different electronegativity

이와 같은 논리는 p 오비탈간의 π 상호작용에도 그대로 적용되며 탄소–탄소의 p 오비탈간의 π-상호작용은 완전한 공유결합성이며 오비탈 상호작용에 의한 효과 또한 최대가 된다. 산소의 p 오비탈은 탄소의 p 오비탈보다 낮은 에너지 준위에 있으며 탄소–산소간의 p 오비탈 상호작용으로 형성되는 π-결합성 오비탈은 산소의 AO보다 낮은 에너지이며 결합 전자쌍은 산소의 몫이 훨씬 크고 따라서 상당한 부분이온성을 갖게 된다. 이로 인하여 C=O π-결합은 C=C π-결합에 비하여 그림에서 추측할 수 있는 것보다 훨씬 안정한 결합을 형성하게 된다. 유의해야 할 점은 안정한 결합은 항상 반응성이 낮은 것은 아니라는 점이다. 그림에서 보듯이 π*-오비탈이 사용되는 반응이라면 C=O π-결합이 C=C π-결합보다 쉽게 반응하게 된다.

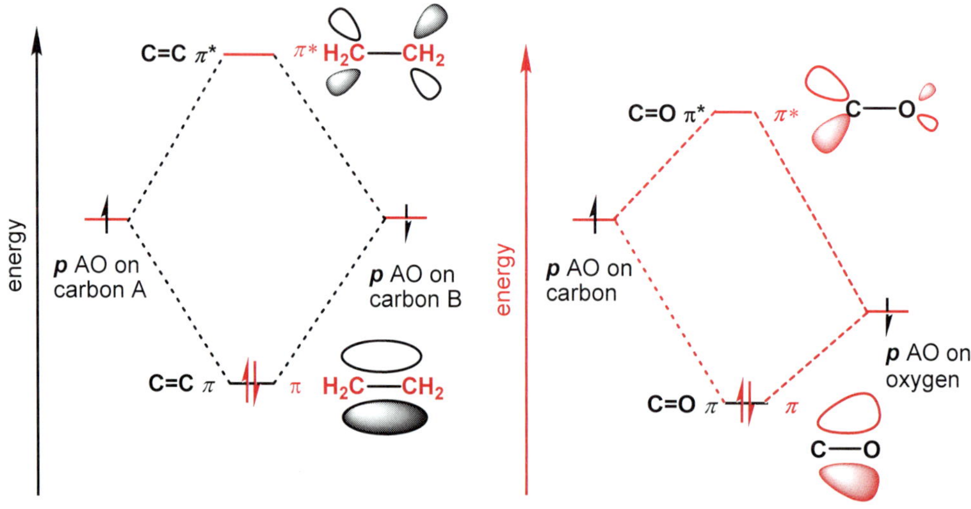

2.5 Stability of Bonds and Orbital Overlap

결합을 이루는 원자 오비탈의 상호작용은 두 핵을 잇는 축대칭의 σ 상호작용과 m_1에 반대칭성 π 상호작용의 두 가지 유형이 있다. 두 가지 유형에 의한 상호작용에 의한, 결합성 오비탈과 반결합성 오비탈의 에너지 분리는 σ 상호작용의 경우 훨씬 크며 π 상호작용에 의한 에너지 분리는 그보다 훨씬 적다. 예를 들어, 같은 두 p 오비탈 간의 상호작용으로 형성되는 MO인 σ-결합성 오비탈은 π-결합성 오비탈보다 낮은 에너지 준위에 있으며, 더 안정하고 반결합성 MO인 σ^*는 π^*에 비해 높은 에너지 준위에 있게 된다. 즉, π-결합에 의한 전자의 안정화 효과는 σ-결합에 의한 전자의 안정화 효과에는 미치지 못하며, π-결합은 σ-결합보다는 덜 효과적이며 덜 안정하고 더 약한 결합이다. 두 원자를 연결하는 가장 안정한 결합은 σ-결합이며 σ-결합을 하지 않은 두 원자간의 π-결합이 먼저 형성될 수는 없다.

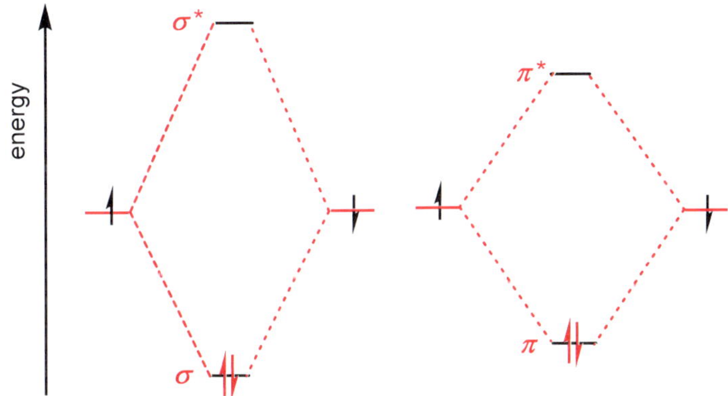

반응이 진행되면서 일부 결합은 깨지게 된다. 에너지가 충분히 공급되면 전자는 더 높은 에너지 준위의 오비탈로 튀어 오르게 된다. 결합성 오비탈에서 반결합성 오비탈로의 전자 전이로 반결합성 오비탈의 전자는 결합성 오비탈의 전자에 의한 결합 효과를 완전히 상쇄하여, 두 원자간에는 결합을 유지할 어떤 실리도 남지 않게 되며 결합은 깨어져 두 조각이 나게 된다. 각 조각의 전자는 결합형성 전의 두 오비탈로 (예컨대, 원자 오비탈로) 돌아가게 된다.

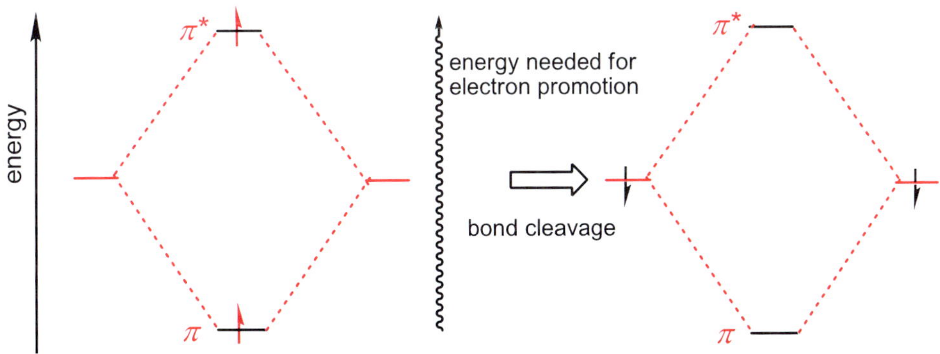

π-결합과 σ-결합이 모두 존재하는 화합물에서는 결합성 오비탈과 반결합성 오비탈의 에너지 차이가 더 적은 π-결합성 전자가 들뜨는데 더 적은 에너지를 요하며 더 쉽게 깨지게 된다. 이는 분자내에 여러 다른 σ-결합이 있어도 마찬가지이며 여러 결합 중에서 덜 안정화된 더 높은 에너지 준위의 오비탈의 전자가 들뜸이 일어나 그 결합이 깨지기 쉬워진다.

탄소와 Si, P, S, Br 등 셋째 주기 원소간의 동종 오비탈의 상호작용은 탄소와 같은 둘째-주기의 원소들과의 동종 오비탈의 상호작용에 비해 덜 효과적이다. 탄소의 둘째 껍질 오비탈과 이들 헤테로원자의 셋째 껍질 또는 넷째 껍질 오비탈 간의 상호작용은 첫째 상호작용하는 AO의 에너지 준위의 차이가 커지게 되므로 상호작용에 의한 안정화가 떨어지게 된다. 또한 오비탈의 크기가 달라져도 오비탈 겹침이 덜 효과적인 것이 그 둘째 이유이다. 오비탈 겹침의 효과는 두 크기가 같고, 에너지 준위가 같은 오비탈 간의 상호작용인 경우 극대화된다.

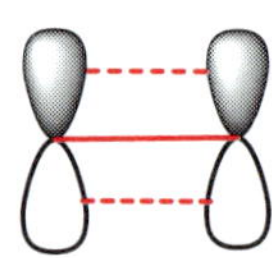

Efficient overlap of
p orbitals of same smaller size

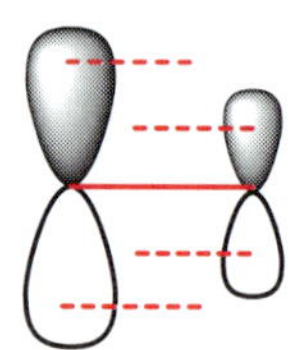

Inefficient overlap of
p orbitals of different size

p 오비탈간의 겹침도 크기가 다르면 크기가 같거나 비슷한 두 *p* 오비탈 간의 겹침에 비해 덜 효과적이며 오비탈 상호작용 효과는 그만큼 떨어지게 된다. 오비탈의 모양과 크기뿐 아니라 예를 들어 2*p*와 3*p* 오비탈은 에너지 준위에 상당한 차이를 갖고 있음을 또한 기억하고 있어야 한다. 2*p* 오비탈은 다른 2*p* 오비탈과의 겹침이 3*p*나 4*p* 오비탈과의 겹침보다 훨씬 효과적으로 일어날 수 있다. C=S 간의 π-결합은 C=O π-결합에 비해 훨씬 덜 안정한 결합이다.

문제 2.1 Orbital overlap 원리를 이용하여 다음 결합세기 순서를 설명하여 보라.

(a) **F–F> Cl–Cl > Br–Br > I–I**

(b) **H–F > H–O > H–N > H–C**

(c) **H–O > H–S > H–Se**

문제 2.2 안정한 화합물은 일반적으로 반응성이 낮다. Methyl ester와 methyl thioester의 다음 공명구조를 보고 어느 화합물의 카보닐 기가 더 친전자성이 높은지를 예측하여 보라.

(a) $RC(=O)OCH_3 \longleftrightarrow RC^{+}(O^{-})OCH_3 \longleftrightarrow RC(O^{-})=O^{+}CH_3$

(b) $RC(=O)SCH_3 \longleftrightarrow RC^{+}(O^{-})SCH_3 \longleftrightarrow RC(O^{-})=S^{+}CH_3$

문제 2.3 Dimethylsulfoxide나 phosphine oxide의 두 공명구조 중에서 zwitter ion형의 기여

도가 더 큰 것으로 알려져 있다. 이를 어떻게 설명해야 하는가?

(a) $H_3C-S^{\oplus}(-O^{\ominus})-CH_3 \longleftrightarrow H_3C-S(=O)-CH_3$ (b) $Ph_3P^{\oplus}-O^{\ominus} \longleftrightarrow Ph_3P=O$

2.6 Orbital Hybridization

두 원자의 오비탈 간의 σ 상호작용은 π 상호작용보다 훨씬 효과적인 겹침으로 훨씬 안정한 σ-결합을 우선적으로 형성하게 된다. 한 원자가 여러 원자와 다수의 σ-결합을 이루는 경우에는 그 원자의 *s* AO 및 *p* AO들이 가장 효과적인 σ-결합을 형성하도록 AO의 변형이 일어나게 된다. 두 다른 원자간의 AO의 constructive 및 destructive orbital overlap으로 두 MO를 형성하는 것과 같은 요령으로 원자내의 두 오비탈의 mixing이 일어나는 것을 고려할 수 있다. 유기화학에서 제일 관심사인 둘째 주기 원소들은 다음과 같은 *s* 오비탈과 세 *p* 오비탈을 갖게 되며, 이들 간의 여러 형태의 mixing이 일어나게 된다.

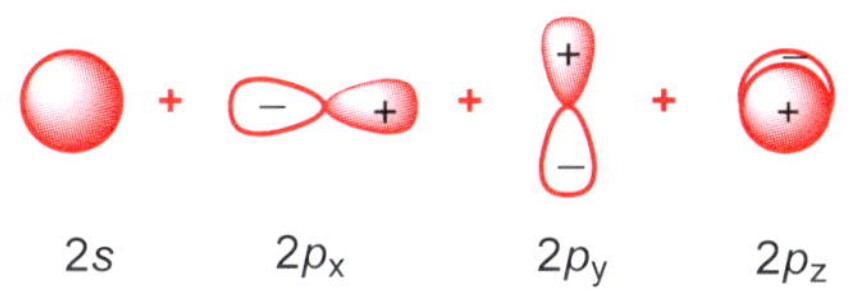

atomic orbitals all on the same atom

우선 가장 간단하고 이해가 쉬운 *sp* hybrid 오비탈의 형성 과정을 살펴보자. 다음 그림은 2*s* 오비탈과 $2p_x$ 오비탈의 이러한 mixing 과정을 보여 주는 그림이다. 원자핵을 중심으로 한 쪽에서는 *constructive overlap*, 다른 쪽에서는 *destructive overlap*으로 *p* 오비탈의 방향성을 유지하는 한쪽 lobe는 크고, 다른 쪽 lobe는 작은 비대칭적인 오비탈이 형성된다. *p* 오비탈의 위상이 반대가 되면 마찬가지로 방향만을 달리하는 오비탈 하나가 형성된다.

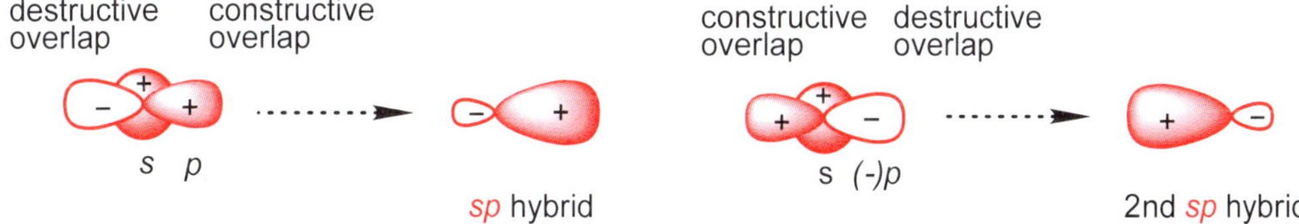

이런 과정을 가상하면 2*s* 오비탈과 2*p* 오비탈의 mixing으로 방향만을 달리하는 비대칭형 오비탈 한 세트가 만들어지게 된다. 이러한 오비탈 mixing을 ***sp* hybridization**이라 하며, 생성되는 두 오비탈은 ***sp* hybrid orbital**이라고 한다. sp^2 hybridization을 거치면 위의 네 AO에서 두 *sp* hybrid 오비탈이 형성되고 이에 수직인 서로 직교하는 $2p_y$와 $2p_z$ 오비탈이 남게 된다.

2s 2p_x 2p_y 2p_z two *sp* hybrid AOs 2p_y 2p_z

같은 방식으로 *s* 오비탈과 두 *p* 오비탈 간의 mixing이 일어나면 세 개의 동등한 오비탈이 형성될 수 있다. 한 원자의 두 *p* AO는 직교하며 이를 기술하기 위해서는 2 개의 좌표축이 필요하다. 따라서 *s* AO와 두 *p* AO의 mixing으로 형성되는 세 오비탈은 두 좌표축을 필요로 하는 2차원 평면을 중심으로 형성되며, 이러한 **sp^2 hybridization**으로 형성되는 세 오비탈을 **sp^2 hybrid orbital**이라 부르며, *sp* hybrid orbital과 마찬가지로 비대칭적인 lobe를 가지게 된다.

2s 2p_x 2p_y 2p_z 2p_z

위의 그림에서 평면상에 배열하게 되는 세 hybrid orbital을 포개서 그리면 다음과 같이 되며, 각 오비탈 간의 결합각은 120°가 된다.

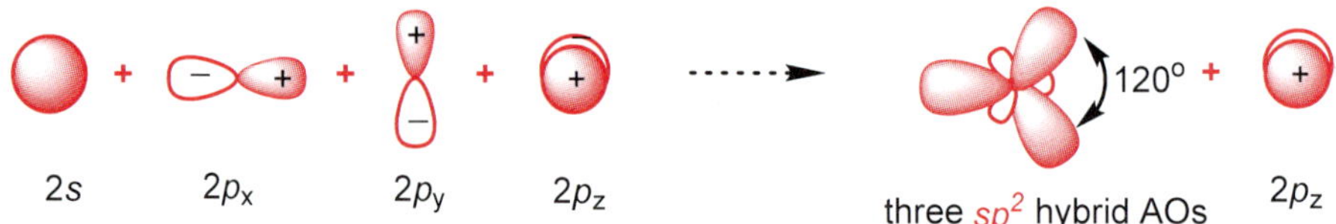

또한 *s* 오비탈과 서로 직교하는 3개의 *p* 오비탈 모두와의 mixing이 일어나면 3 개의 좌표축이 필요한 3차원 공간 상에 네 개의 동등한 오비탈이 형성될 수 있다. 이와 같은 혼성화를 **sp^3 hybridization**이라 하며, 혼성화로 형성되는 네 오비탈을 **sp^3 hybrid orbital**이라 한다. 마찬가지로 비대칭적인 lobe를 가지게 된다. 이들 네 오비탈은 109.5°의 각을 이루며 정사면체의 꼭지점을 향하는 배열을 하게 된다.

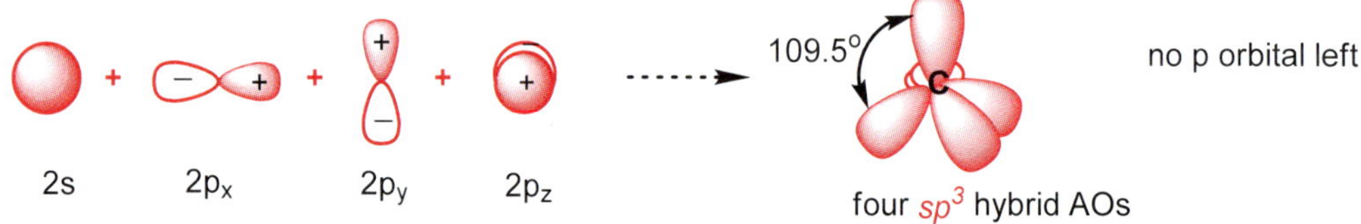

두 다른 원자간의 orbital mixing으로 오비탈 에너지 분리가 일어나서 두 AO보다 높은 에너지 반결합성 MO와 낮은 에너지의 결합성 MO가 형성된 것과 반대로 한 원자의 오비탈 혼성화로 형성되는 hybrid 오비탈은 에너지 평준화가 일어나게 된다. 3가지 유형의 혼성화에 따른 에너지의 변화를 고려한다면 더 안정한 *s* 오비탈의 성분을 50% 가지게 되는 *sp* 혼성화 오비탈의 에너지는 *s*와 *p* 오비탈 에너지 준위의 중간으로 가장 낮으며, 그 다음 *s* 성분이 33%인 sp^2 혼성화 오비탈은 2/3 준위에 있고, *s* 성분이 25%인 sp^3 혼성화 오비탈은 *s*와 *p*

오비탈의 3/4 정도 위치의 가장 높은 에너지 준위에 있게 된다.

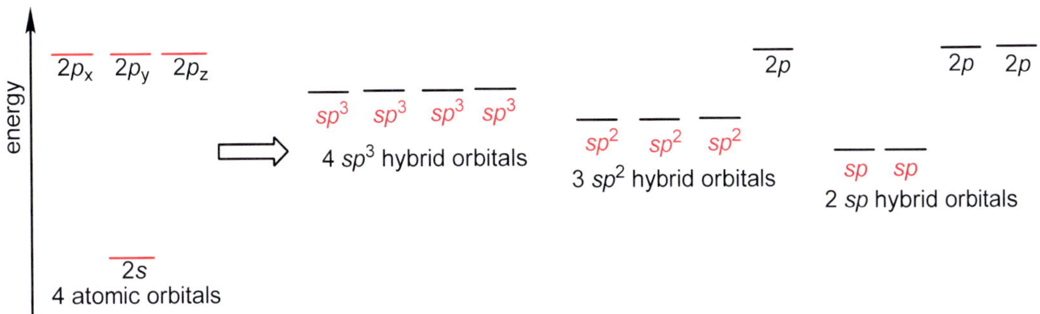

이와 같은 오비탈 혼성화는 어느 원자에나 적용될 수 있으며, 이들 원자가 거느리는 전자는 *p* 오비탈보다 에너지가 낮은 이들 hybrid 오비탈에 의하여 우선적으로 점유된다. *sp* 또는 sp^2 혼성화로 남게 되는 *p* 오비탈은 비어 있거나 아니면 π-결합을 형성하는 데 이용된다. 전자가 채워진 *p* 오비탈은 에너지 면에서 불리하며 *p* 오비탈의 mixing으로 다른 혼성화 오비탈로 바뀌게 된다.

2.7 σ-Bond-Formation Using Hybrid Orbitals

네 개의 결합을 형성하는 둘째 주기 원소들의 안정한 화합물 또는 이온은 모두 sp^3 혼성화 오비탈과의 σ 상호작용에 의한 orbital overlap으로 형성된다. 다음은 둘째 주기 원소들과 네 수소 원자간에 σ-결합을 하는 화합물과 이온들의 그림이며, 모두 정사면체형 배열을 하게 된다.

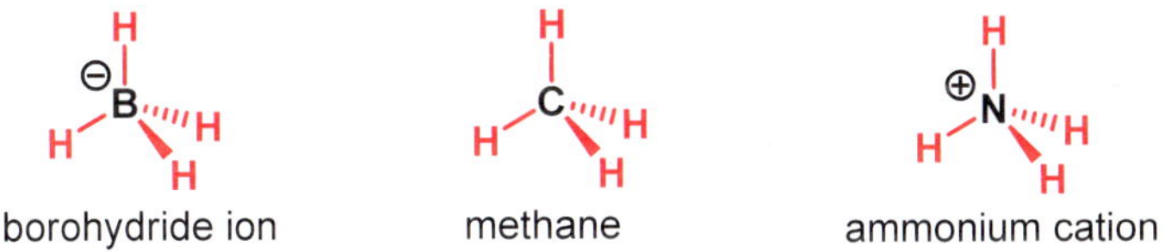

수소 원자와 세 개의 σ-결합을 하는 화합물과 이온 중에서 고립 전자쌍을 가지는 것들의 예를 다음 그림에 표시하였다. 중심 원자의 전자 네 쌍이 모두 동등하지 않으므로 이들은 정사면체 배열에서 약간 벗어난 피라미드형의 구조를 하게 된다. 중심 원자는 sp^2 혼성화 오비탈을 사용하여 세 σ-결합을 형성하고, 남는 *p* 오비탈에 고립쌍을 배치하는 것보다 네 sp^3 혼성화 오비탈을 이용하여 결합 전자쌍과 고립쌍을 수용하는 것이 에너지로 보아 유리하기 때문이다.

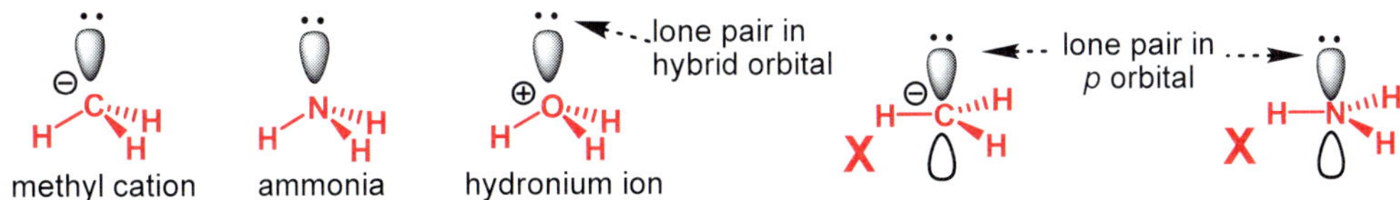

수소 원자와 세 개의 σ-결합을 하고 나면 고립쌍이 남지 않는 borane과 methyl 양이온은 세 sp^2 혼성화 오비탈을 이용하여 σ-결합을 하고, 오비탈 하나를 비어 놓는 것이 에너지 면에서 유리하므로 아래의 그림에서와 같은 삼각 평면형의 배열을 하게 된다. 이들은 전자쌍을 내어주는 화학종과 네 번째 결합을 형성하게 되면 빈 p 오비탈을 이용하는 것보다 위에서와 같이 정사면체형으로 오비탈의 재혼성화가 일어나는 것이 에너지적으로 유리하므로 정사면체형 배열로 바뀌게 된다.

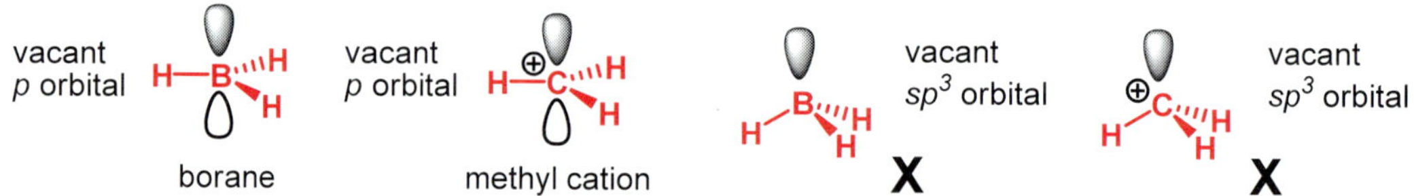

물 분자나 amide 음이온에서처럼 두 개의 결합을 하지만 두 쌍의 고립쌍을 가지게 되는 화합물 또는 이온은 네 sp^3 혼성화 오비탈에 이들 결합 전자쌍과 두 고립쌍을 수용하는 것이 에너지적으로 유리하다. 또한 hydroxide 이온이나 H–F처럼 결합을 한 번만 한다 하더라도 O나 F가 세 고립 전자쌍을 수용해야 하는 경우에도 마찬가지로 sp^3 혼성화 오비탈을 점유하는 것이 에너지적으로 유리하다. 결합 전자쌍이 하나도 없는 F^- ion의 경우에도 전자는 sp^3 혼성화 오비탈을 점유하게 된다.

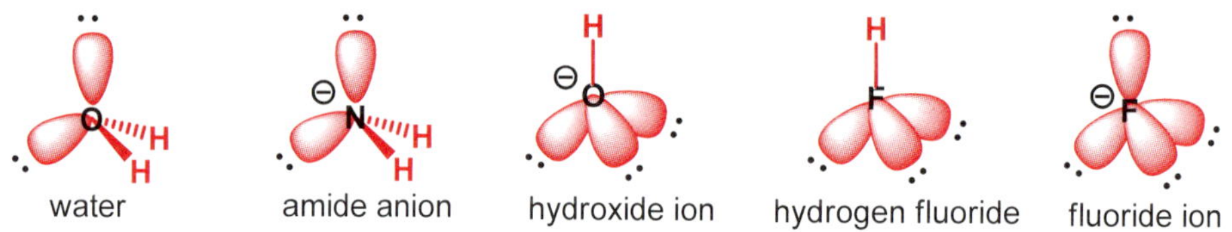

2.8 Carbon-Carbon (Heteroatom) π-Bond Formation

두 원자간에는 σ-결합을 이룬 후 σ-결합만큼 센 결합은 아니지만 두 번째 결합을 이룰 수 있다. 두 번째 결합은 σ-결합과 같은 공간을 점유하면서 형성될 수 있는 방법은 없으며, π-결합이라 부르는 다른 유형으로 형성될 수밖에 없다. 가장 간단한 π-결합 화합물은 ethylene으로 두 탄소는 sp^2 혼성화 오비탈을 이용하여 두 수소 원자와 다른 탄소 원자간에 세 σ-결합을 형성하고, 나머지 p 오비탈을 이용하여 이웃한 탄소와의 π-결합을 형성하게 된다.

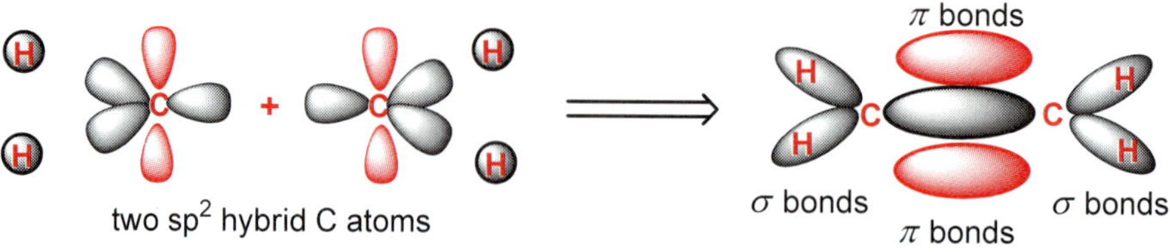

Acetylene에서처럼 각 탄소가 두 개의 σ-결합을 이루고 남는 p 오비탈이 둘인 경우에는 두 직교하는 p 오비탈이 모두 π-결합 형성에 사용될 수 있으며, 결과적으로 두 탄소 간에는 σ-결합 하나와 두 π-결합을 합하여 전부 3개의 결합을 형성할 수 있다.

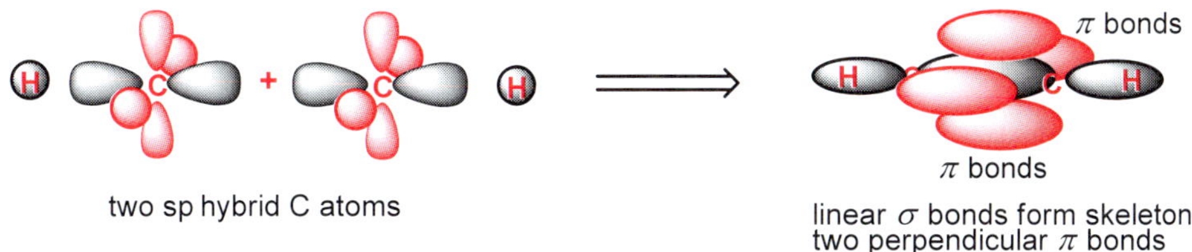

sp Hybrid 오비탈을 이용하는 탄소의 나머지 두 p 오비탈은 꼭 한 탄소와의 결합에 사용되는 것은 아니다. 두 이웃한 탄소 원자와 각기 다른 π-결합을 형성할 수도 있으며 이 경우 생성되는 화합물을 **allene**이라고 한다.

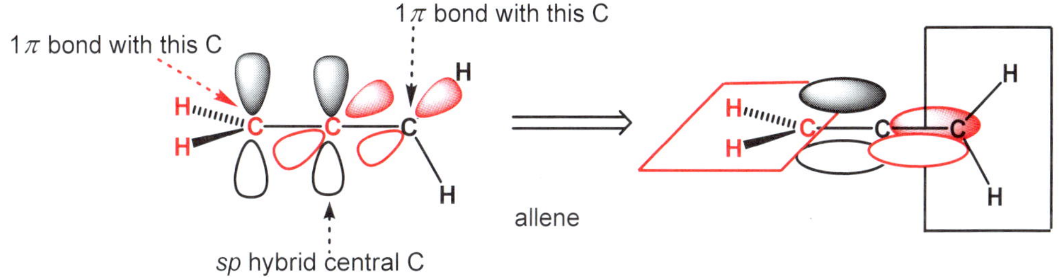

또한 π-결합은 동일한 원자가 아닌 두 다른 원자간에도 형성될 수 있으며, 또한 가능한 경우에는 σ-결합에 추가하여 두 번의 π-결합을 이룰 수 있다. p 오비탈 상호작용의 mode는 ethylene이나 acetylene에서와 같다. 질소 원자가 σ-결합 이외에 다른 원자와 이중결합을 이루게 되면 남는 고립쌍은 sp^2 혼성화 오비탈을 점유하게 된다. 이는 질소 원자가 sp 혼성화 오비탈을 이용하여 두 σ-결합을 이루고 p 오비탈 하나는 탄소와의 π-결합형성에 쓰고, 나머지 p 오비탈에 고립쌍을 수용하는 것보다 에너지 면에서 더 유리하기 때문이다. 만약 alkene에서 R group 하나가 떨어져서 음이온이 생성된다면 imine과 똑같은 구조를 가지는 음이온이 생성될 것이다. 마찬가지로 산소가 이중결합을 하게 되면 두 고립쌍은 각기 sp^2 혼성화 오비탈에 수용된다.

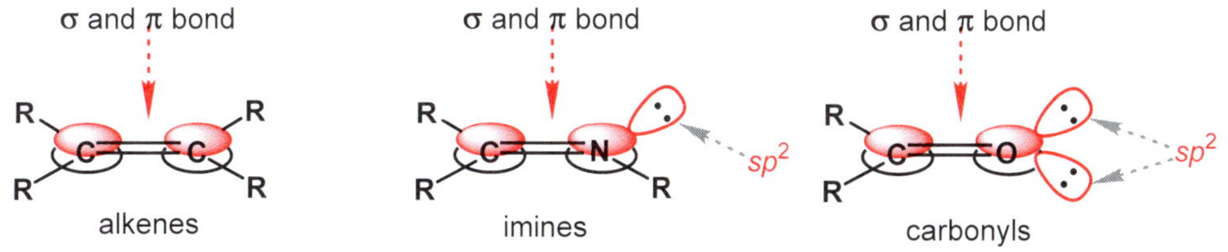

위의 세 화합물에서 공통적으로 π-결합 하나를 제외한 나머지 모든 σ-결합은 모두 한 평면상에 놓일 수밖에 없다. Alkene의 여섯 원자, 이민의 다섯 원자, 카보닐의 네 원자는 모두 동

일 평면상에 존재한다. Imine의 질소가 결합을 한 번 더 하게 되면 iminium ion이 생성되는데, alkene에서와 같이 여섯 원자 모두가 동일면에 놓이게 된다. 표시한 R group은 수소이거나 methyl기를 포함한 alkyl기일 수 있으며, 또한 질소와 산소를 비롯한 다른 원자 또는 원자단일 수도 있다.

앞에서 살펴본 탄소–탄소 삼중결합에서와 같이 탄소–헤테로원자 간의 삼중결합의 형성도 가능하다. Acetylene에서처럼 σ-결합을 형성한 후에 서로 수직한 두 p 오비탈의 상호작용으로 두 π-결합이 형성된다. 탄소–질소 간의 삼중결합을 가지는 nitrile은 안정한 부류의 화합물이며, 탄소–산소 삼중결합의 acylium ion은 불안정한 양이온 중간체이다.

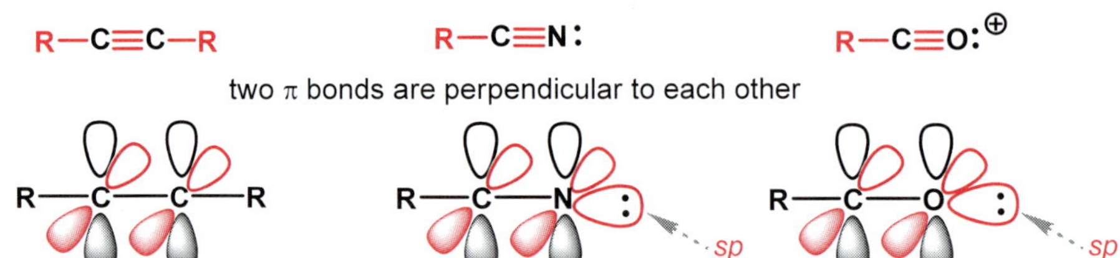

위의 그림에서 보듯이 탄소–탄소, 탄소–질소, 탄소–산소 간의 삼중결합의 오비탈 모양은 동일하며, 단지 질소 원자는 σ-결합 대신에 전자쌍을 산소 원자는 덧붙여서 양전하를 가지는 것만이 다르다.

문제 2.4 다음 화합물을 Lewis 구조로 다시 그리고, 모든 lone pair를 그려 넣고 어떤 유형의 오비탈을 점유하고 있는지 적어라.

(a) CH_3OCH_3	(b) $CH_3CH{=}O$	(c) CH_3O^-	(d) $CH_3C{\equiv}O^+$
(e) $CH_3CH{=}NCH_3$	(f) $CH_3CH_2NH_2$	(g) $CH_2{=}\overset{+}{N}H_2$	(h) $CH_3C{\equiv}N$
(i) $CH_3C{\equiv}\overset{+}{N}{-}O^-$	(j) $CH_3N{=}C{=}O$	(k) $CH_3\overset{+}{N}{\equiv}C^-$	(l) $CH_3S{=}C{=}N$
(m) CH_2N_2	(n) $^+NO_2$	(o) O_3	(p) N_3^-

2.9 More Efficient Overlap with Hybrid Orbitals

다중결합에 참여하는 원자와의 σ-결합을 형성하는 원자는 수소 원자처럼 AO를 사용할 수도 있으나, 탄소, 질소, 산소 등 둘째-주기 또는 그 이상의 원소들은 AO가 아닌 sp, sp^2, sp^3 등의 혼성화 오비탈을 사용하게 된다. σ-결합에 참여하는 두 원자의 세 가지 유형의 hybrid AO 간의 σ-결합이 가능하다. 이들 hybrid AO는 비대칭적인 lobe를 가지게 되며 p 오비탈과 비교하면 겹침 효과가 훨씬 커진다.

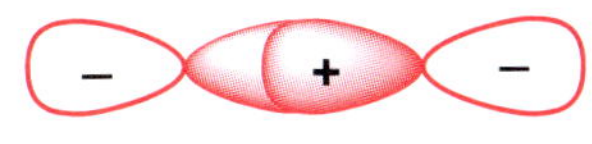

two *p* orbital ovelap

two sp^3 orbital overlap

원자 오비탈의 겹침이 효과적으로 이루어질수록 강한 결합을 형성하게 된다. σ-결합을 형성하는 각 원자 오비탈의 겹침적분(overlap integral)을 다음에 표시하였다.

Orbital	*s*	*p*	*sp*	sp^2	sp^3
Overlap integral	**1.00**	**1.72**	**1.93**	**1.99**	**2.00**

겹침적분이 크다는 것은 오비탈 상호작용에 의한 겹침이 더 효과적임을 의미하며 위의 값대로라면 *s* 오비탈보다는 *p* 오비탈의 겹침이 더 효과적임을 알 수 있다. (이는 막연히 생각하고 있던 것과는 다를 수 있다. 겹침적분이 작다 하더라도 수소는 가장 낮은 에너지의 1*s* 오비탈 겹침으로 매우 안정하고, 센 결합을 형성할 수 있다.) *s*와 *p* 오비탈의 혼성화로 얻어지는 세 가지 혼성화 오비탈은 모두 *s*와 *p*가 단독으로 겹침이 일어날 때보다 오비탈의 겹침적분이 상당히 크다. 가능하면 σ-결합형성에는 이들 혼성화 오비탈을 이용하게 되는 이유이다. Methane, 암모니아, 물 분자들의 모든 결합과 고립쌍은 전부 혼성화 오비탈을 점유하게 된다. 둘째-주기 원소들 간의 σ-결합을 고려한다면 $sp^3 > sp^2 > sp > p > s$ 오비탈의 순으로 오비탈 겹침이 덜 효과적으로 이뤄지지만, 세 혼성화 오비탈 간의 차이는 그리 크지 않다.

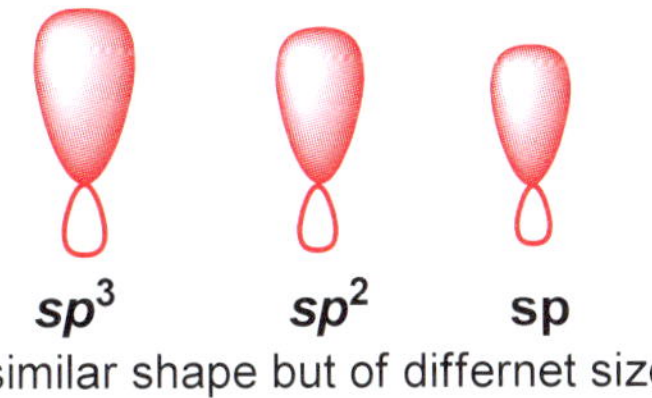

similar shape but of differnet size

위의 그림은 sp^3 sp^2 *sp* 혼성화 오비탈의 개략적인 크기를 그린 그림이다. 점차 크기가 줄어든 것은 그만큼 혼성화 오비탈의 *s* 성분이 크다는 의미이고, 전자는 그만큼 핵 가까이 분포하게 됨을 의미한다. *sp* 혼성화 오비탈을 이용하는 결합 전자는 핵 가까이 분포하게 되고 그만큼 결합세기가 증가한다는 의미가 된다. 다음은 ethane, ethene, ethyne의 C–H 결합의 결합길이와 결합세기를 비교한 것이다.

[Table 2.1] Bond Lengths and Bond Strengths for Ethane, Ethylene, and Acetylene

Compound	C–H bond length (Å)	Bond strength (kcal/mol)
CH_3CH_2—H	1.11	98
$CH_2{=}CH$—H	1.10	104
HC≡C—H	1.09	125
	↑ increasing bond length	↓ increasing bond strenth

수소와 결합하는 탄소의 혼성화 상태에 따라 결합길이도 결합세기도 영향을 받는 것을 볼 수 있다. Acetylene의 탄소는 *sp* 혼성화 오비탈로 sp^2 또는 sp^3 혼성화 오비탈에 비해 *s* 성질이 더 크고, 에너지가 가장 낮으며, 더 핵 가까이 전자를 수용하게 될 뿐 아니라 오비탈의 σ 상호작용에 가장 유리하기 때문이다.

이는 수소 원자와의 결합뿐 아니라 다른 헤테로원자와의 결합에도 그대로 적용된다. 예컨대, haloalkane에 비해 haloalkene이나 haloalkyne의 낮은 반응성은 이로서 설명이 가능하다.

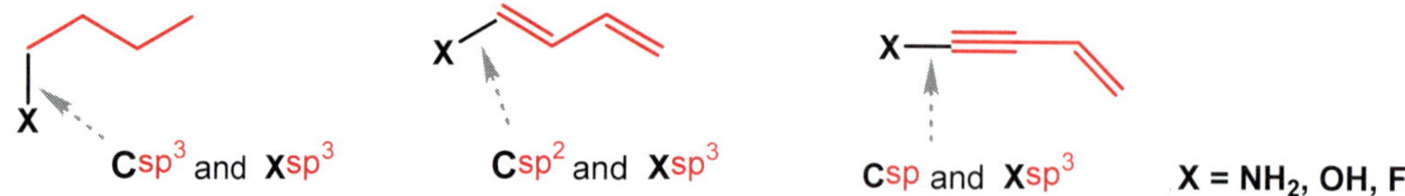

두 동종 원자간의 σ-결합도 마찬가지이다. 다음에 혼성화 상태를 달리하는 두 탄소 간의 σ-결합을 모두 그려 보면 실측 결합길이의 데이터를 보지 않아도 길이의 변화를 예측할 수 있을 것이다. 다음은 실제로 측정된 결합길이이다. 한 sp^3 혼성화 탄소가 다른 sp^3, sp^2, *sp* 혼성화 탄소와의 결합길이는 예상할 수 있는 것처럼 점점 짧아지는 것을 볼 수 있다. sp^2 혼성화 탄소도 마찬가지로 결합한 탄소의 혼성화에 따라 결합길이가 점차 짧아 진다.

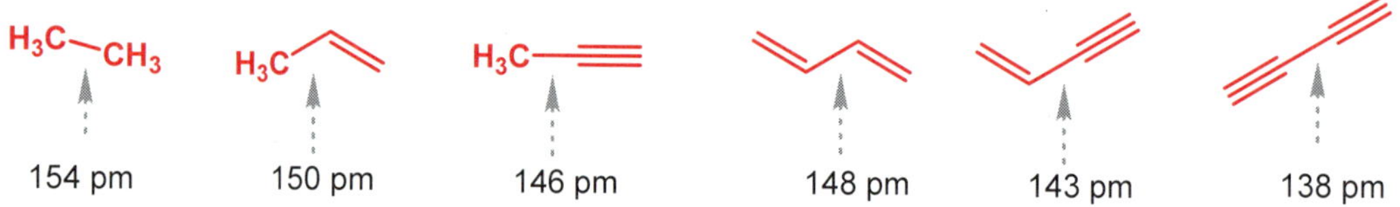

다음 그림에서는 σ-결합뿐 아니라 탄소–탄소 π-결합의 결합길이 또한 결합에 참여하는 탄소의 혼성화에 따라 유사하게 변함을 함께 보아두는 것도 도움이 된다.

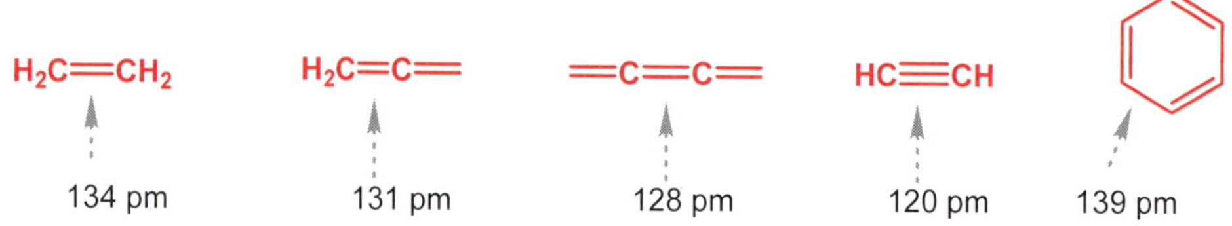

문제 2.5 Orbital 개념을 이용하여 다음 methyl 탄소와 다른 헤테로원자 간의 결합길이를 설명하여 보라.

(a) CH_3—H 109 CH_3—CH_3 154 CH_3—NH_2 148 CH_3—OH 142 CH_3—F 139 pm

(b) CH_3—F 139 CH_3—Cl 178 CH_3—Br 194 CH_3—I 214 pm

문제 2.6 다음 화합물에 표시된 탄소–탄소 결합길이가 긴 것부터 짧아지는 순으로 나열하라.

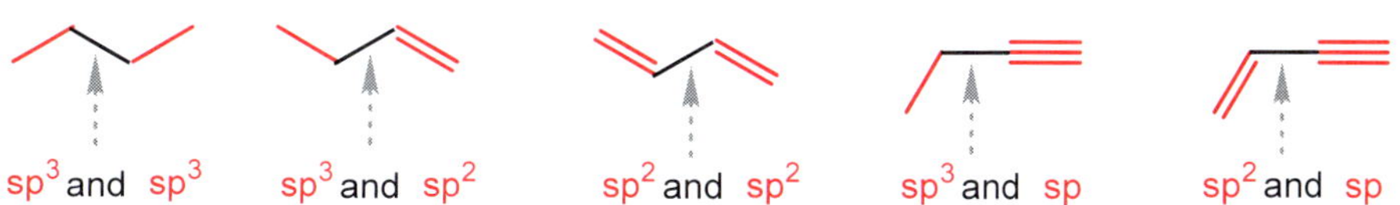

문제 2.7 카벤(carbene)으로 알려진 : CH_2는 두 가지 구조 중 하나로 존재한다. 그 중 하나는 결합각이 120°이고 다른 하나는 결합각이 180°이다. 각 구조에 관여하는 오비탈을 모두 그리고, 그 중 어느 것이 더 안정한가를 판별하여 보라.

180° H—C—H　　　120° H–C–H

문제 2.8 다음 각 화합물에서 표시된 원자가 어떤 hybrid 오비탈을 이용하는가를 밝혀라.

(a)　(b)　(c)　(d)　(e)

문제 2.9 다음은 모두 orbital hybridization과 관련된 문제이다. 설명하여 보라.

(a) 어느 화합물의 질소가 methyl iodide에 대해 더 큰 친핵성을 보이는가?

A　B

(b) 어느 화합물의 산소가 염기성이 더 센가?

A CH_3CH_2—ÖH　B

(c) 어느 탄소 음이온이 어떤 이유로 더 안정한가?

A CH_3—C≡C:⊖　B

2.10 More π-Systems (Extended π-System): Allylic System

대칭축을 필수 요소로 하는 σ-interaction은 두 원자간에 일어날 수 있다. 세-원자 계가 가지는 세 오비탈의 σ symmetry를 만족시키는 동시적인 상호작용을 일으켜 두 개 이상의 σ 오비탈을 형성하는 것은 불가능하다. 그러나 m_1 (두 핵을 지나는 평면)에 반대칭성이 필수 요소인

π-symmetry를 만족하는 셋 또는 그 이상의 원자들의 p 오비탈간의 상호작용이 가능하다. 선형 배열의 세 탄소 원자가 각각 p 오비탈을 제공할 수 있다고 해 보자. 대칭성을 만족시키기 위하여 세 p 오비탈은 같은 방향으로 배열되어야 함은 물론이다. 에너지 준위가 같은 (degenerated) 세 p 오비탈의 조합으로 생성되는 세 π 오비탈을 낮은 에너지 오비탈부터 각각 ϕ_1, ϕ_2, ϕ_3라고 하면, LCAO method에 의해 다음과 같은 축조가 가능하다.

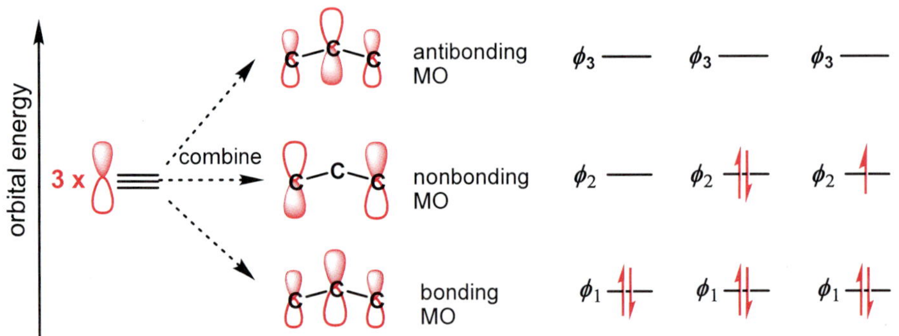

가장 낮은 에너지의 오비탈인 ϕ_1은 모두 위상이 맞으며 이웃한 세 탄소 간의 π 상호작용은 모두 결합성 상호작용이 된다. 다음으로 높은 에너지 오비탈인 ϕ_2는 π-계의 중심 원자를 지나는 node를 하나 가지게 되며, ϕ_2 오비탈에 전자가 채워지게 되더라도 중심 원자에는 전자밀도가 없게 된다. 이웃한 AO의 상호작용이 없으므로 이 오비탈은 비결합성(nonbonding) 오비탈이 된다. 그 다음 마지막 오비탈 ϕ_3는 모든 AO 간의 상호작용이 위상이 반대이며, destructive overlap으로 반결합성 orbital이 된다. 따라서 ϕ_3에는 node가 두 개 있게 된다.

세 탄소 원자의 p 오비탈로 이루어지는 계를 **알릴 계**(allyl system)라고 하며, allyl 계는 2, 3, 4 개의 π-전자에 의해서 점유된다. 안정한 중성 분자를 이룰 수는 없으며 2 π인 경우에는 allyl 양이온이며, 3 π인 경우에는 allyl 라디칼, 4 π인 경우에는 allyl 음이온이 된다. Allyl 양이온의 두 π-전자는 가장 낮은 결합성 오비탈 ϕ_1을 채우게 되며, allyl 음이온은 비결합성 오비탈인 ϕ_2를 완전하게 채우게 된다. 라디칼은 ϕ_2를 반만 채우게 된다.

Allyl 양이온의 경우에 두 전자는 세 탄소 원자에 걸쳐 분산되며 전자밀도는 중심 원자에 치우치게 된다. 두 탄소–탄소 간의 결합은 π-결합과 σ-결합이 혼재된 동등한 결합을 하게 된다. 양전하는 두 말단 탄소에 균등하게 나뉘어 분포한다. Allyl 라디칼의 경우는 allyl 양이온의 경우와 비슷하며, 홀전자는 말단 탄소에 분산된다. Allyl 음이온의 경우에는 반응성이 큰 고립쌍 전자는 비결합성 오비탈인 ϕ_2에 의하여 기술되는 것이 바람직하며, 앞의 두 경우에서와 마찬가지로 음전하는 두 말단 탄소에 분산된다.

이들 세 화학종은 다음과 같은 구부린 화살표를 그려 전자의 이동을 나타낸 공명구조로 charge 또는 spin density의 분포를 표시하게 된다.

allyl cation allyl anion

allyl radical

아래에 그려진 carboxylate anion 및 enolate anion은 allyl 음이온과 똑같은 방식으로 공명 구조를 그리게 된다. 이들의 분자 오비탈은 모양이나 에너지 준위에 약간의 차이가 있을 뿐 위에서 살펴본 allyl 계의 경우와 거의 비슷하다. 오비탈의 크기 즉, 계수가 문제 되지 않는다면 간단히 이들의 오비탈 그림을 그릴 때는 allyl 음이온의 오비탈 그림대로 그려도 무방할 정도이다.

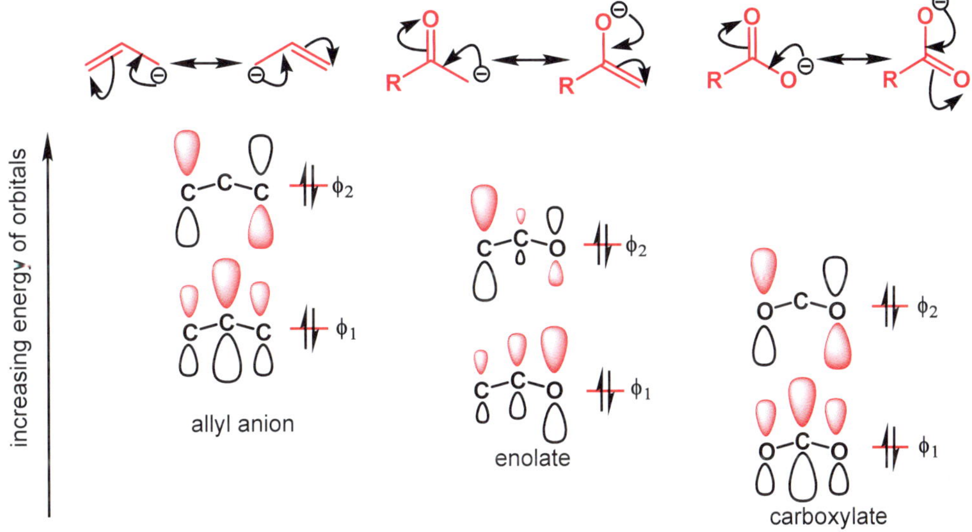

다른 점이 전혀 없는 것은 아니다. 특히 반응성을 논의할 때는 다음과 같은 두 가지 점이 다름에 유의해야 한다. 산소는 탄소보다 전기음성도가 커서 전자의 몫이 크므로, MO를 구성하는 AO의 coefficient가 다르며, 에너지 준위의 높낮이 또한 다르다. 위의 그림에서 보듯이 이들 enolate와 carboxylate는 allyl 음이온에 비해서 π 계의 채워진 오비탈은 더 낮은 에너지 준위에 있으며, 이 점이 우리가 알고 있는 enolate와 carboxylate가 allyl 음이온과 비교하면 훨씬 더 안정하다는 사실과 맞아 떨어지는 것이다.

중성 화합물인 오존이나 nitroalkane의 경우도 allyl 계와 유사한 π-오비탈 계를 형성한다. 이러한 pseudoallyl π 계를 가지는 화합물은 여러 가지가 있으며, 마치 오존이 alkene에 첨가되는 것처럼 이들도 대부분 alkene과 반응하여 첨가물을 생성하기도 한다.

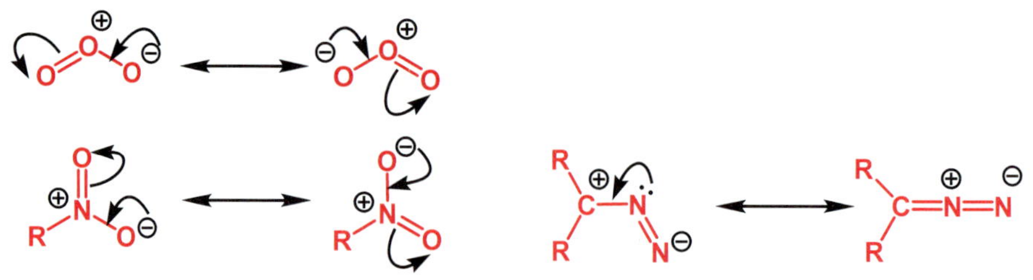

2.11 Conjugate π-System : 1,3-Butadiene and Enones

다음으로 1,3-butadiene의 4π-system을 살펴보자. *p* 오비탈을 제공하는 네 탄소의 네 *p* 오비탈의 π 상호작용으로 네 개의 새로운 MO가 생겨나게 되며, 낮은 에너지 MO부터 차례로 각각 ϕ_1, ϕ_2, ϕ_3, ϕ_4라고 한다면 node의 수는 ϕ_1에서 ϕ_4까지 0에서 1, 2, 3으로 증가하게 된다. 이러한 상호작용이 일어나려면 모든 *p* 오비탈은 같은 방향으로 향해야 함은 물론이다. 결합성 상호작용이 많은 ϕ_1, ϕ_2는 bonding orbital이 되며, 반결합성 상호작용이 많은 ϕ_3, ϕ_4는 anti-bonding orbital이 된다. 두 전자쌍은 두 bonding orbital을 점유하게 되며 네 π-전자는 네 탄소에 분산된다. 개략적으로 오비탈은 계수의 크기를 참작하여 각기 다른 크기로 그려져 있다. 이러한 conjugate polyene의 또 한가지 특색은 탄소 원자 평면을 반분하는 수직면에 대해서 좌우 양쪽이 대칭 반대칭이 반복된다는 점이다. Butadiene의 ϕ_1은 대칭, ϕ_2는 반대칭, ϕ_3는 대칭, ϕ_4는 반대칭이 된다. 이는 다른 polyene에도 적용되며 이들의 오비탈을 그리거나 떠올릴 때 유익하게 사용될 수 있다.

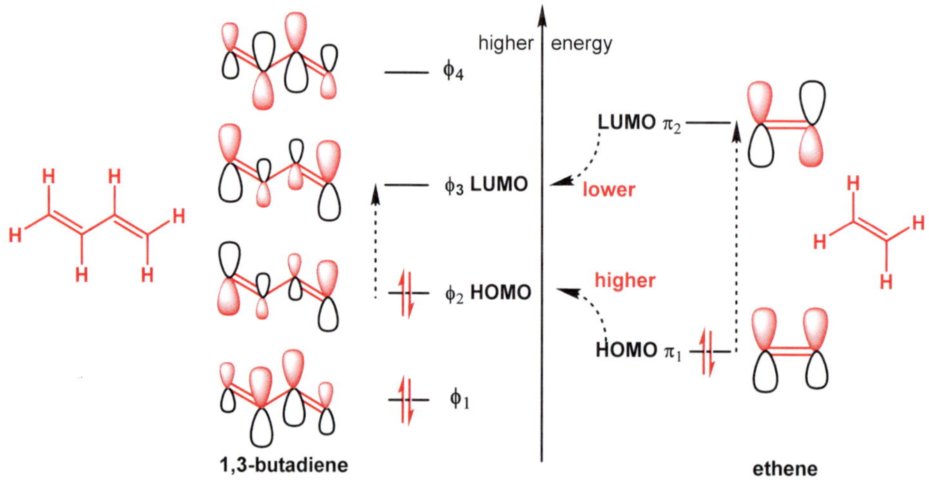

ϕ_1에서의 C2–C3 간의 bonding 상호작용 결합성으로 센 편이나 ϕ_2에서의 C2–C3 간의 antibonding 상호작용이 서로 상쇄되어 C2–C3 간의 π 전자밀도는 아주 낮아지게 된다. 따라

서 C2–C3를 축으로 하는 회전은 rotational barrier(7~8 kcal/mol)가 낮아 회전에 제한을 받지 아니한다. 4π계의 MO 간의 에너지 차이는 ethylene의 두 MO 간의 에너지 차이보다 좁아서 HOMO인 ϕ_2 오비탈은 ethylene의 HOMO보다는 높은 에너지 준위에 있고 4π 계의 LUMO는 ethylene의 LUMO보다 낮은 에너지 준위에 있게 된다. 이것이 의미하는 바는 1,3-엇비슷하게 이보다 크다.

C=C 이중결합과 C=O 이중결합의 conjugation으로 생성되는 α,β-불포화 카보닐 화합물은 butadiene과 거의 유사한 오비탈 특성을 가지게 된다. 앞에서 allyl 음이온과 enolate의 오비탈 비교에서와 마찬가지로 전체적인 오비탈의 에너지 준위가 달라져서 α,β-불포화 카보닐 화합물의 π 오비탈은 butadiene과 비교하여 더 낮은 에너지 준위에 있게 된다. 빈 오비탈인 LUMO가 관여하는 친핵체와의 반응성은 acrolein이 1,3-butadiene에 비해서 월등히 클 것이라는 점을 예상할 수 있으며, 실제로 그렇다는 것을 보게 될 것이다.

또 한 가지 다른 점은 산소 원자의 강한 전기음성도로 인하여 오비탈 계수의 크기가 달라진다는 점이다. 결합성 오비탈에서의 π 전자밀도는 카보닐기 쪽으로 편중된다. 친핵체와의 반응은 LUMO와의 상호작용으로 이루어지게 된다. 아래 그림은 1,3-butadiene과 acrolein의 π-오비탈의 에너지 준위와 개략적인 계수의 크기를 고려한 그림이다.

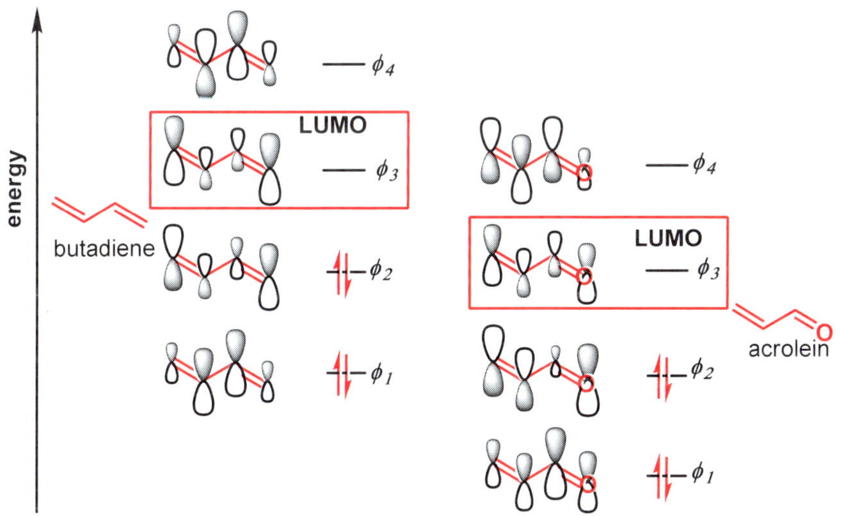

Acrolein의 LUMO의 상세한 data를 보면 LUMO coefficient가 카보닐 탄소보다 β-탄소에서 더 크다. 따라서 친핵체와의 오비탈 겹침은 β-탄소에서 더 효과적임을 예측할 수 있다.

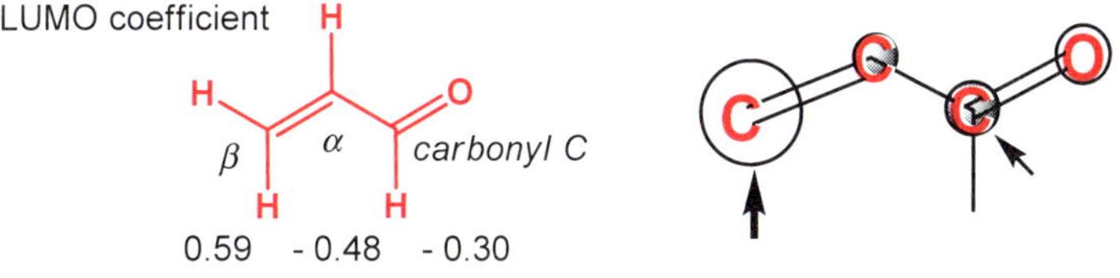

Butadiene보다 conjugation이 더 많은 polyene의 π-오비탈을 구성하는 일은 그리 어렵지

않다. 오비탈의 계수를 고려하지 않고 같은 방법으로 접근하면 pentadienyl 계와 hexatriene 계의 π-오비탈을 구성할 수 있다. ϕ_1에서 ϕ_n까지 node의 수가 하나씩 증가한다는 점과 탄소 사슬을 반분하는 평면(m_2)에 대해 대칭과 반대칭이 반복된다는 점을 기억할 필요가 있다.

예로 1,3,5-hexatriene 계의 오비탈을 그려 보자. 먼저 node의 수가 0에서 하나씩 증가하며, 대칭면 m_2에 대해 대칭과 반대칭이 차례로 반복되는 정상파를 그려보면 다음 그림에서와 같이 된다. 여기에 맞추어 ϕ_1에서 ϕ_6까지 차례로 오비탈 그림을 그려 볼 수 있으며 아래 그림의 왼쪽에 나타내었다. 실제로 정상파의 모양을 고려한다면 정확하게는 아니라 하더라도 오비탈의 크기 또한 예측이 가능하다. 예를 들어, ϕ_1은 중앙 두 탄소의 계수가 가장 크고, 양쪽 말단 탄소의 계수가 가장 작은 MO를 구성하게 된다. ϕ_2는 중앙 두 탄소의 계수가 가장 작고 C2 및 C4의 계수가 가장 크다. ϕ_3는 C2 및 C4의 계수가 가장 작으며, 나머지 탄소의 계수는 엇비슷하게 이보다 크다. ϕ_1과 ϕ_6는 각 탄소에서 계수의 크기가 같으며 짝수 번째 탄소의 shade 또는 계수의 부호만을 달리 한다.

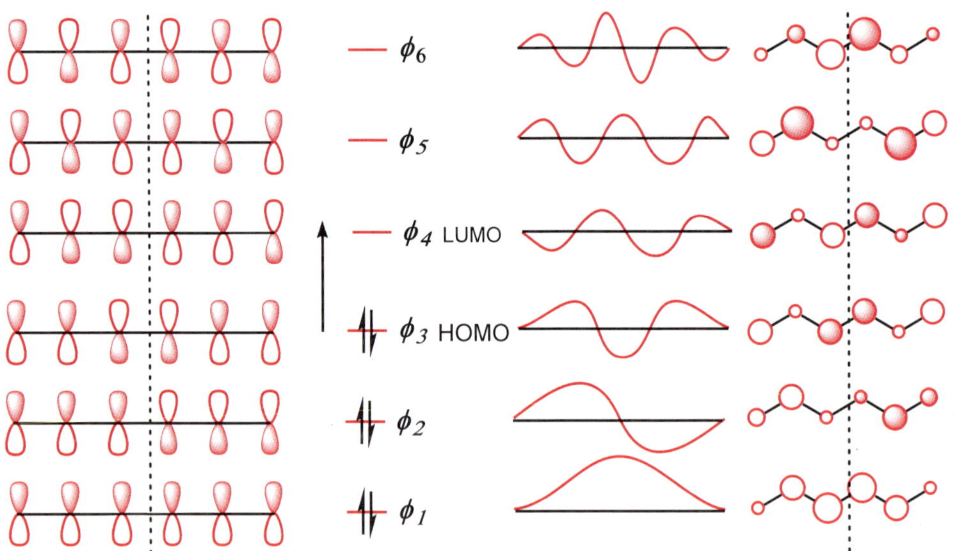

π-molecular orbitals of 1,3,5-hexatriene

이 확장 π-계의 오비탈은 conjugate π 계와 pericyclic reaction을 공부하는데 대단히 중요하다. 특히 2π-계에서 6π 계까지의 오비탈은 익숙하게 다룰 수 있도록 반드시 충분한 연습을 해 두는 것이 좋다. 문제로 나와 있는 5π 계에 대한 것도 착실하게 익혀 두어야 한다.

아래 ethylene, butadiene, hexatriene의 π-오비탈 그림에서 보듯이 conjugation에 참여하는 p 오비탈의 수가 점점 많아짐에 따라 π 계는 열역학적으로 더 안정화되지만 HOMO 에너지 준위는 점점 높아지고 LUMO 에너지 준위는 점점 더 낮아진다. 이에 따라 LUMO가 관여하는 반응에서도 HOMO가 관여하는 반응에서도 반응성은 더 커지게 되며 더 빠르게 반응을 하게 된다.

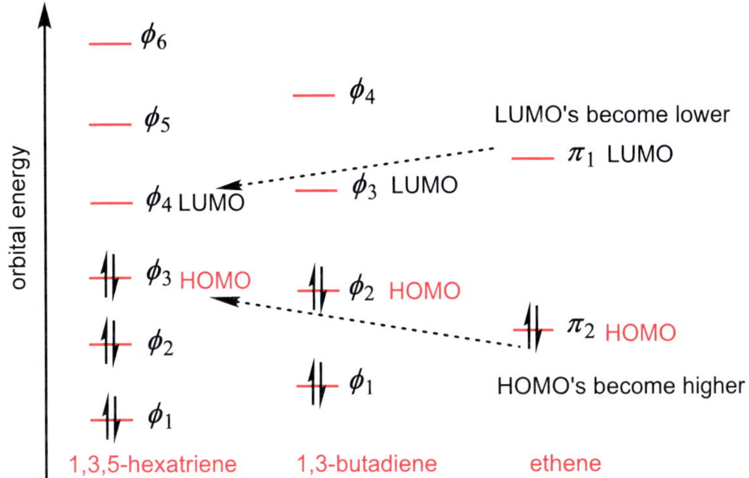

Energy level of orbitals for 3,5-hexatriene, 1,3-butadiene and ethylene

또한 π-conjugation에 참여하는 원자의 수가 많아 질수록 HOMO와 LUMO 간의 에너지 차이는 점점 더 좁혀지게 되어 전자 들뜸에 필요한 에너지도 점점 더 낮아지게 된다. Ethene도 butadiene도 모두 UV 영역의 빛을 흡수하지만 conjugation이 계속되면 흡수 파장은 점점 길어져서 conjugate polyene은 가시선 영역의 빛을 흡수하여 전자 들뜸이 일어날 수 있고 그로 인해 여러 가지 색깔을 띠게 된다. 토마토나 당근 등의 색소인 lycopene이나 β-carotene은 모두 고도의 conjugate polyene이다.

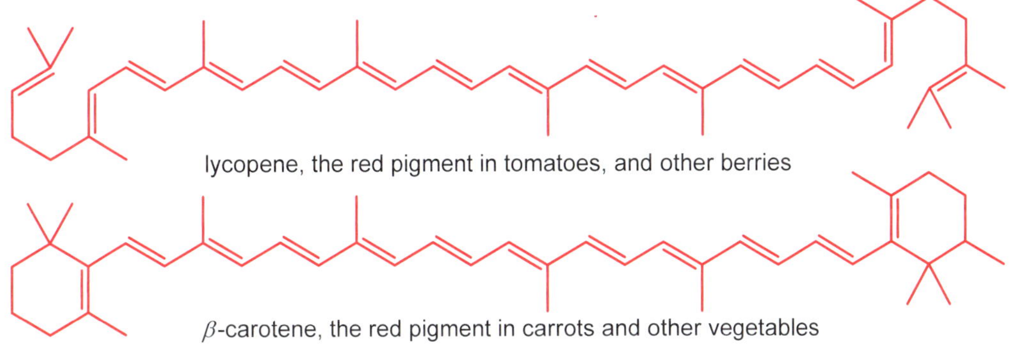

lycopene, the red pigment in tomatoes, and other berries

β-carotene, the red pigment in carrots and other vegetables

Polyene과 관련하여 한 가지 더 짚고 넘어갈 것은 conjugate polyene이나 enone의 경우에도 C–C σ-결합이 존재한다는 사실이다. 축 대칭인 σ-결합의 특색은 회전이 가능하다는 점이다. 가능하다고 해도 결합 회전에 따르는 에너지의 변화는 있게 마련이고, 이는 두 sp^2 탄소 간의 σ-결합도 예외가 아니다. sp^2 탄소로 이어지는 polyene의 모든 탄소–탄소 결합각은 120°이며, p 오비탈 겹침에 의한 에너지 최소화로 모든 p 오비탈은 같은 방향으로 놓일 수밖에 없다.

예로 1,3-butadiene의 π-오비탈의 배열을 보면 두 가지가 가능하다. 두 sp^2 탄소 간의 σ-결합은 tortional strain 이외의 다른 이유에서 회전의 제한을 받는다.

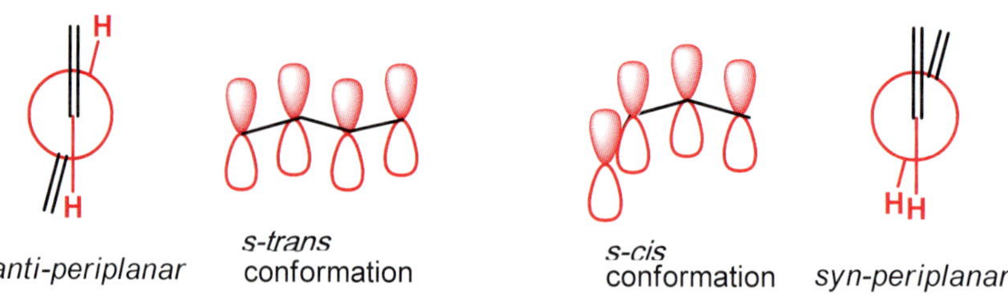

p 오비탈 겹침에 의한 안정화 때문에 두 이중결합은 periplanar conformer를 선호하게 되며 그 중에서 *anti*-periplanar의 선호도가 *syn*-periplaner보다 높다. *anti*-Periplanar인 conformer를 *s-trans*, *syn*-periplaner인 conformer를 *s-cis*라고 부른다. (*s*는 sigma의 *s*, Chapter 5).

ΔG^o = 4 kcal/mol

s-cis conformer *s-trans* conformer

Butadiene은 단일결합을 중심으로 두 가지 안정한 배열이 가능하며, 두 안쪽 탄소인 C2–C3 간의 결합을 축으로 하는 회전으로 s-*cis*와 s-*trans* 회전배열 간의 상호전환이 일어난다. s–*cis* 회전배열은 두 말단 탄소의안쪽 기들 간의 상호작용이 커서, diene은 보통 더 낮은 에너지 (약 4.0 kcal/mol)의 이 s-*trans* 회전배열이 압도적으로 유리하다. 말단 탄소에 치환기가 붙게 되면 C2–C3를 축으로 하는 회전은 더욱 제한을 받게 된다. 2,4-hexadiene의 경우, *cis,cis* 이성질체는 아예 s-*cis* 회전배열을 취할 수 없으며, *cis,trans*의 경우에는 회전 배열이 가능하나 더 높은 에너지가 필요하며, *trans,trans*인 경우에만 위와 같은 낮은 에너지 장벽을 넘어 회전이 비교적 자유롭게 된다.

trans,cis *trans, trans*

cis,cis

반응이 일어나기 위해서 s-*cis* 회전배열이 필수적이라면 s-*trans* 회전배열을 s-*cis* 회전배열로 전환하는 데 따르는 에너지 장벽은 전체 반응의 활성화 에너지 장벽에 큰 몫을 차지하게 된다. 이러한 반응의 하나인 Diels-Alder 반응은 2,4-hexadiene의 경우 *cis,cis*-이성질체의 경우는 s-*cis* 회전배열의 높은 에너지로 반응이 아예 불가능하며, *cis,trans*의 경우에는 반응은 일어나기는 하지만 *trans,trans*에 비해서 반응속도는 훨씬 떨어지게 된다. Cyclopentadiene이나 cyclohexadiene의 경우처럼 이미 구조 자체가 s-*cis* 회전배열로 고정되어 있는 경우에는 그만큼 활성화 에너지가 낮아지므로 반응에 유리하다 하겠다.

문제 2.10 위의 allyl 계의 오비탈을 참고하여 pentadienyl system의 ϕ_1~ϕ_5까지의 오비탈 그림을 그려 보라. Pentadienyl cation 및 anion의 HOMO와 LUMO를 표시하라.

문제 2.11 본문을 참고하여 pentadienyl system의 ϕ_1~ϕ_5까지의 오비탈 계수의 크기를 고려하여 그려 보라. ϕ_1은 와 같다.

문제 2.12 1,3,5-Hexatriene의 두 기하이성질체 각각에 대해 세 이중결합이 *s-trans* 또는 *s-cis*인 conformer들을 그려 보라.

2.12 Cyclic Conjugated System and Aromaticity

π-Conjugation에서 마지막으로 다룰 것은 고리형 π-conjugation에 관한 것이다. 고리를 구성하는 탄소 원자가 모두 p 오비탈을 공여하는 경우에 완전한 고리형 conjugation이 가능하게 된다. 고리형 conjugation인 경우에는 대칭성이 더 많아져서 같은 에너지 준위의 다른 모양의 오비탈이 생성된다 (degenerate orbital). 우선 먼저 고리형 고리형 conjugation에서 가장 많이 다루어야 할 benzene의 π-계에 관하여 살펴보자. Benzene은 단순히 탄소–탄소 이중결합이 세 개가 conjugation되어 있다는 사실에서 기대할 수 있는 것과는 비교가 안되게 안정화되어 있는 π-계를 형성하는 화합물이다.

Benzene에서도 선형 π-계와 마찬가지로 6개의 p 오비탈의 상호작용으로 6개의 π-MO를 형성하게 된다. 가장 낮은 에너지 오비탈은 node가 없으며 모든 이웃한 탄소 간의 결합성 상호작용만이 있게 된다. 선형 π-계에서와는 달리 node가 하나 있는 경우에는 탄소–탄소 결합을 이분하는 node와 마주하는 두 탄소 핵을 지나는 node의 2가지 유형을 가정할 수 있으며, 이에 따라 두 다른 degenerate MO가 형성된다. 2개의 node가 있는 다음 에너지 준위의 두 오비탈도 결합을 지나는 node 하나와 다른 한 node가 다른 결합을 이분하는 경우와 마주보는 두 탄소 핵을 지나는 node를 가정할 수 있으며 이에 따라 두 degenerate MO가 형성된다. 가장 높은 에너지 MO는 탄소–탄소 결합을 이분하는 node가 셋이 있으며, 모든 이웃한 탄소 간의 오비탈 상호작용은 반결합성이 된다.

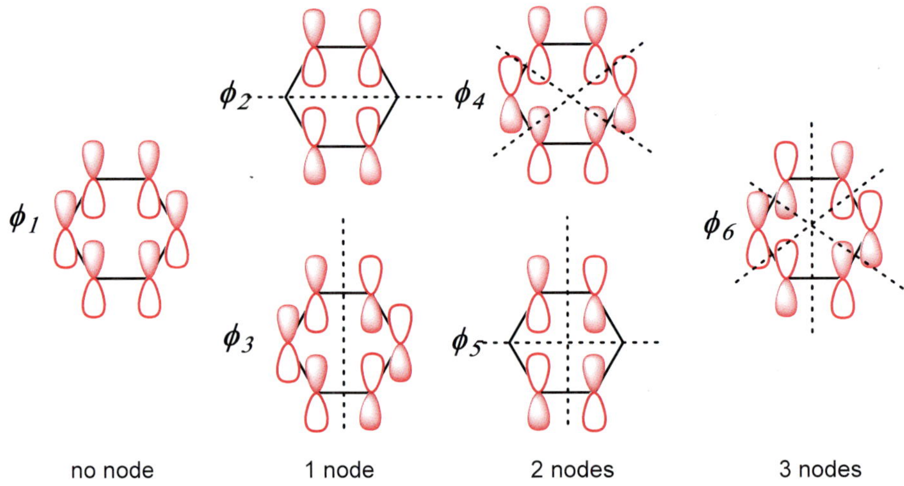

이에 따라 형성되는 6개의 MO 모양을 에너지 준위에 따라 배열하면 다음과 같은 그림을 얻게 된다. 따라서 benzene의 HOMO는 node가 하나인 degenerate 오비탈 둘이 있게 되며, LUMO는 node의 수가 둘인 degenerate MO 둘이 있게 된다.

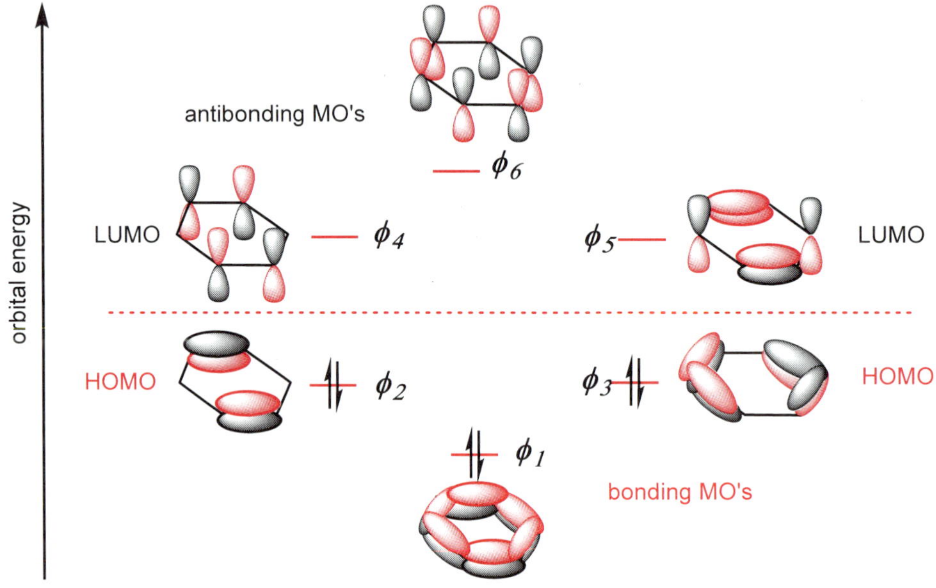

이와 같이 간편하게 다른 conjugate cyclic polyene 오비탈 에너지 준위를 구성할 수 있다. 열린 사슬 conjugate polyene의 경우와 다른 점은 degenerate 오비탈이 존재한다는 것인데, conjugate cyclic polyene 계의 에너지 준위는 Frost의 nmonic circle을 이용하여 간편하게 구할 수 있다. 원에 내접하는 정다각형을 그리되 다각형의 한 꼭지점은 반드시 원의 제일 아래에 오도록 한다. 이렇게 하면 각 접점이 그 고리형 π-계의 에너지 준위에 해당된다.

원을 좌우로 양분하는 평행선이 nonbonding level이 되며 위쪽은 반결합성 오비탈 아래 쪽은 결합성 오비탈이 된다. 위에서 살펴본 benzene의 MO 에너지 준위 그림은 이에 맞추어 그린 것이며, 결합성 오비탈 셋과 반결합성 오비탈 셋을 그리게 되는 것이다. 모든 경우에 가장 낮은 에너지의 결합성 오비탈이 하나씩 있으며, 그 위에 차례로 degenerate 오비탈이 쌍을 이루며 존재하고, 홀수 원자로 이루어진 π-계는 에너지 준위가 가장 높은 반결합성 오비탈이 쌍을 이루어 존재하게 되며, 짝수이면 가장 높은 에너지 준위의 반결합성 오비탈이 하나만 있게 된다.

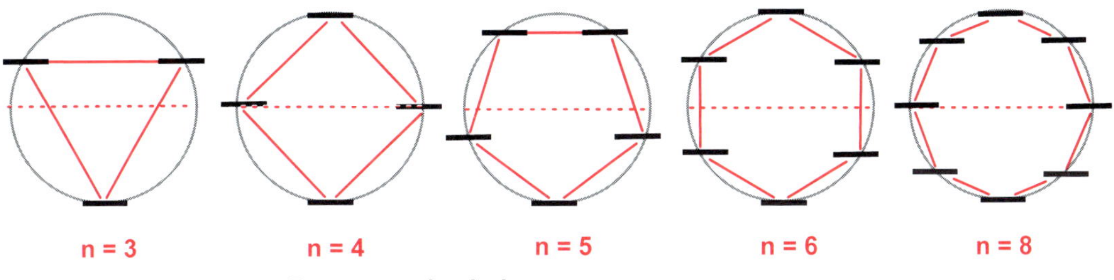

Frost nmonic circle

홀수 원자로 이루어지는 π-계인 cyclopentadienyl 계를 예로 하여 살펴 보기로 하자. 위의 그림에서 이 계는 결합성 오비탈 셋과 반결합성 오비탈 둘을 그릴 수 있게 된다. 음이온인 경우에는 여섯 π-전자가 결합성 오비탈을 모두 채우게 되며, 라디칼은 두 HOMO 오비탈 중의 하나를 다 채우고 다른 하나는 반만 채우게 되며, 양이온의 경우에는 두 HOMO 오비탈을 각기 반만 채우게 된다. 결합성 오비탈만을 모두 채운 음이온은 방향족성이며 짝을 이루지 못한 홀전자를 둘 갖는 cyclopentadienyl 양이온은 반방향족성인 것이다.

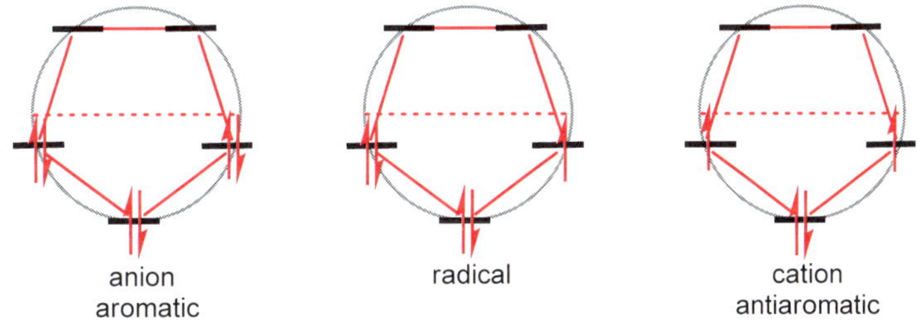

Frost Circle for Cyclopentadienyl System

문제 2.13 (1) Frost's nmonic circle을 그려 cycloheptatrienyl cation 및 anion의 에너지에 따른 π 전자의 배치를 그려 넣고 방향족성인지 아니면 반방향족성인지를 판별하라. (2) 위와 같은 방법으로 cyclooctatetraene의 dianion의 방향족성을 판별하여 보라.

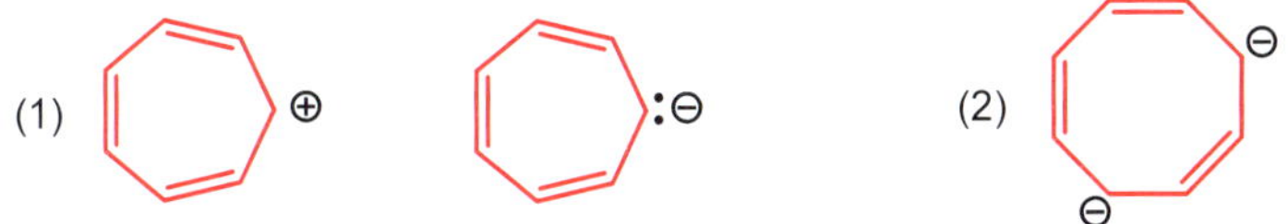

2.13 Hückel's Rule and Aromaticity

평면을 이루는 cyclic conjugation 계는 π 전자수가 4n+2이면 예외적인 안정성을 가지게 되는데, **방향족성**(aromaticity)이라고 한다. 이러한 방향족 안정화는 benzene의 경우 약 36.5 kcal/mol이나 된다. 반면 cyclic conjugation 계의 π 전자수가 4n이면 **반방향족성**(antiaromaticity)을 나타내게 되며, 예외적으로 불안정한 계를 이루게 된다. 위에 그려진 Frost circle에 전자의 수를 그려 넣으면 어느 것이 방향족성을 나타내는지 어느 것이 반방향족성을 나타내는지를 쉽게 판별할 수 있다. Cyclopentadienyl 계의 양이온은 반방향족성을, 그리고 음이온은 방향족성을 보이게 된다. 방향족성을 나타내는 고리형 conjugation 계를 작은 고리부터 차례로 살펴보면 cyclopropenyl cation, cyclopentadienyl anion, benzene, cycloheptatrienyl cation을 들 수 있다. 반방향족성을 나타내도록 되어 있는 계는 cyclopropenyl anion, cyclobutadiene, cyclopentadienyl cation, cycloheptatrienyl anion, cyclooctateraene 등이다.

방향족성을 가지게 되는 화합물이나 이온은 생성되기 쉽고, 안정하며, 거꾸로 방향족성을 잃게 되는 반응이 일어나기 어렵게 된다. 반대로 반방향족성을 보이는 화합물이나 ion은 생성되기 어렵고, 생성된다 하더라도 곧바로 반응하여 다른 화합물로 바뀌게 된다. 또한 반방향족성을 갖지 않기 위하여 평면에서 벗어나는 등 구조의 변화를 모색하게 된다.

예를 들어, Cyclobutadiene은 −200℃ 이하의 낮은 온도에서나 존재하며, 그렇다 하더라도 반방향족성 불안정화를 최소화하기 위하여 이중결합은 편재화되어 비대칭인 직사각형의 형태로 존재하게 된다. (Benzene은 모든 C–C 결합길이가 같지만 cyclobutadiene은 결합길이가 서로 다른 단일 결합과 이중결합이 교차된다.)

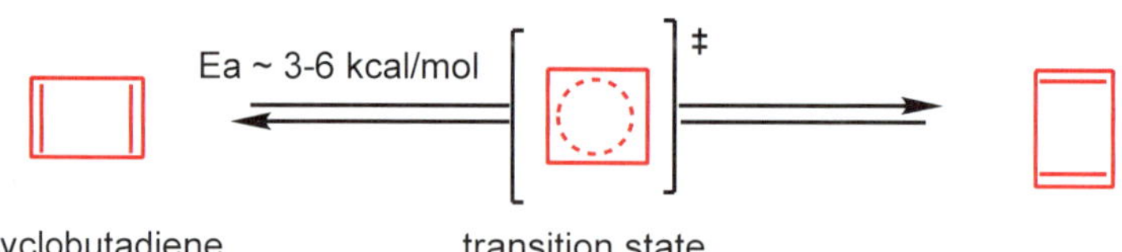

Cyclooctatetraene 이상의 고리가 큰 화합물들은 평면 구조를 취하지 않음으로써 반방향족성의 조건을 충족시키지 않으면서 존재하게 된다. 평면 구조의 cyclooctatetraene은 반방향족성으로 불안정하므로 이웃한 어느 이중결합도 같은 평면에 놓이지 않는 욕조 모양의 구조를 취하게 된다.

cyclooctatetraene

실제로 cyclooctatetraene은 비평면형으로 반방향족성이 아닌 비방향족성(nonaromatic)인 것이다. 이와 같이 반방향족성을 나타내게 되는 화합물은 구조의 변형으로 불안정화 요인을 최소화하게 된다.

그러나 어떤 화학적 변화에 따라 새롭게 방향족 안정화를 이룰 수 있게 된다면 그러한 변화는 아주 쉽게 일어난다. 위의 cyclooctatetraene은 potassium과의 반응으로 두 전자 환원이 일어나면 고리 안에 10개의 전자가 존재하여 방향족성을 갖추게 되며, 여덟 개의 탄소 원자는 완전한 평면을 이루게 된다. 일반적인 cyclopolyene이 전자 두 개를 받아 dianion을 형성하기 대단히 어려운 것과 크게 대비된다.

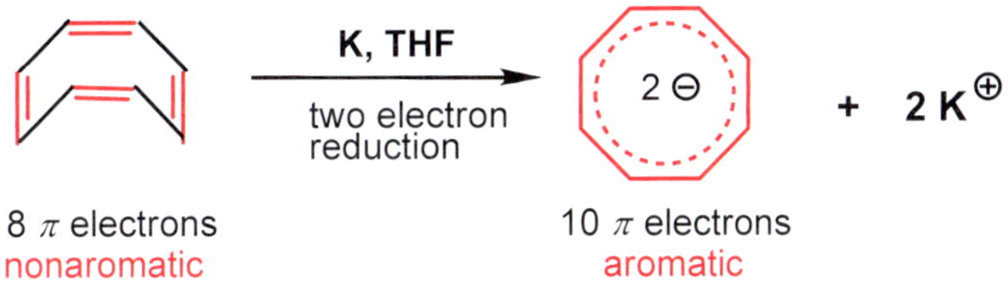

Azulene이라고 하는 다음 화합물은 양이온 중간체 또는 음이온 중간체를 경유하는 반응이 아주 잘 일어난다. 양이온성 친전자체와의 반응으로 생성되는 양이온은 cycloheptatrienyl 양이온의 방향족 안정화를 이룰 수 있으므로 친전자체의 공격은 다섯-원자 고리에서 일어나며, 반대로 음이온 친핵체와의 반응으로 생성되는 중간체는 안정화된 cyclopentadienyl anion의 형성이 가능하도록 일곱-원자 고리에서 일어나게 된다.

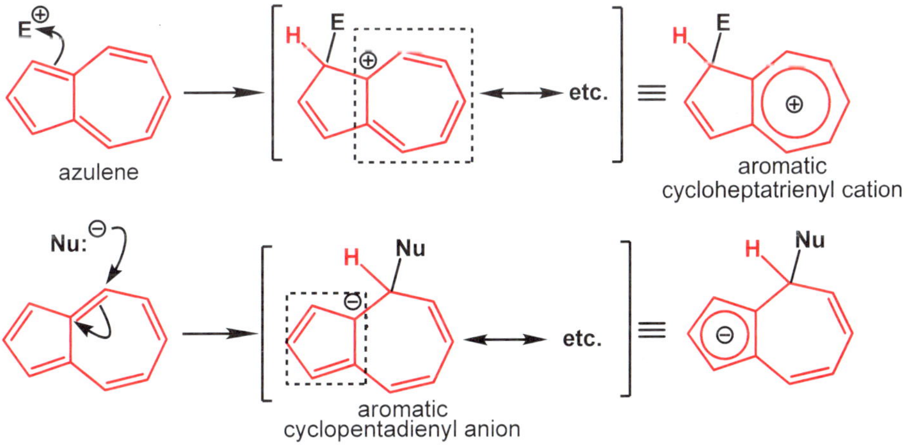

문제 2.14 다음 두 화합물 A와 B는 탄화수소임에도 불구하고 dipole moment가 상당히 크다. 방향족성과 관련시켜 그 이유를 어떻게 설명할 수 있는가?

2.14 Polycyclic and Heterocyclic Aromatics

다음은 대표적인 carbocyclic 방향족 화합물인 여섯-원자 고리의 benzene과 다섯-원자 고리의 cyclopentadienyl anion이다. 헤테로방향족(heteroaromatic) 화합물은 하나 이상의 헤테로원자가 고리의 구성 원자가 되는 화합물로 흔히 접하게 되는 헤테로방향족 화합물은 그림의 탄소 원자 하나를 헤테로원자로 바꾸어 넣음으로써 이들로부터 모두 그려낼 수 있다.

예컨대, 이 두 화학종의 전하가 없는 C–H 단위를 아무거나 골라 N로 치환해 넣으면 방향족 화합물이 된다. 치환되는 질소 원자의 수는 하나일 수도 있고 둘, 셋 또는 그 이상일 수도 있다. 또한 cyclopentadienyl anion의 음전하를 갖는 C–H 단위는 N–H나 O, S 원자로 대치해 넣으면 해당하는 다섯-원자 고리형 헤테로방향족 화합물의 구조가 된다.

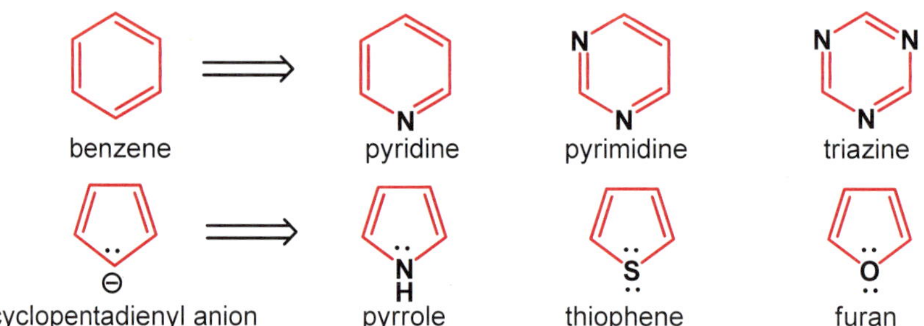

위의 다섯-원자 헤테로방향족 화합물의 어느 C–H 단위도 N 원자로 대치하면 헤테로방향족 화합물의 구조가 된다. 마지막인 tetrazole에서 보는 바와 같이 헤테로원자의 수에는 제한이 없으며, 모두 헤테로원자만으로 구성되는 방향족 화합물도 있을 수 있다.

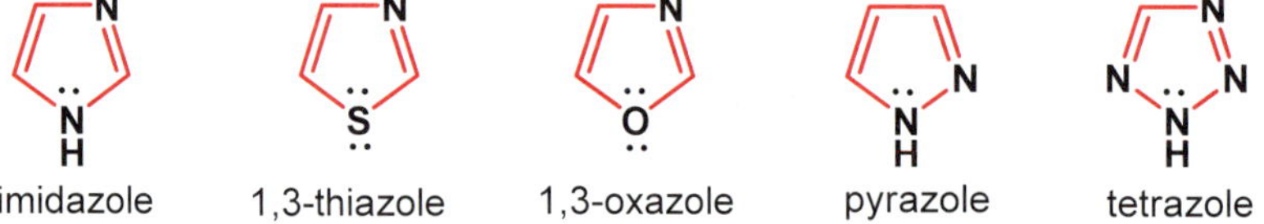

또한 위에 열거한 방향족 고리를 둘 또는 그 이상 접합하면 bicyclic 또는 tricyclic 방향족 화합물을 그릴 수 있게 된다. 다음 화합물은 모두 두 방향족 화합물의 탄소–탄소 결합을 접합하여 만들어지는 화합물들이다.

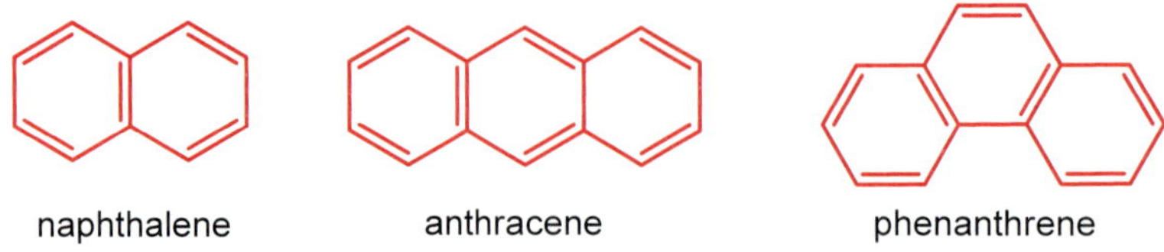

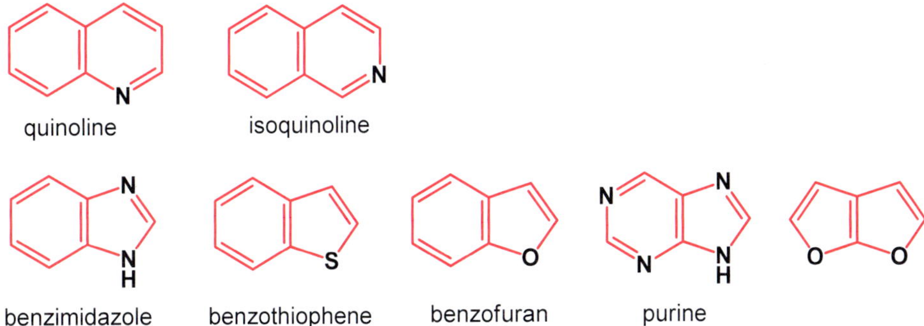

그러나 어떤 헤테로방향족 화합물도 benzene의 경우처럼 완벽한 대칭성이 있는 방향족 화합물은 없으며, benzene의 방향족 안정화에 비견되는 안정화를 보이는 화합물도 없다. 이는 polycyclic 방향족 화합물에서도 마찬가지이다. Anthracene의 거의 모든 반응은 중앙의 고리가 방향족성을 잃고 양쪽의 두 benzene 고리가 살아남는 유형의 반응이 가장 쉽게 일차적으로 일어나는 반응이다.

reduction product　or　oxidation product　etc.

다음 반응에서 보는 바와 같이 한쪽 benzene 고리가 유지된 채 다른 쪽 고리가 방향족성을 잃는 naphthalene의 반응은 benzene보다 아주 쉽게 일어난다. 방향족성에 의한 naphthalene의 안정화 에너지는 benzene의 2배가 아니며 benzene의 방향족 고리가 깨지는 반응에 비해서 훨씬 일어나기 쉽기 때문이다. 이는 다른 헤테로방향족 화합물들에서도 마찬가지이다.

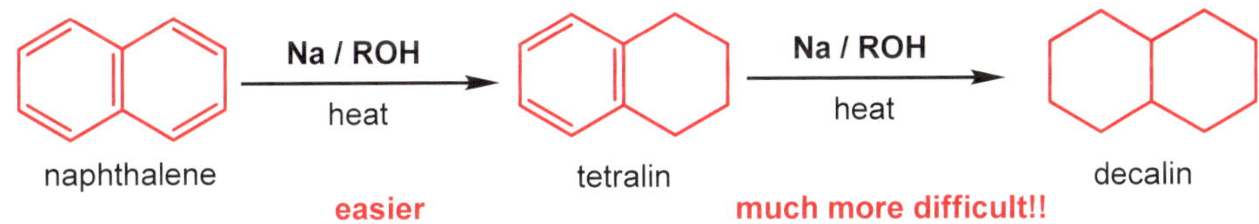

결합길이 또한 모두 같지 않다. 예로 naphthalene을 들어 보자. 다음에서 보는 바와 같이 benzene과는 달리 모든 탄소가 동일하지 않으며 모든 탄소–탄소 결합길이가 같지도 않다.

137pm　142 pm　140 pm　133 pm

naphthalene

결합길이뿐만 아니라 탄소의 전자밀도 또한 탄소마다 모두 다르며, 따라서 반응하는 화학종에 따라 쉽게 반응하는 특정 자리가 있는 특색을 나타내게 된다.

문제 2.15 다음을 방향족, 반방향족, 및 비방향족으로 분류하라.

문제 2.16 다음 화합물이 방향족 화합물이면 방향족성을 나타내는 π-계를 표시하라..

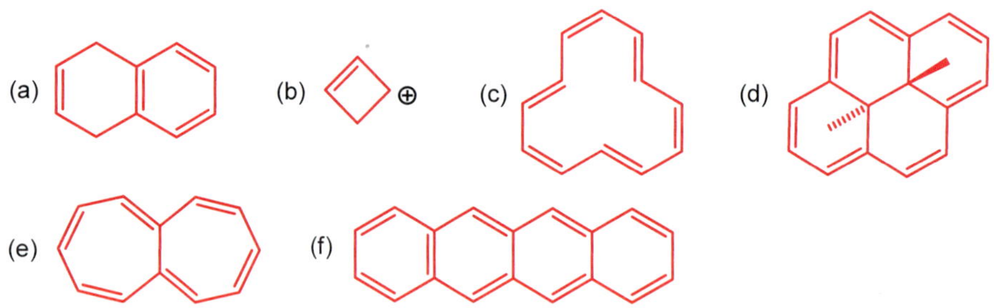

문제 2.17 다음 화합물 중에서 헤테로방향족 화합물인 것을 골라라.

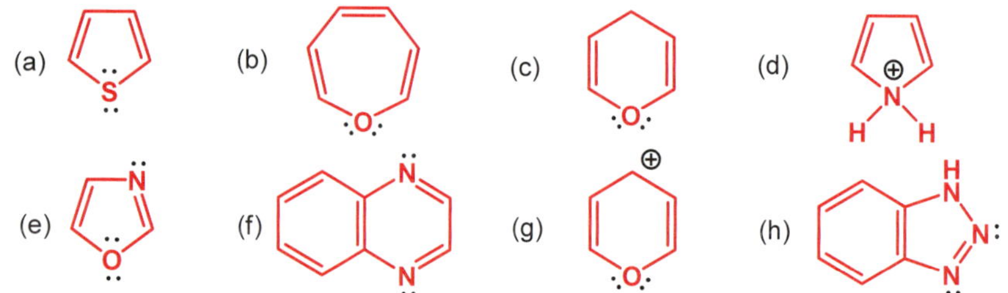

문제 2.18 다음 두 화합물은 방향족 화합물인가? 어떻게 판별할 수 있는가?

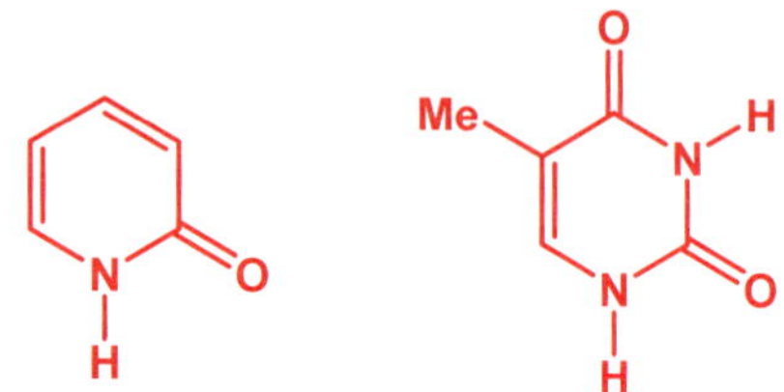

문제 2.19 다음 네 화합물을 가장 쉽게 양이온을 형성하는 것부터 순서를 매기고 그 이유를 설명하라. (<. >, ≈)

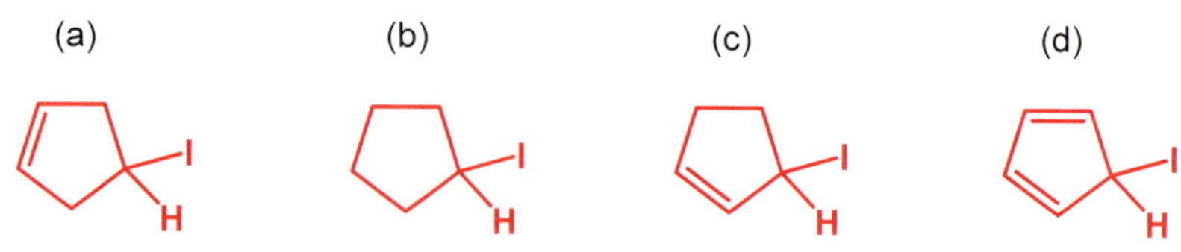

2.15 Orbitals and Bond Formation between Molecules

지금까지 살펴본 오비탈에 관한 것은 원자들 간의 결합 형성, 즉 분자의 구조에 관한 것이었다. 분자들은 다른 분자나 화학종이 함께 존재하면 반응하여 다른 분자로 바뀐다. 분자간에는 끊임없는 충돌이 일어난다. 그러나 모든 충돌이 결합으로 이어지지 않는다. 반응이 일어나서 σ-결합이 형성되려면 분자나 화학종이 전하나 또는 이중극성을 가지는 경우에는 이들 간의 정전기적인 인력이 작용하게 된다. 이러한 정전기적인 인력이 존재하면 결합에 이르게 되는 유효충돌의 빈도가 높아지게 된다. 전하와 이중극자의 부분전하, 이중극자의 부분양전하와 다른 분자의 고립쌍, 이중극자의 부분양전하와 다른 이중극자의 부분음전하 간의 정전기적인 인력을 아래에 나타내었다.

electrostatic attraction
δ− O=C δ+ ◄---- ⊖C≡N
C=O dipole
charged reagent

electrostatic attraction
δ− O=C δ+ ◄---- :NH₃
C=O dipole
lone pair electrons

electrostatic attraction
δ−F, δ−F, δ−F–B δ+ ◄---- δ− O=C δ+
C=O dipole

정전기적인 인력에 의해서 끌어당긴다 하더라도 결합형성으로 이어지기 위해서는 오비탈의 적절한 배향이 필요하다. 다음 반응에서와 같이 BF_3의 빈 p 오비탈과 trimethylamine의 고립쌍의 sp^3 혼성화 오비탈의 겹침이 이루어질 수 있는 대칭성을 유지하는 충돌만이 유효하며 결합으로 이어지게 된다.

lone pair
electrostatic attraction
orbital overlap
bond-formation

다음 H–Cl과 음전하의 염기 간의 반응도 마찬가지이다. Cl–H–B의 순으로 선형 배열을 이루는 충돌만이 결합으로 이어지게 된다. H–Cl의 반결합성 σ^* 오비탈과 염기의 lone pair 간의 상호작용에 적절한 배열이 요구된다.

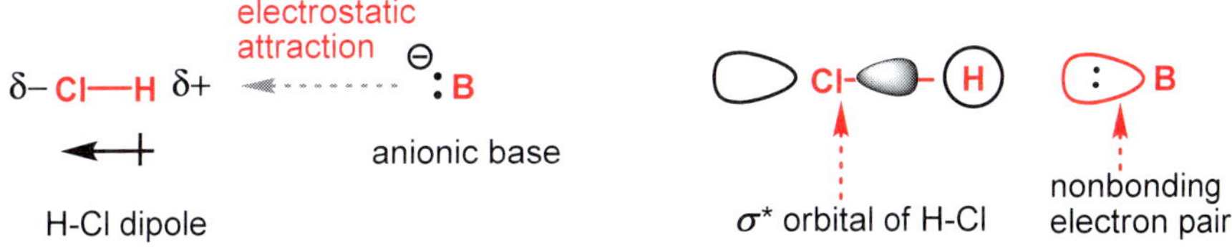

거의 대부분의 결합은 빈 오비탈과 채워진 오비탈 간의 상호작용에서 비롯된다. 이 경우 다음 그림에서 보듯이 두 오비탈 간의 에너지 차이는 중요한 요인으로 작용한다. 에너지 준위가 같거나 비슷하면 오비탈 겹침이 매우 효과적이며, 결합형성에 따른 에너지 낮춤이 극대화된다. 에너지 차이가 큰 두 오비탈간의 상호작용은 비효과적이며, 에너지 낮춤 또한 아주 작아지게 되어 형성된다 해도 약한 결합이 될 수 밖에 없다. 친핵체의 에너지가 정해진다면 오비탈 겹침으로 얻는 에너지 안정화는 친전자체의 빈 오비탈의 에너지 준위에 달려 있다. 낮을수록 효과적인 상호작용을 기대할 수 있다. 거꾸로 친전자체가 정해지면 채워진 친핵체의 에너지 준위가 높을수록 상호작용에 의한 안정화는 커지게 된다.

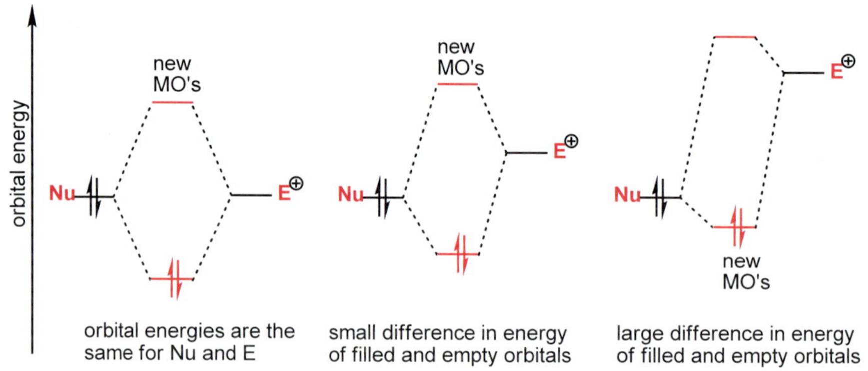

비결합성 전자를 가지는 친핵체와 빈 반결합성 오비탈을 제공하는 화학종 간의 오비탈 상호작용을 예로 들어 보자. CH_3–I는 약한 σ-결합을 이루고 있고, 결합성 MO와 반결합성 MO 간의 에너지 차이는 크지 않다. 친핵체의 고립쌍, 특히 음전하를 가지거나 아니면 반응성이 큰 친핵체 (에너지가 높은 친핵체)의 고립쌍과의 에너지 차이는 작아서 효과적인 오비탈 상호작용이 일어나게 된다. 반면 안정한 결합인 탄화수소의 C–H 또는 C–C의 결합성 오비탈의 에너지는 낮고, 그에 해당하는 만큼 반결합성 오비탈의 에너지는 높다. 따라서 비결합성 에너지 준위의 친핵체의 고립쌍과 C–H 또는 C–C σ^* 오비탈 간의 에너지 차이는 커서 효과적인 오비탈 겹침에 의한 에너지 낮춤 효과는 기대하기 어려우며, 반응은 잘 일어나지 않게 된다.

$Nu:^{\ominus}$ CH_3–I ⟶ Nu–CH_3 + $^{\ominus}I$

$Nu:^{\ominus}$ CH_3–CH_3 ⟶ (✕) Nu–CH_3 + $^{\ominus}CH_3$

$Nu:^{\ominus}$ H–CH_2–CH_3 ⟶ (✕) Nu–H + $^{\ominus}CH_2CH_3$

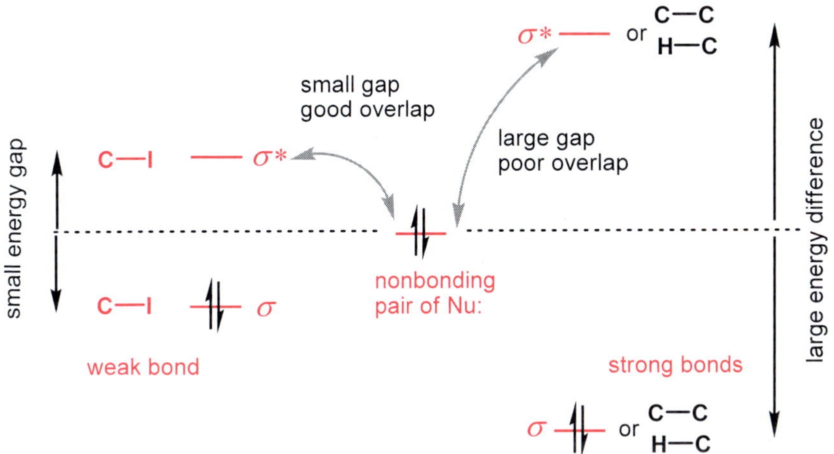

그러나 반응은 오비탈 겹침에 의한 에너지 안정화만 따져보면 되도록 반응 조건은 그렇게 단순하지 않다. 다음 두 반응을 비교해 보자. Thiophenoxide는 alkyl halide와의 친핵성 치환의 반응속도가 phenoxide에 비해 2만 배 이상 빠르다. 짝산의 *pKa*를 비교한다면 phenol(*pKa* = 10.0)이 thiophenol(*pKa* = 6.4)보다 약한 산이며, phenoxide가 덜 안정한 화학종으로 더 큰 반응성을 예상할 수 있음에도 정반대의 반응성 차이를 보이는 것이다.

S, Br, S_N2, $k_{rel} = 2.5x10^4$, S, + $Br^{\ominus}$

O, Br, S_N2, $k_{rel} = 1$, O, + $Br^{\ominus}$

이와 같은 thiolate의 높은 반응성은 산소 원자와 황 원자가 모두 친핵성 자리가 되어 한 화학종에 존재하는 bidentate 친핵체인 thioacetate의 반응에서도 그대로 나타난다. Thioacetate의 음전하는 산소와 황 원자에 분산되어 있으나 산소 쪽이 더 큰 부분전하를 가지게 된다. 그럼에도 이 **양쪽성**(bidentate) **친핵체**와 alkyl halide와의 반응에서는 O–C 결합이 형성되는 thionoester는 생성되지 않고, thioester의 S–C 결합형성만이 관칠된다.

resonance forms of
bidentate thioacetate

O, S, R, Br, S_N2 → thiolester observed

O, S, R, Br, S_N2 ✗ → thionoester not formed

위의 반응 예에서 thiolate는 alkoxide에 비해 틀림없이 반응성이 큰 친핵체이다. 그러면 왜 이런 현상이 일어나는 것일까? 두 분자 간의 반응을 지배하는 요인이 두 가지가 있다. 하나는 두 반대 전하 간의 정전기적인 인력이고 다른 하나는 친전자체의 LUMO와 친핵체의 HOMO 간의 오비탈 겹침이다. Alkyl halide와의 반응은 후자가 지배적인 영향을 미치는 것이다. 어째서일까? 유기화학에 자주 나오는 몇 개의 작용기를 살펴보자.

정전기적인 인력에 크게 좌우되는 작용기 중의 하나가 카보닐 기이다. C=C π 결합과는 달리 C=O π-결합의 전자의 심한 불균형 분포로 인한 편극화로 상당한 부분전하를 띠게 된다. Alkyl halide, 특히 반응성이 큰 alkyl iodide의 경우에는 C–I 간의 전기음성도에 큰 차이가 없으며, 편극화는 아주 미미한 정도이다.

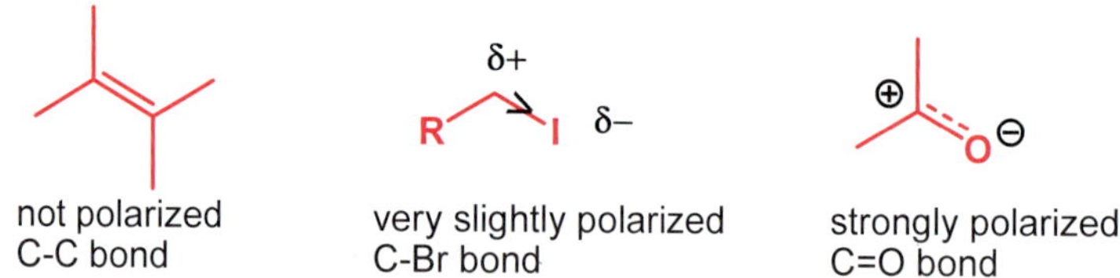

이는 alkyl iodide와의 반응에서는 정전기적 인력의 요소는 거의 전무하고, 거의 전적으로 오비탈 겹침에 의한 효과에 의하여 반응이 지배된다는 것이다. 이는 거의 대부분의 S_N2 치환 반응에서 그러하다.

다음은 thiolate와 alkoxide 친핵체의 C=O 및 C–X 결합과의 반응에 관여되는 오비탈의 에너지 관계를 나타내는 그림이다. Thiolate는 더 높은 에너지 준위의 $3sp^3$ 혼성화 오비탈의 고립쌍을 가지며 alkoxide는 더 낮은 에너지의 $2sp^3$ 혼성화 오비탈의 고립쌍을 가진다. 높은 에너지의 C–X 반결합성 오비탈과의 상호작용은 정전기적 요인이 거의 없고 거의 오비탈 겹침 효과에 의존하는 반응으로 thiolate와의 반응이 단연 유리하게 된다. 반면 C=O 결합은 이보다 훨씬 큰 이온성을 가지며 정전기적인 요인 또한 상당히 중요하게 된다. 카보닐기는 thiolate와 (오비탈 겹침에서 유리한) alkoxide (정전기적 요인에서 유리) 모두와 반응한다.

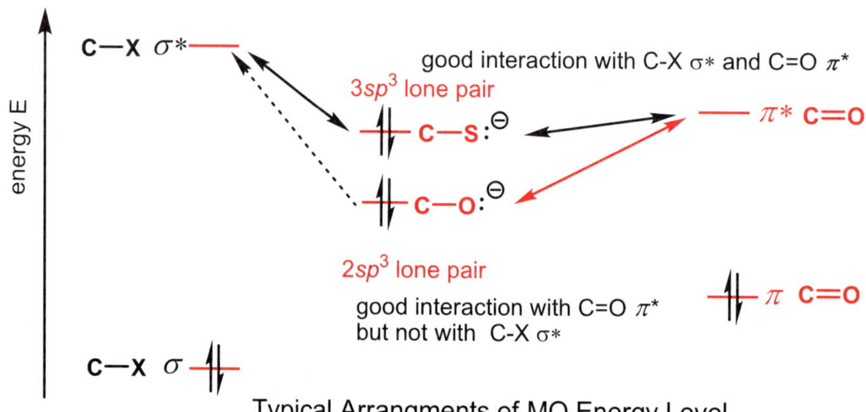

Typical Arrangments of MO Energy Level

이와 같은 예측한 것과 다른 결과를 낳는 반응성 차이를 현단계에서 완전하게 이해하고 넘어가기는 쉽지 않다. 어떤 새로운 접근법이 필요하다. Chapter 4의 후반부에서 설명하게 될 딱딱-말랑 산·염기(Hard and soft acid-base) 이론을 도입하면 이에 대한 설명이 가능하며 또한 일부 예측도 가능하게 된다. 반응이 HOMO–LUMO 상호작용이 유리한 오비탈 지배 반응을 잘 하는 화학종을 **말랑 친핵체**(soft nucleophile), **말랑 친전자체**(soft electrophile)라고 하며, 반응이 정전기적 인력에 의해 주로 지배되는 반응을 일으키는 화학종을 일컬어 **딱딱 친핵체**(hard nucleophile), **딱딱 친전자체**(hard electrophile)라고 부르는 것이다. 어떤 화학종이 딱딱(hard)이고, 어떤 화학종이 말랑(soft)인지에 관한 분류 등은 Chapter 4에서 상세히 다루게 되며 지금 단계에서는 위의 반응에서 어느 것이 말랑이고 어느 것이 딱딱일지 가려 보고 후에 맞았는지 보도록 하자.

2.16 Orbital Change in Bond Formation

가장 간단한 반응으로 결합깨짐이 없는 친핵체와 친전자체의 결합형성을 한 번 더 자세히 살펴보자. 어떤 과정을 거치겠는가? 반응물 BF_3는 sp^2 혼성화 오비탈로 삼각 평면형의 구조를 가지고 있으며, 빈 p 오비탈이 하나 남아있게 된다. 한 편 다른 반응물인 trimethylamine은 sp^3 혼성화 오비탈을 이용하는 정사면체형 구조를 갖는다. 고립쌍 또한 sp^3 혼성화 오비탈을 점유한다. 반응이 시작되면 BF_3는 갑자기 sp^2에서 sp^3로 혼성화 상태가 바뀌고, 질소의 고립쌍이 점유한 sp^3 오비탈과 겹침이 일어나는 것이 아니다. 아주 간단한 이 반응도 활성화 에너지를 가지는 일반 반응과 똑같이 진행된다. 즉, 반응물과 생성물 간에는 둘 어느 것보다 높은 에너지의 전이상태를 거치게 된다. 이 전이상태에서는 B의 p 오비탈도 아닌 그렇다고 N의 sp^3 오비탈도 아닌 중간형의 높은 에너지 오비탈을 가지게 되며, 또한 부분적으로 전하를 띠게 된다.

Boron의 혼성화 상태는 sp^2에서 반응 축을 따라 반응이 진행되면서 점진적으로 빈 p 오비탈과의 mixing이 일어나면서, 점차로 p의 성질이 커지는 오비탈로 변화하여 생성물에 이르러서는 완전한 sp^3 혼성화 상태로 변하게 되는 것이다.

이에 따라 각 FBF는 120°에서 출발하여 점차 줄어들어서 생성물에 이르게 되면 정사면체형 각인 109.5°가 되는 것이다. 혼성화 개념은 오비탈의 변화를 설명하는 한 방편일 뿐이다. B는 amine과의 반응을 위해 sp^2에서 sp^3 혼성화 상태의 변화를 거쳐 만반의 준비가 끝나고, 반응에 임하는 것이 아님을 알아야 한다.

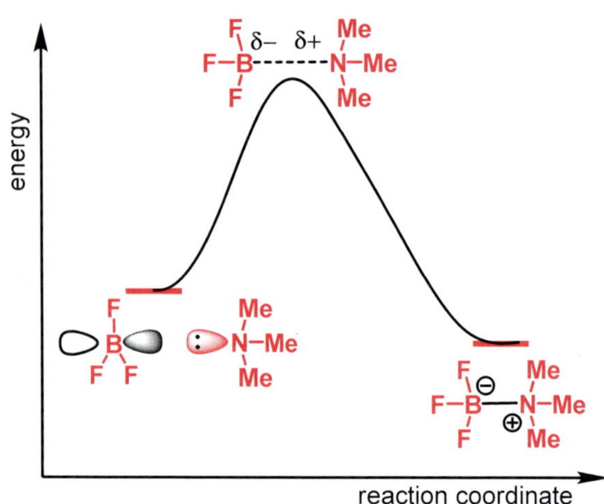

유기 반응 중에서 다음으로 간단한 반응이 친핵성 치환이다. 친핵체와 탄소 간의 결합이 형성되면서 탄소와 이탈기 간의 결합이 깨지게 된다.

transition state

친핵성 치환의 출발물에서 전이상태를 거쳐 생성물에 이르는 과정에서 오비탈의 변화를 표시하면 다음과 같다. 오비탈을 살펴보면 친핵체 Nu:⁻의 채워진 오비탈과 C–X의 빈 σ^* 오비탈 간의 겹침이 진행되면서 중심 탄소의 혼성화는 sp^3에서 점차 sp^2 형태로 넘어가게 되고, 전이상태에서 탄소의 나머지 세 결합은 거의 sp^2 혼성화인 삼각평면형 (결합각 120°)의 구조 변화를 거쳐 다시 점진적으로 다시 sp^3 구조로 넘어가게 된다.

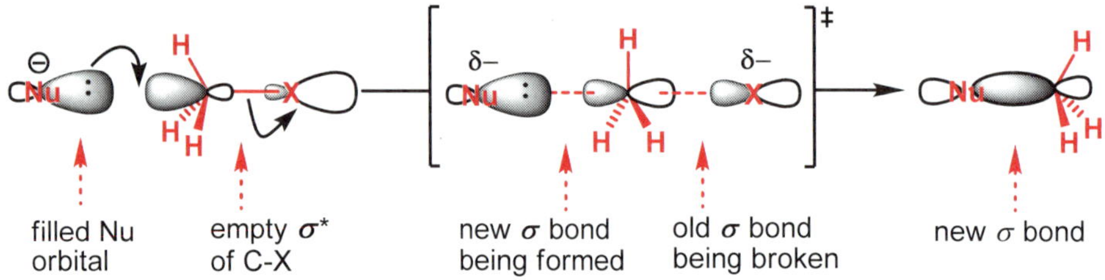

이 반응도 에너지 profile을 그리게 되면 반응 축을 따라 출발물에서 전이상태로 가는 각 점에서의 변화는 위의 오비탈 그림의 출발물에서 전이상태에 이르는 조금씩의 변화를 모두 거치면서 진행되는 것이다. 결합형성과 결합깨짐이 동시에 일어나는 S_N2 반응에서는, 친핵체의 채워진 오비탈은 반드시 떨어지는 이탈기의 반대쪽으로 접근하지 않으면 안 된다.

친핵성 치환은 나중에 다른 곳에서 상세하게 다루겠으나, 여기에서 아예 오비탈과 관련된 몇 가지를 설명하고 넘어가기로 하자. Bromopropane, bromopropene, bromoacetone의 세

bromide의 S_N2 친핵성 치환의 상대 속도를 비교하면 다음과 같다.

$k_{rel} = 1$ $k_{rel} = 25$ $k_{rel} > 10000$

한-단계 협동형 반응인 allyl bromide의 빠른 친핵성 치환은 전이상태의 안정화를 의미하며, 이는 위의 치환에서 본 것과 같이 전이상태에서는 sp^2 혼성화 오비탈과 함께 일부 채워진 p 오비탈이 이웃한 C=C의 π-오비탈과의 상호작용에 의하여 안정화되기 때문이다.

RO⊖ Br → [δ– OR, H, H, Br δ–]‡ TS → OR + Br⊖

전이상태의 에너지 낮춤 효과 때문에 반응이 진행되면서 이웃한 π-결합은 그림에서와 같이 반응이 일어나는 탄소의 p 오비탈과 같은 방향으로의 배열을 유지해야 한다. 그렇지 않으면 상호작용에 의한 안정화는 없으며 활성화 에너지가 높은 전이상태를 거치게 된다.

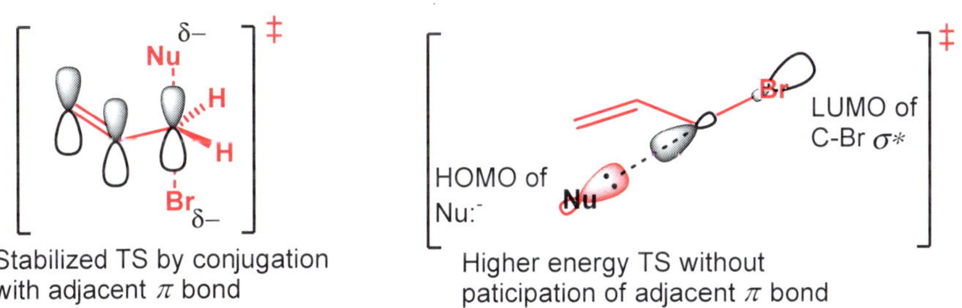

Allyl halide의 치환 반응이 S_N2'인 경우에도 마찬가지로 C–Br 결합과 관련된 오비탈은 π-결합과 나란히 서야 하며, 친핵체의 접근은 S_N2인 경우에는 반대쪽에서 일어나야 하지만, S_N2'인 경우에는 π-계의 다른 쪽 말단에서 p 오비탈의 어느 쪽으로 접근해도 무방하다.

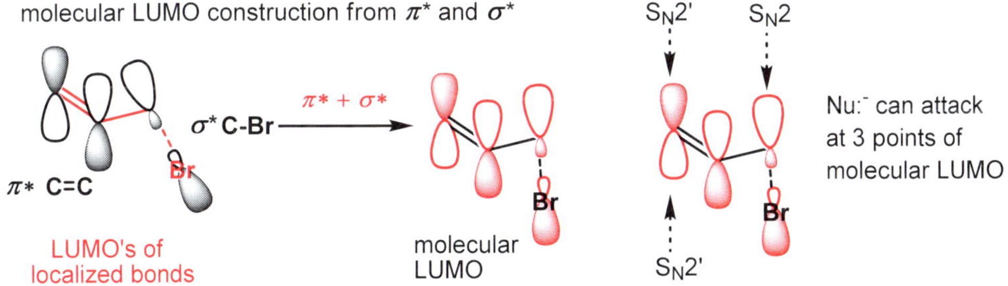

Bromoacetone은 propyl bromide에 비해 10000배 이상 빠르게 친핵성 치환이 일어난다. 치환이 일어나는 탄소에서의 σ^* 오비탈은 이웃한 C=O π^* 오비탈과의 강력한 상호작용으로 전이상태는 안정화되고 낮아진 에너지만큼 반응속도는 빨라진다. 오비탈 상호작용의 유형은

allyl이나 benzyl에서와 유사하지만 카보닐의 σ^* 오비탈은 C에서의 계수가 크며 상호작용에 더 유리하다.

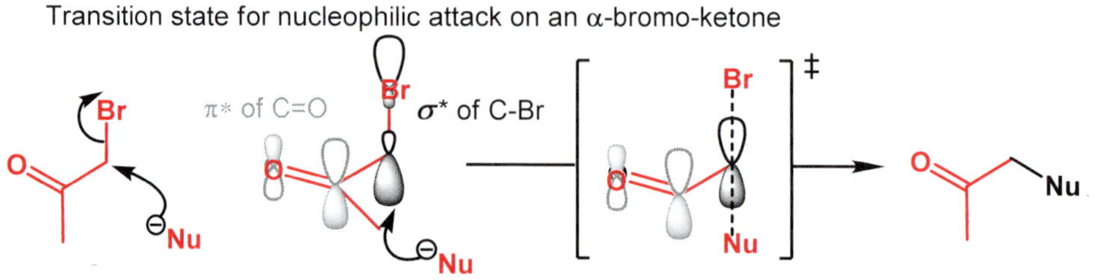
Transition state for nucleophilic attack on an α-bromo-ketone
Br
O
Nu
π* of C=O
Br
σ* of C-Br
O
Nu
Br
O
Nu
‡
O
Nu

간단한 두 치환 반응 예만을 설명하였으나 다른 복잡한 반응에서도 또 어느 단계에서도 공유결합의 형성은 오비탈 상호작용을 거치게 되며 그로 인한 에너지 낮춤이 더 효과적인 방향으로 진행된다.

문제 2.20 $^-$OOH는 $^-$OH보다 강력한 친핵체이다 (higher HOMO). 이를 두 O의 오비탈 겹침으로 설명하여 보라.(Chapter 4에서 다시 다루게 됨.)

2.17 Orbital Interaction within a Molecule

결합형성에 이르지 않지만 이웃한 두 오비탈 간의 π 상호작용에 의한 안정화는 여러 곳에서 발견된다. 아마도 유기화학 공부를 시작해서 제일 먼저 만나게 되는 분자내의 상호작용은 이웃한 기에 의한 carbocation의 안정화일 것이다. Carbocation은 이웃한 methyl기 또는 alkyl기에 의하여 안정화되는데, 탄소의 빈 p 오비탈과 C–H σ-결합성 오비탈 간의 π 유형의 상호작용의 결과로 이해하고 있다. 이를 일컬어 **hyperconjugation**이라고 한다. 물론 이 상호작용에 의한 안정화는 이웃한 π-결합에 의한 안정화와는 비교가 안될 정도로 작지만, 이들이 전부 합해지면 상당한 위력을 나타내게 된다. *t*-Butyl cation의 경우에는 이러한 상호작용이 9개의 이웃한 C–H 결합 간에 이루어질 수 있으며, 그 효과가 누적되어 다른 1차 또는 2차 양이온보다는 훨씬 덜 불안정한 화학종이 된다. 실제로 *t*-butyl 양이온은 2차 allyl이나 benzyl cation과 거의 비슷한 에너지 준위에 있으며, 핵배척 이탈기가 (Br^- 또는 H_2O) 떨어지면서 alkyl cation이 생성되는 난이도도 거의 엇비슷하다고 보면 된다.

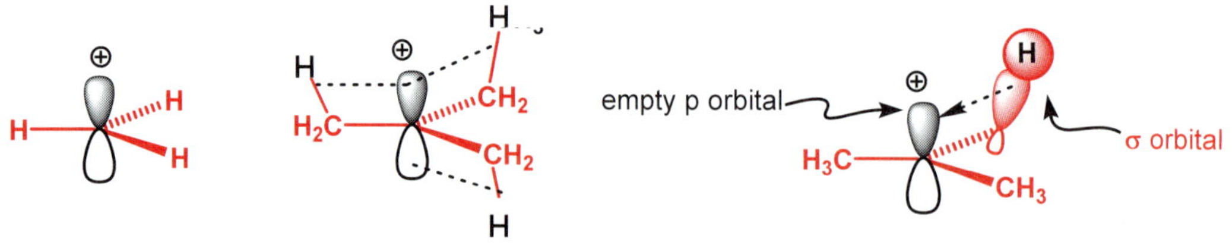
⊕
H
H
H
H
⊕
H
CH2
H2C
CH2
H
empty p orbital
⊕
H
H3C
CH3
σ orbital

이러한 σ 전자공여에 의한 carbocation의 안정화와 유사하게 이웃한 C–H 결합의 σ 전자공여는 alkene의 π* 반결합성 오비탈과의 상호작용도 가능하다. Ethylene에서는 π* 오비탈과 나란한 채워진 오비탈이 없으므로 이러한 효과에 의한 안정화를 기대할 수 없다. Propene에서는 methyl기의 C–H 결합의 σ 전자 donation으로 안정화될 수 있다. *trans*-2-Pentene에서는 C–H 결합 σ 전자의 donation에 추가하여 C–C σ-결합 전자의 donation이 추가로 그려져 있다. Alkene에서 alkyl 치환기 수가 증가하여 이웃한 C–C 및 C–H σ-결합의 수가 증가하면 할수록 alkene의 안정도는 높아진다. 높아진 안정성의 이유도 오비탈 상호작용에 의하여 설명하는 것이 더 타당하다 할 수 있다.

이와 같은 현상은 방향족 고리에 치환된 alkyl기에서도 보게 된다. 다음 toluene의 그림에서와 같이 고리에 이웃한 σ-결합은 고리의 π-오비탈 (엄밀하게 π*)과의 상호작용이 있게 된다.

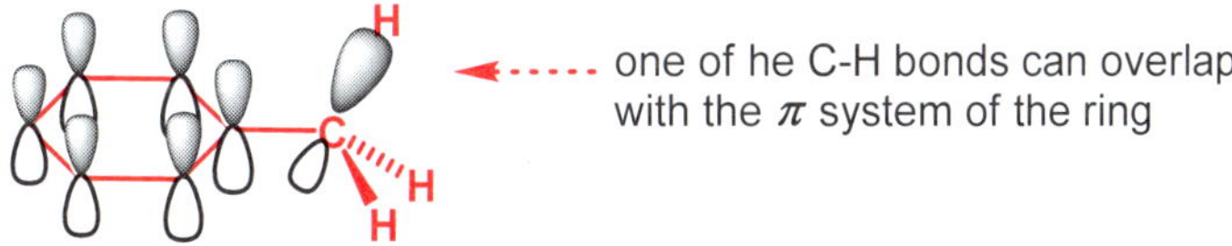

앞에서 allyl 계 및 유사 allyl 계의 MO에 관하여 논의하였다. 중성 분자에서 고립쌍을 가지는 헤테로원자가 π-결합을 이웃하고 있는 경우에는 이들간의 π-상호작용이 일어나게 된다. 이와 같은 상호작용의 가장 잘 알려진 예는 카복시산 유도체들이다. 다른 유도체 간의 반응성 비교를 위하여 다음과 같은 공명구조를 자주 그리게 된다. 전하의 분리를 수반하는 둘째 공명구조는 π-결합의 관점에서는 π* MO에 해당되며, 셋째 구조는 π* MO와 헤테로원자의 고립쌍이 수용된 *p* 오비탈 간의 겹침이라고 볼 수 있다.

이러한 상호작용으로 가장 안정화되는 화합물이 amide이다. Amide의 C–N 결합은 σ-결합임에도 이러한 π 상호작용으로 회전이 극도로 제한되어 있으며, 그 결과 일차 amide의 두 수소 또는 N,N-dimethylamide의 두 methyl 기는 NMR 스펙트럼에서 아주 다른 δ 값을 나타낸다.

다음 분자 오비탈의 에너지 그림에서 보는 것과 같이, 카보닐기의 π* MO와 N 원자의 고립쌍이 수용된 *p* 오비탈 간의 상호작용으로 형성되는 낮은 에너지 오비탈은 질소의 고립쌍으로 채워지게 되며, 카보닐 C=O π* 오비탈은 더 높은 에너지에 있게 된다. 질소 원자의 고립쌍의 이 같은 상호작용으로 인한 안정화로 amide의 카보닐 기는 카복시산 유도체들 중에서 가장 반응성이 낮은 (가장 높은 에너지의 빈 π* 오비탈) 안정한 화합물이 되는 것이다.

Amide와 같은 형식의 오비탈 상호작용이 ester와 thioester에도 적용된다. Amide의 경우와 마찬가지로 카보닐의 π* 오비탈과 O와 S의 *p* 오비탈간의 π 겹침으로 안정화된다. 산소의 고립쌍은 N의 고립쌍보다 더 낮은 에너지 오비탈에 있고 따라서 π* 오비탈과의 상호작용으로 인한 안정화는 그만큼 효과가 적어지게 된다.

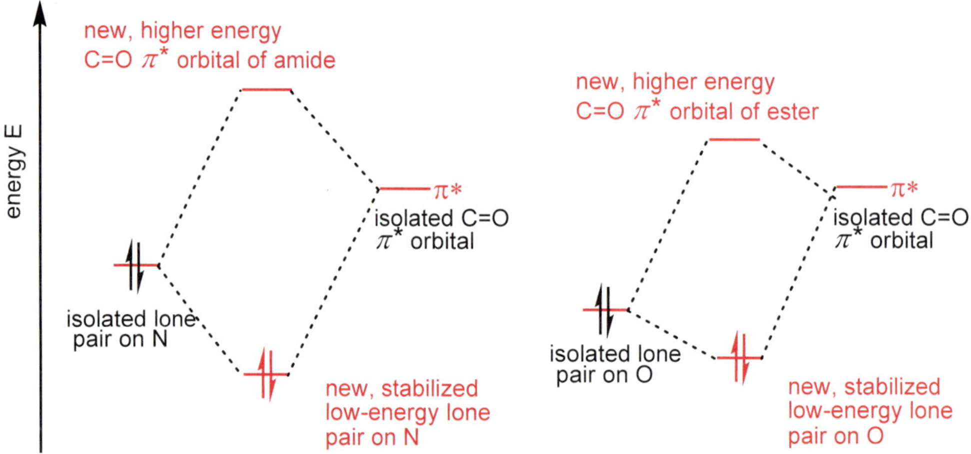

황 원자는 2*p*가 아닌 3*p* 오비탈과의 겹침으로 효과적인 겹침이 일어나기 어렵다. C=S π-결합이 안정한 결합이 아님은 여러 차례 언급한 바 있다. 해당 산소 ester에 비해서 thiol ester는 거의 산 무수물의 반응성과 비교될 정도로 높은 반응성을 보이는 것도 이에 기인한다.

less stable
more reactive

Chapter 1에서 학습한 공명구조 그리기는 화살표로 전자쌍 이동만을 표시하지만, 공명안정화는 실제로는 위에서 살펴 본 몇 가지 예에서와 같은 오비탈 상호작용이 전제되어야 함을 기억하여야 할 것이다.

2.18 Stereoelectronic Effect

여섯-원자 고리형 화합물의 치환기는 수소 대비 거의 모든 치환기가 정도의 차이는 있으나 equatorial 위치를 선호한다. 헤테로원자가 들어있는 여섯-원자 고리형 화합물도 cyclohexane에서와 같이 chair form의 conformer가 더 안정하고 치환기는 equatorial 위치를 선호한다. 그러나 산소 원자를 포함하는 tetrahydropyranyl 계에서는 2-위치에 어떤 전기음성인 치환기가 있어도 모두 axial 위치를 선호한다. 산소뿐만 아니라 질소 원자가 있어도 마찬가지 axial 선호도를 갖는다. 헤테로원자가 없는 cyclohexane과는 대조적이다. 이와 같은 이웃한 헤테로원자에 의한 치환기 효과를 **anomeric effect**라고 한다.

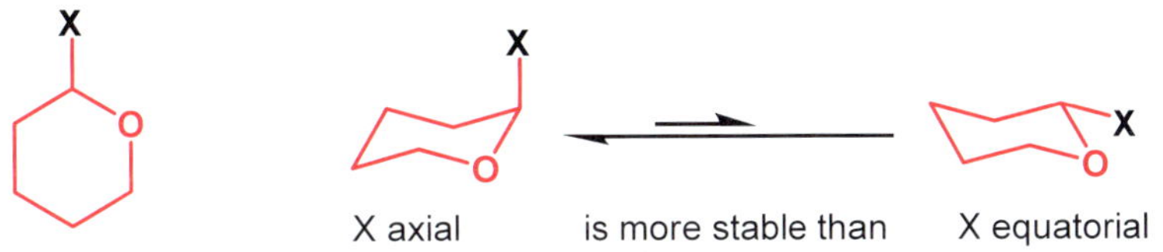
X
O
X
O
X axial
is more stable than
X
O
X equatorial

다음 spiral 화합물은 dihydroxy ketone에서 아주 쉽게 만들어지는 일종의 acetal이다. 이 화합물도 위에서와 같은 치환기 효과를 나타냄은 물론이다.

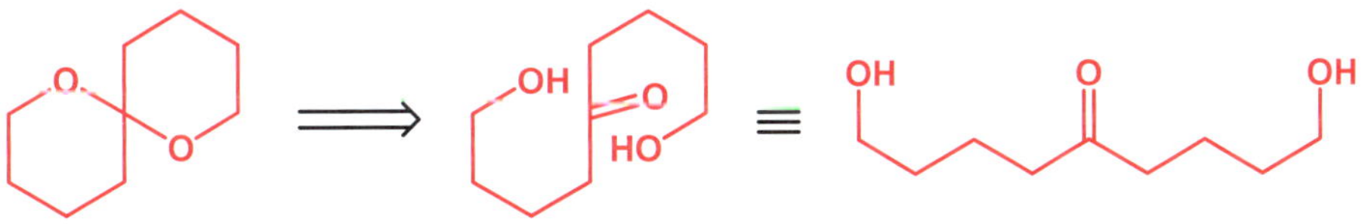
O
O
OH
O
HO
OH
O
OH

두 여섯-원자 고리가 모두 안정한 chair form을 취하게 되는 spiro six-membered ring의 conformer가 그려져 있다. 두 여섯-원자 고리에 산소 원자 하나씩이 들어가게 되는데, 서로 다른 고리의 axial 위치 또는 equatorial 위치를 점유할 수 있으며, 다음과 같은 세 가지 conformer를 그릴 수 있다. Cyclohexanol의 경우라면 당연히 equatorial 위치를 점하는 것이 유리하지만 여기서는 상황이 달라진다. 산소 원자는 서로의 고리에 대해 axial 위치를 차지하는 구조가 가장 안정한 구조가 된다.

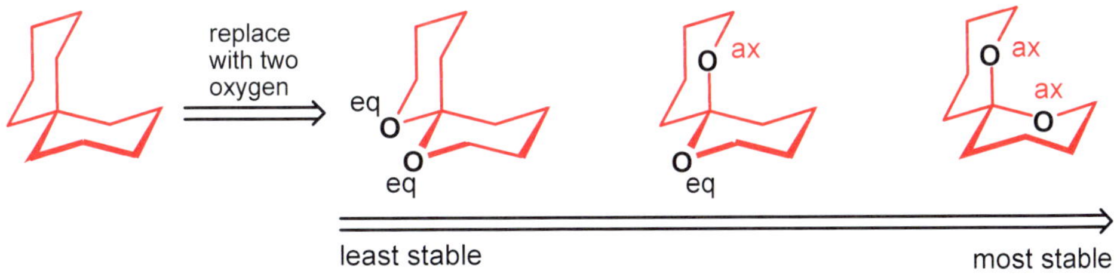
replace
with two
oxygen
eq
O
O
eq
O
ax
O
eq
O
ax
ax
O
least stable
most stable

이는 다음 그림에서 표시한 바와 같은 C–O 결합의 빈 σ^* 오비탈과 고립쌍이 수용되어 있는 산소 원자의 오비탈 간의 π 상호작용에 의한 안정화에 기인한다.

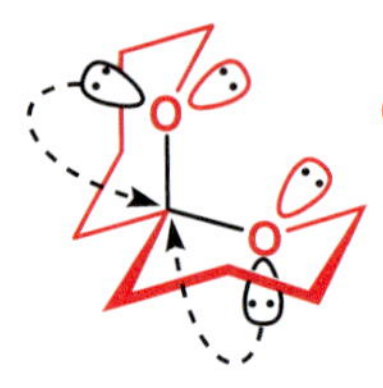

두 헤테로원자로 치환된 cyclohexane의 경우에도 마찬가지의 상호작용이 일어날 수 있으며, 이러한 상호작용의 결과로 다음 화합물의 경우에는 질소의 치환 alkyl기가 axial 위치를 차지하여 질소의 채워진 오비탈과 이웃한 헤테로원자–탄소 결합의 σ^* 반결합성 오비탈의 상호작용이 가능한 conformer가 상대적으로 유리하게 된다.

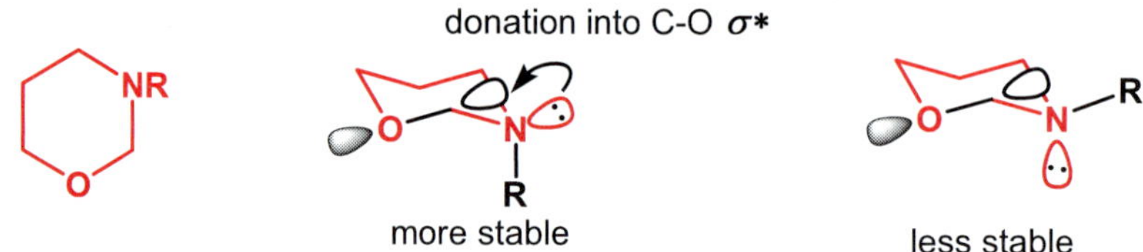

이는 선형 분자들에서도 마찬가지이다. 다음 그림은 dichloromethane의 conformation이다. C–Cl 결합의 anti-bonding 오비탈과 염소의 채워진 오비탈 간의 오비탈 상호작용을 그림으로 나타내었다.

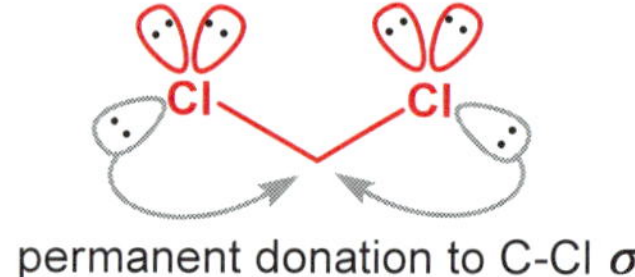

다음 dimethoxymethane의 경우에는 어떤 conformation이 유리할까? 이를 탄소 유사체인 pentane과 비교해 보자. Pentane은 다음과 같은 zigzag conformation이 유리하다는 것은 모두 알고 있는 사실이다. 이에 미루어 dimethoxymethane도 유사한 zigzag form의 linear conformation이 유리할 것으로 추측할 수 있을 것이다. 그러나 앞의 dichloromethane의 경우를 참고한다면 아래 그림과 같이 zigzag-형 사슬이 아닌 산소의 고립쌍 오비탈이 이웃한 C–O 결합과 *anti* 관계인 conformer의 경우 오비탈 간의 상호작용이 가능하게 되며, 이 conformer가 더 유리한 것임을 이해할 수 있다.

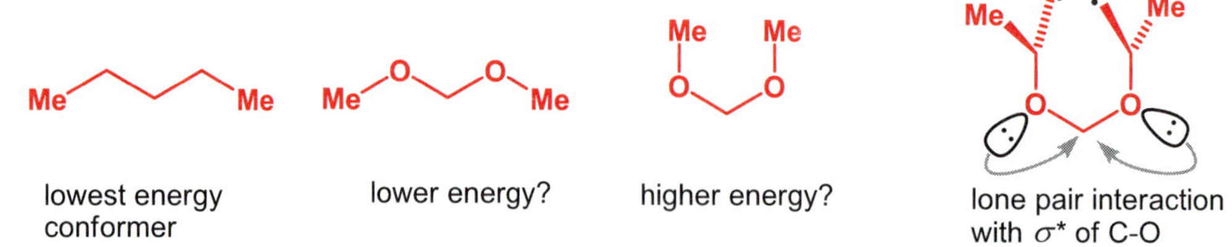

다음 alkyl acetate를 살펴보자. 카보닐 탄소와 alkyl기와 산소 간의 결합은 회전이 제한된다는 것은 다음 공명구조를 상기하면 이해할 수 있을 것이다. 이로 인해 다섯 원자 모두 같

은 평면에 위치하게 되며, C=O π^* anti-bonding 오비탈과 alkyl 산소의 채워진 오비탈 간의 상호작용으로 카보닐은 안정화된다.

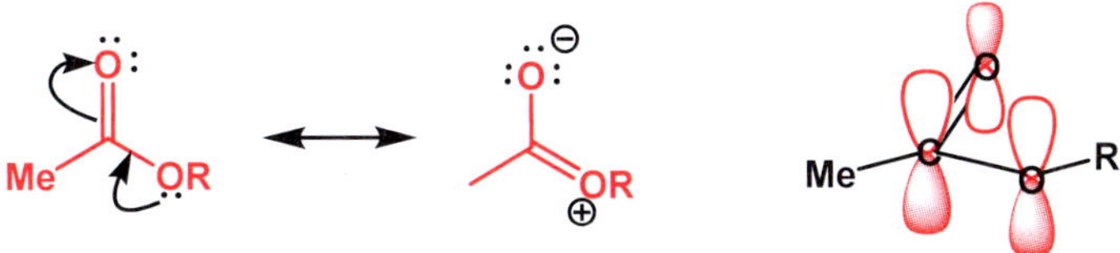

헤테로원자와 카보닐 간의 이와 같은 π 상호작용의 결과로 C–X 결합의 회전은 제한되고, 다음 그림에서와 같이 alkyl기 또한 같은 π 평면에 놓이게 된다. 또한 결합의 회전이 제한되는 결과로 기하이성질 현상이 가능해지며, 이에 따라 두 가지 배열이 가능하게 된다. 이렇게 되면 카보닐 기와 R 기는 *cis*- 또는 *trans*-배열이 가능한데 (*E*)-conformer와 (*Z*) conformer 둘 중 어느 것이 더 안정한 것일까? 이에 대한 답은 다음과 같은 오비탈 그림을 통해서만 알 수 있다.

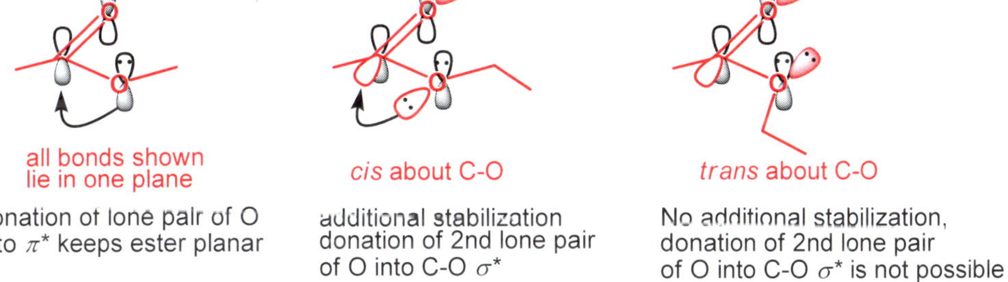

위의 그림에서와 같이 *cis* 배열의 경우에는 카보닐기의 σ^* 반결합성 오비탈과 산소의 나머지 고립쌍 간의 상호작용이 가능하며, 이 상호작용은 *trans* 배열에서는 가능하지 않다. 따라서 *cis* 배열을 한 conformer가 가장 안정한 ester의 conformer가 된다.

이와 같이 나란히 서는 두 오비탈 간의 π 상호작용은 여러 경우에 나타난다. 예를 들어, π-결합과 나란히 서는 σ 결합성 오비탈이나 빈 p 오비탈에 나란한 σ 결합성 오비탈의 상호작용도 일어날 수 있다.

문제 2.21 Acetic acid의 OH와 Me 기가 *trans*인 *s-trans* form이 *s-cis* form보다 기체상에서 5.9 kcal/mol 더 안정한 것으로 계산되었다. 수용액 중에서는 안정도 차이는 1.7 kcal/mol로 줄어든다. 무슨 이유에서 일까? 음이온의 두 고립쌍 전자의 orbital이 그려져 있다. 어느 것이 더 염기성인가?

Me O H O s-cis ⇌ Me O O H s-trans Me O O ⊖

문제 2.22 다음 그림을 보고 Cl 원자가 axial인 conformer와 equatorial인 conformer 중에서 어느 것이 S_N1에 의한 carbocation 형성에 유리한가?

문제 2.23 다음 acetal의 *cis*, *trans* 두 이성질체 중에서 *cis*-isomer는 *trans*에 비해서 약 7 kcal/mol 이상 안정한 것으로 밝혀졌다. 오비탈 그림을 그려 이를 설명하여 보라.

CHAPTER 03

Brönsted Acids and Bases: *Proton transfer*

산성, 염기성은 유기화합물의 기본적인 성질이며, 산·염기 반응은 많은 유기 변환 반응에 필요 불가결한 단계인 경우가 허다하다. 산과 염기를 정의하는 방법은 여러 가지 있으나 Brönsted 산·염기와 Lewis의 이론이 유기화학을 이해하는데 있어 가장 중요한 개념들이라 할 수 있다. 이 단원에서 다루는 **Brönsted 산·염기**(Brönsted acid and Base) 이론에서는 산은 **양성자 주개**(proton donor), 염기는 **양성자 받개**(proton acceptor)로 정의한다. 한편 Lewis 산·염기 이론에서는 산은 **전자쌍 받개**(electron pair acceptor), 염기는 **전자쌍 주개**(electron pair donor)이다. Lewis 산·염기는 친핵체와 친전자체로 다음 Chapter에서 따로 취급하기로 한다.

3.1 Brönsted Acid and Base

Brönsted의 정의에서는 산성도를 양성자 즉 양으로 대전된 수소 이온(H^+)을 써서 기술한다. **Brönsted 산**은 수소 원자가 들어 있어야 하지만 전체 전하는 상관이 없다. 일반화학 교재에서 본 낯설지 않은 많은 무기산들이 Brönsted 산이다. Brönsted 산에는 **H–A**라는 기호를 이용한다. **Brönsted 염기**는 양성자와 결합할 수 있어야 한다. 양성자에는 전자가 없으므로 염기가 양성자와 결합을 형성하기 위해서는 전자쌍을 제공하지 않으면 안 된다. 제공되는 전자쌍은 고립 전자쌍인 경우가 대부분이지만 alkene의 π-전자와 같이 결합 전자쌍인 경우도 있다. Brönsted 염기는 통상 **B:**라는 기호를 사용하게 된다.

모든 Brönsted 산은 양성자를 갖고 있다. 알짜 전하는 0 이거나 (+)일 수도 있고 때로 (−)일 수도 있다. 모든 Brönsted 염기는 고립 전자쌍 또는 π-결합을 갖는다. 고립쌍을 갖는 염기는 알짜 음전하 (−)를 가질 수도 있고 아니면 중성 분자일 수도 있다. 음전하를 띠는 예컨대 ^-OH와 $^-NH_2$ 같은 염기는 Li^+, Na^+, 또는 K^+와 같은 알칼리금속 양이온과 함께 사용된다. 이런 **상대양이온**(counter cation)은 **방관자 이온**(spectator ion)이라 하며 반응식에서 생략하는 경우가 많다. 산의 경우도 이와 같으며 예를 들면, H_3O^+는 **counter anion**이 무엇이든 표기하지 않는 것이 보통이다.

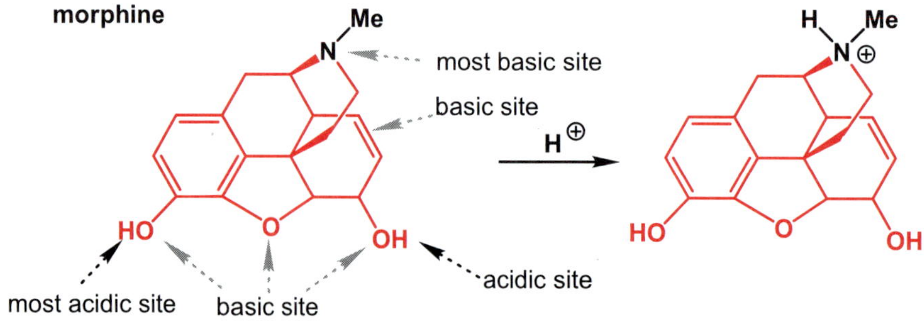

H_2O나 CH_3OH와 같이 산성 수소 원자와 고립 전자쌍을 모두 가지고 있는 화합물의 경우는 주어진 반응 여건에 따라 산으로 작용할 수도 있고, 염기가 될 수도 있다. 예를 들어, 중

독성 진통제인 **모르핀**(morphine)은 위의 구조식에서와 같이 여러 산성 수소 원자를 가지고 있으며, Brönsted 산이다. 또한 O와 N과 네 개의 π-결합을 가지고 있으므로 Brönsted 염기이기도 하다. 산과 반응하면 여러 염기성 자리 중에서 가장 센 곳이 먼저 반응하게 된다.

문제 3.1 다음 A group에서 Brönsted 산이 될 수 없는 것, B group에서 Brönsted 염기가 될 수 없는 것을 모두 골라라. A, B group 모두에서 Brönsted 산이며 동시에 염기일 수도 있는 것을 골라라.

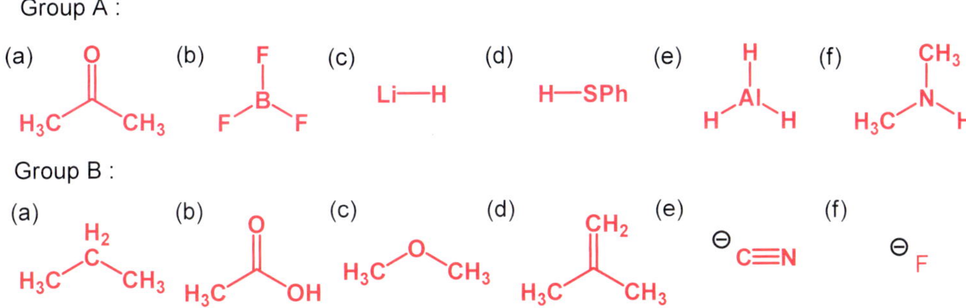

3.2 Brönsted Acid Base Reactions (Proton Transfer)

Brönsted 산·염기 반응(acid base reaction)은 산으로부터 염기로 양성자가 이동하는 결과가 된다. 그러므로 이들 산·염기 반응인 **양성자전달 반응**(proton transfer reaction)은 유기화학 학습에서 대단히 중요한 반응이다.

예를 들어, 산 **H–A**와 염기 **:B**의 반응을 살펴보자. 산·염기 반응에서는 결합 하나가 깨지고 하나의 결합이 새로 형성된다. 즉, 염기 **B:**의 전자쌍은 산의 양성자와 새로운 결합을 형성하며, 동시에 산 H–A는 결합 전자쌍을 A에 남겨둔 채 양성자를 넘겨주게 된다. 공명구조간의 전자쌍 이동에서와 같이 구부린 화살표 기법(curved arrow notation)을 이용하여 H와의 결합 하나가 깨지고, 하나가 형성되는 양성자전달 반응은 구부린 화살표 두 개를 그려 표시할 수 있다.

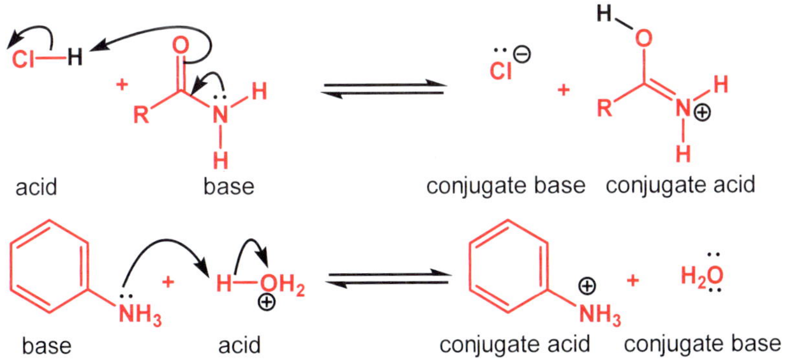

acid base conjugate base conjugate acid

base acid conjugate acid conjugate base

양성자전달 반응에서 산은 양성자를 잃고 **짝염기**(conjugate base)가 되며, 염기는 양성자를 얻어 **짝산**(conjugate acid)을 생성한다. 모든 반응에서 그렇듯이 산·염기 반응에서도 반응 전후의 양쪽의 알짜 전하의 합은 같아야 한다. 위의 첫째 반응의 경우 양쪽 알짜 전하의 합은 0이다. 둘째 반응의 경우 양쪽 알짜 전하의 합은 +1이다. 또한 이 반응은 정반응 쪽으로도 역반응 쪽으로도 진행될 수 있으며, **평형 화살표**(equilibrium arrow, $\rightleftharpoons$)를 이용하여 이를 표시해 넣어야 한다.

위의 두 반응 예에서 구부린 화살표 (⌒) 기법을 써서 양성자전달 과정을 표시해 넣었다. 양성자전달 반응이라고 해서 양성자의 이동을 중심으로 화살표를 그리면 안 된다. 모든 유기반응의 출발은 전자쌍의 이동이고 끝맺음도 전자쌍의 이동이다. 산과 염기에서 생성되는 짝산 또는 짝염기를 알아내어 그릴 수 있도록 충분히 연습해 두어야 한다.

모든 양성자전달 반응에서 전자가 풍족한 염기는 전자쌍을 산에게 내어주게 된다. 산은 극성인 H–A 결합을 가지고 있으며 산의 H는 부분 양전하를 가지고 있는 전자 결핍 상태이다. 화학 반응의 일반적인 유형은 전자가 풍족한 화학종이 전자 결핍 상태의 화학종과 반응하는 것이며 산·염기 반응은 그 첫 번째 예이다. 양성자전달 반응에서 두 출발물이 주어져 있다면, 어느 것이 산이고 어느 것이 염기인지를 어떻게 판별할 수 있겠는가? 많은 반응에서 다음과 같이 일반화할 수 있으며 상당한 도움이 될 것이다.

[1] 지금까지 보아왔던 산과 염기는 유기화학에서도 똑같이 사용된다. HCl과 H_2SO_4는 센 산이며 ^-OH는 센 염기이다.

[2] 어느 한 화합물만 수소를 가지고 있으면 바로 그것이 산이고, 어느 하나만이 고립 전자쌍이나 π-결합을 가지고 있으면 바로 그것이 염기이다.

[3] 알짜 양전하를 가지고 있는 반응물은 보통의 경우 산이다. 반대로 알짜 음전하를 가지고 있는 반응물은 십중팔구 염기로 작용한다.

문제 3.2 다음 각 화합물은 염기일 수도 있고 산일 수도 있다. 각 화합물의 짝산을 그려보라. 또한 짝염기도 그려보라.

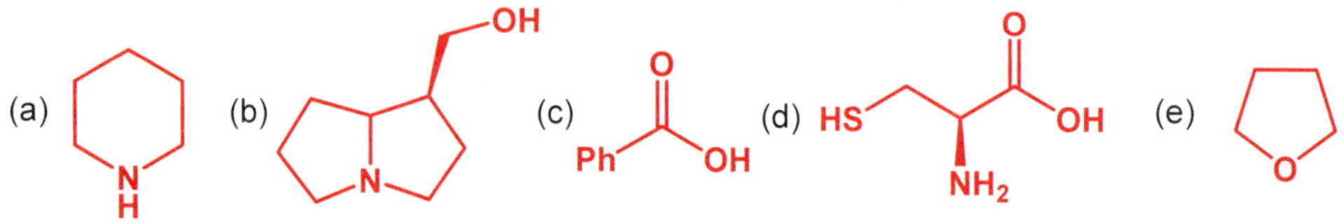

(a) (b) (c) (d) (e)

N H, OH, N, O, Ph, OH, HS, O, OH, NH_2, O

문제 3.3 π-결합이 존재하는 화합물은 염기로 작용할 수 있다. 이를 염두에 두고 ethylene (CH_2=CH_2)과 formaldehyde(H_2C=O)의 짝산을 그려보라. 존재한다면 ethylene과 formaldehyde의 짝염기도 그려보라.

문제 3.4 다음 양성자전달 반응에서 산과 염기, 짝산과 짝염기를 표시하라. 구부린 화살표를 이용하여 전자쌍의 이동을 표시하라.

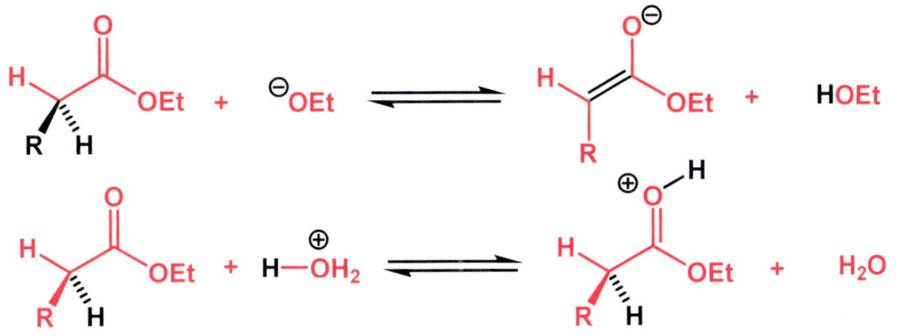

문제 3.5 다음 양성자전달 반응의 생성물을 그려라. 염기성 자리가 두 곳 이상이거나 공명구조를 그릴 수 있으면 그 중에서 더 안정한 구조를 그려야 한다.

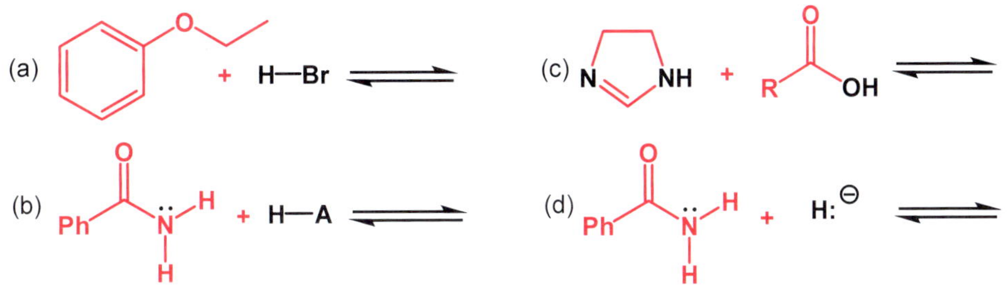

(a) + H—Br ⇌ (c) + ⇌

(b) + H—A ⇌ (d) + H:⊖ ⇌

3.3 The Strength of Brönsted Acids: pKa

Brönsted 산의 세기는 얼마나 쉽게 양성자를 내어주는가의 척도이다. 즉, 화합물이 더 쉽게 양성자를 낸다면, 더 센 산인 것이다. 개념적으로 Brönsted 산·염기는 Lewis 산·염기의 범주에 들어가지만, 이를 따로 떼어 취급하는 것은 Brönsted 산·염기만이 그 세기를 측정할 수 있고, 상대적인 계량화가 가능하기 때문이다. **산의 산성도**(acidity)는 기준 염기와의 산·염기 반응 평형상수에 의하여 결정된다. 기준 염기로 물을 사용하는 것이 보통이다. Brönsted 산 H−A가 물에 녹게 되면 산·염기 반응이 일어나게 되고, **평형상수 K_{eq}**는 다음과 같이 쓸 수 있다.

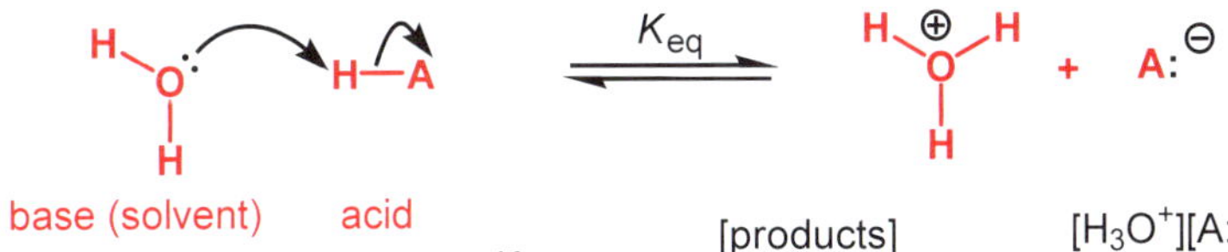

base (solvent) acid

$$Keq = \frac{[\text{products}]}{[\text{starting material}]} = \frac{[H_3O^+][A:^-]}{[H\text{-}A][H_2O]}$$

$$\text{Acidity Constant} = Ka = Keq\,[H_2O] = \frac{[H_3O^+][A:^-]}{[H\text{-}A]}$$

용매인 H_2O의 농도는 거의 일정하고, 이 식을 고쳐 써서 새로운 평형상수 K_a를 정의할 수 있으며, 이를 **산성도 상수**(acid constant)라 부른다. K_a의 크기와 산의 세기는 어떤 관계가 있는가? 센 산일수록 평형은 오른쪽으로 더 치우치게 되고, K_a 값은 커진다. 대부분의 유기화합물의 K_a 값은 작아서 대개 10^{-5}에서 10^{-50} 정도이다. 지수를 쓰게 되면 적잖게 불편하므로 hydronium ion 농도를 pH로 표시했듯이 그보다 더 편리한 *pKa* 값을 쓰는 경우가 많다. *pKa* 값이 작을수록 더 센 산이다.

$$pKa = -\log Ka$$

지금까지 산의 세기에 관한 논의만 하였는데, 그러면 염기의 세기는 어떠한가? 산성도(acidity)와 염기성도(basicity)는 반비례 관계에 있다. **센 산**(strong acid)은 쉽게 양성자를 잃고 약한 짝염기(conjugate base)로 변환된다. 또한 **센 염기**(strong base)는 쉽게 양성자를 받아들여 약한 짝산(conjugate acid)이 된다.

다음 Table 3.1에 유기화학 학습에 필요한 충분한 유기산과 일부 무기 산의 *pKa* 값을 산성도가 약해지는 순으로 나열하였다. 센 산은 약한 짝염기를 형성하기 때문에 이 순서는 짝염기들의 염기도 증가 순으로 나열된 셈이다. 예를 들어, methane, ethane, cyclohexane을 비롯한 alkane에서 양성자 하나가 부족한 alkyl anion은 *pKa*(≈50) 값이 가장 높아서 열거한 예들 중에서 가장 약한 산이다. 다시 말하면 이들의 짝염기인 CH_3^- 등의 alkyl anion은 따라서 유기물 중에서 가장 센 염기가 된다. 따라서 *pKa* 값을 비교하면 두 산의 산성도, 즉 상대적인 세기와 더불어 그들의 짝염기의 상대적인 염기성도 비교할 수 있다.

임의의 세 화합물 $CH_2{=}CH_2$, NH_3, CH_3CH_2OH의 산성도를 Table 3.1의 값을 이용하여 비교해 보면, 산성도가 증가하는 순으로 순위를 매길 수 있다. 값이 작을수록 센 산이다.

← larger *pKa*

$CH_2{=}CH_2$	NH_3	CH_3CH_2OH
pKa = 44	*pKa* = 38	*pKa* = 16

incresing acidity →

센 산은 약한 짝염기를 생성하고, 약한 산의 짝염기는 센 염기이다. 따라서 산의 ***pKa*** 값이 커질수록 그 산의 짝염기는 센 염기가 된다.

← larger *pKa* for conjugate acid

$CH_2{=}CH^{\ominus}$	${}^{\ominus}NH_2$	$CH_3CH_3O^{\ominus}$
pKa = 44	*pKa* = 38	*pKa* = 16

← incresing basicity

반드시 알고 넘어가야 할 것은 유기화학에서 다루는 산들의 *pKa* 값이 대단히 넓은 범위에 걸쳐 있다는 사실이다. (Table 1.1에는 −10에서 51까지) 또한 ***pKa* 척도는 로그 함수**이기 때문에 조금의 차이가 있어도 산성도는 크게 달라진다. 예를 들면, NH_3의 *pKa*(38)와 $CH_2{=}CH_2$의 *pKa*(44)는 여섯 단위 차이가 있다. 이는 NH_3는 $CH_2{=}CH_2$보다 10^6 배 또는 백만 배 이상 센 산이라는 의미이다.

[Table 3.1] Approximate *pKa* Values of Organic and Inorganic Acids

Compound	*pKa*	Compound	*pKa*	Compound	*pKa*
$CH_3C{\equiv}\overset{\oplus}{N}{-}H$	-12	$CH_3OC(=O)CH_2C(=O)OCH_3$	13	$(CH_3)_2NC(=O)CH_2{-}H$	30
$HOSO_2O{-}H$	-10	$CH_3O{-}H$	15.5	$(PhS)_2CH{-}H$	31
$I{-}H$	- 9	$HO{-}H$	15.7	$CH_3SO_2{-}CH_3$	31
$Br{-}H$	- 8	cyclopentadiene ($C_5H_5{-}H$)	16	$Ph_3C{-}H$	32
$Cl{-}H$	- 7	$CH_3CH_2O{-}H$	16	$CH_2{=}CHCH{=}CHCH_2{-}H$	33
$ArSO_2O{-}H$	- 6.5	$(CH_3)_2CHO{-}H$	16.5	$CH_3SO{-}CH_3$	35
$H_2\overset{\oplus}{O}{-}H$	- 1.7	$HC(=O)CH_2{-}H$	17	$H{-}H$	35
$O_2NO{-}H$	- 1.5	$HC(=O)NH{-}H$	17	$H_2N{-}H$	38
$F{-}H$	3	$(CH_3)_3CO{-}H$	18	$((CH_3)_2CH)_2N{-}H$	40
$CH_3COO{-}H$	4.8	$CH_3C(=O)CH_2{-}H$	19	$PhCH_2{-}H$	41
$HOC(=O)O{-}H$	5	$CH_3OC(=O)CH_2{-}H$	25	$Ph{-}H$	43
$HS{-}H$	7	$H{-}C{\equiv}C{-}H$	25	$CH_2{=}CHCH_2{-}H$	43
$ArS{-}H$	8	$N{\equiv}CCH_2{-}H$	25	$H_2C{=}CH{-}H$	44
$H_3\overset{\oplus}{N}{-}H$	9			$CH_3{-}H$	50
$N{\equiv}C{-}H$	9			$CH_3CH_2{-}H$	> 50
$CH_3C(=O)CH_2C(=O)CH_3$	9			cyclohexane ($C_6H_{11}{-}H$)	> 51
$ArO{-}H$	10				
$CH_2{=}C(CH_3)O{-}H$	11				
$CH_3C(=O)CH_2C(=O)OCH_3$	11				

화합물의 *pKa*가 Table 3.1에 등재되어 있지 않은 경우에는 똑같지는 않다 하더라도, 구조적으로 가장 유사한 다른 화합물들의 *pKa* 값을 이용하여 추정이 가능하다. 예를 들어, CH_3NH_2의 N–H 결합의 *pKa*를 표에 실려 있지 않아 모른다 하더라도 구조적으로 가장 유사한 암모니아의 N–H 결합의 *pKa* = 38을 참고하여 CH_3NH_2의 N–H 결합의 *pKa* 값도 약 38 정도에서 크게 벗어나지 않을 것이라고 추정할 수 있다. 실제 값은 40이며, 이는 근사치로서는 꽤 괜찮은 추정 값이라고 생각되지 않는가?

문제 3.6 앞의 Table 3.1의 *pKa* 값을 참고하여 다음 각 화합물에 표시되어 있는 결합의 *pKa* 값을 추정하여 보라.

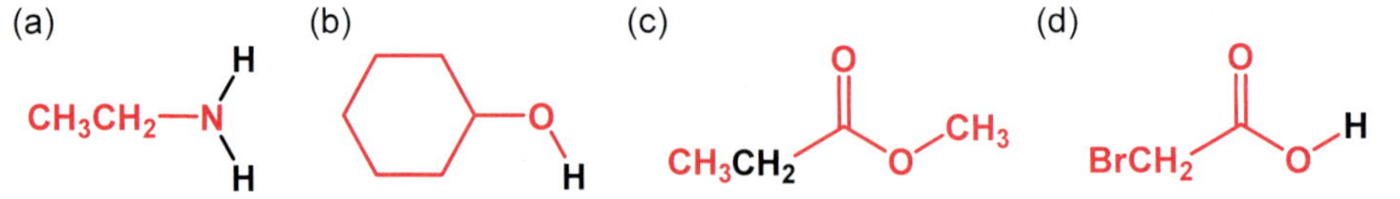

(a) CH_3CH_2—NH₂ (b) cyclohexyl—O—H (c) $CH_3CH_2C(=O)OCH_3$ (d) $BrCH_2C(=O)O$—H

3.4 How to Predict Acid · Base Equilibria

양성자전달 반응은 가역 반응이다. 산과 염기는 양성자를 받고 주고 하여 짝염기와 짝산이 생성되기 때문에 어느 산·염기 짝이 평형 상태에서 더 우세한가는, 즉 평형의 위치는 산·염기의 상대적인 세기에 달려 있다. 평형은 언제나 약한 산과 약한 염기가 생성되는 쪽으로 유리하게 치우치게 된다.

센 산은 쉽게 양성자를 내어주며 센 염기는 쉽게 양성자를 받아들여 짝산과 짝염기가 생성되기 때문에, 이들이 반응하여 생성되는 짝산과 짝염기는 그리 쉽사리 양성자를 내어주거나 받아들이지 않는다. *pKa* 값을 비교해보면, 평형의 위치를 판별할 수 있다. 양성자전달 결과를 그리고 난 후에 생성물에서 짝산과 짝염기를 확인하고 반응물인 산과 생성물의 하나인 짝산의 *pKa*를 비교한다. 한 예로 acetylene과 amide 음이온(NH_2^-) 간의 양성자전달 반응의 평형을 예측하여 보자. 알짜 음전하를 가지고 있는 $^-NH_2$가 염기임은 쉽게 알 수 있다. 산인 반응물 acetylene의 *pKa* 값은 25로 NH_2^-의 짝산인 NH_3의 *pKa* 값 38보다 낮아서, HC≡CH이 더 센 산이며, 평형의 위치는 더 약한 산인 NH_3가 생성되는 쪽으로 유리하게 놓인다.

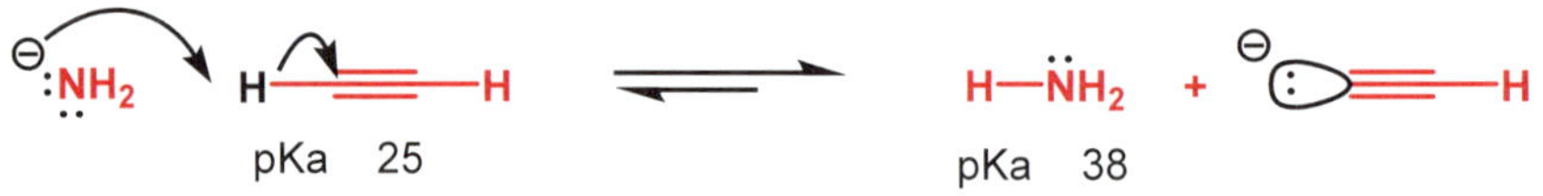

$$^{\ominus}:\ddot{N}H_2 + H—C{\equiv}C—H \rightleftharpoons H—\ddot{N}H_2 + {}^{\ominus}:C{\equiv}C—H$$

pKa 25   pKa 38

역반응인 acetylide 음이온과 암모니아 간의 반응을 생각해 보면 평형은 출발물에 유리하며, 생성물 쪽으로의 진행은 대단히 불리하다. 평형량 (흔적량) 만큼의 acetylene과 amide 이온이 생성될 뿐이다. 산은 자신보다 높은 *pKa* 값을 갖는 다른 산의 짝염기에 의하여 쉽게 양성자떼기가 일어난다.

위의 acetylene의 양성자떼기는 다음에 열거한 여러 염기에 의해서도 정량적으로 양성자떼기가 가능하다. 이들 염기는 isopropylamine, dimethylsulfoxide, benzene, butane 및 수소 분자의 짝염기로서 이들 염기의 세기는 짝산의 *pKa*를 Table 3.1에서 찾아보면 쉽게 알아낼 수 있다. 금속 양이온이 무엇인가에 구애 받을 필요가 없다. 예를 들어, Grignard 시약을 염기로 사용하는 예는 유기화학에서 보기 쉽지는 않지만 예컨대 CH_3MgBr을 CH_3^- ^+MgBr로 간주한다면 methane의 짝염기이고, acetylene에서 양성자떼기는 아주 쉽게 정량적으로 일어날 수 있음을 예상할 수 있다.

conjugate base of diisopropylamine pKa 40 | dimethyl sulfoxide pKa 35 | benzene pKa 43 | butane pKa > 50 | molecular hydrogen pKa 35

산·염기 평형에서 유념해야 할 것은 주어진 화합물이 산인가 염기인가를 가리는 일이다. Table 3.1에서 질산의 pKa를 찾아보면 −1.5로 엄청나게 센 산임을 알 수 있다. 그렇다면 질산은 항상 산으로만 작용하는가? 대답은 그렇지 않다는 것이다. 질산의 세 산소 원자는 모두 고립쌍을 가지고 있으며, 황산과 같은 질산보다 더 센 산을 만나게 되면 당연히 염기로 작용하여 양성자붙임이 일어나게 된다. 질산의 짝산이 생성되어 물 분자를 잃고 nitronium ion을 생성하게 된다.

nitronium ion

이는 염기에 관해서도 마찬가지이다. Acetic acid를 비롯한 카복시산의 음이온은 명백한 염기이다. 그렇다면 카복시산 음이온이 산으로 작용하는 경우가 있겠는가? 물론이다. 하지만 굉장히 센 염기를 만나는 경우에만 가능하다. 다음 반응 예에서는 pKa 값이 다른 세 산성 수소를 가지고 있다. 충분량의 (3 당량 이상) LDA로 처리하면 차례로 양성자떼기가 일어나서 세 산성 수소가 (pKa ~ 5, 17, 28) 모두 Li으로 대치된다. (Li은 공유결합성이 큰 편이어서 Na나 K 등 다른 알칼리 금속에 비해서 dianion을 형성하는데 매우 유리하다. 실제로 구조식이나 반응식을 그리는 경우에도 Li ion이 아닌 공유결합을 한 것으로 그리는 경우가 대부분이다.)

비친핵성인 LDA와는 달리 염기성이 더 크지만 친핵체로의 반응성 또한 상당히 큰 BuLi을 염기로 사용하려면 BuLi이 친핵체로 작용할 수 없도록 친전자성 반응 자리가 없어야 하는 조건이 붙기는 하지만, 다음 예에서와 같이 carboxylic acid의 dianion을 형성하는데 가끔씩 사용된다.

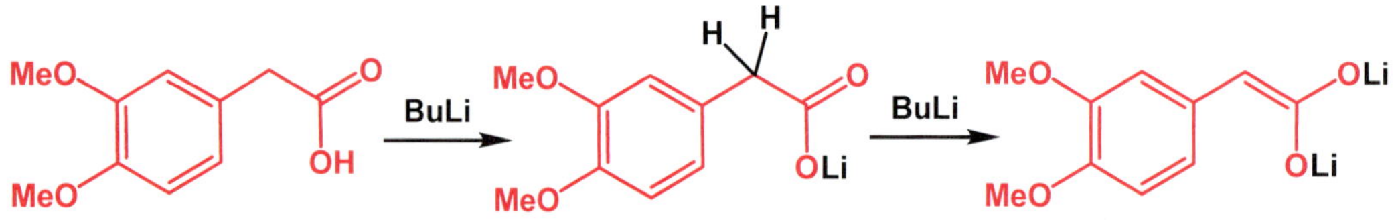

MeO, MeO, O, OH —BuLi→ H, H, MeO, MeO, O, OLi —BuLi→ MeO, MeO, OLi, OLi

문제 3.7 Table 3.1의 *pKa* 값을 참조하여 다음 물음에 답하라.

(a) DMSO[$CH_3S(O)CH_3$]와 phenol(C_6H_5OH)로부터 정량적으로 양성자떼기에 충분히 센 염기는 어느 것인가?

NaH, CH_3OK, Na_2S, BuLi ≡—MgBr ?

(b) Acetamide에서 정량적으로 양성자를 떼낼 수 있는 충분히 센 염기 네 개를 들어보라. Acetamide는 무엇으로 바뀌는가? 위에 열거한 염기 하나와의 반응식을 적어 보라.

문제 3.8 다음 각 반응에서 생성되는 짝산과 짝염기를 그리고 평형의 위치를 판별하라. (Table 3.1 참조하지 않고도 개략적인 값을 기억하도록 지속적인 노력이 필요하다.)

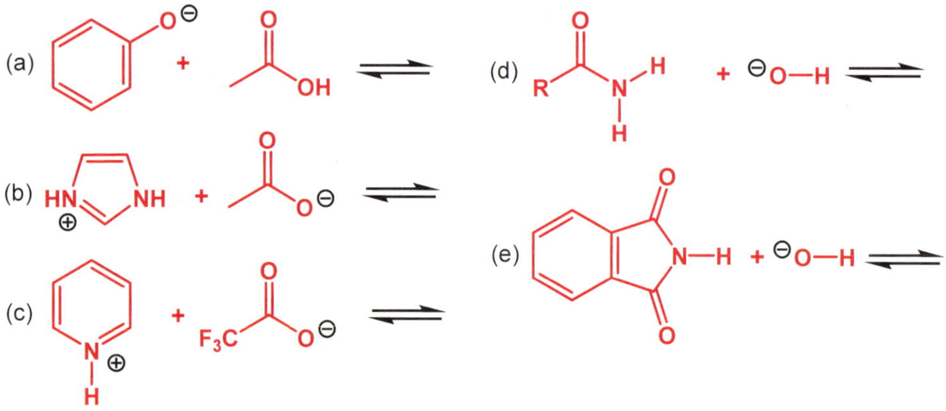

(a) O⊖ + O, OH ⇌

(b) HN⊕, NH + O, O⊖ ⇌

(c) N⊕, H + O, F_3C, O⊖ ⇌

(d) O, R, N, H, H + ⊖O—H ⇌

(e) O, N—H, O + ⊖O—H ⇌

문제 3.9 다음 화합물의 EtOK에 의한 양성자떼기 반응의 평형 위치를 판별하라.

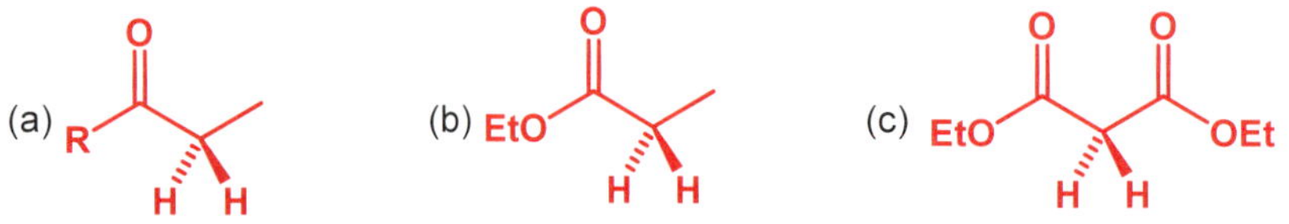

(a) O, R, H, H

(b) O, EtO, H, H

(c) O, O, EtO, OEt, H, H

문제 3.10 다음에 주어진 화합물의 *pKa* 값을 참고하여 표시된 양성자를 정량적으로 뗄 수 있는 염기 셋씩을 위의 Table 3.1을 참고하여 열거하여 보라.

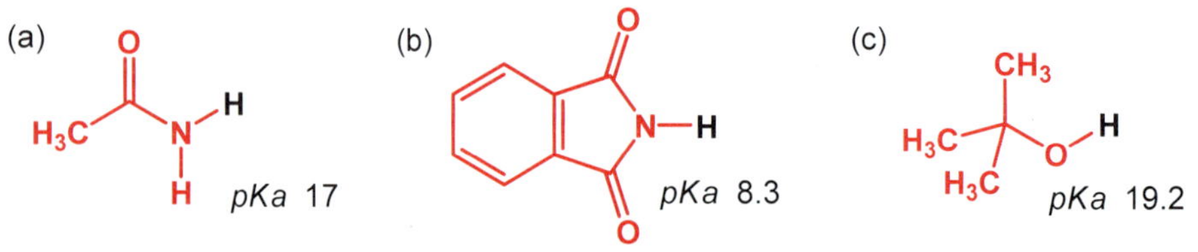

(a) O, H_3C, N, H, H *pKa* 17

(b) O, N—H, O *pKa* 8.3

(c) CH_3, H_3C, H_3C, O, H *pKa* 19.2

3.5 Factors Affecting Acid Strength

살펴 본 예들처럼 화합물에 따라 엄청난 산성도의 차이가 있다. HCl(pKa = 7)은 극도로 센 산이며, 물(pKa = 15.7)은 산성도로 보면 중간 정도이며, CH_4(pKa = 50)는 지극히 약한 산이다. 그 이유를 어떻게 설명할 수 있는가? 처음 화합물을 보면 상대적인 세기를 예측할 수 있겠는가? 산의 세기를 결정하는 몇 가지 중요한 요인을 이해하면 이에 대한 대답이 가능해 진다.

산의 세기를 예측하는데 있어 반드시 먼저 해야 할 일은 짝염기를 그리는 것이다. 짝염기 $A:^-$가 안정화된다면 요인이 무엇이던지 간에 산(H–A)은 더욱 센 산성을 갖게 된다. 즉, 어느 두 산의 산성도를 비교하려면 우선 두 산의 짝염기를 먼저 그린 후 어느 산의 짝염기가 더 안정한가를 판별하여야 한다. 짝염기가 더 안정하면 바로 그 산이 더 센 산인 것이다.

화합물의 구조적인 차이가 산 H–A의 산성도에 영향을 미치는 요인은 크게 네 가지로 구분되며, 미치는 영향이 큰 것부터 차례로 **[1] 원소 효과, [2] 혼성화 효과, [3] 공명 효과, [4] 유도 효과**의 순으로 설명하기로 하자.

3.5.1 Element Effect

분자내에 정해진 수소 원자의 전반적인 산성도를 결정하는 요인이 네 개 있지만, 그 중 H–A의 산성도를 결정하는 가장 중요한 요소 하나만을 들라고 하면 'A의 정체가 무엇인가' 하는 것이다. 즉, H–A의 산성도를 판별하는 가장 중요한 요인은 'A가 주기율표 어디에 위치하는 원소인가' 라는 점이다. 주기율표상의 위치란 같은 주기의 원소들을 비교하여 왼쪽인가 아니면 오른쪽인가의 문제이고 또한 세로로 족을 따라 위쪽인가 아래 쪽인가의 문제이다. 이 두 가지를 차례로 살피게 된다.

Electronegativity Effect

주기율표의 같은 주기를 가로 지르는 산성도의 경향을 알아보기 위해 같은 둘째 주기 원소와 수소의 화합물인 CH_4와 H_2O를 비교 검토해 보자. H_2O는 훨씬 낮은 pKa를 갖고 있으며 CH_4보다 훨씬 더 센 산임은 누구나 알고 있다. 그렇지만 왜 이렇게 되는 걸까?

우선 먼저 양성자를 떼어낸 짝염기를 그린 다음, 어느 쪽이 더 안정한가를 판별한다. 짝염기는 모두 알짜 음전하를 가지고 있으나 ^-OH는 산소 원자에 CH_3^-는 탄소 원자에 가지고 있다.

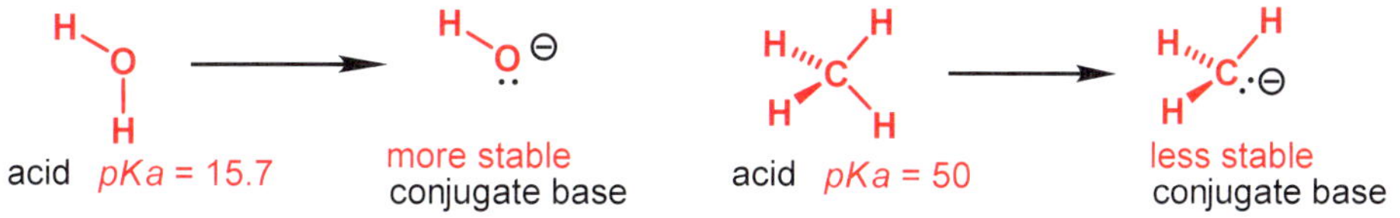

acid pKa = 15.7 → more stable conjugate base

acid pKa = 50 → less stable conjugate base

산소 원자는 탄소 원자보다 훨씬 전기음성이기 때문에 산소는 더 쉽게 음전하를 수용할 수 있으며, 따라서 ^{-}OH는 $^{-}CH_3$보다 훨씬 더 안정하다. H_2O는 CH_4보다 훨씬 센 산이다. 왜냐하면 ^{-}OH가 CH_3^{-}보다 더 안정한 짝염기이기 때문이다. Table 3.2는 유기화학에서 자주 나오는 원소들의 전기음성도를 간략하게 정리한 것이다. 화합물의 여러 성질과 반응성을 이해하는데 가장 중요한 값들이므로, 대부분을 기억하는 것이 좋다. 아주 드물게 나타나는 F를 제외하면 O 원자가 가장 전기음성임을 기억하자.

[Table 3.2] Selected Electronegativity Scale

period	*1A*	*2A*	*3A*	*4A*	*5A*	*6A*	*7A*
1	H 2.20						
2	Li 0.99	Be 1.57	B 2.04	C 2.55	N 3.04	O 3.44	F 3.96
3	Na 0.93	Mg 1.31	Al 1.61	Si 1.90	P 2.19	S 2.55	Cl 3.16
4	K 0.82	Ca 1.00					Br 2.98
5							I 2.66

일반적인 경향으로 H–A의 산성도는 주기율표에서 같은 주기를 가로질러 가며 A의 전기음성도가 증가할수록 센 산이다. 수소와 결합한 원자의 전기음성도가 얼마나 큰 영향을 미치는가는 개략적인 값을 비교해 보면 알 수 있다. C–H 결합은 H–F보다 약 10^{47}배 더 약한 산이며, O–H 결합은 N–H보다 약 10^{22}배 더 센 산이다.

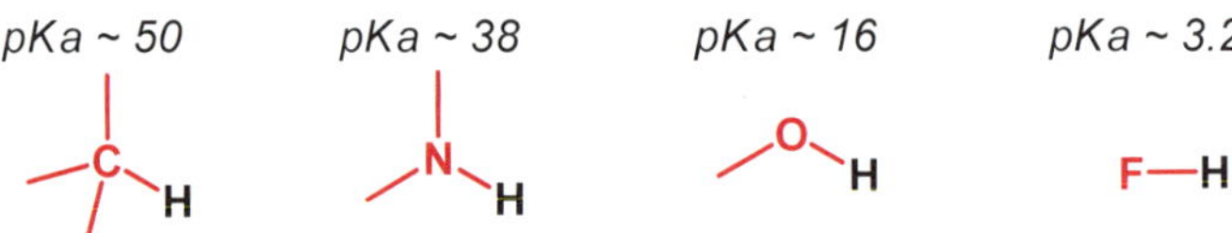

한 가지 주의해야 하는 것은 A의 전기음성도에 따른 H–A의 산성도 비교는 H가 더 전기음성인 원소와 결합했을 때 적용된다는 점이다. Al, B와 같은 H보다 전기양성인 원소와 결합했을 경우에는 H^{+} donor가 아니고 H^{-}의 donor임을 기억해야 할 것이다. LiH나 CaH_2는 모두 염기이며 절대로 산처럼 취급해서는 안 된다.

Size Effect (Effect of Bond Strength)

이제 주기율표의 열을 따라 내려가면서 산성도의 경향을 H–F와 H–Br을 비교하면서 알아보자. 이것도 마찬가지로 양성자를 떼어낸 짝염기 F^{-}와 Br^{-} 중 어느 것이 더 안정한가를 기준 삼아 판별하여야 한다.

H—F ⟶ $F^{\ominus}$ H—Br ⟶ $Br^{\ominus}$

acid conjugate base acid conjugate base

F^{-}과 Br^{-} 간에는 두 가지 중요한 차이점이 있다. 하나는 전기음성도이고 다른 하나는 크기

이다. 원자나 이온의 크기는 주기율표의 족을 따라 내려가면서 커지며, 따라서 Br^-는 F^-보다 훨씬 크며, 이로 인해 음이온이 안정화된다. 일반적으로 양이온 또는 음이온이 더 큰 체적에 퍼져 있으면 더 안정화된다. Br^-가 F^-보다 더 크기 때문에 Br^-은 F^-보다 더 안정하며, H–Br은 H–F보다 더 센 산이다. 이는 또한 할로젠 원자의 크기가 아니라 H–X의 결합세기와 관련 지어 설명할 수도 있다. 결합세기는 H–F > H–Cl > H–Br > H–I 의 순으로 감소하기 때문이다. HF에서 H의 1*s* orbital은 F의 경우 2*s*와 2*p*의 sp^3 혼성화 오비탈 간의 결합이며, HCl은 H의 1*s* orbital과 Cl의 3*s*와 3*p* 간의 혼성화 오비탈 그리고 HBr은 Br의 4*s*와 4*p*, HI는 I의 5*s*와 5*p*의 sp^3 혼성화 오비탈 간의 σ-결합을 이루기 때문이다.

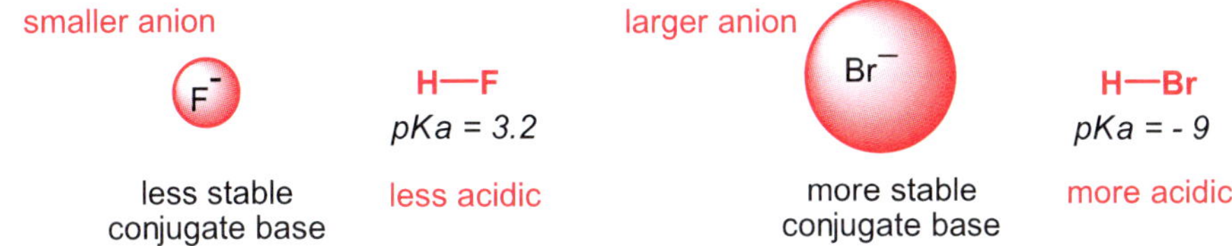

이 또한 일반적인 경향의 한 가지 예로서 주기율표의 열을 따라 내려가며, A의 크기가 커질수록 결합세기가 약해 질수록 H–A의 산성도는 증가한다.

H—F	H—Cl	H—Br	H—I
pKa = 3.2	*pKa* = - 7	*pKa* = - 9	*pKa* = - 10

⟹ incresing size　increasing acidity

F는 Br보다 더 전기음성이며 전기음성도 차이에서 예측한 바와는 반대가 된다. 주기율표의 열을 따라 산성도를 결정하는 것은 크기이지 전기음성도가 아니다. 이는 할로젠 족이 아닌 다른 족 화합물의 경우에도 똑같이 적용된다.

[Table 3.3] *pKa*'s of Thiols and Related Compounds

Compound	***pKa***
CH_3OH	15.5
CH_3SH	10.33
C_6H_5OH	10.02
C_6H_5SH	6.52
H_2O	15.5
H_2S	7.0
H_2Se	4.0
H_2Te	3.0

Table 3.3에 6A족 원소와 수소 간의 결합을 기본으로 하는 화합물들의 *pKa* 값을 비교하였다. H_2S는 물보다 훨씬 센 산이며, H_2Se, H_2Te는 순서에 따라 점점 더 센 산이다. 이는 유기화

합물의 경우에도 똑같이 적용되어 phenol보다는 thiophenol이 더 센 산이며 selenophenol은 그보다 더 센 산이다.

요약하면 어느 수소 원자가 가장 산성인가를 결정하기 위해서는 제일 먼저 수소가 어떤 원소에 결합되어 있는가를 살핀 후, 그 다음 원소의 주기적 경향을 참작하여 산성도를 정한다. 원소 효과의 두 경향을 함께 정리한다면, H–A의 산성도는 주기율표상에서 주기를 따라 오른쪽으로 갈수록 열을 따라 아래로 갈수록 더 센 산이 된다.

문제 3.11 *pKa* 값을 찾지 말고 각 쌍의 산 중에서 어느 것이 더 센 산인지를 판별하라.

(a) H_2O or HF　　(b) H_2S or HBr　　(c) Me_3Si-H or Me_3C-H

(d)

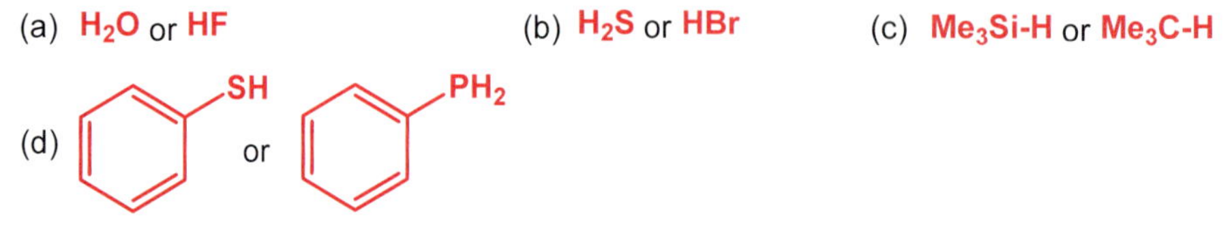

문제 3.12 다음 각 분자에서 어느 것이 가장 센 산성 수소인가?

(a) $HSCH_2CH_2CH_2CH_2OH$　　(b) $NH_2CH_2CH_2CH_2OH$　　(c) $(CH_3)_2NCH_2CH_2CH_2NH_2$

3.5.2 Hybridization Effect

산 H–A의 산성도에 영향을 미치는 둘째로 중요한 요인은 A의 혼성화이다. 이 현상을 예시하기 위하여 공통적으로 C–H 결합을 가지고 있는 ethane(CH_3CH_3), ethylene(CH_2=CH_2) 및 acetylene(HC≡CH)의 세 화합물을 비교해 보기로 하자. Table 3.1을 살펴보면 이들 세 화합물은 상당한 산성도의 차이를 나타냄을 알 수 있다. Ethane, ethylene 및 acetylene에서 양성자를 떼어낸 짝염기는 모두 탄소에 음전하를 가지고 있는 **carbanion**이다.

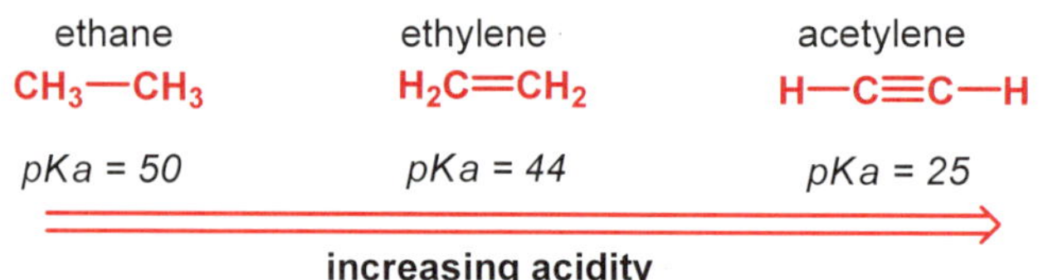

주목해야 할 점은 음전하를 띠고 있는 탄소의 혼성화 상태는 각각의 경우 모두 다르며, 고립 전자쌍은 각기 다른 *s*-성질 백분율을 갖는 오비탈을 점유한다는 사실이다. 혼성화 오비탈의 *s*-성질 백분율이 클수록 고립 전자쌍은 핵에 더 가까이 있게 되며, 짝염기는 그만큼 더 안정화된다. 산성도는 짝염기의 음전하가 *s*-성질 백분율이 커지면서 CH_3CH_3, CH_2=CH_2에서 HC≡CH의 순서로 증가한다.

음이온을 안정화하는 치환기를 갖지 않는 C–H acid가 탄소의 혼성화에 따라 *pKa*에 많은 차이를 보이는 것은 탄소의 혼성화에 따른 전기음성도의 변화에 따른다고 설명할 수도 있다. 탄소의 전기음성도(EN)는 C의 혼성화에 따라 sp^3 혼성화 C의 EN(Csp^3)=2.55, sp^2 혼성화 C

는 EN(Csp^2)=2.75, *sp* 혼성화 C의 EN(C*sp*)=3.29로 높아지게 됨은 계산에 의하여 밝혀져 있다. 위에서 본 바와 같이 ethane, ethylene, acetylene의 C−H acidity가 크게 변하는 것은 앞 절에서 살펴본 전기음성도에 변화에 따른 산성도의 변화와 흡사한 것으로 이해할 수 있다.

Hybridization이 산성도에 미치는 영향은 다음 양성자붙임한 질소 유도체들의 산성도에서도 비슷하게 나타난다. 양성자붙임한 nitrile(*sp* N)의 *pKa*는 −12 정도이며, iminium의 경우는 pyridinium의 *pKa*와 비슷한 5.23(sp^2 N) 정도일 것이며, alkylammonium의 *pKa*는 10~11 정도이다 (sp^3 N).

(a) 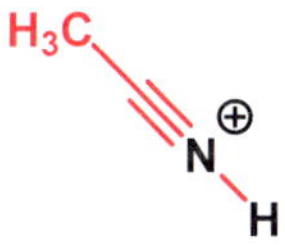 $H_3C-C\equiv N^{\oplus}-H$ *pKa* = - 12

(b) 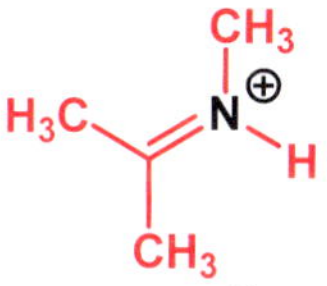 $(H_3C)(CH_3)C=N^{\oplus}(CH_3)H$ *pKa* = 5.23

(c) 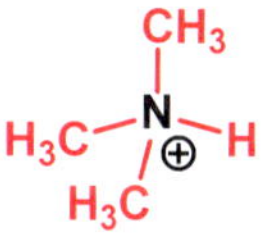 $(H_3C)_3N^{\oplus}-H$ *pKa* = 10~11

Remote hybridization effect

앞의 설명에서와 같이 음전하를 띠는 원자의 혼성화 상태는 음이온의 안정화에 엄청난 영향을 미치는 것을 보았다. 음전하의 안정화에는 적기는 하지만 또한 이웃한 원자의 혼성화에 의하여 영향을 받는다. 이를 **remote hybridization effect**라고 한다. 혼성화에 따른 음이온의 직접 안정화는 혼성화 오비탈의 *s*-성질 백분율이 높을수록 고립쌍은 핵에 가까이 분포하게 되어 안정화되지만, 또한 결합 전자쌍을 더 핵 가끼이 당기게 되고 따라서 그에 이웃한 결합 전자쌍 또한 그 방향으로 밀리게 된다. 이로 인한 산성도의 차이는 alcohol에 이웃한 탄소의 혼성화에 따른 *pKa*의 변화를 보면 확실해 진다. Allyl 및 benzyl alcohol은 propyl alcohol보다 센 산이며, propagyl alcohol은 allyl alcohol보다 더 센 산이다.

OH *pKa* = 16.1 | OH *pKa* = 15.5 | OH *pKa* = 15.4 | OH *pKa* = 13.5

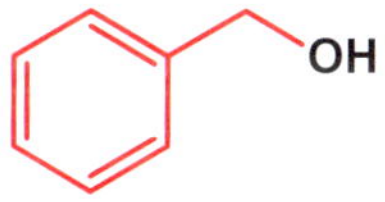

이와 같은 경향성은 일반적인 것이며 따라서 같은 이유로 *α,β*-불포화 산은 보통의 카복시산에 비해서 더 낮은 *pKa* 값을 갖게 된다. Acrylic acid와 benzoic acid는 모두 propionic acid보다 센 산이며, propagylic acid는 이들보다도 더 센 산임이 이를 증명하고 있다.

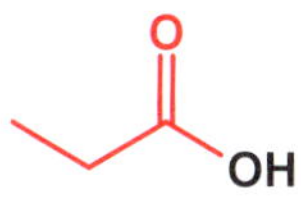

propionic acid *pKa* = 4.9 | acrylic acid *pKa* = 4.2 | benzoic acid *pKa* = 4.2 | propagylic acid *pKa* = 1.9

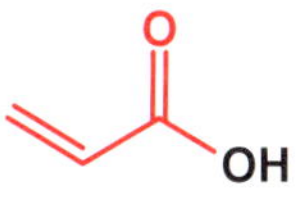

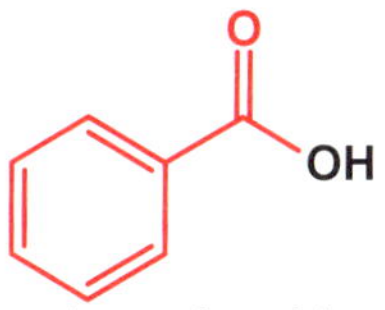

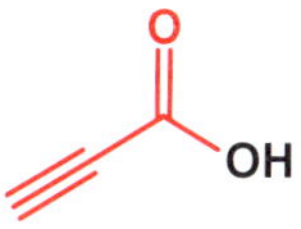

문제 3.13 다음 각 쌍의 화합물에서 [1] 표지된 어느 H가 더 산성인가? [2] 각 산의 짝염기를 그려라. [3] 어느 짝염기가 더 센 염기인가?

(a) 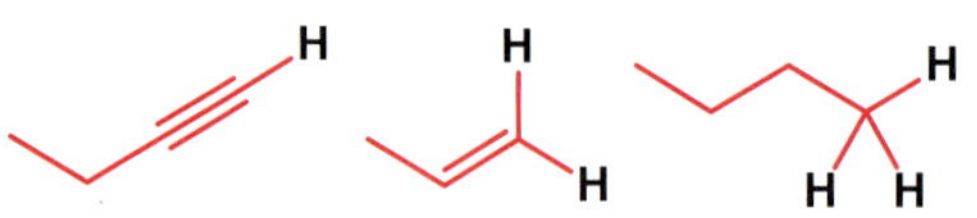 (b)

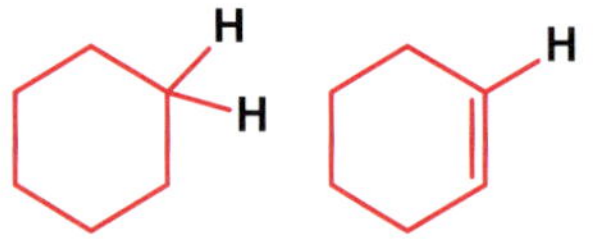

문제 3.14 다음 세 질소 화합물의 염기성도를 각각 비교해 보라.

(a)  (b)

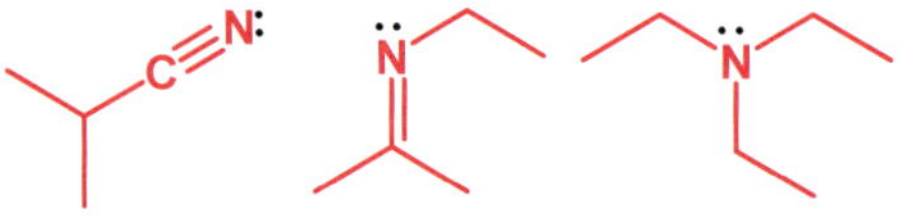

3.5.3 Resonance Effect

산성도를 결정하는 세 번째 요인은 공명 효과이다. 이 현상을 예시하기 위하여 ethanol (CH_3CH_2OH)과 acetic acid(CH_3COOH)를 비교하여 보기로 하자. 이들은 분자 내에 똑같이 O–H 결합을 가지고 있다. Table 3.1에서 찾지 않아도 CH_3COOH는 CH_3CH_2OH보다 훨씬 센 산임은 누구나 알고 있을 것이다. 실제로 다음과 같은 *pKa* 값을 찾을 수 있다.

CH_3CH_2O—H　*pKa* = 16

CH_3COOH　*pKa* = 4.8

이들 산의 짝염기를 그려서 공명의 중요성을 알아보자. Ethanol의 짝염기인 ethoxide ($CH_3CH_2O^-$)의 경우 Lewis 구조는 하나밖에 그릴 수 없다. 이 짝염기의 음전하는 O에 편재화되어 있다.

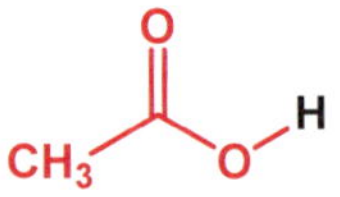

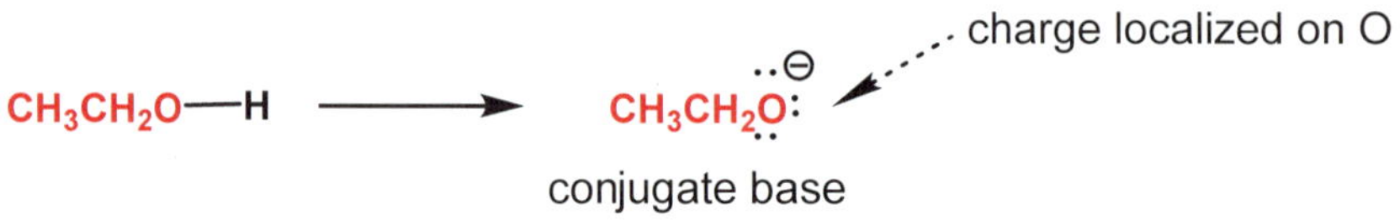

CH_3CH_2O—H ⟶ $CH_3CH_2O^{\ominus}$ ← charge localized on O

conjugate base

그러나 acetate anion(CH_3COO^-)은 다음과 같이 두 가지 공명구조를 그릴 수 있다. 두 공명구조의 차이는 π-결합과 고립 전자쌍의 위치만 다를 뿐이다.

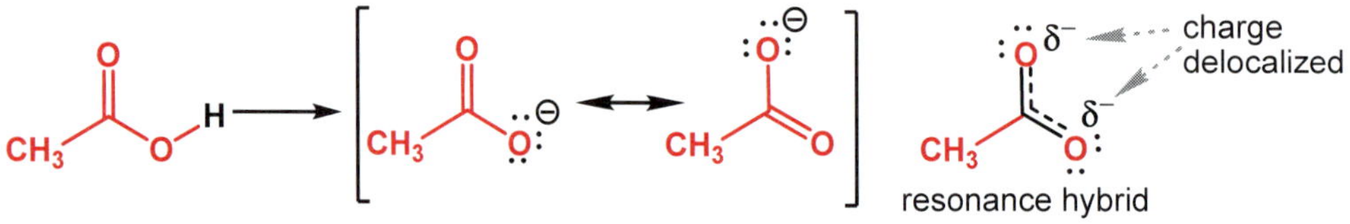

charge delocalized

resonance hybrid

Acetate ion 각각의 공명구조에서는 음전하가 O 원자에 편재화되어 있으나, 공명 혼성체에는 음전하가 두 O 원자에 비편재화되어 있다. 전자밀도의 비편재화로 acetate ion은 안정해지며 따라서 약한 염기가 된다. 따라서 공명에 의한 비편재화로 CH_3COO^-는 $CH_3CH_2O^-$보다 훨씬 더 안정하며, CH_3COOH는 CH_3CH_2OH보다 센 산이다.

다음에 살펴 볼 enol은 aldehyde와 평형을 이루지만 aldehyde보다는 에너지가 높아서 소량만 존재한다. 하지만 많은 aldehyde의 반응이 이 enol을 거쳐서 진행된다. Ethanol과 ethanol (vinyl alcohol)의 산성도를 비교해 보자. Ethanol은 *pKa*가 17 정도인 산이다. Enol의 짝염기인 enolate는 다음과 같은 공명구조에 의해 안정화된다. 알코올에 비해서는 더 산성이며 더 낮은 *pKa*를 가질 것으로 예상할 수 있으며 실제로 enol의 *pKa*는 ~11이라고 알려져 있다.

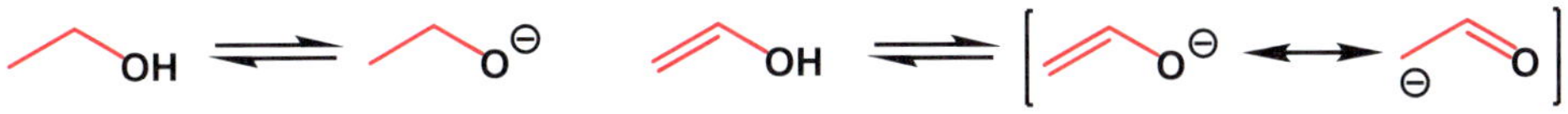

pKa = 17　　　*pKa* = 11

Phenol은 대표적인 enol 유형의 화합물이며 enol의 *pKa*는 phenol의 *pKa*와 별로 다르지 않음을 짐작할 수 있다. 다른 방향족 고리의 hydroxyl기 또한 비슷한 *pKa* 값을 갖게 된다.

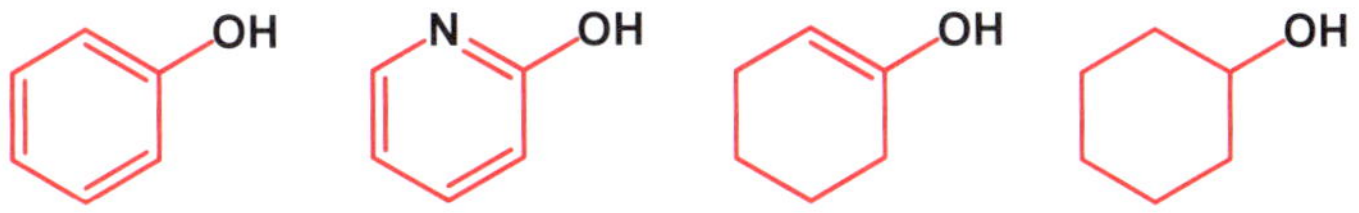

pKa = 11　　*pKa* = 11　　*pKa* = 11?　　*pKa* = 17

Perchloric acid는 양성자떼기로 완전히 동일한 네 개의 공명구조에 의해서 안정화되는 음이온이 생성되며, 아주 센 산인 것을 예상할 수 있다. 실제로 이 산은 황산보다 더 센 산으로 아마도 산소산 중에서 가장 센 산이라고 할 수 있다. (*pKa* < -10).

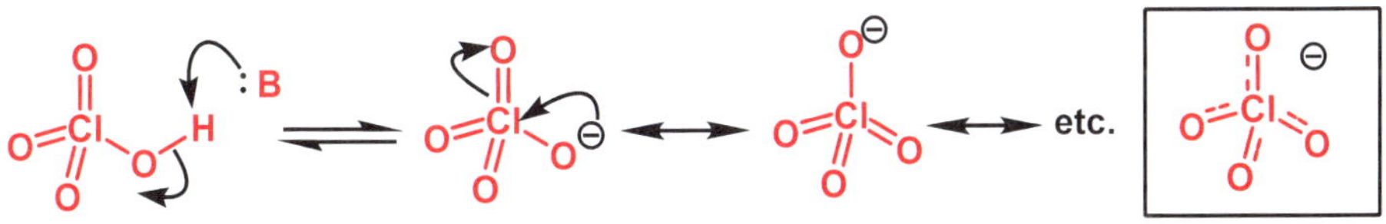

etc.

공명 효과는 분자내에 공명 안정화를 이룰 수 있는 치환기가 많아지면 효과는 배가되거나, 아니면 그보다도 더 커질 수도 있다. Carbonyl기를 두 개 이웃한 2,4-pentanedione의 C−H는 acetone의 C−H와 비교하면 훨씬 더 센 산이다.

pKa 19.2　　*pKa* 8.9

문제 3.15 Acetone[$(CH_3)_2C{=}O$]의 C−H *pKa*는 19.2이다. DMSO[$(CH_3)_2S{=}O$] *pKa*는 35이다. 왜 acetone은 DMSO보다 센 산인지 설명하여 보라.

문제 3.16 다음 화합물 중에서 가장 센 산성 수소를 표시하고 *pKa*를 추측하여 보라.

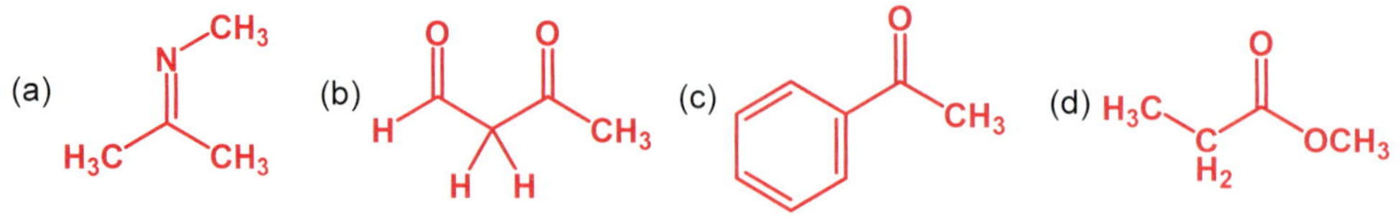

(a) (b) (c) (d)

문제 3.17 Carboxamide의 N–H는 다른 amine에 비하여 산성도가 현저하게 높다. 그 이유를 설명하여 보라.

문제 3.18 N,N-dialkylamide와 ester의 **α**-C–H의 양성자떼기는 어느 쪽이 더 쉬운가? 짝염기를 그려서 안정도를 비교해 보라.

문제 3.19 다음에 두 같은 치환기를 갖는 phenol이 그려져 있다. Phenol A는 *pKa*가 7.22이고 phenol B는 *pKa*가 8.25이다. 왜 A가 더 센 산인가를 설명하라.

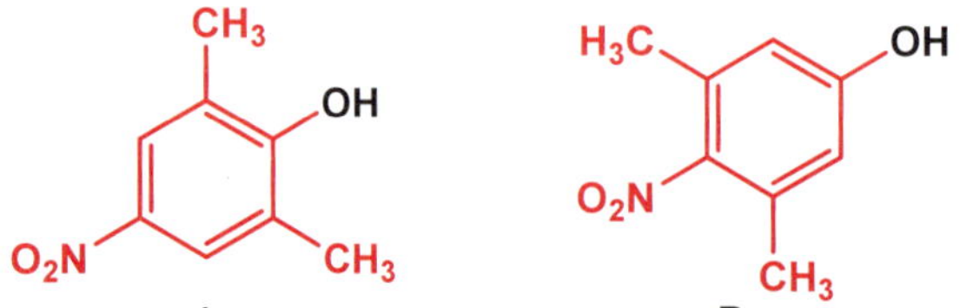

A B

문제 3.20 Benzoquinuclidine(B)은 quinuclidine(A)보다는 훨씬 약한 염기이지만 그래도 N,N-dimethylaniline(C)보다는 센 염기이다. 이를 설명할 수 있는가?

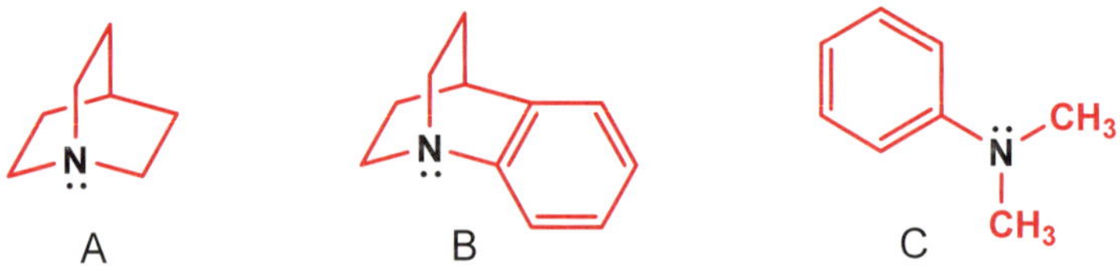

A B C

문제 3.21 2-Methylcyclohexanone에 표시한 두 *α*-수소 중에서 어느 것이 더 산성인가? 어느 H를 떼낸 짝염기가 더 안정한가? 그 이유도 설명하여 보라.

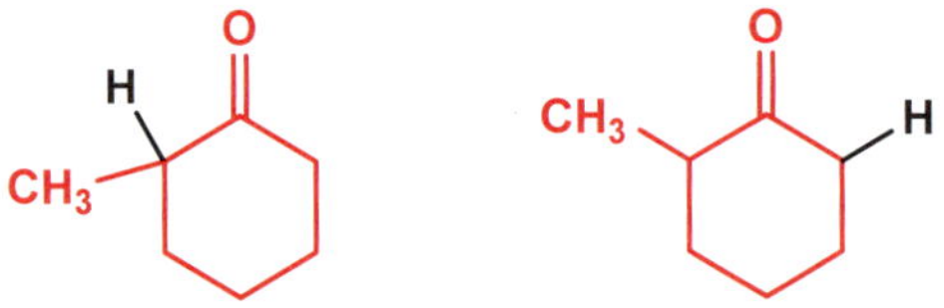

3.5.4 Inductive Effect

H–A의 산성도에 영향을 미치는 넷째 요인은 주위에 더 전기음성인 원자의 존재이다. 이를 설명하기 위하여 공통적으로 O–H를 가지고 있는 ethanol과 2,2,2-trifluoroethanol(CF_3CH_2OH)

을 예로 들어 비교해 보자. 양쪽 화합물 모두에서 결합의 산성도를 판단해 보아야 하는 어려움이 있는데, 도대체 무슨 차이가 있을까?

$CH_3CH_2O—H$ *pKa* = 16

$CF_3CH_2O—H$ *pKa* = 12.4

여기에서도 양성자를 떼내고 짝염기를 그린 뒤에 어느 것이 더 안정한가를 가려야 함은 물론이다. 두 짝염기 모두 산소에 음전하를 가지고 있으나 두 번째 이온의 경우 세 수소 대신 세 F 원자가 존재한다. 이 F 원자들은 σ-결합 전자쌍을 당겨 이웃 원자의 전자 결핍을 유발한다. F 원자의 존재로 전자-결핍 탄소는 음으로 대전된 산소 원자로부터 σ-결합을 통해 전자 밀도를 당기게 됨으로써 음이온을 안정화시킨다. 이러한 **유도효과**(inductive effect)는 두 원자의 전기음성도의 차이로 인해 σ-결합을 통하여 전자 밀도를 잡아당기는 효과이다.

$CH_3CH_2O—H$ *pKa* = 16

$CF_3CH_2O—H$ *pKa* = 12.4

$CH_3CH_2O^{\ominus}$

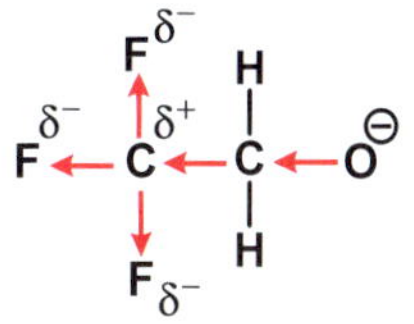

(구조식: F$^{\delta-}$ ← C$^{\delta+}$ ← C(H)(H) ← O$^{\ominus}$, 세 F$^{\delta-}$)

이 경우, 전자밀도는 더 전기음성인 F 원자들에 의해 σ-결합을 통해서 당겨지게 되는데, 이러한 것을 일컬어 **전자-끌기 유도효과**(electron-withdrawing inductive effect)라고 부른다. 따라서 세 F 원자는 음으로 대전된 짝염기 $CF_3CH_2O^-$를 안정화 시킨다. 그러므로 CF_3CH_2OH는 CH_3CH_2OH보다 더 센 산이 된다. 또한 이러한 유도 효과를 나타내는 치환기가 복수로 존재하면 효과도 점점 커지는 것은 물론이다. CF_3는 강력한 전자끌개 치환기이다. Methanol의 세 수소 대신 차례로 CF_3로 치환되면 거의 3 이상씩 *pKa* 값이 낮아지는 것을 볼 수 있다.

H_3C–OH	F_3C–CH_2–OH	$(F_3C)_2CH$–OH	$(F_3C)_3C$–OH
pKa = 15.5	*pKa* = 12.4	*pKa* = 9.3	*pKa* = 5.4

유도 효과로 이웃한 원자의 전자밀도가 증가하는 전자주개 치환기는 그리 많지 않다. Alkoxide나 carboxylate 등의 음전하를 갖는 치환기가 이러한 효과를 나타내는 예에 해당되며, 이들을 제외하면 대부분은 alkyl기가 미치는 영향을 고려하게 된다. Alkyl 치환기에 의한 유도 효과로 산의 세기가 낮아지는 현상은 다음 알코올의 산성도 비교에서도 나타난다. Methanol의 수소가 전자주개 능력이 수소보다 큰 methyl기로 차례로 치환이 일어나면 산의 세기는 점차 낮아진다. Methyl 기뿐만 아니라 모든 alkyl기는 전자주개 치환기이다.

H_3C–OH	H_3C–CH_2–OH	$(H_3C)_2CH$–OH	$(H_3C)_3C$–OH
pKa = 15.5	*pKa* = 16.0	*pKa* = 17.1	*pKa* = 19.2

Formic acid와 acetic acid의 산성도 차이도 같은 요인으로 설명할 수 있다. 수소와 달리 alkyl기는 전자주개 치환기로 이웃한 부분 양전하를 안정화하는 능력이 있다.

pKa = 3.7 *pKa* = 4.8

σ-결합을 통한 이러한 유도효과는 <u>전기음성도가 클수록 그리고 음전하에 가까이 있을수록 그 효과는 더 커진다</u>. 다음 α, β, γ 수소가 하나씩 염소로 치환된 butyric acid의 *pKa*를 보면 그 경향을 알 수 있다. 실제로 세 원자 이상 떨어져 있는 치환기에 의한 유도 효과는 아주 미미하여 거의 영향을 미치지 않는다고 해도 무방하다.

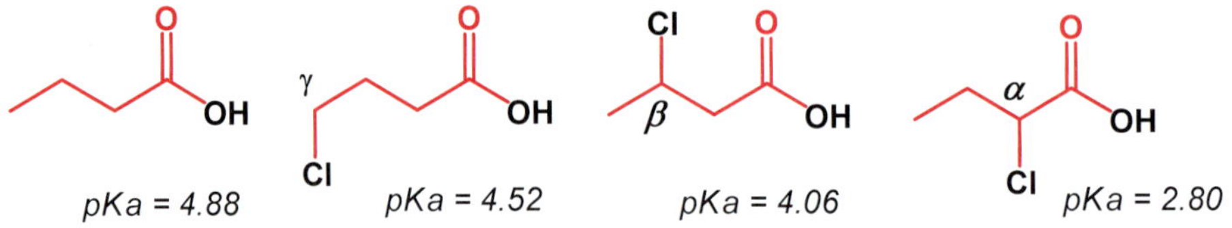

pKa = 4.88 *pKa* = 4.52 *pKa* = 4.06 *pKa* = 2.80

어떤 작용기가 얼마만큼 큰 유도 효과를 나타낼 수 있는가는 아래와 같은 치환기를 갖는 acetic acid의 *pKa*를 측정한다면 간접적으로 다양한 치환기들이 유도 효과의 정도를 판별할 수 있다. 양전하를 이웃하는 ammonium기와 nitro기의 효과가 가장 크며, cyano기와 carbonyl 등의 순이며 F는 단일 원자 치환기로 상당히 큰 유도 효과를 가지는 것을 볼 수 있다.

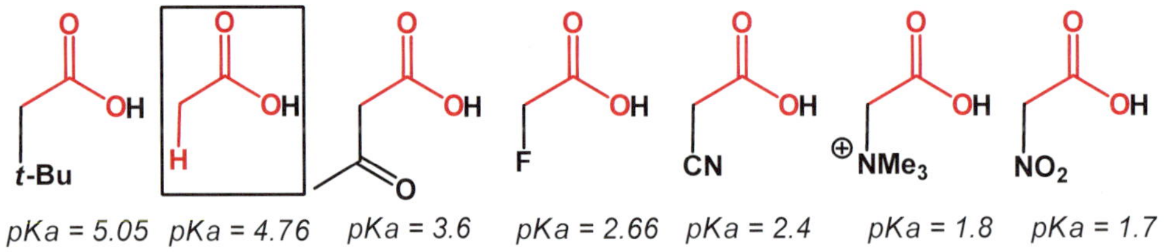

pKa = 5.05 *pKa* = 4.76 *pKa* = 3.6 *pKa* = 2.66 *pKa* = 2.4 *pKa* = 1.8 *pKa* = 1.7

세 carbonyl 화합물인 aldehyde, ketone, ester의 α-수소의 상대적인 산성도도 예측한 것과 다르지 않음을 알 수 있다. 수소보다 alkyl기, alkyl기보다 산소 원자가 전자주개 능력이 더 크다. 염기에 의하여 α-자리 양성자떼기가 일어나면 carbonyl 기에 의하여 공명안정화되는 enolate를 형성하게 된다. 생성되는 enolate 이온은 치환기가 수소, methyl, ethoxy의 순으로 바뀜에 따라 더 불안정하게 된다. 짝염기가 가장 안정한 acetaldehyde의 *pKa*가 가장 작을 것으로 예상할 수 있고, 실제 측정된 *pKa* 값은 다음과 같으며 이러한 예상에서 벗어나지 않는다.

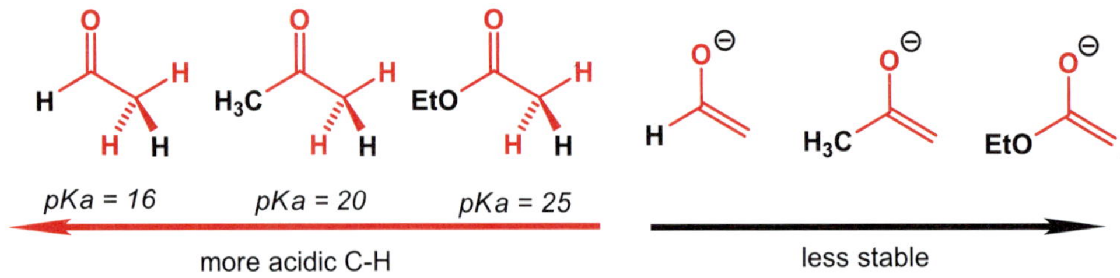

pKa = 16 *pKa* = 20 *pKa* = 25

more acidic C-H

less stable

두 개의 carbonyl 기에 의하여 이중으로 안정화된 다음 carbonyl기의 enolate들도 위와 같은 논리로 짝염기의 안정도 순위를 예측할 수 있으며, 실제로 알려진 *pKa* 값과 비교하면 정확하게 맞아떨어지는 것을 볼 수 있다.

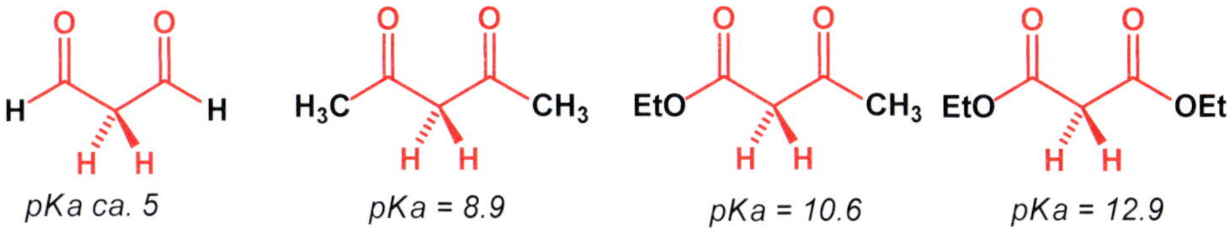

pKa ca. 5   *pKa* = 8.9   *pKa* = 10.6   *pKa* = 12.9

문제 3.22 각 쌍의 산소산 화합물 중에서 어느 것이 더 센 산인가?

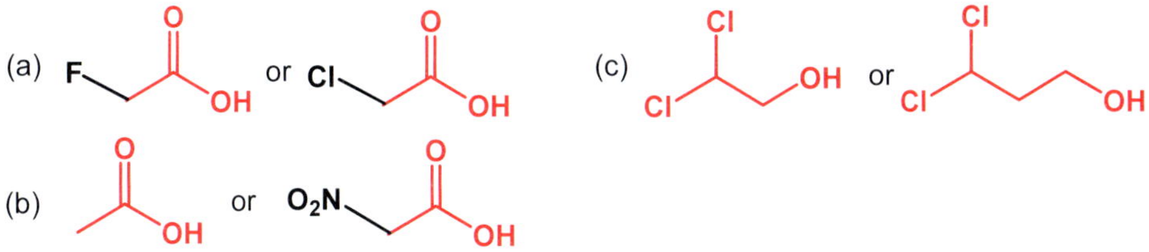

(a) or   (c) or

(b) or

문제 3.23 염소 치환기를 가지는 세 pyridine 유도체들의 짝산의 *pKa*는 다음과 같다. 설명하여보라. 유도 효과인가? 공명 효과인가?

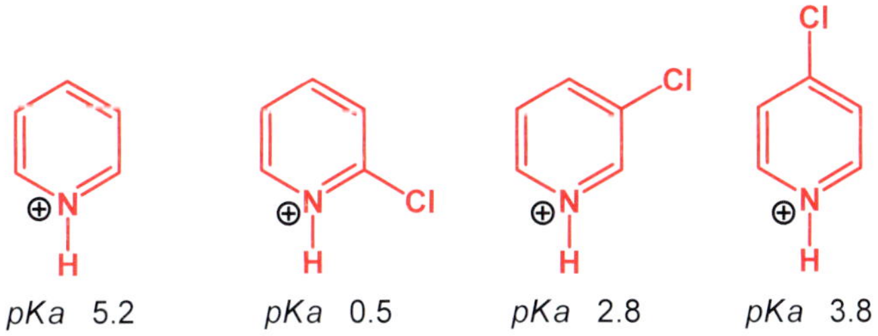

pKa 5.2   *pKa* 0.5   *pKa* 2.8   *pKa* 3.8

3.6 Summary of Factors Determining Acid Strength

분자 내에서 가장 산성이 큰 자리를 찾아내는 것은 유기화학 전 과정을 통해서 대단히 중요한 일이다. 유기 반응 메커니즘을 제대로 이해하고 그릴 수 있으려면 구조적으로 유사한 두 화합물을 보고 상대적으로 어느 것이 더 센 산인지를 알아 볼 수 있어야 한다. 또한 구조가 전혀 다른 화합물 간의 양성자전달이 어떻게 진행될 것인지를 짐작할 수 있는 것은 더 중요하다고 할 수 있다. 다음 두 단계 절차를 따르면 이들 요인들이 양성자의 산성도 결정에 어떻게 이용되는가를 이해할 수 있게 된다.

가장 중요한 것은 수소와 결합하고 있는 원자를 찾아 주기적인 경향을 이용하여 상대적인 산성도를 비교하는 것이다. 유기화합물에서 가장 흔히 보는 H–A 결합은 C–H, N–H 및 O–H 결합이다. 산성도는 주기율표의 왼쪽에서 오른쪽으로 가며 증가하므로 상대적인 산성도는

C–H < N–H < O–H의 순이 된다. 따라서 C에 결합한 H는 일반적인 경우 다른 헤테로원자에 결합된 H보다 산성도가 떨어진다.

만약 두 원자가 동종의 원소에 결합되어 있으면 짝염기를 그리고 다른 점을 찾아보는 것이다. 짝염기가 어떤 혼성화 상태에 있는가? 혹시 전자끌개 치환기가 짝염기를 안정화시키는가? 짝염기가 공명 안정화되는가? 이 세 가지 중에서 하나의 차이점을 발견하면 상대적인 산성도의 비교 예측에 확실한 단서를 제공하게 된다.

문제 3.24 다음 여러 종류의 화합물에서 양성자떼기가 일어날 수소가 표시되어 있다. 아래에 열거한 각 염기에 의하여 거의 정량적으로 양성자떼기가 가능한 염기를 각 화합물 별로 모두 골라라. (Table 1.1을 참조)

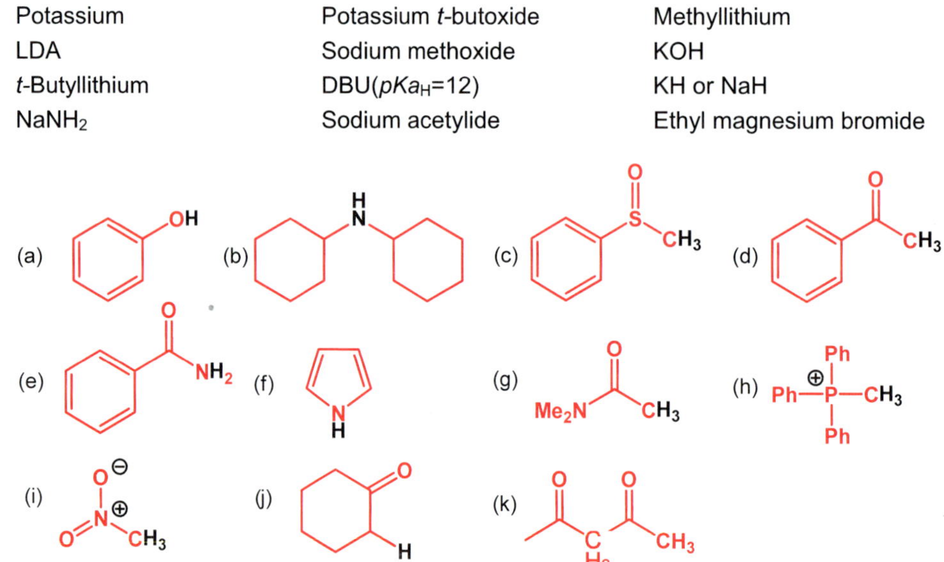

문제 3.25 다음 세 화합물은 염기에 의하여 양성자떼기가 가능한 수소를 두 개 이상 가지고 있다. 센 염기를 만나게 되면 어느 수소에서 양성자떼기가 일어나겠는가?

(a) HO O HO CO_2H OH　(b) OH OH　(c) HO OH N H O

문제 3.26 Propanoic acid, propenoic acid, propynoic acid의 *pKa*는 다음과 같다. 참고로 benzoic acid의 *pKa*는 4.2이다. 어떤 요인에 의하여 이러한 산성도의 차이가 생기는가?

pKa 4.9　　*pKa* 4.2　　*pKa* 4.2　　*pKa* 1.9

3.7 Solvent Effect on the Acidity

양성자 H^+는 단독으로 존재하기 어렵다. 유기 반응 메커니즘을 그릴 때 자주 사용되는 H^+는 H^+의 donor molecule를 생략하여 그린 것으로 보면 된다. 제아무리 센 산이라 하더라도 H^+ 수용체, 즉 염기 없이는 H^+를 버리지 못한다. 바꾸어 말하면 H^+가 생성되면 그 어떤 분자에도 첨가될 수 있다는 말이 된다. 실제로 반응성이라고는 없는, 어떤 관점에서도 도저히 염기라 할 수 없는 methane과 같은 분자에도 첨가되어 CH_5^+가 생성되기도 하며, 또한 이 반응은 대단히 큰 발열 반응이라는 점이다. H^+는 그만큼 높은 에너지 화학종이란 뜻이다.

다음 H−Cl의 경우를 보자. 기체 상태에서의 HCl의 이온화는 300 kcal/mol이 넘는 자유에너지-증가 반응(endergonic reaction)이다. 이에 비해 물속에서의 이온화는 9.0 kcal/mol의 자유에너지-감소(exogonic) 반응이다. 이렇게 엄청난 차이를 보이는 이유는 생성되는 이온의 용매화에 의한 안정화로 설명된다.

$$HCl\,(g) \rightleftharpoons H^+\,(g) + Cl^-\,(g) \qquad \Delta G^o_{298K} = +305\ \text{kcal/mol}$$

$$HCl\,(aq) \rightleftharpoons H^+\,(aq) + Cl^-\,(aq) \qquad \Delta G^o_{298K} = -9.0\ \text{kcal/mol}$$

생성되는 양성자는 우선 물 분자에 첨가되어 hydronium ion을 형성하며, 이는 다시 다른 물 분자에 의해서 용매화되어 $H_3O^+ \cdot 3H_2O$와 같은 화학종이 생성된다. 따라서 hydronium ion의 *pKa*인 −1.74보다 더 센 산은 ($Ka > 1$) 물속에서 모두 해리하여 H_3O^+를 생성하게 되며, 약한 산은 ($Ka < 1$) 부분적으로 해리가 일어나게 된다.

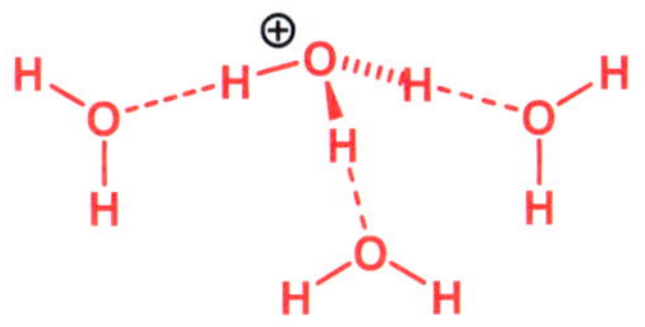

물보다 용매화 능력이 떨어지는 유기 용매에서는 일반적으로 *pKa* 값은 더 커진다. Table 3.4에 몇 가지 산의 다른 유기 용매에서의 *pKa* 값의 변화를 기록하였다. 용매에 따라 산의 해리로 생성되는 양이온과 음이온의 안정화 효과가 같지 않기 때문에, 유기 용매의 특성에 따라 어떤 산은 더 큰 *pKa* 값 차이를 보이고, 어떤 산은 차이가 미미한 것도 있다.

[Table 3.4] *pKa*'s of Acids in Various Solvents

Acid	H_2O	CH_3OH	DMSO	DMF	CH_3CN
CH_3CO_2H	4.76	9.5	12.6	13.5	
p-$O_2NC_6H_4OH$	7.15	11.4	11.0	12.6	21
$PhNH_3^+$	4.6		3.2	4.2	

물을 제외하고 *pKa* 값 측정에 가장 자주 사용되는 용매가 DMSO이며, 다음 Table 3.5에 물과 DMSO에서의 대표적인 산의 *pKa* 값이 수록되어 있다.

[Table 3.5] *pKa*'s of Various Acids in Differing Solvents

Acid	*pKa*(water)	*pKa*(DMSO)
HBr	-9	0.9
HCl	-8	1.8
HF	3.2	15
Picric acid	0.4	0.0
Acetic acid	4.75	12.3
Phenol	10.0	18.0
Methanol	15.5	29.0
Water	15.57	32
HCN	9.1	12.9
$CH_2(CN)_2$	11.0	11.0

어떤 이유로 이러한 차이를 보이는가를 확실하게 이해하기 위해 methanol, phenol, picric acid를 예로 들어 짝염기를 살펴보자. 음전하가 산소에 밀집된 methoxide와는 달리 phenoxide는 고리에 의하여 음전하가 분산되어 있어 훨씬 안정하며 picric acid의 경우 짝염기는 용매의 도움 없이도 분자내에 음전하가 충분히 분산되어 안정화될 수 있어 용매의 변화에 따라 큰 차이를 나타낼 이유가 없음을 알 수 있다. 이들 산의 짝염기를 DMSO에 녹인다면 염기의 상대양이온은 용매에 의하여 안정화되고 음이온은 안정화 효과가 미미하게 된다.

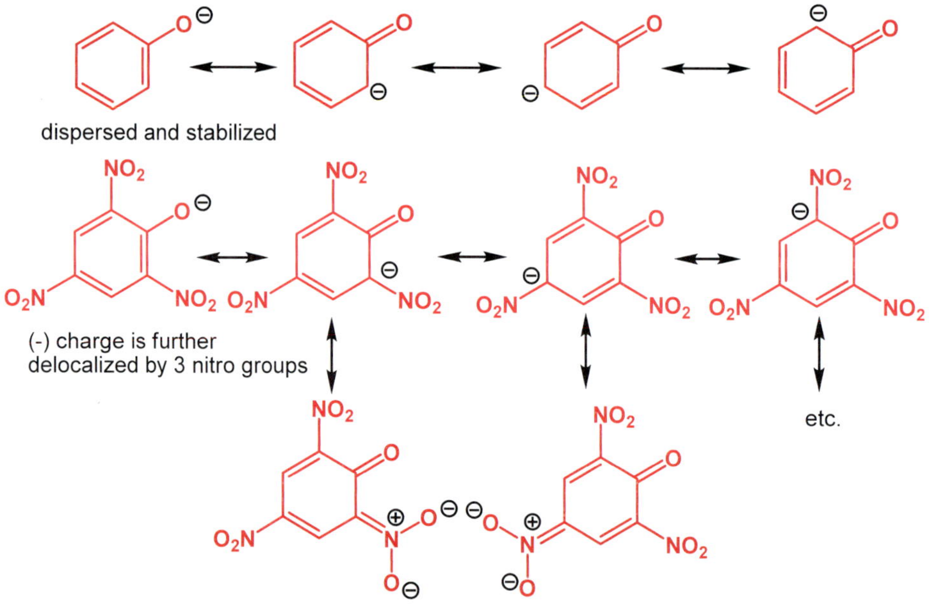

dispersed and stabilized

(-) charge is further delocalized by 3 nitro groups

etc.

Table 3.5에 나와있는 화합물들의 *pKa* 값을 살펴보면, 예컨대, DMSO 용매 속에서는 fluoride (*pKa* 15) 음이온으로 malonitrile(*pKa* 11)의 양성자떼기가 거의 정량적으로 일어날 수 있다는 의미이다. DMF도 이와 비슷한 용매 특성을 보이며 많은 음이온 친핵체에 의한 친핵성 치환 반응이 DMSO나 DMF와 같은 polar aprotic solvent에서 행하여지는 이유도 바로 여기에 있다. DMSO나 DMF가 용매로 사용되는 반응을 보면 친핵성 치환을 떠올리면 거의 틀림이 없을 것이다.

용매화 효과는 또한 같은 작용기를 갖는 화합물 간의 산성도의 차이를 설명해 주기도 한다. 예를 들어 다음 알코올의 산성도 차이는 *pKa* 단위로 3 이상의 차이를 보이는데 alkyl기의 bulk가 증가할수록 용매 분자가 음이온으로 접근하기 어려워지며 따라서 용매화에 의한 안정화 효과는 그만큼 적어진다.

pivalic acid

Alkyl 치환기의 크기는 알코올과 산의 *pKa*에도 일정 부분 영향을 미치는 것으로 알려져 있다. Methyl 치환기의 수가 증가할수록 용매화에 의한 음이온의 안정화 효과는 감소할 것이기 때문이다. Formic acid, acetic acid, pivalic acid의 산성도 차이도 같은 요인에 의한 것으로 설명할 수 있다.

암모니아와 치환 amine의 암모늄 이온의 산성도를 비교하려면 양이온이 얼마나 안정한가를 비교하는 것이다. 실제로 측정한 여러 치환 암모늄 이온의 산성도 순서는 다음과 같다.

$$\overset{\oplus}{N}H_4 > (CH_3)_3\overset{\oplus}{N}H > CH_3\overset{\oplus}{N}H_3 > (CH_3)_2\overset{\oplus}{N}H_2$$

이 경향을 이해하려면 solvation과 polarizability의 두 가지 상반되는 효과를 동시에 고려하여야 한다. 분자 자체의 안정도는 기체상태에서의 acidity와 같은 순서일 것이다. 즉, alkyl 치환이 증가함에 따라 양전하는 더 효과적으로 spread out 될 것이기 때문이다. 그러나 용매화 효과에서는 $(CH_3)_3NH^+$가 용매화에 의한 안정화의 효과가 최소가 되며, 가장 산성도가 큰 것이 되며, 다음과 같은 순서를 따를 것이다. 위의 실측 치환 암모늄 이온들의 산성도는 이들 두 요인이 복합하여 나타나는 결과라고 하겠다.

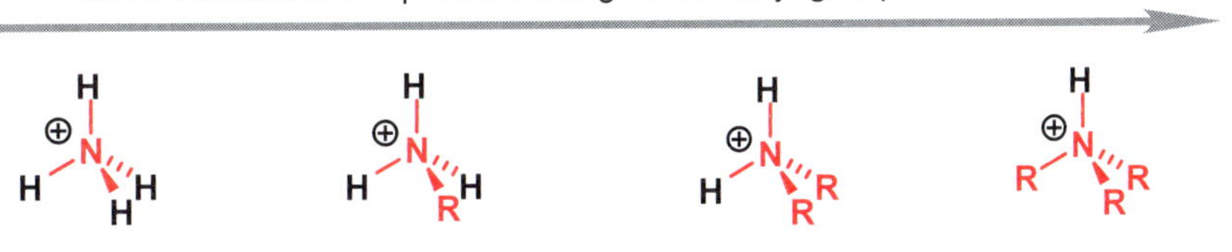

문제 3.27 유기 반응에서 음이온 염기가 아닌 중성 염기로 가장 자주 사용되는 것 중 하나가 triethylamine이다. 이는 3차 amine이며 2차 amine보다 오히려 약한 염기이다. 그런데도 왜 3차 amine인 triethylamine을 더 자주 사용하는가?

3.8 Basicity of Brönsted Base

염기(base)란 전자쌍을 제공하여 양성자를 받아들이는 물질이다. 염기가 양성자를 받아들이는 능력의 척도가 **염기성도**(basicity)이다. 어떤 염기의 염기성도를 보려면 짝산의 *pKa*를 보면 된다. 암모니아의 *pKa*를 찾아보면 38임을 알 수 있는데 이는 중성 암모니아에서 양성자떼기로 $^-NH_2$ 음이온이 생성되는 평형에 관한 값이다. 암모니아의 염기성을 알아보려면 짝산인 NH_4^+의 *pKa* 값을 Table 3.1에서 찾으면 9.2인 것을 알 수 있다. 기본적으로 음이온 염기의 세기에 가장 큰 영향을 미치는 요인은 전기음성도이다. 즉 짝산인 NH_4^+의 *pKa* 값이 9.2인 NH_3는 짝산인 물의 *pKa*가 15.8인 hydroxide에 비하여 약한 염기임을 알 수 있다. 마찬가지로 짝산의 *pKa* 값이 음의 값을 가지는 할로젠 이온은 대단치 않은 염기인 것이다.

산의 산성도를 비교하기 위하여 짝염기의 안정성을 비교했던 것과 마찬가지로 염기의 세기를 비교하기 위해서는 짝산의 안정도를 비교하게 된다. 중성 분자의 **pKa_H**는 짝산의 *pKa*를 나타낸다. pKa_H 값이 높을수록 센 염기인 것이다. 암모니아는 pKa_H가 9.2인 가장 간단한 질소 염기이다. 암모니아는 물보다 10^{10}배 이상 센 염기이다. 질소 염기의 염기성도는 결합한 세 치환기에 의하여 영향을 받는다.

NH_2 pK_{aH} = 10.7 NH_2 pK_{aH} = 9.5 NH_2 pK_{aH} = 8.2

가장 큰 영향을 미치는 것은 치환기 탄소의 혼성화이다. aniline의 pKa_H는 지방족 1차 amine인 cyclohexylamine에 비해서 현저하게 낮다.

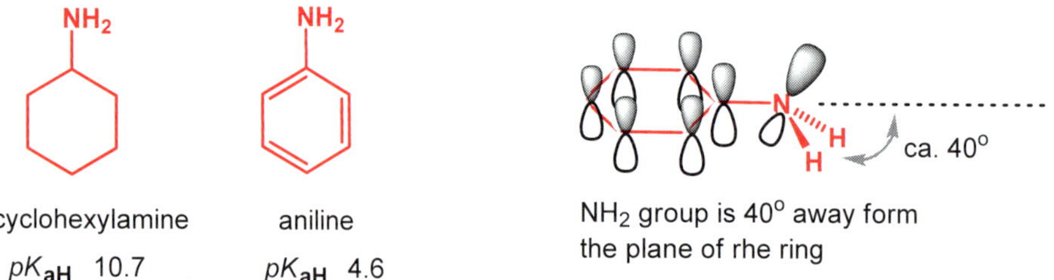

Amino기가 carbonyl기에 이웃한 amide 경우에는 이보다도 훨씬 영향이 크다. N의 lone pair는 carbonyl π-결합과 conjugate되어 질소는 공여할 수 있는 전자밀도가 대폭 감소되며 amide에서 양성자를 받아들이는 원자는 질소가 아닌 산소이다. 산소에 양성자 붙임이 일어나면 질소에 붙임이 일어났을 때 가능하지 않은 공명에 의한 안정화 효과가 있기 때문임은 앞에서도 설명한 적이 있다.

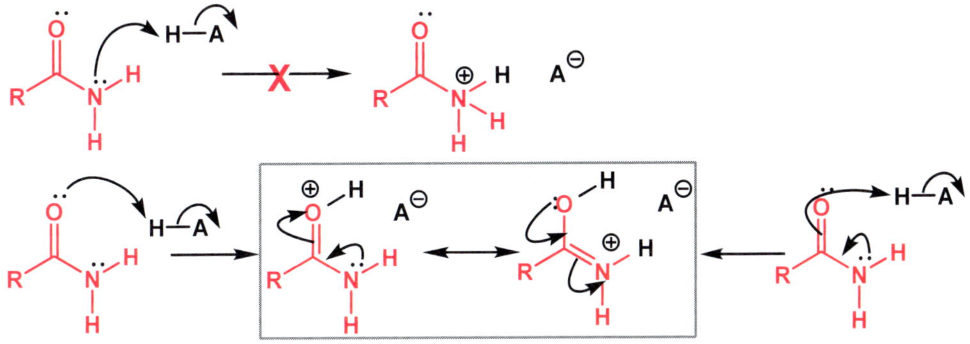

이웃한 탄소의 혼성화가 아닌 N 자신의 혼성화가 sp^3에서 sp^2 나아가 sp로 바뀌면 질소 원자의 고립 전자쌍 또한 sp^3에서 sp^2, 다시 sp 혼성화 오비탈에 수용된다. 혼성화 오비탈의 *s* character가 점차 커짐에 따라 핵에 더 가까이 분포하게 되고, 핵에 세게 binding 된다. 따라서 전자주개 능력이 떨어지게 된다. amine과 imine, amine과 nitrile의 pKa_H 값을 아래에 비교하였다. Nitrile의 N는 비공유 전자쌍을 가진 질소 원자이기는 하지만 염기로서의 성질을 거의 상실하며 염기로 취급하지 않으나 아주 센 산에 의해서는 양성자붙임이 일어날 수도 있다.

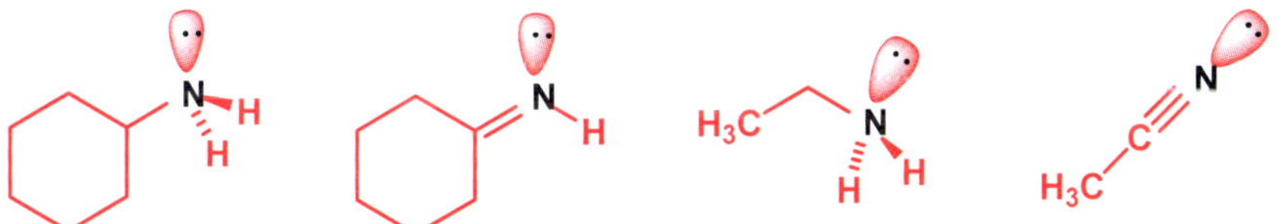

lone pair on sp^3 pKa_H 10.7

lone pair on sp^2 pKa_H 9.2

lone pair on sp^3 pKa_H 10.8

lone pair on sp pKa_H -12

Amide의 C=O가 C=NH기로 치환된 화합물을 amidine이라고 부른다. Amidine은 amide나 amine보다 훨씬 강력한 염기이다. Acetamide와 acetamidine(pKa_H = 12.4)의 산성도의 차는 10^{13}배 이상이며 amidine 염기는 guanidine과 더불어 음전하가 없는 염기 중에 가장 센 염기라 할 수 있다.

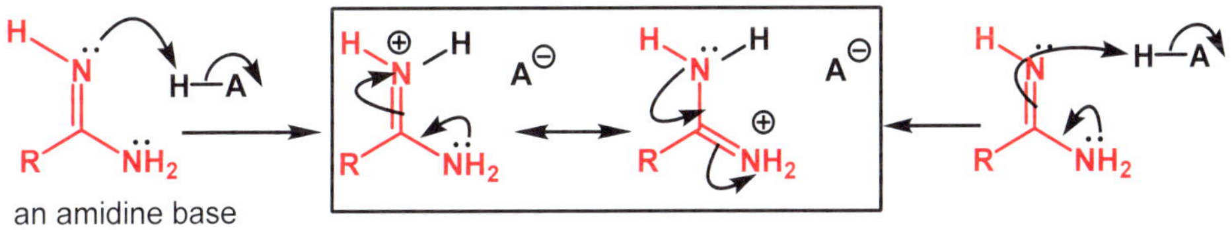

an amidine base

DBN(1,5-diazabicyclo[3.4.0]nonene-5)과 DBU (1,8-diazabicyclo[5.4.0]undecene-7)는 가장 많이 사용하는 amidine 염기이다. 합성 반응에서 E2 제거와 같이 비친핵성 염기가 필요한 반응에 amidine 염기를 사용하게 되면 치환 생성물이 거의 없는 alkene을 얻을 수 있다.

DBN DBU amidine base pKa_H 12.4 guanidine: pKa_H 13.6

이보다 질소가 하나 더 치환된 pKa_H = 13.6인 guanidine은 NaOH(pKa_H = 15.74)에 버금가는 센 염기이다. 양성자붙임한 guanidinium 양이온은 세 개의 완전히 동일한 공명구조에 의하여 안정화된다.

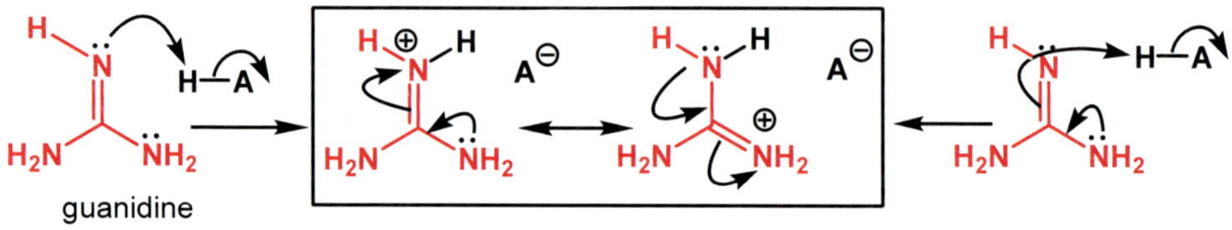

guanidine

앞으로 자주 보게 되는 다른 질소 염기를 pKa_H 값과 함께 Table 3.6에 정리되어 있다.

[Table 3.6] *pKa* Values of Cationic Heteroatom Acids

Compound	*pKa*	Compound	*pKa*	Compound	*pKa*
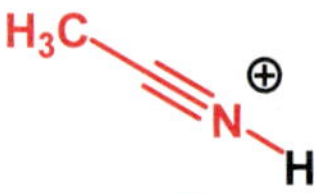 $H_3C-C\equiv N^+-H$	-12	 imidazolium	7.1	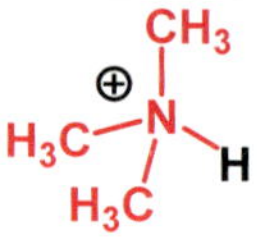 $(CH_3)_3N^+H$	9.8
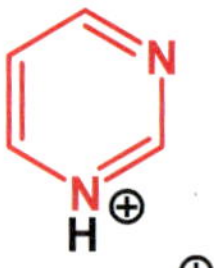 pyrimidinium	0.65	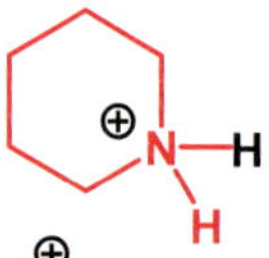 piperidinium	11.1	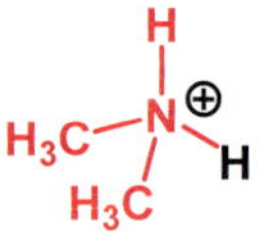 $(CH_3)_2NH_2^+$	10.8
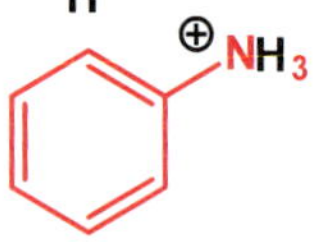 anilinium ($C_6H_5NH_3^+$)	4.87	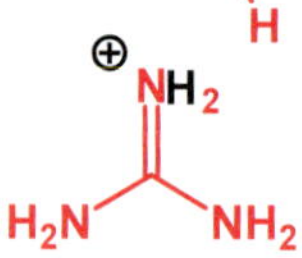 guanidinium	13.5	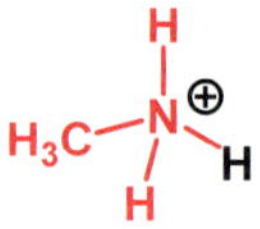 $CH_3NH_3^+$	9.80
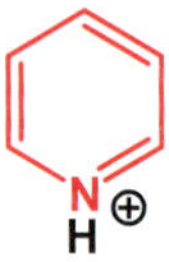 pyridinium	5.23	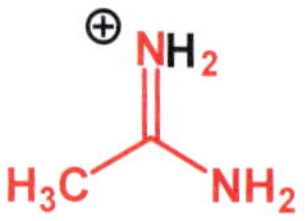 acetamidinium	12.4	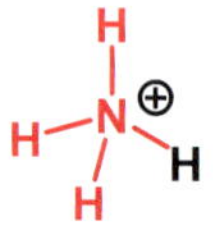 NH_4^+	9.24

Guanidine은 가장 센 중성 염기이며 nitrile은 짝산의 pKa_H 값이 –12로 가장 낮은 값을 나타내며, 염기로 취급하지 않을 정도로 열악한 염기이다. 황산 음이온 정도의 약염기이다. Imidazole, pyridine, pyrimidine 등 방향족 질소 화합물의 염기성도는 현저히 떨어진다.

Hydroxide와 alkoxide가 빈번하게 사용되는 산소 염기인데 비하여 중성인 산소 화합물은 염기로서는 별 볼일 없다. 아주 센 산에 의해서만 양성자붙임이 일어난다. 중성인 산소 화합물의 센 산에 의한 양성자붙임으로 생성되는 산은 예외적으로 대단히 센 산이 된다. Nitromethane의 짝산은 –12의 *pKa* 값을 보이는 센 산이며, carbonyl 산소의 양성자붙임은 거의 –7에 가까운 *pKa* 값을 갖는다. Alcohol과 ether 등의 짝산 또한 –4 정도의 센 산이다. 산소에 양성자붙임한 몇 가지 대표적인 화합물의 pKa_H 값을 다음에 나타내었다.

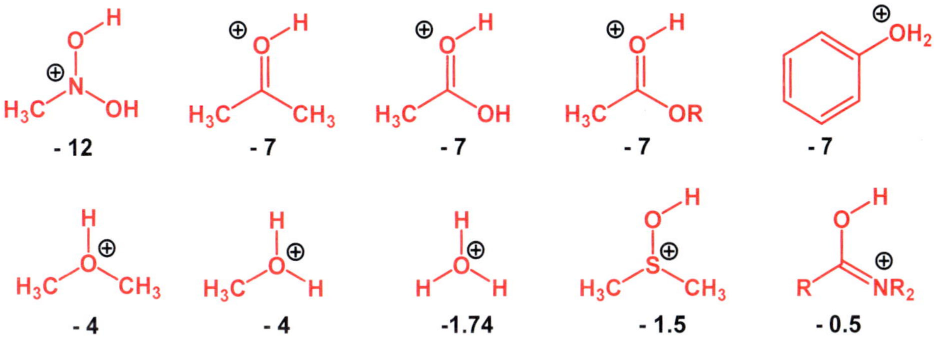

- 12 - 7 - 7 - 7 - 7

- 4 - 4 -1.74 - 1.5 - 0.5

모든 중성인 산소 화합물은 해당 질소 화합물과는 비교가 되지 않는 약한 염기이다. 대부분의 경우에는 산소 화합물은 염기로 치지도 않게 된다. 강한 전기음성 원자인 산소는 전자쌍의 공여에 매우 인색하기 때문이다. 그럼에도 이들의 양성자붙임을 고려해야 하는 이유는 많은 산소 화합물의 산 존재 하에서의 반응이 이들 작용기의 양성자붙임으로 시작되는 경우가 허다하기 때문이다. 또한 이들 작용기를 가지는 많은 화합물들이 용매의 역할을 하며 많은 산촉매 반응에서도 용매 역할을 한다. Nitrobenzene과 DMSO 등은 모두 자주 사용되는 용매이다. 이들은 양성자붙임으로 공명 효과와 유도 효과 등을 모두 손해 보게 되며 대단히 센 산이 된다. 중성 분자의 염기성도를 가름하는 데는 짝산의 안정성을 비교하는 것이 가장 손쉬운 방법이다.

문제 3.28 다음 각 분자들에서 제일 먼저 양성자붙임이 일어날 것으로 예상되는 질소를 찾아 표시하고, 그 이유를 설명하여라.

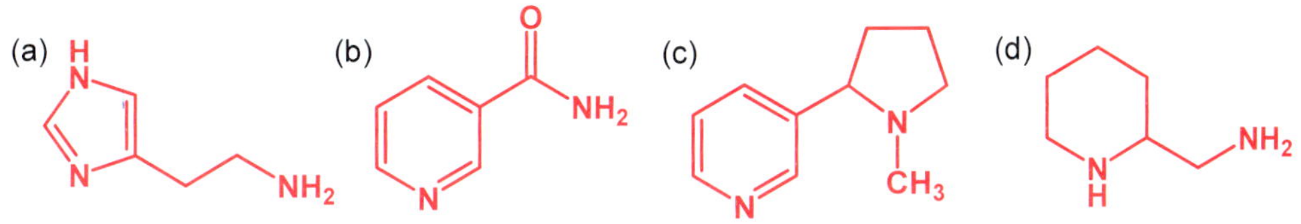

(a) (b) (c) (d)

3.9 Rate of Proton Transfer

거의 대부분의 극성 유기 반응은 양성자떼기나 양성자붙임을 거치면서 진행되는 반응이 많다. 어떤 반응은 아예 몇 차례의 양성자전달만으로 일어나기도 한다. 앞에서 학습한 *pKa* 값으로부터 평형의 위치를 판단할 수 있다. 평형이 불리한 반응이 일어날 수 없는 것도 아니고 평형이 유리하다고 모든 반응이 빠르게 일어나는 것은 아님은 알고 있을 것이다. 일반적인 극성 유기 반응에서 산·염기 반응이 어떤 역할을 하는가를 다음 ester 가수분해 반응을 예로 들어 그 메커니즘을 살펴보기로 하자.

PT step 1 — PT step 3 — PT step 4
step 2 — H_2O:
step 5 — ROH + — PT step 6

총 여섯 단계를 거쳐 진행되는 이 반응에서 네 번의 양성자전달 과정을 그리게 된다. 결국 복잡하게 보이는 이 반응은 탄소-산소 결합이 형성되는 단계 2와 탄소-산소 간의 결합이 깨지는 단계 5를 제외한 네 단계가 모두 양성자전달 반응이다. 또한 각 단계에서의 자유에너지 차이도 크지 않아, 이 반응은 각 단계별로도 반응 전체로도 어느 한쪽으로 크게 치우치지 않는 평형 반응이다. 앞으로 이러한 유형의 메커니즘은 자주 보게 되며 이러한 양성자전달을 거치는 반응의 energy profile 또한 자주 보게 된다.

유기 반응에서 양성자떼기 또는 양성자붙임은 어느 정도 빠르게 일어나는가를 이해하는 것도 중요한 일이다. 산에서 염기로의 양성자전달도 다른 반응에서와 마찬가지로 분자간의 충돌이 일어나야 하고, 결합깨짐과 결합형성을 거치며, 이를 위해 오비탈은 적절한 배향을 취해야 한다. (stereoelectronic requirement) 보통의 산·염기 반응에서는 이 입체전자적 요구를 충족시키는 데 아무런 어려움이 없다. 또한 양성자전달 반응도 일어나려면 활성화에너지 장벽을 넘어야 한다. 그렇지만 산·염기 반응에서의 활성화에너지는 대부분의 경우 다른 반응에 비해서 대단히 낮다는 사실이다. 입체전자적 요구를 충족시키는 데 문제가 없고 활성화에너지가 낮아 양성자전달 반응은 매우 빠르게 일어난다. 대부분의 산·염기 관련 반응에서 양성자전달 과정이 전체 속도에 큰 영향을 미치지 않는 것은 이 때문이다. 아래 그림은 자유에너지 변화가 적은 양성자전달 반응의 energy profile로 산·염기 관련 반응에서 적어도 한두 차례 많으면 여러 차례 이러한 단계를 거치게 된다. 위에서 본 ester 가수분해 반응의 energy profile은 이러한 양성자 전달 단계를 네 번 거치게 된다.

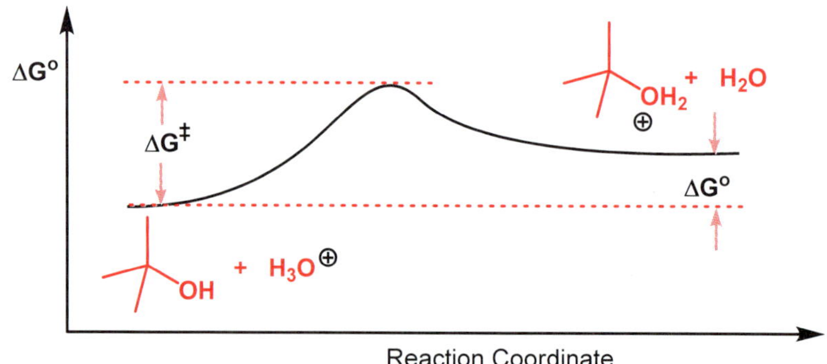

다음은 자유에너지가 정반응 쪽으로 아주 유리한 양성자 전달반응의 경우를 살펴보자. 활성화 자유에너지가 낮아 반응은 매우 빠르게 진행되어 거의 화학종들의 확산 속도와 유사한 속도를 갖게 된다. 센 산인 HBr(*pKa* = −8)과 약한 염기인 물 분자(*pKa* = 16) 간의 반응을 예로 들었지만, BuLi이나 LDA와 같은 아주 센 염기에 의한 양성자떼기 반응도 아래 그림과 거의 유사한 energy profile을 보이게 된다.

LDA, -78 °C
pKa 26 → OLi + diisopropylamine, *pKa 38*

t-BuLi, -115 °C
pKa < 45 → Li, NEt_2 + isobutane, *pKa > 50*

위의 두 반응에서 보는 바와 같이 LDA(*pKa* = 38)나 BuLi(*pKa* > 50)과 같은 센 염기는 주로 −78 °C의 낮은 온도에서 심지어는 −100 °C 이하에서도 빠르게 양성자 떼기가 일어난다. 생성되는 짝염기는 반응물과 반응이 일어날 수도 있으나 이 정도의 낮은 온도에서는 다른 반응은 일어날 수 없거나, 또는 너무 느려서 거의 정량적인 짝염기로의 변환이 가능하게 된다.

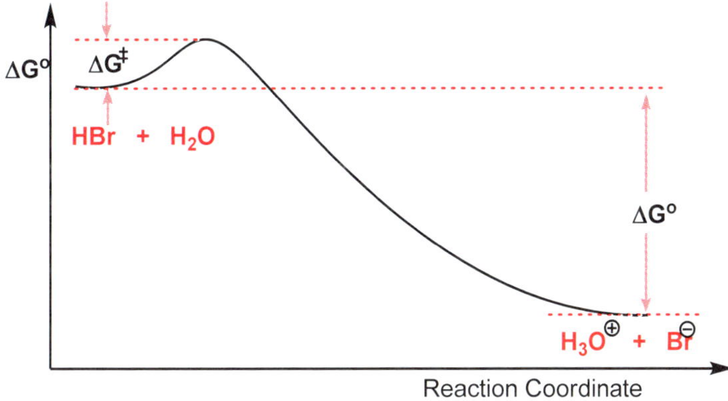

거꾸로 다음 그림에서와 같이 불리한 자유에너지 증가 반응은 상대적으로 활성화에너지가 커지고 반응은 느려지게 된다. Ethoxide에 의한 ester의 양성자떼기는 아주 느리고 평형이 불리한 반응이다.

EtO(C=O)CH₃ + ⊖OEt ⇌ EtO(C(O⊖)=CH₂) + HOEt

짝염기는 미량씩 밖에 생성되지 않으며 생성되면 남아 있는 다량의 ester와 빠르게 반응하게 된다. 대개의 경우에는 반응 온도를 높여서 에너지를 공급하면서 반응하게 된다.

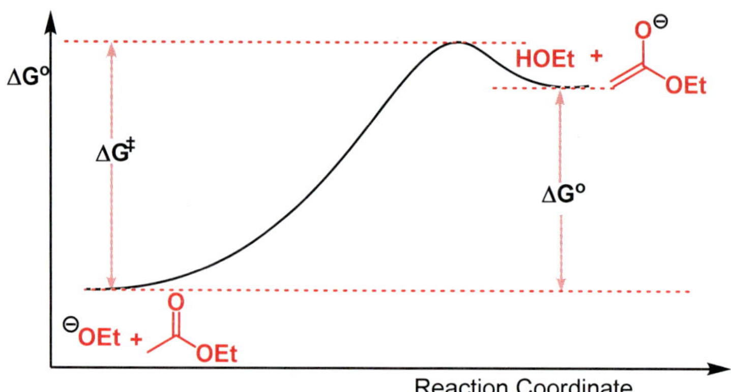

유기 반응에서 일반적으로 나타나는 양성자전달 반응의 속도는 다음과 같이 기억하면 틀리게 예측하는 경우가 거의 생기지 않게 된다. 산소와 질소를 포함하는 두 헤테로원자 간의 양성자전달 반응은 대단히 빠르게 일어난다. 탄소산(C–H)을 포함하여 산과 염기의 *pKa* 값의 차이가 5~6을 넘는 경우에는, 유리한 쪽으로의 반응은 아주 빠르게 불리한 쪽으로의 반응일수록 점점 느리게 일어나게 된다. *pKa* 값의 차이가 10이 넘는 유리한 반응은 거의 분자들의 확산 속도에 버금가는 빠른 반응 속도를 보이게 된다.

문제 3.29 다음에 나타낸 세 반응 중에서 어느 것은 잘 일어나고 다른 것은 일어나지 않는다. (이 단원에서 얻은 지식만으로) 왜 그렇게 되는지 이유를 설명하여 보라.

(a) O + Br —EtO⊖ / EtOH→ O X

(b) O O + Br —EtO⊖ / EtOH→ O O O

(c) ⊖O ⊕N O H_3C + Br —EtO⊖ / EtOH→ ⊖O ⊕N O O

3.10 Tautomerization : An Example of Acid-Base Reactions

양성자전달만으로 일어나는 반응의 가장 간단한 예는 alkene의 이성질화일 것이다. 산 촉매 존재하에 alkene의 isomerization은 아주 자주 관찰되는 반응이다. Brönsted 염기인 π-결합에 양성자붙임이 일어나면 carbocation이 생성된다. 생성된 탄소 양이온과 결합할 수 있는 적절한 친핵체가 없다면 다시 양성자를 잃고 alkene으로 되돌아가게 된다. 이와 같은 과정이 반복되는데 생성되는 양성자붙임이 일어난 탄소가 아닌 다른 탄소에서 양성자를 잃게 되면 결국 다른 alkene 이성질체가 생성된다. 이 반응은 가역 과정이고 생성물 alkene이 더 안정하다면 결국에는 alkene 이성질체의 평형 혼합물을 얻게 된다. 다음 methylenecyclohexane의 산촉매 isomerization은 internal alkene의 열역학적인 안정성으로 대부분이 1-methylcyclohexene으로 변하게 된다[1].

Isomerization of alkene in acidic media

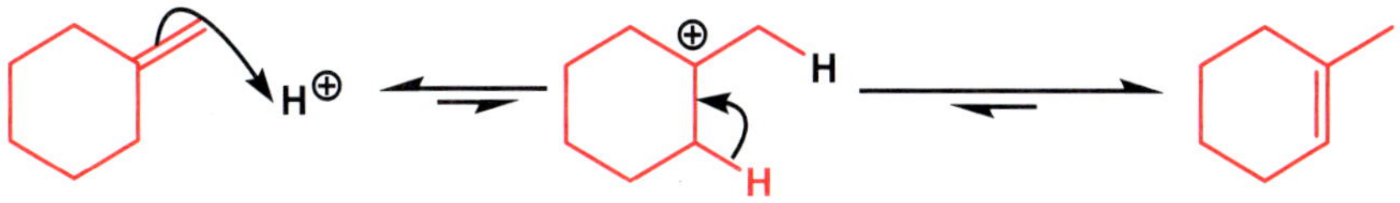

1-Phenylpropene은 산이 존재하면 양이온이 형성되는데 양성자떼기는 다른 탄소에서 일어날 수 없지만, 같은 탄소에서 양성자가 떨어져서 다른 기하이성질체를 생성하게 된다. 둘 간에는 평형이 이루어 지며 평형 혼합물에는 더 안정한 *trans*-isomer가 더 많이 존재하게 된다.

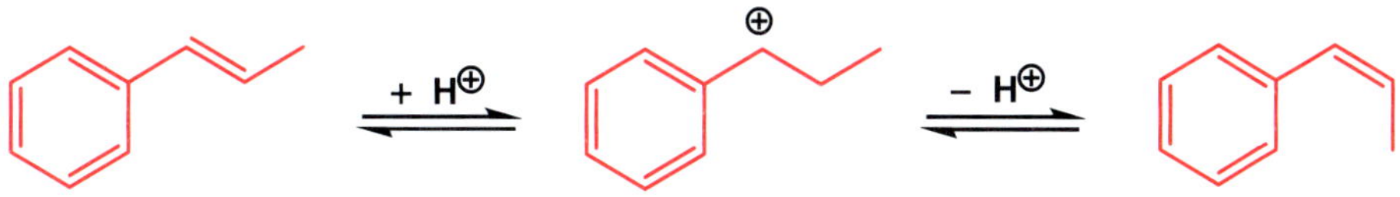

이와 같은 alkene isomerization은 염기 속에서도 가능하다. 염기 촉진 제거 반응에서 생성되는 alkene isomer의 비는 시간에 따라 더 안정한 alkene의 생성비가 증가하게 되는데, 이 역시 isomerization에 기인한다.

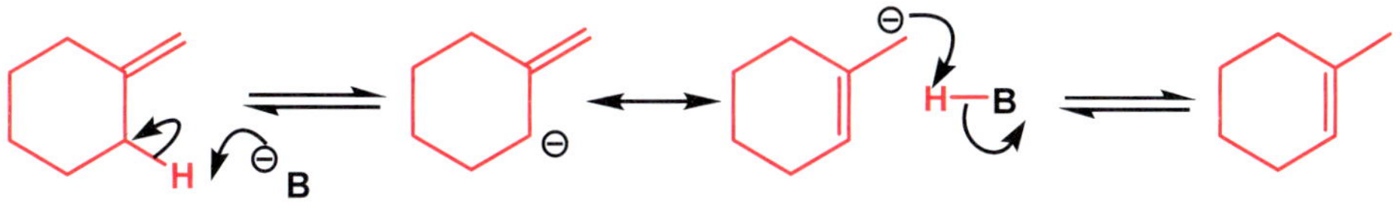

Alkene의 isomerization과 아주 유사한 또 다른 반응이 있다. 다른 점은 수소 원자가 이동하는 계의 한 말단에 헤테로원자가 존재하는 것이다. 이중결합과 헤테로원자를 포함하는 세-원자 소단위를 따라 단지 π-결합의 위치와 수소 원자가 붙은 자리만 달리 하는 구조 이성질체를 일컬어 **토토머**(tautomer)라고 하며 가장 간단한 ketone인 acetone과 그 enol이 그 예이다.

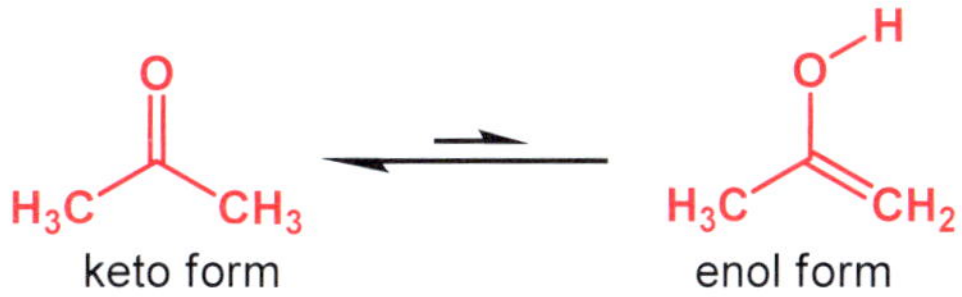

keto form　　enol form

Keto form에서 enol form으로 변환이 일어나면 α-탄소에서의 C–H 결합 하나가 깨지고 π-결합의 위치 이동과 함께 O–H 결합이 형성된다. σ-결합 깨짐이 일어나지 않고는 상호 변환이

1 이 반응을 이해하는 기본은 'C=C π-결합이 어디에서 어디로 이동하였다'가 아니라 '고리의 C–H 결합이 하나 깨지고 곁사슬에 C–H 결합이 하나 형성이 되었다'라는 것을 재빨리 알아 차리는 일이다.

가능하지 않으므로 tautomeric pair는 resonance 구조와는 판이하게 다르다는 점을 거듭 강조해 둘 필요가 있다. Tautomer는 상호간의 변환이 쉽게 일어나는 특별한 형태의 구조 이성질체라 할 수 있다. Tautomer는 헤테로원자와 이중결합을 포함하는 세 원자 단위에서 두 말단 간의 양성자전달이 일어난 이성질체의 관계에 있다.

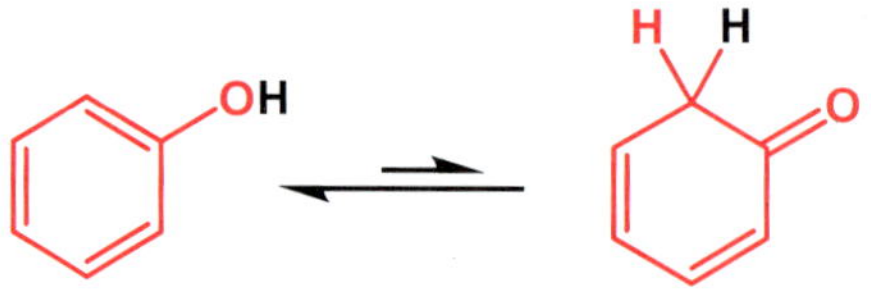

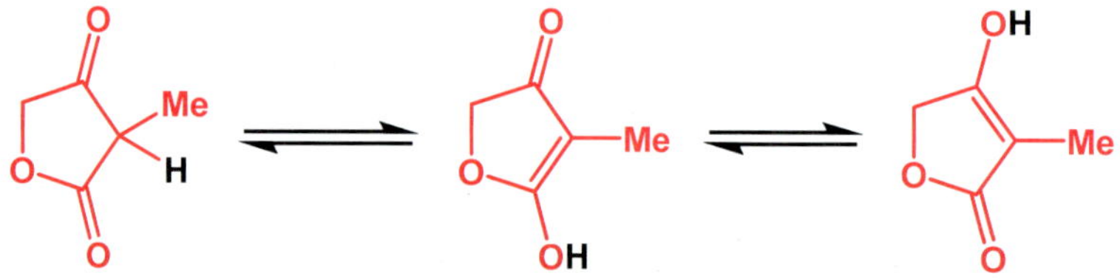

위에 서로 tautomer 관계에 있는 구조를 그릴 수 있는 화합물의 구조이다. 두 tautomer 간의 상호변환은 alkene의 isomerization과는 비교가 안 되게 매우 빠른 반응으로 (낮은 활성화 에너지) 산 또는 염기 촉매 존재하에서 일어난다. 어느 촉매에 의한 반응이든 모두 매우 빠른 두 단계 반응이며 모두 proton transfer, 즉 양성자를 주고 받는 Brönsted 산·염기 반응이다.

Tautomeric pair보다 더 센 산이 존재하면 tautomer는 염기로 작용한다. 산으로부터 양성자를 전달받으면 양이온성 중간체가 형성되며, 여기에서 deprotonation이 일어나면 반응물인 keto-form으로 되돌아 가거나 아니면 생성물 enol form으로 진행된다.

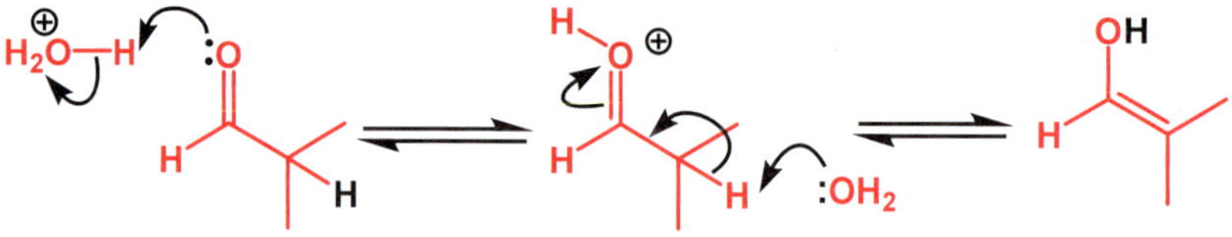

만약 ketone이나 enol보다 더 센 염기가 존재하게 되면 어느 쪽으로부터라도 양성자떼기가 먼저 일어나서 짝염기인 enolate 음이온이 생성된다. 이 음이온은 탄소 또는 산소 자리에서 양성자붙임이 일어나서 ketone 또는 enol이 생성되게 된다.

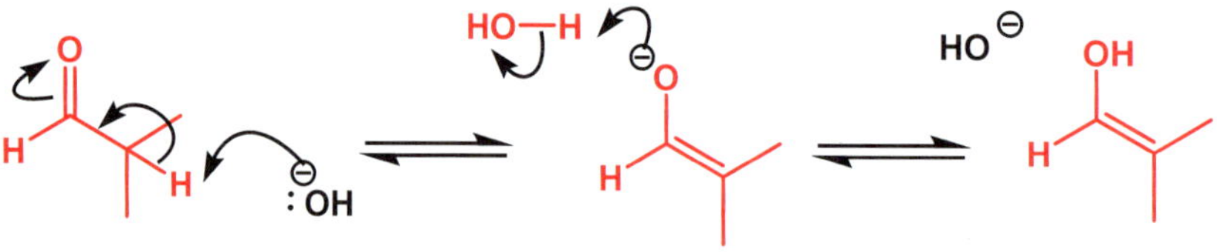

Tautomerization은 산 촉매 반응이던지 아니면 염기 촉매 반응이던지 모두 Brönsted 산·염기 반응이 두 번 연속하여 일어남으로써 상호변환이 일어나는 것이다. 전형적인 산·염기 반응의 예로 유기화학 학습 과정에서 자주 나타나는 반응으로 잘 익혀둘 필요가 있다. 만약 양성자주개로 작용할 수 있는 산이 없이 센 염기와 반응한다면 양성자떼기가 일어나고 enolate가 생성되고 그로써 반응은 다른 반응 상대가 나타날 때까지 멈추게 된다.

문제 3.30 다음 중 tautomeric pair를 골라내라.

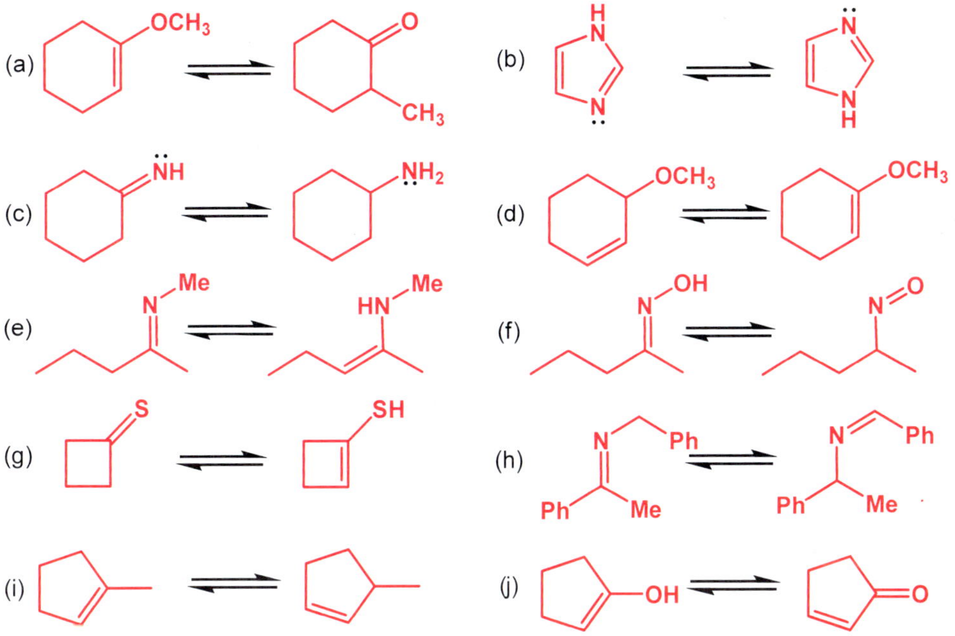

(a) OCH_3 ⇌ O, CH_3 (b) H, N, N ⇌ N, N, H

(c) NH ⇌ NH_2 (d) OCH_3 ⇌ OCH_3

(e) N, Me ⇌ HN, Me (f) N, OH ⇌ N, O

(g) S ⇌ SH (h) N, Ph, Ph, Me ⇌ N, Ph, Ph, Me

(i) ⇌ (j) OH ⇌ O

문제 3.31 다음 주어진 구조의 tautomer를 괄호 안에 수만큼 더 그려라.

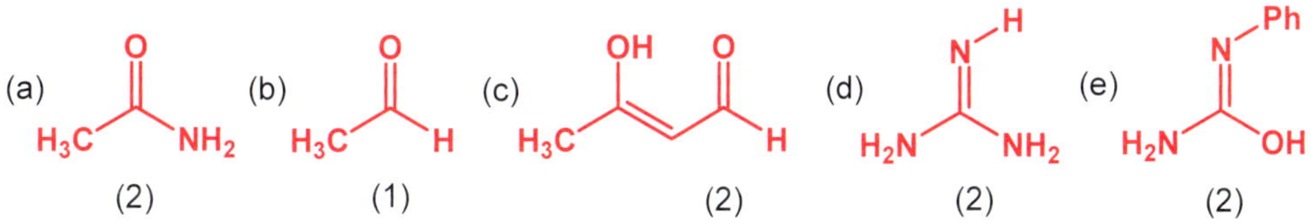

(a) O, H_3C, NH_2 (2) (b) O, H_3C, H (1) (c) OH, O, H_3C, H (2) (d) N, H, H_2N, NH_2 (2) (e) N, Ph, H_2N, OH (2)

문제 3.32 다음 화합물은 가능한 tautomer를 여러 개 그릴 수 있다. 모두 그려 보라.

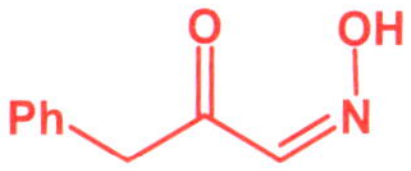

O, OH, Ph, N

문제 3.33 다음 핵산의 세 pyrimidine 염기의 tautomer를 그려 보라.

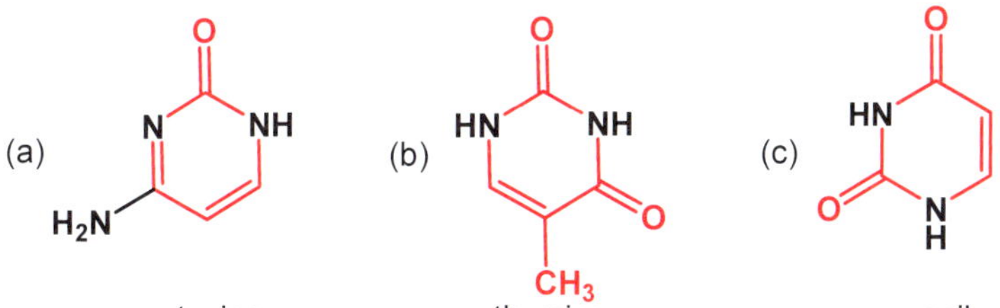

(a) O, N, NH, H_2N cytosine (b) O, HN, NH, O, CH_3 thymine (c) O, HN, O, N, H uracil

문제 3.34 다음 반응의 proton transfer 단계의 화살표를 그려 넣어라. 모든 proton transfer 단계에서의 짝산-짝염기 관계를 가려 보라. 모두 일곱 단계를 그려야 하는 복잡한 반응이지만

C–O 결합이 생성되는 step 2와 깨지는 step 5를 빼면 나머지는 모두 proton transfer 반응이다.

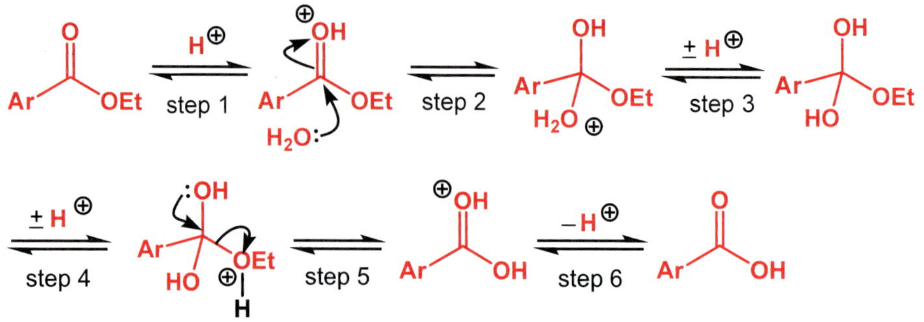

문제 3.35 산이나 염기 촉매 반응의 첫 단계는 거의 모두 양성자전달 반응이다. 다음에 열거된 반응은 모두 양성자붙임이거나 양성자떼기로 시작된다. 생성물에 이르게 되는 첫 단계를 그려 보라. 가능하면 둘째 단계도 그려 보라.

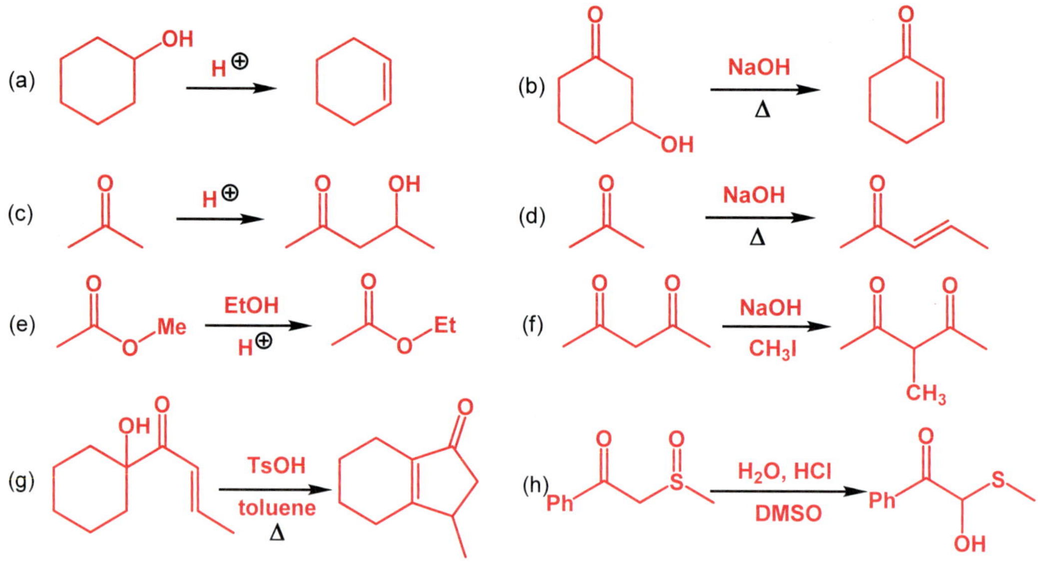

(a) $\xrightarrow{H^{\oplus}}$

(b) $\xrightarrow[\Delta]{NaOH}$

(c) $\xrightarrow{H^{\oplus}}$

(d) $\xrightarrow[\Delta]{NaOH}$

(e) $\xrightarrow[H^{\oplus}]{EtOH}$

(f) $\xrightarrow[CH_3I]{NaOH}$

(g) $\xrightarrow[\text{toluene},\ \Delta]{TsOH}$

(h) $\xrightarrow[DMSO]{H_2O,\ HCl}$

문제 3.36 다음 첫 반응은 두 단계의 proton transfer만으로 일어난다. 메커니즘을 그려 보라. 이 반응은 산성 조건에서도 일어날 수 있겠는가? 그렇다면 어떤 메커니즘으로 일어나는가? 같은 이유로 두 번째 반응도 쉽게 이성질화할 수 있는가?

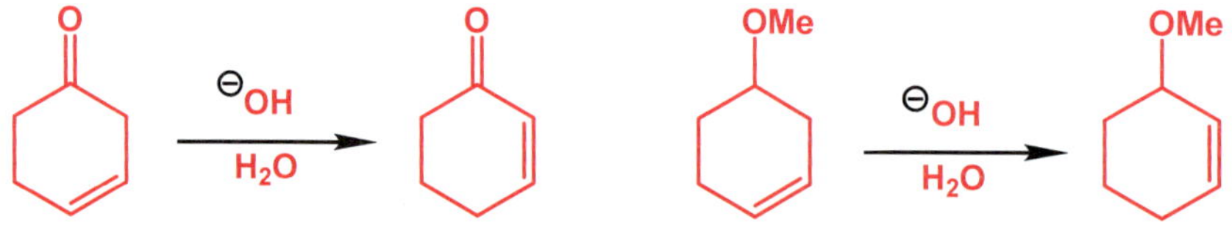

$\xrightarrow[H_2O]{^{\ominus}OH}$ $\xrightarrow[H_2O]{^{\ominus}OH}$

문제 3.37 다음 산·염기 반응의 생성물을 그려라.

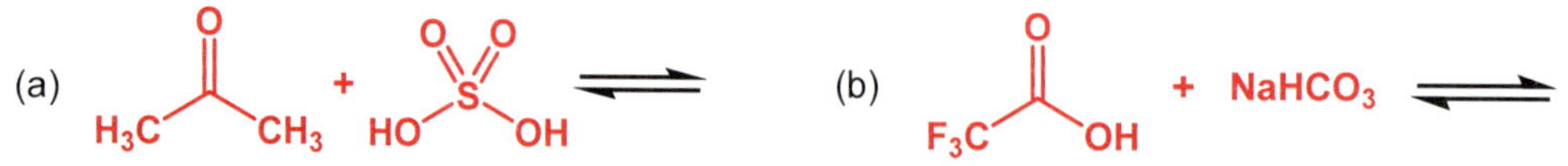

(a) $H_3C-CO-CH_3$ + $HO-SO_2-OH$ ⇌

(b) $F_3C-CO-OH$ + $NaHCO_3$ ⇌

(c) $H_3C{-}C{\equiv}C{-}H$ + $NaNH_2$ ⇌ (-78 °C) (d) Me-C6H4-SO_2OH + $(CH_3)_2NH$ ⇌

문제 3.38 각 반응의 생성물을 그려 넣어라. Table 3.1의 *pKa* 값을 이용하여 평형이 생성물 쪽에 유리한지 아니면 반응물 쪽에 유리한지 정하라.

(a) phenol (OH) + $NaCO_3$ ⇌ (b) $F_3C{-}C(=O){-}OH_2$ + $NaHCO_3$ ⇌

(c) $H_3C{-}C{\equiv}C{-}H$ + Et—MgBr ⇌ (d) $H_3C{-}C(=O){-}CH_2$ + $Na^{\oplus}$ $^{\ominus}O$-ethyl ⇌

문제 3.39 세 다른 C–H 결합의 *pKa*가 주어져 있다. 각 화합물의 짝염기를 가능한 공명구조와 함께 그려보고 관찰된 *pKa* 값의 경향을 설명하라.

(a) $H_3C{-}CH_2{-}CH_2{-}H$ *pKa* 50 (b) $H_2C{=}CH{-}CH_2{-}H$ *pKa* 43 (c) $H_3C{-}C(=O){-}CH_2{-}H$ *pKa* 18.3

문제 3.40 표시한 1,4-pentadiene의 methylene 수소는 1-pentene이나 pentane의 C3 수소보다 더 산성이다. 설명하여 보라.

H H 1,4-pentadiene H H 1-pentene H H pentane

문제 3.41 다음 각 쌍의 화합물 중에서 어느 것이 왜 더 센 산인가를 예측하여 보라.

(a) imidazolium (H–N⊕, N–H) *vs* oxazolium (H–N⊕, O) (b) 1-pyrrolinium (H–N⊕=) *vs* pyrrolidinium (H–N⊕–H)

(c) 2,4-cyclohexadienone (O, H, H) *vs* phenol (OH) (d) ethyl 4-hydroxy-3,5-dimethylbenzoate (HO, OEt) *vs* ethyl 4-hydroxy-2,6-dimethylbenzoate (HO, OEt)

문제 3.42 말론산(malonic acid)은 COOH 기가 둘인 화합물로서 두 개의 *pKa* 값이 서로 같지 않다. 첫째 *pKa*는 아세트산(CH_3COOH, *pKa* = 4.8)보다 더 낮고, 둘째 *pKa*는 더 높다. 이를 설명해 보라.

$HOOC{-}CH_2{-}COOH$ (*pKa* 2.88) ⇌ $HOOC{-}CH_2{-}COO^{\ominus}$ (*pKa* 5.70) ⇌ $^{\ominus}OOC{-}CH_2{-}COO^{\ominus}$

문제 3.43 반응 각각을 양성자전달 반응 혹은 친핵체-친전자체 반응으로 구분하라. 구부린 화살표를 이용하며 전자쌍의 이동을 표시하라.

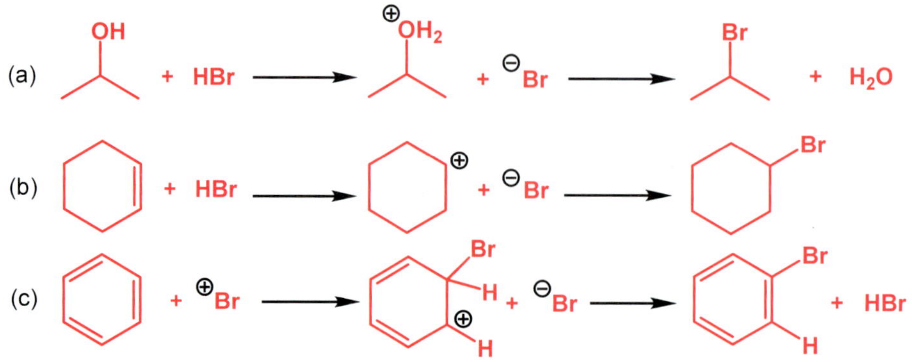

(a) OH + HBr ⟶ ⊕OH2 + ⊖Br ⟶ Br + H_2O

(b) + HBr ⟶ ⊕ + ⊖Br ⟶ Br

(c) + ⊕Br ⟶ Br H ⊕ H + ⊖Br ⟶ Br H + HBr

문제 3.44 Citric acid의 *pKa*1=3.1, *pKa*2=4.7, *pKa*3=5.4이다. *pKa*1은 왜 아세트산보다 낮으며 *pKa*3는 왜 아세트산보다 높은가?

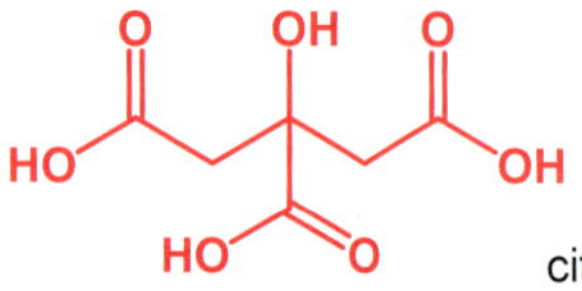

O OH O HO OH HO O citric acid

문제 3.45 Vitamin C(ascorbic acid)의 어느 수소가 가장 산성이며 왜 그러한가?

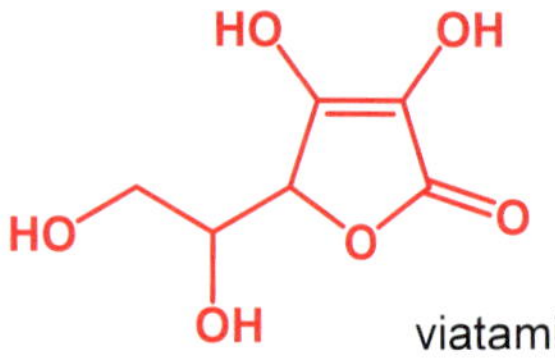

HO OH HO O O OH viatamin C (ascorbic acid)

문제 3.46 알코올의 *pKa*는 15~16이다. 이에 비해 *vicinal* diol의 *pKa*는 14~15이며 *gem*-diol의 *pKa*는 13~14이다. 이는 산성도를 결정하는 네 요인 중에서 어느 요인에 의한 것인가?

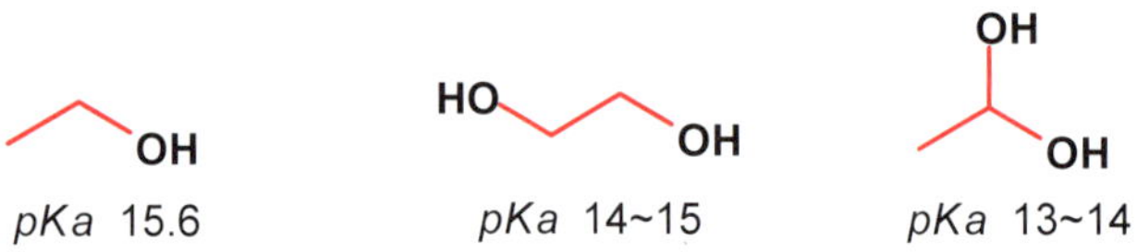

OH *pKa* 15.6 HO OH *pKa* 14~15 OH OH *pKa* 13~14

문제 3.47 다음 세 산의 산성도 순위를 설명하라.

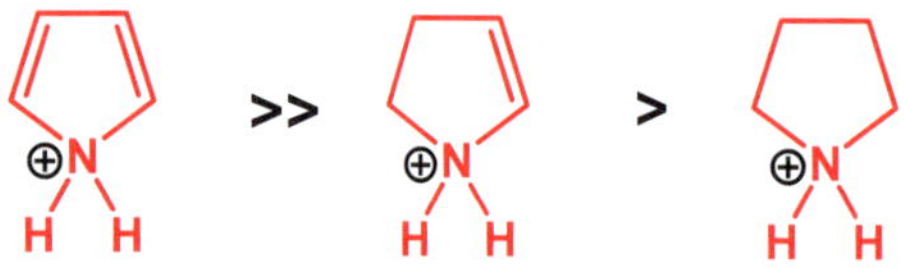

⊕N H H >> ⊕N H H > ⊕N H H

문제 3.48 Phenol이 cyclohexanol보다 센 산인 이유는 공명안정화에 기인한다고 설명한다. 안정화에 영향을 미치는 그 이외의 다른 요인이 있다. 무엇인지 설명하여 보라. 셋째 구조인 enol의 *pKa*를 추정하여 보라.

OH OH OH

pKa 15.6 *pKa* 11 *pKa* ??

문제 3.49 다음에 나타낸 phenol의 개략적인 *pKa*는 4, 7, 9, 10, 11이다. 각 phenol에 주어진 *pKa*를 배정하고 배정 사유를 밝혀라.

(a) OH, Cl (b) OH (c) OH, NO_2, NO_2 (d) OH, NO_2 (e) OH, CH_3, H_3C, CH_3

문제 3.50 1,3-Cyclopentanedione은 1,3-cyclohexanedione보다 더 산성이다. 그 이유가 무엇일까?

O O H O O H

1,3-cyclopentanedione 1,3-cyclohexanedione

문제 3.51 Pyrrole은 질소가 아닌 이웃한 탄소 원자에서 양성자붙임이 일어난다. 이유를 설명하라.

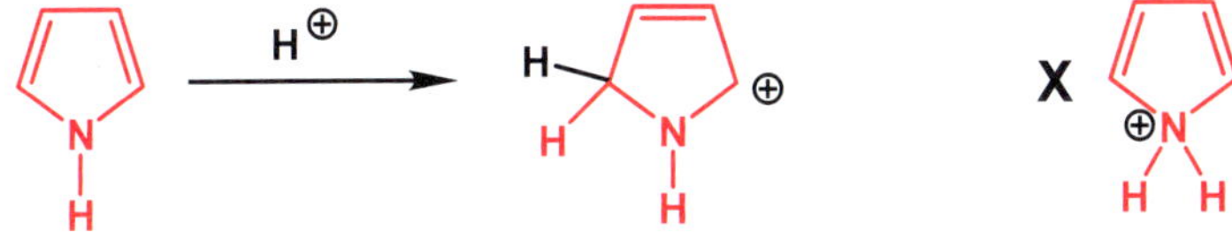

문제 3.52 Indene의 *pKa*는 cyclopentadiene의 *pKa* 값보다 높다. 이유를 설명하고 fluorene의 *pKa* 값을 예측하여 보라.

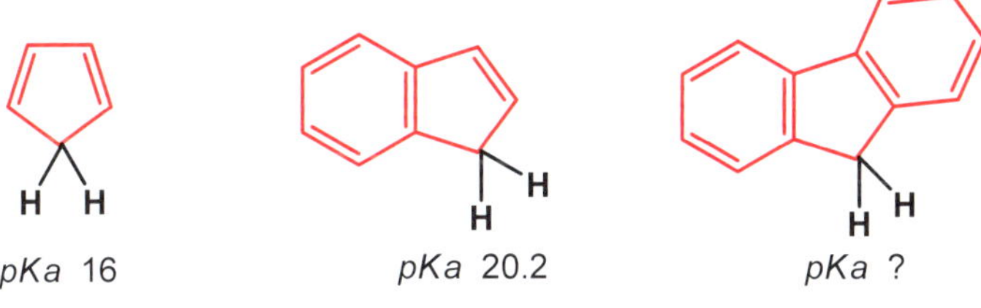

CHAPTER 04

Lewis Acids and Bases : Nucleophiles and Electrophiles

4.1 Lewis Acids and Bases: Nucleophiles and Electrophiles

Lewis의 산·염기에 관한 정의는 Lewis 산은 전자쌍 받개이며, Lewis 염기는 전자쌍 주개이다. 종류에 상관없이 전자쌍을 내어주는 화학종은 모두 Lewis 염기이다. Lewis 염기는 구조적으로 Brönsted 염기와 동일하며, 모든 Brönsted 염기는 Lewis 염기이다. 내주는 전자쌍은 고립쌍(lone pair)이거나 π-결합 전자쌍이다. Brönsted 염기는 이 전자쌍을 양성자에 내어주지만 Lewis 염기는 어떤 전자 결핍 원자에도 내준다는 점만이 다르다. Lewis 염기는 음이온일 수도 있고 전하가 없는 중성 분자일 수도 있다. 또한 고립쌍을 가지고 있는 경우가 대부분이지만, alkene의 π-결합처럼 고립쌍이 없어도 결합 전자쌍을 내어 주는 Lewis 염기도 있다.

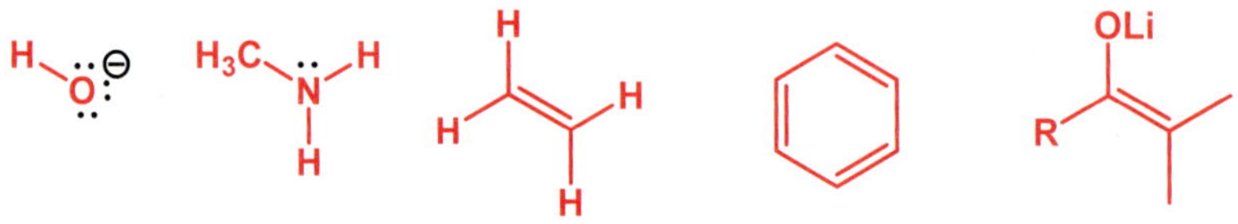

Lewis 산은 전자쌍 받개이다. 모든 Brönsted 산은 Lewis 산의 범주 안에 있다[1]. 전자결핍 상태에 있어 전자쌍을 받아들일 수 있는 모든 것이 Lewis 산이다. 빈 오비탈을 가지고 있는 모든 화학종은 전자쌍을 수용할 수 있고, 따라서 모두 Lewis 산이다. 유기화학에서 자주 접하는 BF_3나 $AlCl_3$는 Lewis 산으로 이들 IIIA족 화합물들은 원자가전자 껍질이 다 채워져 있지 않기 때문에 추가로 전자쌍을 받아들일 여지가 있다. 또한 중성 분자에서 결합에 참여하는 원자가 전자쌍을 밀어내고 외부 전자쌍을 수용하는 경우에도 Lewis 산으로 작용하게 된다.

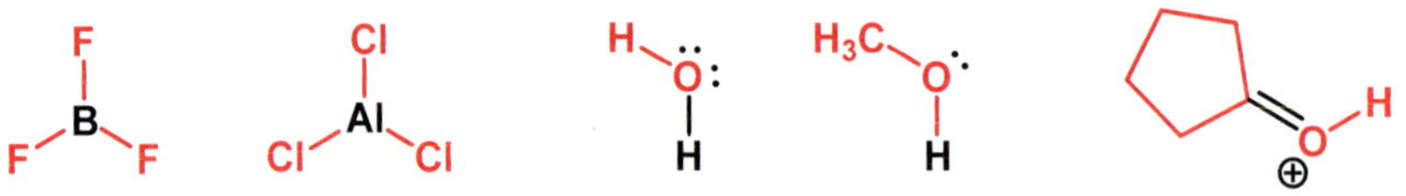

Lewis 산·염기 반응에서 Lewis 염기는 Lewis 산에 전자쌍을 제공한다. 전자쌍이 이동하는 유기 반응은 대부분 Lewis 산·염기 반응으로 분류할 수 있다. Lewis 산·염기 반응은 유기화학에서 보게 되는 일반적인 반응의 특색을 보여 준다. 전자가 풍족한 화학종(Lewis 염기)은 전자결핍 화학종(Lewis 산)과 반응한다.

가장 간단한 Lewis 산·염기 반응에서는 결합깨짐 없이 결합 하나가 생성된다. 그 한 예가 BF_3와 H_2O의 반응이다. BF_3는 B 원자 곁에 전자가 여섯 개밖에 없는 전자결핍 Lewis 산이다. H_2O는 O에 고립전자 두 쌍을 갖고 있어 전자-풍족 Lewis 염기이다. 염화 알루미늄과 methyl chloride의 반응도 마찬가지다. 중성 분자들 간의 반응에서는 음과 양의 형식전하가 생겨난다. 양이온 친전자체와 음이온 친핵체의 반응은 쉽게 일어나며 형식전하는 모두 없어진다.

1 Brönsted 산·염기는 Lewis 산염기 범주에 들어가는 것은 사실이지만 양성자를 주고 받는 경우만 산염기 반응이라고 하고 다른 경우에는 친핵체와 친전자체 (Lewis 산·염기) 간의 반응이라 부르는 것이 보통이다.

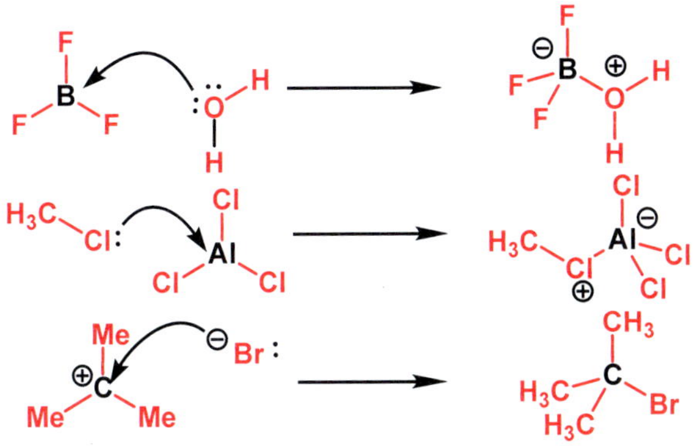

각 반응에서 전자쌍은 Lewis 염기에서 떨어져나가는 것이 아니고 Lewis 산에 제공되어 새로운 공유결합을 형성된다. Lewis 산은 **친전자체(electrophile)**라 부르는 경우가 더 많다[2]. Lewis 염기가 양성자 이외의 Lewis 산과 반응하면, Lewis 염기를 **친핵체(nucleophile)**라고 부른다.

문제 4.1 다음 중 어느 화합물이 Lewis 염기로 작용할 수 있는가?

(a) NH_3 (b) $CH_3CH_2CH_3$ (c) BH_4^- (d) H–C≡C–H (e) $CH_3CH_2OCH_3$

문제 4.2 다음 중 어느 화합물이 Lewis 산으로 작용할 수 있는가?

(a) BBr_3 (b) CH_3CH_2OH (c) $(CH_3)_3C^+$ (d) Br_2 (e) CH_3Cl

문제 4.3 각 반응에서 Lewis 산과 염기를 표시하고 구부린 화살표를 그려 전자쌍의 이동을 나타내어라.

(a) 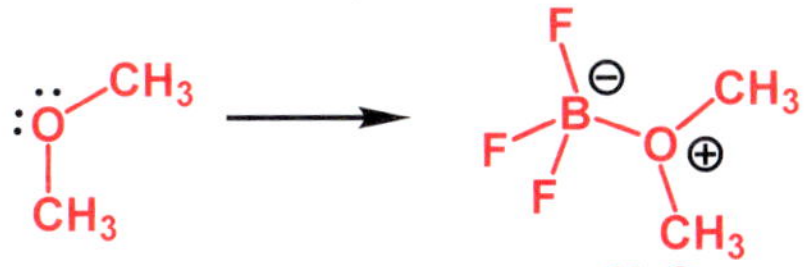 BF_3 + $:\ddot{O}(CH_3)_2$ ⟶

(b) 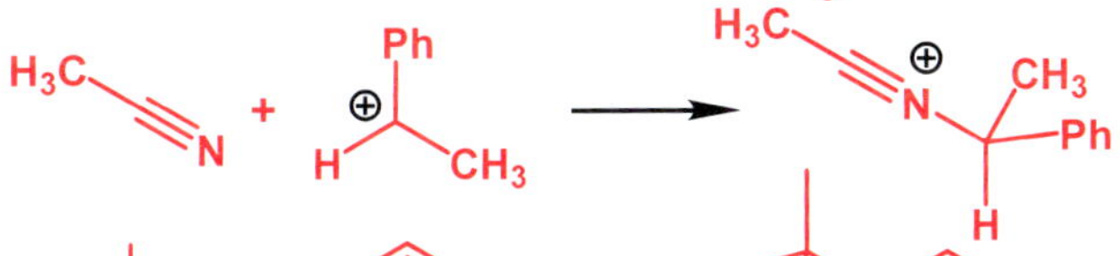 H_3C–C≡N + $^{\oplus}CH(Ph)CH_3$ ⟶

(c) 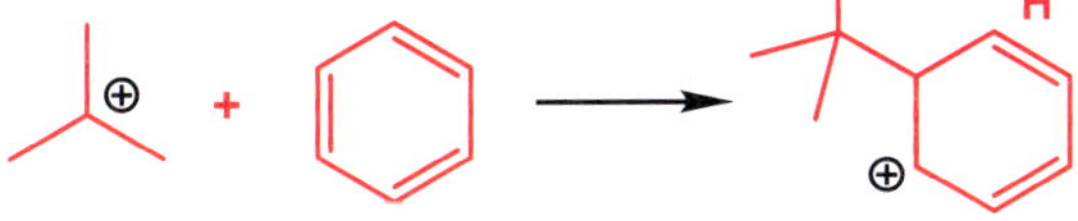 ⟶

문제 4.4 각 반응에서 친핵체와 친전자체를 표시하고 전자쌍 이동 화살표를 그린 후 그에 따른 생성물을 그려 넣어라.

(a) 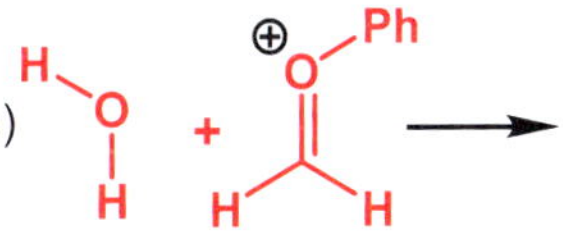 H–O–H + $H_2C=O^{\oplus}$–Ph ⟶ (b) 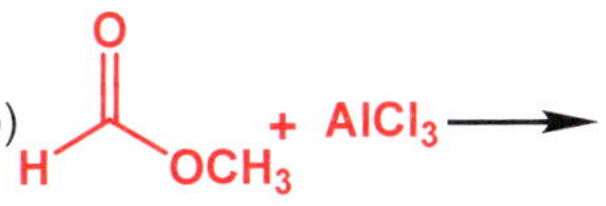 HCOOCH$_3$ + $AlCl_3$ ⟶ (c) 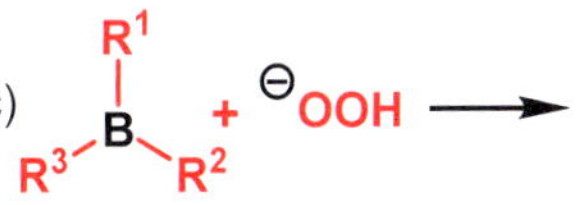 $R^1R^2R^3B$ + $^{\ominus}OOH$ ⟶

2 유기 반응에서 촉매로 사용되는 BF_3, $AlCl_3$, $TiCl_4$ 등의 무기물은 Lewis 산이라 부르며, 나머지 촉매가 아닌 반응에 직접 참여하는 Lewis 산과 염기는 일반적으로 친전자체, 친핵체라고 부른다.

4.2 Polar Organic Reactions

친핵체는 말 그대로 핵을 쫓는 화학종이고 친전자체는 전자를 쫓는 화학종을 일컫는다. 전자란 본디 음성(negative)인 입자이고, 핵이란 본디 전기적으로 양성(positive)이다. 그렇다면 **친핵체(nucleophile)**란 양전하를 쫓는 화학종이고, **친전자체(electrophile)**는 음전하를 찾아 다니는 화학종이라 할 수 있다. 오비탈에 관한 이야기를 빼면 일반적으로 완전한 또는 상당한 부분 음전하를 가지는 친핵체를 반응이 일어나는 자리에서 많이 보게 된다. 같은 논리로 반응에서 친전자체라 부르는 화학종들은 분자내에서 양전하 또는 부분양전하를 가지는 자리라고 할 수 있다. 아주 자주 보는 암모니아나 amine과 methyl bromide 간의 반응은 아래 식에서처럼 친핵체와 친전자체의 반응임은 너무 쉽게 알아볼 수 있다.

$$\overset{\delta+\ \delta-}{H_3N:} + CH_3\overset{\delta+}{C}-Br^{\delta-} \longrightarrow H_3\overset{\oplus}{N}-CH_3 + {}^{\ominus}Br:$$

nucleophile electrophile

여기서 핵배척체와 전자배척체라는 용어를 덧붙여 정의하고 지나가는 것이 좋을 것 같다. **핵배척체(nucleofuge)**란 친핵체로서 전자쌍을 앞세워 어디를 공격하지 않고 오히려 전자쌍을 거느리고 밀려나오는 기이고, **전자배척체(electrofuge)**란 전자쌍을 남겨두고 분자에서 밀려나오는 친전자체를 이르는 것이다. 다음 *t*-butyl bromide의 불균등 결합깨짐으로 *t*-butyl 양이온과 bromide 이온이 생성된다. *t*-Butyl 양이온은 전자배척체이며, bromide 이온은 핵배척체인 것이다. 유기 반응에서 일반적으로 이탈기라고 부르는 것들은 전자쌍을 거느리고 떨어지는 모든 핵배척 이탈기(nucleofugal leaving group)를 지칭하는 것이다. 실제로 엄격하게 구분해서 이야기할 필요가 있는 경우에만 핵배척 이탈기라고 한다. 핵배척 이탈기는 음이온일 수도 있고 중성 분자일 수도 있다. 유기 반응에서 전자배척 이탈기는 이탈기라 부르는 경우는 드물다. 전자배척 이탈기는 중성일 수도 있고 양성자처럼 양이온일 수도 있다.

$$(CH_3)_3\overset{\delta+}{C}-Br^{\delta-} \longrightarrow (CH_3)_3C^{\oplus} + :Br^{\ominus}$$

electrofuge nucleofuge

앞으로 공부하게 되는 많은 유기 반응이 산성이거나 또는 염기성 조건에서 일어나는 극성 반응이 대부분이며, 이들 반응의 메커니즘은 양성자전달 반응(Brönsted 산·염기 반응)과 친핵체-친전자체 반응(Lewis 산·염기 반응)의 연속이다.

예를 들어, *t*-butyl alcohol과 염산의 반응에서 양성자붙임한 *t*-butyl alcohol의 불균등-쪼개짐에서 C–O 결합이 깨어져서 물 분자가 떨어지면 중앙 탄소 원자의 전자가 여섯 개뿐인 *t*-butyl 양이온을 형성하게 된다. 양성자붙임에 이어 핵배척 이탈기인 물 분자가 떨어지게 된다.

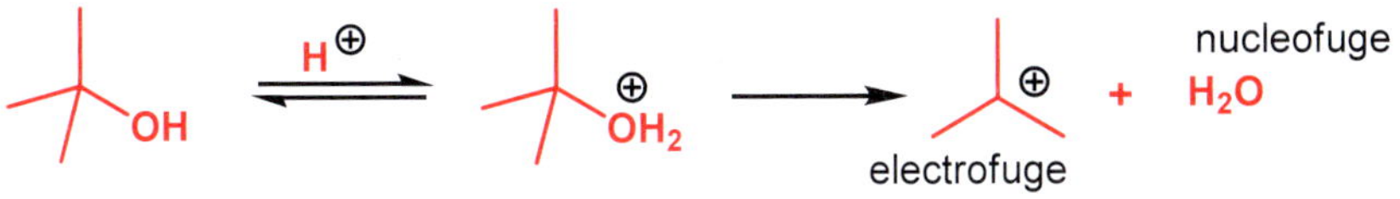

3차 alkyl 양이온은 chloride 이온과 반응하여 안정한 생성물인 *t*-butyl chloride를 형성할 수 있다. 반응하는 두 이온은 **친전자체(electrophile)**와 **친핵체(nucleophile)**로 작용하게 된다.

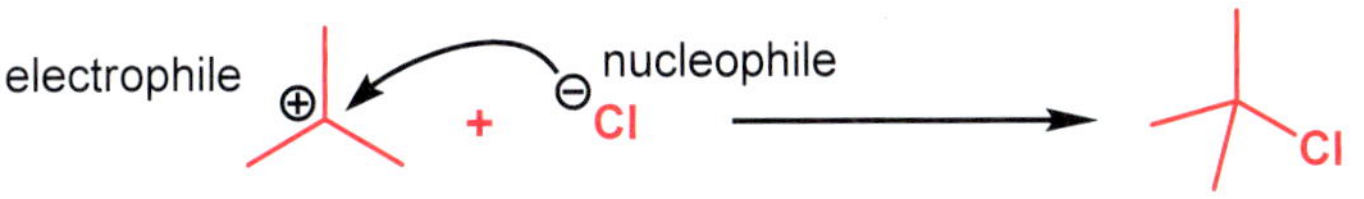

친핵성도(nucleophilicity)는 원자나 이온이나 원자단이 어떤 원자(주로 탄소)에 전자쌍을 공여하는 경향이라 할 수 있다. **친전자성도(electrophilicity)**는 원자, 이온 또는 원자단이 다른 원자로부터 전자쌍을 수용하는 경향이라고 정의할 수 있다. 음전하를 갖는 이온은 당연히 대응하는 중성 화학종보다 더 친핵성이며, 양이온은 대응하는 중성 화학종보다 더 친전자성이다.

앞의 두 반응에서는 결합깨짐과 결합형성이 따로 일어나게 되지만, 많은 Lewis 산·염기 반응에서는 결합 하나가 깨지는 동시에 결합 하나가 형성되는 경우가 많다. 예를 들어, cyclohexene과 H–Cl 간의 산·염기 반응을 보자. Cyclohexene은 π-결합을 가지고 있는 염기이며, HCl은 Brönsted 산인 동시에 Lewis 산이기도 하다. 따라서 이 반응은 넓은 의미의 Lewis 산·염기 반응이라 할 수 있으나 양성자를 주고받는 반응이고 보면, 역시 Brönsted 산·염기 반응이라 부르는 것이 더 타당하다.

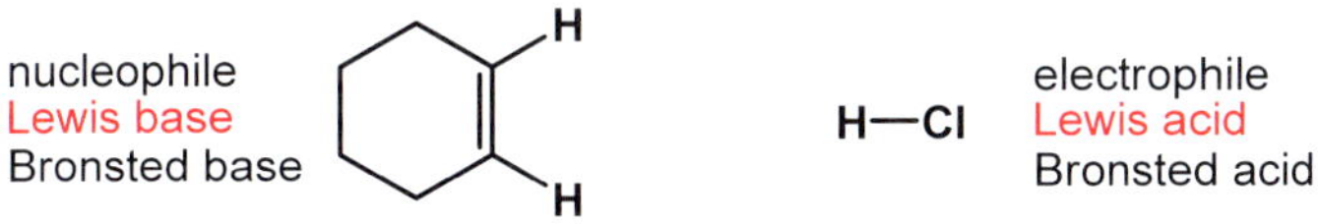

친핵체 염기인 π-결합과 친전자체인 양성자 간의 새로운 결합을 형성하여 alkyl 양이온을 형성한다. H–Cl의 결합은 전자쌍을 Cl에 주어버려 Cl^-가 생성된다. 관련된 전자가 두 쌍이므로 구부린 화살표 두 개가 필요하다. 이 반응은 음이온 친핵체인 chloride ion이 전자결핍 친전자체인 alkyl 양이온과 결합을 형성하면서 마무리된다.

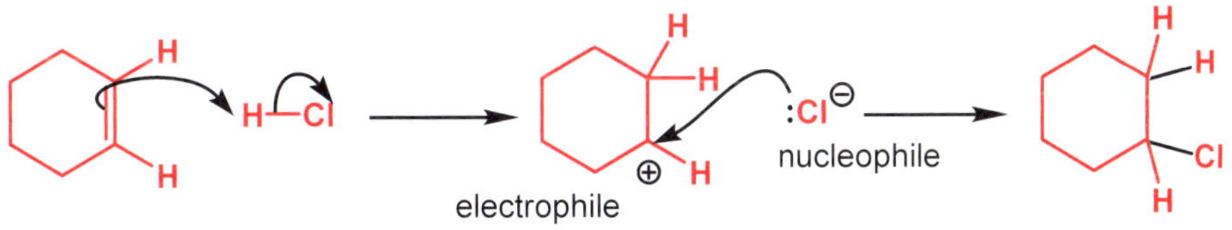

Cyclohexene과 H–Cl 간의 Lewis 산·염기 반응은 이중결합을 가지고 있는 화합물의 기본적인 반응의 한 예이다. 이 반응 유형은 cyclohexene은 다른 alkene에 그리고 H–Cl은 다른 H–X와의 반응에 연장 적용된다. 이와 같이 극성 메커니즘으로 진행되는 반응은 넓은 의미로는 Lewis 산과 염기간의 반응의 연속이라 할 수 있으며, 굳이 분리하자면 proton transfer와 친전자체와 친핵체 간의 반응이 연속적으로 일어나는 것이라 할 수 있다.

4.3 Types of Nucleophiles in Organic Reactions

친핵체(nucleophile)는 상대적으로 높은 에너지의 전자쌍을 가지고 있어 이를 사용하여 새로운 결합을 형성할 수 있다. 친핵체인 원자는 전하를 띠지 않는 중성이기도 하고, 때로는 음전하를 갖는 것도 있다. 유기 반응에서 자주 나오는 친핵체를 Table 4.1에 모아 정리하였다. 친핵체는 화합물 전체를 언급하는 경우도 있고, 화합물의 특정 원자 또는 원자단을 이르는 것일 수도 있다. 분자 전체가 아닌 특정 원자나 원자단인 경우에는 친핵성 중심이 되는 특정 원자에 *표를 해 두었다.

[Table 4.1] Common Nucleophiles

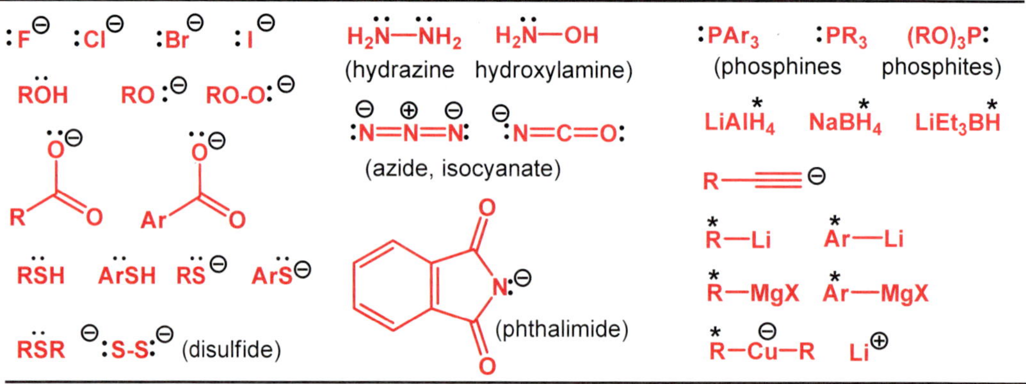

친핵체에는 **고립쌍 친핵체, π-결합 친핵체, σ-결합 친핵체** 세 가지로 나눌 수 있다. 이와 같이 친핵체를 세 가지 유형으로 나누는 것은 다분히 인위적인 것이다. 이렇게 구분하는 이유는 반응하는 분자 내에서 친핵성 원자 또는 원자단을 쉽게 가려낼 수 있도록 하는 데 그 목적이 있다.

친핵체의 세 가지 유형

1. **고립쌍 친핵체(Lone pair nucleophile)**는 고립쌍을 갖는 원자가 있어 고립쌍을 사용하여 친전자성 원자와의 새로운 결합을 형성하게 된다. Alcohol(ROH), alkoxide(RO^-), amine(R_3N), metal amide(R_2N^-), halide(X^-), thiol(RSH), sulfide(R_2S), 및 phosphine(R_3P) 등은 모두 고립쌍 친핵체이며, 모든 카보닐 화합물($X_2C{=}O$)의 O 원자 또한 마찬가지이다. 이들 화합물이 친핵체로 반응하면 친핵성 원자의 형식전하는 +1 증가하게 된다.

$$Ph_3P: \quad Me—I \xrightarrow{DMF} Ph_3\overset{\oplus}{P}—Me \quad I^{\ominus}$$

a phosphonium salt

2. **파이-결합 친핵체(pi-bond nucleophile)**는 π-전자쌍, 특히 C=C의 π-전자쌍을 이용하여 π-결

합에 참여하는 한 원자와 친전자체의 한 원자 간에 σ-결합을 형성한다. 친핵성 원자의 형식전하와 총전자수에는 변화가 없지만, 다른 원자는 전자결핍이 되며 형식전하는 +1 증가하게 된다. 간단한 alkene이나 arene의 π-결합은 약한 친핵체이다. Enolate(C=C−O^-), enol(C=C−OH), enol ether (C=C−OR), enamine(C=C−NR_2)과 같이 고립쌍을 갖는 헤테로원자가 직접 붙어 있는 π-결합은 훨씬 좋은 친핵체가 된다. 원칙적으로는 alkene의 어느 C(sp^2) 원자라도 친전자체와 결합을 형성할 수 있지만, alkene이 비대칭적으로 다르게 치환되어 있으면 그중 한 탄소는 다른 것보다 친핵성이 더 커지게 된다.

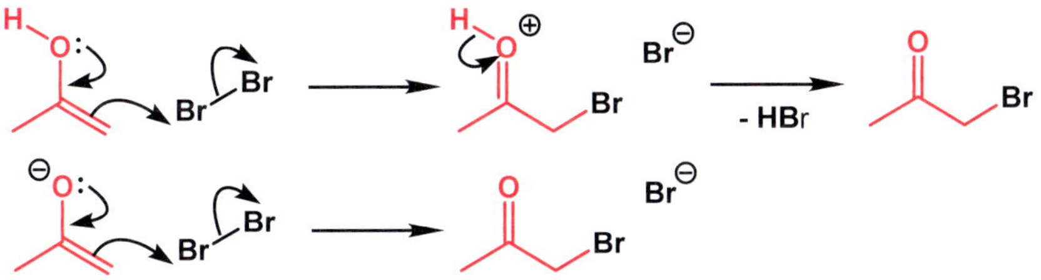

친핵성 alkene은 두 탄소 중에서 전자쌍 내어주기가 더 용이한 탄소가 친전자체와 결합을 형성하게 된다. 고립쌍을 갖는 산소나 질소 등의 헤테로원자 치환기가 붙어 있는 alkene은 β-탄소(헤테로원자가 붙어 있지 않음)가 더 친핵성이며, α-탄소(헤테로원자가 붙어 있음)는 덜 친핵성이다. Alkyl기만으로 치환된 alkene의 경우 치환기가 적은 탄소의 친핵성이 크며, 친전자체와의 반응이 진행되면 치환기가 더 많은 탄소는 형식 양전하를 갖게 된다.

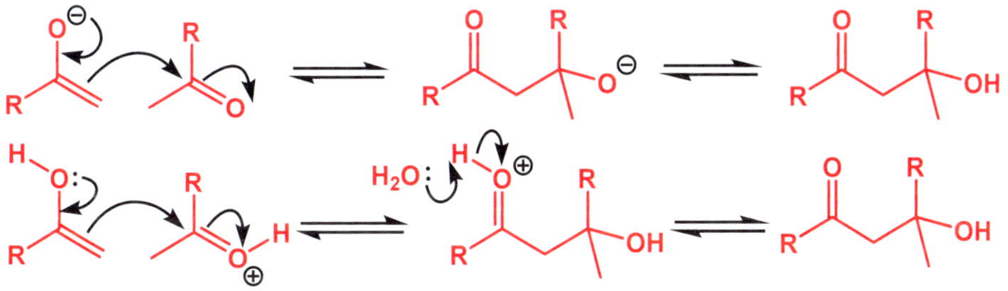

3. **시그마-결합 친핵체(Sigma-bond nucleophile)**는 금속과 비금속 간의 σ-결합을 갖고 있어야 한다. 비금속 원소와 금속 간의 σ-결합 전자쌍이 비금속 원소와 친전자체 간의 새로운 σ-결합을 형성하는데 쓰이게 된다. 친핵성 원자의 형식전하는 변함이 없고 금속의 형식전하는 +1 증가한다. 친핵성 원자는 헤테로원자일 수도 있고, Grignard 시약 (RMgBr, C−Mg 결합), 유기리튬 시약 (RLi, C−Li 결합), 또는 Gilman 시약 (R_2CuLi, C−Cu 결합)에서와 같이 탄소이거나 또는 복합금속 수소화물 ($NaBH_4$ 또는 $LiAlH_4$)에서와 같이 수소일 수 있다.

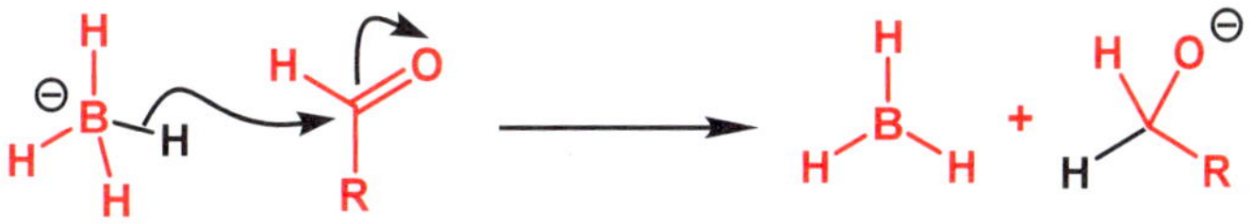

금속과 비금속 간의 결합이 크게 극성화되어 있는 E−M은 종종 이온성 결합(E^- M^+)으로 간

주하기도 하며, 따라서 PhC≡C–Li, H_3C–MgBr, $LiAlH_4$ 등은 $PhC≡C^-$, H_3C^-, H^-로 그리기도 한다. 이런 식으로 취급한다면 σ-결합 친핵체는 사실상 고립쌍 친핵체인 셈이다. 이 교재에서는 엄연히 공유결합성을 가지는 금속과 결합한 σ-결합 친핵체는 어디까지나 σ-결합 친핵체이며, 고립쌍 친핵체로 취급하거나 그리지 않기로 한다.

4.4 The Reactivity of Nucleophiles: Nucleophilicity

친핵체의 세기를 많이 알고 있으면 반응을 이해하는데 상당한 도움이 될 것이다. 친핵체의 화학 구조가 달라지면 당연히 친핵성도가 달라진다. 여기서 부딪치는 문제는 친핵체의 세기는 반응하는 친전자체에 따라 아주 큰 차이를 보이기 때문에, 일률적으로 친핵체의 세기를 정하기가 쉽지 않다는데 있다. 하지만 유기 반응의 친전자체 또는 친전자성 중심은 탄소인 경우가 많으며, 따라서 친핵체의 친핵성도(nucleophilicity)는 25 °C에서 물속의 CH_3Br에 대해 얼마나 반응성이 큰가를 측정하여 결정한 자료가 많다.

Brönsted 산·염기 반응은 친전자체가 양성자 또는 양성자 주개인 특별한 부류의 반응이라고 할 수 있다. 양성자전달 과정인 산·염기 반응은 활성화에너지의 영향을 거의 받지 않는 아주 빠르게 일어나는 평형 반응이다 (Chapter 3 참조). 따라서 평형상수 값으로 산·염기의 세기를 비교하는 것이 가능하며 이는 지극히 타당하다. 산성도란 H^+와 양성자 받개 사이의 평형상수이며, 따라서 한 마디로 줄이면 산성도란 열역학적인 성질인 것이다.

δ⊖ Br—H δ⊕ ◄······· ⊖B (electrostatic attraction; dipole; charged base) ⊖B H—Br ⇌ B—H + Br⊖

이에 반해 CH_3Br은 전하를 거의 띠지 않으며 양성자와 비교하면 상대적으로 크고 비교적 낮은 에너지 LUMO를 갖고 있다. 친핵성도(CH_3Br와의 반응 빠르기)는 반응속도론적인 성질이라 할 수 있다. 대부분의 친핵체와 친전자체 간의 유기 반응은 활성화 에너지가 크기 때문에 (높은 에너지 전이상태) 평형상수 값은 큰 의미를 갖기 어렵다. 즉, 반응속도론적인 성질인 친핵성도는 H^+에 대한 반응성 척도인 화학평형 개념의 염기도와는 완전히 다른 차원에서 접근하는 것이 바람직하다.

R—Br (δ+, δ−; slightly polarized C-Br bond) Nu:⊖ + CH_3—Br → [δ− Nu---C(H)(H)(H)---Br δ−]‡ (transition state) → Nu—CH_3 + Br⊖

Brönsted 산·염기 반응과 친핵체-친전자체의 반응은 이러한 상이점이 있기 때문에 어떤 센 염기는 약한 친핵체이기도 하고, 또 그와 반대로 약한 염기임에도 센 친핵체인 경우도 있다. 친핵체의 세기를 일률적으로 측정하거나 수치화할 수는 없지만, 일반적으로 통용될 수 있는 몇 가지 특징을 기억해 두면 친핵체의 상대적인 세기를 판별하는데 많은 도움이 된다.

1. 일반적으로 염기도가 증가하면 친핵성도도 따라서 커지는 것이 보통이다. 같은 원자가 친핵체를 공격하게 되는 여러 친핵체들의 반응성을 살펴보면 이는 확실하게 드러난다. 염기성이 감소한다는 것은 양성자에 대한 전자쌍의 affinity가 감소한다는 뜻이고, 이는 친핵성 치환과 같은 친전자체와의 반응에서도 일치하는 경우가 많기 때문이다. 다음에 비교하여 놓은 pKa_H 값을 달리하는 여러 산소 친핵체들의 상대적인 친핵성도를 생각해보면 이 말이 그르지 않음을 알 수 있다.

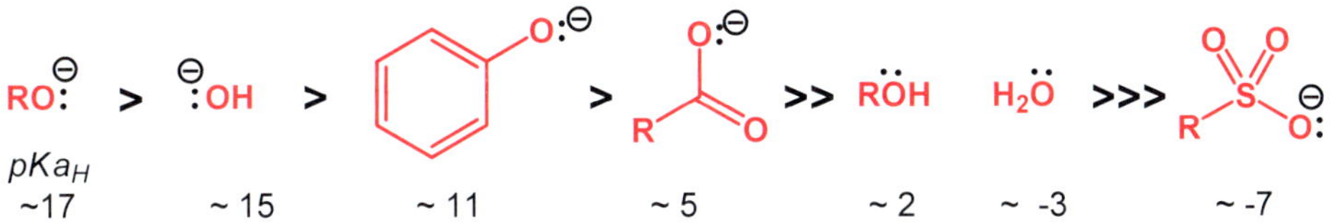

$RO^{\ominus}$ > $^{\ominus}OH$ > $PhO^{\ominus}$ > $RCO_2^{\ominus}$ >> ROH H_2O >>> $RSO_3^{\ominus}$

pKa_H ~17 ~15 ~11 ~5 ~2 ~ -3 ~ -7

2. 친핵성 원자 이웃의 입체 붐빔(steric crowdedness)이 커지면 친핵성도는 급속도로 떨어진다. 그러나 염기도는 약간 떨어질 뿐이다. EtO^-는 좋은 염기이고(pKa = 17) 동시에 좋은 친핵체이지만, t-BuO^-는 이보다 더 좋은 염기이지만(pKa = 19) 더 열악한 친핵체이다. 2,6-Di-*t*-butylpyridine은 친핵성이 없는 염기로 'proton sponge"라고 부르며, 합성에 자주 쓰이는 LDA는 친핵성이 없는 센 염기의 대명사처럼 쓰이는 비친핵성 염기(nonnucleophilic base)이다. 크기 부호는 입체적 영향으로 친핵성도가 감소하는 경향을 나타낸다.

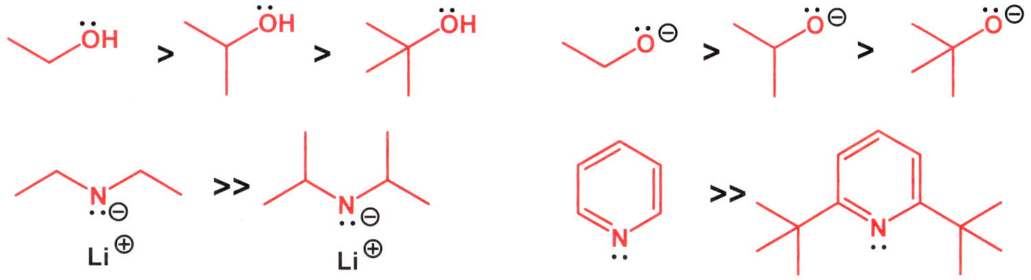

EtOH > *i*-PrOH > *t*-BuOH $EtO^{\ominus}$ > $i\text{-}PrO^{\ominus}$ > $t\text{-}BuO^{\ominus}$

$Et_2N^{\ominus}Li^{\oplus}$ >> $(i\text{-}Pr)_2N^{\ominus}Li^{\oplus}$ pyridine >> 2,6-di-*t*-butylpyridine

강력한 염기이지만 친핵체로서의 반응성이 거의 없는 비친핵성 염기는 여러 유기 반응에서 아주 요긴한 역할을 하므로 이들 염기들은 잘 알아 둘 필요가 있다. 널리 사용되는 이러한 염기에는 *t*-BuOK, $LiN(i\text{-}Pr)_2$ (LDA)와 $LiN(SiMe_3)_2$ (LiHMDS), $KN(SiMe_3)_2$ (KHMDS) 알칼리 금속의 disilylamide 등이 있다. 중성 분자인 DBN과 DBU(amidine base) 등도 자주 이용되는 비친핵성 염기이다. *t*-BuOK를 빼고는 모두 질소 염기인데 이들 비친핵성 염기는 모두 입체적 bulk를 갖고 있다는 공통점이 있다. 이들 또한 구조가 어떻게 생겼는가를 아는 것보다 더 중요한 것이 어떤 특성을 가지며, 어디에 쓰이는가에 관한 것이다.

DBN
1,5-diazabicyclo-[3.4.0]nonene-5

DBU
1,8-diazabicyclo[5.4.0]undecane-7

Amidine 염기인 DBN과 DBU는 alkyl halide 등으로부터 제거 반응을 통해 alkene을 얻고자 할 때 많이 사용되는 염기이다. LDA나 KHMDS 염기는 dialkyl 또는 disilylamide 음이온으로 해당 amine을 BuLi이나 KH와 같은 강력한 염기로 처리하여 얻는다.

R_2NH + *n*-BuLi or KH ⟶ R_2NM R = *i*-Pr, $SiMe_3$ M = K, Li

3. 전하의 비편재화는 염기도를 크게 떨어뜨리지만 친핵성도에는 조금밖에 영향을 미치지 않는다. 예를 들면, EtO^- (pKa = 17)는 AcO^-(pKa = 4.7)보다도 더 낮은 온도에서 *s*-BuBr와 반응한다. EtO^-는 주로 염기로 작용하여 E2 제거로 2-butene이 생성되지만, AcO^-는 주로 친핵체로 작용하여 S_N2 치환으로 *s*-BuOAc를 생성한다. EtO^-는 친핵성도와 염기성도 모두 높다. AcO^-는 EtO^-에 비해서 친핵성도 낮고 염기성도 낮다. 따라서 반응을 하려면 더 높은 온도를 필요로 하기는 하지만, 치환 생성물의 비가 훨씬 높다. 다음 식에 나타낸 alkyl halide와의 반응에서의 상대 속도를 보면 이러한 경향을 쉽게 파악할 수 있다. 이는 AcO^-는 EtO^-보다 염기성은 훨씬 떨어지지만 친핵성은 조금밖에 낮아지지 않기 때문이다.

EtO^- (E2): very fast; EtO^- (S_N2): fast
AcO^- (E2): very slow; AcO^- (S_N2): slow

마찬가지로 단순한 ester enolate(pKa = 25)는 *i*-PrBr와 같은 2차 alkyl halide와 낮은 온도에서 반응하여 주로 제거 생성물을 생성하지만, malonate(pKa = 14) 음이온은 *i*-PrBr와 더 높은 온도라야만 반응하지만 주로 치환 생성물이 생성된다.

EtO(O⁻)C=CH₂ + *i*-PrBr ⟶ EtOAc + propene + Br^-

4. 친핵체에 이웃한 전자쌍-주개 원자가 존재하면 친핵성도는 증가한다. 그 한 예로 H_2O_2 (pKa = 11)는 H_2O (pKa = 15.5)보다 센 산이지만 hydroperoxide 음이온(^-OOH)은 hydroxide (^-OH) 음이온보다 반응성이 큰 친핵체이다. 이웃한 전자주개 치환기에 의하여 전자주개 능력이 향상된다고 설명할 수도 있으나, 이는 오비탈 상호작용을 그려보면 더 쉽게 이해할 수 있다. 이는 두 헤테로원자의 고립쌍의 오비탈 상호작용으로 인한 높은 에너지 HOMO에 기인하는 것임은 Chapter 2에서 이미 설명한 바 있다.

5. 친핵성도는 또한 용매의 성질에 따라서도 크게 달라진다. 비양성자성 극성용매(산성 수소를 갖지 않는 극성이 큰 액체 화합물로 점도가 낮음)는 수소다리 결합이 불가능하므로 그 안에 녹아있는 음이온은 특히 반응성이 높다. 그 결과 염기도와 친핵성도가 모두 증가하는데, 그중에서 친핵성도는 훨씬 더 크게 증가한다. 예를 들어, F^-는 H_2O 속에서는 강력한 용매화로 거의 반응성이 없지만, DMSO에서는 친핵체로 alkyl halide와 반응하게 된다. 자주 사용되는 비양성자성 극성 용매에는 DMSO, DMF, DMA(N,N-dimethylacetamide), HMPA (hexamethylphosphotriamide), NMP(N-methylpyrrolidine), pyridine 등이 있다. 반응을 살펴보아 사용된 용매가 비양성자성 극성 용매(aprotic polar solvent)라면 그 반응은 S_N2로 진행되는 친핵성 치환 반응이 분명하다고 생각하여도 틀리는 경우가 별로 없다.

Some common polar aprotic solvents

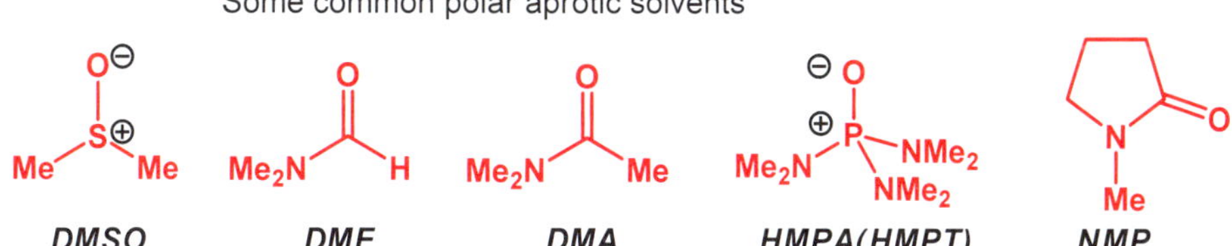

친핵성도에 영향을 미치는 몇 가지 요인에 대하여 알아 보았다. 염기도와 친핵성도의 관계, bulky 치환기에 의한 친핵성의 급격한 감소, 전하의 분산 또는 비편재화에 따른 상대적인 친핵성도의 증가, 용매의 영향 등이 친핵성도, 특히 염기성과 대비한 친핵성도의 증감에 큰 영향을 미친다. 그러나 친핵성도는 반응하는 친전자체에 따라 달라지게 되며, 이를 모두 아우르는 어떠한 규칙을 만들 수는 없다. 그러나 곧 이어 설명하게 될 딱딱·말랑 산·염기 이론을 이해하면 그나마 상당한 도움이 될 것이다.

4.5 Types of Electrophiles Used in Organic Reactions

친전자체(electrophile)란 **결합형성에 사용할 수 있는 낮은 에너지의 빈 오비탈(*p*, *σ**, *π**)**을 갖는 화합물이다. 유기 반응 학습에서 자주 보게 되는 친전자체를 모아 놓은 것이 Table 4.2이다. 친전자체는 중성일 수도 있고, 양전하를 띨 수도 있다. 분자 전체나 특정 group을 친전자체라 하는 경우도 많으며, 이러한 화합물의 친전자성 원자에는 *표를 하여 두었다. 이들 친전자체는 앞에서 친핵체를 분류할 때처럼 **Lewis 산 친전자체, *π*-결합 친전자체 및 *σ*-결합 친전자체**의 세 가지 유형으로 나눌 수 있다. 이들을 차례대로 살펴보기로 하자.

[Table 4.2] Common Electrophiles

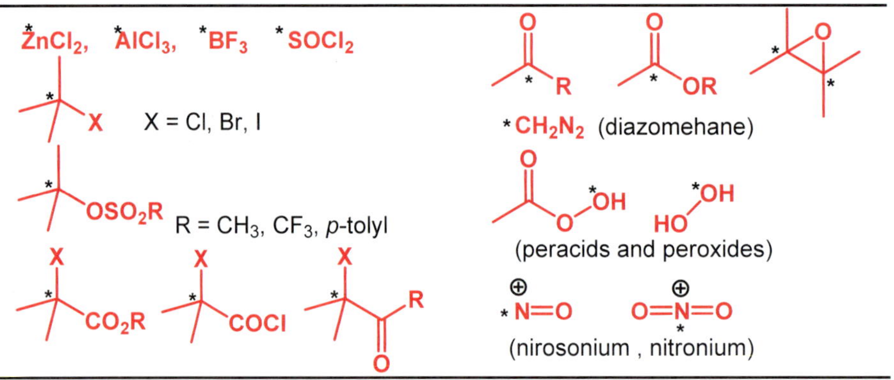

1. **Lewis 산 친전자체**(Lewis acid electrophiles)는 분자내에 옥테트를 채우지 못한 원자를 가지고 있으며 이들 원자는 낮은 에너지의 쓸 수 있는 빈 오비탈, 주로 빈 *p* 오비탈을 가지고 있는 공통점이 있다. 친핵체가 제공하는 전자쌍을 수용하여 결합을 이룸으로써 옥테트를 채우게 된다. 결합을 이룸으로써 친전자성 원자의 형식전하는 –1씩 낮아진다. Boron 화합물, aluminum 화합물, carbocation등이 자주 보게 되는 이 부류의 Lewis 산 친전자체들이다.

2. **파이-결합 친전자체(pi-bond electrophile)**에 있는 친전자성 원자는 옥테트를 이루고는 있지만, 전자쌍을 수용할 수 있는 이웃 원자 또는 원자단에 결합되어 있다. π-결합 친전자체의 유형은 공통적으로 C=O, C=N 또는 C≡N과 같이 극성이 큰 π-결합을 가지고 있다. 두 원자 중 덜 전기음성인 탄소가 친전자성 중심이다. 그 밖에 SO_3와 RN=O와 같은 화합물도 π-결합 친전자체이다. 일부 양이온 친전자체는 경우에 따라 Lewis 산 친전자체 또는 π-결합 친전자체로 다르게 분류되기도 하는데, 이는 두 공명구조 중 어느 것을 기준으로 하는가에 따른다. 예컨대, 양성자붙임한 카보닐 화합물의 경우 [$R_2C=O^+H \longleftrightarrow R_2C^+-OH$], 최상의 공명구조라면 π-결합 친전자체라 할 수 있지만 뒤의 공명구조라면 Lewis산 친전자체라고 할 수도 있기 때문이다. $H_2C=N^+Me_2$, $RC≡O^+$의 경우에도 마찬가지로 π-결합 친전자체라 할 수도 있고, Lewis 산 친전자체라 할 수도 있다. 가장 안정한 공명구조를 기준으로 하는 것이 더 바람직한 것이라 할 수 있다. 친핵체가 π-결합 친전자체를 공격하면 π-결합은 깨지게 된다. 전자쌍은 π-결합의 다른 원자로 이동하여 그 원자의 형식전하는 −1 감소한다.

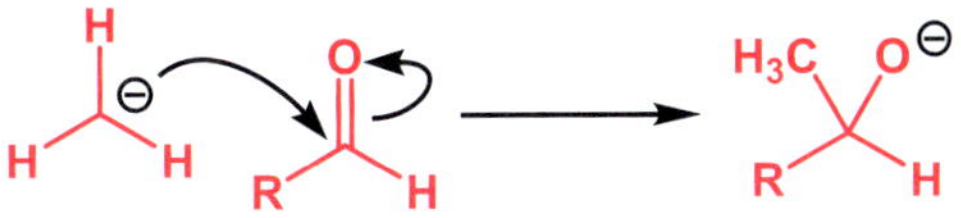

C=C 및 C≡C 다중결합은 친전자성인 원자에 결합되어 있는 경우에만 친전자성을 갖는다. Ethoxide는 단순한 alkene의 π-결합을 공격하여 결합을 형성하기 어렵지만 카보닐기 등의 음이온을 안정화 하는 기가 이웃하여 존재하면 쉽게 반응이 일어난다.

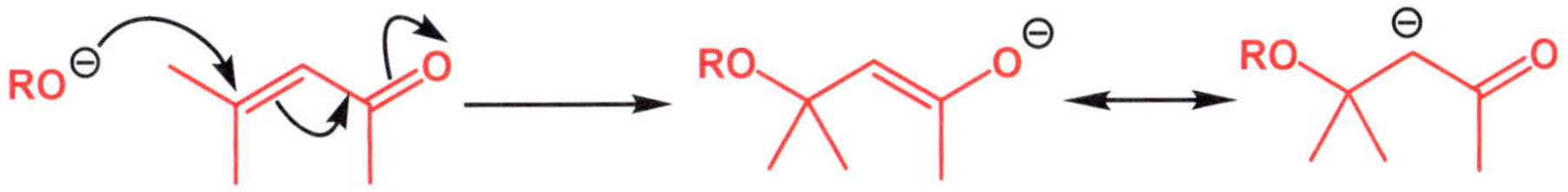

3. **시그마-결합 친전자체(sigma-bond electrophile)**는 E−X 형의 구조를 갖는다. 친전자성 원자 E는 옥테트를 채우고 있기는 하지만, 이탈기(leaving group) 또는 핵배척기(nucleofuge)라 부르는 원자 또는 원자단 X와 σ-결합을 하고 있다. 이탈기는 E−X 결합의 전자쌍을 독차지하여 독립적인 분자나 화학종이 되려는 경향이 크다. 친핵체는 전자쌍을 이용하여 σ-결합 친전자체와 반응하여 친전자성 원자 E와 결합을 형성하게 된다. 동시에 X는 E−X σ-결합 전자쌍을 거느리고 떨어져 나가게 되며, 이때 X의 형식전하는 −1씩 낮아진다. 원자 E에서의 전체 전자수는 변함이 없다. Methyl bromide의 친핵성 치환 반응이 그 예이다.

σ-결합 친전자체는 친전자성 중심인 원자가 탄소이거나 다른 헤테로원자일 수도 있고, 양성자산의 H인 경우도 있다. 첫째 부류의 σ-결합 친전자체는 alkyl halide와 alkyl sulfonate

이며 그밖에 여러 pseudohalide, oxonium ion(예, $Me_3C^+OH_2$)이나 sulfonium ion(예, Me_3S^+) 등이 있다. 탄소 이외에 황이나 인 등의 헤테로원자도 친전자성 중심인 경우가 많다.

4.6 Reactivity of Electrophiles

몇몇 σ-결합 친전자체는 반응 조건에 따라 친핵체 없이도 자발적인 결합깨짐이 일어나 carbocation이 생성되는 경우도 있다. 이탈기의 이탈 능력이 대단히 큰 양이온성 이탈기인 OH_2, N_2 등 중성 분자가 이탈되는 경우이며, 음이온으로 떨어지는 이탈기로는 triflate(OTf)가 거의 유일하다. 아무리 이탈 능력이 커도 1차 alkyl이나 methyl 양이온은 생성되지 않는다.

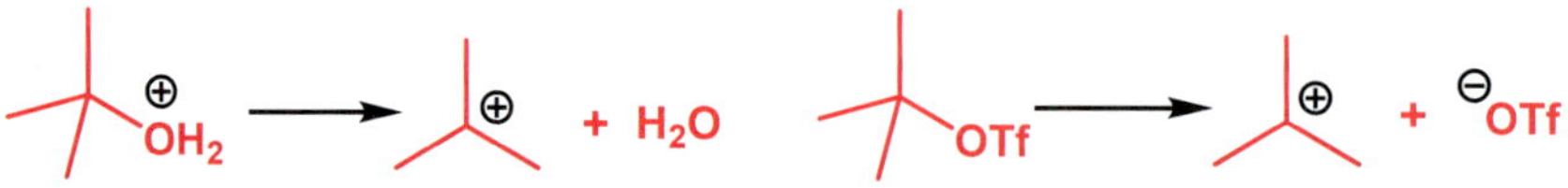

헤테로원자가 친전자성 중심인 σ-결합 친전자체에는 Br_2와 다른 halogen 분자, 과산화산(RCO_3H)과 RSX나 RSeX (X= Br, Cl) 같은 것들이 포함된다.

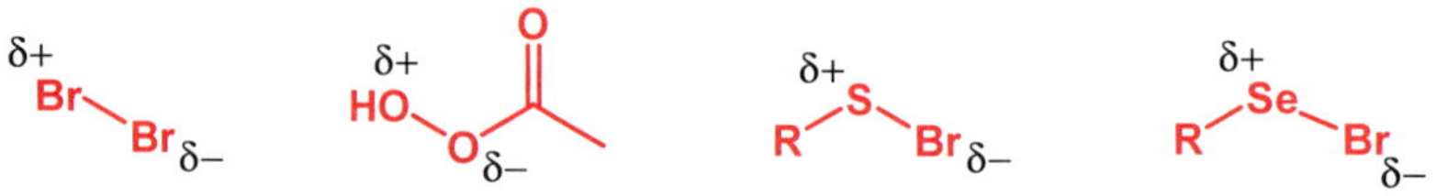

이들 σ-결합 친전자체들은 자발적인 E–X 결합깨짐이 일어나지 않는데, 이는 친전자성 중심인 헤테로원자가 전자결핍을 수용하기엔 너무 전기음성이기 때문이다. 다음과 같이 친핵체의 공격과 함께 결합깨짐이 일어난다.

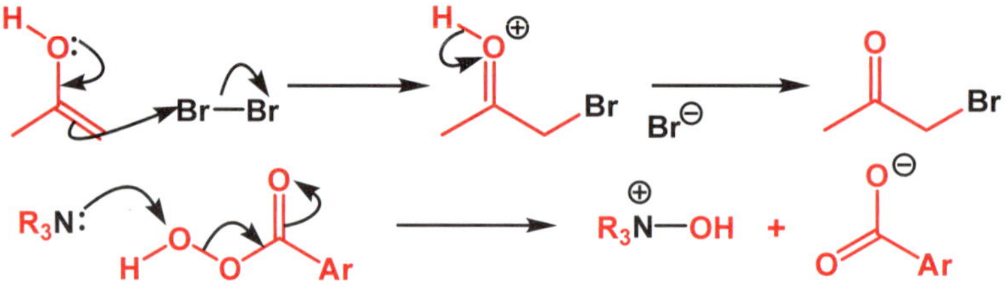

유의해야 할 점은 형식 양전하를 띠는 원자가 꼭 친전자성 중심이 아니라는 점이다. 예로 $CH_2{=}O^+CH_3$를 살펴 보면 전기음성인 산소 원자가 형식 양전하를 갖고 있지만 octet를 모두 채우고 있어 전자결핍 상태가 아니며, 따라서 전혀 친전자성 중심이 될 수가 없다. 그러나 이 양이온의 공명구조인 $CH_3{-}O{-}^+CH_2$의 O는 중성이고, 형식 양전하는 C에 있으며, C는 전자결핍이다. 어느 원자가 친핵체의 공격을 받게 될 것인가는 자명하다. 전자결핍의 C 원자인가 아니면 octet를 채운 전자결핍이 아닌 O 원자인가?

일반적으로 옥테트를 다 채운 헤테로원자가 형식 양전하를 가지면 친전자성이 아니다. 오히려 이에 연결된 그보다 전기양성인 이웃한 원자가 친전자성이다. 쉽게 떠올릴 수 있는 이러한 부류의 원형이 H_3O^+이다. O는 형식 양전하를 가지고 있고, 친전자성을 갖는 것은 H로서 전자쌍을 갖는 염기의 공격을 받게 된다. 이와 같은 방법으로 다음에 나타낸 Me_3O^+, $Me_2N^+=CH_2$ 및 $PhCH_2=N^+(O)^-Ph$의 친전자성 자리(*)를 찾아낼 수 있다.

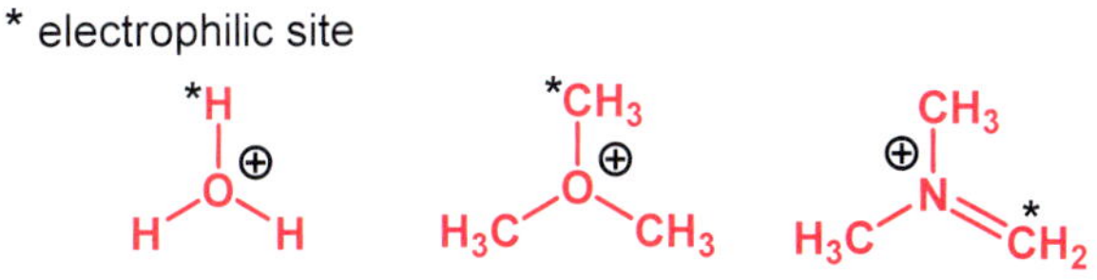

* electrophilic site

유형에 따라 친전자체는 염기 속에서도 존재하는 것이 있고, 어떤 것은 산 매체 속에서만 존재 가능한 것도 있다. 예를 들면, Lewis 산 친전자체는 산 조건에서만 존재할 수 있다. 그러나 π-결합 친전자체는 대부분이 산성 조건에서도 염기성 조건에서도 존재할 수 있다. 그러나 산성 조건에서라면 π-결합 친전자체는 통상적으로 양성자붙임이 일어나거나, Lewis 산과 배위된 후에 친핵체와 반응하게 된다. σ-결합 친전자체는 C–X (X는 핵배척 이탈기임) 유형과 헤테로원자–헤테로원자 유형 모두 산성이나 염기성 조건에서 존재할 수 있다. C–X 유형의 친전자체는 그러나 산성 조건에서도 존재할 수 있는 약한 친핵체와는 반응하기 어렵다. 산성 조건하에서는 반응성이 더 큰 carbocation으로 바뀐 후에야 약한 친핵체와 반응하는 것이 보통이다.

친전자체인가 친핵체인가를 알아차리기에 가장 까다로운 작용기 중의 하나가 C=C π-결합이다. 때에 따라 친핵체로도 친전자체로도 작용할 수 있다는 점은 알고 있을 것이다. Alkene이 친핵성인지 친전자성인지 어떻게 알 수 있을까? 유기화학에서 흔히 alkene은 카멜레온 같은 존재라고 한다. 무엇과 결합하고 있는가에 따라 다르게 반응한다. Alkene 또는 arene이 $-CR_2$, $-COR$, $-CO_2R$, $-C{\equiv}N$, $-NO_2$ 또는 $-CH_2X$ (X=이탈기)와 같은 친전자성 치환기가 붙어 있으면 친전자성으로 친핵체의 공격을 받는다. 이러한 전자끌개 치환기가 붙어 있는 alkene이나 arene은 α-탄소(친전자성 치환기 붙어있지 않은 탄소)가 아닌 β-탄소가 친전자성 자리가 된다. 이는 π-결합에 있던 전자가 친전자성 치환기와 상호작용을 위해 α-탄소로 이동하여야 하기 때문이다.

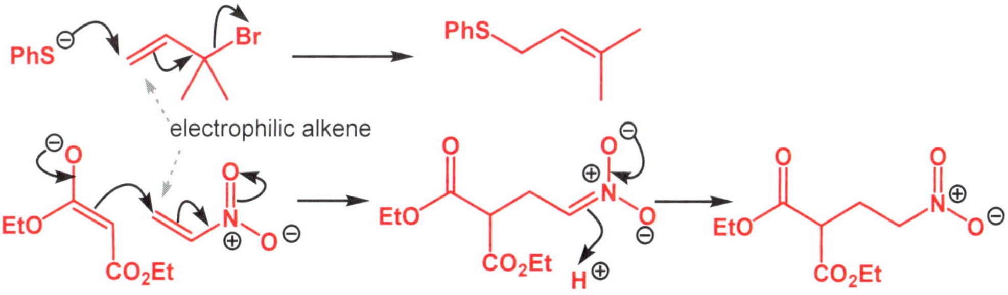

electrophilic alkene

동일한 양상을 전자-주개가 치환된 alkene이 β-탄소에서 친핵성을 나타내는 것을 이미 살펴본 바 있다. Alkene 또는 arene이 RO−, R_2N− 또는 $-CH_2MgBr$와 같은 친핵성 group에 연결되어 있으면 친핵성이다. 치환기가 없는 단순한 alkene과 arene 또한 이들보다 약하기는 하지만 센 친전자체가 있으면 친핵체로 작용할 수 있다.

정상적으로 alkene은 친핵성이지만 아주 강력한 친핵체에 대해서는 친전자체로 작용할 수도 있으며, 또한 정상적으로는 친전자성이던 alkene도 아주 강력한 친전자체를 만나면 친핵체로 작용할 수도 있다. 예를 들어, 강력한 친핵체인 alkyllithium도 친핵성 alkene에 첨가하기도 하며, 친전자체인 2-cyclohexen-l-one에도 Br_2의 친전자성 첨가가 일어난다. 이러한 반응들은 왜 alkene을 유기화학의 chameleon이라고 하는지를 잘 나타내 주는 대목이라고 하겠다.

4.7 Good Nucleofugal Leaving Groups

구조적으로 BF_3이나 $AlCl_3$과 같은 빈 오비탈을 가지는 Lewis 산 친전자체를 제외하면 많은 친전자성 원자는 이웃에 좋은 이탈기를 가지고 있다. 따라서 좋은 친전자체라 함은 많은 경우 좋은 이탈기(nucleofugal leaving group)를 가지고 있는 원자 중심을 의미한다. 이탈기의 이탈 능력은 제각기 다르다. 이탈기의 이탈 능력은 이탈기 짝산의 pKa_H와 밀접한 관계가 있다. 이탈기가 덜 염기성일수록 이탈 능력은 커진다. 다음 Table 4.3에 자주 보게 되는 이탈기들이 짝산의 pKa와 함께 정리되어 있다. 유기화학 반응에서 접하는 이탈기 중에서 가장 이탈 능력이 큰 것은 N_2이고, 그 다음이 triflate이다.

[Table 4.3] Leaving Ability of Nucleofuge Compared with its pK_{aH}

Excellent to good leaving groups	pKaH	Fair to poor leaving groups	pKaH
N_2	< - 10	$F^{\ominus}$	+ 3
$CF_3SO_3^{\ominus}$ ($TfO^{\ominus}$)	< - 10	$RCO_2^{\ominus}$	+ 5
$I^{\ominus}$	- 10	$^{\ominus}C{\equiv}N$	+ 9
$Br^{\ominus}$	- 9	NR_3	+ 10
$ArSO_3^{\ominus}$ (e.g., $TsO^{\ominus}$)	- 7	$RS^{\ominus}$	+ 11
$Cl^{\ominus}$	- 7	stablized enolates	+ 9 ~ + 14
RCO_2H	- 6	$EtO^{\ominus}$	+ 15
EtOH	- 2.5	simple enolates	+ 20 ~ 25
H_2O	- 1.5	$R_2N^{\ominus}$	+ 35

일반적으로 뛰어나거나 상당히 좋은 이탈기만이 S_N2 치환에서 만족스런 (쓸모 있는) 속도로 떨어져 나간다. 그저 그렇거나 열악한 이탈기는 카보닐 기의 첨가-제거 반응에서와 같이 음전하에 인접하여 있는 경우에나 떨어져 나갈 수 있다. H^-, O_2^-와 안정화되지 않은 카보음이온은 지독히 열악한 이탈기들로 이들이 이탈하는 경우는 거의 없다.

짝산의 pKa_H 값만 보면 항상 이탈기의 이탈 능력 순서를 알 수 있는 것은 아니다. 예를 들어, carboxamides($RCONR_2$)의 이탈기인 $^-NR_2$의 pKa_H는 35이지만 강한 염기를 써서 가수분해할 수 있지만, alkynylketone(RCOC≡CR)은 $^-C{\equiv}CR$의 pKa_H는 25임에도 불구하고 유사한 가수분해가 일어나지 않는다.

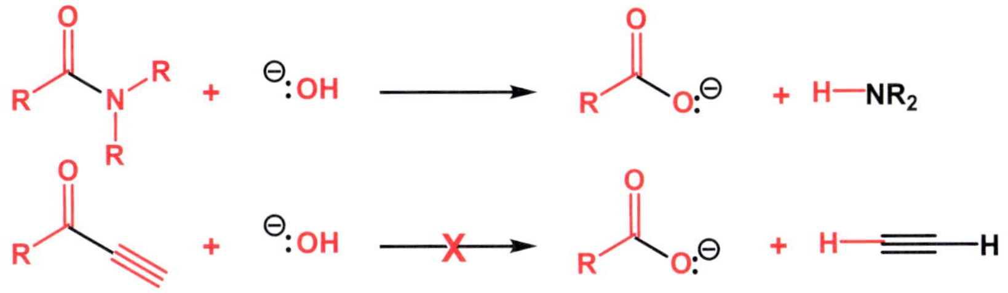

이에 대한 설명은 carboxamide의 N는 이탈하기 전에 양성자붙임으로 실제로는 이탈기가 $^-NR_2$이 아니고 HNR_2(pKa_H = 10)이 라는 것이지만 이것만으로 충분한 설명이 될 수 없다. 같은 이유로 ^-CN의 이탈 능력은 비슷한 pK_a 값을 보이는 다른 헤테로원자 이탈기와 비교하여 상당히 낮다. 친전자체 구조, 상대 금속 이온의 존재 여부, 반응 용매의 성질 등도 이탈 능력을 결정하는 데 중요한 요인이 된다.

반응이 일어남으로써 strain이 경감되면 이탈기의 능력이 증가한다. 예를 들어, 일반적으로 alkoxide는 열악한 이탈기여서 친핵체의 공격으로 떨어지는 경우가 별로 없지만 epoxide는 친핵체 Nu^-과 반응하여 alkoxide인 $NuCH_2CHRO^-$이 생성되는 반응은 아주 쉽게 일어난다.

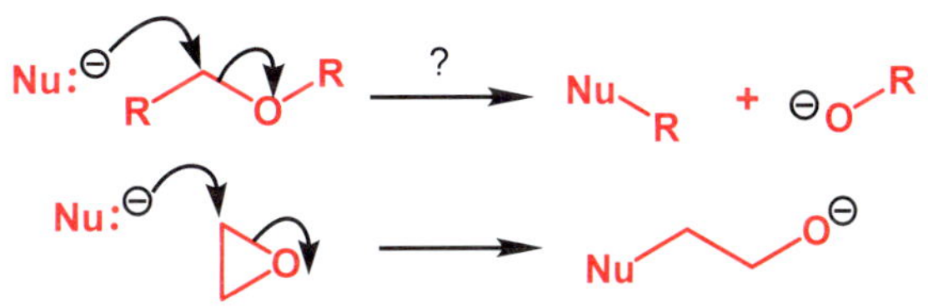

다음은 유기 반응에서 좋은 이탈기로 분류되는 대표적인 것들이다. Alkyl halide나 epoxide는 양성자 또는 Lewis 산에 의하여 activation 될 수도 있다.

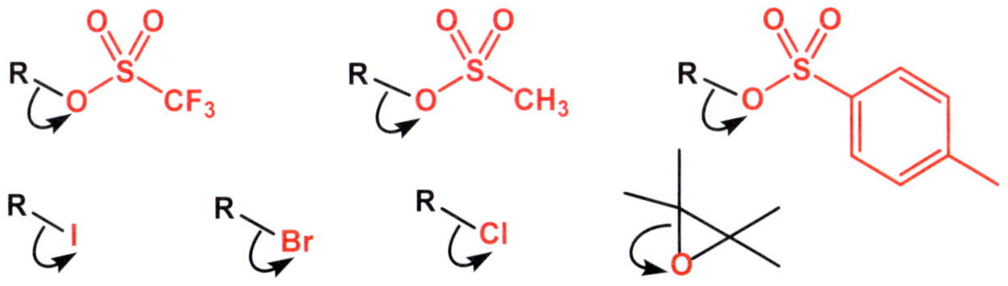

Alcohol, ether, ester 등의 산소 이탈기는 자체로서는 매우 열악한 이탈기로 반응성이 낮지만 양성자붙임 또는 Lewis 산과의 작용으로 중성인 이탈기로 변화되면 좋은 이탈기가 된다.

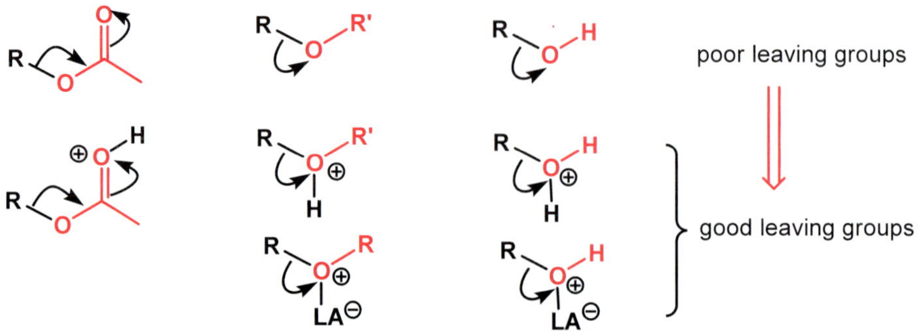

poor leaving groups

good leaving groups

Fluoride를 비롯한 질소, 인, 황 원자로 된 이탈기는 alkoxide 또는 hydroxide와 같이 잘 떨어져 나가지 않는 열악한 이탈기로 분류할 수 있다. 다음에 나타낸 이탈기는 모두 열악한 이탈기들로 양성자나 Lewis 산이 존재한다 하여도 좋은 이탈기로 바뀌지 않는다. 그러나 만약 이웃한 원자에 불안정한 음이온이 생성되는 경우라면 이들 이탈기들도 어렵지 않게 전자쌍을 거느리고 떨어져 나오게 된다.

Poor Leaving Groups in Organic Reactions

$R-F$, $R-SH$, $R-NH_2$, $R-NO_2$, $R-NH_3^{\oplus}$, $R-NR_3^{\oplus}$

$R-CN$, $R-SR'$, $R-NR_2$, $R-S(=O)-R'$, $R-S(=O)_2-R'$, $R-PR_3^{\oplus}$

4.8 How to Find Nucleophilic and Electrophilic Sites in a Compound

주어진 화합물이 친핵체인가 아니면 친전자체인가를 알아내는 것은 경우에 따라 아주 쉬울 수도 있고, 경우에 따라 상당히 어려울 수 있다. 예컨대, 반응하는 화학종이 음전하를 가지고 있으면 십중팔구 친핵체이고, 양전하를 띠고 있으면 친전자체일 것이다. 또한 고립쌍을 가지고 있으면 친핵체로 작용할 가능성이 크다.

하지만 C=C 이중결합에서처럼 경우에 따라 다른 거동을 보인다든지 또는 어떤 주어진 화합물의 친전자성 자리가 어디인지 등 불분명한 경우에는 이를 알아내는 한 가지 요령이 있다. 이럴 때는 **모든 고립쌍을 그려 넣고 답을 찾을 때까지 계속해서 공명구조를 그려보면 된다.**

주어진 화합물의 두 번째로 중요한 공명구조를 보면 화합물 내에서 어디가 친핵성 자리인가가 들어나는 경우가 종종 있다. 예를 들어, anisole의 공명구조를 그려보면 어떻게 친전자체와 반응이 *ortho* 또는 *para* 자리에서만 일어나고, *meta*에서는 거의 일어나지 않는가를 알 수 있다.

이와 같이 공명구조를 그려보는 방법은 친전자성 자리를 찾아내는데도 유용하게 써먹을 수 있다. 쉬운 예로, acetone($Me_2C{=}O$)의 두 번째 중요한 공명구조를 그려보면 C가 친전자성임이 쉽게 들어난다.

또한 반응 조건을 알면 주어진 화합물이 친전자체인지 친핵체인지 판별할 수 있다. 특징적으로 또는 대표적으로 사용되는 친핵체의 종류는 염기성 조건과 산성 조건에서 다르다.

1. 고립쌍 친핵체로 뛰어나게 좋은 염기는 음이온인 경우가 많으며 염기성 조건에서만 존재할 수 있으나, 염기도가 떨어지는 고립쌍 친핵체는 산성 조건에서도 염기성 조건에서도 존재할 수 있다. 물과 알코올 친핵체는 산성이거나 염기성이거나 존재 가능하다. 그러나 염기성 조건이면 일단 양성자가 떨어지고 나서 친전자체와 반응하지만, 산성 조건이면 그렇지 않다. 산성 조건에서 amine은 ammonium 염으로 존재하여 고립쌍이 없어지게 되므로 평형이 불리하지만 일단 양성자가 제거되고 나면 친핵체로 작용할 수 있다.
2. 대부분의 σ-결합 친핵체(PhMgBr, CH_3Li, $LiAlH_4$, $NaBH_4$)는 상당히 센 염기성이므로 염기성 조건에서만 사용할 수 있다. 산성 조건임에도 그런대로 사용 가능한 σ-결합 친핵체가 몇몇 있다. Lewis 산으로도 작용하는 $AlMe_3$, $ZnEt_2$ 및 i-Bu_2AlH와 같은 친핵체들과 Lewis 산은 아니지만 H^- 공급원으로 사용되는 $NaBH(OAc)_3$나 $NaBH_3CN$ 같은 시약들이 그러한 예이다.
3. 대부분의 π-결합 친핵체(enol, enol ether, enamine, 단순한 alkyl 치환기만을 갖는 alkenes and arenes)는 산성이나 염기성을 가리지 않고 존재 가능하다. 단, enolate는 염기성 조건에서만 존재할 수 있다. 그러나 π-결합 친핵체 중에서 enolate와 enamine만이 염기성 조건에서 전형적인 친전자체를 공격할 수 있을 만큼 충분한 반응성을 갖는다.

문제 4.5 다음에 나열된 화학종은 친전자체인가 아니면 친핵체인가?

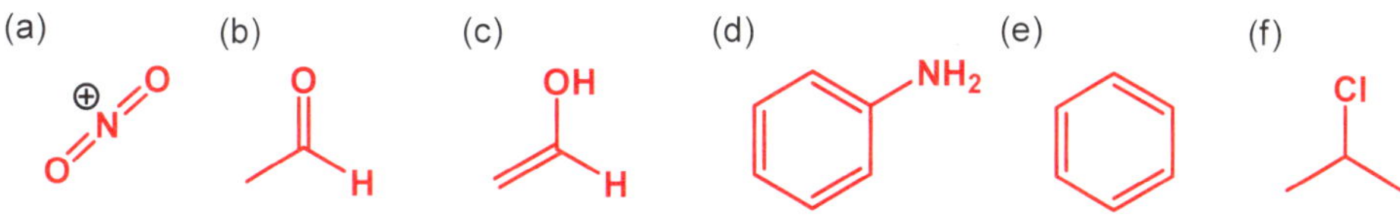

문제 4.6 다음 각 화학종에서 Brönsted 염기와 Lewis 산(친전자체)을 찾아보라.

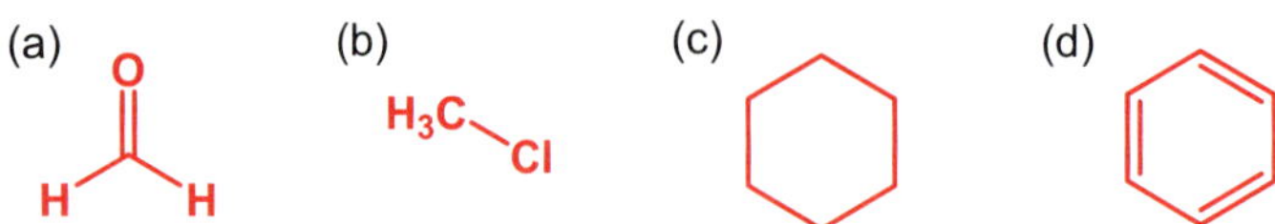

문제 4.7 다음 각 화학종은 Lewis 산인가? Brönsted 산인가? 아니면 어느 쪽도 아닌가?

(a) $H_3O^{\oplus}$ (b) $CH_3C^{\oplus}$ (c) $TiCl_4$ (d) BF_3 (e) H-Cl

문제 4.8 Ether는 ketone보다 더 좋은 Lewis 염기이다. 이를 어떻게 설명하면 되는가?

R–Ö–R R₂C=Ö

문제 4.9 각 반응에 Lewis 산과 Lewis 염기를 표시해 넣어라. 구부린 화살표를 이용하여 전자쌍의 이동을 표시하라.

(a) $Cl^{\ominus}$ + BCl_3 ⟶ $BCl_4^{\ominus}$

(b) (2,3-dimethyl-2-butene) + H_2SO_4 ⟶ (carbocation) + $HSO_4^{\ominus}$

(c) H_3C–C(=O)–Cl + $^{\ominus}OH$ ⟶ Cl_3C–C($O^{\ominus}$)(Cl)–OH

문제 4.10 Lewis 산·염기 반응의 구부린 화살표를 그려 넣고 그에 따른 생성물을 그려 넣어라. 그리고 어느 것이 친전자체인지 어느 것이 친핵체인지 표시하라.

(a) CH_3CH_2OH + BCl_3 ⟶ (b) CH_3SCH_3 + $AlCl_3$ ⟶

(c) CH_3–C(=O)–CH_3 + BF_3 ⟶ (d) (methylcyclopentyl cation) + H_2O ⟶

(e) Br_2 + $FeBr_3$ ⟶ (f) Br_2 + $CH_2=CH_2$ ⟶

문제 4.11 다음 이탈기들을 이탈 능력 순으로 다시 나열하라.

(a) $Br^{\ominus}$ (b) $^{\ominus}OH$ (c) CH_3–C(=O)–$O^{\ominus}$ (d) F_3C–C(=O)–$O^{\ominus}$ (e) CF_3–S(=O)(=O)–$O^{\ominus}$

문제 4.12 다음은 모두 친전자성 자리를 갖는 화합물이다. 일반적인 친핵체를 Nu:⁻로 표시하여 (염기가 아님) 다음 친전자체와의 반응을 구부린 화살표 표기법에 따라 정확하게 그려 보라. 두 가지 이상의 합리적인 그림을 그릴 수도 있다.

(a) (b) 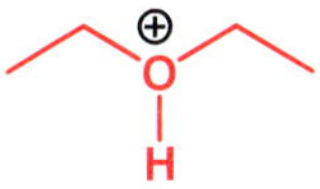 (c) 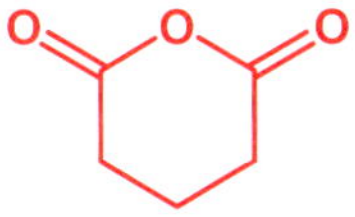 (d)  (e) 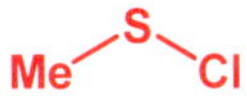 (f)

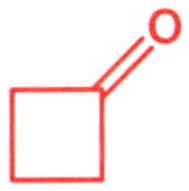

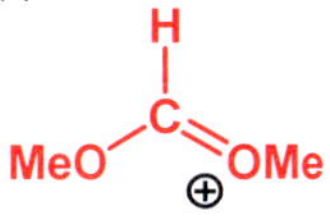

문제 4.13 다음에 열거한 화합물과 친전자체 E^+와의 반응을 (H^+가 아님) 정확한 화살표 표기법을 따라 그려 보라.

(a) (b) 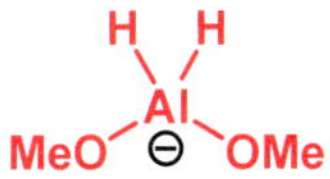 (c)  (d) 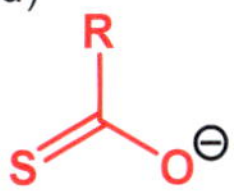 (e) 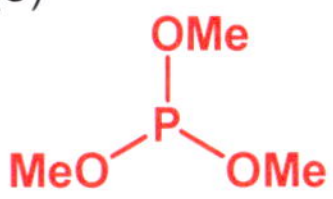 (f)

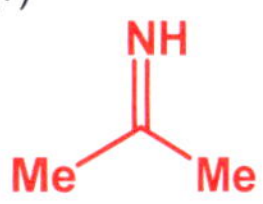

문제 4.14 다음 각 화합물에서 특정 원자가 화살표로 표시되어 있다. 이 원자들이 각각 친핵성인지, 친전자성인지, 아니면 산성인지를 정하라. 어떤 원자는 한 가지 이상의 성질을 갖는 것도 있다. 문제의 성격상, 여기서 산성이라 함은 $pKa \leq 25$ 임을 나타낸다. (그릴 수 있으면 공명구조를 그려보라.)

(a)

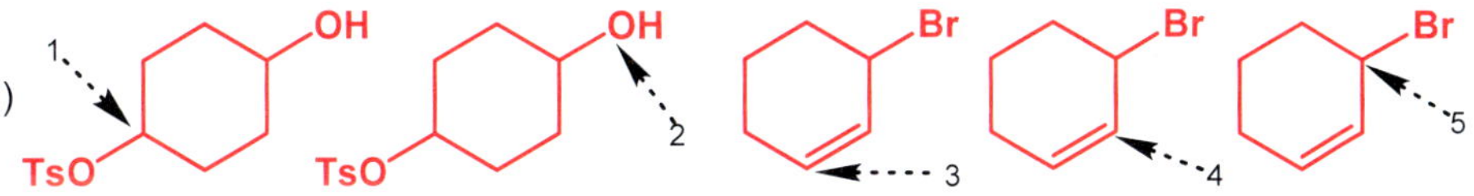

(b)

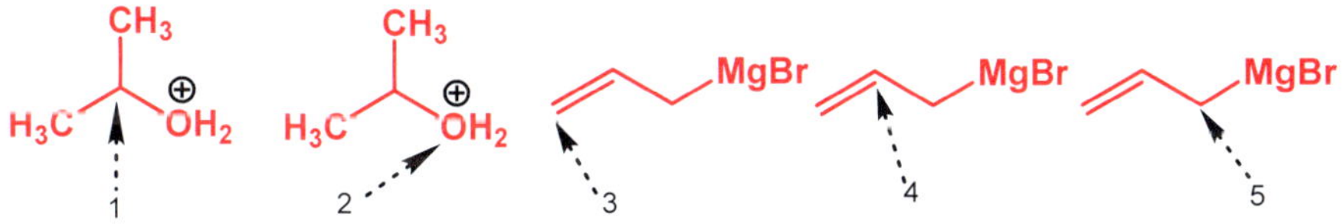

(c)

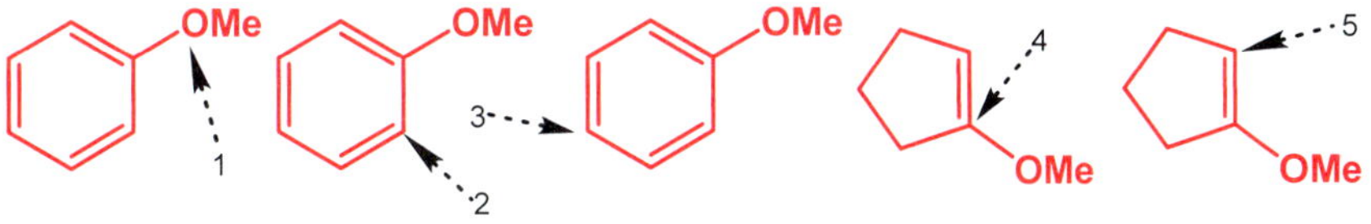

(d)

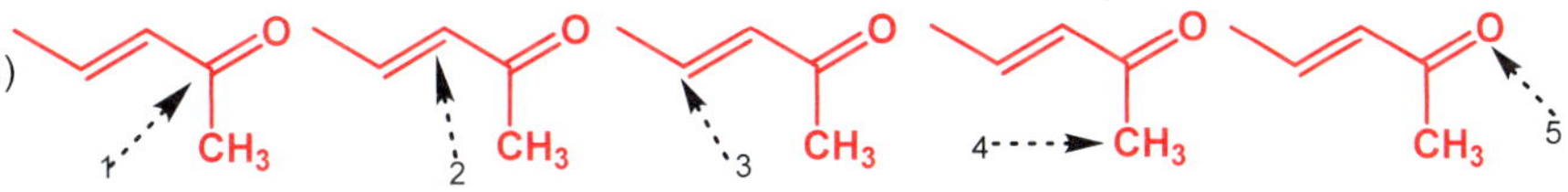

(e)

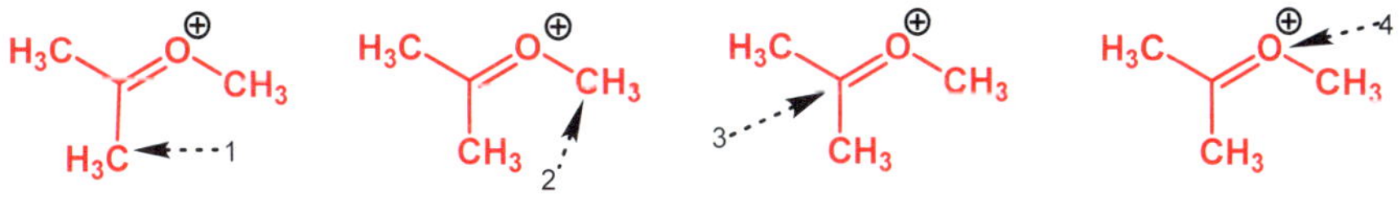

(f)

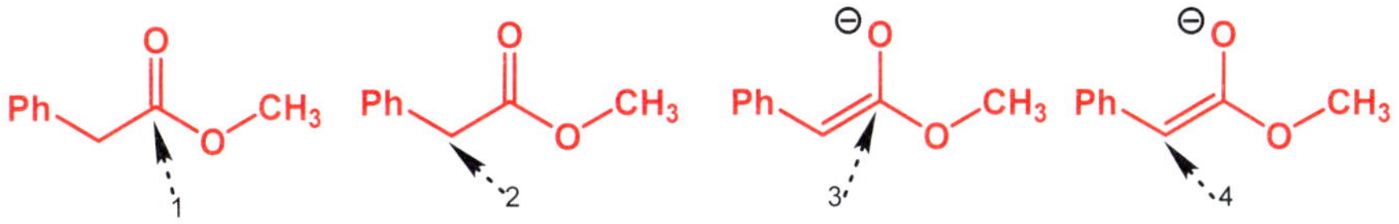

(g)

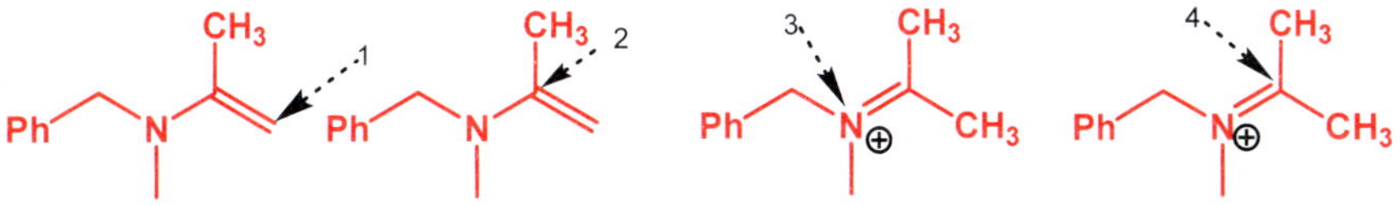

문제 4.15 다음 각 반응에서 친전자체, 친핵체 및 이탈기(nucleofugal)가 무엇인지를 가려 표시해 넣어라.

(a) PPh_3 + CH_3CH_2Br $\xrightarrow{EtOH}$ $Ph_3P^{\oplus}CH_2CH_3$ + $Br^{\ominus}$

(b) $ClCH_2CH(CH_3)CH_2CH_2NH_2$ + $CO_3^{2\ominus}$ ⟶ 2-methylpyrrolidinium ($\overset{\oplus}{N}H_2$) $Cl^{\ominus}$

(c) cyclohexylideneacetic acid (OH) + CH_2N_2 $\xrightarrow[0\ ^{\circ}C]{Et_2O}$ methyl ester (OCH_3) + N_2

(d) styrene oxide + H_2O $\xrightarrow{H_3O^{\oplus}}$ 1-phenyl-1,2-ethanediol (OH, OH)

문제 4.16 다음에 나타낸 화합물과 ethylamine이 반응하면 어떤 생성물이 생성되는가?

(a) benzaldehyde (O, H) (b) 3-methylbutanoyl chloride (Cl, O) (c) 2-methyl-2-cyclohexenone (O) (d) allyl bromide (Br) (e) cyclopentene oxide (O)

4.9 What are Hard and Soft Acids and Bases

Lewis 산과 염기에 대한 정의가 완전한 것은 아니지만, 배위 화합물 또는 금속 착물을 형성하는 반응에 있어 반응의 평형상수 값을 예측하고 논의하는데 매우 유용하며 상당수의 유기 반응을 설명하는데도 더 없이 효과적이다. Lewis 정의의 중요성은 이 정의를 통하여 모든 화학 반응들은 산·염기 반응과 산화환원 반응으로 분류할 수 있다는 점에 있다. 초기에는 Lewis 산·염기의 정의를 사용하여 모든 화학 반응을 (1) 산·염기 반응, (2) 산화환원 반응 그리고 (3) 자유 라디칼 반응으로 분류하였으나, 그 후 Pearson은 자유 라디칼 반응을 원자 또는 원자단 이동에 따르는 산화환원 반응으로 분류함으로써, 모든 반응을 산·염기 반응과 산화환원 반응으로 분류하여 단순화시켰다. Pearson의 이와 같은 분류법이 맞는다면 대다수의 화학 반응을 반응에 참여하는 화학종의 상대적인 산성도와 염기도를 토대로 이해할 수 있다.

문제는 Lewis 산·염기의 상대적인 세기를 정량화하는 것은 말처럼 단순하지 않다. 그러나 다음과 같은 반응 조건에서 A_1와 A_2, B_1와 B_2 두 개의 Lewis 산과 염기의 상대적인 세기를 비교하는 것은 가능하다. 다음 두 반응이 자발적으로 모두 오른쪽 방향으로 진행한다면, A_1은

A_2보다 강한 산이며 B_1은 B_2보다 강한 염기라고 할 수 있을 것이다. 상대적인 산·염기의 세기는 산·염기 첨가 생성물의 상대적 안정도의 항으로 표현할 수 있다.

$$A_1 + A_2:B \longrightarrow A_1:B + A_2 \qquad A_1 > A_2$$
$$B_1 + A:B_2 \longrightarrow A:B_1 + B_2 \qquad B_1 > B_2$$

이와 같은 반응성 비교를 통한 Lewis 산·염기의 정성적인 상관관계와 경향성이 발견되었다. Arhland는 Lewis 염기에 대한 반응성을 토대로 금속 이온을 A와 B의 두 가지 전자받개(acceptor) group으로 분류하였다. A group에 속하는 금속 이온은 주기율표의 첫째 주기 원소들과 매우 안정한 첨가 생성물을 형성하는데 반하여, B group 금속 이온은 같은 족이라면 더 무거운 원소와 안정한 화합물을 형성하는 것을 알아내었다.

이러한 분류 방식을 따를 때 Table 4.4의 A group 금속 이온은 크기가 작고, 쉽게 편극화(polarization)되지 않는 반면에, B group 금속 이온은 이와 상반된 성질을 갖고 있음을 알 수 있다. A group 금속 이온과 B group 금속 이온은 모두 자신과 유사한 성질을 갖는 비금속 원소와 결합하려는 경향이 강하다. 이러한 경향성에 대한 관찰 결과는 Pearson에 의해 확장되고 일반화되면서, 딱딱-말랑 산·염기 (hard and soft acids and bases, HSAB)라는 용어를 사용하게 되었다[3].

[Table 4.4] Relative Stabilities of the Complexes Formed by the Ligands

A type metal ions	B type metal ions
F > Cl > Br > I	F < Cl < Br < I
O >> S > Se> Te	O << S < Se ~ Te
B >> P > As > Sb	B << P < As < Sb

Pearson은 **말랑 염기(soft base)**란 전자주개 원자가 큰 편극도(polarizability)와 낮은 전기음성도를 가지며, 쉽게 환원될 수 있으며, 전자를 수용할 수 있는 에너지가 낮은 빈 오비탈을 갖고 있는 염기라고 정의하였으며, **딱딱 염기(hard base)**란 말랑 염기와 성질이 반대여서 전자주개 원자가 낮은 편극도과 높은 전기음성도를 갖고 있으며, 환원되기 어려우며, 말랑 염기에 비해 상대직으로 높은 에너지의 빈 오비탈을 갖고 있는 염기라고 정의하였다. 말랑 산인 전자받개 원자는 영(0)이나 낮은 산화수를 갖고, 크기가 크며, 쉽게 들뜰 수 있는(excited) 전자들을 갖고 있는 반면, 딱딱 산인 전자받개 원자는 크기가 작고, 높은 산화수를 갖고, 쉽게 들뜰 수 있는 바깥 껍질 전자를 갖고 있지 않다고 설명하였다.

딱딱-말랑 산·염기 개념을 적용하는데 있어서 기억해야 할 중요한 원칙은 딱딱 산은 딱딱 염기와 반응하여 안정한 첨가 생성물을 형성하며, 말랑 산은 말랑 염기와 반응하여 안정한

3 용어: hard 딱딱, soft 말랑, hard acid 딱딱 산, soft base 말랑 염기, hardness 딱딱도, softness 말랑도, hard and soft acid base 딱딱-말랑 산염기. 대한화학회 정식 술어: 굳은산 무른염기.

첨가 생성물을 형성한다는 것이다 (이 내용은 앞으로 **HSAB의 원리**라고 칭한다). 식 (1-29)에서 아래 첨자 h와 s가 각각 딱딱(hardness)과 말랑(softness)의 성질을 나타내며, 위의 원칙에 따르면 이 반응의 평형상수 K는 1보다 커야 한다.

$$A_h{:}B_s + A_s{:}B_h \rightleftharpoons A_h{:}B_h + A_s{:}B_s \qquad K > 1$$

Pearson의 **딱딱 말랑 산·염기 이론(hard and soft acid base theory)**이 정립되면서 그나마 많은 반응성 경향을 예측할 수 있게 되었다. 또한 극성 유기 반응 메커니즘의 key step이 되는 친핵체와 친전자체의 반응을 설명하는데 아주 유용한 지침이 된다.

딱딱도와 말랑도의 효과를 보여주는 반응 예를 하나 들어 보자. 황화수소 (H_2S) 기체를 염화수은(II)과 같은 수은(II) 염 수용액에 통과시키면 황화수은의 검은색 침전이 얻어진다.

$$HgCl_2 + H_2S \longrightarrow HgS + 2\ HCl$$

이 반응을 단순히 Brönsted 산·염기 즉, *pKa*의 관점에서만 본다면 놀랄만한 사실이다. 약한 산이 약한 염기에 양성자붙임하여 훨씬 센 산인 HCl이 생성되는 것이다. 그렇지만 이는 관여되는 화학종의 딱딱-말랑 성질을 고려한다면 설명이 가능하다. 수은 이온(Hg^{2+})은 말랑 산이며 sulfide ion(S^{2-})은 말랑 염기이다. 따라서 이들 간의 친화력은 양성자나 chloride ion과 같은 딱딱 화학종과의 친화력에 비하여 훨씬 크다.

아래 반응은 어떠한가? $\Delta H°$가 매우 큰 음의 값이라는 사실로, 말랑 I^- ion은 말랑 Cs^+ ion과의 결합을 선호하며 딱딱 F^- ion은 딱딱 Li^+ ion과 결합을 선호한다는 사실을 추정할 수 있다.

$$\underset{\text{h—s}}{LiI} + \underset{\text{s—h}}{CsF} \rightleftharpoons \underset{\text{h—h}}{LiF} + \underset{\text{s—s}}{CsI} \qquad \Delta H^o = -135\ \text{kJ/mol}$$

일반적으로 딱딱 산(hard acid)과 딱딱 염기(hard base)는 이온성 결합을 하려는 성향을 띠며, 말랑 산과 말랑 염기는 공유결합을 하려는 경향이 크다. 이로부터 말랑 산과 말랑 염기의 상호작용과(soft–soft interaction) 딱딱 산과 딱딱 염기의 상호작용은(hard–hard interaction) 딱딱–말랑 상호작용(hard–soft interaction)보다 효과적이라는 결론에 이른다. 이는 속도론적으로나 열역학적 과정에나 공통적으로 적용된다.

그러나 딱딱과 말랑을 근거로 한 딱딱·딱딱(h-h), 말랑·말랑(*s*-s) 사이의 상호작용에서 비롯되는 안정성에 대한 경향을 지나치게 과신해서는 안 된다. 왜냐하면 산과 염기들이 갖고 있는 고유한 산·염기의 세기가 말랑과 딱딱의 성질보다 반응성을 결정하는데 있어 더 중요한 경우도 많기 때문이다. 아래 식에서 염기의 세기 차이가 매우 크기 때문에 ($SO_3^{2-} > F^-$, $OH^- > SO_3^{2-}$), HSAB의 원칙과 무관하게 반응은 오른쪽으로 진행된다.

$$OH^{\ominus} + \underset{\text{s—s}}{CH_3HgSO_3^{\ominus}} \rightleftharpoons \underset{\text{s—h}}{CH_3HgOH} + SO_3^{2\ominus} \qquad K = 10$$

그럼에도 불구하고 산·염기의 세기가 크게 차이가 나지 않는 경우, HSAB의 원칙은 일반적으로 잘 적용되어 hard는 hard끼리 soft는 soft끼리 쉽게 결합을 형성하게 된다.

$$\underset{s-h}{CH_3HgF} + \underset{h-s}{HSO_3^{\ominus}} \rightleftharpoons \underset{s-s}{CH_3HgSO_3^{\ominus}} + \underset{h-h}{HF} \qquad K \sim 10^3$$

$$\underset{s-h}{CH_3HgOH} + \underset{h-s}{HSO_3^{\ominus}} \rightleftharpoons \underset{s-s}{CH_3HgSO_3^{\ominus}} + \underset{h-h}{HOH} \qquad K > 10^7$$

Alkyllithium 화합물은 다른 중금속 이온과 반응하면 쉽게 금속 교환 반응이 일어난다. 반대 방향으로의 반응은 일어나지 않는다. 이 또한 같은 논리로 설명이 가능하다.

$$CH_2{=}CH{-}Cl \xrightarrow{\text{Li, THF}} CH_2{=}CH{-}Li \xrightarrow{\text{CuBr}} (CH_2{=}CH)_2Cu^{\ominus}\ Li^{\oplus}$$

$$C_6H_5{-}HgCl \xrightarrow[\times]{MgBr_2} C_6H_5{-}MgBr$$

4.10 Classification of Hard and Soft Acids and Bases

그러면 도대체 주어진 화학종이 딱딱인지 말랑인지 아는 방법이 있을까? 다음과 같은 일반적인 특성을 이해하면 예측이 어느 정도는 가능하다.

딱딱 염기(hard base)는 전기음성도가 높고 또한 편극성(polarizability)이 낮다. 대개의 경우 음전하를 가지며 쉽게 산화되지 않는다. 이에 비해 말랑 염기는 전기음성도가 낮고, 편극성이 높으며, 꼭 음전하일 필요가 없다. 딱딱 산은 작고 양전하를 띤다. 편극성이 낮으며, 원자가 껍질에 비공유 전자쌍을 갖지 않는다. 이는 양성자에 꼭 들어맞는 설명으로 실제로 양성자는 딱딱 산으로 분류된다. 말랑 산은 크고 양전하를 갖지 않아도 되며, 쉽게 편극화가 일어나고 원자가 껍질에 비공유 전자쌍을 가지는 경우가 많다. 이상과 같은 딱딱-말랑의 개념을 적용하여 몇 가지 친핵체의 상대적인 반응성을 비교할 수 있다.

말랑 친핵체(soft nucleophile)는 전기음성도가 상대적으로 낮고, 크기가 커서 전하가 넓은 영역에 분산되는 특성을 가진다. 주기율표의 족을 따라 내려가며 친핵도는 증가하는데 이는 염기도가 감소하는 것과 대비된다. 따라서 I^-는 뛰어난 친핵체, Cl^-는 그저 그런 친핵체로 알려져 있다. 이는 할로젠 족을 따라내려 가며 말랑도가 증가하여 halide 중에서 I^-는 가장 말랑한 친핵체이며 Br^-, Cl^- 순으로 감소하여 F^-는 가장 딱딱 친핵체로 거의 친핵성 반응을 하지 않는다. Selenide, sulfide, alkoxide 음이온의 순으로 친핵성 원자의 전기음성도가 크고 전하가 밀집된 것을 고려하면 딱딱도가 그만큼 증가하며, 친핵체로서의 반응성이 떨어진다고 보면 된다.

이에 대한 또 다른 설명이 가능하다. 친핵체의 반응성은 고립쌍의 에너지가 높아지면 커진다. I^-의 고립쌍은 $5sp^3$ 혼성화 오비탈을, Br^-는 $4sp^3$, Cl^-는 $3sp^3$, F^-는 $2sp^3$ 혼성화 오비탈을 사용하게 되고, 주양자수에 따른 에너지 차이로 I^-는 가장 높은 그리고 F^-는 가장 낮은 에너지의 오비탈을 갖게 되며, 친핵성도는 오비탈의 에너지가 높을수록 더 말랑 친핵체가 된다. Selenide와 sulfide 그리고 alkoxide의 친핵성도도 같은 식으로 이해할 수 있다.

$I^\ominus > Br^\ominus > Cl^\ominus > F^\ominus$

$EtSe^\ominus > EtS^\ominus > EtO^\ominus$

$R_3P: > R_3N:$

← softer nucleophile

또한 공명구조에 의한 전하의 분산이 이루어지는 경우에는 말랑도가 증가한다. AcO^-는 EtO^-보다 염기성은 훨씬 떨어지지만 친핵성은 조금밖에 떨어지지 않는다고 설명한 바 있다. 음전하가 밀집된 ethoxide는 딱딱 친핵체로 delocalized된 acetate는 상대적으로 더 말랑 친핵체라고 할 수 있다. 전하가 분산된 구조일수록 charge interaction에 비해서 오비탈 상호작용에 의한 결합형성의 중요성이 커진다.

친핵체 뿐만 아니라 친전자체의 경우에도 마찬가지이다. 같은 금속 ion의 경우에도 Hg^{2+}, Pd^{2+} 등의 중금속 이온은 말랑 친전자체(soft electrophile)이며 Na^+, Mg^+ 등은 딱딱 친전자체(hard electrophile)이다. 대부분의 중금속은 말랑 친전자체로 분류된다.

딱딱도와 말랑도는 정량화할 수도 없고 Brönsted 산·염기의 *pKa*에 견줄 수 있을 정도로 정교하게 산·염기의 세기를 나타내지 않는다. 그 대신 산·염기를 딱딱, 말랑, 중간의 세 그룹으로 나누게 된다. 이 세 그룹으로 나뉘어진 산·염기의 분류가 Table 4.5와 Table 4.6에 정리되어 있다.

[Table 4.5] Classification of Bases as Hard, Borderline and Soft

Hard Lewis Bases	Borderline Lewis Bases	Soft Lewis Bases
		I^-, H^-
F^-, (Cl^-)	Br^-	BH_4^-, R^-
H_2O, HO^-, O^{2-}	NO_2^-, N_3^-, SO_3^{2-}	H_2S, HS^-, RS, RSe^-, S^{2-}
ROH, R_2O, RO^-, RCO_2^-	AlH_4^-,	RSH, R_2S, RSeR
NO_3^-, ClO_4^-	$C_6H_5NH_2$, C_5H_5N, N_2,	SCN^-, CN^-, RNC, CO
CO_3^{2-}, SO_4^{2-}, PO_4^{3-}, $CF_3CO_2^-$	R(H)C=NR, R_2C=NR	$S_2O_3^{2-}$, R_3P. $(RO)_3P$, R_3As
NH_3, RNH_2, NH_2NH_2		CH_2=CH_2, C_6H_6, RC≡CH

이와 같은 분류는 이론에 의한 것이 아닌 실험 또는 경험에 의한 것을 종합한 것이지만 그럼에도 아주 유용하게 사용할 수 있다. 그렇지만 표에 분류된 대로 비슷한 유형의 친핵체 또는 친전자체를 골라서 비교해 보면 말랑도는 그 밖의 여러 가지 요인에 의하여 달라지기도

하고 뒤바뀔 수도 있음에 주의하여야 할 것이다. 또한 이와 같은 분류는 다분히 실험적 사실에 기초한 것이라 하더라도 왜 H^+는 hard 친전자체이고 H^-는 soft 친핵체인지, 왜 R^+는 hard로 분류하고 R^-는 soft로 분류되는지는 얼핏 이해하기 쉽지 않다. 이는 다음의 orbital 이론이 정립되고 나서야 설명이 가능하게 되었고 이해할 수 있게 되었다.

[Table 4.6] Classification of Acids as Hard, Borderline and Soft

Hard Lewis Acids	Borderline Lewis Acids	Soft Lewis Acids
H^+, H-X	Fe^{2+}, Co^{2+}, Ni^{2+}, Zn^{2+}, Pb^{2+}	Pd^{2+}, Pt^{2+}, Pt^{4+},
Li^+, Na^+, K^+, Mg^{2+}, Ca^{2+}	Sn^{2+}, RZn^+, XZn^+, Sb^{3+}, Bi^{3+}	BH_3, Ti , R_3Ti, R_3Ga, $GaBr_3$
BF_3, BCl_3, $B(OR)_3$	Rh^{3+}, Ru^{3+}, Os^{2+}	Cu^{2+}, Ag^+, Au^+, Cd^{2+}, Hg^{2+},
Al^{3+}, $Al(CH_3)_3$, $AlCl_3$, AlH_3	BR_3, SO_2, $SiCl_4$, $TiCl_4$,	Hg^+, RHg^+
Cr^{3+}, Mn^{3+}, Co^{3+}	$Sn(OR)_4$, SnX_4,	RO^+, RS^+,
R_2Sn^{2+}, R_3Sn^+, R_3Ti^+, R_3Si^+	NO^+, $C_6H_5^+$, R_3C^+	Br_2, I_2, ICN, H_3B, $Sn(SR)_4$,
RPO^{2+}, RPO^{2+}, As^{3+}	$R(H)C=O$, $R_2C=O$	M^o(Metal atoms)
SO_3, RSO_2^+, $ROSO_2^+$	$R(H)C=NR$, $R_2C=NR$	R_2C: (carbene), $R_2C=CR_2$
RMgX, CO_2, $RC{\equiv}O^+$		

4.11 Frontier Orbital Theory: Core of HSAB

딱딱도와 말랑도에 경계면 오비탈 이론(frontier orbital theory), 즉 **HOMO**와 **LUMO** 개념을 도입하면 이해가 쉬워진다. 처음 도입될 당시의 딱딱도와 말랑도의 개념은 순전히 실험적 사실에 기초한 것이었다. 이러한 분류만으로 당시로서는 설명이 어려웠던 많은 현상들을 설명할 수 있었고 성공적이었다고 할 수 있다. Frontier orbital 이론이 발전하면서 딱딱도, 말랑도에 관한 더욱 합리적인 설명이 가능하게 되었다. 위에서 설명한 정의에 덧붙여 경계면 오비탈 개념을 도입하면 다음과 같이 새로운 정의가 가능하게 되었다.

- 딱딱 염기는 낮은 에너지 HOMO를 갖는다.
- 말랑 염기는 높은 에너지 HOMO를 갖는다.
- 딱딱 산은 높은 에너지 LUMO를 갖는다.
- 말랑 산은 낮은 에너지 LUMO를 갖는다.

이 개념을 도입하여 몇 가지 화학종의 반응성 및 딱딱도, 말랑도에 관한 설명을 덧붙여 보기로 하자. 딱딱 산의 대표는 양성자이다. 양성자나 수소 원자, hydride 모두 에너지 상태가 높고, 반응성이 큰 화학종임에는 틀림없다. 양성자(H^+)는 기본적으로 empty orbital을 제공하는 산으로 위의 정의대로라면 높은 에너지 LUMO를 갖는 딱딱 산이며, hydride ($H:^-$)는 높은 에너지 HOMO를 갖는 말랑 친핵체인 것이다. 이를 이해한다면 왜 carbanion인 R_3C^-는 말랑 친핵체이며 왜 carbocation R_3C^+는 딱딱 친전자체인지도 쉽게 설명할 수 있을 것이다.

앞에서 $^-$OOH는 $^-$OH보다 강력한 친핵체임을 설명한 바 있다. 이에 대한 가장 합리적인 설명은 두 O의 p 오비탈 상호작용으로 생성되는 두 오비탈 중에서 높은 에너지 오비탈이 HOMO가 되어 친핵체의 HOMO 에너지 준위가 높아져서 말랑 친핵체가 되기 때문이다.

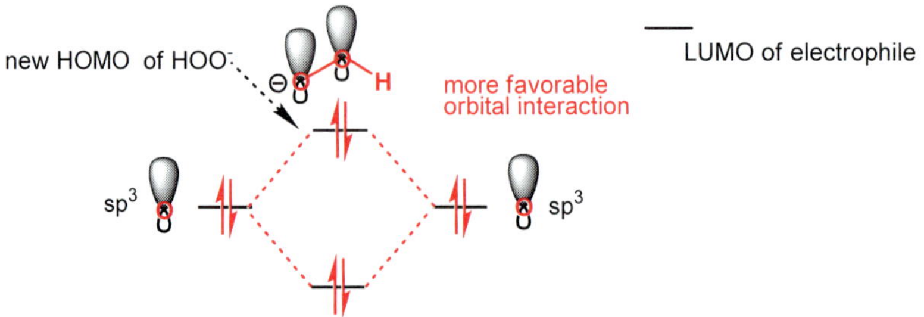

이러한 채워진 오비탈 간의 상호작용은 에너지의 득이 없어 잘 일어나지 않는 과정임에 틀림 없지만, 이로 인하여 부수적인 효과가 있는 경우에는 거침없이 일어나게 된다. 높은 에너지 HOMO를 갖는 말랑 친핵체는 친전자체의 LUMO와의 상호작용으로 더 효과적인 오비탈 에너지 낮춤이 가능하기 때문이다.

공유결합을 형성하는데 있어 한 화학종의 HOMO와 다른 화학종의 LUMO 간의 상호작용의 중요성은 이미 모두 알고 있는 사실이다. 두 오비탈의 상호작용에서 두 오비탈의 에너지 준위의 차가 적을수록 더 큰 상호작용을 하게 된다. 따라서 공유결합은 높은 에너지 HOMO와 낮은 에너지 LUMO를 갖는 화학종 간에 가장 형성되기 쉽고 또한 효과적이다. 이를 이해한다면 딱딱 및 말랑 산·염기 간의 반응성을 합리적으로 설명할 수 있게 된다.

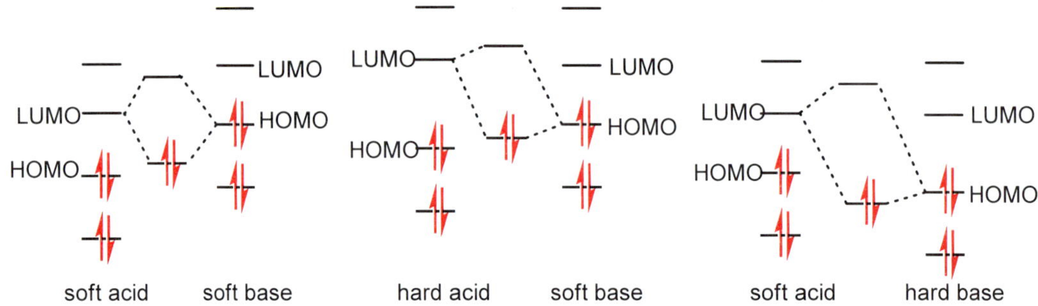

[Figure 4.1] Orbital Interactions among Hard and Soft Acids and Bases

높은 에너지 HOMO를 갖는 염기는 말랑 염기이며 낮은 에너지 LUMO를 갖는 산은 말랑 산이다. 왜 이들 간의 결합형성이 쉬우며 서로 간의 높은 affinity를 갖는지를 설명할 수 있는 것이다. 말랑 염기(high energy HOMO)와 딱딱 산(high energy LUMO) 간이나 딱딱 염기(low energy HOMO)와 말랑 산(low energy LUMO) 간의 상호작용은 그만큼 덜 효과적인 셈이다.

딱딱 염기와 딱딱 산과의 상호작용은 어떠한가? 오비탈 상호작용의 측면에서 보면 한마디로 최악이라고 할 수 있는데, low energy **HOMO**와 high energy **LUMO** 간의 상호작용이다. 앞에서 딱딱 산과 염기는 이온성 결합을 이루는 경향이라 설명하였다. 즉, 오비탈 상호작용은 여기서는 그다지 중요치 않다. 이 상호작용에서 중요한 것은 반응물의 전하와 크기, 다시 말해 전하밀도이다. 딱딱 산과 딱딱 염기는 전하를 띠며 크기가 작아 모두 이 조건을 충족시키며, 둘간에는 효과적으로 상호작용이 일어난다. 하지만 상호작용의 유형은 말랑 산과 말랑 염기 간의 상호작용과는 본질적으로 다른 것임을 기억해야 할 것이다

Lewis 산과 염기, 즉 친전자체와 친핵체 간의 attraction은 서로 관련되어 있는 두 상호작용에 의하여 결정되는데, 하나는 양전하와 음전하 간의 정전기적인 인력이고, 하나는 친핵체의 HOMO와 친전자체의 LUMO의 오비탈 겹침이다. 반응이 성공적으로 일어날 것인가는 두 요인 모두에 달려 있지만 반응성만을 두고 보면 그중 어느 한 요인이 지배적으로 작용하기도 한다. 지배적인 요인이 정전기적인 인력인가 오비탈 상호작용인가는 반응에 관련된 친핵체와 친전자체에 달려 있다. 크기가 작고 전기음성도가 큰 원자 (O나 Cl)의 친핵체는 주로 정전기적 지배하에 있으며 크기가 큰 원자 (S, Se P, I) 친핵체는 주로 오비탈 겹침 지배하에 있다. 딱딱 친핵체와 말랑 친핵체는 이렇게 구분된다.

친핵체만이 아니라 친전자체도 마찬가지로 구분할 수 있다. 양성자(H^+)는 대표적인 딱딱 친전자체(hard electrophile)이다. 작고 전하는 밀집되어 있다. C=O 결합의 polarization으로 카보닐 탄소는 부분 양전하를 띠게 되고, 딱딱 친전자체로 작용한다. 말랑 친전자체인 Br_2와 예컨대 말랑 친핵체인 alkene의 반응은 전적으로 오비탈 상호작용에 의존하는 빠른 반응이다.

4.12 HSAB Principle: Key to Understand Obscure Reactivity

유기 반응 중에서 왜 어떤 반응은 잘 일어나고 어떤 반응은 그렇지 못 한지를 설명하기 곤란하거나 난처한 경우가 많다. 이럴 때 딱딱 말랑 산·염기 원리를 도입하면 수긍할 수 있는 경우가 많이 있다. 개념적으로 딱딱 말랑 산·염기 원리를 이해하는 데는 구체적인 반응 예를 일일이 검토하면서 익히는 것이 최선의 방법이다.

다음은 S_N2 치환의 원형(prototype)이라 할 수 있는 methyl iodide의 치환 반응인데, 반응속도와 친핵체의 말랑도 상관관계를 아주 정확하게 나타내는 반응이라고 할 수 있다. 이 반응은 친핵체의 말랑도 성향을 정하는데 사용되는 대표 반응이다. 즉, 성향을 파악하기 힘든 친핵체가 있다면 이 반응을 수행하여 반응속도를 측정하면 그 친핵체의 말랑도 정도를 파악할 수 있다는 뜻이다.

Relative rate of reaction (H_2O = 1) of nucleophiles with CH_3I

$$Nu^{\ominus} + Me{-}I \longrightarrow Nu{-}Me + I^{\ominus}$$

Nu :	$AcO^{\ominus}$	$Cl^{\ominus}$	$PhO^{\ominus}$	$HO^{\ominus}$	$PhS^{\ominus}$
rate :	900	1100	2000	1.2×10^4	5×10^7

이와는 대조적으로 다음 benzylsulfonium의 치환 반응은 친핵체의 종류에 따라 그 성향을 쉽게 이해 할 수 없는 반응 속도의 차이를 보인다.

Rate of reaction($10^5 k, s^{-1}$) of nucleophiles with $PhCH_2S^+Ph_2$

$$PhCH_2\overset{\oplus}{S}Ph_2 + Nu:^{\ominus} \longrightarrow PhCH_2Nu + Ph_2S$$

Nucleophiles :	$AcO^{\ominus}$	$Cl^{\ominus}$	$PhO^{\ominus}$	$HO^{\ominus}$	$PhS^{\ominus}$
Rate :	3.9	4.0	3.8	74	107

앞의 세 친핵체와의 반응에서는 반응속도의 차이를 거의 보이지 않는다. 이러한 특색은 S_N1 메커니즘을 거치는 반응인 경우가 많다. 이에 비해 센 친핵체인 뒤의 나머지 두 화학종과의 반응은 S_N2 반응이 되며 이 메커니즘이 작동하면 친핵체의 성질에 따라 반응성과 반응속도의 큰 차이를 나타내게 된다. 말랑 친핵체의 대명사라 할 수 있는 sulfide 친핵체의 반응은 딱딱 친핵체로 분류되는 hydroxide 친핵체보다 빠른 반응 속도를 보이게 된다. 따라서 이 반응은 친핵체에 따라서 반응 메커니즘을 달리하는 예의 하나이다.

S_N2 mechanism

$$Nu:^{\ominus} + PhCH_2\overset{\oplus}{S}Ph_2 \xrightarrow{\text{rds}} PhCH_2Nu + Ph_2S$$

나머지 세 친핵체는 거의 반응속도에 차이를 보이지 않는다. 이는 친핵체와의 반응 단계는 속도 결정 단계가 아니고, 아마도 동일한 중간체를 거치는 S_N1 반응으로 추측할 수 있다.

S_N1 mechanism

$$PhCH_2\overset{\oplus}{S}Ph_2 \xrightarrow{\text{rds}} Ph\overset{\oplus}{C}H_2 \xrightarrow{:Nu^{\ominus}} PhCH_2Nu$$

다음 isopropyl bromide의 반응은 친핵체의 성질에 따라 반응 유형이 송두리째 바뀌는 예이다. 딱딱 염기인 alkoxide와의 반응에서는 딱딱 산의 대명사인 양성자를 찾아 거의 제거 반응만이 일어나며 말랑 친핵체인 malonate 음이온은 입체적으로 불리함에도 불구하고 제거 반응이 최소화되고 거의 치환 반응만이 일어난다.

이와 같이 반응 메커니즘이 송두리째 바뀌는 현상은 비단 공격하는 친핵체에 의해서만 야기되는 현상이 아니다. 다음 반응 예에서와 같은 친핵체라 할지라도 이탈기가 바뀌면 또한 메커니즘이 달라지는 예도 많이 있다. 다음 두 반응이 그러한 예이다.

Alkyl tosylate는 딱딱 화학종으로 분류되며, alkyl bromide는 말랑 친전자체이다. 딱딱 염기인 *t*-butoxide는 tosylate와의 반응에서는 딱딱 반응 중심인 탄소에서의 치환이 더 빠르게 일어나며, C−Br 결합의 탄소는 말랑 친전자성이어서 *β*-탄소에서 양성자가 제거되어 제거 반응이 주로 일어나게 된다.

다음 전형적인 S_N2 치환의 전이상태 그림을 보면 조금은 이해에 도움이 될 것이다. 부분 음전하를 나누어 갖게 되는 친핵체와 이탈기가 모두 딱딱이거나 아니면 모두 말랑인 경우에는, 한쪽은 딱딱 한쪽은 말랑인 경우와 비교하여 전이상태 에너지가 낮아져서 더 유리하게 된다.

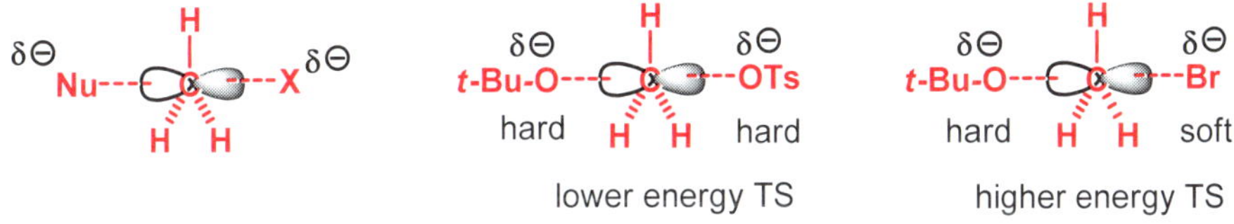

상기 반응의 이탈기가 딱딱인 경우에는 (Nu = O-*t*-Bu, X = OTs) 오히려 친핵체는 딱딱, 이탈기는 말랑인 경우에 비해 (Nu = O-*t*-Bu, X = Br) 전이상태 에너지가 낮아지게 되며 반응은 빨라지게 된다. 이것으로 위에서 살펴본 isopropyl bromide와 두 친핵체의 반응에서 말랑 enolate와 딱딱 alkoxide가 다른 생성물을 보이는 것도 이해할 수 있다.

이와 같은 이론은 특히 한 분자내에 둘 이상의 반응성 중심이 있는 경우 어느 자리에서 반응이 일어날 것인가를 예측하는데 크게 도움이 된다. 딱딱 말랑 산·염기 원리가 적용되는 몇 가지 예를 더 살펴 보면 이와 같은 성향은 더욱 더 뚜렷해 진다.

다음 두 반응을 비교해 보자. KCN과의 반응에서는 어떻게 nitrile이 생성되고, AgCN과의 반응에서는 왜 isonitrile이 생성되는가? 이 문제 역시 딱딱 말랑 산·염기 원리를 적용하지 않고는 설명이 어려운 반응이다.

$$AgCN + CH_3CH_2{-}I \longrightarrow CH_3CH_2{-}\overset{\oplus}{N}{\equiv}\overset{\ominus}{C}$$

$$KCN + CH_3CH_2{-}I \longrightarrow CH_3CH_2{-}C{\equiv}N$$

지금까지의 설명을 제대로 이해했다면 다음 그림을 얼핏 보기만 하면 답을 얻을 수 있어야 한다. Cyanide의 말랑 중심은 C이고 딱딱 중심은 N이다. 보통의 경우에는 말랑 친핵체로 C가 친전자성 탄소와 상호작용이 더 유리하다. 그러나 Ag^+와 halide와의 배위로 친전자체의 C에서 부분 양전하량이 커짐에 따라 말랑 중심에서 점차 딱딱 중심으로 성질의 변화가 일어나게 된다. 딱딱 친전자체에 꼭 맞는 짝은 역시 딱딱 친핵체이며 따라서 AgCN과의 반응에서는 질소가 결합에 참여하여 isonitrile이 주로 생성된다.

:N≡C: (⊖) → H_3C, H, H, C–I : soft

:C≡N: (⊖) → H_3C, H, H, C (δ⊕)----I----Ag (δ⊕) : becomes harder

다음은 두 반응성 자리를 갖는 또 다른 대표적인 친핵체인 enolate의 오비탈을 그와 유사한 allyl 음이온과 비교하여 그린 그림이다.

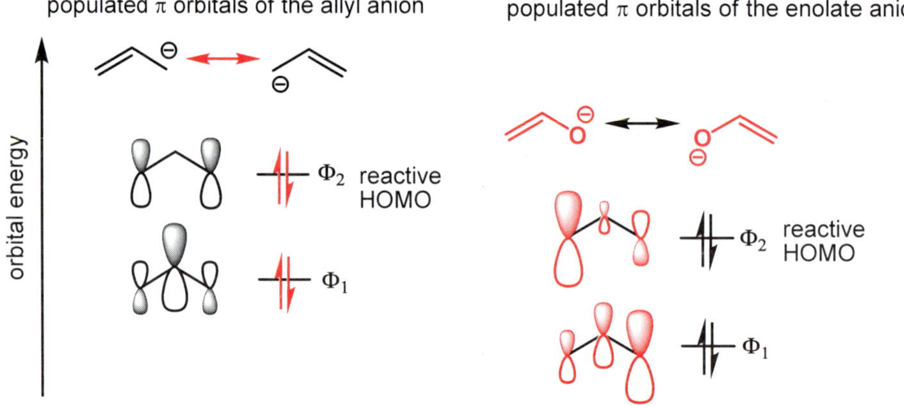

반응성 HOMO는 allyl 음이온의 두 말단 탄소에서 균등한데 비해서, enolate의 HOMO는 α-탄소에서의 계수가 더 크고 빈 오비탈을 제공하는 친전자체와의 겹침은 α-탄소에서 더 유리한 것임을 그림에서 오비탈 크기를 보면 쉽게 알 수 있다. 말랑 친전자체인 alkyl halide (R–X)는 α-탄소에서 반응하게 되고, 딱딱 산의 대표인 양성자산은 산소와의 결합을 형성한다. Silyl halide($R_3Si{-}X$)는 강력한 딱딱 친전자체이며, Si는 산소와 결합하여 silyl enol ether를 생성하게 된다.

α,β-불포화 카보닐은 많은 유기 반응에서 친전자체로 작용한다. 이 conjugate π system의 친핵체와의 반응은 카보닐 탄소에서 일어나거나 β-탄소에서 일어나게 된다. 반응성을 완전히 이해하기 위해서 다음 acrolein의 LUMO를 살펴보자. LUMO에서 β-탄소에의 계수는 카보닐 탄소에서의 계수보다 눈에 띠게 크며, 오비탈 상호작용과 겹침은 β-탄소에서 훨씬 유리함을 이해할 수 있다. 즉, β-탄소가 카보닐 탄소보다 더 말랑 친전자성 자리가 된다.

Acrolein의 LUMO 오비탈의 또 하나의 특색은 에너지 준위가 탄소 유사체인 butadiene의 경우와 비교하여 전체적으로 아주 낮다는 점이다. 낮은 에너지 LUMO는 말랑 산의 특성으로 낮을수록 친핵체의 HOMO와의 에너지 차이가 줄어들고 그 격차가 줄어드는 만큼 상호작용에 의한 에너지 낮춤 효과가 커지며 반응에 유리해 진다.

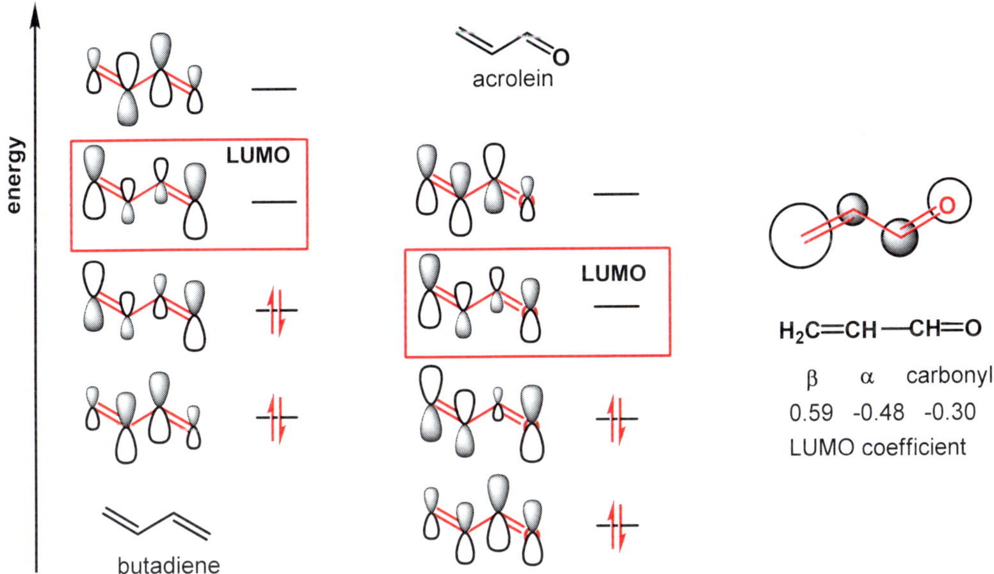

Grignard 시약이나 alkyllithium은 친핵성 탄소에 높은 부분전하를 가지는 딱딱 친핵체이며, 따라서 α,β-불포화 카보닐의 높은 부분전하를 가지는 카보닐 탄소와 β-탄소 중에서 카보닐 탄소와 선택적으로 반응하게 된다. Acrolein의 예에서 β-탄소에서의 부분 전하는 크지 않으며, 위의 그림에서와 같이 β-탄소의 LUMO coefficient가 가장 크다. 이로 인해 β-탄소는 말랑 친전자체이며 thiol과 같은 말랑 친전자체와 반응하려는 경향이 크다.

Li + H O → 1. -70 °C to +20 °C 2. H_2O → OH

SH + H O → 25 °C → S H O

> 98% yield

다음 α-bromoacetyl chloride의 반응을 보자. 두 개의 친전자성 자리를 가지며 그 중에서 카보닐 탄소가 더 딱딱 친전자성이며, bromine 치환 탄소는 더 말랑 친전자성이다. C=O π 결합은 상당한 이온성을 가지는 극성 공유결합이며, 이에 비하면 C–Br σ-결합의 극성은 미미하기 때문이다.

Cl Br O   δ⊖ Br R δ⊕   (+) O (-)

little polarization C-Br group   polarized C=O group

따라서 이 화합물을 methanol 및 phosphine과 반응시키면 무엇과 먼저 반응시키던지 반응 순서에 상관없이 methanol을 넣으면 카보닐 탄소와 phosphine을 넣으면 bromine 치환 탄소와 각각 결합하게 된다. 모르긴 해도 둘을 함께 넣어도 결과는 같을 것이다.

Br O Cl → MeOH → Br O OMe → Ph_3P → Br O OMe, Ph_3P: → S_N2 → $Br^⊖$ $Ph_3P^⊕$ O OMe

phosphonium salt

Br O Cl → Ph_3P → Br O Cl, Ph_3P: → S_N2 → $Br^⊖$ $Ph_3P^⊕$ O Cl → MeOH → $Br^⊖$ $Ph_3P^⊕$ O OMe

알아두면 편리한 또 다른 한 가지 특색은 symbiosis(공생 또는 상생) 현상이다. 즉, 말랑 ligand는 말랑 ligand끼리, 딱딱 ligand는 딱딱 ligand끼리 중심 원자에 모이는 현상이다. 다음 예를 보면 명확하게 이해될 수 있다. Formaldehyde의 S,O-hemiacetal은 산 촉매 존재하에 hydrate와 S,*S*-acetal로 쉽게 전환되어 평형은 오른 쪽으로 유리하게 놓이게 된다. 성질이 같은 ligand끼리 함께 모이게 되는 것이다. 앞에서 살펴본 친핵성 치환 반응에서도 전이상태의 에너지는 친핵체와 이탈기가 둘 다 말랑인 경우와 딱딱인 경우가 말랑-딱딱인 경우와 비교하여 더 유리한 것도 이와 같은 맥락에서 설명한 바 있다.

HO SPh H H ⇌ $H^⊕$ ⇌ HO OH H H + PhS SPh H H

4.13 HSAB Theory is not 'one and only' Solution

유기 반응의 이해하는 데 있어 딱딱·말랑 산· 염기 이론의 핵심은 근본적인 이유는 다르지만 딱딱 친핵체는 딱딱 친전자체와의 반응을 선호하며 말랑 친핵체는 말랑 친전자체와의 반응을 선호한다는 것이다. 예를 들어 물 분자(hard)는 정전기적인 요인으로 친핵체로 카보닐 탄소(hard)를 공격하게 되어 hydrate를 생성한다. 그러나 물 분자(hard)는 Br_2(soft)와 반응하지 않는다. 그렇지만 Br_2(soft)가 alkene(soft)을 공격하여 반응에 이르는 데 반하여 물 분자(hard)는 alkene(soft)과 반응하지 않는다. 그러나 이 같은 설명은 일반적인 것일 뿐이다. 반응을 배워 나가게 되면 딱딱 화학종이 말랑 화학종과 그리고 말랑 화학종이 딱딱 화학종과 반응하는 예 또한 얼마든지 보게 된다. 하지만 다음 사항은 정리하여 기억해 둘 충분한 가치가 있다.

1. 딱딱 화학종 간의 반응은 전하와 정전기적 요인에 의해서 지배된다.
2. 말랑 화학종 간의 반응은 오비탈 겹침 효과에 의해서 지배된다.
3. 딱딱 친핵체는 딱딱 친전자체와 반응하려는 경향이 있다.
4. 말랑 친핵체는 말랑 친전자체와 반응하려는 경향이 있다.

위에서 살펴본 여러 반응에서 이 원리가 잘 맞아 떨어지는 경우를 많이 보았고, 설득력이 있어 보였을 것이다. 여기서 유의해야 할 점은 다른 모든 이론에서도 마찬가지이지만 딱딱 말랑 산· 염기 원리(hard and soft acid base principle)가 유기 반응을 이해하는데 있어 만능 해결사가 아니라는 점이다. 유기 반응은 반응 열역학, 입체화학, 입체전자 효과 등등 여러 많은 요인에 의해서 결정된다는 사실을 잊어서는 안 된다.

hard electrophile

soft nucleophile

앞에서 잠깐 언급한 것과 같이 딱딱 화학종과 말랑 화학종 간의 반응도 얼마든지 일어날 수 있음도 잊어서는 안 된다. 위의 HCl(hard)의 alkene(soft) 첨가 반응은 Br_2(soft) 첨가 반응처럼 쉽고 빠르게 일어나지는 않지만, 반응하여 생성물을 얻을 수 있다.

문제 4.17 다음 각 쌍의 반응에서 상대적인 반응속도의 차이를 설명하라. 왜 hydroxide에 의한 반응성 차이보다 (10배) Br^-에 의한 반응성 차이가 (240배) 큰가?

(a) $HO^{\ominus} + Me{-}Cl \xrightarrow{k_{rel} = 1} HO{-}Me + Cl^{\ominus}$

$HO^{\ominus} + Me{-}I \xrightarrow{k_{rel} = 10} HO{-}Me + I^{\ominus}$

(b) $Br^{\ominus}$ + Me—Cl $\xrightarrow{k_{rel} = 1}$ HO—Me + $Cl^{\ominus}$

$Br^{\ominus}$ + Me—I $\xrightarrow{k_{rel} = 240}$ HO—Me + $I^{\ominus}$

문제 4.18 다음 상대적인 반응속도의 차이를 설명하라.

(a) $EtO^{\ominus}$ + Me—X ⟶ EtO—Me + $X^{\ominus}$ $k_{OTs} / k_{Br} = 5$

(b) $EtS^{\ominus}$ + Me—X ⟶ EtS—Me + $X^{\ominus}$ $k_{OTs} / k_{Br} = 0.3$

문제 4.19 Malonate의 alkylation을 위해 다음 친전자성 시약을 모두 쓸 수 있다고 가정하자. 이들 중 어느 것을 선택하여 사용하는 것이 더 유리하겠는가? 어떤 이유에서 인가?

EtO, OEt, NaOEt, EtOH, EtO, OEt, X, EtO, OEt

I or OTs ?

문제 4.20 다음 enolate와 주어진 각각의 시약을 반응시키면 어떤 생성물을 얻게 되나?

$O^{\ominus}$

$H_3O^{\oplus}$ | $(CH_3)_3O^{\oplus}$ $BF_4^{\ominus}$ | PhSSPh | *t*-Bu-Cl

CH_3I | Br_2 | $ClSi(CH_3)_3$ | PhSCl

문제 4.21 다음 반응에서 이탈기 X에 따른 O-alkylation과 C-alkylation의 상대속도를 나타내었다. 이 자료로부터 이들 친전자체 Et–X의 말랑·딱딱도의 순서를 정해 보라. 이탈기의 말랑도에 따라 O-alkylation은 어떤 경우에 더 유리한가?

Et, O, O ← k_O — $\ominus$O, $\oplus$Na, O + Et—X — k_C → O, O, Et

	$I^{\ominus}$	$Br^{\ominus}$	$TsO^{\ominus}$	$EtOSO_3^{\ominus}$	$F_3CSO_3^{\ominus}$
$\frac{k_C}{k_O}$ =	> 100	60	6.6	4.8	3.7

문제 4.22 다음과 같은 친전자체와 문제 4.21의 enolate을 반응시켰다고 하자. 어떤 생성물이 생성될 것인지 예측하여 보라.(본문의 Table 4.5와 Table 4.6이 도움이 될 것이다.)

(a) CH_3COCl, (b) CH_3SO_2Cl, (c) CH_3SeCl, (d) $(CH_3)_3SiCl$, (e) $POCl_3$, (f) CH_3SSCH_3.

문제 4.23 다음은 Wittig 반응에 필요한 phosphonium 염의 합성 경로이다. Tosylate는 꽤 좋은 이탈기인데 왜 iodide로 바꾼 후에 phosphine과 반응하여 phosphonium salt를 만드는가?

OH $\xrightarrow[\text{pyridine}]{\text{TsCl}}$ OTs $\xrightarrow[\text{acetone}]{\text{NaI}}$

phosphonium salt

문제 4.24 DMSO를 이용하는 다음 산화 반응은 Kornblum oxidation으로 알려져 있다.

그런데 일반적인 alkyl halide와의 반응은 다음과 같이 halide를 tosylate로 변환시킨 다음에 DMSO와 반응시킨다. 어떤 이유에서 인가?

74 % yield

문제 4.25 다음 thioacetate와 1차 alkyl halide의 반응에서 thiolester만이 생성되고 thionoester는 생성되지 아니한다. 이를 설명하여 보라.

문제 4.26 다음 식에 나타나 있는 alkyl fluoride를 얻고자 한다. 주어진 두 친전자성 화합물 중에서 어느 화합물과 반응시키는 것이 더 유리할까?

문제 4.27 다음 반응은 일어날 가능성이 있는가? 없는가?

문제 4.28 주어진 세 반응에 대해서 다음 음이온 친핵체의 반응성 순서를 적어보라.

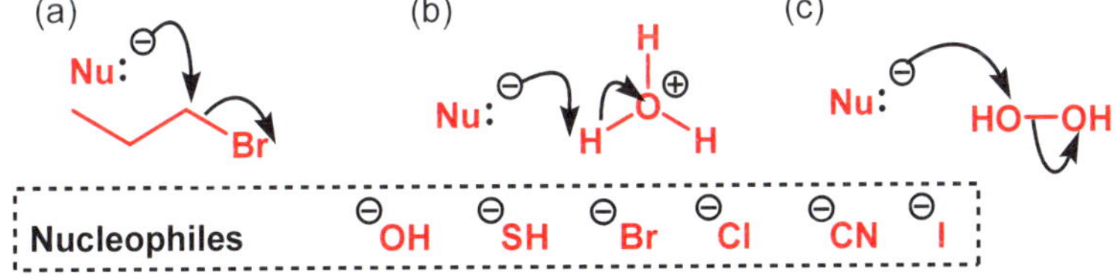

문제 4.29 주어진 쌍의 반응에서 어느 것이 더 빠르게 진행되는가? 그 이유는 무엇인가?

(a) HO⊖ → H–OH₂⊕ or HO⊖ → Br–Br

(b) $CH_2{=}CH_2$ → $H{-}OH_2^{\oplus}$ or $CH_2{=}CH_2$ → Br–Br

CHAPTER 05

Configuration and Conformation

5.1 Drawing Stereo Molecules

유기화합물은 탄화수소 골격에 여러 작용기가 결합되어 있는 것이라 할 수 있다. 분자내에 존재하는 이러한 작용기는 분자의 물리적 및 화학적 특성을 결정하는 중요한 요소이며, 관심의 초점에 있다. 작용기의 상태를 Lewis 구조를 그려 표시하게 된다. 하지만 거의 모든 유기 분자들은 삼차원 공간배열을 하고 있다. 분자내의 원자 또는 원자단(group)의 공간배열 문제를 입체화학(stereochemistry)이라고 한다. 입체배열을 하고 있는 분자들도 Lewis 구조에서는 모든 결합을 평면상의 실선으로 표시하여 평면에 그리게 된다. 삼차원적 공간배열을 하는 분자를 평면상에 표시하는 문제가 발생한다. 실선이 아닌 다른 선을 고안하여 입체화학을 나타내는 수밖에 없다.

입체화학을 평면에 표시하는 방법은 정해진 규약은 없으며, 평면으로 그린 구조에 필요한 경우 평면의 앞과 뒤쪽을 구분하여 그리게 된다. 대개는 굵거나 진하게 그린 쐐기(wedge) 결합은 치환기가 지면의 앞쪽으로 향하고 있음을 나타낸다. 토막선(hash) 결합은 지면의 뒤쪽으로 멀어지는 결합을 의미한다. 때론 이 토막선을 대신하여 점선으로 그리기도 하지만, 통상적으로 이는 입체화학의 표현이 아닌 전이상태에서 부분 결합을 나타내는데 쓰는 것이 규약에 맞는 사용법이며 관례이다. 구불구불 물결선은 입체중심에서 양쪽 입체화학이 혼재하여 시료 중의 일부는 결합이 앞쪽으로 일부는 뒤로 멀어지는 쪽으로 향하고 있음을 나타낸다. Lewis 구조에서 생략되었던 탄소나 수소 표시는 여기서도 마찬가지로 생략한다. 단순한 선으로 표시된 결합은 입체화학을 알 수 없거나 무시할 때 사용하게 된다.

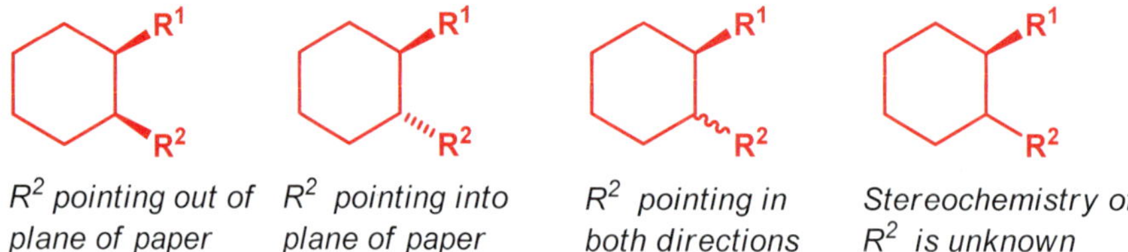

R^2 pointing out of plane of paper | R^2 pointing into plane of paper | R^2 pointing in both directions | Stereochemistry of R^2 is unknown

굵거나 진한 선 및 토막선은 쐐기 모양으로 한쪽으로 점점 가늘어 지게 그릴 수도 있다. 점점 가늘어지게 그린 것은 절대배열을, 그렇지 않은 경우는 상대배열을 나타내도록 그리는 것이 관례이다. 어느 쪽으로 점점 굵어지는지 가늘어지는지는 국제적인 협약이 없으며, 유럽과 미국 쪽의 화학자들은 관습적으로 달리 표시하지만 꼭 어느 쪽을 써야 하는 것은 아니다.

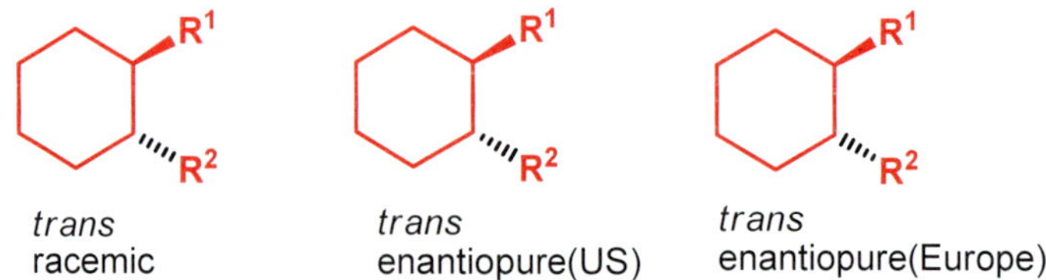

trans racemic | *trans* enantiopure(US) | *trans* enantiopure(Europe)

열린사슬 화합물의 탄소에서의 입체구조는 다음과 같이 가로로 탄소 사슬을 그리고, 쐐기

선과 토막선(hash)을 사용하여 표시해 넣으면 된다. 물론 치환기의 하나가 수소인 경우에는 꼭 필요하지 않으면 그리지 않고, 다음 보기에서처럼 생략하여도 무방하다.

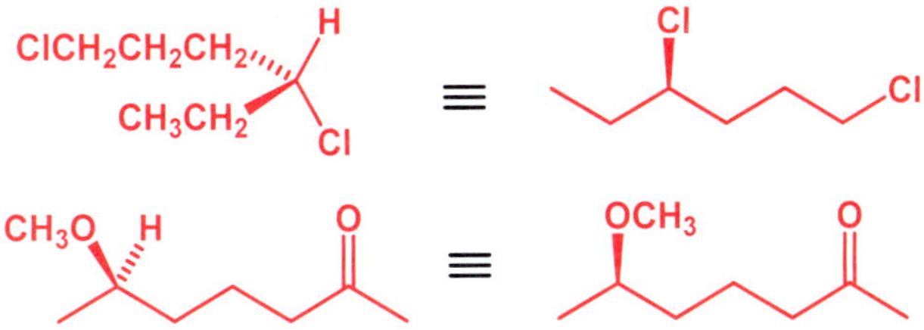

입체구조를 평면상에 나타내는 방법은 약속하기에 따라 쐐기(wedge)와 토막선(hash) 결합을 사용하지 않고도 가능하다. 다음 그림에서와 zigzag 형은 위의 그림의 변형이고, sawhorse projection도 가끔씩 사용하게 된다. Fischer projection은 특히 탄수화물을 다룰 때 많이 사용되어 왔으나, 점차 위의 그림에서와 같은 탄소 사슬을 눕혀 필요한 곳의 stereochemistry만을 간단히 나타내는 방법이 더 많이 쓰이고 있다. 이들 각 표현법은 각각의 장점이 있으며, 필요에 따라 가장 적절한 어느 한 가지를 골라서 사용하게 된다.

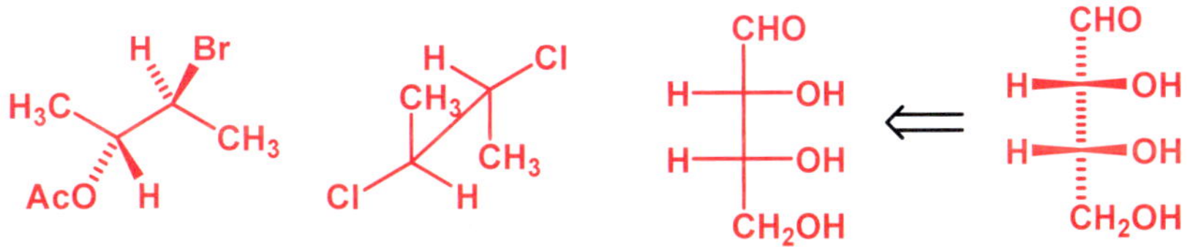

ZIgZag Sawhorse Fischer

이중결합은 어차피 평면 구조를 이루기 때문에 이중결합을 주위로 하는 치환기의 배열을 표현하는 데는 별 어려움이 없다. 하지만 가끔 필요한 경우도 있을 수 있는데 이때는 편의에 따라 쐐기선(wedge)이나 토막선(hash)을 그려 넣어 표시할 수 있다.

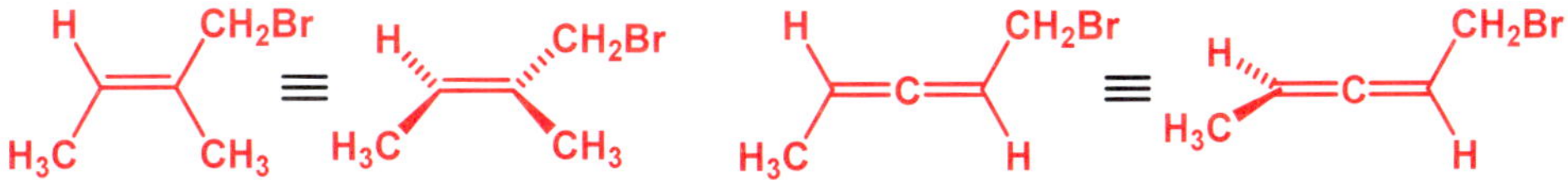

5.2 Matter of Configuration and Conformation

Stereomers and Conformers

모든 유기화합물은 삼차원 공간배열을 한다. 결합 순서가 같다고 해서 모두 동일한 화합물이 아니다. 결합 순서가 같으면서 삼차원적으로 배열을 달리하는 두 가지 이상의 구조가 가능한 경우가 있다. 입체배열을 달리하는 두 다른 구조의 화합물을 **입체이성질체(stereoisomer)**라고 한다. 분자내의 결합을 깨고 다시 형성하지 않고는 입체이성질체 간의 변환이 가능하지 않은 공간배열상의 문제를 configuration이라고 하며, 유기 분자의 삼차원적인 구조를 absolute configuration이라고 한다. 마치 오른손과 왼손처럼 포개질 수 없는 서로 거울상의 관계에 있는 구조가 가능하며, 이러한 경우 그 중심을 stereogenic center 또는 chiral center라고 부른다. 이들 화합물은 편광에 대한 광학적 성질이 달라서 광학이성질(optical isomerism)이라 한다. 또한 결합의 회전이 제한된 화합물에서 나타나는 배열의 문제도 있으며, 이를 기하이성질(geometrical isomerism)이라고 한다.

그러나 분자가 공간상에서 어떤 모양을 하는가를 결정짓는 요소는 입체화학만이 있는 것은 아니다. 유기 분자내의 대부분의 원자들은 수많은 σ-결합으로 연결되어 있고, 대칭축을 기본 요소로 하는 σ-결합 특성으로 인하여 정해진 σ-결합 주위로의 회전은 이론적으로 완전히 자유롭다. 그러나 σ-결합을 하고 있는 원자들에 성질을 달리하는 치환기가 붙어 있는 경우에는 결합을 깨지 않고도 가능한 한 여러 가지 모양을 취할 수 있다. 모양에 따라 에너지도 달라지며 어떤 목적을 이루기 위해서는 특정 모양을 취하지 않으면 안 되는 경우도 종종 일어나게 된다. σ-결합을 축으로 하는 회전에 의하여 야기되는 여러 문제를 conformation의 문제라 한다. Conformation의 변화에 따른 여러 모양을 conformer(=rotamer)라고 한다.

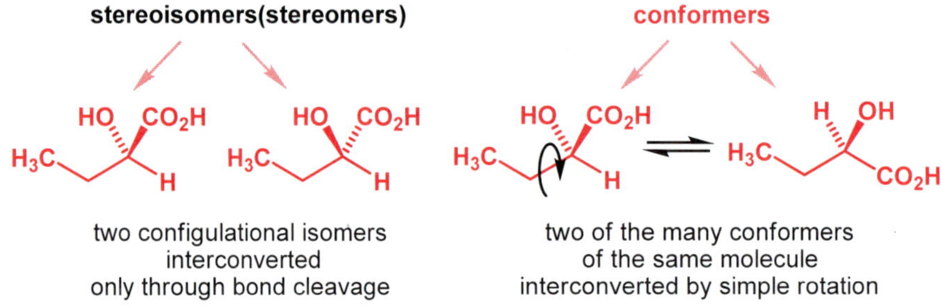

two configulational isomers interconverted only through bond cleavage

two of the many conformers of the same molecule interconverted by simple rotation

문제 5.1 다음은 각 쌍의 화합물은 configuration의 문제인가? 아니면 conformation의 문제인가? 아니면 둘 다의 문제인가?

(a)

(b)

(c)

(d)

(e)

(f)

5.3 Priority of Substituents: Cahn-Ingold-Prelog Convention

복잡한 입체화학의 문제가 생기는 중심에는 대개 여러 치환기들이 결합되어 있다. 이와 같은 치환기들을 분류하고 정리할 필요성이 생겨나게 된다. Cahn–Ingold–Prelog는 탄소에 결합한 모든 치환기에 priority(우선 순위)를 매기는 법을 제안하였으며 이것이 받아들여져 통용되고 있다.

이 Cahn–Ingold–Prelog convention은 아주 간단하며 원자번호에 기초하여 우선 순위를 매긴다. 즉, 원자번호가 큰 치환기에 높은 우선 순위를 부여한다. (원자번호가 같으면 질량수로 결정) 다음 첫째 예의 화합물에서의 우선 순위는 원자번호에 따라 Br > F > C > H가 되며, 둘째 예에서는 수소와 중수소의 질량수를 고려하면 Br > C > D > H의 순이 된다.

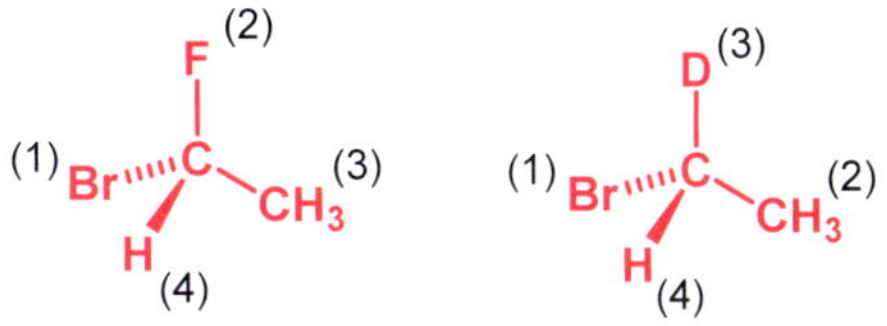

F(2), Br(1), CH_3(3), H(4)   D(3), Br(1), CH_3(2), H(4)

이웃한 원자가 같은 경우에는 그 원자에 이웃한 원자들의 순위를 차례로 비교한다. 우선 순위가 가장 큰 원자들을 비교하여 순위가 결정되면 다른 것은 볼 필요가 없다. 예컨대, 다음 첫째 보기 화합물에서 두 alkyl기의 순위를 알아보려면 두 탄소와 그에 결합된 원자들인 C(C,H,H)와 C(H,H,H)를 비교하게 되고, 둘째 예에서도 세 탄소는 같은 식으로 C(O,H,H)와 C(C,C,H) 그리고 C(C,H,H)를 비교하면 된다. 말단에 붙어 있는 염소 원자는 이들 세 치환기의 순위 정하기에 아무런 영향을 미치지 않는다.

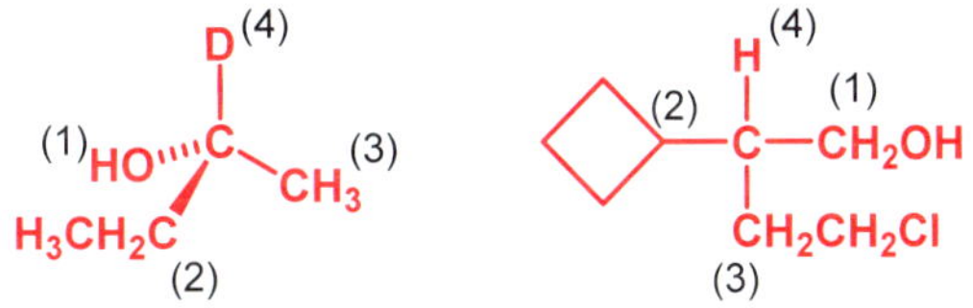

D(4), HO(1), CH_3(3), H_3CH_2C(2)   H(4), CH_2OH(1), (2), CH_2CH_2Cl(3)

다중결합을 하고 있는 경우에는 복수로 결합되어 있는 것으로 간주하면 된다. 탄소 넷과 결합하고 있는 다음 예의 네 치환기는 C(O,O,N)와 C(O,C,H), C(N,N,N) 그리고 C(H,H,H)를 비교하여 다음과 같이 순위를 정하면 된다.

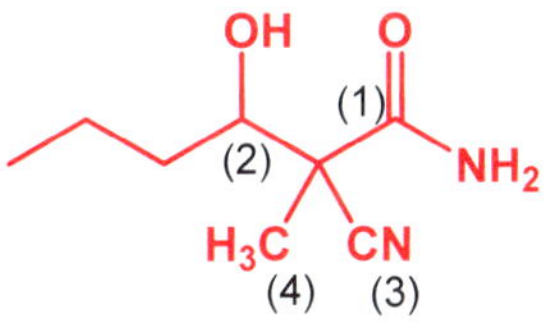

OH, O, (1), (2), NH_2, H_3C, CN, (4), (3)

이 규약에 따라 자주 다루게 되는 유기 작용기들의 일부를 우선 순위에 따라 나열해 보면 다음과 같이 되며, 치환기들의 이 순위에 따라 기하 이성질체 및 광학 이성질체의 배열 관계를 결정하게 된다.

—SMe > —SH > —OC(=O)CH_3 > —OCH_2CH_3 > —OCH_3 > —OH >

—NO_2 > —NMe_2 > —NH_2 > —C(=O)OH > —C(=O)CH_3 > —C(=O)H > —CH_2OH >

—C≡N > —CH_2NH_2 > —Ph > —$CMe_2CH_2CH_3$ > —C(CH_3)=CH_2 > —CH(Me)CH_2CH_3 >

—$CH_2CH_2CH_3$ > —CH_2CH_3 > —CH_3

위에 나타낸 작용기들은 예로 대표적인 몇 개를 골라 표시한 것일 뿐이며, 이 이외에도 Al, Si 등의 헤테로원자를 포함하여 여러 치환기가 등장하게 되지만, 위의 방식대로 진행하면 헷갈릴 염려 없이 작용기의 우선 순위를 결정할 수 있다.

5.4 Naming Geometrical Isomers

결합을 깨야만 변환이 가능한 입체이성질체의 가장 간단한 예가 기하이성질체들이다. 기하이성질 현상은 이중결합에 참여하는 원자의 치환기가 다른 경우에 이웃한 원자의 치환기와의 관계가 달라서 생기는 현상이다. 이를 평면에 표시하는 데는 별다른 문제가 없다. 주로 탄소–탄소 및 탄소–질소 간의 이중결합을 갖는 화합물의 같은 원소의 두 치환기가 다른 경우에 보게 된다. Cahn-Ingold-Prelog convention에 따라 우선 순위가 높은 치환기가 같은 쪽이면 **(*Z*)** (*Zusamen*), 반대 쪽이면 **(*E*)** (*Entgegen*)을 붙여 명명한다.

A, B / C, D

If A, C are of higher priority, then (***Z***)-

If A, D are of higher priority, then (***E***)-

오랫동안 관습적으로 이들을 ***cis*** 또는 ***trans*** 이성질체로 명명하여 왔으며, 현재에도 이와 같이 구분하는 경우가 많다. 단, 이중결합의 양쪽 탄소에 수소를 포함하여 동일한 치환기가 있는 경우에 한하며, 두 탄소에 같은 기가 없으면 이같이 *cis,trans*로 구분하여 부를 수 없다.

(*E*)-2-butenol
trans-2-butenol

(*Z*)-2-butenol
cis-2-butenol

(*Z*)-2-chloro-2-butenol

(*E*)-2-chloro-2-butenol

이중결합이 두 개 이상 존재하는 경우에는 각각의 이중결합에서의 geometry를 표시해 넣어야 한다. 다음 화합물은 3-bromo-(3*Z*,5*E*)-octadiene이라고 명명하면 될 것이다. 헷갈릴 염려가 없는 단순한 이중결합은 아직도 *cis*, *trans*를 사용하여 기하이성질체를 나타내는 것이 더 편리한 경우도 많다. 나타낼 곳이 둘이면 다음과 같이 모두를 각각 표시해 넣어야 한다.

3-bromo-(3*Z*,5*E*)-octadiene
3-bromo-(3*Z*,5*E*)-octa-3,5-diene

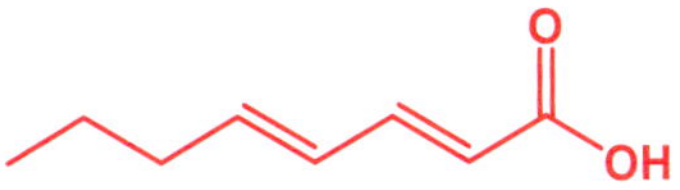

trans,trans-2,4-octadienoic acid
(2*E*,4*E*)-octa-2,4-dienoic acid

회전이 제한되는 고리형 화합물에서도 같은 현상이 생겨난다. 고리형 화합물인 경우에는 평면상의 표시에 문제가 발생하며, 이는 다음과 같이 쐐기선과 토막선을 이용하여 표시한다. 앞 뒤의 모든 결합을 다 그려 넣을 수도 있지만, 생략하여도 알아보는데 문제가 없는 결합은 생략하는 것이 더 알아보기 쉽다.

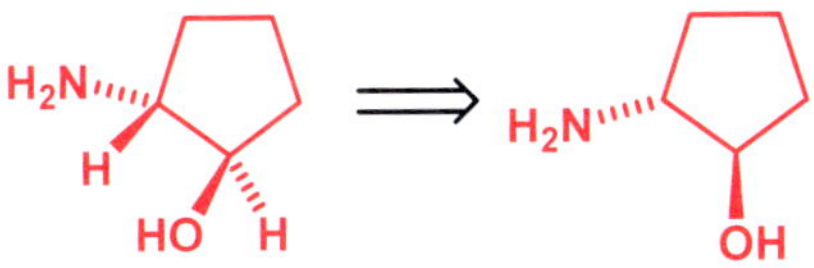

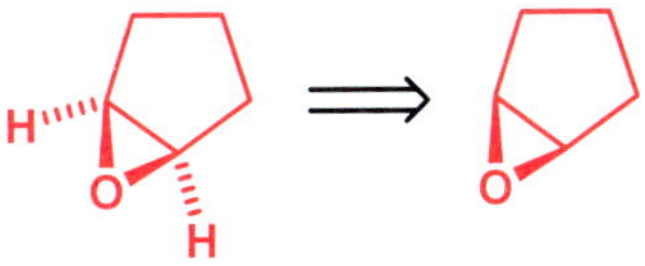

고리형 화합물인 경우에는 반드시 두 이웃한 원자의 치환기뿐 아니라 더 먼 곳의 원자들의 치환기 배열에도 *cis*-및 *trans*-isomer가 존재할 수 있다. *cis*, *trans* 명명은 치환기와 상관없이 치환기를 가진 탄소의 두 수소 치환기가 같은 쪽인가 아니면 반대 쪽인가에 따라 명명하는 것은 당연한 일이다. 물론 (*E*), (*Z*) convention에 따라 기하이성질체를 나타내어도 된다.

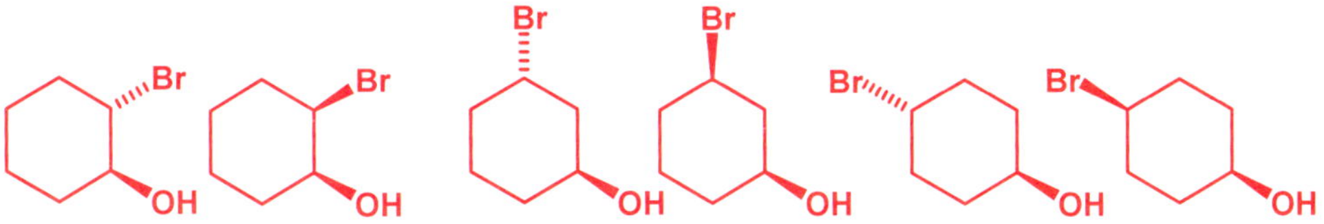

E *1,2-trans*   *Z* *1,2-cis*   *E* *1,3-trans*   *Z* *1,3-cis*   *E* *1,4-trans*   *Z* *1,4-cis*

상황에 따라서는 그리기 편한 결합을 그려 넣어 isomer를 나타내도 무방하며, 다음 decalin의 경우처럼 보통의 Lewis 구조에서 생략하는 C–H 결합을 이용하여 입체화학을 표시하는 것이 더 편리한 경우도 있다. 이 chapter 후반부에서 다루게 되는 conformation을 그리게 되면 고리형 화합물의 경우에는 이 같은 쐐기선이나 토막선을 이용하지 않아도 다음 1,3-dimethylcyclohexane에서처럼 자연스럽게 *cis*와 *trans*-isomer를 구분하여 그릴 수 있다.

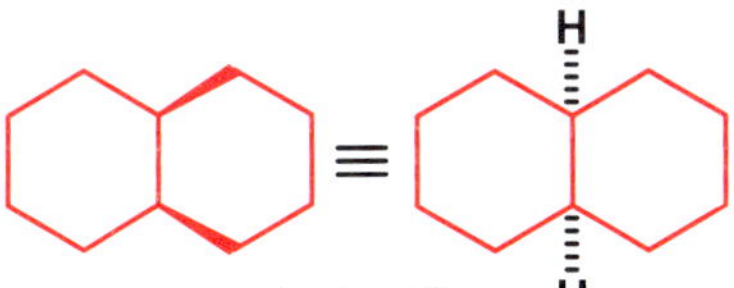

cis-decalin

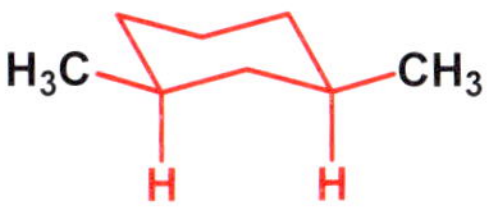

cis

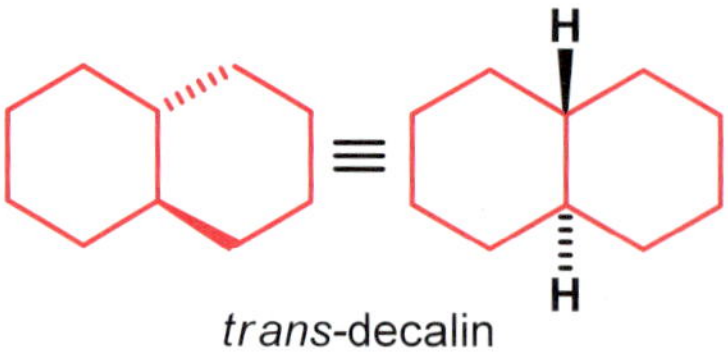

trans-decalin

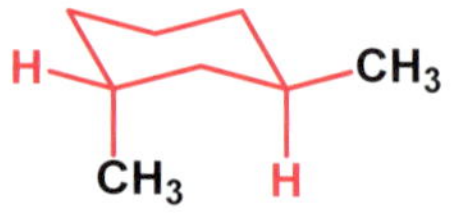

trans

두 기하이성질체는 끓는점을 비롯한 여러 물리적 성질이 다를 뿐 아니라 화학 반응성에도 상당한 차이가 있으며, 같은 반응을 하여도 다른 이성질체인 생성물로 이어지게 된다.

탄소-질소 간의 이중결합을 가지는 화합물을 **imine**이라고 한다. 이 경우에도 기하이성질체가 존재하며 이들 이성질체의 구분하여 명명하는 것은 *cis*, *trans*로도 *E,Z*로도 쉽지 않아서 다음과 같이 priority 순에 따라 탄소와 결합한 우선 순위가 큰 치환기가 질소의 치환기와 같은 쪽에 배열한 이성질체를 *syn*, 반대 쪽에 배열한 이성질체를 *anti*라고 구분하여 부르는 것이 보통이다.

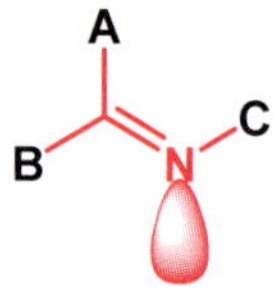

If A, C are of higher priority, then ***syn***

If B, C are of higher priority, then ***anti***

예를 들어, butyraldehyde와 2-butanone은 다음과 같이 우선 순위가 큰 alkyl과 OH기가 어떻게 배열하는가에 따라 두 개씩의 oxime 이성질체들이 가능하며, 각각 *syn*-oxime, *anti*-oxime이라고 명명한다.

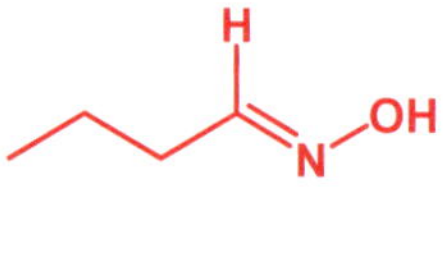

anti aldoxime 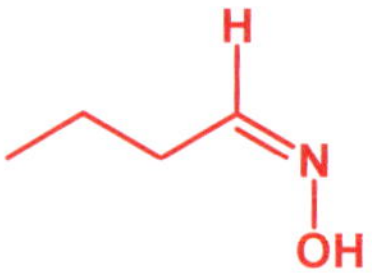 *syn* aldoxime 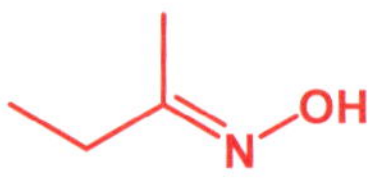 *anti* 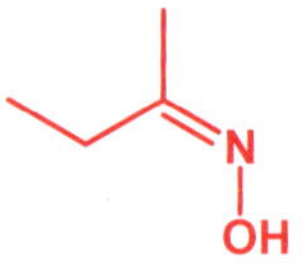 *syn*

문제 5.2 다음 구조의 기하이성질체를 찾아 필요한 곳에 (*E*), (*Z*)를 표시해 넣어라.

(a) 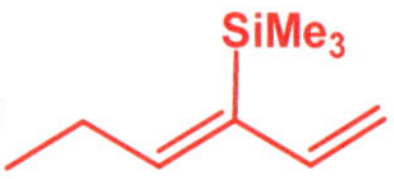 (b) 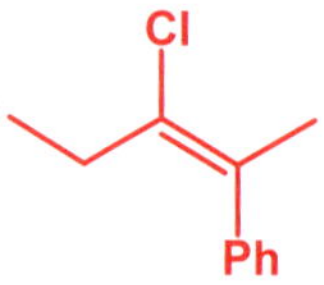 (c)  (d)

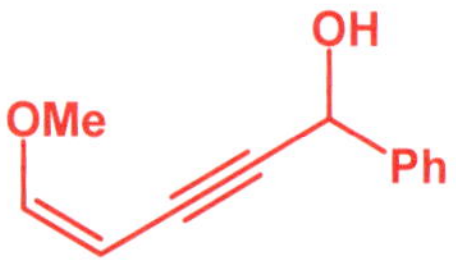

문제 5.3 다음 구조의 기하이성질체를 찾아 필요한 곳에 (*E*), (*Z*)를 표시해 넣어라.

(a) 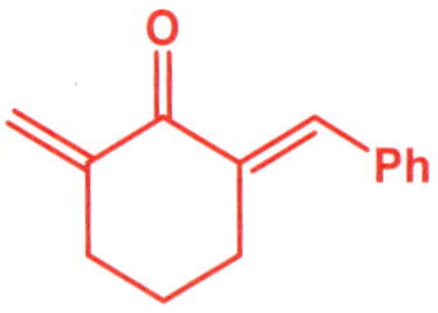 (b) 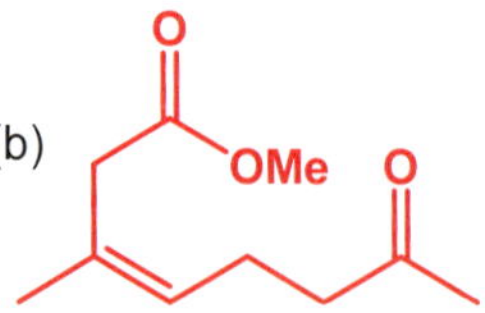 (c) 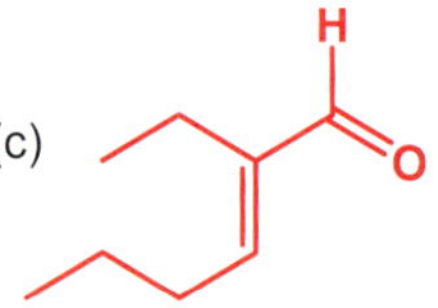 (d)

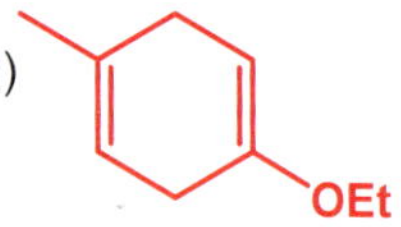

문제 5.4 아래 고리형 화합물의 기하이성질체를 *cis*, *trans* 및 *E,Z* 체계로 구분하라.

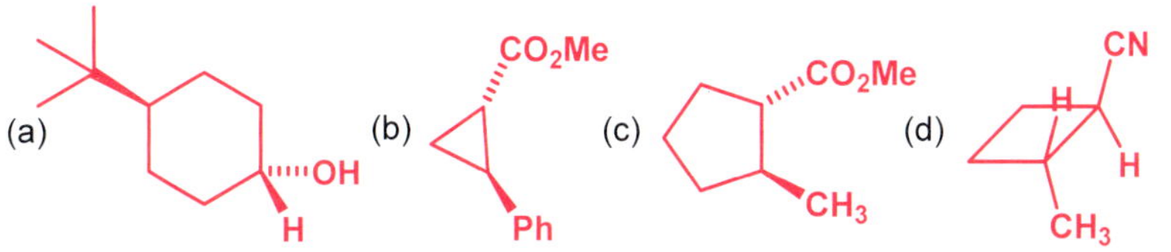

(a) (b) (c) (d)

5.5 Naming Configuration of Chiral Compounds

유기화합물은 대개의 경우 네 개의 치환기를 갖는 sp^3 탄소를 포함하게 되며, 다양한 작용기로 치환되어 있다. 분자들의 정사면체형 입체구조는 쐐기선(wedge)과 토막선(hash)를 이용하여 평면에 표시할 수 있음은 앞에서 설명하였다. 정사면체형 입체구조에서 같은 치환기를 갖는 경우에는 분자내의 대칭면이 존재하며, 이러한 achiral 구조는 거울상과 완전히 포개질 수 있다 (A, B). 그러나 분자내에 같은 치환기가 없이 모두 다른 치환기가 붙은 탄소는 대칭면이 없다. 분자 C에서 C2는 이러한 비대칭(asymetric) 중심이며 일컬어 chiral 중심(chiral center)이라고 한다.

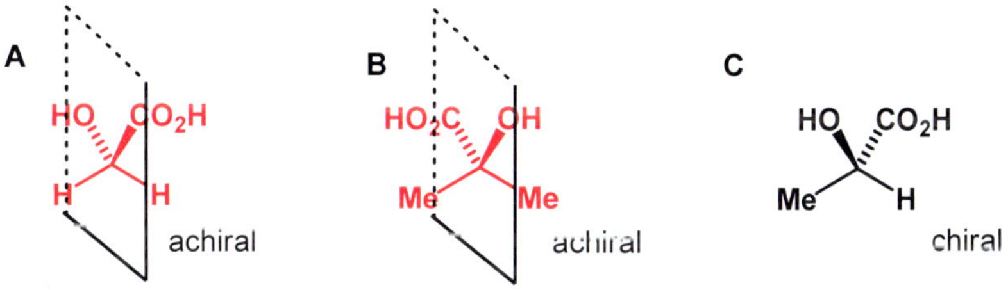

A achiral B achiral C chiral

이와 같이 chiral center를 가지는 분자들은 두 가지의 치환기 배열이 가능하며, 이들간에 상호 변환은 어느 σ-결합을 깨지 않고는 가능하지 않다. 이들을 서로간에 거울상이성질체(enantiomer)라고 부른다.

assymetric center
chiral cener (= chiral carbon)

one enantiomer | other enantiomer

즉, 이들 enantiomer 쌍은 서로간의 거울상이며 포개질 수 없다. 분자내에 chiral center가 있고 어떤 형태로든지 입체화학이 표시되어 있으면 그 중의 한 enantiomer를 표시한 것이며, 어느 두 치환기의 위치를 바꾸게 되면 다른 enantiomer가 된다.

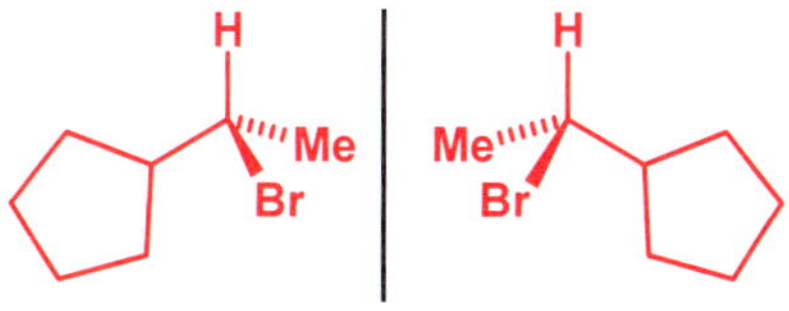

mirror images nonsuperimposible
enantiomeric pair

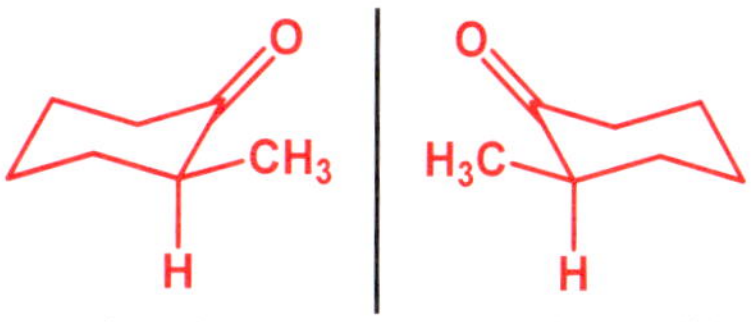

mirror images nonsuperimposible
enantiomeric pair

Enantiomeric pair를 구분하여 명명하는 것은 Cahn-Ingold-Prelog 우선 순위 규약에 따라 가능한데, 가장 낮은 우선 순위의 치환기를 가장 멀리 두고 다른 세 그룹의 순위가 시계방향을 따라 낮아지면 (***R***) (*rectus* = right), 시계 반대방향이면 (***S***) (*sinister* = left)라고 지칭한다. 다음 몇 가지 예를 보면 확실하게 이해할 수 있다.

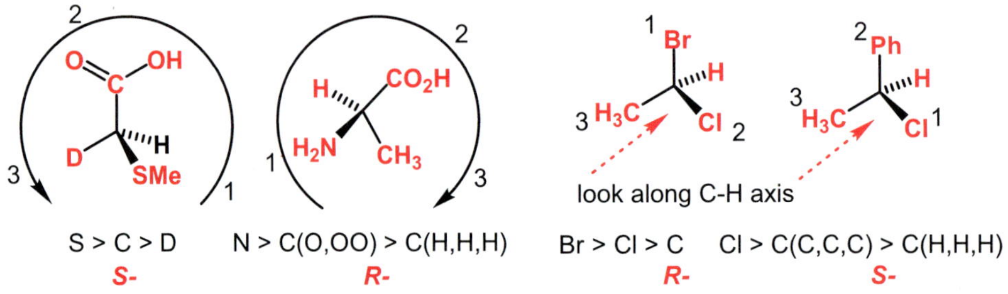

S > C > D
S-

N > C(O,OO) > C(H,H,H)
R-

look along C-H axis

Br > Cl > C
R-

Cl > C(C,C,C) > C(H,H,H)
S-

입체구조를 평면상에 표시하는 데는 쐐기선(wedge)과 토막선(hash) 이외에 따른 몇 가지 방법이 있음을 앞에서 보았다. 분자내에 chiral 중심은 여러 개가 존재 가능하며 이는 다음과 같이 여러 가지 방법으로 표현이 가능하다. 각각의 장점이 있으며 필요에 따라 어느 한 가지를 골라서 사용하면 된다. 어떤 형태로 표시되어 있던 간에 입체화학이 표시되어 있는 chiral center의 절대배열을 판별할 수 있어야 한다.

(2*R*,3*S*)-3-Chlorobutan-2-ol

Fischer　Zigzag　Sawhorse　Newman

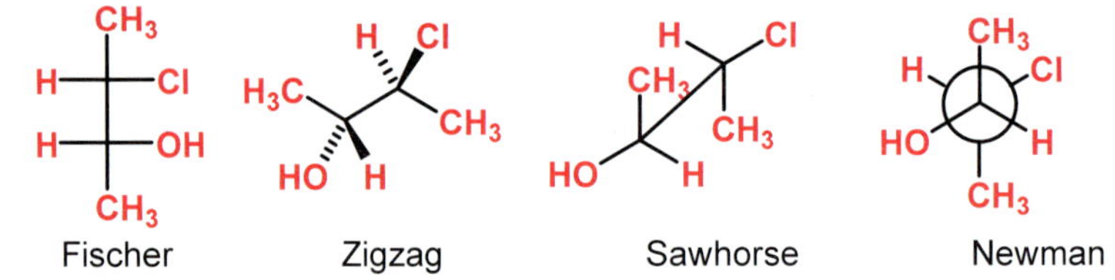

(2*S*,3*S*)-3-Chlorobutan-2-ol

Fischer　Zigzag　Sawhorse　Newman

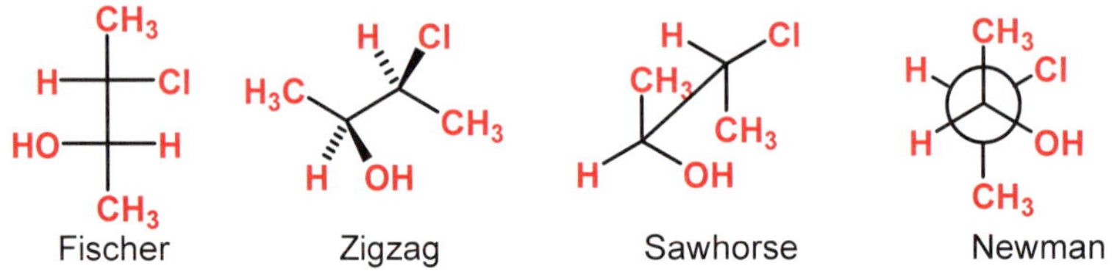

Fischer 투영 방식은 수평선에 그려 있는 모든 치환기는 지면의 앞쪽을 향하고, 수직한 선에 연결된 모든 치환기는 지면의 뒤쪽을 향하게 하여 표현하는 방식이다. 이는 둘 이상의 stereo center를 갖는 화합물의 입체구조를 표현하는 아주 유용한 방식으로 오랫동안 사용되어 온 표기법이다. 또한 쐐기선이나 토막선을 이용한 Zigzag, Sawhorse 그림 또한 사용할 수 있다. Newman projection으로도 그림에서와 같이 두 이웃한 입체중심의 배열을 표현할 수 있으나, 이는 뒤의 conformation을 다루는데 더 유용하며 뒤에서 자주 보게 된다.

다음은 monomethyl tartarate의 Fischer 투영을 그린 것이다. (2*R*,3*R*), (2*S*,3*S*), (2*S*,3*R*), (2*R*,3*S*)의

네 가지 조합이 가능하며, (2*R*,3*R*), (2*S*,3*S*)와 같이 탄소 사슬을 따라 OH기가 다른 쪽인 threo와 서로 같은 쪽인 erythro의 두 쌍으로 구분하여 불러왔다. 두 쌍의 enantiomer가 존재하며 enantiomer가 아닌 두 이성질체는 **부분입체이성질체(diastereomer)**라고 부른다. Enantiomer와는 달리 diastereomer는 물리적 성질을 달리 한다.

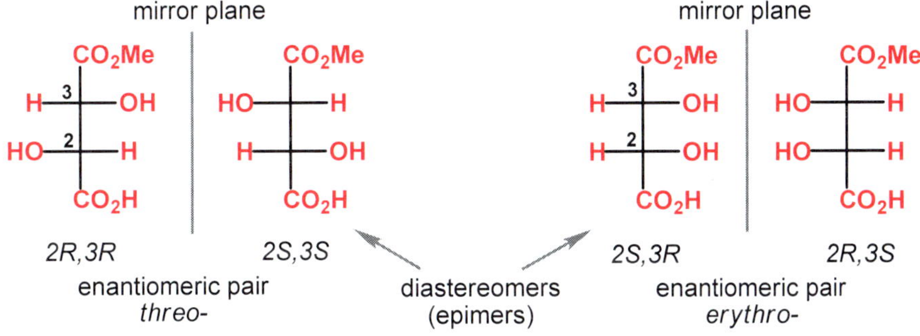

위와는 달리 다음 dimethyl tartarate의 경우에는 특별한 상황이 발생한다. 두 입체중심이 존재하는데 두 중심이 정확하게 같은 치환기를 갖는다. 두 탄소에서의 배열이 (2*R*,3*R*), (2*S*,3*S*), (2*S*,3*R*), (2*R*,3*S*)의 네 가지 조합이 가능한데, (2*R*,3*R*), (2*S*,3*S*)인 *threo*-이성질체는 광학활성이지만, 배열이 (2*S*,3*R*), (2*R*,3*S*)이면 두 입체중심에서의 치환기 배열이 모두 같으므로 동일 화합물이 되며 광학적으로 비활성이다. 이와 같이 입체중심이 둘이더라도 두 중심에서의 치환기가 모두 같으면 3개의 입체이성질체만 존재하게 되고, 광학 활성을 보이는 두 *threo*-이성질체와 광학 비활성인 *meso*-이성질체의 세 가지만 존재하게 된다.

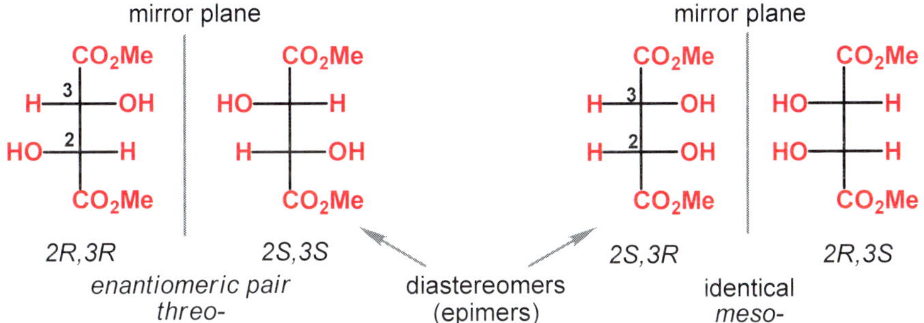

***meso*-이성질체**는 분자내의 대칭면이 존재하게 된다. 분자내에 chiral 중심이 둘 이상 존재하는 화합물에서 분자내에 대칭면을 갖게 되는 경우에는 모두 *meso*-화합물이 된다. 입체중심이 이웃한 경우만 아니고 떨어져 있는 경우 또는 그 이상의 입체중심이 존재하는 경우에도 마찬가지이다.

포화 탄소 사슬에 chiral center가 있는 경우에는 펼쳐진 탄소 사슬에 간단하게 입체화학을 표시하는 경우가 많이 있다. 생략되어 있는 치환기는 H인 경우가 대부분이다. 다른 치환기는 생략할 수 없기 때문이다. 고리형 화합물의 입체화학을 나타내는 경우에도 수소를 생략하게 된다.

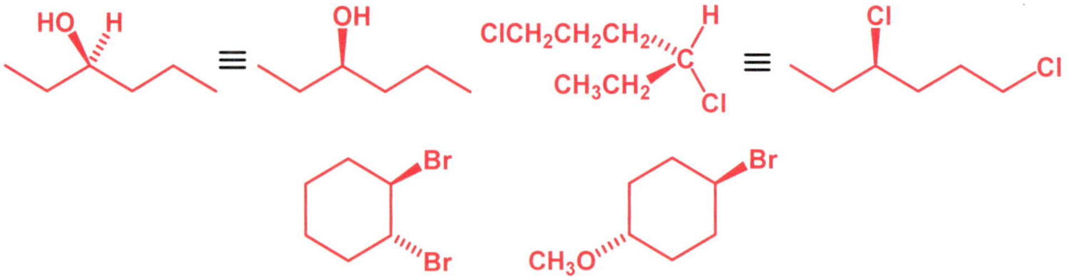

최근에는 *threo- erythro-* 라는 용어 대신에 *syn*, *anti*라고 하는 용어를 사용하는 경우가 부쩍 늘었다. 또한 앞에서와 같은 Fischer 투영 대신에 단순하게 탄소의 골격을 수평으로 늘려 그리고 각 탄소에 붙은 치환기를 앞쪽과 뒤쪽으로 구분하여 그려 넣어 두 치환기가 같은 쪽이면 ***syn***, 반대쪽이면 ***anti***라고 한다. 같은 분자의 *syn-*, *anti-*isomer는 서로간에 diastereomer의 관계에 있게 된다.

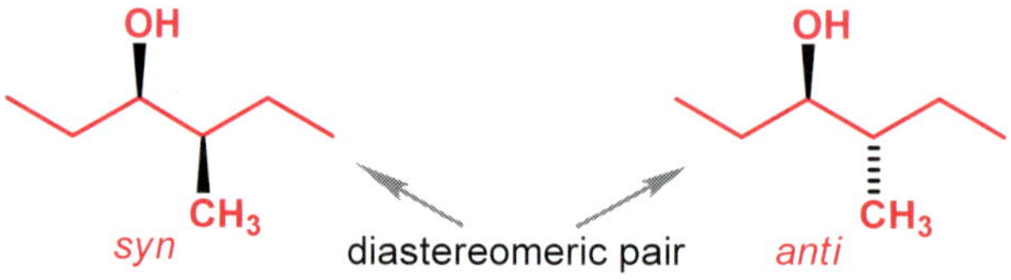

syn diastereomeric pair *anti*

syn-Isomer와 *anti*-isomer는 각기 두 개씩 존재하게 되며 이들은 서로간에 거울상 이성질체의 관계에 있게 된다.

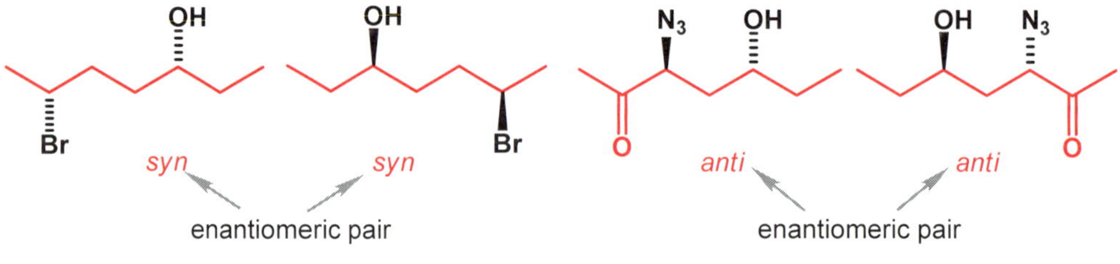

syn *syn* enantiomeric pair

anti *anti* enantiomeric pair

문제 5.5 다음 화합물 중에서 chiral 화합물을 찾아 chiral center를 표시하라.

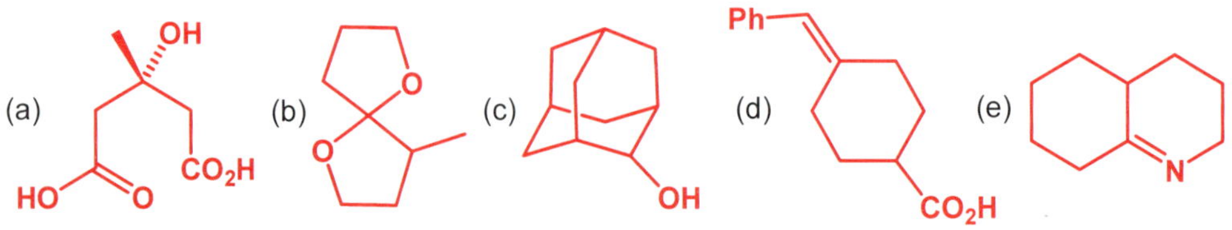

(a) (b) (c) (d) (e)

문제 5.6 다음 각 화합물은 몇 개씩의 광학이성질체가 존재하는가?

(a) 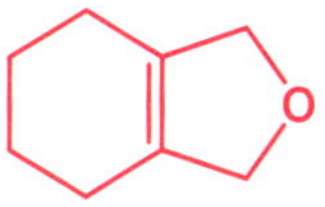 (b) 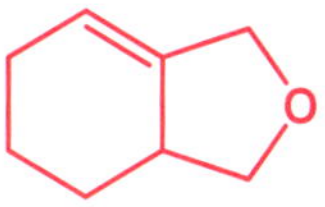 (c) 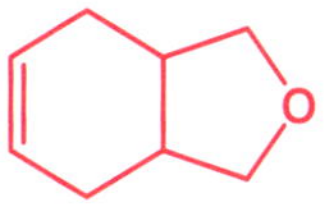 (d)

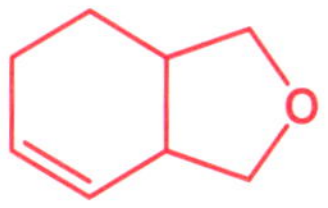

문제 5.7 다음 두 화합물의 모든 stereocenter의 절대배열을 표시하라.

(a) 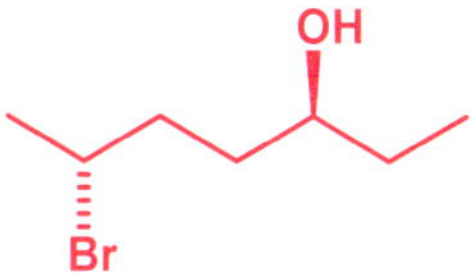 OH Br (b) 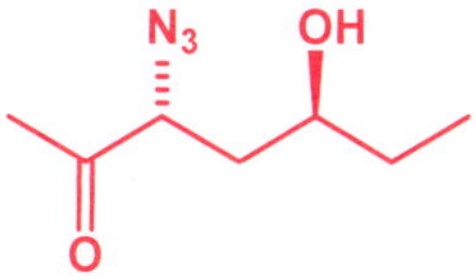 N_3 OH O

문제 5.8 다음 네 화합물의 diastereomer를 두 개씩 그려보라.

(a) 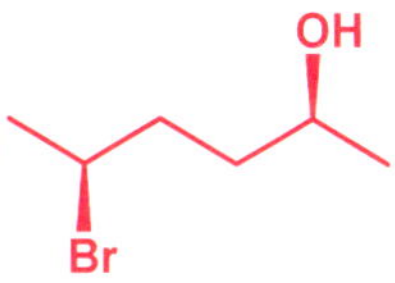 OH Br (b) 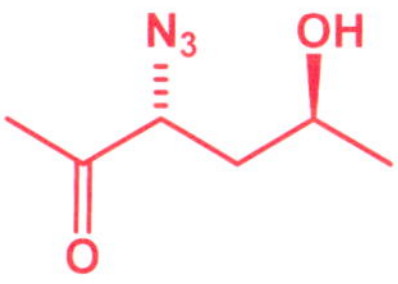 N_3 OH O (c) 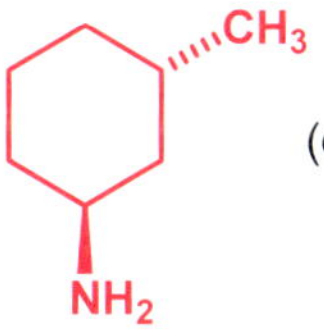 CH_3 NH_2 (d) 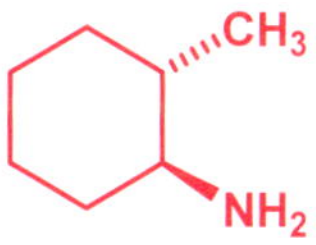 CH_3 NH_2

5.6 Inversion and Retention of Configuration in Organic Reactions

많은 천연물이나 의약품 및 생분자들은 광학 활성인 단일 입체이성질체로 존재한다. 따라서 합성 과정을 거쳐 단일 입체이성질체를 얻고자 하는 노력이 지속되고 있다. 다음 반응에서와 같이 achiral 분자는 반응을 거쳐 chiral 분자가 생성되는 반응은 아주 많이 있다. 문제는 생성되는 chiral 분자들은 라세미 혼합물(racemate)로서 두 enantiomer가 거의 동량씩 생성되는 것이 보통이다.

특정 chiral 분자를 얻는 초보적인 가장 간단한 방법은 절대배열을 알고 있는 chiral 출발물을 사용하는 것이다. 출발물인 chiral 분자들은 대개의 경우 천연물에서 얻거나 유도된 화합물들이다. 앞에서 본 분자들에 존재하는 chiral 중심에서 입체화학이 바뀌려면 최소한 하나의 결합이 깨진 후에 선택적으로 그 반대 방향에서 새로운 결합이 형성되어야 한다. 실제 반응에서 이는 말보다 대단히 어려운 조작이며 새로 형성되는 결합이 반대쪽에서 일어나는 일어나는 것이 보장된 반응만을 사용해야 한다.

다음 반응 scheme은 천연에 존재하는 phenylalanine의 한 enantiomer로부터 다른 enantiomer를 얻는 일련의 반응을 나타낸 것이다. 입체중심에서 배열을 바꾸는 것이 얼마나 힘든 일인가를 쉽게 알아볼 수 있다. 이 반응 sequence에서 입체중심에서 일어나는 모든 반응의 입체화학의 결과는 단계별로 확실하게 알고 있거나 예측 가능한 반응만으로 이루어져야 함은 물론이다. 그나마 이러한 합성법의 한계는 두 말할 필요 없이 chiral 출발물이 한정되어 있다는 점이다.

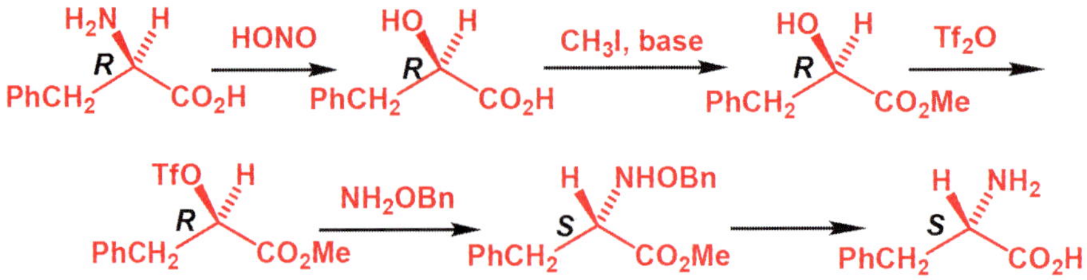

위 반응 예에서는 둘째와 셋째, 마지막 단계의 반응은 chiral 탄소와는 무관한 반응물의 다른 자리에서 반응이 진행되며, chiral 탄소에서의 입체화학은 영향을 받지 않는다. 첫째 및 넷째 단계의 반응에서는 chiral 탄소와의 결합이 깨지고 다시 생기는 절차를 밟는다. 첫째 단계에서는 입체화학이 그대로 보존되는데, 이를 일컬어 **배열의 보존(retention of configuration)**이라고 하며, 넷째 단계의 반응에서는 배열이 바뀐다. 이를 일컬어 **배열의 반전(inversion of configuration)**이라고 한다. 반응에 따라 chiral 탄소의 배열은 (입체화학은) 바뀔 수도 있고 안 바뀔 수도 있다. 위의 두 치환 반응은 배열이 뒤집히거나 아니면 그대로 보존되는 수밖에 없으며, 다른 선택의 여지가 없는 **입체특이성(stereospecific)** 치환 반응이라 할 수 있다.

5.7 Prochirality

이미 분자내에 chiral center를 가지고 있는 화합물의 반응에서는 이들 중심에서의 배열의 변화가 어찌 되는가에 관심을 갖는다. 그러나 chiral center가 없던 화합물이 반응을 거치면서 새로 chiral center가 생겨나는 반응도 상당히 많다. 어떤 화합물의 경우가 그러한지 하나씩 차례로 살펴보기로 하자.

두 동일한 치환기를 가지는 탄소는 achiral로서 이성질체가 존재하지 않는다. 그러나 CH_2 group의 두 수소 원자처럼 상황에 따라서 구분이 가능한 경우도 있다. 다음과 같이 CH_2 group의 두 수소를 세 가지 경우로 구분하여 살펴볼 필요가 있다. 가장 간단한 경우는 dimethoxymethane에서처럼 methylene의 나머지 두 치환기가 같은 경우이다. 이 경우에는 분자내에 두 개의 대칭면이 존재하며, 따라서 두 수소는 동일하며 또한 두 methoxy기도 동일하다. 어떠한 방법으로도 이들을 구분해 내는 방법이 없다. 이 경우 두 수소는 **homotopic hydrogen(proton, group)**이라고 부른다. 두 수소 중 하나를 다른 치환기 G로 대치한다고 하여도 탄소 원자를 지나는 또 다른 대칭면이 있어서 어느 H를 치환하던지 동일한 결과가 된다.

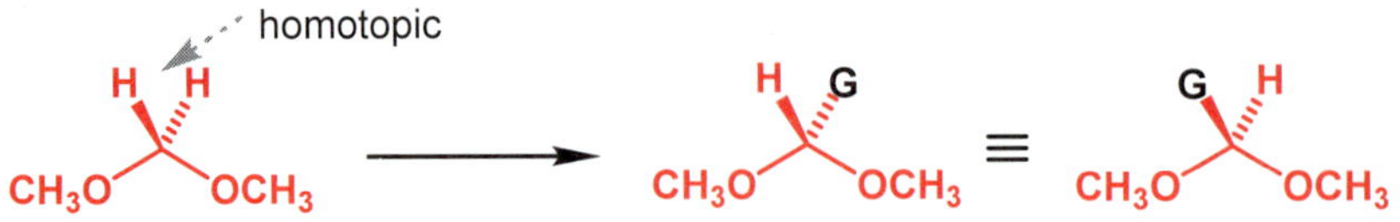

다음은 methylene의 두 치환기가 다른 경우이다. 이 경우에도 분자내의 대칭면(면 O–C–Ph)

이 존재하며, 이에 대해서 오른쪽 왼쪽의 구분이 가능하며, 실제로 두 H 중 하나를 다른 group으로 치환하면 어느 수소를 치환하는가에 따라 (*R*)- 또는 (*S*)-enantiomer가 생성된다. 이 두 수소를 enatiotropic hydrogen(proton, ligand)이라고 부른다. 이와 같이 분자내에 대칭면이 있어 achiral이지만 간단히 한 group을 다른 group으로 치환하면 chiral center가 되는 분자를 prochiral molecule, 그 중심을 prochiral center라고 부른다.

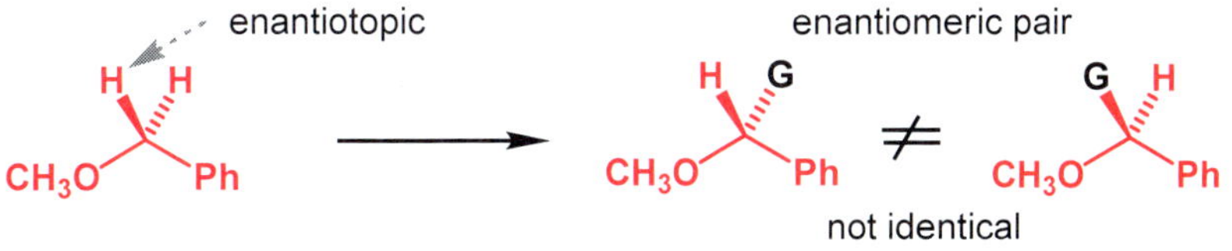

enantiotopic
enantiomeric pair
not identical

마지막으로 methylene의 두 치환기 중 하나가 chiral인 경우를 살펴 보자. 이 경우에는 methylene 탄소를 지나는 어떤 대칭면도 존재하지 않는다. 따라서 두 methylene 수소는 다른 group으로 치환하지 않아도 O–C–Ph을 지나는 평면에 대해 오른쪽 왼쪽의 구분이 가능하다. 이들은 화학적 성질을 달리하며 NMR spectrum에서도 구분되어 나타난다. 물론 methylene 수소 중 임의로 하나를 치환하면 diastereomeric pair가 생성된다. 이 두 수소를 diastereotropic hydrogen(proton, ligand)이라고 부른다. Diastereotopic group이 붙어 있는 원자는 prochiral center가 되는 것은 물론이다.

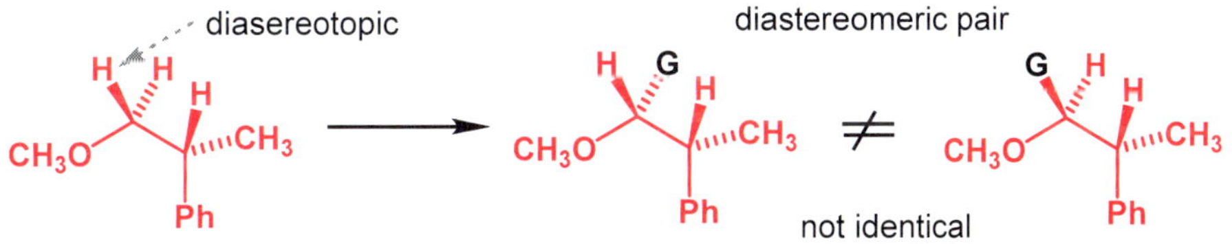

diasereotopic
diastereomeric pair
not identical

다음 예에서와 같이 대칭성과 관련이 없는 삼각평면형 구조 단위를 가지고 있는 경우에도 첨가되는 방향에 따라 다른 입체이성질체가 생성되기도 한다. 분자를 지나는 대칭면이 둘 있는 acetone 분자의 carbonyl은 homotopic face를 갖는다고 하며, 실제로 친핵체가 첨가된다 하더라도 achiral 생성물이 하나 생길 뿐이다. 다음 phenylacetone의 카보닐기는 enantiotopic face로 CN group의 카보닐 첨가가 일어나면 두 enantiomer가 생성될 수 있으며, 카보닐 탄소는 prochiral이다.

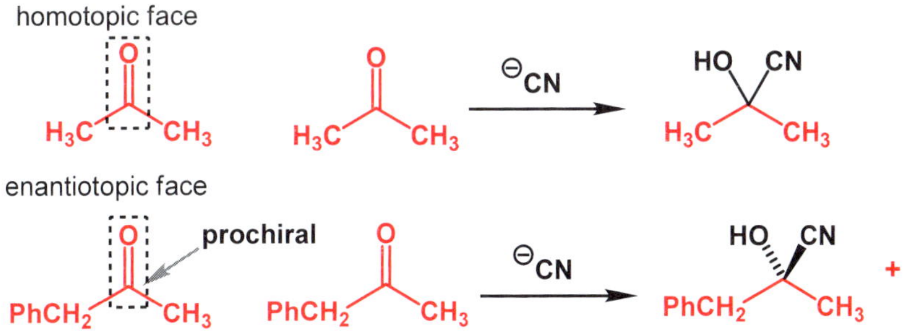

homotopic face
enantiotopic face
prochiral

Enantiotopic face의 한쪽은 *R,S*-convention에 따라 다음 그림에서와 같이 ***Re*-face**로 다른

쪽은 ***Si*-face**로 구분하여 부른다.

clockwise
Re face

anticlockwise
Si face

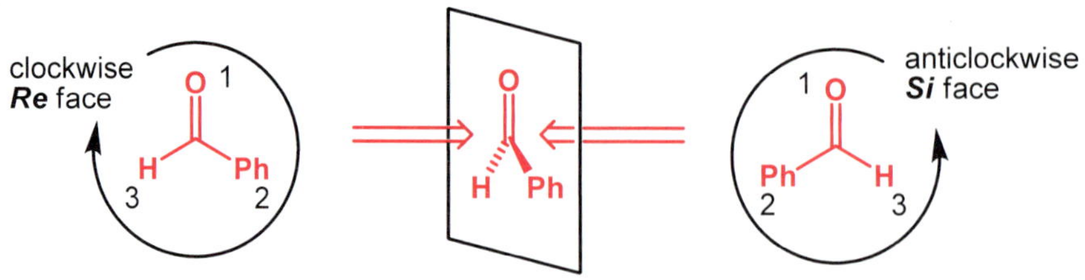

마찬가지로 stereocenter를 이웃하여 위와 같은 π-결합으로의 첨가로 diastereomer가 생성되면 그 π-계를 일컬어 diastereotopic face라고 하며, 위의 enantiotopic face처럼 다음 그림에서와 같이 평면의 어느 쪽에서 보는가에 따라 *Re*-face와 *Si*-face로 구분하여 부른다.

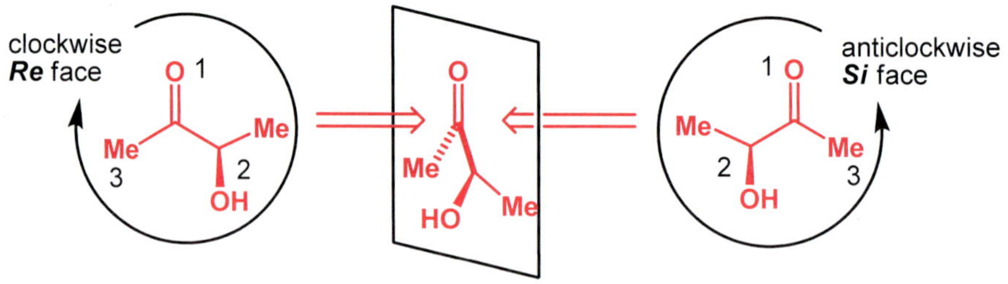

clockwise
Re face

anticlockwise
Si face

Diastereotopic face의 삼각평면형 구조 단위는 카보닐일 수도 있고 탄소–탄소 이중결합일 수도 있다.

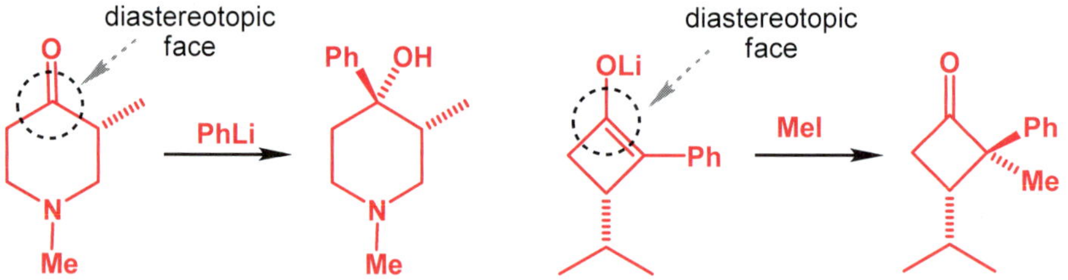

diastereotopic face

PhLi

diastereotopic face

MeI

5.8 Stereospecificity and Stereoselectivity

앞에서 살펴본 몇몇 반응에서와 같이 입체중심을 가지고 있는 분자가 반응을 거치면서 배열이 바뀔 수도 있고, 보존되는 경우도 있다. 또한 입체특이성을 보이는 반응도 있고 선택적으로 한 isomer만을 생성하는 반응도 있고, 입체순도를 완전히 잃는 경우도 있다.

반응을 거치면서 포화된 탄소에서도 새로운 입체중심이 생겨날 수도 있다. 예를 들어, ethylbenzene은 라디칼 브로민화를 거치면 새로운 입체중심이 생겨난다. 반응이 일어나는 자리는 prochiral 중심이고, 반응으로 인하여 chiral center가 생성되지만 아무런 선택성 없이 동량의 입체이성질체 혼합물(**racemic mixture**)을 생성하게 된다.

NBS, $h\nu$ → 50 : 50

탄소–탄소 또는 탄소–헤테로원자 π-결합의 첨가 반응도 입체중심이 없었던 자리에 새롭게 생겨나는 반응이다. 한 예로 epoxidation 반응을 보자. 이 반응은 반응 전후의 stereochemistry가 그대로 유지되는 입체특이성(stereospecific) 반응으로 (*Z*)-alkene에서는 *cis*-epoxide만 (=*syn*-epoxide) 생성되며 (*E*)-alkene에서는 *trans*-epoxide만이 (*anti*-epoxide) 생성된다. 즉, 반응은 π-평면의 위 쪽에서도 일어날 수 있고 아래 쪽에서도 일어날 수 있지만, 어떤 경우라도 출발물 alkene의 입체화학은 생성물에서도 완벽하게 보존된다.

Ph (Z) Ph —m-CPBA→ O, Ph Ph *syn*　　Ph (E) Ph —m-CPBA→ O, Ph Ph *anti*

다음 bicyclic system인 norbornene의 epoxidation도 마찬가지로 입체특이성 반응이지만 조금 다른 특색이 나타나게 된다. π-평면의 위쪽(*exo*)에서도 일어날 수 있고 아래쪽(*endo*)에서도 일어날 수 있으나, *endo*와 *exo* face에서의 입체적인 환경이 다름으로 해서 입체선택적(stereoselective)으로 *exo*-epoxide가 주로 생성되며, *endo*-epoxide는 아주 소량만 생성된다.

m-CPBA → O major + minor O

다음 두 반응 예에서도 epoxidation은 입체특이성으로 진행되며, 입체선택적으로 그중 한 이성질체만이 주로 얻어진다. 앞의 반응은 과산화산이 입체장애가 더 적은 쪽으로 접근하는 것이 유리하여 선택적으로 생성되며, 둘째 반응은 OH 치환기와 과산화산 수소결합의 영향으로 OH와 같은 쪽으로 접근하여 주로 생성된다. 이렇게 반응하는 시약과 반응물의 치환기들 간의 상호작용으로 입체선택성을 보이는 반응은 아주 자주 발견되는 현상이다.

OAc —RCO_3H→ OAc, O　　OH —RCO_3H→ OH, O

다음 hydroboration-oxidation을 거쳐 alkene에 물 분자가 첨가되는 반응 예를 하나 더 살펴보자. 앞의 allylic alcohol의 epoxidation에서와 마찬가지로 allylic alcohol의 hydroboration 반응도 항상 OH기와 같은 쪽에서 일어난다. 이 반응에서도 마찬가지로 가장 안정한 다음과 같은 conformer를 거쳐서 반응이 일어나게 된다. 다음 stereogenic center를 가지는 allylic alcohol의 반응도 따라서 H와 OH는 기존의 OH와 항상 같은 쪽에서 첨가되며, 이러한 diastereoselectivity는 비단 epoxidation이나 hydroboration에서만 관찰되는 것이 아니고, 뒤에 다루게 되는 다른 metal hydride 및 alkylmetal과의 반응에서도 똑같이 발견되는 현상이다.

R_2BH / THF → H_2O_2 / NaOH

most stable conformer

syn addition from above

카보닐 화합물의 첨가 반응에서도 새로운 chiral center가 생겨난다. 열린 사슬 화합물의 경우에는 chiral center가 없거나, 있다고 해도 멀리 떨어져 있으면 반응에 아무런 영향이 없거나 미치지 못하며, 따라서 동량 이성질체의 혼합물을 얻게 된다. 그 사이에 존재하는 여러 σ-결합의 자유로운 회전으로 영향을 미치기 어렵기 때문이다.

free rotation

diasterotopic face

$NaBH_4$

racemate

그러나 chiral center를 가까이 이웃하게 되면 그 영향으로 어느 한 이성질체가 입체선택적으로 더 많이 생성된다. 이에 대한 설명은 여러 가지 모델이 (Felkin-Anh model 또는 Crams' rule) 있으나 여기서는 상세히 다루지 않는다.

$LiAlH_4$

3 : 1

major diastereomer
Me and OH *anti*

minor diastereomer
Me and OH *syn*

이 장에서 나오는 여러 선택성 또는 특이성은 각 반응을 다루게 되는 별개의 단원에서 상세히 설명하게 된다. 단, 우리가 가지고 있는 지식을 총동원하여 새로운 방법을 개발하여 이러한 achiral 분자들로부터 특정 chiral 분자들을 합성하는 노력이 이어지고 있다는 사실을 염두에 두어야 한다. 다음 두 반응은 각각 chiral 환원제인 CBS reagent와 chiral 촉매를 이용하는 촉매수소화에 의하여 enantioselective하게 한 enantiomer를 합성하는 예이다. 두 보기 반응은 각기 97.5% 및 98.5%의 광학 순도를 갖는 생성물을 얻고 있다. 점차 필요한 경우에는 입체 이성질체 혼합물을 얻어 분리하는 조작을 거치기보다 여러 방법을 동원하여 그 중 한 enantiomer만을 선택적으로 합성하는 추세이다. 하지만 현재로서는 이러한 반응이 가능하다는 점을 기억하는 것으로 충분하며 상세한 것은 뒤로 미루기로 한다. (제 3편인 'Special Topics')

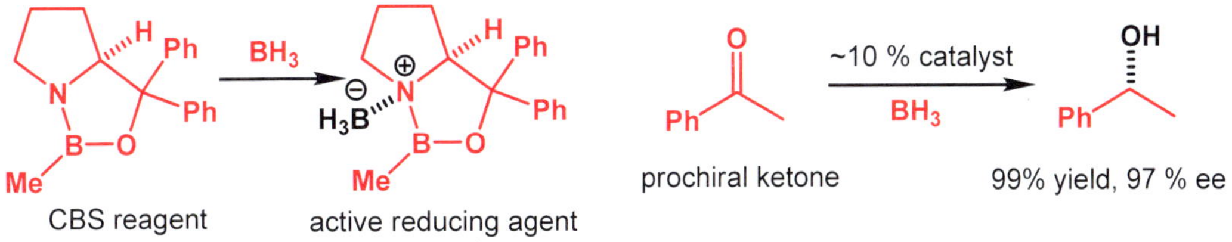

CBS reagent → (BH_3) → active reducing agent

prochiral ketone → (~10 % catalyst, BH_3) → 99% yield, 97 % ee

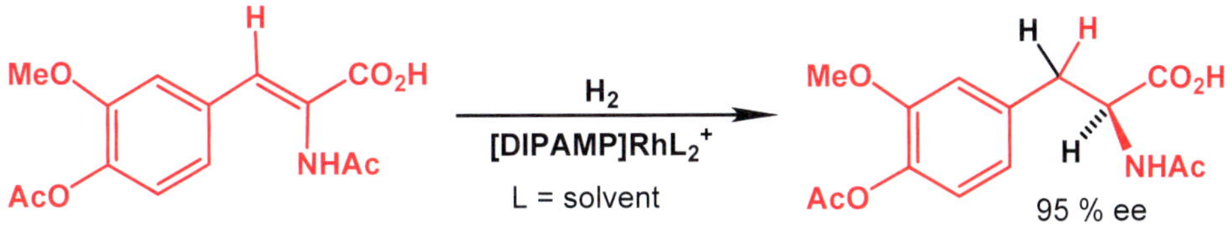

H_2, [DIPAMP]RhL_2^+, L = solvent → 95 % ee

문제 5.9 다음 화합물에서 모든 stereocenter의 절대배열을 표시하라.

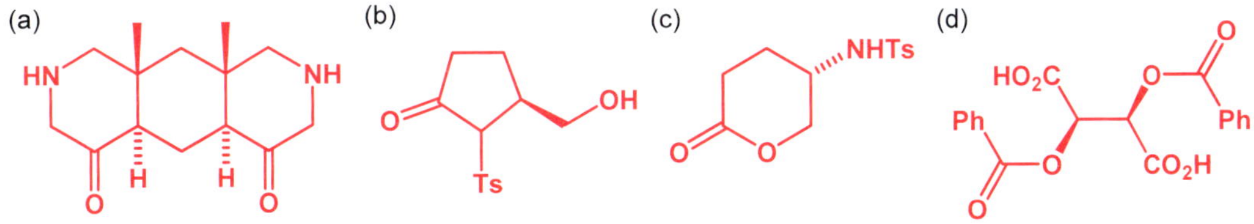

(a) (b) (c) (d)

문제 5.10 분자식이 $C_5H_{11}Cl$인 구조 이성질체를 모두 그려라. 각 이성질체에서 입체중심(chiral center)을 모두 찾아 *로 표시하라.

문제 5.11 Threonine은 다음과 같은 구조를 갖는 아미노산이다. 같은 골격의 가능한 한 모든 입체이성질체를 그리고 각각의 이성질체에 입체중심을 *R*,*S*로 표시하라. 자연계에는 (2*S*,3*R*)-이성질체만 존재한다. 어느 것인가?

문제 5.12 다음 맨 앞에 주어진 구조와 오른쪽의 번호 붙여진 각각의 구조 간의 관계를 말하라.

(a) D-erythrose

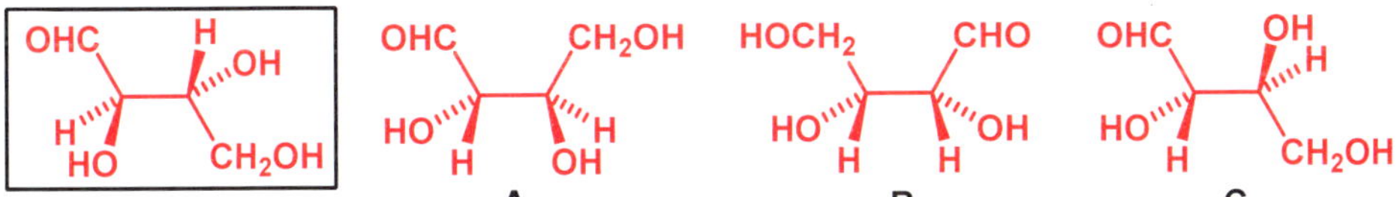

A B C

(b) 4-bromo-2-pentanol

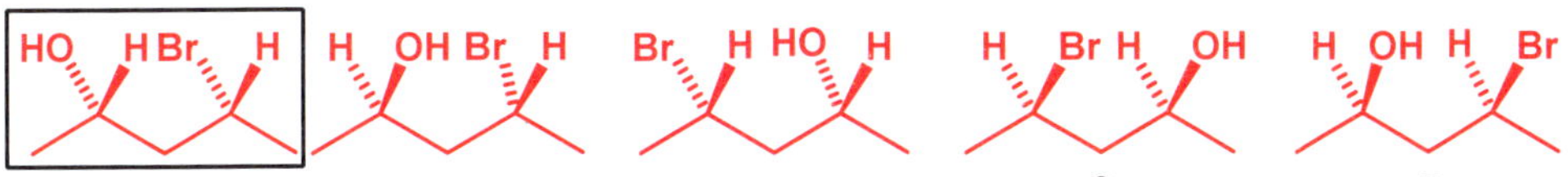

A B C D

문제 5.13 다음 두 화합물의 서로 다른 *meso* 화합물을 그릴 수 있는 대로 그려 보라.

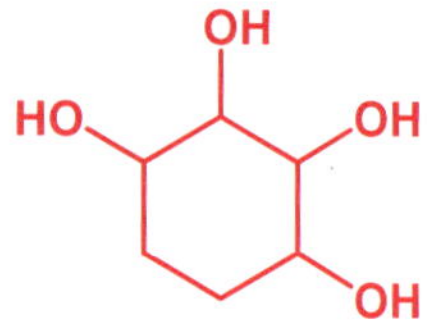

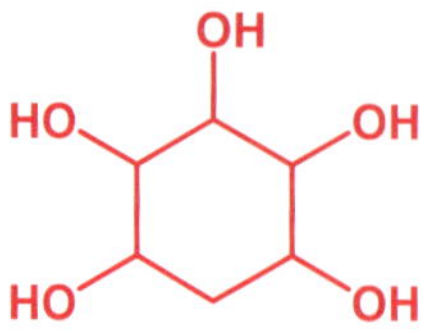

문제 5.14 그려진 두 탄수화물과 의약품의 구조에서 chiral center를 찾아 (*R*), (*S*) 배열을 정하라.

(a) arabinose (b) xylose

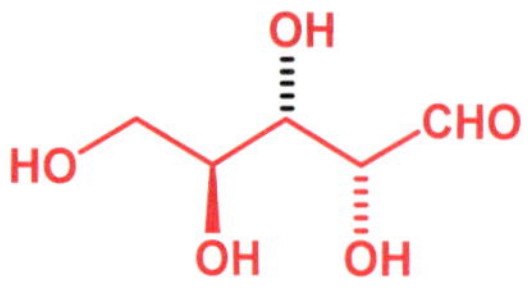

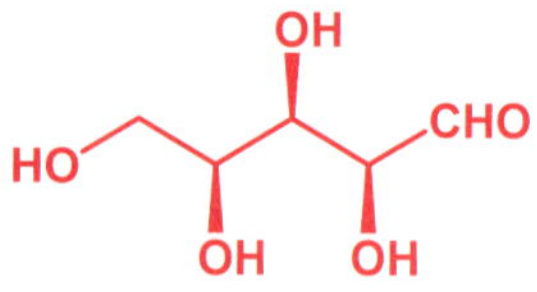

(c) ephedrine (d) naproxene

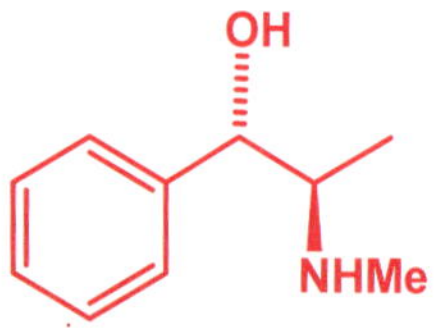

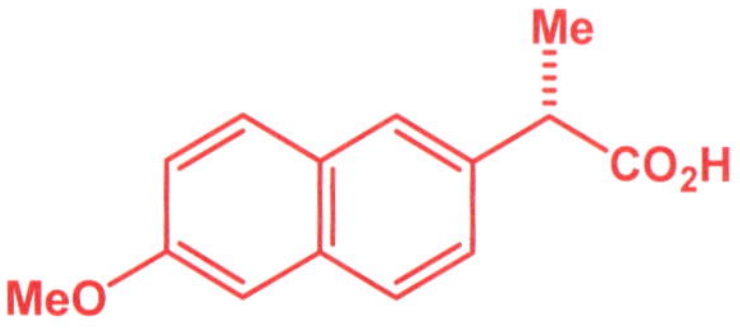

문제 5.15 다음은 3-fluoro-2-phenyl-2-pentanol의 입체구조를 다양한 방법으로 표시한 것이다. 각각은 (2*R*,3*R*)-3-fluoro-2-phenyl-2-pentanol과 어떠한 입체화학 관계를 가지고 있는지를 나타내어라. (동일 화합물인가? enantiomer인가? diastereomer인가?)

(a) (b) 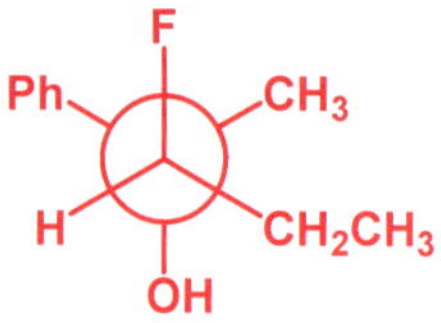 (c)

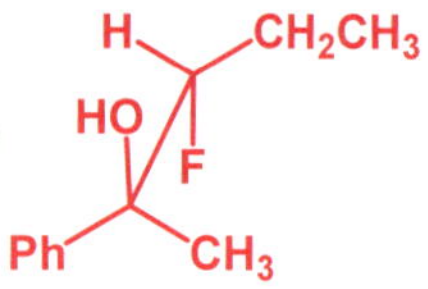

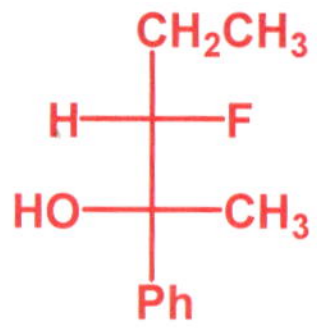

(d) 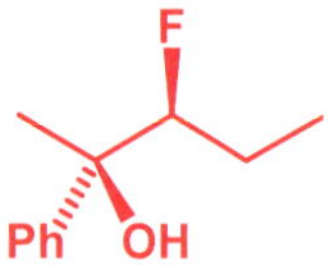 (e) 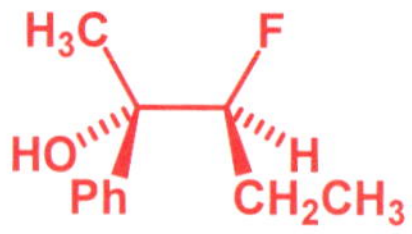 (f)

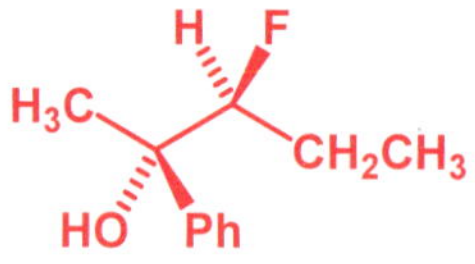

문제 5.16 다음에 그려진 세 aldose를 Newman projection으로 바꾸어 그려라.

(a) (b) 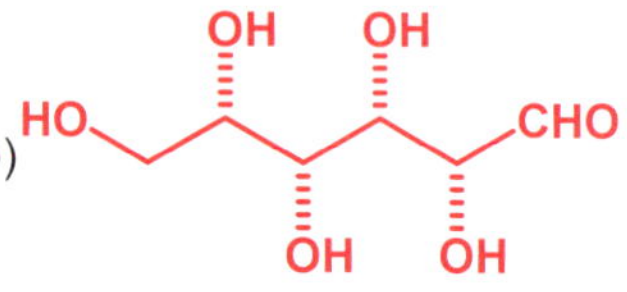 (c)

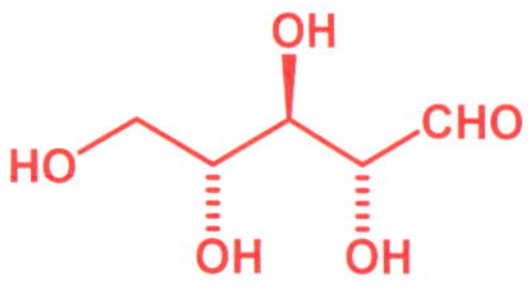

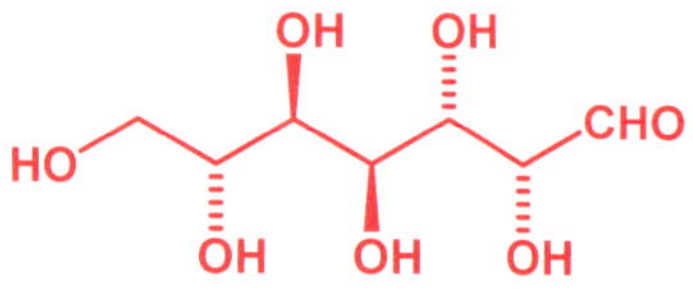

5.9 Conformation of Open Chain Hydrocarbons

분자내의 결합 배열 순서가 같고 방향을 달리하는 경우에 입체이성질 현상이 생긴다. 이들 이성질체 간의 상호변환을 위해서는 반드시 결합이 깨지고 다시 생성되어야 한다. 이는 앞에서 다룬 configuration의 문제이다. 그러나 분자가 공간상에서 어떤 모양을 하는가를 결정짓는 요소는 입체화학만이 있는 것은 아니다. 유기 분자내의 모든 원자들은 σ-결합으로 연결되어 있고, 축대칭을 기본 요소로 하는 σ-결합 특성으로 인하여 정해진 σ-결합 주위로의 회전은 이론적으로 완전히 자유로우며, 회전에 따라 가지가지의 모양을 갖추게 된다. σ-결합을 축으로 하는 회전에 따른 입체관계를 conformation이라 한다.

축대칭인 σ-결합은 축을 중심으로 회전이 자유롭지만, 여기에서도 에너지의 문제를 피해갈 수 없다. 수소와 같은 분자는 회전에 필요한 에너지가 거의 없어 얼마든지 회전이 가능하다. 염소나 브로민 원자도 마찬가지이다. 그러나 분자내의 많은 원자들이 결합을 하나만 하는 것이 아니고, 둘, 셋, 넷 등 다양하게 많은 결합을 하고 있다. σ-결합을 하고 있는 두 원자에 다수의 치환기가 붙어 있는 경우에는 σ-결합을 축으로 회전에 따른 에너지 변화가 있게 되고, 그 에너지가 크면 회전은 느려지거나 불가능하게 되고 작으면 빠르게 회전하게 된다.

Amide의 C–N 결합은 σ-결합임에도 회전에는 20 kcal/mol 정도의 에너지 장벽이 있고, 이로 인해 초당 회전이 0.1회 밖에 일어나지 않는다. π-결합을 한 두 탄소 간의 σ-결합도 회전에 다른 에너지 장벽이 있다. Ethane의 C–C 회전에는 2~3 kcal/mol 정도로 에너지 장벽이 낮아 거의 자유자재로 회전이 가능하다고 할 수 있다.

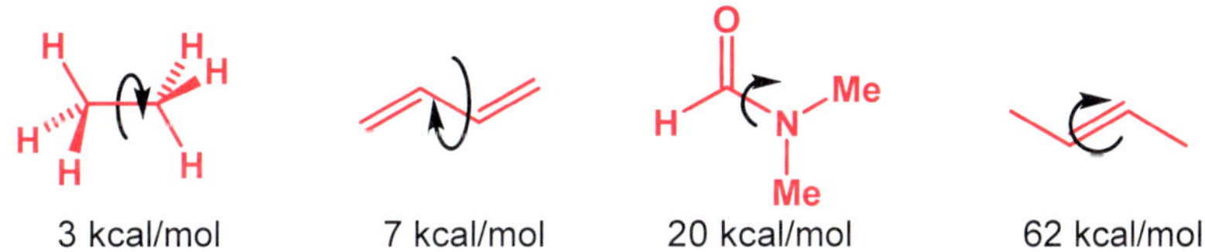

회전에 따르는 에너지 장벽이 1.5 kcal/mol 정도씩 낮아지면 회전 속도는 10배씩 빨라진다. 이렇게 보면 butadiene의 C2–C3를 축으로 하는 회전속도는 ethane의 1/1000 정도쯤이라고 생각하면 된다. 탄소–탄소 π-결합의 회전은 결합깨짐이 수반되어야만 일어날 수 있으며, 이보다 훨씬 높은 에너지를 필요로 하는 것은 지극히 당연한 것이다.

5.9.1 Conformation of Ethane

탄소–탄소 σ-결합을 축으로 하는 회전의 가장 간난한 경우인 ethane을 살펴보기로 하자. C–C 결합축을 주위로 회전이 가능하며, 회전 각도에 따라 두 탄소에 결합된 H 원자들의 상대적인 위치가 달라지게 된다. Ethane의 두 탄소를 연결하는 축을 중심으로 회전이 일어나게 되며, 그 결과 두 수소가 완전히 포개지는(eclipsed) 경우와 엇갈리는(staggered) 두 극단적인 경우가 생겨난다. Ethane의 공간-채움 모형(space filling model)에서 삼차원적 배열과 입체적 배열을 고려한 두 가지 방법의 그림을 표시하였다. 이웃한 치환기들이 놓이는 방향을 가장 정확하게 잘 표현할 수 있는 방식이 바로 Newman projection이다.

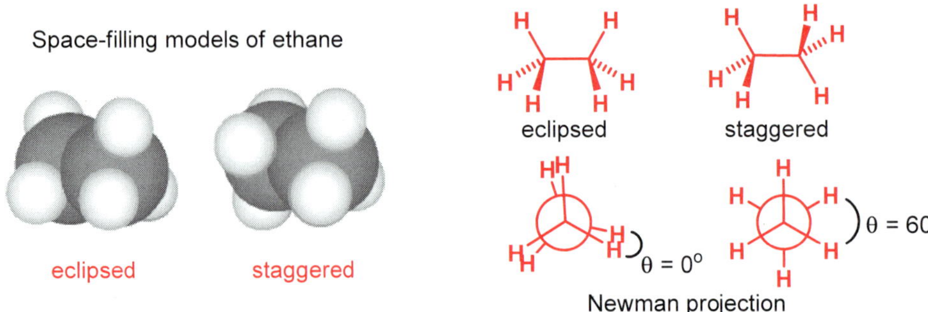

두 특정 기를 골라 이들의 관계를 살펴보는 데는 dihedral angle(=torsional angle)을 이용하는 것이 편리하다. Ethane의 두 특정 수소가 이루는 dihedral angle(이면각)은 0°에서 360°까지 변화할 수 있다. 두 수소가 포개지는 conformer에서 시작하여 회전에 따라 eclipsed conformer는 0°, 120°, 240°에서 나타나며, staggered conformer는 60°, 180°, 300°에서 나타나게 된다. 회전각에 따른 각 conformer는 에너지를 달리한다. Ethane의 staggered conformer는 eclipsed conformer에 비해서 3 kcal/mol 더 안정하다. 이웃한 탄소에 결합된 수소를 포함한 모든 치환기는 서로를 멀리 밀어내려고 하는 경향이 있다. 이는 여러 가지 요인에 기인하는데 기본적으로는 전자쌍 간의 반발이고, 둘째는 입체 붐빔에 기인한다고 할 수 있다.

Ethane의 경우에는 두 수소 간의 입체적인 반발은 거의 없다고 보아야 할 것이며, 따라서 두 채워진 σ 오비탈의 결합 전자쌍의 반발에 기인하는 것이라 할 수 있다. Ethane의 eclipsed conformer에서 이러한 반발이 최대가 되며, staggered conformer에서 최소가 된다. 또한 staggered conformer에서는 채워진 C–H σ 오비탈과 이웃한 탄소의 빈 C–H σ^* 오비탈의 상호작용에 의한 안정화도 일정 부분 staggered conformer의 안정화에 기여한다고 볼 수 있다.

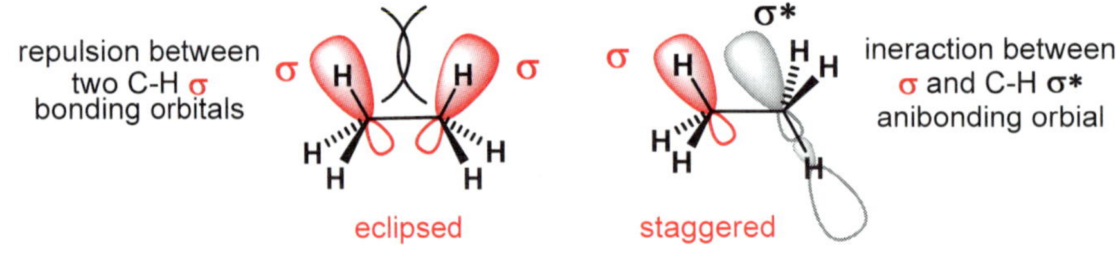

5.9.2 Conformation of Propane

Propane의 경우에도 ethane과 비슷하게 staggered 및 eclipsed의 두 극단적인 conformer가 존재하게 된다. 두 conformer 간의 에너지 차이는 마찬가지로 전자쌍 또는 채워진 orbital 간의 반발이 주된 원인이고, H와 CH_3기 간의 입체적인 불안정화 요인은 무시할 정도라고 할 수 있다. 그러나 propane 중심 탄소에서의 결합각은 두 methyl기 간의 반발로 정사면체형 결합각 109.5°에서 더 벌어져 112.4°인 것으로 조사되어 있다. 이 반발력은 두 methyl기 간의 입체적인 요구에 의한 것임이 분명하다.

conformation of propane

eclipsed

staggered

106.1° 112.5°

5.9.3 Conformation of Butane

Butane의 C2–C3를 축으로 하는 회전을 고려하면 조금 더 복잡해 진다. 엇갈린 배열도 두 methyl이 반대쪽으로 멀리 엇갈린 (anti) 경우와 이웃하여 엇갈린 (gauche) 경우가 있게 되고, 포개지는 경우도 Me, Me이 포개지는 (eclipsed) 경우와 Me, H가 포개지는 경우가 생긴다. 회전에 따른 이러한 이들 분자들의 conformer(=rotamer)를 아래에 그려 놓았다.

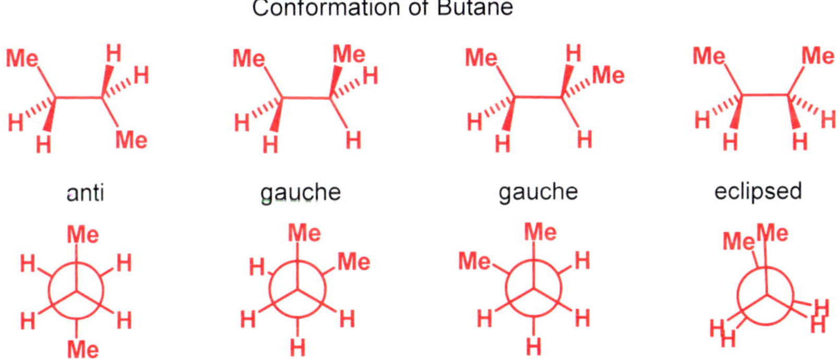

Butane의 두 methyl기 간의 이면각(dihedral angle)이 0°, 60°, 120°, 180°, 240°로 변해 가면 Me–Me eclipsed, gauche, Me–H eclipsed, Me–Me staggered, eclipsed, Me–H eclipsed의 순으로 바뀌게 된다.

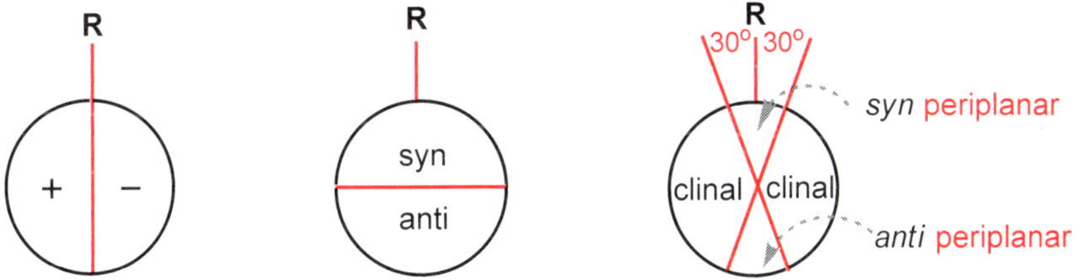

[Figure 5.1] Klyne-Prelog system for describing dihedral angle system

위의 Figure 5.1을 보면서 이면각의 변화에 따라 사용되는 용어를 익히기로 하자. 이면각이 0° ~ 90°, 270° ~ 360°일 때는 두 methyl기가 위 아래로 반분한 반원의 같은 쪽에 들어 가게 되는데, 이를 ***syn***이라고 하고 90°~270°일 때는 반원의 반대쪽에 위치하게 되는데 이를 ***anti***라고 한다. 또한 이면각이 0°∓30°이거나 180°∓30°이면 periplanar, 90°∓60° 또는 270°∓60°이면 clinal이라고 한다. Me–Me의 이면각이 180°인 conformer는 *anti*-planar, 60°인 conformer는 *gauche* conformer(*syn*-clinal) 이다.

Butane의 C2–C3를 축으로 하여 360° 회전하게 되면 그에 따라 conformation이 달라지고 그에 따라 에너지 준위가 달라지게 된다. 이를 Figure 5.2에 나타내었다.

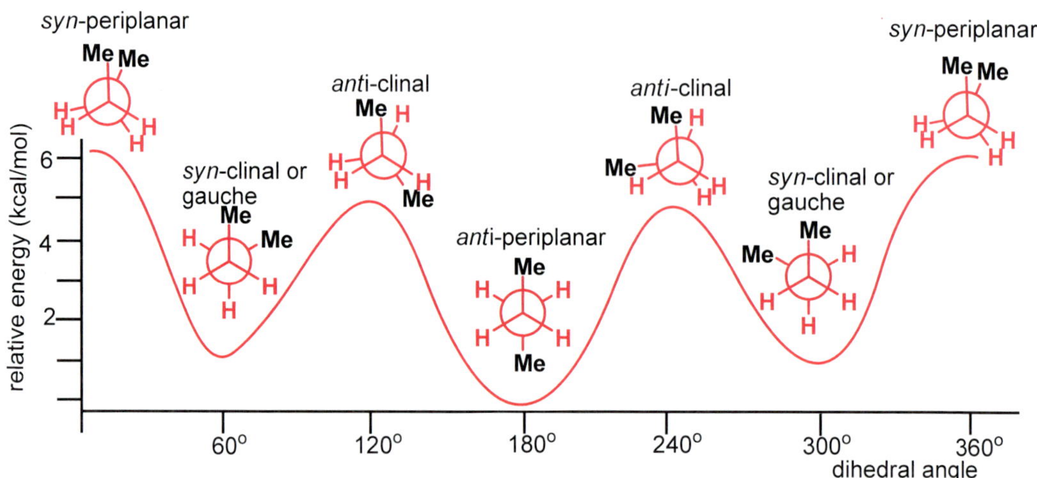

[Figure 5.2] Energy change induced by the rotation of C2–C3 of butane

Butane의 경우에는 *syn*-periplanar conformer가 가장 불안정하고 *anti*-periplanar conformer가 가장 안정하며, *gauche* conformer는 이보다 약 0.9 kcal/mol, Me–H eclipsed conformer는 4 kcal/mol, Me–Me eclipsed(*syn*-periplanar) conformer는 약 6 kcal/mol 이상 덜 안정하다. Butane의 C2–C3를 축으로 하는 회전은 ethane에 비해 몇 백배는 느릴 것이라 예상할 수 있다.

이와 같은 안정도에 미치는 영향은 앞의 ethane이나 propane의 경우에서처럼 전자쌍 반발에 의한 요인뿐 아니라 거대기인 두 methyl기 간의 입체적인 반발도 큰 영향을 미친다고 할 수 있다. 우리가 보통 그리는 탄소 사슬의 경우 각 탄소의 alkyl 치환기는 모두 *anti*-conformer로 가장 안정하며, 따라서 특별한 경우를 제외하고 지그재그 골격 구조를 그리게 되는 것이다. 그리기 편해서 그냥 그려 왔던 바로 이 지그재그 구조가 모든 alkyl 사슬이 *anti*-periplanar가 되는 가장 안정한 conformer인 것이다.

탄소–탄소 결합뿐 아니라 탄소–헤테로원자간의 회전 또한 가능하며 회전에 따르는 energy barrier 또한 존재한다. 다음은 몇 가지 예는 가장 안정한 conformer를 그린 것이고 σ-결합을 축으로 하는 회전에 따르는 energy barrier를 나타낸 것이다. 참고로 ethane은 3 kcal/mol이며 아래에 나타낸 화합물들은 이보다 작거나 엇비슷한 수준이라 할 수 있다.

3.5 kcal/mol　　2.0 kcal/mol　　1.1 kcal/mol　　2.7 kcal/mol

5.10 Conformation of Unsaturated System

위에서 살펴본 각 conformer 간의 에너지 차이는 비교적 적어서 자유로운 회전이 가능하지만, 사슬 화합물이라고 해서 회전이 항상 자유로운 것은 아니다. 이에 관한 좋은 예는 alkene에서 볼 수 있다. 다음 그림에서 보는 바와 같이 methyl기가 탄소-탄소 또는 탄소-헤테로원자 간의 이중결합을 하고 있는 propene, acetaldehyde, acetone의 회전에 따른 energy barrier를 나타낸 것이다. 특징적인 것은 이중결합과 이웃한 탄소에서 가장 적은 치환기와 eclipsed된 conformer가 가장 안정하다는 것이다.

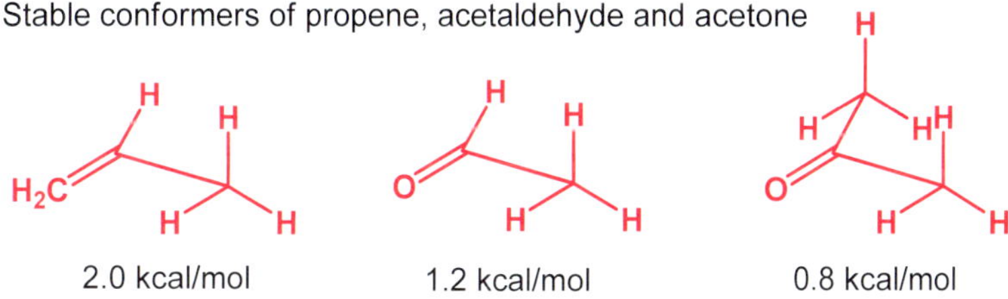

치환기가 하나인 alkene은 1,3-관계의 수소와 methyl기가 동일 평면에 있는 conformer보다 1,3-관계의 두 수소가 같은 평면에 놓이는 conformer가 에너지로 보아 선호된다. 치환기가 둘인 alkene의 경우에는 이에서 더 벗어나서 1,3-관계의 두 methyl이 같은 평면에 놓이게 되면 이들 간의 steric strain은 더 커지게 된다. 물론 치환기의 steric bulk가 methyl기보다 더 큰 경우에는 어느 conformer의 선호도는 훨씬 커지게 된다.

relative energy
0
lowest energy conformer
Modestly preferred
+1 kcal/mol
$A^{1,3}$ strain

0
lowest energy conformer
strongly preferred
+4 kcal/mol
$A^{1,3}$ strain

이를 일컬어 $A^{1,3}$ strain(Allylic 1,3-strain)이라고 하는데, 이 strain 또한 이러한 계의 반응성뿐 아니라 반응에 따르는 입체화학에 큰 영향을 미치게 된다. 이와 유사한 선호도 문제가 allylic conformation의 1,2-관계에서도 일어나는데, 이를 $A^{1,2}$ strain이라고 하며, 이 strain이 최소화되는 conformer를 아래 그림에 표시하였다.

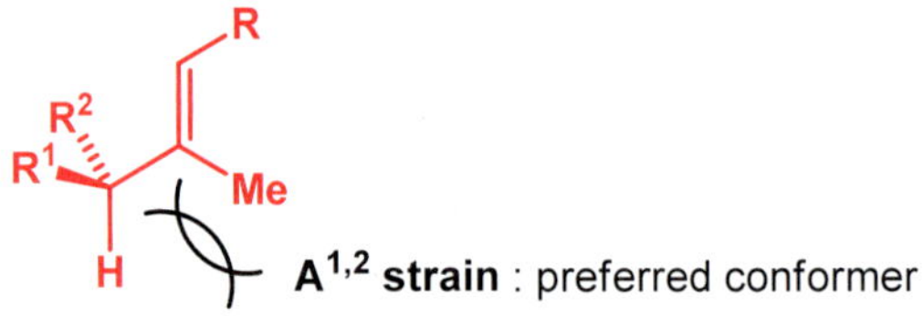

$A^{1,2}$ strain : preferred conformer

두 sp^2 탄소 간의 σ-결합은 다른 이유에서 회전의 제한을 받는다. *p*-오비탈 겹침에 의한 안정화로 인하여 두 이중결합은 같은 평면에 놓여야 하기 때문에, periplanar conformer를 선호하게 되며, 그 중에서 *anti*-periplanar의 선호도가 *syn*-periplanar보다 높다. Butadiene은 단일결합을 축으로 하는 회전에 따라 동일평면상에서 두 말단 탄소가 같은 쪽을 향하면 ***s-cis*** 회전배열, 다른 쪽을 향하면 ***s-trans*** 회전배열이라고 한다. (s는 sigma bond의 s임) 두 안쪽 탄소 간의 결합을 축으로 하는 회전으로 s-*cis*와 s-*trans* 회전배열간의 상호전환이 일어난다. s-*trans* 회전배열은 두 말단의 안쪽 기들 간의 상호작용이 작아서, diene은 보통 더 낮은 에너지(약 4.0 kcal/mol)의 이 회전배열이 압도적으로 많다.

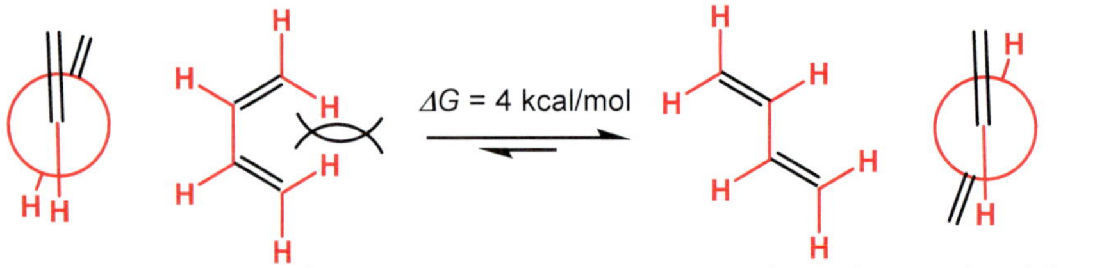

ΔG = 4 kcal/mol

syn-periplanar *s-cis*-conformation *s-trans* conformation *anti*-periplanar

반응이 일어나기 위하여 s-*cis* 회전배열을 필요로 하는 경우 (거의 모든 반응) s-*trans* 회전배열을 s-*cis* 회전배열로 전환하는 데 따르는 에너지 장벽은 전체 반응의 활성화 에너지 장벽에 큰 몫을 차지하게 된다. 고리형 diene이 아니라 하더라도 말단 탄소에 치환기가 붙게 되면 C2–C3를 축으로 하는 회전은 더욱 제한을 받게 된다. 말단에 methyl기가 하나씩 덧붙은 2,4-hexadiene의 경우, *cis,cis*-이성질체는 아예 *s-cis* 회전배열을 취할 수 없으며, *cis,trans*의 경우에는 회전배열이 가능하나 더 높은 에너지가 필요하며, *trans,trans*인 경우에만 위와 같은 낮은 에너지 장벽을 넘어 회전이 비교적 자유롭게 된다. *cis,cis*-이성질체는 dienophile과의 [4+2] 고리화 첨가가 아예 불가능하며, *cis,trans*-이성질체의 경우에는 반응은 일어나지만, *trans,trans*-이성질체에 비해서 반응속도는 많이 떨어지게 된다. Cyclopentadiene이나 cyclohexadiene의 경우처럼 이미 구조 자체가 s-*cis* 회전배열인 경우에는 그만큼 활성화 에너지가 낮아지므로 반응에 유리하다고 할 수 있다.

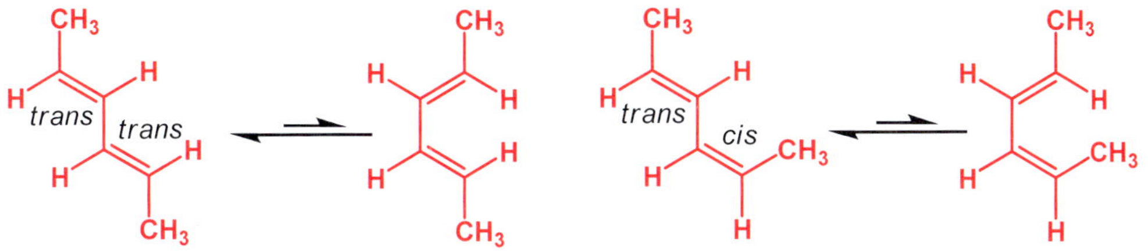

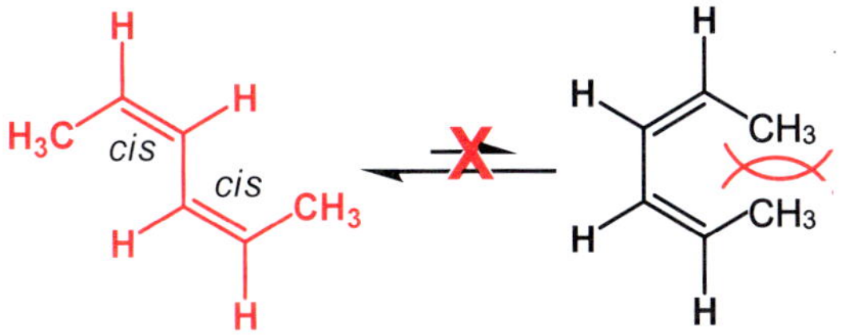

trans trans cis cis trans cis

두 sp^2 탄소 간의 단일결합을 축으로 하는 회전배열에 다른 conformation의 문제는 불포화 카보닐 화합물에서도 제기된다. 위에서와 마찬가지로 두 이중결합은 같은 평면에 놓이는 것이 오비탈 상호작용에 더 유리하다. 또한 마찬가지로 s-*cis*와 s-*trans* 회전배열 간의 평형은 같은 이유로 s-*trans*가 더 유리할 것으로 예측할 수 있다.

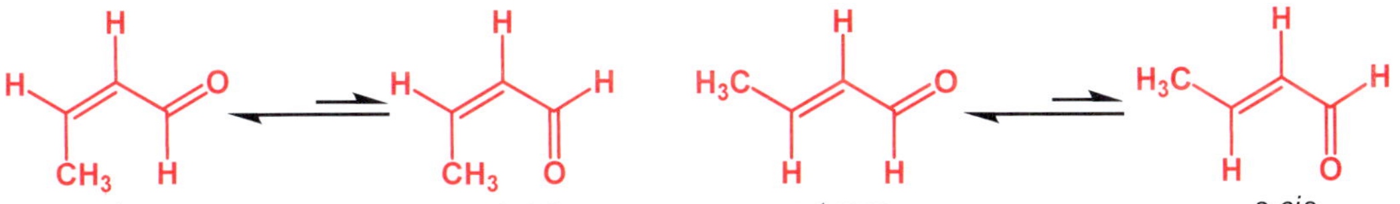

s-trans s-cis s-trans s-cis

문제 5.17 다음 두 화합물의 가장 안정한 conformation을 그려 보라.

(a) 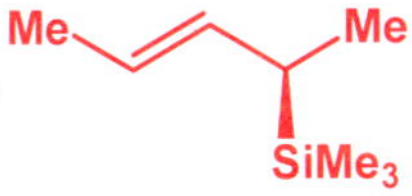 (b)

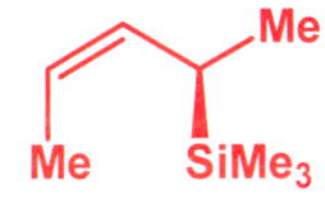

문제 5.18 다음 구조식에서 $A^{1,2}$ 및 $A^{1,3}$strain이 있는지 어떤 것인지 표시하라.

(a) 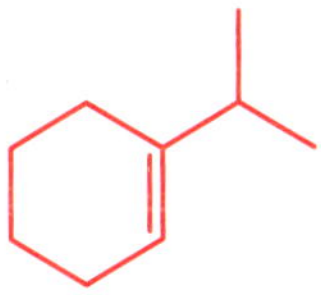 (b) 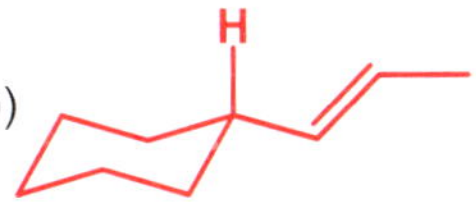 (c) 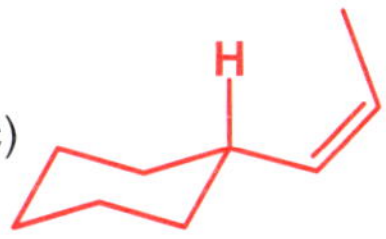 (d)

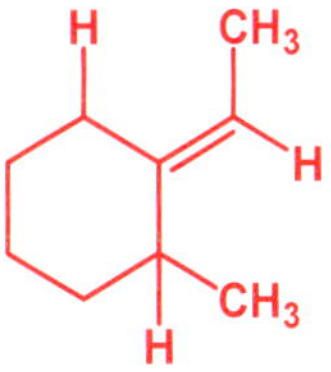

문제 5.19 다음 두 불포화 화합물 각각의 가장 안정한 conformer를 그려보라.

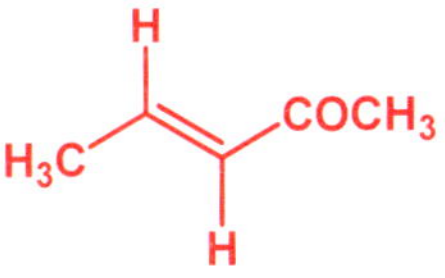

A 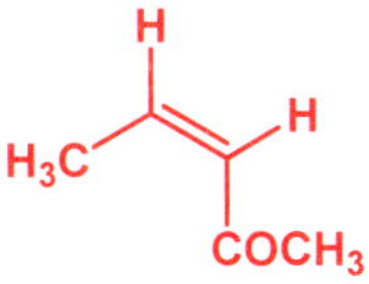 B

5.11 Conformation of Cyclic Compounds

5.11.1 Strains in Cyclic Compounds

고리를 갖는 화합물은 유기 화합물의 한 중요한 유형을 이루고 있다. 많은 점에서 고리형 화합물의 반응이나 성질은 열린사슬 화합물과 크게 다르지 않다. 그러나 한편으로는 고리를 형성함으로써 야기되는 구조상의 제약은 열린사슬 화합물과 차이점을 나타내기도 한다. 열린사슬 화합물에서는 정사면체형 결합각 109.5°를 유지할 수 있고, C–C 단일 결합을 축으로 하는 회전으로 가장 안정한 *anti*-staggered conformation을 취할 수 있다. 하지만 작은 고리형 화합물에는 특히 sp^3 탄소의 정사면체 각인 109.5°의 결합각을 유지할 수도 없고, 회전의 제한으로 안정한 conformation을 취하는 데도 문제가 있다.

고리형 화합물의 strain은 결합각과 오비탈이 이루는 각의 차이에 의한 **angle strain**과 이웃한 원자의 전자쌍 간의 반발에 기인하는 **tortional stain**의 합으로 나타나게 된다. 특히 작은 고리형 화합물의 경우에는 가려진(eclipsed) 형태가 많이 나타나게 되고 이에 따른 tortional strain 또한 커지게 된다. Cycloalkane의 strain은 연소열을 측정하여 methylene 하나당 연소열을 열린사슬 화합물의 값과 비교하여 얻을 수 있다. 이렇게 산출한 cycloalkane의 전체 strain은 Table 5.1과 같다.

[Table 5.1] Heat of Combustion of Methylene Groups in Cycloalkanes

Hydrocarbon	ΔH_{comb} per methylene (*kcal*/mol)	$\Delta(\Delta H_{comb})$ vs. open chain (kcal/mol)	Total strain (kcal/mol)
open chain HC	157.4	0.0	0.0
cyclopropane	166.5	9.1	27.3
cyclobutane	163.8	6.4	25.6
cyclopentane	158.7	1.3	6.5
cyclohexane	157.4	0.0	0.0
cycloheptane	158.2	0.9	6.3
cyclooctane	158.6	1.2	9.6
cyclononane	158.8	1.4	12.6
cyclodecane	158.6	1.2	12.0
cycloundecane	158.4	1.0	11.0
cyclododecane	157.8	0.4	4.8
cyclotridecane	158.7	0.3	3.9
cyclotetradecane	157.4	0.0	0.0

고리형 화합물에서 고리로 인한 strain은 cyclopropane에서 가장 심하며 cyclobutane과 cyclopentane을 거치면서 점차 완화되어 cyclohexane에서는 완전히 없어진다. 여기에서 다시

고리의 원자수가 더 증가되는 cyclononane이나 cyclodecane에서는 strain은 다시 증가하였다가 고리의 원자의 수가 14 이상인 cycloalkane에서는 열린 사슬 화합물과 같이 고리에 기인하는 strain이 완전히 사라지게 된다.

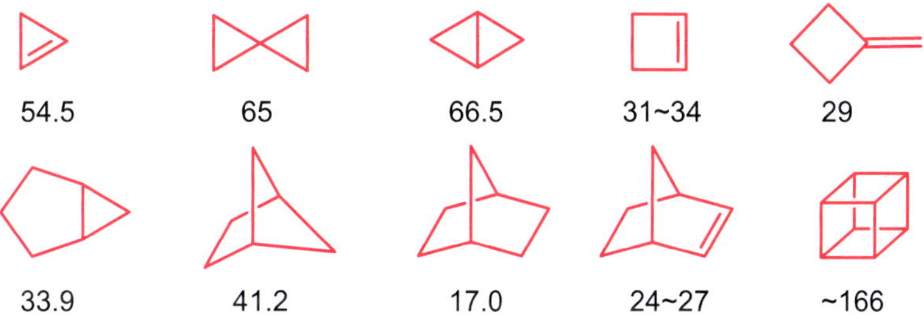

고리의 strain이 큰 대표적인 몇 개의 화합물의 ring strain 값(kcal/mol)을 위에 구조식과 함께 나타내었다. 작은 고리에 이중결합이 들어 있거나 작은 고리 bicyclic 화합물에서는 strain이 대단히 커지게 된다. 고리의 strain으로 치자면 cubane의 몰당 166 kcal/mol이 넘는 고리형 화합물은 아마도 찾기 힘들 것 같다.

5.11.2 Angle strain

세-원자 또는 네-원자 고리형 화합물의 경우에는 정사면체형 결합각을 유지할 수 없어 **angle strain**의 문제가 발생한다. Lewis 구조를 그릴 때는 두 핵을 잇는 선을 그리면 그만이지만, 실제로 cyclopropane이나 cyclobutane은 완전한 축대칭의 orbital 겹침이 일어날 수가 없다. 오비탈 겹침은 핵을 잇는 축 상에서 상당한 정도 벗어나게 되며, 이러한 결합을 **τ–bond**라 한다. 이러한 현상은 cyclobutane에서도 이어져서 역시 **τ–bond**를 하고 있다.

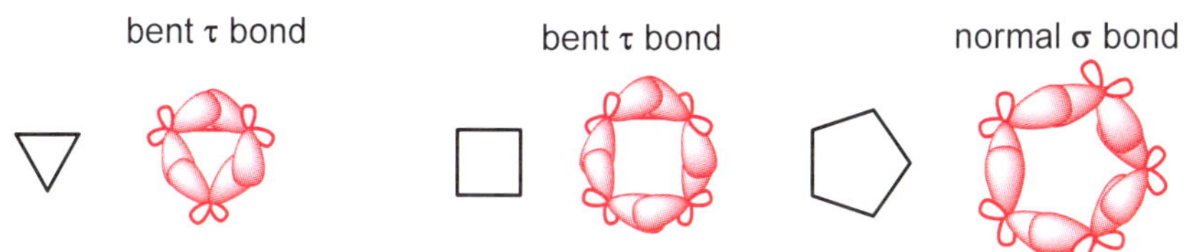

세-원자 고리형 화합물의 특별히 큰 반응성은 주로 이와 같은 축을 벗어나는 불완전한 τ-결합의 형성에 기인하는 것이다. 실제로 많은 반응에서 cyclopropane은 C–C 단일결합과 C=C 이중결합 중간 정도의 반응성을 갖는다. Cyclopropane은 브로민에 의해 고리열림이 일어나며, 산에 의해서도 고리열림이 일어난다. 또한 alkene처럼 촉매수소화 반응도 일어난다. 이들 반응은 열린사슬 alkane에서는 일어나지 않는 반응들이다.

Cyclobutane도 마찬가지로 τ-bond를 하고 있으나 그 정도는 cyclopropane에 비해 훨씬 줄어들어서 더 안정한 화합물을 이룬다. Cyclopropane의 Br_2, HBr, H_2와의 반응들은 같은 조건에서 cyclobutane과는 일어나지 않는다. Cyclopentane은 결합각에 의한 제한 없이 정상적인 축대칭의 σ-결합을 형성할 수 있는 가장 작은 고리이다.

5.11.3 Tortional strain

가장 작은 세-원자 고리인 cyclopropane에서는 C–C 결합을 축으로 하는 회전은 불가능하며 모든 이웃한 C–H 결합은 완전히 eclipsed 될 수 밖에 없다. Cyclobutane의 경우에도 회전이 제한될 수 밖에 없지만, 미미하게나마 tortional strain을 경감하기 위해서 평면형에서 한 탄소 원자가 벗어나게 되어 (약 35°) 약간의 conformation 상의 유동성을 갖게 되며, 이에 따라 스트레인을 최소화하는 cyclobutane의 conformer는 그림에서와 같이 나비형이 된다. Angle strain은 약간 늘어나며 tortional strain은 그보다 많이 경감되어 전체적으로 stain energy는 최적화되는 구조이다.

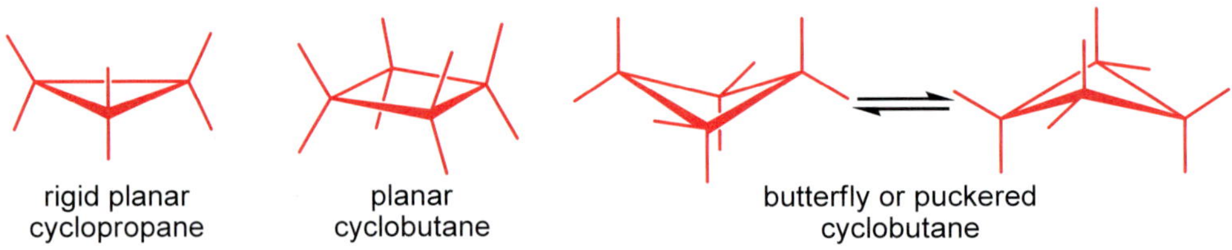

Cyclopentane의 경우 가장 불안정한 conformer는 다섯 원자가 같은 평면에 있는 평면형이며 tortional strain을 줄이기 위해 한 탄소가 평면에서 벗어난 (약 20.35°) 형이 봉투형이다. 가장 안정한 conformer는 세-탄소가 이루는 평면에서 한 탄소는 평면 위로 또 한 탄소는 평면 아래로 벗어난 약간 비틀린 봉투형 또는 반의자형 conformer이다.

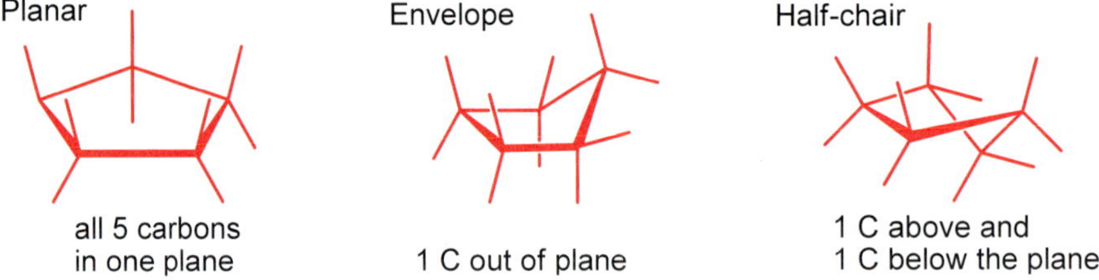

실제로 반응을 기술할 때는 cyclopentane은 다음과 같은 half chair 형으로 그리게 된다. 이는 곧 다루게 되는 cyclohexane의 의자형의 두 결합을 제거한 것과 같은 꼴로 그리면 된다.

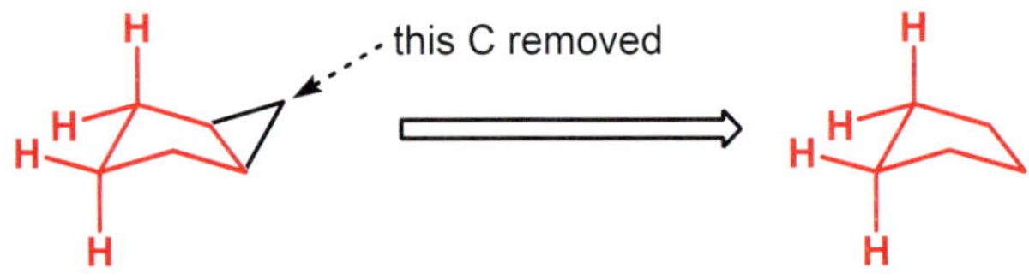

그러나 한 원자가 평면에서 벗어나는 모양의 변화는 고리 뒤집힘이 아닌 빠르게 그리고 자유자재로 삐쳐 나올 수 있어 사실상 모든 탄소는 모두 동일한 조건에 있다고 생각하면 된다. 고리에 결합된 치환기는 다음에서와 같이 **pseudoaxial** 또는 **pseudoequatorial** 위치에 있게 된다. 빠른 고리의 변화로 이들간의 에너지 차는 특수한 경우를 제외하면 큰 의미를 갖지 않는 경우가 대부분이다.

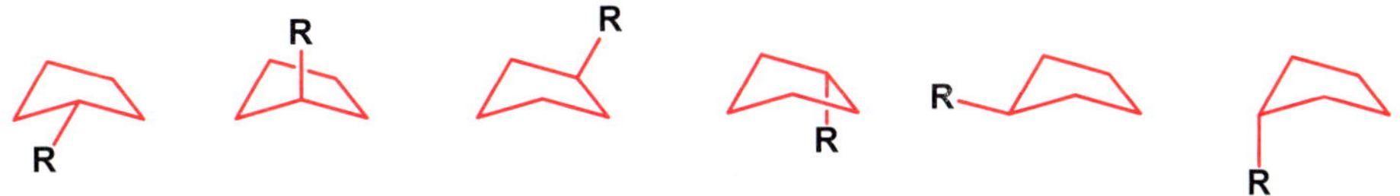

문제 5.20 Cyclobutane이 평면 구조가 아닌 나비형 conformation을 취하는데 (평면에서 25° 정도 벗어남) 반해 구조적으로 유사한 산소 유사체인 oxetane은 거의 평면에 가까운 배열을 한다. 그 이유를 설명할 수 있겠는가?

5.11.4 Conformation of Cyclohexane

여섯-탄소 고리형인 cyclohexane의 경우에는 C–C 결합을 축으로 하는 회전에 상당한 유연성을 갖게 되며, 그 결과 angle strain은 모두 없어지게 된다. 그렇지만 tortional strain을 최소화하기 위한 conformation의 변화가 일어나게 된다. Cyclohexane의 가장 불안정한 conformer는 한 원자만이 다섯-원자 평면에서 벗어난 형이다. 네 탄소가 이루는 평면에서 대각선상의 마주보는 두 탄소가 각각 평면 위와 아래로 벗어나면 모든 이웃한 C–H 결합이 엇갈린 가장 안정한 conformer가 이루어지며, 이를 **chair conformer**라고 한다. 네 탄소의 평면에서 마주보는 두 탄소가 벗어나기는 하되, 같은 쪽으로 벗어나게 되는 **boat conformer**는 평면에 놓이는 두 이웃한 탄소의 치환기들이 가려진 conformer로 에너지는 chair conformer에 비해서 많이 높아지게 된다. 아래 Newman 투영에서 같은 평면에 놓인 네 탄소 중 이웃한 두 탄소의 치환기가 모두 엇갈린 chair conformer와 모두 가리어진 boat conformer를 비교해 보면 쉽게 이해가 될 것이다. 둘 사이에는 **half-chair**와 **twist-boat**를 거쳐서 상호변환이 가능하다.

Chair conformer에는 두 가지 눈에 띄게 다른 치환기의 유형을 볼 수 있는데 하나는 번갈아 위아래를 향하는 **축방향(axial)**이고 다른 하나는 번갈아 나타나는 **적도방향(equatorial)**이다. 그렇지만 한 chair form에서 boat-form을 거쳐 다른 chair form으로의 **고리 뒤집힘(ring flipping)**

이 가능하므로 축방향 치환기는 축방향에 고정되어 위치하는 것이 아니고 고리 뒤집힘에 따라 축방향과 적도 방향의 위치를 오가게 된다. 고리 뒤집힘은 다섯-원자가 같은 평면에 놓이는 가장 불안정한 conformer를 거쳐서 일어나게 된다.

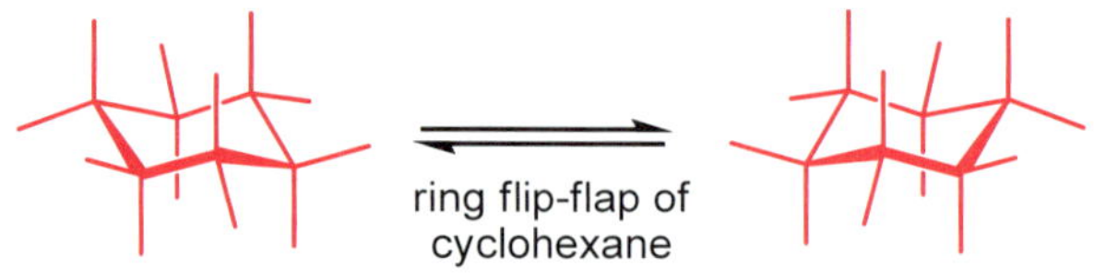

고리 뒤집힘에 따라 각 탄소에 붙어 있는 치환기들의 방향도 모두 바뀌게 된다. 그림에는 한 탄소의 두 치환기만 표시하였으나 모든 축방향 결합은 적도방향으로 바뀌게 되고, 모든 적도방향 치환기는 축방향으로 바뀌게 된다.

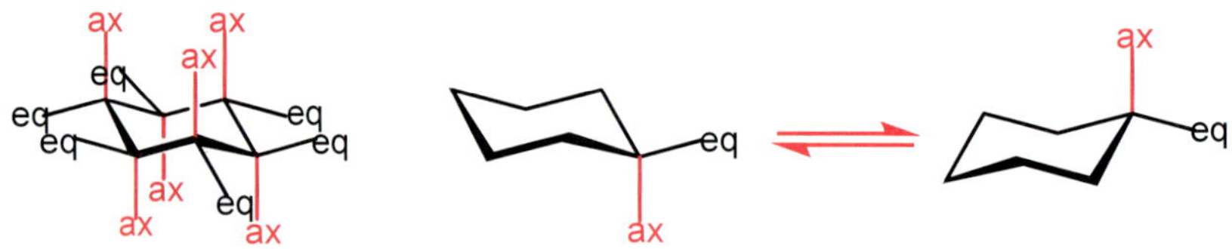

한 의자형에서 고리 뒤집힘에 의해 다른 의자형으로 바뀌는 과정의 모양 변화를 그리면 개략적으로 다음과 같다. 가장 안정한 conformer는 의자형이고 여러 덜 안정한 conformer를 거쳐 뒤집힌 다른 의자형을 취하게 된다.

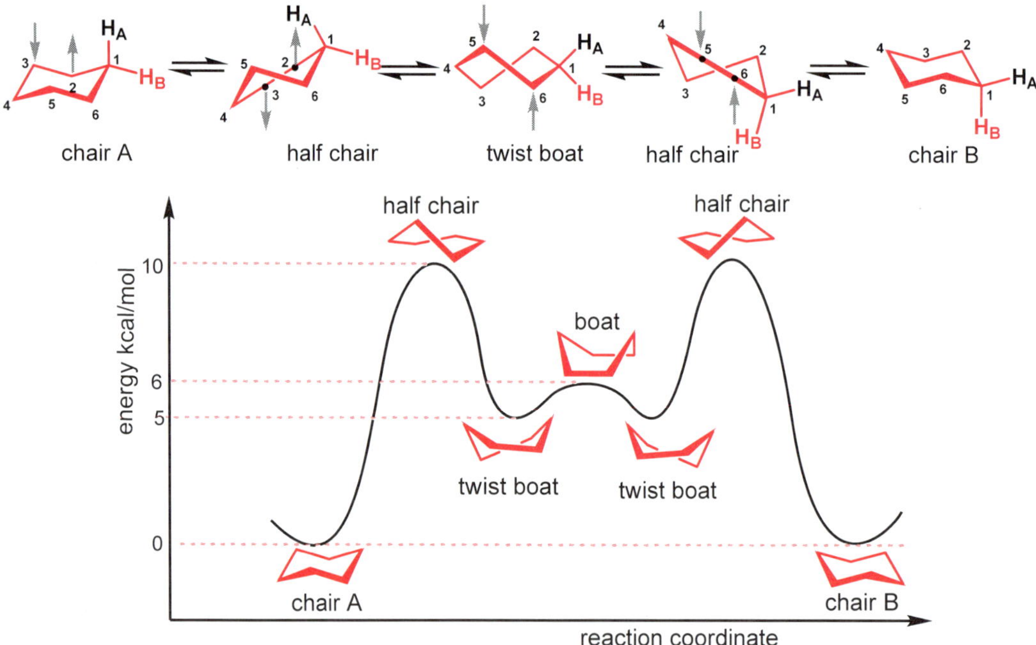

[Figure 5.3] Energy change induced by ring flipping of cyclohexane

Cyclohexane의 고리 뒤집힘에 따른 conformation의 변화와 에너지의 변화를 Figure 5.3에 나타내었다. 가장 불안정한 형은 반의자형이다. 대개의 경우에는 가장 안정한 의자형을 취하지만 그것이 가능하지 않게 되면 차선의 twist boat 형을 취하게 된다는 점에 유의해야 할 것이다. Boat 형은 twist boat 형보다 덜 안정하다. 고리 뒤집힘에서 거쳐가는 conformer들의 에너지는 꽤 높은 편이며 (10 kcal/mol), 고리 뒤집힘이 일어나려면 열린 사슬 화합물에서의 conformation의 변화보다 상당히 더 높은 에너지를 필요로 한다.

Cyclohexane의 가장 안정한 conformer는 말할 나위 없이 chair form이다. Cyclohexane의 의자형 conformer는 비단 cyclohexane에서 뿐만 아니라 헤테로원자를 포함하는 여섯-원자 헤테로고리 화합물에도 그대로 적용되며, 또한 완전한 화합물이 아니더라도 여섯-원자 고리형 전이상태의 구조를 그릴 때도 적용되어 자주 그리게 된다. Cyclohexane은 가장 안정한 chair conformer를 잘 살펴보면 다음과 같은 특색을 알아차릴 수 있다. 길이가 같은 평행한 직선을 그리는 것이 요령이다. 이에 맞추어 그리면 된다. 아래 그림과 각주[1]에서의 설명을 참고하여 꾸준히 연습하면 쉽게 보기 좋은 chair conformer의 그림을 그릴 수 있게 된다.

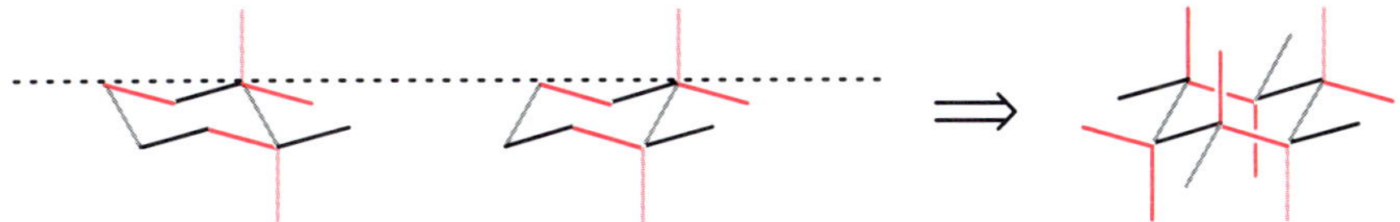

5.11.5 Conformation of Substituted Cyclohexane

수소 이외의 치환기들 가지는 cyclohexane의 경우에도 tortional strain이 최소화되는 의자형 conformer가 에너지 면에서 유리하여 다른 conformer에 비해 비교 우위에 있지만, 이 경우에는 같은 쪽을 향하는 세 축방향 치환기들 간의 steric strain이 발생하게 된다. 이를 1,3-이축방향 상호작용(1,3-diaxial interaction)이라 하며, 특히 입체적 요구가 큰 치환기의 경우에는 심각한 상황에 이르게 된다. 치환기에 따라 이를 최소화하기 위하여 가능한 한 모든 수단을 써서 거대기(bulky group)를 먼 쪽을 향하도록 할 수는 있지만, 가장 좋은 방법은 이들 치환기가 equatorial 위치를 점하게 하는 것이다.

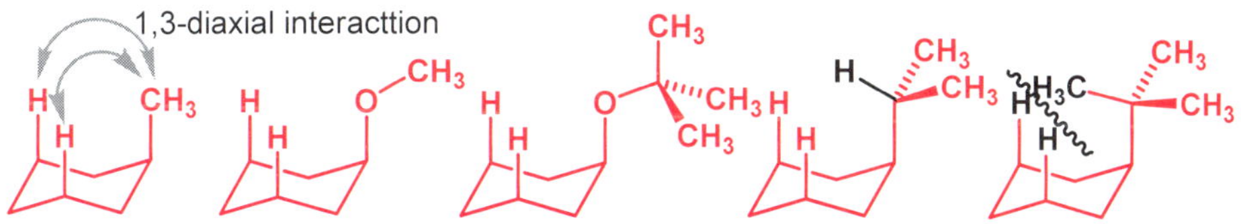

따라서 수소 이외의 다른 치환기가 고리에 존재하면 1,3-diaxial interaction을 최소화하기

1 Cyclohexane의 chair conformer는 자주 그리게 되며 그리는 요령을 터득하면 보기 좋은 모양으로 쉽게 그릴 수 있다. (1) 코너의 두 결합을 적당한 각으로 그린다. (2) 이어서 그리는 두 결합은 서로 평행하게 그린다. 양 끝이 그림에서처럼 같은 높이가 되도록 한다. (3) 나머지 두 결합은 제일 먼저 그린 두 결합에 평행하게 그린다. 모든 결합길이는 같게, 마주보는 결합은 평행하게 그린다. 축방향 치환기는 수직하게 적도방향은 고리내의 결합과 평행하게 그린다. 본문 그림에서 같은 색 선은 모두 평행하게 그려져 있다.

위하여 자유로운 ring flipping에 제한을 받게 된다. 치환기의 입체적 요구는 치환기에 따라 다르다. 치환기가 적도방향과 축방향인 conformer들 사이에 에너지 차를 **A 값**(A value)라고 하며 Table 5.2에 나타낸 A 값을 이용하여 축방향 conformer와 적도방향 conformer의 평형비를 산출해 낼 수 있다.

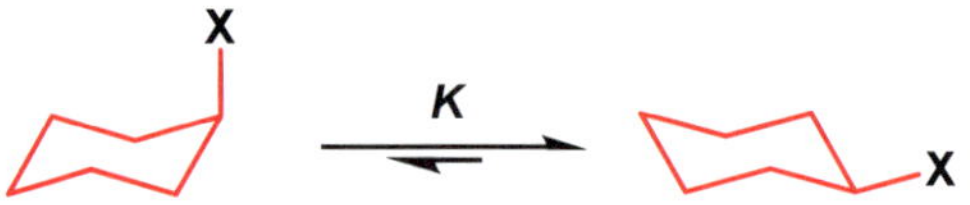

[Table 5.2] Selected A values*

Group	A value	Group	A value	Group	A value	Group	A value
CN	0.2	OH	0.6–1.04	CH_3	1.74	$Si(CH_3)_3$	2.5
F	0.25–0.42	OCH_3	0.55–0.75	C_2H_5	1.79	$CH{=}CH_2$	1.5–1.7
Cl	0.53–0.64	OC_6H_6	0.65	$CH(CH_3)_2$	2.21	CHO	0.56–0.8
Br	0.48–0.64	$OCOCH_3$	0.68–0.87	$C(CH_3)_3$	4.7–4.9	$COCH_3$	1.0–1.5
I	0.47–0.61	$OSi(CH_3)_3$	0.74	CF_3	2.4–2.5	CO_2^-	2.0
NH_2	1.23–1.7	OTs	0.52	C_6H_5	2.8	COOH	1.4
$N(CH_3)_2$	1.5–2.1	SH	1.21	C_6H_{11}	2.2	CO_2CH_3	1.2–1.3
NO_2	1.1	SO_2CH_3	2.5	CH_2Br	1.79		

* Free Energy Difference between Axial and Equatorial Conformations of Monosubstituted Cyclohexanes (kcal/mol)

Halogen 원자들의 경우 0.5 정도의 A 값 차이는 70% 이상의 equatorial preference를 의미하며, CH_3기의 A 값은 1.74로 equatorial preference는 95%, $SiMe_3$의 A 값은 2.5로 equatorial preference는 98.6%이며, *t*-Bu기는 100% equatorial 위치를 점하게 된다.

적도방향 conformer의 선호도는 주로 치환기의 입체적인 요구가 커지면 증가하지만, 그 이외의 요인도 작용한다. Table 5.2의 –OH나 $–NH_2$기의 값은 사용하는 용매에 따라 큰 차이를 보이며, aprotic solvent인 경우에는 protic solvent와 비교하여 equatorial 선호도가 낮아진다.

치환기 중에 equatorial 선호도가 높은 것은 단연 *t*-butyl기로 적도방향에 자리하여 ring flipping을 거의 완벽하게 제한한다. *t*-Butyl기는 conformation locker라고 부르며, *t*-butyl기가 존재하면 다른 group은 그에 따라 axial 또는 equatorial 위치를 차지할 수밖에 없게 된다.

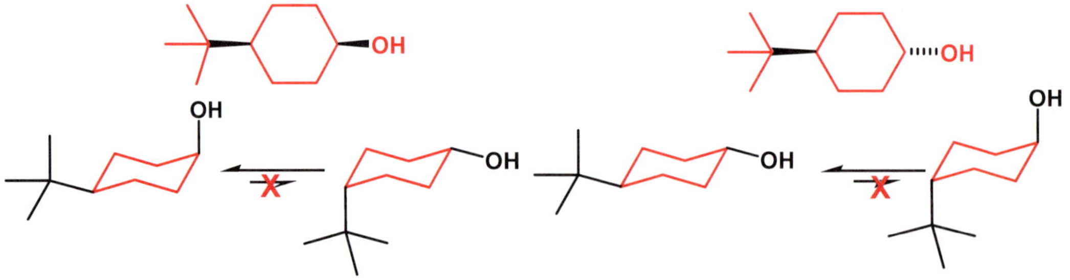

t-Butyl기 이외에 cyclohexane의 conformation이 완전히 고정되는 다른 경우는 이웃한 치

환기가 또 다른 고리를 형성하는 경우이다. 이의 존재로 다른 기들의 위치도 따라서 정해지게 된다. 바로 다음 절에서 보게 된다.

t-Butyl기와 유사한 구조의 $SiMe_3$는 steric requirement가 상당히 낮다. 이는 Si의 크기가 커서 C–Si 결합길이가 늘어나는데 따른 것이다. 단순히 group size를 피상적으로 생각할 것이 아님은 OPh, OTs, OTMS group들의 A 값은 0.5~0.7 정도인데 비해 methyl기의 A 값은 1.7 정도로 높다는 사실이다.

치환기를 둘 또는 그 이상 갖고 있는 cyclohexane의 고리 뒤집힘은 더 큰 제한을 받게 된다. 가능하면 모든 입체적 요구가 큰 치환기가 equatorial 위치를 점하는 conformer가 가장 안정한 conformer이다. 1,3-이치환 화합물의 경우 *cis*이면 diequatorial conformer가 훨씬 유리하지만, *trans*이면 하나는 반드시 axial을 차지하게 되며, 두 치환기가 다른 경우에는 Table 5.2에서 보는 것처럼 치환기에 따른 equatorial 선호도에 따라 더 안정한 conformer가 정해지게 된다.

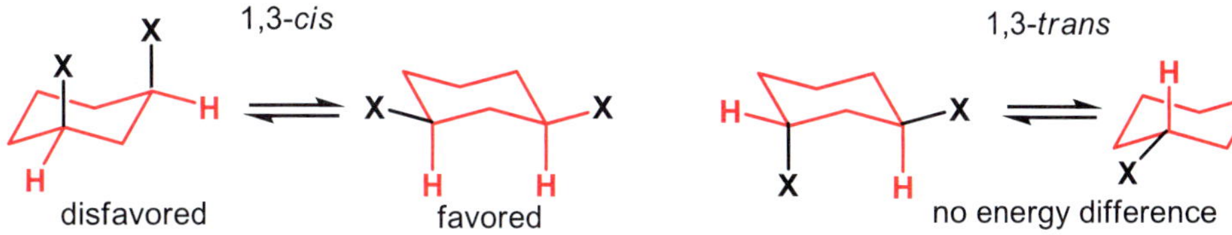

1,3-*cis*

disfavored ⇌ favored

1,3-*trans*

no energy difference

둘 이상의 치환기가 있는 경우에는 이들 간에 equatorial 결합을 차지하기 위한 경합이 일어나고, 그중 가장 더 안정한 conformer가 유리한 쪽으로 평형이 놓이게 된다. 더 많은 치환기가 equatorial이 되는 conformer, 입체적 요구가 더 큰 기가 equatorial이 되는 conformer가 평형에서 우위를 점하게 된다.

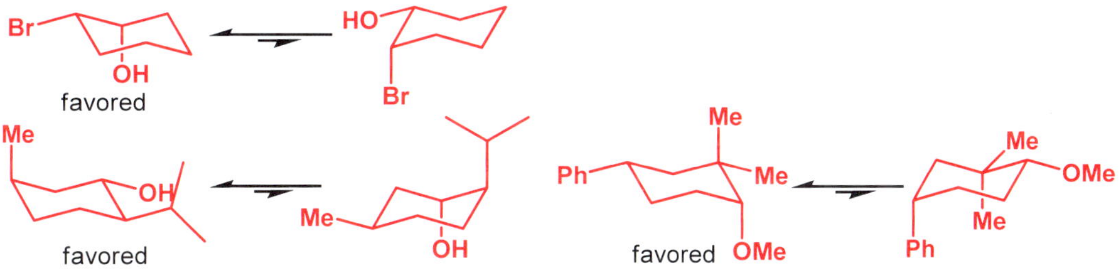

favored

favored

favored

1,3-*cis* 또는 1,4-*trans* 위치의 두 거대기는 둘 모두 equatorial 자리를 차지하여 에너지를 최소화할 수 있지만, 만약 1,4-*cis*에 *t*-butyl과 같은 두 거대기가 존재한다면 거의 의자형 conformation을 포기하고, 다음 그림에서와 같은 차선의 twist boat를 취하게 된다.

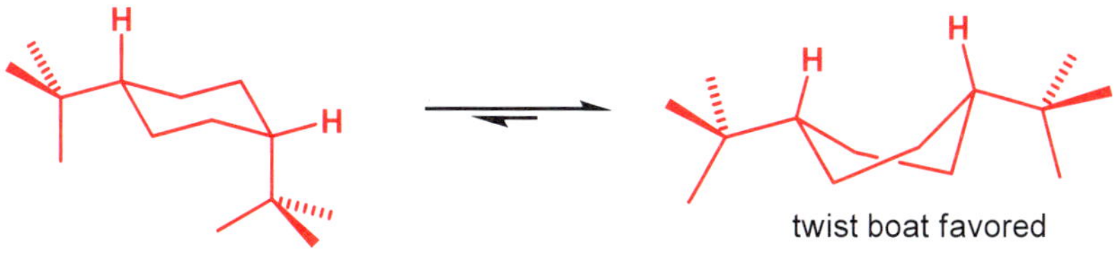

twist boat favored

치환기의 이러한 equatorial 선호도는 steric bulk에만 의존하는 것은 아니다. 그 이외의 여러 요인이 복합적으로 작용하게 된다. 특히 polar group의 equatorial 선호도는 용매에 따라서도 큰 차이를 보인다. 특히 hydroxyl기나 amino기의 경우에는 큰 변동성을 보이게 된다.

아래의 sulfoxide는 산소 원자의 axial 선호도가 상당히 높으며, 1,3-cyclohexandiol의 두 hydroxyl기는 모두 axial 위치에서 상호작용에 의한 안정화가 모두 equatorial 위치에 떨어져 있는 것보다 더 안정하다. 그 이외에도 극성인 두 group의 상호작용은 axial인 경우가 더 유리하다. *cis*-1,4-Cyclohexandiol의 경우와 같이 hydrogen bonding 등의 상호작용에 의한 안정화 효과가 더 큰 경우에는 심지어는 chair form을 버리고 boat conformer로 존재하는 것이 더 안정하게 되는 예도 있다.

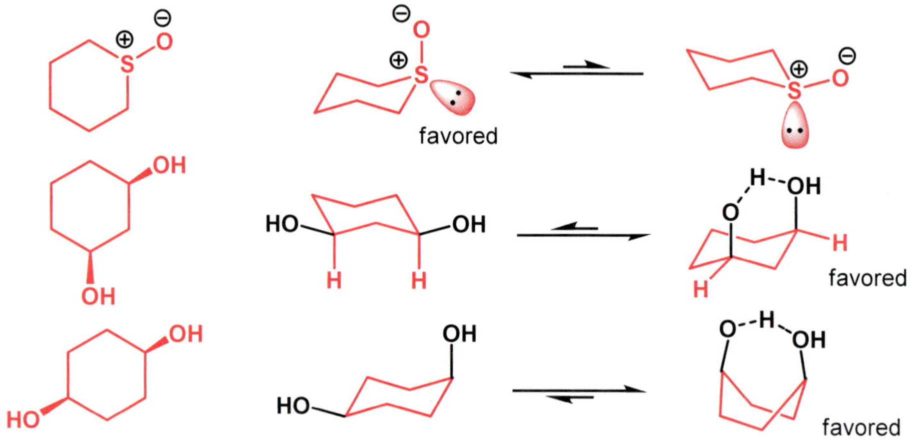

favored

favored

favored

꼭 수소결합을 하는 치환기에 만이 equatorial 선호도가 바뀌는 것이 아니다. 다음 예에서 *trans*-1,2-Dibromocyclohexane은 diequatorial conformer가 안정한 것은 틀림없지만 용매의 극성이 낮아지면 dipole이 상쇄되는 diaxial conformer의 비가 증가하게 되는 것도 순전히 bulk에 의해서만 선호도가 결정되지 않음을 보여 주는 예의 하나이다.

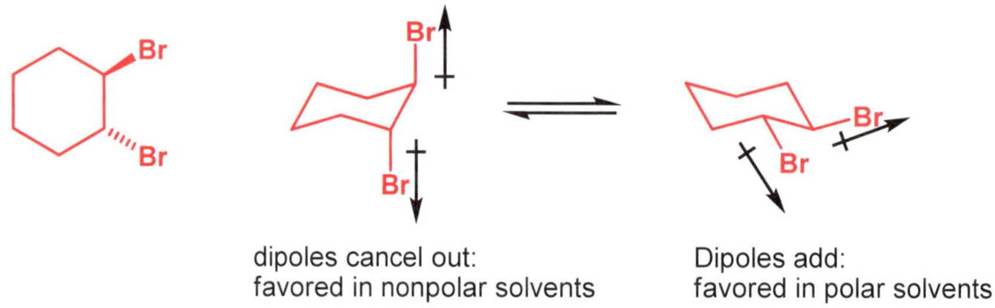

dipoles cancel out:
favored in nonpolar solvents

Dipoles add:
favored in polar solvents

5.11.5 Conformation of Fused Bicyclics

Cyclohexane 고리 두 개가 접합되어 있는 fused bicylic 화합물을 decalin이라고 한다. 고리의 접합은 *cis*와 *trans* 두 가지로 이루어질 수 있다. 더 안정한 *trans*-이성질체의 경우에는 모두 서로의 고리에 대해 equatorial C–C 결합을 하게 되며, 덜 안정한 *cis*-이성질체는 하나는 equatorial, 하나는 axial C–C 결합을 하게 된다.

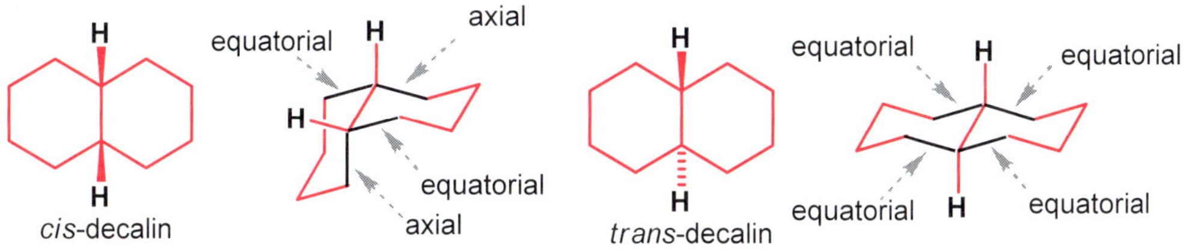

cis-decalin trans-decalin

trans-Decalin의 경우에는 모두 서로의 고리에 대해 equatorial C–C 결합을 하게 된다. 덜 안정한 *cis*-isomer는 어렵기는 하지만 그림에서 보는 바와 같이 ring flipping이 가능하지만 *trans*-decalin인 경우에는 전혀 가능하지가 않다. Conformation이 완전히 고정되어 버린다.

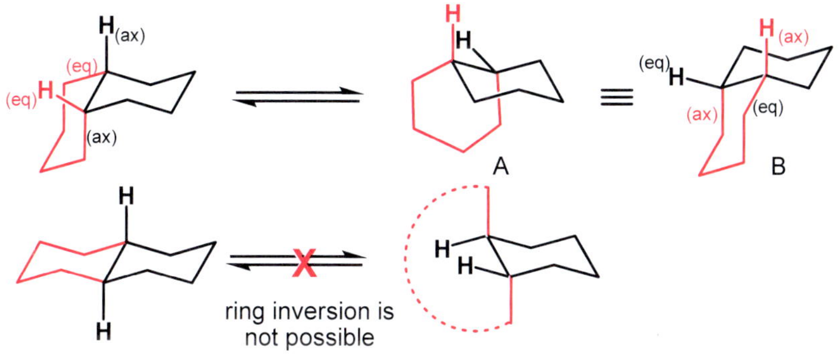

ring inversion is not possible

5.11.6 Conformation of Cyclohexene and Methylenecyclohexane

Cyclohexene에서처럼 고리 내에 이중결합이 형성되면 상당한 strain이 발생하는데 이웃한 네 탄소가 같은 평면에 놓이고 다른 두 탄소가 평면 위와 아래에 위치하게 된다. Half-chair에 가까운 구조로 인하여 고리 뒤집힘에는 약 4~5 kcal/mol (22 kJ/mol) 정도의 에너지가 필요하며 이는 보통 cyclohexane의 고리 뒤집힘에 필요한 10 kcal/mol의 약 절반 정도에 해당된다.

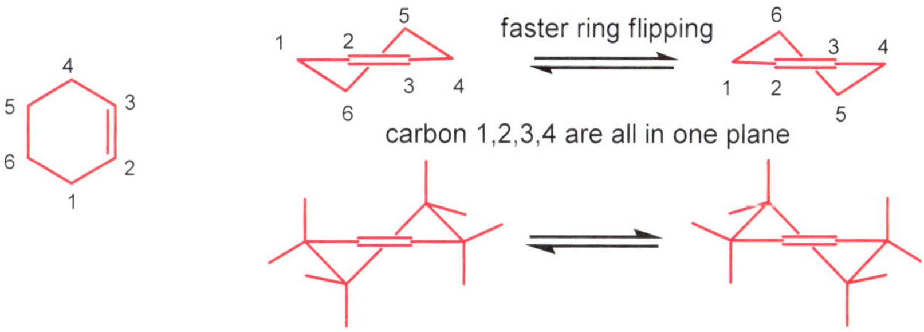

faster ring flipping

carbon 1,2,3,4 are all in one plane

Allylic 위치인 C1과 C4의 두 치환기는 axial에 가까운 pseudoaxial과 equatorial에 가까운 pseudoequatorial로 나뉘게 된다. 치환기가 하나뿐인 경우에는 pseudoaxial과 pseudoequatorial 간의 에너지 차이는 아주 낮아 아래 그림의 1-, 또는 4-의 methyl 치환기가 어느 위치를 차지하는가에 따라 1 kcal/mol 정도 밖에 되지 않는다. (cyclohexane의 경우에는 1.7 kcal/mol) 이 자리에서의 반응은 주로 pseudoaxial 위치에서 일어나서 전이상태에서의 π-오비탈과의 상호작용이 더 효과적이 되며 전이상태 에너지를 낮출 수 있게 된다.

Methylenecyclohexane에서처럼 **고리-외향 이중결합(exocyclic double bond)**을 가지는 화합물은 이중결합을 포함하는 여섯 원자가 같은 평면을 유지하도록 conformer를 그려야 한다. 즉 methylene은 axial 결합과 equatorial 결합의 중간 방향으로 뻗어 나가야 한다. Axial 또는 equatorial 방향의 이중결합을 그려 넣지 않도록 하자. 나머지 탄소의 치환기는 앞에서와 같은 요령으로 그리면 된다.

Cyclohexene 또는 methylenecyclohexene에서의 conformation 문제는 앞에서 언급하였던 $A^{1,2}$ 및 $A^{1,3}$ strain이라고 할 수 있다. 다음 두 그림에서 1,2- 또는 1,3-자리에 치환기를 가지는 경우를 살펴 보면, 이중결합에 결합된 기가 수소라면 상호작용은 미미하여 1번 자리의 bulky group은 pseudoequatorial에 위치하는 것이 더 유리하지만, 만약 입체적인 요구가 큰 methyl이라면 methyl기는 pseudoaxial 위치를 점하는 것이 더 유리하게 된다.

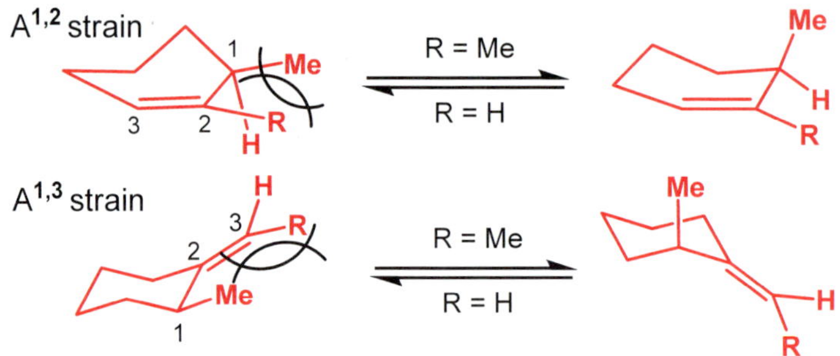

A-strain은 다음 4-*t*-butyl-2methylcyclohexanone의 반응에서처럼 부분적으로 이중결합의 성격을 갖는다 하더라도 상당히 중요한 의미를 갖는다.

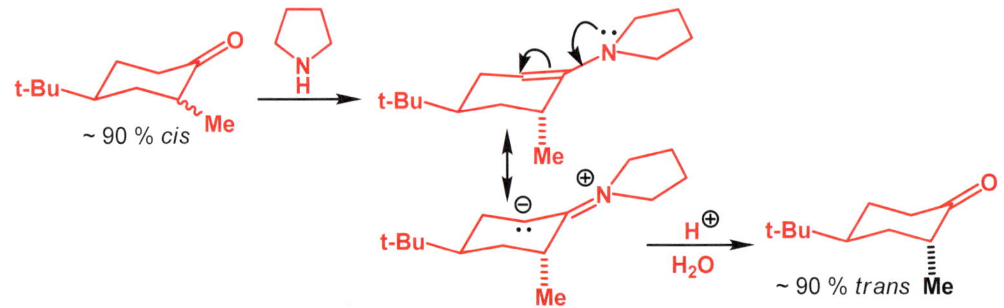

반응물인 4-*t*-butyl-2methylcyclohexanone의 두 alkyl 치환기는 90 %이상 *cis*로 구성되어 있다. 이 화합물의 enamine을 얻으면 90% 이상이 methyl기를 axial 위치에 갖게 된다. 그대로 속도론적 통제 조건하에서 가수분해하면 주로 *trans*-이성질체를 얻게 된다.

Cyclohexane의 한 methylene을 carbonyl기로 바꾼 cyclohexanone은 methylenecyclohexane과 같이 의자형 conformer에서 카보닐기는 axial equatorial 방향의 중간을 지나게 된다.

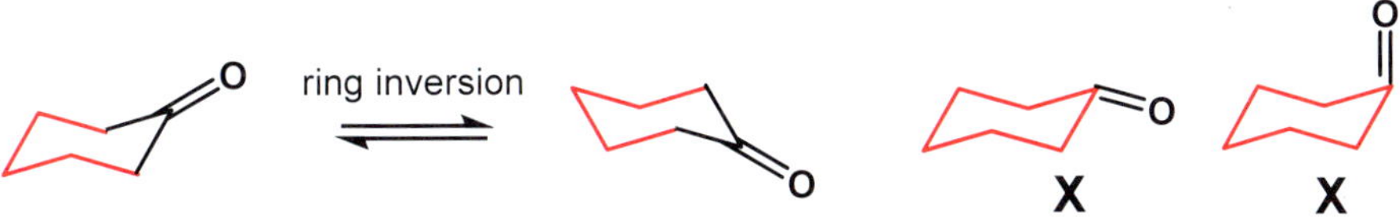

Cyclohexanone의 ring flipping은 다음과 같이 twist conformer를 거치게 되지만, cyclohexane의 ring flipping에 비해서 훨씬 더 쉽게 일어나게 된다.

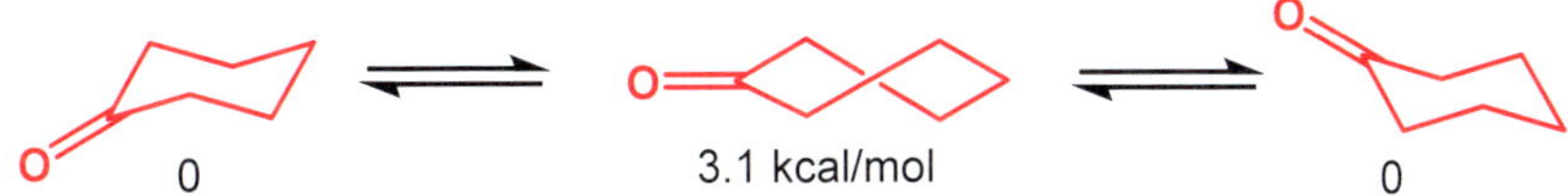

2-Alkylcyclohexanone의 alkyl기 배향은 axial 또는 equatorial 위치를 점하게 되는데, 고리뒤집힘은 다음과 같이 twist conformer를 거치게 되지만 cyclohexane의 고리뒤집힘에 비해서 훨씬 쉽게 일어나게 된다. 다음 그림에서 보는 것처럼 axial methyl기와 이웃한 equatotrial 수소 간의 반발은 Me → Et→ *i*-Pr로 가면서 점점 커지는 반면, 이웃한 카보닐과의 상호작용은 카보닐 산소와 equatorial alkyl기 간의 상호작용이 더 커져서 cyclohexanone의 2-alkyl 치환기는 axial 위치를 점하게 되어도 별로 무리가 없다.

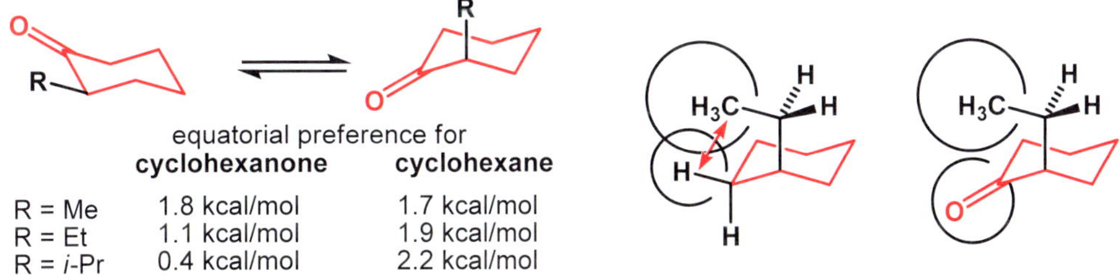

5.12 Conformation Changes Many Features of Organic Reactions

지금까지 우리는 분자들의 conformation에 따른 에너지 변화를 살펴보았다. 그러면 유기 반응을 이해하는데 conformation이 어디에서 문제가 되며 왜 알아야 하는가? 유기 반응에서 결합은 오비탈의 겹침에 의하여 형성되며, 대부분의 오비탈은 적절한 방향으로의 접근이 필요하다. 제일 간단한 반응이 친핵성 치환 반응이다. 친핵체는 이탈기가 떨어져 나가는 반대 방향에서 접근하여야만 오비탈 겹침에 의한 결합 형성이 가능한 것은 익히 알고 있는 사실이다. 이 그림 만으로는 conformation이 반응에서 어떤 문제를 야기하는지를 알 수 없다. 그러나 조금 더 복잡한 기질의 치환 반응을 살펴야 할 것이다.

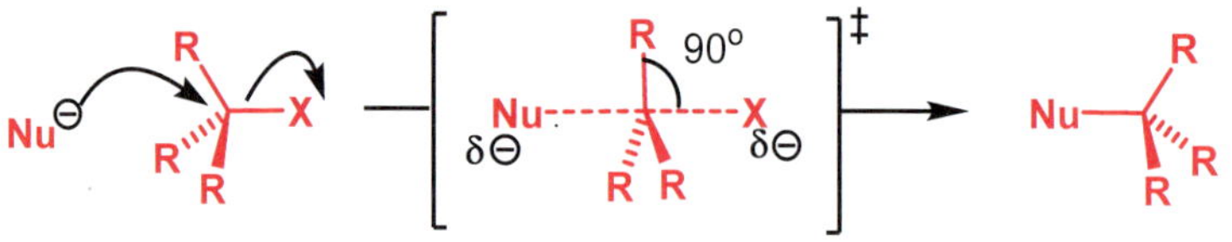

고리형 화합물인 bromocyclohexane의 치환 반응을 살펴보면 conformation이 왜 문제가 되는가를 알 수 있다. 친핵체의 후면 공격이 가능해 지려면 bromocyclohexane은 Br이 axial인 에너지가 불리한 conformer를 거쳐야 한다. Br이 equatorial이면 다음 그림에서와 같이 1,3-관계의 두 axial 수소에 의한 방해를 받기 때문이다. 에너지로 보아 불리한 conformer를 거친다 하더라도 Br이 axial인 conformer를 거쳐 치환이 일어나게 된다. Br이 equatorial인 채로 치환이 일어나는 conformation의 실리보다 Br이 axial인 conformer를 거치는 것이 전체적으로 전이상태 에너지를 낮추어 더 유리하기 때문이다. 따라서 cyclohexyl 유도체에서 일어나는 모든 친핵성 치환은 이탈기가 axial 위치를 점한 conformer에서 일어나게 된다.

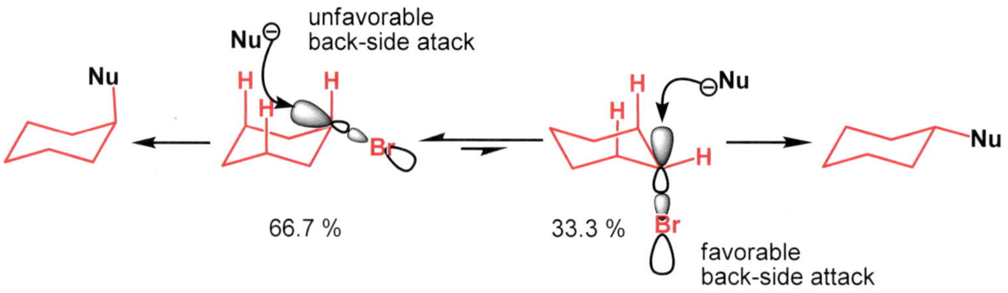

이는 C4에 conformation locker인 *t*-butyl기가 있어 ring flipping이 거의 불가능하게 된 두 이성질체의 반응속도를 비교해 보면 확연히 들어난다. 이탈기가 *trans*인 equatorial 이탈기에서는 반응이 힘들어지고 이탈기가 axial 위치에 고정된 *cis* 화합물에서는 빠르게 반응이 일어날 수 있다. 실제로 다음 두 *t*-butylcyclohexyl tosylate는 ring flipping이 가능하지 않아 tosyloxy 이탈기는 *cis* 이성질체이면 axial에 *trans* 이성질체이면 equatorial에 고정될 수 밖에 없으며 친핵성 치환 반응은 *cis*와 *trans*-이성질체에 따라 31배의 반응속도의 차이를 보인다.

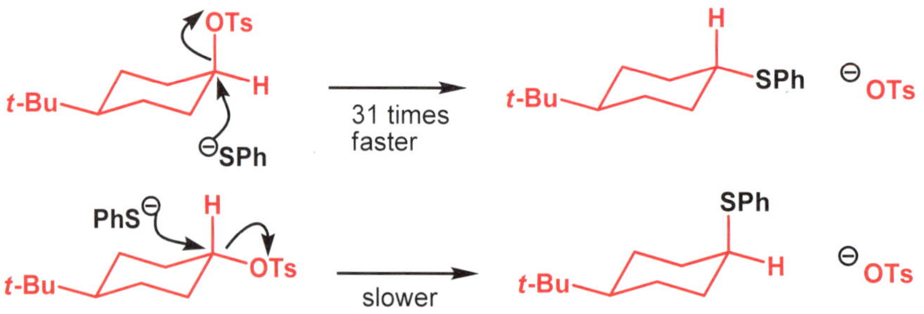

이러한 반응 속도의 차이는 전이상태의 에너지 차이에 기인하며 앞에 그려진 그림을 맞추어 다시 그리면 다음과 같다. 확실한 것은 이러한 반응성의 차이는 C4에 conformation locker인 *t*-butyl기가 존재하지 않는 경우에도 같은 정도의 차이가 발생한다고 간주해도 된다는 점

이다. 즉, 치환기가 없는 cyclohexyl tosylate의 치환 반응은 OTs가 axial로 이탈되는 반응이 equatorial에 비해 31배 정도 빠르다는 뜻이다.

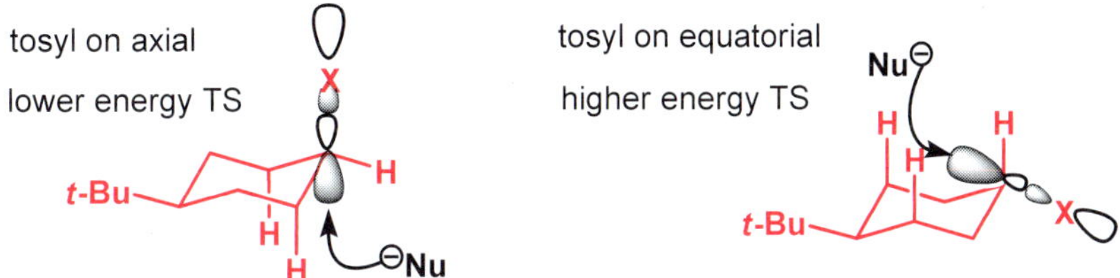

경우에 따라서는 반응 속도의 차이 문제가 아니라 아예 생성물 자체가 달라지기도 한다. 다음 보기 반응은 conformation의 차이로 전혀 다른 생성물에 이르게 되는 예이다. 2-Bromo-4-phenyl cyclohexanol과 Ag^+ ion간의 반응이다. 2차 알코올인 경우에는 Br이 axial이 되기 위해서는 에너지가 높아 평형농도가 낮은 conformer를 통해서 반응이 일어날 수 밖에 없다. C–Br 결합깨짐으로 형성되는 양이온에 Br과 *anti*인 hydride가 자리옮김하여 cyclohexanone을 생성한다. 그 다음의 methyl기 하나가 추가된 3차 알코올의 반응에서는 methyl기의 이동이 일어나서 위 반응에서처럼 cyclohexanone 유도체를 형성하지 않는다. 이 경우에는 더 안정한 conformer에서 C–Br 결합깨짐으로 형성되는 양이온에 cyclohexane의 뼈대를 이루던 methylene 탄소가 이동하여 cyclopentyl methyl ketone을 생성한다.

이러한 conformation의 변화에 따른 반응성 차이는 비단 고리형 화합물에만 국한되는 것이 아니다. 다음 전형적인 입체특이성 *syn*-제거 반응에서는 *trans*-alkene이 주로 얻어지며, *cis*-alkene이 소량 생성된다. 이는 생성물의 안정도 차이 때문이 아니라 *trans* 생성물에 이르는 전이상태가 *cis*-alkene에 이르는 전이상태의 에너지 차에 기인하는 것이다. *trans*-alkene으로의 전이상태 conformation이 *cis*-전이상태 conformation보다 에너지가 더 낮아서 속도론적으로 보다 유리하기 때문이다. 이 반응 생성물의 비는 열역학적인 안정도를 반영하는 것이 아니라 활성화 에너지 차이를 반영하는 것이 된다.

KNH_2 / NH_3

major product + minor product

TS leading to *trans*-alkene

higher energy TS leading to *cis*-alkene

이상의 예에서와 같이 conformation은 앞으로 다루게 되는 거의 모든 반응과 관련되어 있다. 이와 같은 conformation에 따라 반응속도에 큰 차이를 보이거나 아예 생성물이 달라지는 반응들의 예는 앞으로 유형에 따른 반응을 차례로 공부하게 되면 더 많이 보게 될 것이다.

문제 5.21 다음 구조에서 cyclohexane의 chair 및 boat conformer를 찾아보라.

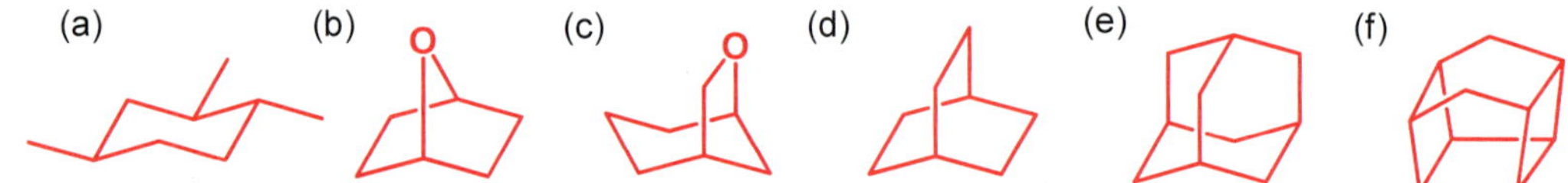

문제 5.22 다수의 cyclohexane 유도체들이 주어져 있다. 이들 cyclohexane 유도체 각각에 대해 가장 안정한 conformer를 그려 보라.

(a) Me, OH (b) Me, OH (c) Me, OH

(d) Me, NH_2 (e) Me, NH_2 (f) Me, H_2N

문제 5.23 D-ribose는 다음과 같이 aldehyde C1과 C5의 OH기 간에 hemiacetal을 형성한다. 생성되는 두 여섯-원자 고리형 헤미아세탈(ribopyranose)의 안정한 conformer를 그려보라.

D-ribose ⇌ β-*D*-ribopyranose + α-D-ribopyranose

문제 5.24 다음 두 화합물 중에서 어느 화합물의 아세탈 생성이 더 쉽게 일어나는가? 즉, 어느 아세탈이 더 안정한가?

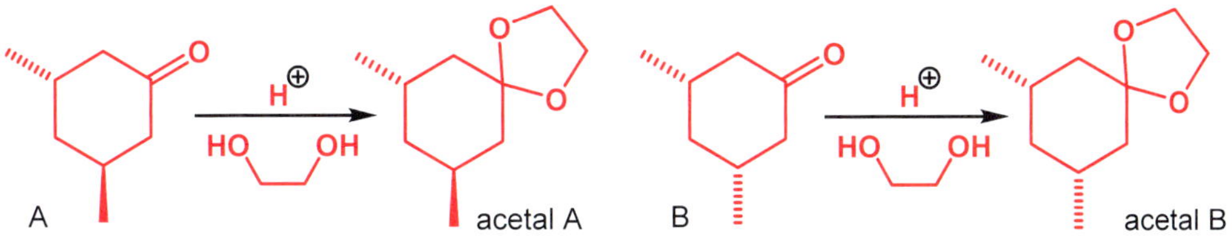

A, acetal A, B, acetal B

문제 5.25 *cis*- 및 *trans*-4-*t*-Butylcyclohexanol은 다음과 같은 diequatorial conformation이 유리하다. *cis* 및 *trans*-1,4-Di-*t*-butylcyclohexane은 어떤 conformer가 가장 안정할까?

cis-4-*t*-buylcyclohexanol *trans*-4-*t*-buylcyclohexanol

문제 5.26 다음은 *cis*-decalin의 conformation이다. 이를 기본으로 옆의 두 유도체의 conformation을 그려 보라. 염기로 처리하면 epoxide가 생성되는데 하나는 빠르게 나머지 하나는 아주 느리거나 반응이 일어나지 않는다. 어느 것이 그러하겠는가?

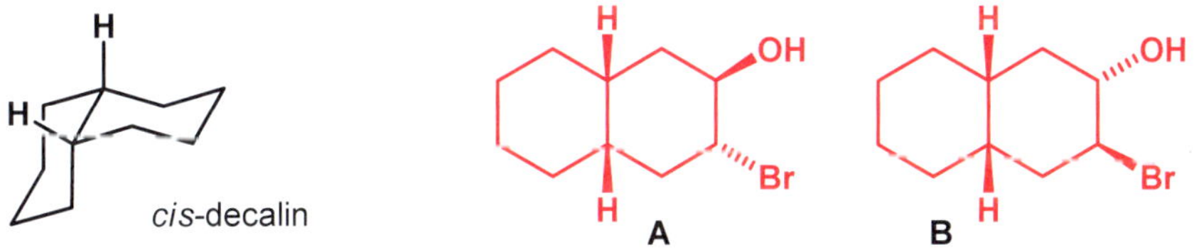

cis-decalin A B

문제 5.27 다음 bicyclopentyl의 구조에서 나타낸 두 수소 원자는 서로 *anti*인 conformation이 유리하다. 그 이유가 무엇이겠는가?

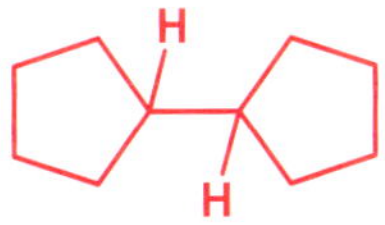

문제 5.28 Cyclopentene은 cyclopentane 보다 strain이 덜하다. 이유가 무엇이겠는가?

문제 5.29 Methylcyclohexene에 비하여 methylenecyclohexene은 덜 안정하지만 세-원자 고리형 화합물인 methylenecyclopropane은 methylcyclopropane에 비해 더 안정하다. 왜 이러한 차이가 생기는가?

more stable more stable

문제 5.30 다음 화합물 중에서 분자 내에 대칭면이 있는 것들을 골라라.

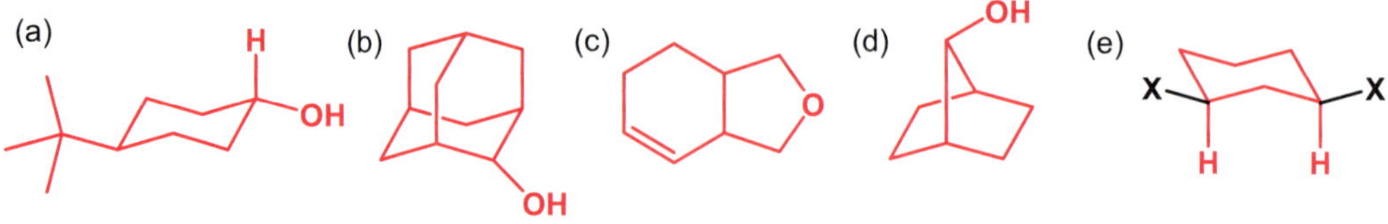

문제 5.31 다음 cyclohexane의 한 conformer의 Newman projection이다. 어떤 conformer인가? 다른 덜 안정한 conformer의 Newman projection을 그려 보라.

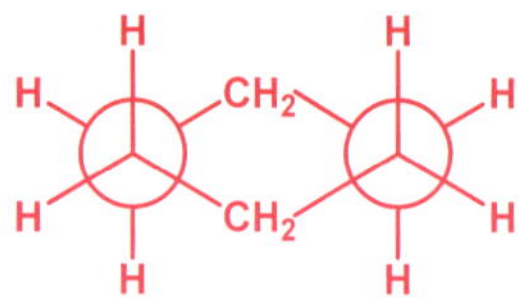

문제 5.32 다음과 같은 Newman projection을 갖는 dimethylcyclohexane A ~ D의 가장 안정한 chair conformer를 그려보라.

A B C

문제 5.33 다음은 cyclohexanone의 conformer 그림이다. 어느 것이 가장 합리적인가? 이에 맞춰 4-phenylcyclohexanone과 1,4-cyclohexanedione의 안정한 conformer를 그려 보라.

문제 5.34 *cis*-1,2-Dimethylcyclohexane과 *cis*-3,4-dimethylcyclohexanone의 각각에 대해서 두 conformer를 그려 보라. Cyclohexane의 두 conformer는 에너지가 같지만 cyclohexanone의 두 conformer는 그렇지 않다. 어느 것이 더 안정하며 그 이유는 무엇인가?

문제 5.35 두 steroid 분자인 cholestanol과 coprostanol의 주어진 conformation의 그림을 고리 A, B, C, D에 입체화학을 모두 표시해서 치환기를 그려 넣은 평면 구조식을 완성하라.

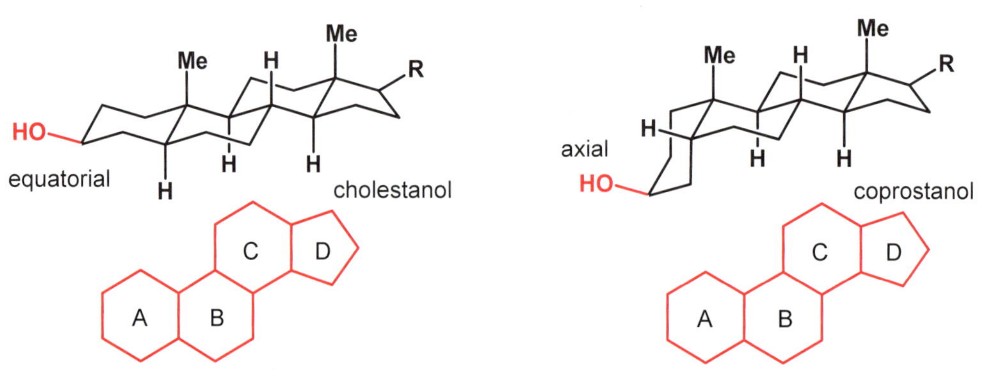

CHAPTER 06

Why and How Reactions Occur?

지금까지 학습으로 유기 분자의 구조에 대한 충분한 지식을 갖추게 되었으므로 이제 이들의 반응에 눈을 돌려 볼 차례이다. 유기 분자들은 서로 만나 어떤 결합은 깨지고 다른 결합은 형성되어 새로운 화합물이 생성된다. 모든 분자들이 만나기만 하면 모두 반응하는 것이 아니다. 특히 어떤 부류의 반응들은 쉽게 잘 일어나지만 다른 부류의 반응들은 그렇지 못하다. 또한 여러 가능한 반응 경로 중에서 어느 한 가지가 다른 경로에 비해 유리하게 진행된다. 이 장에서는 이들을 설명해 줄 몇 가지 일반 원리를 고찰하게 될 것이다. 또한 반응속도를 조절하는 요인이 무엇이며, 분자의 구조와 반응성과 어떤 관계가 있는지도 살펴볼 것이다. 반응물 대비 생성물의 에너지 함량의 변화라든가(열역학) 분자가 반응물에서 생성물로 전환되는 속도나 경로와 같은(반응속도론) 반응의 추진력이 무엇인가를 살펴보는 것은 반응을 이해하는데 큰 도움이 될 것이다.

6.1 Bonding Characteristics–Bond Strength and Bond Polarity

유기화합물은 탄소를 기본으로 다양한 원자들 간의 단일결합과 다중결합을 포함하게 된다. 이들 결합의 특성을 이해하는 것은 유기 분자들의 구조뿐 아니라 반응을 이해하는데 대단히 중요하다. 유기 반응은 기존의 결합이 깨지고 새로운 결합이 형성되는 과정이기 때문이다. 유기화합물의 결합은 두 다른 원자간의 전자쌍을 공유하며 형성된다. 문제는 이들 전자쌍에 의해 두 원자의 핵이 얼마나 단단히 묶이는가(결합세기)와 결합 전자쌍은 결합에 참여하는 두 원자 간에 어떻게 분포되어 있는가(결합극성)로 요약할 수 있겠다.

6.1.1 Bond Strength

먼저 결합세기(bond strength)에 관하여 이야기 해 보자. 앞으로 많은 예들을 접하게 되겠지만, 반응물에서 깨지는 결합의 엔탈피와 생성물에서 형성되는 결합의 엔탈피를 비교한 엔탈피 변화로써, 반응이 일어날 것인가 아닌가를 판단할 수 있는 경우가 종종 있다. 분자를 구성하고 있는 결합의 세기를 비교하는 일은 대단히 유용한 것이다. Table 6.1에는 다양한 유형의 결합에 대한 표준 생성엔탈피(standard enthalpy of formation)에서 얻어낸 평균 결합에너지(average bond energy) 값이 정리되어 있다. 더 많은 다양한 원자간의 결합에너지가 이 chapter 끝에 부록에 수록되어 있다.

예를 들어, C–H에 대한 값은 methane을 탄소와 수소로 전환하는데 필요한 에너지로부터 얻게 된다. 즉, $CH_4 \rightarrow C + 4\ H$, $\Delta H°/4 = 99$ kcal/mol. C–C 결합에 기재된 값은 ethane의 생성열을 측정하고 C–H 결합의 결합엔탈피가 methane에서와 같은 값을 갖는다고 가정하여 그 여섯 결합의 값을 빼면 얻을 수 있다. 다른 결합엔탈피도 이와 유사한 방식으로 얻어진다. 이미 알고 있겠지만 methane과 ethane의 C–H 결합엔탈피는 같지 않으며, 따라서 Table 6.1에 실린 평균 결합에너지는 개략적인 값으로 특정 화합물에서는 이 값에서 큰 차이가 날 수도 있다는 것은 쉽게 예상할 수 있다. 평균 값이라 하더라도 일반적인 경향이나 추세를 개략적으로 이해하는 데는 많은 도움이 된다. H–X 결합은 주기율표의 족을 따라 내려가면서 H–F > H–Cl > H–Br > H–I의 순서로 점차 약해지는 것을 알 수 있다. 이러한 추세는 할로젠과 탄소 간의 결합에서도 또 할로젠–할로젠 간의 결합에서도 똑같이 관찰된다 (F–F 예외).

[Table 6.1] Average Bond Enthalpies (kcal/mol)

C—H 99	C—C 83	C=C 146	C≡C 200		H—F 136	C—F 108	F—F 38
N—H 93	C—N 73	C=N 147	C≡N 213		H—Cl 103	C—Cl 81	Cl—Cl 58
O—H 111	C—O 86	C=O 179	C≡O 257	O=C=O 225(each)	H—Br 87	C—Br 68	Br—Br 46
H—H 104	N—N 39	N=N 100	N≡N 226		H—I 71	C—I 51	I—I 36
N—O 55	O—O 35	^{3}(O=O) 119					

Example : $CH_4 \longrightarrow C + 4H$; $\Delta H^o/4$ = 99 kcal/mol

Table 6.1에서 알 수 있듯이 주어진 두 원자 사이의 이중결합을 깨는데 요구되는 에너지는 단일결합을 깨는데 필요한 에너지보다 더 크고, 삼중결합을 깨는데 필요한 에너지는 이중결합보다도 더 크다. 다중결합의 평균 결합에너지는 결합해리에너지 값이 없기 때문에 이 방법 이외에는 달리 구할 수가 없으므로 대단히 유용한 것이다.

결합에너지를 알고 있으면, 주어진 변환이 에너지 측면에서 가능한 것인가를 계산해 낼 수 있다. 예를 들어, alkene을 촉매수소화에 의해 alkane으로 환원함에 있어, C=C 이중결합은 C–C 단일결합으로 바뀌고 수소 기체의 H–H 결합이 깨져서 두 C–H 결합이 생성된다. 결합을 깨기 위해 공급해야 할 에너지에 양(+)의 값을, 결합을 형성할 때 방출되는 에너지에 음(–)의 값을 부여함으로써, 이 반응의 ΔH^o를 계산할 수 있다. 다음 계산에서 얻어진 음의 값의 ΔH^o는 에너지 방출을 뜻하며, 에너지 면에서 대단히 유리한 **발열(exothermic) 반응**이다.

C=C + H—H ⟶ H–C–C–H

146 kcal/mol 104 kcal/mol 83 kcal/mol 99 kcal/mol 99 kcal/mol

$$\Delta H^o = +146 + 104 - 83 - (2 \times 99) = -31 \text{ kcal/mol}$$

같은 식으로 imine의 촉매수소화에 대한 ΔH^o를 계산을 보면 이 반응 또한 에너지 면에서 유리하다고 예측되며, 실제로 imine은 촉매수소화에 의해 쉽게 amine으로 환원된다.

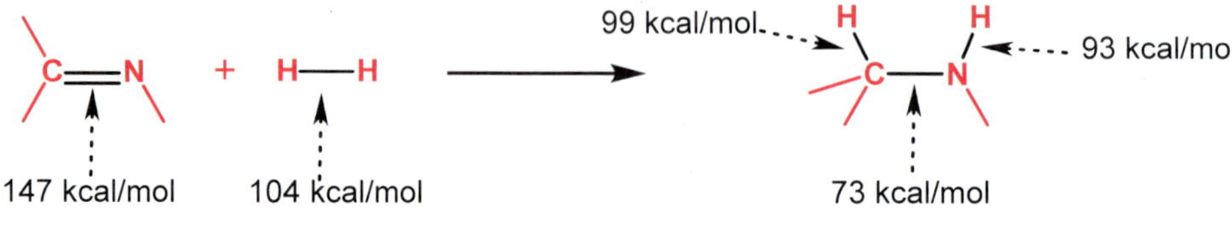

$$\Delta H^o = +147 + 104 - 99 - 93 - 73 = -14 \text{ kcal/mol}$$

다음 예에서 보는 것과 같이 C=C에 H–Br이 첨가되는 반응은 에너지로 보아 수소 첨가만큼 발열성 반응도 아니고, 따라서 더 유리한 반응도 아님을 알 수 있다.

$$\Delta H^o = +146 + 87 - 99 - 83 - 68 = -17 \text{ kcal/mol}$$

다음 ester 교환 반응은 개략적으로 반응 전후의 에너지 변화가 거의 없는 **열중성(thermoneutral) 반응**으로, 이러한 반응은 반응물과 생성물 간의 엔탈피 차가 크지 않고 따라서 평형을 이루게 되는 경우가 많다.

$$\Delta H^o = +86 + 111 - 86 - 111 = 0 \text{ kcal/mol}$$

일반적으로 C=C 이중결합의 평균 결합에너지는 단일 결합의 두 배에 훨씬 못 미친다. 그러나 C=O 및 C=N 이중결합은 단일결합의 두 배가 넘는다. 이는 C=O 및 C=N 이중결합의 π-결합 성분은 아주 센 결합이라는 뜻이다.

Table 6.1은 결합엔탈피의 평균값을 기록한 것이고 실제로는 치환기의 변화와 같은 요인에 따라 달라질 수 있음에 유의하여야 한다. 그러나 위의 평균 결합에너지 값은 비록 정교하지는 않지만, 주어진 반응의 가능성을 일차적으로 알아보는 데는 지극히 귀중한 예측 도구이다. 다음 카보닐기의 탄소–산소 이중결합의 결합세기에서 보는 것같이 실제로 치환기가 다른 경우에는 값의 상당한 변화가 생기며, 평균 값에서 많이 벗어나는 것도 있다.

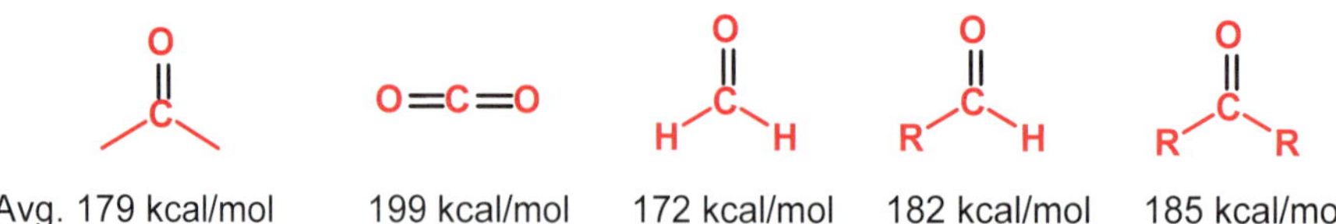

문제 6.1 Table 6.1에 있는 평균 결합에너지를 사용하여 각 반응의 $\Delta H°$를 계산하고, 다음 반응들이 열역학적으로 유리한가를 예측하여 보라. 계수와 빠진 생성물을 챙겨야 할 것이다.

(a) $H_2C{=}O$ + H—H ⟶ $H_2C(H)OH$

(b) N≡N + H—H ⟶ NH_3

(c) $H_3C—C≡N$ + H_2O ⟶ $H_3C—C(=O)—NH_2$

(d) $H_3C—C≡N$ + H—H ⟶ $H_3C—CH_2—NH_2$

(e) $CH_3C(=O)CH_2—H$ + $CH_3C(=O)CH_3$ ⟶ $CH_3C(=O)CH_2C(OH)(CH_3)_2$

6.1.2 Bond Polarity

결합세기 이외에 결합의 가장 중요한 특성이 결합극성(bond polarity)이다. 결합 극성은 결합한 두 원자의 전기음성도를 비교하여 추정할 수 있다. **전기음성도(eletronegativity)는 공유결합을 하고 있는 원자 간의 전자 당기는 힘의 척도이다.** 전기음성도는 주기율표의 주기를 따라 오른쪽으로 가며 증가하는데, 핵의 양전하가 커질수록 더 세게 전자를 당기기 때문이다. 또한 전기음성도는 주기율표의 족을 따라 내려가며 감소하는데, 원자 반지름이 증가하여 핵에서 더 멀리 있는 전자에 대한 핵의 영향력이 감소하기 때문이다.

그 결과, 가장 전기음성인 원소는 주기율표상에서 오른쪽 위의 구석에 위치하며, 전기음성도가 가장 낮은 원소는 왼쪽 아래 귀퉁이에 자리하게 된다. 유기화학에 자주 보게 되는 원소들에 대한 0에서 4 사이의 임의의 계산 값으로 나타낸 L. Pauling의 전기음성도 값을 Figure 6.1에 나타내었다. 이 값들은(소수 한자리만) 기억하고 있는 것이 도움이 된다..

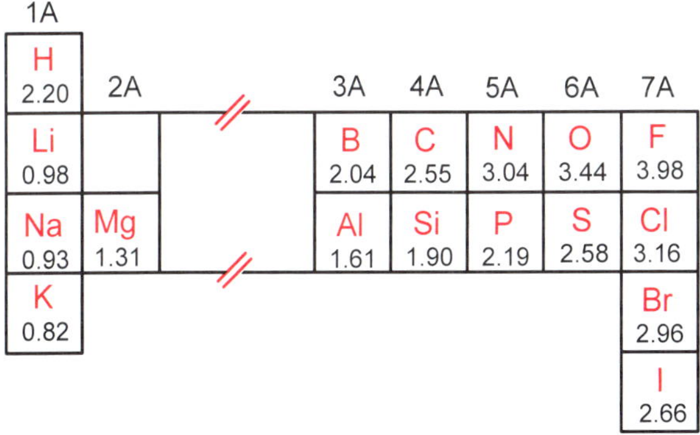

[Figure 6.1] Electronegativities of some important elements

다른 두 원소를 비교하여 그 중 하나가 전자를 자기 쪽으로 당기는 성향이 크다면 다른 것보다 '**더 전기음성(more electronegative)**'이라고 한다. 둘 중에서 다른 원소에 전자밀도를 내어주는 성향이 큰 쪽을 '**덜 전기음성(less electronegative)**' 또는 '**전기양성(electropositive)**'이라고 한다..

전기음성도는 결합에서 전자가 균등하게 배분되었는가 아니면 불균등하게 배분되었는가를 나타내 주는 지표로 사용된다. 예를 들어, 탄소-탄소 결합과 같이 동종의 원소가 결합되어 있다면 결합 전자쌍을 자기 쪽으로 당기는 정도는 같으며, 따라서 전자는 균등하게 배분되며 그 결과 결합은 무극성이 된다. 비슷한 전기음성도의 두 원소가 결합하는 경우도 마찬가지이다. C–H 결합이나 C–I 결합은 무극성으로 간주하는데, 이는 C (2.55)와 H (2.20) 또는 C (2.55)와 I (2.66) 간의 전기음성도 차이가 미미하기 때문이다[1].

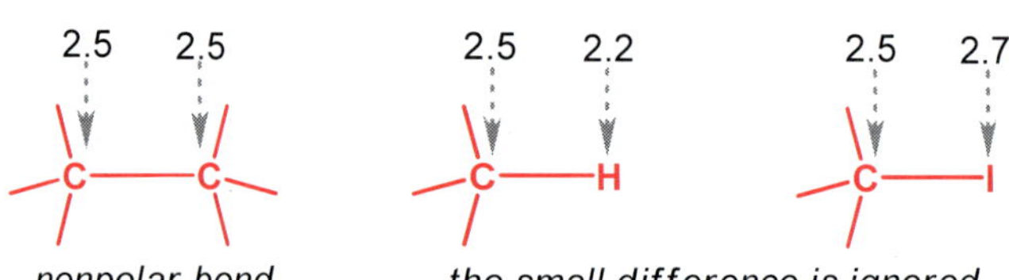

그러나 전기음성도가 다른 두 원소 간에 결합을 이루게 되면, 전자가 불균등하게 배분된다. 예를 들어 C–O 결합에서 전자는 C(2.55)에서 전기음성도가 높은 O(3.44) 쪽으로 당겨지게 된다. 결합은 극성(polarity)를 띠게 되며 **극성 공유(polar covalent)** 결합을 이루었다고 한다. 그 결합은 **이중극자(dipole)**를 가지며 부분적으로 전하가 분리되어 있다.

결합에서의 극성 방향은 화살표로 표시되는데, 화살 머리는 더 전기음성인 곳을 향하고 있다. 화살의 꼬리 부분에는 가로 질러 가는 선을 그리고 덜 전기음성인 곳에 그려진다. 이와 달리 부호 δ+와 δ–를 이용하여 이러한 불균등한 전자밀도를 나타낼 수도 있다. 요즈음에는 δ+와 δ–의 부분전하는 컴퓨터 프로그램을 통하여 쉽게 계산할 수 있다.

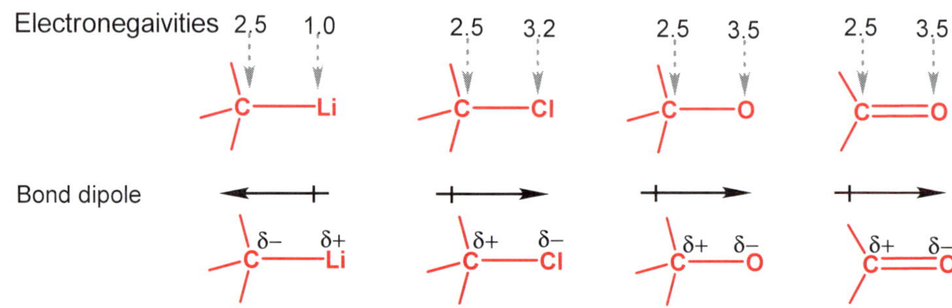

결합 극성에 관한 잘못된 생각 중의 하나는 반드시 결합 극성이 커야 반응성이 큰 것이 아니라는 점이다. 결합 극성이 크면 반응에 따르는 결합형성에 이온성 성질이 커진다는 뜻이다.

1 일반적으로 전기음성도 차가 0.5 이상이면극성 결합이라고 간주하고 0.2~0.3 미만이면 극성이 없다고 간주하는 것이 보통이다.

C–I 결합은 분명 C–Cl 결합보다 결합 극성이 낮지만 반응성은 크다. 결합 극성이 낮은 결합 간의 반응은 오비탈 상호작용의 유리함 때문에 일어난다 (Chapter 2)

문제 6.2 표시된 다음 각 결합은 극성 결합인가 아닌가? 극성 결합에서의 이중극자의 방향을 결합한 원자에 $\delta+$와 $\delta-$로 표시하라.

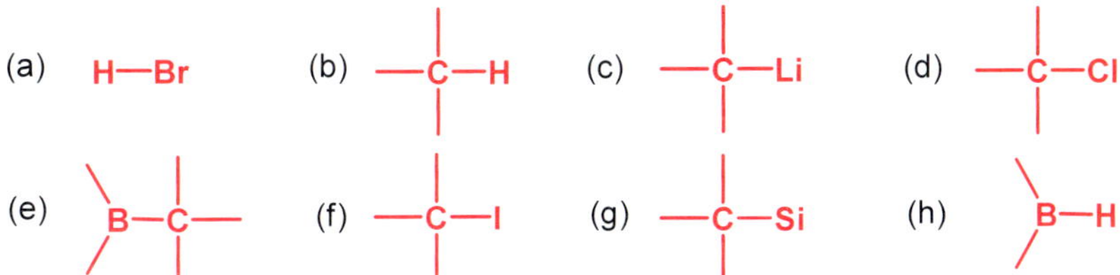

6.2 Bond Cleavage

안정한 화합물이 다른 화합물로 변환되는 데는 기존의 결합이 깨지고, 새로운 결합이 형성되는 결합의 변화는 피해갈 도리가 없음은 자명한 일이다. **메커니즘(Reaction mechanism)**이란 이러한 결합깨짐과 결합형성의 방식과 순서를 상세히 묘사하는 것이라 할 수 있다. 반응에 따라서는 단일 단계로 결합깨짐과 결합형성이 모두 끝나는 협동형(concerted) 반응도 있으며, 상당히 복잡하게 여러 단계(multi-step)를 거쳐서 진행되는 반응도 있다.

결합이 깨지려면 에너지를 필요로 한다. **균등 결합깨짐(homolytic cleavage)**이 일어나면 결합성 전자쌍은 원래 그 결합에 의해 접합되었던 두 원자에 균등하게 배분되며, 이 과정에서 소비되는 에너지를 **결합 해리에너지(bond dissociation energy)**라고 정의한다. 균등 결합깨짐에서는 두 **자유라디칼(free radical)**이 생성되는데, 이들 라디칼은 결합 전자쌍의 전자를 하나씩 나눠 가지며, 따라서 완전히 채워진 원자가 껍질에서 요구하는 것보다 전자 하나가 모자라게 된다. 예를 들면, methanol의 C–O 결합의 균등 결합깨짐은 methyl 라디칼과 OH 라디칼을 생성하며 92 kcal/mol을 소모하게 된다.

$$H_3C\text{—}OH \longrightarrow H_3C\cdot + \cdot OH \qquad \Delta H^o = 92\ \text{kcal/mol}$$

mehanol

균등 깨짐에서 일어나는 결합에서 각 원자로 이동하는 홀전자는 위에서와 같이 **구부린 외쪽 화살표(half-headed curved arrow)**로 표시한다. 모든 균등 결합깨짐은 예외 없이 에너지 공급이 필요한 흡열(endothermic) 과정이다.

Table 6.2는 유기 반응 학습에 필요한 결합 해리에너지를 정리한 것이다. 결합 해리에너지는 분자 구조에 따라 다르다. 같은 C–H 결합깨짐이라도 탄소가 다른 무엇과 결합하는가에 따라 큰 차이를 보이게 된다. 이는 형성되는 탄소 라디칼의 안정도와 직접 상관이 있다.

[Table 6.2] Some Specific Bond Dissociation Energies (in kcal/mol)*

Bond	BDE	Bond	BDE	Bond	BDE
H–H	104.2(104.2)	C_6H_5–H	110.9(112.9)	CH_3–CH_3	90.4(90.1)
CH_3–H	105.1(105.0)	HC≡C–H	132 (131.9)	CH_3–F	109.9(115)
CH_3CH_2–H	98.2(101.1)	$C_6H_5CH_2$–H	88(89.7)	CH_3–Cl	84.6(83.7)
$(CH_3)_2CH$–H	95.1(98.6)	CH_2=$CHCH_2$–H	86.3(88.8)	CH_3–Br	70.9(72.1)
$(CH_3)_3C$–H	93.2(96.5)	$CH_3C(O)$–H	86(88.1)	CH_3–I	57.2(57.6)
$C(CH_2)_3$–H	106.3	HO–H	119(118.8)	CH_3–OH	92.3(92.1)
$C(CH_2)_4$–H	96.5	CH_3O–H	104.4(104.6)	CH_3–NH_2	84.9(85.2)
$C(CH_2)_5$–H	94.5	NH_2–H	107.4(107.6)	CH_3–SH	74
$C(CH_2)_6$–H	95.5	CH_3S–H	90.7(87.4)	CH_3–SiH_3	88.2
bond 1	82.3	HO–OH	51	CH_3–$SiMe_3$	89.4
bond 2	71.1	CH_3O–OCH_3	37.6(38)	CH_3–$GeMe_3$	83
bond 3	73	$HOCH_2$–H	94 (96.1)	CH_3–$SnMe_3$	71
bond 4	97.4	H_2C=CH_2	(174.1)	CH_3–OCH_3	(83.2)
bond 5	90.6	HC≡CH	(230.7)	CH_3–C_2H_5	(89.0)
CH_3–CH=CH_2	(101.4)	H_2C=O	(178.8)	CH_3–$CH(CH_3)_2$	(88.6)
C_6H_5–C_6H_5	(118)	CH_3–C_6H_5	(103.5)	CH_3–$C(CH_3)_3$	(87.5)
CH_2=CH–H	110(110.7)	CH_3–$CH_2C_6H_5$	(77.6)	CH_3–H_2CH=CH_2	(76.5)

*Bonds related are drawn in color and most current values in the parenthesis are from Acc. Chem. Res., 36, 255-263(2003)

bond 1 bond 2 bond 3 bond 4 bond 5

Table 6.2에 나오는 값은 이온성 반응의 엔탈피 변화를 계산할 때도 사용할 수 있다. 엔탈피는 상태함수여서 전체적인 결합의 변화만을 두고 보면 라디칼 반응이든지 이온성 반응이든지 별 문제가 되지 않기 때문이다. **불균등 결합깨짐(heterolytic cleavage)**에서는 원래의 결합에서 공유하던 두 전자는 균등하지 않게 배분되어, 두 전자 모두가 어느 한쪽 원자로 가게 된다. 이 과정은 무극성 결합보다는 전기음성도의 차이가 큰 두 원자 간의 극성이 큰 공유결합에 훨씬 더 유리하다.

극성 결합의 불균등 결합깨짐은 극성의 방향에 따라 일어나게 된다. 따라서 methanol의 C–O 결합의 불균등 결합깨짐은 아래 식에서와 같이 C–O 결합의 두 전자를 산소가 차지하며, methyl 양이온과 $^-$OH 이온을 생성하게 된다. 만약 전자쌍이 탄소 쪽으로 이동하여 methyl 음이온과 OH 양이온이 형성되는 데는 훨씬 더 많은 에너지가 요구되기 때문이다.

$$H_3C\text{—}OH \longrightarrow H_3C^{\oplus} + {}^{\ominus}OH$$

methyl cation hydroxide anion

어떤 경우에도, **불균등 결합깨짐**은 쉽게 일어나지 않는데, 왜냐하면 σ-결합깨짐이 일어나야 할 뿐 아니라 여기서 생성되는 양이온과 음이온을 완전히 갈라놓는데 상당한 에너지가 요구되기 때문이다. 극성 공유결합에서, 이러한 추가 에너지 요구의 일부는 결합이 편극화되어 있음으로 해서 이미 보상이 된 것이다. 그러나, 다른 특별한 요인이 없는 한, 결합의 불균등 결합깨짐은 균등 결합깨짐보다 더 많은 에너지가 요구된다. 따라서 중성인 유기 분자가 양이온과 음이온으로 저절로 깨지는 불균등 결합깨짐은 높은 온도에서라도 일어나지 않는다고 보면 틀림없다. 예를 들어 불균등 결합깨짐에 필요한 에너지가 비교적 적은 경우, 극성 용매가 존재하여 생성되는 이온을 안정화할 수 있으면 불균등 깨짐이 일어나는 경우도 간혹 있다. 그러나 많은 경우에는 양성자붙임이 일어나서 에너지가 높아진 양이온 중간체가 양이온과 중성 분자로 깨진다든지 하는 높은 에너지 이온성 중간체를 거치는 과정을 밟게 된다.

균등 깨짐(homolytic cleavage)이던지 아니면 불균등 깨짐(heterolytic cleavage)이던지 결합깨짐 양상에 관계없이 결합이 깨질 때는, 에너지를 소비하게 된다. 따라서 반응은 결합이 다 깨지고 난 후에야 결합이 형성되든지 하여 결합깨짐과 형성이 독립적으로 일어나는 경우는 아주 드물고, 대개의 경우 결합깨짐과 결합형성이 짝지어 동시에 진행됨으로써 결합깨짐에 필요한 에너지 요구를 상당한 정도로 줄일 수 있다.

문제 6.3 전기음성도에 관한 알고 있는 지식으로 다음 불균등 결합깨짐에서 유리한 전자쌍 이동의 방향을 보여 주는 구부린 화살표를 각각 그리고, 그 결과를 오른쪽에 적어라.

(a) $H_3C—OH$ (b) $H_3CO—H$ (c) $H_3C—Li$ (d) $H_3C—OCH_3$

(e) $H_3CS—H$ (f) $H_3C—Cl$ (g) $H_3C—MgBr$ (h) $H_3C—Al$(with two additional bonds on Al)

6.3 Process of Bond Formation

분자들은 끊임없이 운동하며 끊임없이 분자 간의 충돌이 일어난다. 충돌에 의하여 분자들은 대개 튕겨 나가게 되는데, 여기에는 분자 표면의 전자들의 반발도 한몫 하게 된다. 두 반대 전하의 이온이 충돌하게 되면 반응으로 이어질 확률이 높다. 그러나 유기 반응에서 이러한 형식의 반응이 일어나는 경우는 흔치 않다. 유기 반응에서 분자들 간의 인력은 이온과 극성 분자 또는 극성 분자와 극성 분자 간에 생겨나게 된다. 예를 들어, 카보닐기는 산소의 높은 전기음성도로 인하여 편극화된다. 양이온성인 카보닐 탄소에서의 반응은 $^-$CN와 같은 음이온이나 알코올과 같은 극성 분자의 부분음전하 말단 간의 정전기적 인력에 의한 당김에서 시작된다. BF_3와의 반응이라면 bond dipole은 B 원자가 양전하의 말단이며, 카보닐기와의 인력은 카보닐 탄소가 아닌 산소 원자 간에 일어나게 된다.

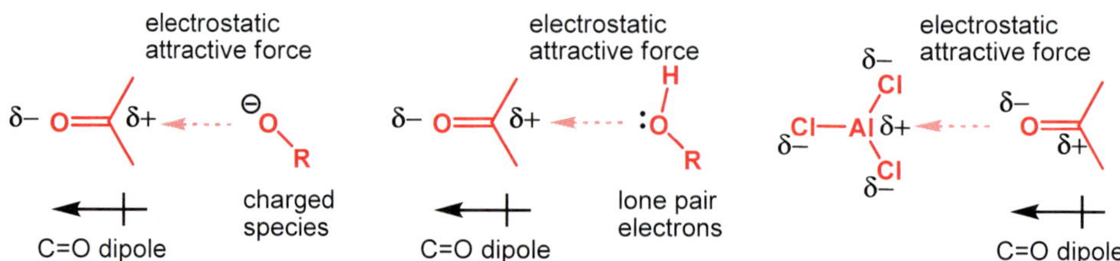

그러나 유기 반응 중에서는 전하도 없고 dipole도 없는 무극성 분자 간에 일어나는 반응도 많다. 이러한 반응의 대표적인 예 하나가 alkene과 브로민 분자 간의 반응이다. 이 반응은 아주 빠르고 색 변화를 눈으로 확인할 수 있어 alkene의 존재를 확인하는 시험법으로 사용되는 반응이다 (Bayer's test for unsaturation).

$$H_2C{=}CH_2 + Br{-}Br \longrightarrow BrH_2C{-}CH_2Br$$

결합 극성이 없는 분자들 간의 이 반응에서 정전기적인 인력은 전혀 반응 요인이 될 수 없다. 이 반응의 추진력은 Br−Br의 낮은 σ^* 반결합성 오비탈에 기인한다고 설명하는 것이 대세이다. 즉, 채워진 π-오비탈과 Br−Br의 빈 σ^*-오비탈간의 효과적인 상호작용을 추진력으로 하여 반응이 진행된다는 것이다.

두 분자 간에 정전기적인 인력에 의하든지 아니면 빈 오비탈과 채워진 오비탈 간의 상호작용에 의해서 만나던지 간에 극성 반응에서는 어느 한쪽에서 전자쌍을 내고 다른 쪽에서는 빈 오비탈을 제공하여 새로운 σ-결합을 형성하게 되는 것이다. (두 분자 간에 σ-결합을 형성하기 전에 새로운 π-결합을 형성하는 일은 결코 일어날 수 없다.)

거의 대부분의 유기 반응은 이와 같이 친핵체가 전자쌍을 제공하고 친전자체가 제공되는 이들 전자쌍을 수용하여 새로운 결합을 형성하는 방식으로 진행된다. 즉, 친핵체의 채워진 오비탈과 친전자체의 빈 오비탈 간의 효과적인 겹침이 반응이 성공적으로 진행되기 위한 key가 되는 것이다.

Nu: + E⊕ ⟶ Nu—E

lone pair electrons | empty orbital | new bond

친핵체와 친전자체의 수많은 충돌은 비생산적이 될 수밖에 없으며, 그중에서 오비탈 겹침의 대칭성을 유지하는 적절한 정렬을 갖추는 충돌만이 효과적인 오비탈 겹침으로 결합형성에 이르게 된다. 꼭 들어맞는 정렬을 이룬 충돌이라 할지라도 그중 충분한 에너지를 갖춘 충돌만이 효과적으로 반응에 이르게 됨은 말할 필요가 없다.

또한 대칭성(위상)이 맞는 모든 채워진 오비탈과 빈 오비탈의 상호작용이 곧 결합으로 이어지는 것도 아니다. 상호작용에 의한 충분한 보상이 이루어져야 한다. 즉, 두 오비탈의 상호작용에 의한 새로운 오비탈 세트가 형성되어 친핵체의 전자쌍 에너지 낮춤 효과가 충분히 커야 한다. 이는 Figure 6.2에 나타낸 것과 같이 두 오비탈 간의 에너지 준위가 같거나 비슷한 경우이고, 크게 차이가 나는 경우에는 에너지 낮춤 효과가 크지 않다. 친핵체와 그 에너지 준위가 정해지면 친전자체의 빈 오비탈 에너지 준위가 낮을수록 반응은 효율적으로 일어나게 된다.

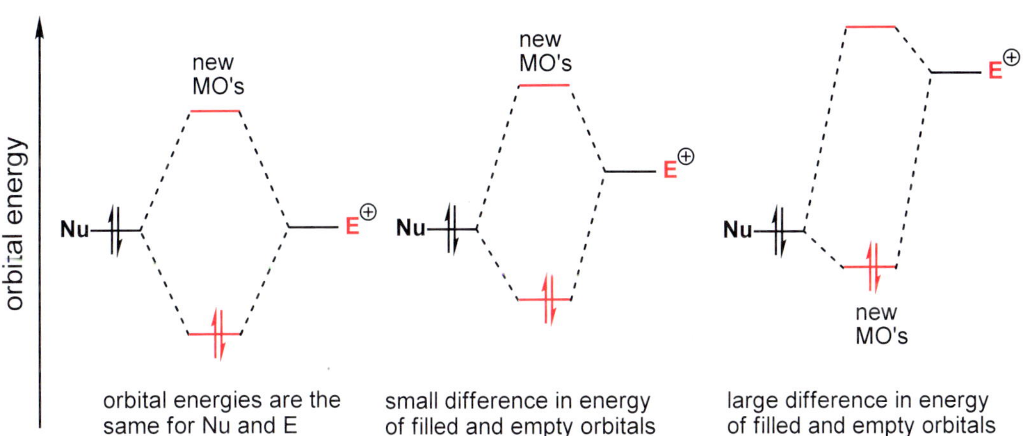

[Figure 6.2] Energy of bonding electron pairs formed between Nu^- and E^+ of different level

이는 앞서 이미 학습하였던 친핵체와 친전자체의 말랑도와 딱딱도에 관한 논의에서 설명한 바와 같다. (Chapter 2와 4에 설명되어 있음.) 즉, 친핵체의 채워진 오비탈의 에너지 준위가 높을수록 (말랑 친핵체) 또한 친전자체의 빈 오비탈의 에너지 준위가 낮을수록 (말랑 친전자체) 오비탈 상호작용은 더 효과적이며, 결합에 이르기 쉬워진다.

앞에서 살펴본 카보닐기와 CN^- 또는 NH_3와의 반응은 카보닐의 빈 π*-오비탈과 친핵체의 채워진 오비탈 간의 상호작용으로 에너지 차이가 작은 상호작용이고, BF_3의 빈 p 오비탈과 카보닐의 HOMO인 nonbonding lone pair 간의 에너지 차이도 작아서 효과적인 오비탈 겹침이 가능하게 된다.

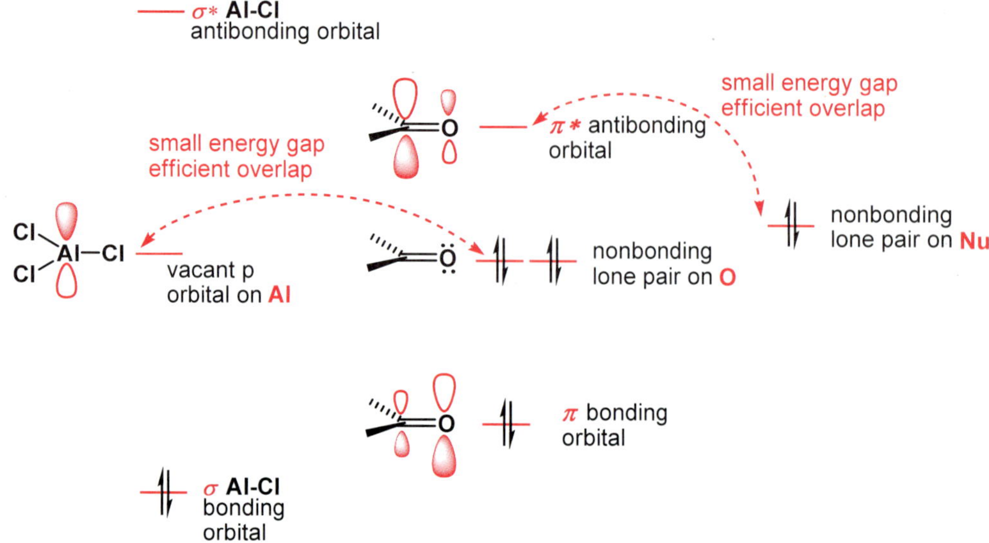

[Figure 6.3] Orbital interactions of carbonyl with a nucleophile and an electrophile.

종합하면 결합형성은 두 반응 중심 간의 정전기적인 인력과 오비탈 겹침 효과에 의해서 좌우되며, 반응에 따라 정전기적 요인이 우세할 수도 있고, 오비탈 겹침이 절대적일 수도 있다. 오비탈 겹침 요인이 클수록 공유결합성이 큰 결합이 형성된다.

6.4 Reaction Energy Profiles (Potential Energy Diagram)

화학 반응을 이해하는데 가장 중요한 것이 무엇이냐고 물으면 단연 '반응에 따른 에너지 변화'라고 답하게 된다. 화학 반응이 진행되는데 따른 에너지의 변화를 한눈에 알아보기 위하여 반응 진행 과정에 따른 퍼텐셜 에너지의 변화를 도시하여 **퍼텐셜 에너지 측면도**(potential energy profile)를 그리게 된다. (또는 potential energy diagram이라고 부르기도 한다.) 반응이 어느 정도 진행되었는가의 척도를 **반응 좌표**(reaction coordinate)라 한다. 반응의 진행에 따른 퍼텐셜 에너지의 변화를 알 수 있을 뿐 아니라 '결합깨짐이 또는 결합형성이 어느 정도 진행되는가' 또는 '결합각이 얼마나 달라지는가' '전하를 얼만큼 띠게 되며 또는 얼만큼 소멸되는가' 등 반응이 진행됨에 따라 변화하는 여러 가지 요인을 추적해 갈 수 있는 것이다.

반응은 반응물에서 생성물까지 한 단계로, 즉 협동형 반응(concerted reaction)으로 진행될 수도 있고 하나 또는 그 이상의 기본 반응이 여러 중간체를 거쳐 연속적으로 일어나며 진행될 수도 있다. 틀림없는 것은 반응이 진행되면서 에너지 준위는 시시각각 달라지게 되지만 각 에너지 저점 사이의 어디에선가는 에너지가 최대점이 존재한다는 것이다.

Figure 6.4는 한 단계로 진행되는 반응의 energy diagram이다. 반응의 $\Delta G°$는 왼쪽의 반응물과 오른쪽의 생성물 간의 자유에너지 차이이다. 반응이 진행되려면 반드시 반응물과 생성물보다도 더 높은 에너지 상태를 거쳐야 한다. 중요한 것은 '어떤 모양의 곡선, 즉 에너지 경로를 따라 반응이 진행되는가'이다. 반응 과정을 따라 형성되는 이들 화학종들이 얼마나 용이하게 생성되는가의 여부가 반응의 진행 속도를 결정한다. 그려지는 곡선의 정점이 반응의 전이상태에 해당된다. **전이상태**(transition state)란 반응 경로를 따라가는 가장 높은 에너지 상태의 잠정적인 화학종이다. 전이상태는 에너지 최고점에 있기 때문에 매우 불안정하고 단지 순간적으로만 존재한다.

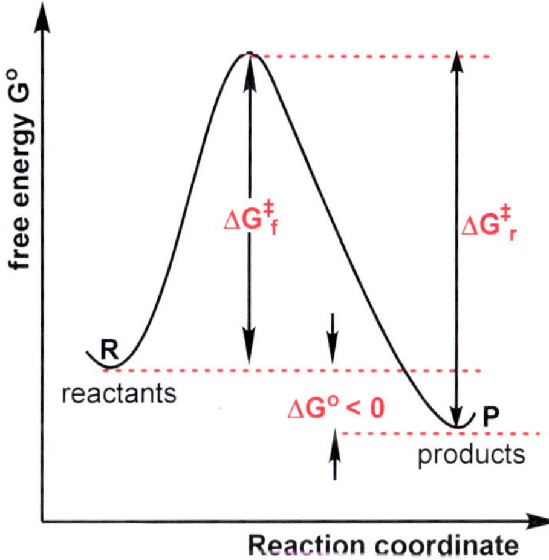

[Figure 6.4] Energy diagram of a concerted one-step reaction

위와 같은 energy profile을 보이는 간단한 반응 예 하나가 친핵성 치환 반응이다. 예를 들면, ethyl bromide의 hydroxide 이온에 의한 S_N2 치환 반응은 중간체를 거치지 않는다. 이 반응은 energy profile의 정점이 전이상태에 해당되며, 위의 협동형 반응의 energy profile과 같은 모양으로 그리게 된다. (Figure 6.5)

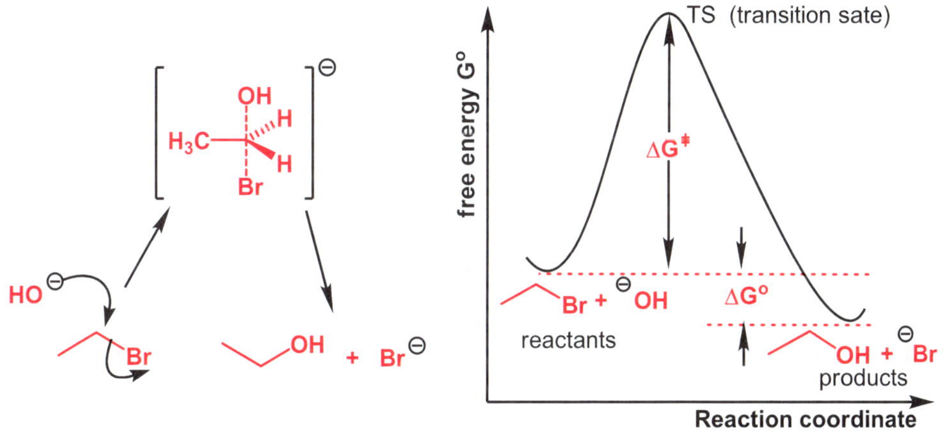

[Figure 6.5] Energy profile for a simple S_N2 reaction

한 에너지 저점에서 전이상태에 도달하기 위해 소요되는 에너지($\Delta G^{\ddagger}$)를 **활성화 자유에너지**(activation free energy)라고 정의한다. 활성화 자유에너지는 엔탈피와 엔트로피 두 성분이 모두 기여하는 자유에너지 항이다. 이들 화학종들을 분리하고 있는 장벽을 극복하려면 충분한 에너지가 공급되지 않으면 안 된다. 반응의 활성화 자유에너지가 높으면 높을수록 전이상태에 도달하기가 더욱 어렵고, 반응속도는 더 느려지게 된다. 엔트로피의 영향이 미미한 반응에서는 때때로 enthalpy만을 고려하여 활성화 에너지 E_{act}를 쓰기도 한다.

중간체 및 전이상태 (Intermediates and Transition States)

협동형으로 진행되는 반응은 그리 흔치 않다. 많은 반응이 여러 단계를 거쳐 진행되며 최소한 하나의 **반응성 중간체**(reactive intermediates)를 거치게 된다. 중간체를 거치는 반응은 두 **기본 반응**(elementary reaction)이 연속으로 일어나는 것으로 볼 수 있다. 이들 중간체는 potential energy의 움푹한 바닥에 존재하며 그리고 실시간의 수명을 갖는다. 전이상태와 달리 중간체는 반응 경로를 따라 생성물로 반응이 진행되기 전에 아무리 낮더라도 어떤 에너지 장벽을 넘어야 한다. 중간체가 측정 가능한 수명을 갖는 것도, 또한 반응 측면도에 있어서 에너지 우물의 벽을 형성하는 것도 바로 이 장벽이다. 따라서 중간체는 다단계 반응 진행 과정의 에너지 최저점에 존재한다는 것이다.

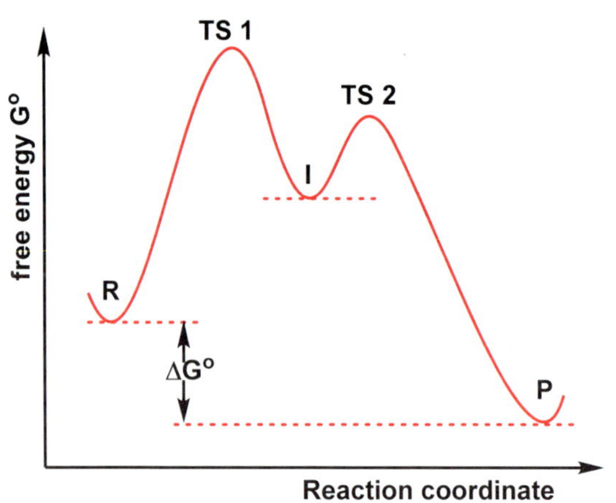

[Figure 6.6] Energy profile for a two-step reaction

Figure 6.6의 energy profile에서 전체적으로 자유에너지 감소(exergonic)인 변환 반응에서 반응물 R이 중간체 I를 거쳐 생성물 P로 전환된다. 이 energy profile로부터 반응 진행에 따른 에너지의 변화를 추적하여 볼 수 있다. 이 경우 반응물보다도 또 생성물보다도 더 높은 에너지 상태의 중간체 I가 존재한다. 아래 Figure 6.5에 표시된 전체 반응($R \rightarrow P$)은 ($R \rightarrow I$ 및 $I \rightarrow P$의) 두 단계로 일어나기 때문에 이것은 **자유에너지 증가(endergonic)** 단계인 $R \rightarrow I$와 **자유에너지 감소(exergonic)** 단계인 $I \rightarrow P$의 두 간단한 반응으로 나누어 볼 수 있다. 모든 기본 반응이 전이상태를 거치기 때문에 중간체가 존재하는 반응은 두 기본 반응에 해당하는 각각의 전이상태1과 전이상태 2를 거치게 된다. 이보다 더 많은 단계를 거치는, 다단계 반응은 거치는 단계 수와 같은 각각 전이상태를 단계별로 거치게 된다.

앞의 단일 단계로 진행되는 협동형 반응에서의 역반응은 정반응과 똑같은 전이상태를 거쳐 진행된다 [Figure 6.7(a)]. 이는 다단계 반응에서도 마찬가지이다. 만일 반응물에서 생성물에 이르는 두 단계 반응에 여러 가지 가능한 경로가 있다면 어찌되는가?

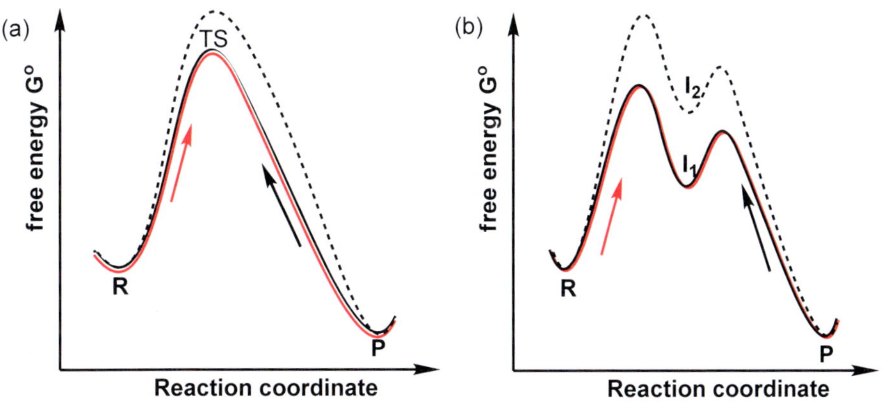

[Figure 6.7] Two reaction pathways for interconverting reactants and products

Figure 6.7b는 반응물과 생성물 간의 가능한 두 가지 반응 경로를 표시한 것이다. 반응물이 중간체 I_1을 거쳐 생성물이 생성되는 경로가 중간체 I_2를 거치는 다른 경로보다 더 유리한 반응이라면 그의 역반응인 생성물에서 반응물에 이르는 반응 또한 같은 경로를 밟아 I_1을 거쳐 되돌아오는 것이 더 유리한 경로가 된다. 이를 일컬어 **미시적 가역의 원리(The principle of microreversibility)**라고 한다. 두 단계가 아닌 더 많은 단계로 복잡하게 일어나는 반응에도 이 원리는 정확하게 적용된다. 산을 촉매로 하는 카보닐 화합물의 반응에는 열 단계 이상을 거치는 반응도 많으며 이들은 첫 단계로부터 마지막 단계까지가 모두 가역 과정으로 미시적 가역의 원리를 충실히 따르는 반응들임을 해당 화합물을 다루는 chapter에서 보게 된다.

6.5 Free Energy and Chemical Equilibrium

'화학 반응은 왜 일어나는데요?'는 학생들이 집요하게 많이 물어오는 질문이다. 이에 대한 가장 간단명료한 대답은 '**자유에너지가 감소**하기 때문이다' 라는 것이다. 더 낮은 에너지로의 이동은 비단 화학에만 국한되어 있는 것도 아니고, 사과 나무에서 사과가 떨어지는 것도 더 낮은 에너지로의 이동이라고 할 수 있다.

반응의 추진력이라는 것은 대단히 중요한 개념이다. 이것 없이는 어떤 화학 반응도 일어나지 않는다. '이러이러한 반응이 일어날 수 있을까?' 라는 의문이 생긴다면 제일 먼저 생각해 볼 일은 '반응의 추진력이 무엇일까?'를 살펴보는 것이다.

분자의 에너지 함량은 대개 그 분자의 자유에너지(**$\Delta G°$**, free energy)로 나타내는데 이는 분자들의 퍼텐셜 에너지의 척도로서 이것은 다음과 같이 엔탈피($\Delta H°$)와 엔트로피($\Delta S°$) 항으로 나뉘게 된다.

$$\Delta G° = \Delta H° - T\Delta S°$$

엔탈피($\Delta H°$)가 감소하거나 엔트로피($\Delta S°$)가 증가하면 자유에너지($\Delta G°$)의 감소로 이어지는데, 이는 모든 자발적 반응에 적용된다. 물은 자발적으로 낮은 데로 흐르지만 만약 에너지를 충분히 가한다면 높은 쪽으로 흐를 수도 있다.

반응물의 몰수와 생성물의 몰수가 같을 때 대부분의 유기 반응은 매우 작은 엔트로피 변화만을 겪으며 진행된다. 따라서 퍼텐셜 에너지 변화로 자유에너지 대신에 엔탈피 변화만을 근사적으로 사용하는 경우가 많으며, 이때의 에너지 변화를 **반응열(heat of reaction)**이라고 하며, 엔탈피 변화(ΔH)에 해당된다. **자유에너지 감소(exergonic) 반응**을 많은 경우 반응열이 음인 **발열(exothermic) 반응**과 구분하지 않고 쓰는 이유도 여기에 있다. 반응열은 대부분 반응물과 반응물의 bond energy 차에 의하여 결정된다. 그 이외에 ring strain이라던가 resonance 안정화 등도 $\Delta H°$에 영향을 미친다. 이 단원 첫머리에서 논의한 결합세기나 평균 결합에너지에 관한 것은 바로 이 엔탈피의 변화에 관한 것이다.

엔탈피는 결합(결합에너지)과 관계되어 있는 반면 **엔트로피(entropy)**는 분자계의 질서 정도(orderedness)에 관계된다. 무질서도(disorderedness)가 증가함에 따라 엔트로피는 증가한다. $\Delta S°$는 절대온도 T와 곱하게 되므로 자유에너지에 있어서 엔트로피의 기여는 온도에 의존하게 된다. 온도가 증가함에 따라 $T\Delta S°$ 항의 값은 커지고 이따금 $\Delta H°$ 항보다 오히려 더 커질 수도 있다. Acetoacetic acid의 decarboxylation으로 methylketone과 이산화탄소가 생성되는 다음 반응을 살펴보자. Methylketone과 이산화탄소는 독립적으로 제각기 움직일 수 있고, acetoacetic acid 분자로 묶여 있을 때보다 질서도(orderedness)가 떨어진다. 즉, 엔트로피 증가 반응이다. 엔트로피는 기체 방출에 의해서 크게 증가하는데 기체의 엔트로피는 액체나 고체보다 훨씬 높기 때문이다.

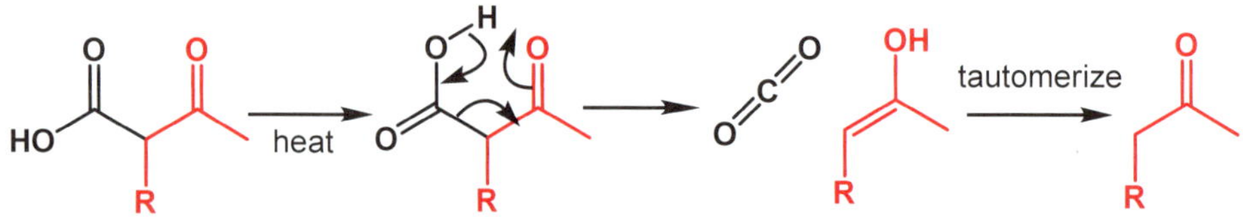

Cyclohexanol의 탈수 반응과 역반응인 cyclohexene의 물 첨가 반응에서 생성물과 반응물의 엔탈피($\Delta H°$) 변화는 물이 첨가되는 반응 쪽이 제거되는 반응에 비해 13 kcal/mol 더 유리하다. 그러나 엔트로피($\Delta S°$)는 분자수가 증가하는 제거 반응의 경우 증가하며 역반응인 첨가

반응에서는 엔트로피 감소가 예상된다. 높은 온도에서는 엔트로피 항($T\Delta S$)의 중요성이 증가하게 되고, 탈수 반응이 물 첨가보다 더 유리하게 된다.

$$\text{cyclohexanol} \xrightleftharpoons{H^{\oplus}} \text{cyclohexene} + H_2O$$

favored by entropy

평형상수 (Equilibrium Constants)

모든 화학 반응은 원칙적으로는 가역적이다. 어떤 반응은 쉬운 가역 과정이며, 어떤 반응은 한쪽으로 너무나 유리해서 역으로의 진행은 미미해서 무시해 버리고 비가역 과정으로 취급하게 된다.

반응 A + B → C + D의 평형상수는 각 화합물의 평형 농도를 써서 K=[C][D]/[A][B]라고 표현한다. $K > 1$이면 정반응이, $K < 1$이면 역반응이 유리하게 된다. 평형상수는 $\Delta G°$에 의하여 결정되며, 그 관계는 다음과 같은 간단한 식으로 표시된다.

$$\Delta G° = -RT \ln K$$

만약 $\Delta G° = 0$이면 $K = 1$이 되어 평형에 이르면 반응물과 생성물이 동량 존재하게 된다. $\Delta G° > 0$이면 $K < 1$이 되고 반응물이 생성물보다 많이 존재하는 **자유에너지-증가(endergonic) 반응**이 된다. $\Delta G° < 0$이면 $K > 1$이 되고 반응물보다 생성물이 더 많이 존재하는 **자유에너지-감소(exergonic) 반응**이 된다. 자유에너지와 평형상수는 로그 함수로 표시되며 로그 함수의 성질로 보아 $\Delta G°$의 조그만 변화에도 K 값은 크게 달라지게 된다. Table 6.3에 평형을 이루는 두 화합물 A와 B 간의 자유에너지 차이에 의한 상대적인 분포 비의 변화를 나타내었다.

[Table 6.3] ΔG and K for the reaction A $\rightleftharpoons$ B at 298 K

$\Delta G°$(kcal/mol)	K	Percentage of A	Percentage of B
0	1	50.0	50.0
0.1	1.2	45.5	64.5
0.5	2.4	30.3	69.7
1	5.4	15.6	84.4
2	29.3	3.3	96.7
5	4631	0.02	99.98
10	21 x 10^7	0.00000....	99.9999996

***B is considered to be more stable than A.**

자유에너지 차이가 1.4 kcal/mol 정도이면 한쪽이 10 : 1의 우세를 보이며, 차이가 2.8 kcal/mol 정도이면 한쪽이 100 : 1 정도의 우세를 보이는 것을 기억하고 있으면 편리하다. 만일 $\Delta G°$의 차이가 그 보다 큰 5 kcal/mol 정도 생성물 쪽에 유리하다면 그 반응은 거의 비가역적으로 생성물을 생성하게 된다고 할 수 있다.

평형 반응의 경우 여러 중간체를 경유하며 각 단계가 모두 평형을 이루는 경우를 흔히 보게 된다. 염기에 의한 ester의 다음 가수분해 반응 예에서와 같이 연속 평형을 이루는 경우에는, 평형 혼합물 속에는 반응물과과 각 중간체 그리고 최종 생성물이 모두 존재하게 된다.

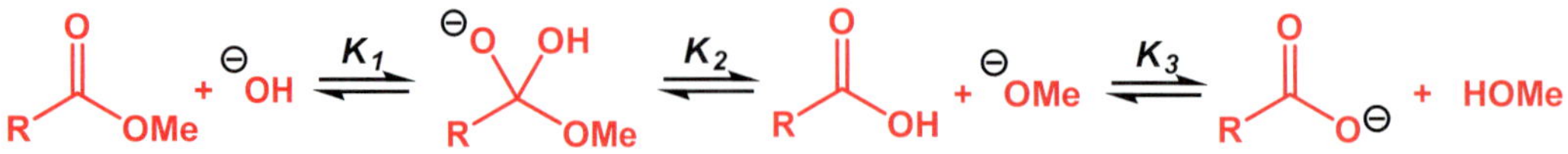

그렇다 하더라도 중간체는 반응물이나 최종 생성물보다 반응성이 크고 높은 에너지 상태에 있게 되므로 미량씩 밖에 존재하지 않으며, 반응물과 최종 생성물 간의 평형만을 고려하게 된다. 즉, $K_{overall} = K_1 \cdot K_2 \cdot K_3$로 보통 다단계 반응에서 평형상수라 함은 반응 전체에 관한 $K_{overall}$을 의미한다.

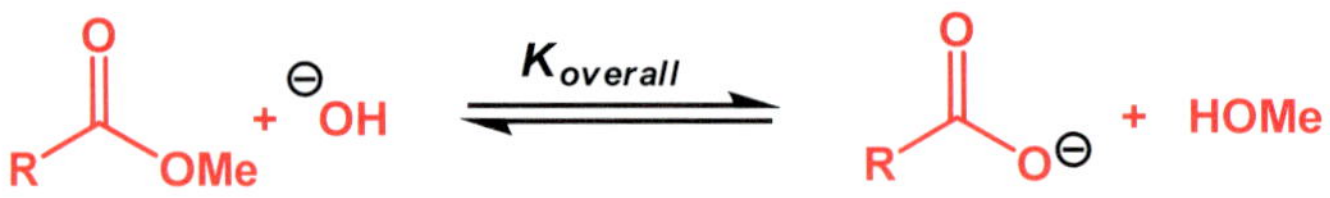

6.6 Reaction Kinetics and Transition State

자유에너지의 감소가 반응이 일어나기 위해 필요한 조건이라고는 하지만 이것만으로는 충분하지 않다. 반응이 일어나는 것을 보려면 측정 가능한 속도로 진행되어야 한다. $\Delta G°$가 큰 음의 값인 반응은 대부분 빠르게 일어나지만 모두 그런 것은 아니다. 인체내의 유기물이 이산화탄소, 물, 질소로 바뀌는 반응은 열역학적으로 대단히 유리한 반응임에도 불구하고 자발적인 연소를 걱정하며 사는 사람은 없다. 또한 다이아몬드가 흑연으로 변하는 과정은 열역학적으로 대단히 유리한 반응이지만 이러한 변화가 일어나는 데는 대단히 높은 에너지 장벽이 있어 장롱 속에 있는 값비싼 다이아몬드가 어느 날 아침 연필심이 되어 발견되는 일은 결코 없을 것이다.

반응이 빠르면 속도론적으로 유리하다고 한다. 반응속도론(reaction kinetics)이란 반응의 빠르기와 관련되는 용어이며 반응속도는 반응물의 농도가 증가함에 따라 증가하며 또한 온도를 올리거나 다른 방법으로 계에 에너지가 가해지면 활성화 에너지 장벽을 넘을 수 있는 분자들의 수가 증가하여 반응속도가 증가한다. 활성화 에너지가 아주 높은 반응이라면 보통의 반응 조건하에서는 반응이 지나치게 느려지거나 거의 일어날 수 없게 된다.

가열에 의해서 반응속도가 증가하는 반응의 한 예로 cyclopentadiene의 dimerization을 살펴보자. Dimer는 온도를 높이면 Diels-Alder 반응의 역반응이 우세하게 일어나서 cyclopentadiene이 생성된다. 상온에서 방치하면 서서히 다시 dimer로 되돌아간다.

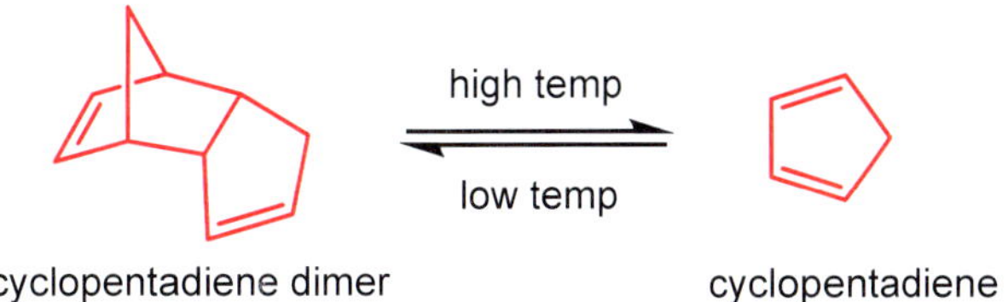

가열하면 왜 반응이 빨라지는가? Dimer는 cyclopentadiene에 비하여 −8.2 kcal/mol 더 안정한 화합물이다. 정반응이나 역반응이나 같은 전이상태를 거쳐 진행된다 (미시적 가역의 원리, Figure 6.7). 역반응이 일어나려면 더 큰 활성화 에너지를 필요로 한다. 가열에 의해 많은 에너지가 계에 공급되면 이 활성화에 필요한 에너지보다 더 높은 에너지를 가지는 분자들의 수가 급격하게 증가하게 되고, 그 결과 반응은 빨라지게 된다.

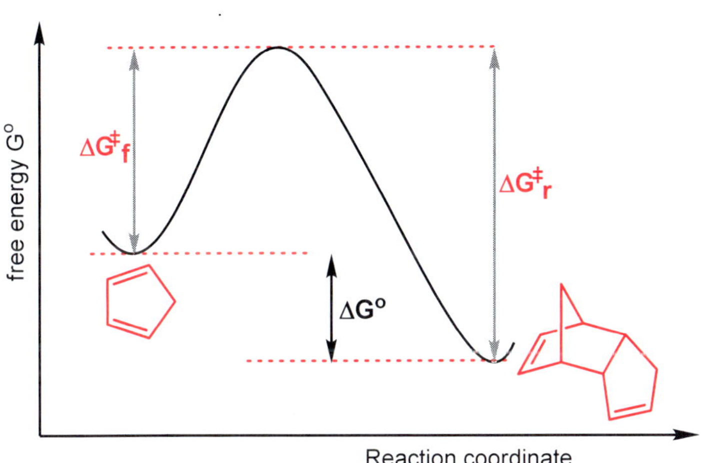

[Figure 6.8] Energy profile for the dimerization of cyclopentadiene

Cyclopentadiene을 얻는 목적이라면 dimer를 160 °C 정도로 가열하여 빠르게 생성되는 낮은 끓는점의 monomer를 증류하여, 아주 낮은 온도로 냉각하여 잠시 보관하게 된다. 느리기는 하지만 낮은 온도에서도 반응은 일어나며 오랜 시간 동안 방치하면 더 안정한 dimer로 다시 되돌아간다.

거의 대부분의 반응이 가열하면 빨라진다. 그러나 위의 예에서와 같이 단지 반응물과 생성물 둘간의 변화가 있을 뿐 다른 반응이 일어날 소지가 없다면 문제는 간단히 해결된다. 그냥 가열하면 된다. 그러나 많은 화합물은 반응 조건에 따라 하나 이상의 반응을 할 수 있으며, 이들 반응은 항상 경쟁 관계에 있다. 유기화학 반응에서는 여러 반응이 경쟁적으로 일어나는 경우가 많으며, 단일 생성물을 얻는 경우는 아주 드물다. Figure 6.9에서와 같이 반응물 A가 생성물 B 또는 C를 생성하는 두 경쟁 반응이 일어날 수 있다고 가정해 보자. 비가역 과정이라면 B나 C의 안정도와는 상관없이 반응속도는 B나 C에 이르는 전이상태의 높낮이에 따라 달라지게 된다.

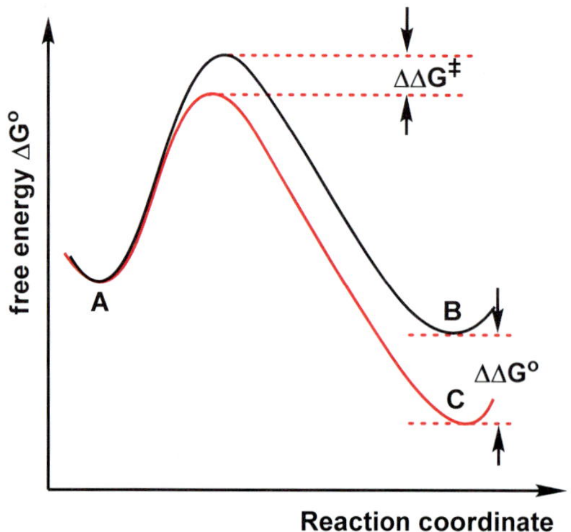

[Figure 6.9] Energy profile for the two competitive reactions of different activation energy

Figure 6.9에서와 같이 비가역적인 두 경쟁 반응의 활성화 에너지 차이에 의한 생성 속도의 비는 B와 C의 생성비와 일치하게 된다. 다음 Table 6.4에 25 °C에서 일어나는 두 경쟁 반응의 활성화 에너지의 차이에 따른 두 생성물의 비를 나타내었다. Table 6.4에서와 같이 활성화 에너지의 미미한 차에 의해서도 생성물의 비는 엄청나게 달라지는 것을 알 수 있다.

중간체가 형성되지 않고 단일 단계로 일어나는 반응에서는 전이상태가 하나뿐이며, 반응물로부터 이 점에 도달하기 위해 필요로 하는 활성화 에너지가 반응속도를 결정하며 그에 따라 생성물의 비가 달라진다.

[Table 6.4] Product ratios and activation free energy for competitive irreversible reactions

[C] / [B]	ΔΔG‡ (25 °C, kcal/mol)
1	0.0
2	0.41
5	0.96
10	1.36
100	2.73
1,000	4.09
10,0000	5.45

한 단계 이상의 여러 단계로 일어나는 반응에서는 각 단계에 해당하는 다수의 전이상태를 거쳐서 반응이 진행된다. 다단계로 전환이 일어나기 위해서는 가장 높은 에너지 전이상태를 반드시 거쳐야 하며, 가장 높은 에너지 전이상태를 지나는 단계가 전체 반응의 속도를 결정한다. 이 가장 느린 단계를 **속도결정 단계(rate-determining step)** 또는 **속도 제한 단계(rate-limiting step)**라고 부르며 연속적 단계에서 "병목 현상"과 같다.

다음 *t*-butyl iodide의 친핵체와의 반응은, 느린 ionization 단계에 이어 생성된 *t*-butyl 양이온은 친핵체와 반응하여 빠르게 치환 생성물을 생성한다. 결합깨짐만이 일어나는 단계 1이 속도결정 단계이며, 단계 2는 반응하는 친핵체에 따라 각기 활성화 에너지를 달리하는 다른 전이상태를 거쳐 진행될 것이다. 그러나 어떤 친핵체와 반응한다 해도 *t*-butyl iodide의 소멸속도인 전체 반응속도에는 영향을 미치지 않게 된다. 반응속도는 전적으로 속도결정 단계인 첫 단계인 ionization step에 달려 있다.

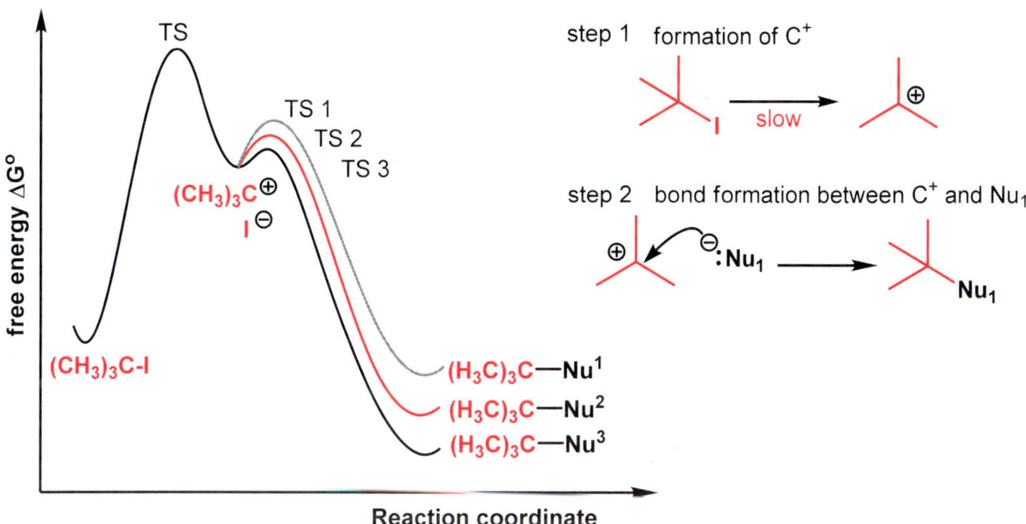

[Figure 6.10] Energy profile of S_N1 reactions of *t*-butyl Iodide

중간체 양이온과 반응할 수 있는 친핵체가 여러 가지 존재하는 경우에는 여러 개의 생성물이 생성 가능하며, 이들간의 비는 앞의 단일 단계 경쟁 반응에서와 같이 각각의 전이상태의 높이와 관련되어 있다고 볼 수 있다. 역반응이 가능하다면 상대적인 안정도에 따라 생성물의 비가 결정된다. (절 6.8에서 다루게 됨)

6.7 Transition State Characters and Hammond Postulate

전이상태의 속성을 파악한다면 유기 반응을 이해하기가 훨씬 수월하게 된다. 그러나 전이상태는 반응 경로를 따라 에너지 최고점을 일시적으로 통과하여 지나갈 뿐이다. 순간적으로 지나가는 transient species의 정체를 파악한다는 것은 쉽지 않다. 에너지 정점인 전이상태에서 생성물로 진행되거나 또는 반응물로 되돌아가는데 따른 추가적인 에너지는 필요 없으며, 실제로 에너지를 방출하게 될 것이다. 전이상태의 특성을 이해하는 데 우선적으로 필요한 것은 전이상태의 에너지 높낮이이다. 화학 반응속도는 전이상태의 에너지, 즉 활성화 에너지에 따라 반응속도를 달리한다. 실험을 토대로 한 활성화 에너지와 반응속도의 관계식이 다음 Arrhenius 식이다.

$$k = \mathrm{A}\ \exp\left(\frac{-\mathrm{E_a}}{\mathrm{RT}}\right)$$

이 식은 이론적으로 유도된 반응속도와 활성화 자유에너지 관계식인 Eyring 식과도 정확하게 일치한다.

$$k = \left(\frac{\mathrm{K_B\ T}}{h}\right)\exp\left(\frac{\Delta G^{\ddagger}}{\mathrm{RT}}\right)$$

실제로 주어진 반응의 활성화 에너지는 반응 온도와 실험적으로 측정한 속도상수 값의 관계에서 알아낼 수가 있다. 전이상태의 에너지 높이를 알게 되면 energy profile의 개략적인 그림이 가능하게 된다.

반응의 energy profile에서 전이상태의 에너지가 정해진다면 반응 좌표를 따라 에너지 정점이 어디에 위치하는가의 문제로 귀결된다. Figure 6.11에서 반응물 쪽에 가까운지(C) 아니면 생성물 쪽에 더 가까운지(D)의 문제이다. 반응 좌표를 따라 반응과 연관된 결합깨짐이나 결합형성 정도를 추정하게 된다. 틀림없는 것은 전이상태에서는 기존의 결합깨짐도 새로운 결합형성도 부분적으로 진행된다는 점이다. 이는 반응 경로상의 전이상태의 양쪽에 존재하는 안정한 (stable 또는 metastable) 화학종을 반응물과 생성물의 구조와 연관시켜 추론해야만 한다. 따라서 전이상태는 덜 깨진 부분 결합에 의해서 반응물의 성질을 나누어 가질 것이며 또 부분적으로 형성된 결합에 의해서 생성물의 성질을 나누어 갖게 될 것이다.

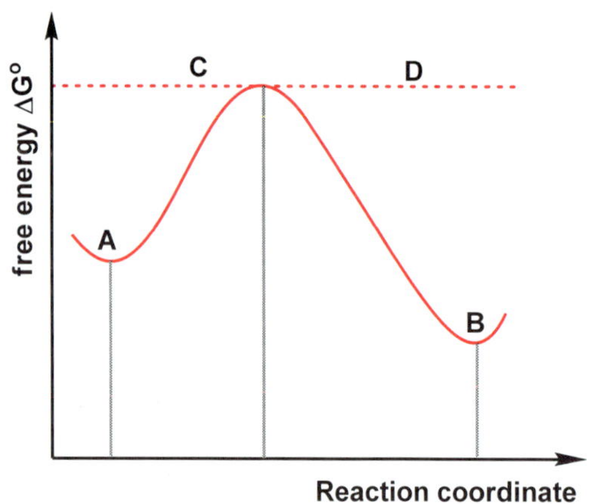

[Figure 6.11] Location of TS along ΔG° and reaction coordinate

반응에 참여하는 반응물과 생성물이 전이상태의 구조에 어느 정도 기여하는가에 관한 접근은 미국의 화학자인 George Hammond에 의해 처음 시도되었다. 그의 이론인 Hammond 가설(Hammond postulate)에 따르면 전이상태는 에너지로 보아 그것과 가장 가깝게 놓여 있는 안정한 화학종을 비슷하게 닮게 된다는 것이다. 따라서 exergonic 반응에서의 전이상태는 마찬가지로 반응물과 생성물의 특성을 나누어 가지되 반응물과 더 흡사하며, endergonic 반응에서의 전이상태는 반응물과 생성물의 특성을 모두 가지되 생성물과 더 흡사하다는 것이 그 내용이다. 전이상태가 반응 좌표상의 어느 점에 놓이는가에 따라 반응 시작점 또는 반응물에 가까운 전이상태를 **이른 전이상태(early TS)**, 생성물에 가까운 전이상태를 **늦은 전이상태(late TS)** 라고 부른다. **반응물과 유사한 전이상태**(reactant-like TS) 또는 **생성물과 유사한 전이상태**(product-like TS)라고 부르기도 한다.

Figure 6.12에 반응물과 생성물 간의 자유에너지가 증가하는 exergonic 반응(A), 자유에너지 중성 반응(B) 및 감소하는 endergonic 반응(C)의 potential energy profile이 그려져 있다. Exergonic 반응인 A에서는 전이상태는 반응물 쪽에 치우쳐 있고, endergonic 반응인 반응 C의 전이상태는 생성물 쪽으로 치우쳐 있다. 물론 자유에너지 중성 반응인 B의 전이상태는 반응물과 생성물의 중간에 위치하며, 전이상태는 반응물과 생성물을 절반씩 나눠 닮게 된다.

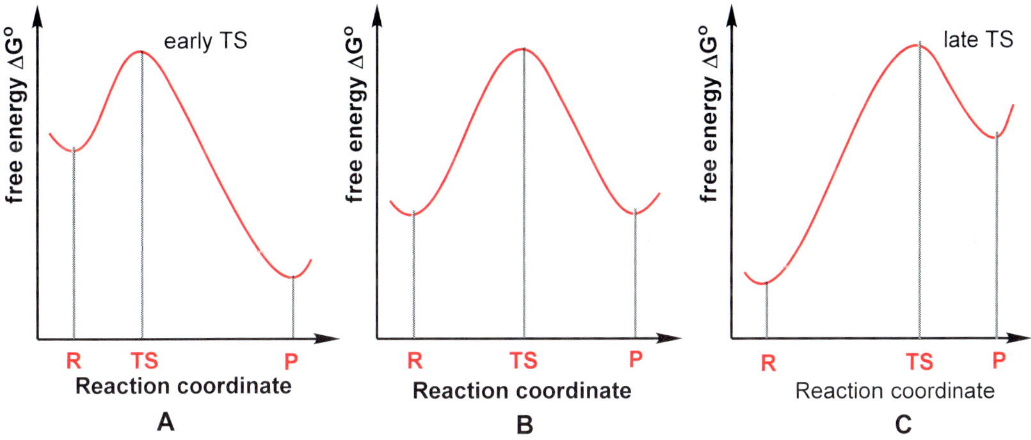

[Figure 6.12] Typical energy diagrams for exergonic, neutral, and endergonic reactions

한 그림에 반응물과 생성물의 에너지 차에 따른 에너지 diagram의 변화를 모아 그리면 Figure 6.13과 같이 된다. 자유에너지의 증가가 아주 큰 endergonic 반응에서 전이상태는 생성물을 더 많이 닮은 높은 에너지 전이상태에서 생성물의 에너지가 점차로 낮아지면 전이상태의 에너지도 이에 따라 점차로 낮아지게 되며, 에너지 중성 반응을 거쳐 더욱 더 낮아져서 exergonic 반응으로 바뀌게 되면 전이상태 에너지는 더욱 낮아지게 되고, 점차로 생성물보다는 반응물의 성질을 더 많이 닮게 된다. 자유에너지가 아주 크게 감소하는 exergonic 반응에서의 전이상태는 거의 반응물을 닮게 되며, 반대로 고도의 endergonic 반응은 거의 생성물만을 주로 닮게 된다.

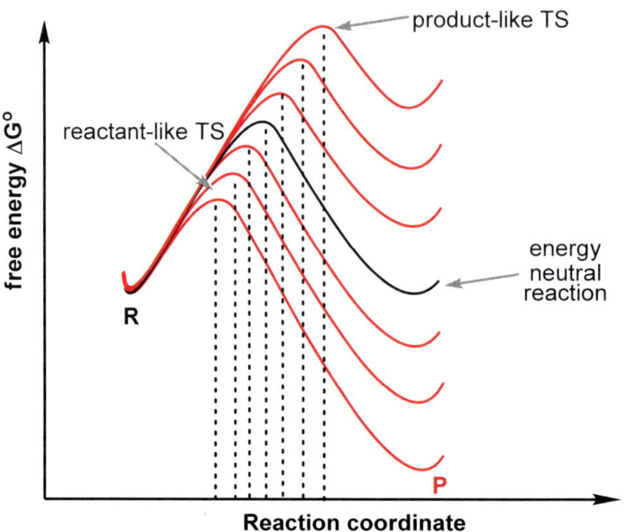

[Figure 6.13] Location of TS among reactions of differing $\Delta G°$

이러한 경향을 가장 잘 나타내는 것이 산 촉매 알코올의 탈수 반응 과정에서 나타나는 carbocation의 형성으로 Figure 6.14에 나타내었다. 생성되는 carbocation의 에너지가 가장 높은 methyl cation이 생성된다면 그 전이상태는 거의 완전한 양이온성을 가지게 된다. Alkyl 치환기가 많아져서 3차 carbocation이 되면 전이상태 에너지는 낮아지고, 반응물의 성질을 어느 정도 닮게 된다. (실제 반응에서는 methyl이나 1차 alkyl 양이온은 생성되지 않는다. 중간체는 너무 높은 에너지 준위에 있어 이보다 낮은 에너지 장벽을 거치는 다른 형태의 반응이 일어나게 된다.)

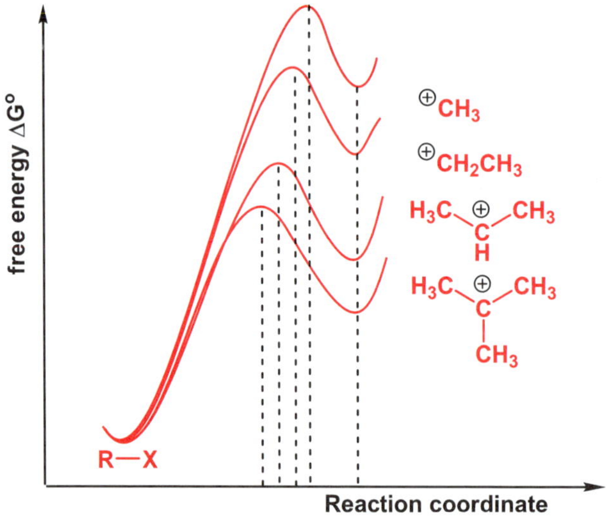

[Figure 6.14] Hammond's postulate applied to carbocation formation

그러나 모든 반응이 순조롭게 이 가설을 따라 움직이는 것은 아니다. 다음 Figure 6.15의 energy profile을 보자. 그려진 여섯 개의 반응 energy profile은 전혀 예측이 안 되는 것들이다. 실제 반응에서 두 반응 경로를 비교하면 어떤 반응은 더 자유에너지 감소임에도(more exergonic) 불구하고, 전이상태의 특성이 반응물을 더 닮는 경우도 있다. 또한 더 적은 자유에너지 증가(less endergonic) 반응임에도 불구하고 더 높은 에너지 전이상태를 거치는 경우도 있다. 그렇지만 유사한 반응 메커니즘을 따라 유사한 생성물이 생성되는 두 반응을 비교하는 경우에는, 이 가설은 전이상태의 특성을 이해하는 중요한 tool이 된다.

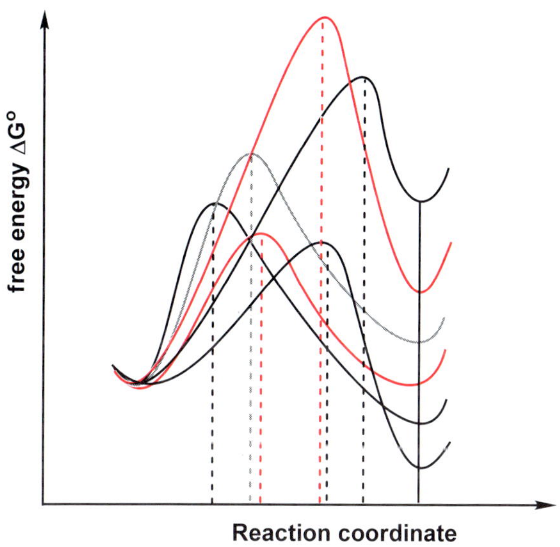

[Figure 6.15] Energy profiles of various shapes

Figure 6.6에 나타낸 것과 같은 두 단계 반응에서 두 전이상태의 결합 구조가 반응물과 생성물 중 어느 것과 유사한지를 살펴보기로 하자. 반응을 우선 R→I와 I→P 두 단계로 나누어 시작하자. R→I로의 전환은 endergonic이기 때문에 R과 I 사이의 전이상태는 반응 첫 단계의 "**생성물**"격인 중간체 I를 닮는다 두 번째 단계의 반응은 대단한 exergonic 과정이기 때문에 그것의 전이상태는 최종 생성물 P보다는 둘째 단계의 "반응물"격인 중간체 I를 닮는다는 것이 Hammond 가설이다. 그러므로 만약 R에서 P로의 두 단계 전환을 이해하려면, 이 두 단계 반응의 전이상태들은 반응물 R 또는 생성물 P보다는 중간체 I를 더 많이 닮기 때문에 중간체 I의 특성을 이해하는 것이 필수적이다.

Figure 6.6에 나타낸 반응 측면도에서 중간체 I의 생성이 속도결정 단계이다. Hammond 가설에 따르면 전이상태는 중간체 I와 가장 근사하다. 왜냐하면, 이미 보아온 바와 같이 전이상태는 이 중간체와 에너지적으로 가깝기 때문이다. 만약 유사한 반응이 똑같은 일반적 경로에 따라 진행되며, 더 안정한 중간체를 거쳐서 일어난다고 하면 전이상태는 에너지 측면에서 보면 더욱 낮아지게 될 것이다. 따라서 이에 해당하는 활성화 에너지 장벽 또한 더욱 낮아지고 반응은 더 빠르게 진행될 것이다. 이것은 Figure 6.16에 있는 에너지 측면도의 세 개의 곡선으로 도시하여 나타낼 수 있다.

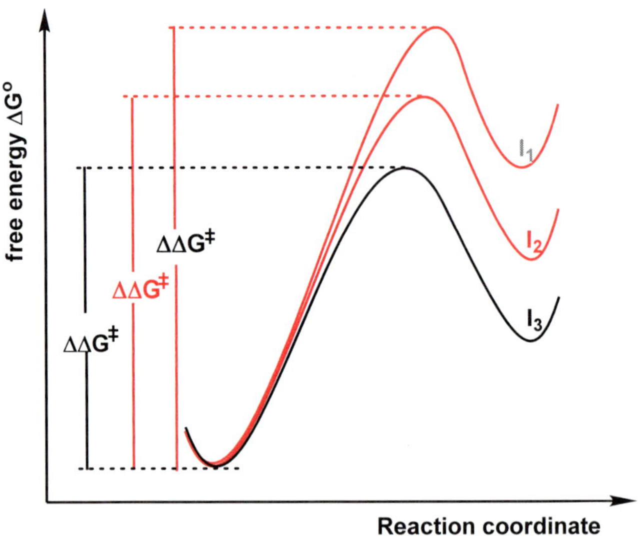

[Figure 6.16] Activation barriers for the formation of intermediates of differing stabilities

중간체가 안정하면 할수록 중간체에서 생성물로의 둘째 단계의 전이상태도 더 안정해진다. I_2 중간체로 진행되는 반응이 I_1 중간체로 진행되는 반응보다 더 빠르고, I_3 중간체로 진행되는 반응은 I_2 중간체로 진행되는 반응보다 더욱 더 빠르다. 더 큰 exergonic 반응일수록 더 낮은 활성화 에너지를 갖게 된다는 것이 일반적인 경향이며, 이러한 경향에 대한 예외도 없지 않으나 훌륭한 으뜸 법칙임에는 틀림 없다.

Hammond postulate를 써서 가장 잘 설명할 수 있는 반응 예 하나가 자유라디칼 할로젠 치환 반응이다. Figure 6.17은 염소와 브로민에 의한 propane의 라디칼 치환 반응의 예이다. 이 사슬 반응의 key step은 생성된 할로젠 라디칼에 의한 수소떼기 단계이다. 두 할로젠 라디칼 중에서 염소 라디칼은 상당히 더 불안정하고 브로민 라디칼은 상대적으로 더 안정하여 염소 라디칼에 의한 수소떼기 반응은 자유에너지 감소(exergonic) 단계이고, 브로민 라디칼에 의한 수소떼기 반응은 약간의 자유에너지 증가(endergonic) 단계이다.

염소 원자에 의한 수소떼기 과정은 자유에너지 감소 반응이고 따라서 **이른 전이상태**(early TS)를 거치므로 반응물을 닮게 되어 중간체인 1차 alkyl 라디칼과 2차 alkyl 라디칼의 3 kcal/mol 정도의 안정도 차이를 조금 밖에 반영할 수 없다. 두 경로에 의한 전이상태 에너지의 차이는 1 kcal/mol 미만이 된다. 별로 크지 않은 이 정도의 전이상태의 에너지 차이라 하더라도 두 수소떼기의 상대 속도는 4~5배 정도의 차이를 보이게 된다. (Table 6.4)

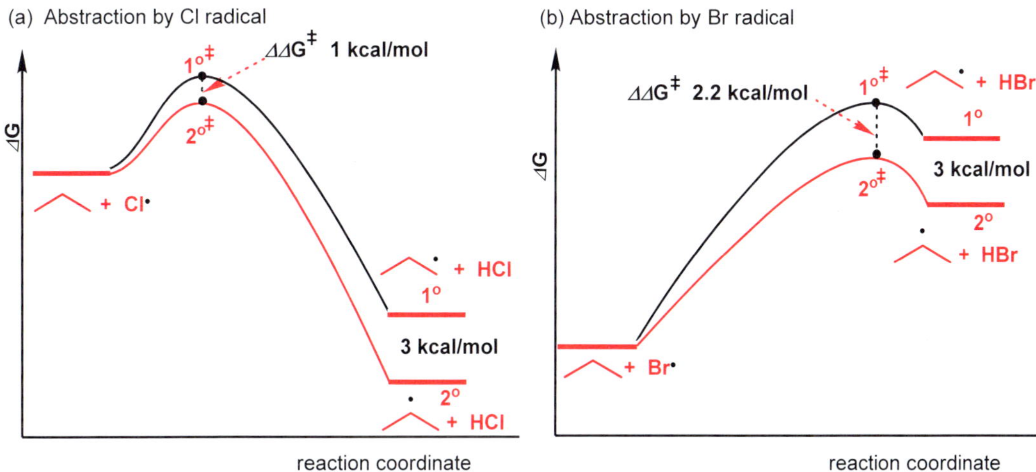

[Figure 6.17] Energy diagram for H abstraction from propane by Cl and Br radical

이와 대비되는 endergonic 반응인 브로민에 의한 수소떼기는 늦은 **전이상태**(late TS)를 거치게 되어 두 라디칼의 안정도 차이인 3 kcal/mol의 상당 부분인 2.2 kcal/mol 정도를 반영하게 된다. 활성화 에너지의 이 정도의 차이는 상대 속도의 비로 90배 이상이 된다. 실제 관찰되는 propane의 브로민화 생성물의 비가 96 : 4로서 상대 반응속도와 차이가 나는 것은 methyl 수소와 methylene 수소의 개수비가 3 : 1인 것을 반영하기 때문이다.

Cl_2, $h\nu$ → Cl (44 %) + Cl (56 %)

Br_2, $h\nu$ → Br (4%) + Br (96 %)

반응의 생성물 비를 예측하거나 아니면 전이상태의 에너지에 영향을 미치는 여러 요인을 분석하거나 간에 Hammond postulate를 제대로 이해하고 응용한다면, 많은 유기 반응을 이해하는데 아주 귀중한 도구가 될 수 있다. 앞으로 논의하게 될 각종 반응에서도 이 가설은 자주 등장하여 반응의 특성을 논의하게 될 것이다.

문제 6.4 다음 반응식의 가운데 그려진 것은 중간체인가? 아니면 전이상태인가?

(a) Ar(C=O)OMe —$^{\ominus}$OH→ $^{\ominus}$O, OH, OMe → (C=O)O–H + $^{\ominus}$OMe

(b) F_3C–benzene + $\overset{\oplus}{N}O_2$ → F_3C, ⊕, H, NO_2 → F_3C, NO_2

(c)

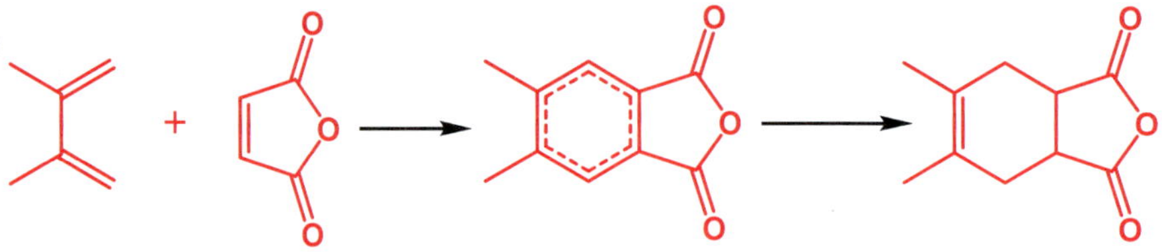

(d)

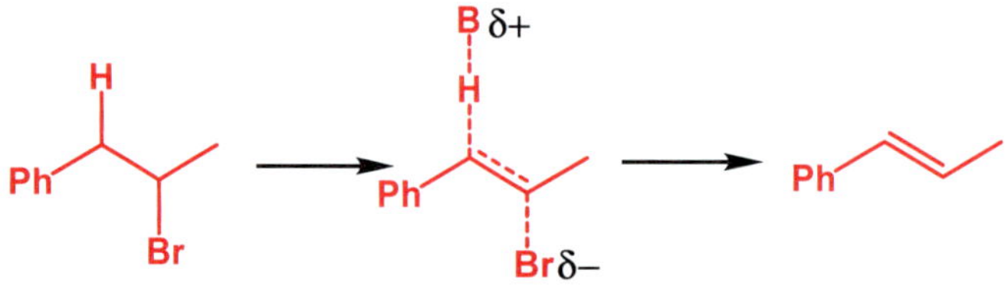

문제 6.5 다음 energy profile에서 잘 못 그려진 점은 무엇인가? 정상적인 반응의 합리적인 energy profile로 바꾸어 그려 보라.

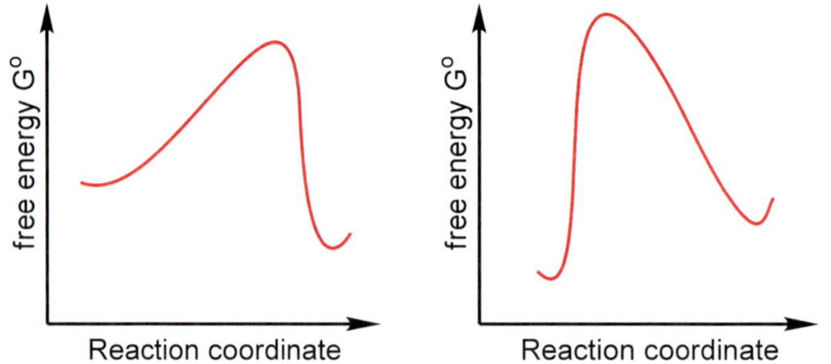

문제 6.6 화합물 B를 반응물로 하는 다음 두 energy profile을 보고 물음에 답하라.

(a) 반응 1과 2에서 반응이 완전히 끝나면 반응 혼합물 중 가장 많이 존재하는 생성물은 각각 무엇인가? 반응 2는 반응 조건에 따라 달라질 수 있다.

(b) 각 그림에서 B → A, B → C, C → B 반응의 활성화 에너지를 그림에 표시해 넣어라.

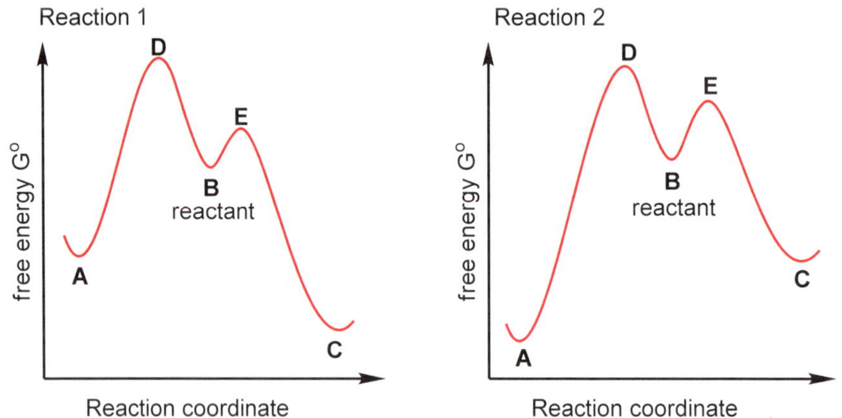

문제 6.7 *t*-Butyl alcohol을 HBr 수용액과 흔들면 빠르게 반응하여 *t*-butyl bromide를 생성한다. 이 반응은 다음과 같은 메커니즘을 거쳐 진행된다.

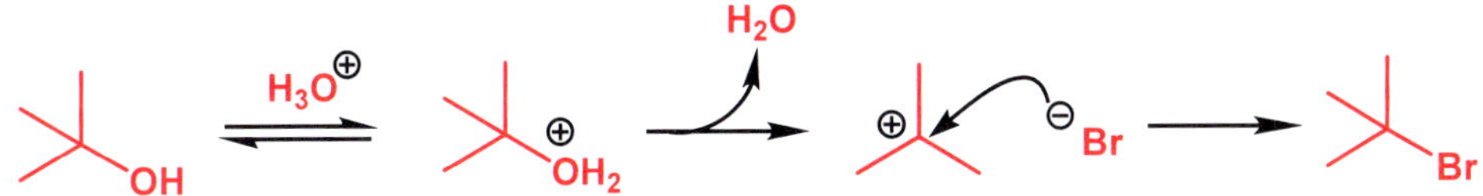

(a) Hammond 가설을 염두에 두고 각 단계가 열중성(thermoneutral) 반응인지, 큰 endergonic인지, 적은 exergonic인지를 고려하여 반응 전 과정의 energy profile을 그려라.

(b) 어느 단계가 속도결정 단계가 되는가?

(c) *t*-Butyl alcohol 대신에 isopropyl alcohol을 사용하여도 같은 메커니즘을 거쳐 반응이 일어난다고 가정하여, 에너지 profile을 다시 한번 그려 보라.

(d) 문제 (a)와 (c)에서 그려진 energy profile 상의 가장 큰 차이점은 무엇이겠는가?

문제 6.8 다음은 반응물 A가 생성물 B 또는 C에 이르는 Hammond postulate가 정상적으로 적용되는 두 경쟁 반응 예이다. 반응 조건이 바뀌어 TS_B의 에너지가 많이 낮아지는 경우와 전이상태 TS_C의 에너지가 상당히 높아지는 요인이 발생하는 경우에 energy profile의 모양이 어떻게 바뀌게 되는지 그려 보라. 어느 것이 속도론적 생성물이 되는가? (두 생성물의 에너지 준위에는 변화가 없다.)

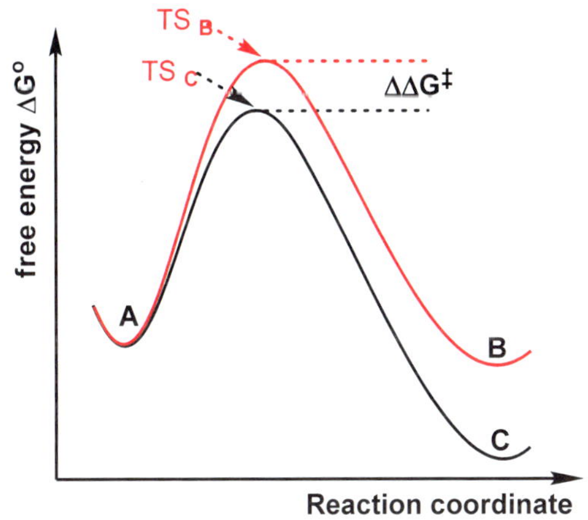

6.8 Thermodynamic versus Kinetic Control

모든 반응에서 생성물이 하나만 생성되는 것은 아니다. 그보다 많은 대부분의 반응에서 출발물은 여러 다른 생성물에 이르게 되며, 그중 어느 하나가 우세하게 생성될 수 있다. 반응은 일반적으로 반응속도론적 지배와 열역학적 지배하에서 일어날 수 있다고 간주할 수 있다.

이 구별은 특정 반응 조건하에서 역반응(생성물에서 반응물로)이 일어나는 정도에 기초를 두고 있다. 만일 역반응이 빠르다면, 쉽게 평형이 이루어 질 것이다. 만약 평형에 빨리 도달된다면 반응은 **열역학적 지배(thermodynamic control)**에 있다고 말한다. 만약 역반응이 주어진 조건하에서 일어나지 않거나 대단히 느리다면 그 반응은 **반응속도론적 지배(kinetic control)**에 있다고 한다. 정반응과 역반응의 속도 차이는 이 두 과정의 활성화 에너지 차이 $\Delta\Delta G^{\ddagger}$에 의해서 결정되며 이것은 항상 반응물과 생성물의 에너지 차이와 관계된다. 그리하여 $\Delta G°=0$인 반응에서는 정반응과 역반응의 속도가 같으며 반응은 열역학적 지배하에 있다. 반대로 고도의 발열성 반응에서는 $\Delta G°$가 매우 크고 역반응은 매우 느리게 일어날 것이며 반응은 반응속도론적 지배하에 있게 된다.

다음 Figure 6.18의 두 energy profile을 살펴보자. 중간에 반응물이 있고 두 반응이 일어나서 더 높은 에너지 생성물 A나 더 낮은 에너지 생성물 B에 이른다고 해보자. Figure 6.18 (a)에서처럼 생성물 A에 이르는 전이상태 또한 더 높다고 하면 열역학 지배 조건에서는 절대적으로 생성물 B의 생성이 유리하게 된다. 이는 속도론적 지배 조건에서도 정도의 차이는 있으나 B의 생성이 유리하다.

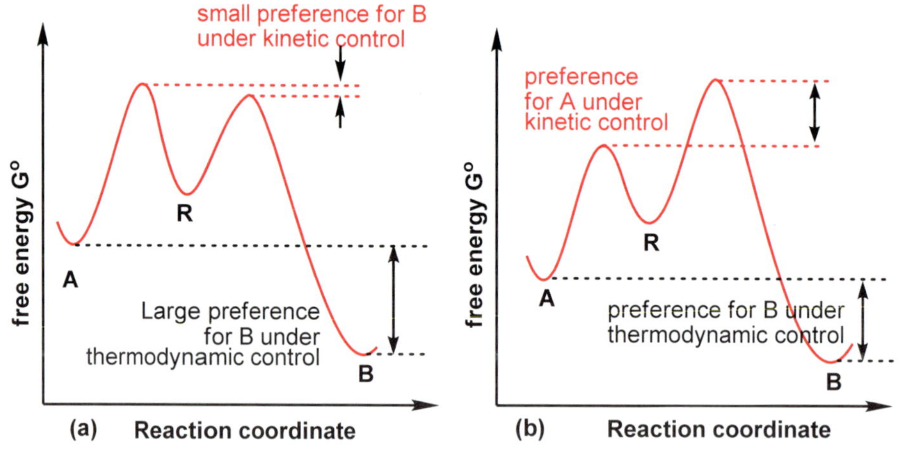

[Figure 6.18] Kinetically controlled reaction vs. thermodynamically controlled reaction

그러나 덜 안정한 생성물 A에 이르는 전이상태 에너지가 B에 이르는 전이상태보다 더 낮다면 상황은 달라진다 (Figure 6.18b). 속도론적 지배 조건이라면 A로의 반응이 주가 되며 경우에 따라서는 생성물 B의 생성을 거의 전적으로 억제할 수도 있다. 물론 열역학 지배 조건에서는 B가 생성되는 반응이 주반응이 되며, 생성물 B가 주로 생성될 것이다. 가역반응인 경우에는 속도론적 생성물을 열역학 지배 조건에서 방치하면 두 생성물 간의 자유에너지 차이를 반영한 평형 혼합물이 얻어지게 된다.

몇몇 반응에서는 반응속도론적 지배와 열역학적 지배 간의 바뀜이 가능하다. 낮은 온도에서 반응을 수행하면 일반적으로 반응속도론적 지배가 유리하다. 열역학적 지배 생성물을 얻으려면 온도를 높이게 된다. 어느 정도 올리는가는 수행하는 반응의 특성에 따라 달라져서 아주 높은 온도에서 수행하는 경우도 있고, 상온에서 행하여도 열역학 지배 생성물을 얻는 반응들도 있다.

실제 반응에 있어서 반응속도론적 지배란 무엇을 뜻하는가? 어떤 주어진 실험 조건하에서 반응물이 생성 가능한 두 생성물 중에서 덜 안정한 생성물로 전환되는 반응이 역반응이 심각하게 일어나기 이전에 거의 완결되는 것을 칭하는 것이다. 즉, Figure 6.18(b)에서 역반응이 일어나서 반응물 R로 되돌아가기 전에 거의 모든 반응물이 A로 바뀌어 버리는 것을 뜻한다.

반응속도론적 지배와 열역학적 지배 사이의 구별은 일시적인 것임을 아는 것 또한 중요하다. 충분한 시간이 지나면 모든 반응은 열역학적 지배에 도달하게 된다. 많은 반응은 반응 조건을 —온도나 시간 또는 둘 다— 변화시켜 반응속도론적 지배에서 열역학적 지배로 전환하는 것이 가능하다. 예를 들어, cyclopentadiene과 furan의 Diels-Alder 반응은 상온에서 진행되어 **내향**(*endo*)-이성질체를 주로 생성하지만, 더 높은 온도에서 오랜 시간 반응한 후의 주 생성물은 더 안정한 **외향**(*exo*)-이성질체이다.

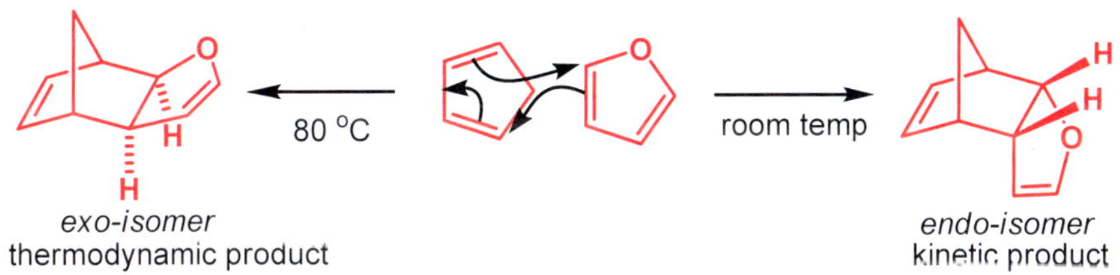

속도론적 지배와 열역학적 지배 간의 구별은 위의 Diels-Alder 반응의 경우처럼 안정성이 다른 두 생성물을 생성하는 반응의 경우에 가장 적절하게 이야기할 수 있다. 두 경쟁 반응의 정반응과 역반응의 활성화 에너지 차이가 작다면 일반적인 조건하에서 반응은 열역학적 지배하에서 진행된다. 이 경우 생성물들 사이의 에너지 차이는 어떤 생성물이 더 우세하게 생성되는가를 알려 준다. 이런 식으로 이루어진 평형에서 두 생성물 간의 비는 두 생성물 간의 자유에너지 차이인 $\Delta G°$에 의하여 지배된다.

이와는 대조적으로 큰 활성화 에너지 차이로 인하여 어느 한 전이상태에 이르는 것이 다른 전이상태에 이르는 것보다 훨씬 수월한 경우에는 반응은 속도론적 지배하에 진행된다. 생성물들 사이에는 어떠한 평형도 성립되지 않으며 어느 한 생성물이 다른 것에 비해 우세한가는 두 과정에 대한 활성화 에너지 장벽의 상대적인 높이에 따라 결정된다. 심한 발열성 반응에서는 정반응의 활성화 에너지 장벽이 역반응의 활성화 에너지 장벽보다 ($\Delta G°$ 만큼) 낮다. $\Delta G°$ 값이 몰당 2~3 kcal/mol보다 크다면, 정반응과 역반응의 속도는 많은 차이가 나게 되고, 짧은 시간 안에 평형에 이르기는 매우 어렵다. 그리하여 $\Delta G°$ 값이 큰 반응은 일반적으로 속도론적 지배하에서 일어난다고 간주한다. 실용적인 목적에서 이러한 반응은 반응물로부터 전이상태까지의 에너지 장벽을 극복하기만 하면 완결된다.

열역학 지배 반응의 한 예가 *t*-amyl alcohol의 산 촉매 탈수 반응(E1) 이다. 중간체 양이온은 이웃한 methylene 또는 methyl기에서 양성자를 잃게 된다. 입체적인 요인으로도 유리하며 전자효과 면에서도 더 센 산성인 methyl기에서의 양성자떼기가 속도론적으로 유리하다. 그러나 methylene에서 양성자가 제거되면 더 많이 치환된 이중결합이 형성되어 더 안정한 생성물에 이르게 된다. 실제로 이 반응은 90% 정도의 열역학적 생성물을 얻게 된다.

OH $H_3O^{\oplus}$ $OH_2^{\oplus}$ a b B 10 % via a 90 % via b

이는 반응의 가역성으로 설명되는데 일단 생성된 alkene은 다시 양성자붙임으로 carbocation이 다시 생성될 수 있다. 이렇게 되면 평형에 다다르게 되어 열역학 생성물이 우세하게 된다.

이러한 열역학/속도론 이중법(dichotomy)은 확장 enolate의 양성자붙임에도 적용된다. α-자리에서의 양성자붙임(path a)은 높은 음전하 밀도로 속도론적 우세 반응이고, γ-자리 양성자붙임(path b)은 이중결합과 카보닐의 콘쥬게이션에 의한 안정화로 열역학 우세 반응이다.

via a *via* b kinetic product thermodynamic product

Enolate를 낮은 온도에서 염화 암모늄과 같은 약한 산으로 처리하면 빠르게 반응하여 속도론적 생성물을 주로 얻게 된다. 만약 온도를 높인다든지 아니면 강한 산 또는 염기가 존재하면 쉽게 평형에 이르게 되어 열역학 생성물이 우세하게 얻어진다. 앞으로 반응 각론을 공부하면서 속도론적 지배 반응과 열역학적 지배 반응의 더 많은 예를 접하게 될 것이다.

문제 6.9 다음 반응물이 R인 반응의 energy profile에서 점 A, B, C, D는 속도론적 생성물, 열역학적 생성물, 전이상태, 중간체 중 어느 것에 해당하는가?

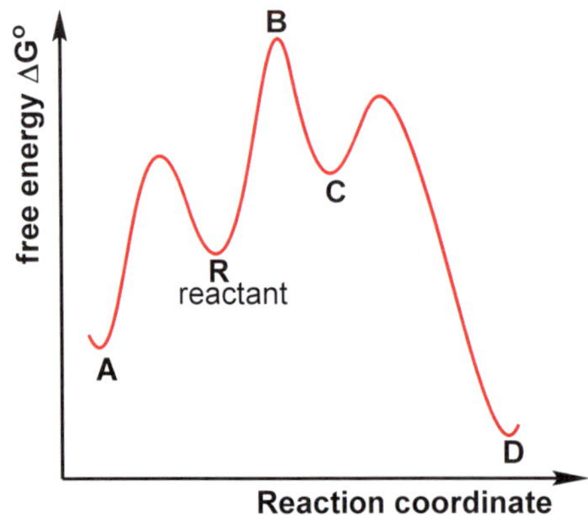

문제 6.10 반응이 다음과 같은 energy profile을 보인다면 어느 단계가 속도결정 단계이며, 활성화 에너지는 어떻게 되는지 그림에 직접 표시해 넣어라.

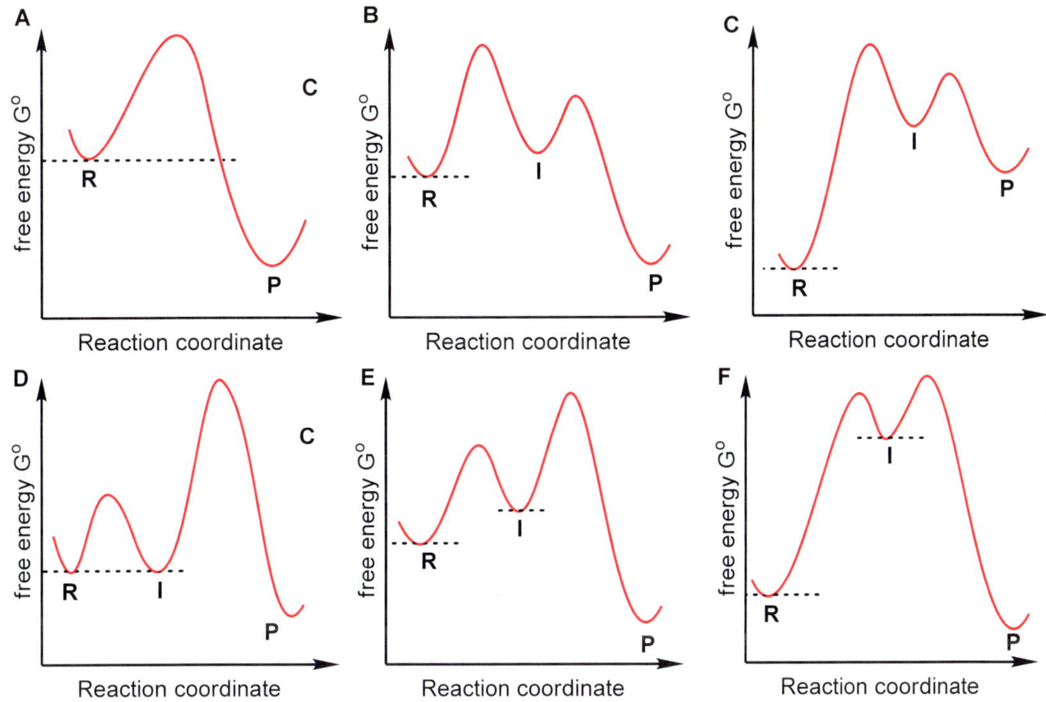

문제 6.11 (Hammond postulate를 염두에 두고) 본문의 보기 반응의 하나인 산-촉매 *t*-amyl alcohol 탈수 반응의 전 과정에 대한 energy profile을 그려라.

문제 6.12 아래의 제거 반응에서는 terminal alkene이 우세하게 생성된다. 이 반응은 열역학적 지배 반응인가 아니면 속도론적 지배 반응인가? 왜 terminal alkene의 생성이 우세한가?

Br
i-PrONa
major
+
minor

문제 6.13 다음 ketone의 양성자떼기로 생성되는 두 enolate A, B 중에서 어느 것이 열역학 생성물이고, 어느 것이 속도론적 생성물인가? 즉, 어느 것이 더 안정한 enolate이며, 어느 것이 더 센 산성 수소인가?

(1) H
H (2)
CH_3
A
B

문제 6.14 다음 두 화합물은 같은 중간체를 거쳐 두 생성물에 이르게 된다. 중간체는 무엇이며 둘 중 어느 생성물이 더 안정하며 어느 생성물에 이르는 TS가 더 낮은지 설명하라.

OH

\+ aq HBr → □ → □ + □

OH

6.9 Effects of Thermodynamics on Chemical Reactions

지금까지 결합형성과 결합깨짐의 기본 개념, 수월하게 진행되는 반응과 잘 진행되지 않는 반응의 차이점, 전이상태의 성질과 에너지 높낮이 파악하기, 협동형 반응과 다단계 반응의 energy profile, 두 경쟁 반응에서의 생성물 비 등에 관하여 알아 보았다. 반응을 이해함에 있어 두 기본 요소는 $\Delta G°$와 $\Delta G^{\ddagger}$이다. 그러면 $\Delta G°$와 $\Delta G^{\ddagger}$는 무엇에 의하여 결정되며, 또 어떤 요인에 의하여 영향을 받게 되는가? 이를 이해하는 것이 반응을 이해하는 key가 될 수 있다. 먼저 $\Delta G°$에 영향을 미치는 열역학적인 요인부터 알아보기로 하자.

6.9.1 Effect of Ring Strain

고리형 화합물의 안정도는 고리의 크기에 따라 달라 진다. 작은 고리형 화합물(세, 네-원자 고리)은 특히 불안정하다. 작은 고리 화합물의 불안정성을 **고리 스트레인(ring strain)**이라고 부르는데, 이는 원자의 오비탈이 최적의 각도를 유지하면서 겹침이 일어나기 어렵기 때문이다. 네 개의 결합을 한 sp^3 탄소는 109.5°의 결합각을 유지할 때 가장 안정한데 cyclopropane의 경우에는 60° 밖에 되지 않으며 이로 인해 오비탈은 최적의 각도를 유지하며 결합할 수 없으며 완전한 축대칭인 σ-결합을 이룰 수 없기 때문에 (τ bond) 이들 작은 고리형 화합물의 고리 안의 원자간의 결합은 약할 수 밖에 없다. Ring strain은 이로 인해 야기되는 것이다.

Cyclopropane은 이 ring strain에 인한 불안정성 때문에 많은 다양한 반응을 한다[2]. 그 한 예로 가열하면 propene이 된다. σ-결합 대신에 π-결합이 형성되며 이는 바로 앞에서 설명했던 일반 원칙에 어긋나는 것이다. 여기서 우리가 알 수 있는 것은 ring strain은 이 정도의 막강한 위력을 보인다는 사실이다. 또한 화학의 모든 규칙이라는 것이 모든 경우에 일관되게 적용될 수 있는 것이 아니고 반응 경로 또한 여러 복잡한 요인에 의해서 결정된다는 사실이다.

2 세-원자 고리형 화합물이 열역학적으로 불안정하다고 해서 생성되기도 굉장히 어렵고 까다롭다는 뜻은 아니다. 생각하고 있는 것보다 훨씬 쉽게 생성되는 것이 세-원자 고리형 화합물이다.

Epoxide는 보통의 열린 사슬 ether과는 달리 아주 쉽게 깨지며 높은 반응성을 보인다. 이 또한 ring strain에 기인하는 것이다. Epoxide는 다른 ether에서는 전혀 가능하지 않은 친핵체에 의한 치환으로 고리열림이 일어난다. 양성자붙임이 일어난 epoxide는 halide ion이라든가 심지어 물과 같은 약한 친핵체에 의해서도 쉽게 고리열림이 일어난다.

네-원자 고리형 화합물도 상당한 정도의 ring strain을 보인다. *β*-Lactam 고리를 가지는 penicillin이나 cephalosphorin 계열의 항생제는 산에 의해서 쉽게 가수분해가 일어나는데, 이는 일반적으로 amide가 격렬한 조건에서 매우 힘들게 가수분해가 일어나는 것과는 대조적이다.

다섯 또는 여섯-원자 고리형 amide는 열린 사슬 amide나 전혀 차이가 없는 반응성을 갖는다. 여덟-원자에서 열하나-원자까지의 고리들도 불안정한 고리로 분류되는데, 그 이유는 전혀 다른 데 있다. 이 경우에는 고리 안쪽으로 향하는 수소 원자들 간의 반발에 의해서 야기된다. Cyclononane의 분자 모형을 만들어 보면 그 이유를 이해할 수 있다. Cyclododecane에서는 이러한 수소간의 반발이 거의 없어진다.

Ball and stick model of energy minimized cyclononane and cyclododecane

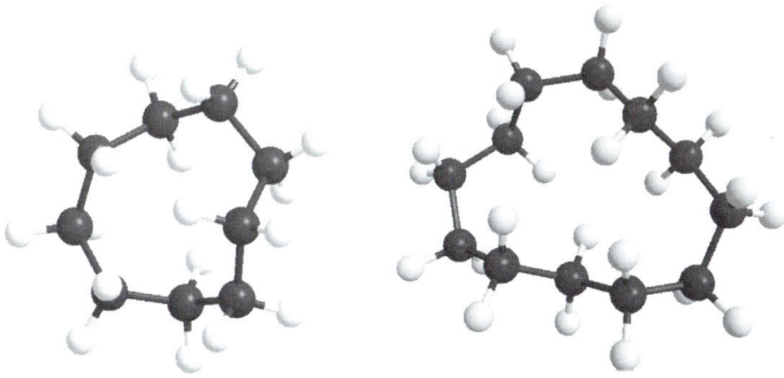

이러한 불안정성으로 인해 이들 고리는 만들기가 대단히 어렵다. 작은 고리 화합물은 큰 ring strain에도 불구하고 어렵지 않게 만들어지는 것과는 대조적이다. 작은 고리를 이룬 원자들은 아주 가까이 위치하고 있어 원거리에 위치하는 원자 간의 결합형성보다 속도론적 이유로 쉽게 고리화가 일어난다. 즉, 고리화는 작은 고리 화합물의 경우 큰 고리 화합물보다 속도론적으로 유리하다. 큰 고리 화합물을 형성하기 위해서는 분자가 특별한 conformation을 유지하여야만 반응에 참여하는 두 끝이 만날 수 있다. 탄소수가 12가 넘는 고리 화합물은 열린 사슬 화합물이나 다름 없는 안정성을 보이지만 이들 화합물을 만드는 것은 대단히 어렵다.

6.9.2 Aromatic stability

방향족 고리의 안정성은 여러 곳에서 이미 언급한 바 있다. 이 또한 화학 반응의 결과에 큰 영향을 미친다. 방향족성 고리가 형성되는 반응은 비슷한 여타 반응에 비해서 열역학적으로 유리한 반응이다. 다음 1,3,5-cycloheptatriene은 비방향족 화합물이다. 이러한 화합물은 일반 conjugated alkene과 반응성이 크게 다르지 않다. Alkene에 빠른 친전자성 브로민 첨가가 일어나는 것과는 달리, 이 반응 생성물은 다음에서와 같은 염의 형태로 얻어진다. 얻어지는 cycloheptatrienyl cation은 안정한 방향족성 이온이기 때문이다.

방향족성-반방향족성은 한 분자내의 반응성 자리를 결정하는 요인으로도 작용한다. 다음 반응식에서 보는 바와 같이 azulene은 친핵체와 반응할 때는 C4에서, 친전자체와 반응할 때는 C1에서 반응이 일어난다. 친핵체와의 반응에서 형성되는 음이온이 cyclopentadienyl anion으로 방향족성 안정화가 이루어지는 자리에서, 그리고 친전자체와의 반응에서는 형성되는 양이온이 cycloheptatrienyl cation을 형성하여 방향족성 안정화를 이룰 수 있는 중간체를 거치는 방향으로 진행되기 때문이다.(이는 Chapter 2에서 방향족성을 다룰 때 설명한 바 있음.)

방향족 화합물이 쉽게 생성되는 다른 한 예를 Hantzsch pyridine 합성에서 볼 수 있다. 이 반응은 두 단계로 일어나는데 먼저 고리화로 dihydropyridine이 생성되는 것이고, 이어서 산화가 일어나게 된다. 이 산화 반응은 다양한 산화제로 일어나는데 보통 사용되는 예 하나가 DDQ(dichclorodicyanobenzoquinone)이다. 방향족성이 아닌 dihydropyridine에서 방향족성인 pyridine으로 산화되는 이 반응은 너무도 쉽게 일어나는데, 이는 보통의 경우 이러한 유형의 탄소에서 수소를 떼어내기는 아주 격렬한 반응 조건을 필요로 하는 것과는 대조적이다.

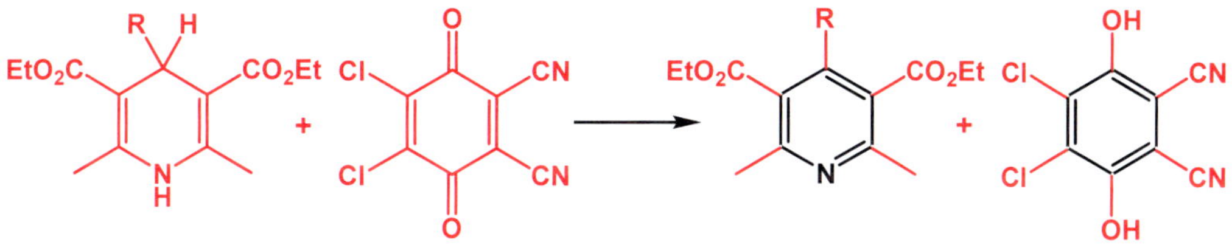

방향족성을 갖는 고리가 쉽게 생성되는 반면 반방향족성인 화합물의 반응성은 대단히 높아 이들은 아주 낮은 온도에서나 형성될 수 있으며, 만들어도 쉽게 반응해 버린다. 바로 그 한 예가 cyclobutadiene으로 반방향족성에 따른 불안정화 효과는 35 kcal/mol 정도에 이른다. −200 °C이하에서만 존재하며 다음 반응에서 보는 것처럼 어느 것과도 쉽게 반응한다. 다음 고리화 첨가에서 한 반응에서는 diene으로, 다른 반응에서는 dienophile로 작용하여 Diels-Alder 반응을 일으킨다.

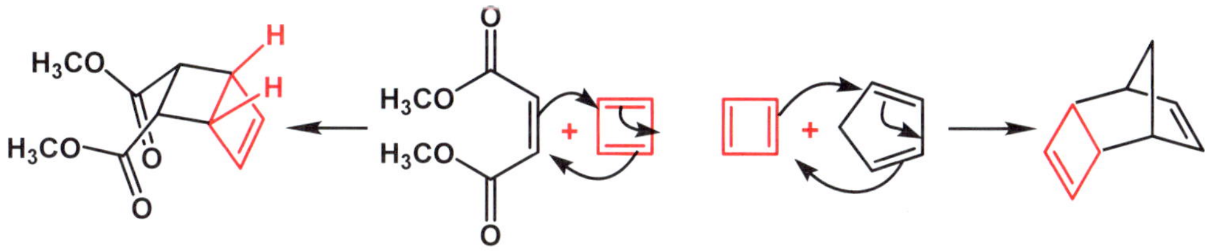

다른 반응할 물질이 없는 경우에는 두 분자간에 dimer를 생성한다. 실제로 이 화합물은 반방향족성에 의한 불안정화를 최소화하기 위하여 두 이중결합이 편재화되어 있는 직사각형의 형태로 존재한다.

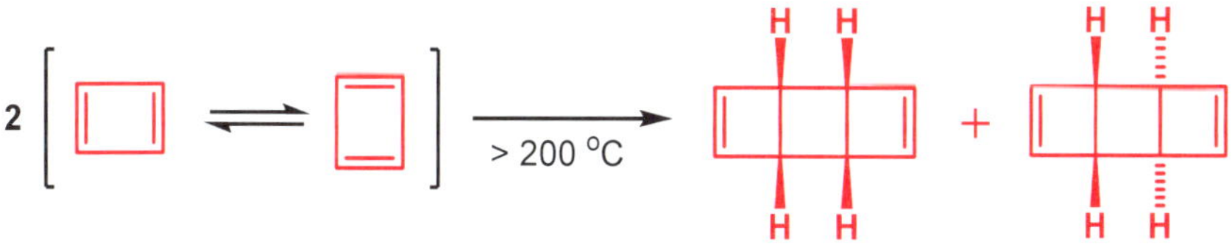

문제 6.15 Diazo 화합물은 일반적으로 대단히 불안정하여 쉽게 폭발하기도 하는데 비해, 다음에 그려져 있는 diazo 화합물은 상당히 안정하다. 그 이유를 설명할 수 있겠는가?

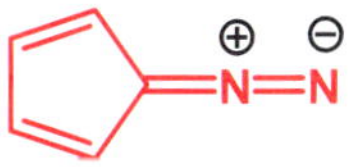

문제 6.16 다음 네 화합물 중에서 가장 쉽게 양이온을 형성하는 순으로 적고 (<, >, ≈) 이유를 설명하라.

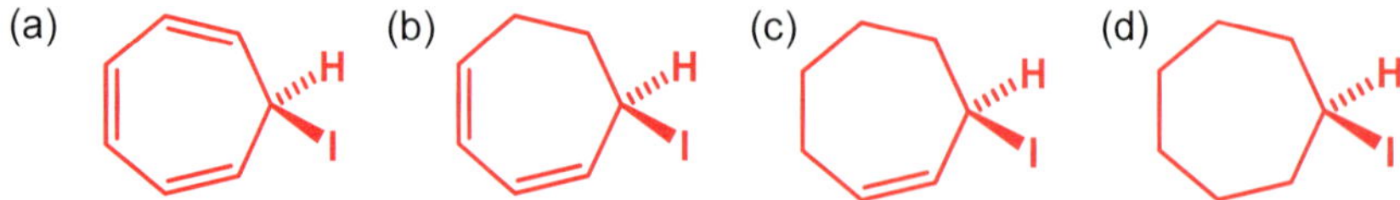

문제 6.17 화합물 A는 쉽게 양성자떼기가 두 번 일어나서 아주 안정한 dianion B를 형성한다. 반면 이와 유사한 구조의 고리형 화합물 C는 매우 불안정하다. 방향족성에 따른 안정화를 고려하여 이유를 설명하여 보라.

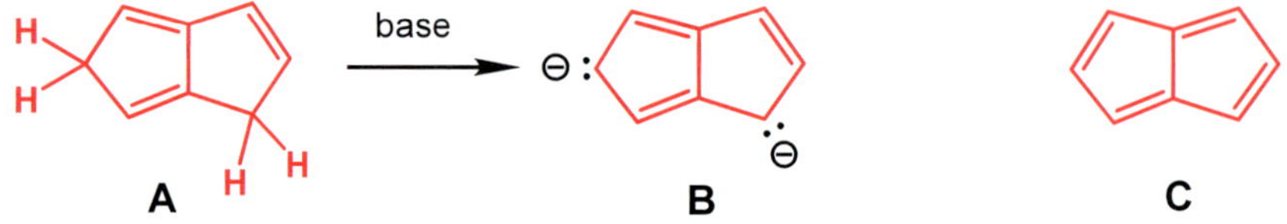

6.9.3 Effect of Entropies

자유에너지의 변화에 미치는 엔트로피의 영향은 엔탈피의 영향에 비해 적은 것이 보통이다 ($\Delta G°=\Delta H°-T\Delta S°$). 따라서 대부분의 유기 반응에서의 엔트로피 변화는 무시해도 될 정도여서 자유에너지의 변화 $\Delta G°$는 단지 엔탈피의 변화 $\Delta H°$의 기여만을 근사적으로 쓸 수 있을 정도이다. 그러나 이는 반응에서 분자수의 변화가 없는 경우이다. 분자의 개수가 증가하는 반응이나 기체 발생 반응 등의 경우에는 $\Delta G°$의 변화에 기여하는 엔트로피 효과는 아주 중요하며 간과해서는 안 된다. Diels-Alder 반응에서처럼 두 분자가 한 분자로 전환되면 이에 따라 반응은 엔트로피에 의해 불리해진다. 이 반응에서 두 반응물의 상대적 회전 운동 자유도와 병진 운동 자유도가 생성물에서는 존재하지 않는다.

자유에너지의 변화에 미치는 엔트로피의 기여도는 식 $\Delta G°=\Delta H°-T\Delta S°$에 따라 온도가 높아 질수록 커지게 된다. 이는 가장 간단한 다음 제거와 치환 반응 간의 경쟁에 온도가 미치는 영향을 보여 주는 생성물의 비를 나타낸 것이다.

Br + NaOH —EtOH : H_2O (6:4)→ OH + (alkene)

	OH	alkene
45 °C	47 %	53 %
100 °C	29 %	71 %

기본적으로 모든 분해 반응은 높은 온도에서 유리하게 일어나게 된다. 위의 제거 반응도 분해 반응의 일종이라 할 수 있고, 앞에서 살펴 본 적이 있는 다음 cyclopentadiene dimer의 열분해 반응도 그렇다. 다른 요인에 의한 것도 있지만 이들 반응은 엔트로피 요인이 크게 작용하는 것임에 틀림없다.

PVC는 어디서나 흔히 보는 플라스틱으로 monomer로부터 polymer를 만드는 과정은 어마어마한 엔트로피 감소 반응이다. 이를 포함한 모든 polymer화 반응은 따라서 일정 온도 이상에서는 여간해서 잘 일어나지 않게 된다. 어떤 polymer는 고온에서 monomer로 deploymerization이 일어나기도 하는데 이러한 플라스틱은 recycling의 기본이 된다.

low emp
high temp
vinyl vhloride
PVC (polyvinylchloride)

엔트로피가 주요 역할을 하는 반응의 부류 하나가 고리화 반응이다. Cholesterol이나 hormone과 같은 steroid 생합성의 전구체인 mevalonic acid라는 생체 물질을 살펴보자. 이 물질은 유리 상태로 분리해내기가 아주 어려운데, 자발적으로 고리화하여 여섯-원자 고리형 lactone을 형성하기 때문이다.

$+ H_2O$

앞의 절 6.1에서 평균 결합에너지를 이용하여 ester 교환 반응의 엔탈피 변화를 계산 것과 똑같이 ester 생성 반응에 대한 계산을 하면 마찬가지로 $\Delta H°=0$이다. 생성되는 결합의 세기와 깨지는 결합의 세기는 거의 비슷하여 엔탈피 변화는 거의 미미하다. 엔트로피 효과가 없다면 이 산 또한 $\Delta G°=0$로 보통의 알코올과 카복시산 간의 ester 생성 반응의 평형상수는 1에 거의 가까워야 한다. 그러나 보통의 ester 생성 반응은 두 분자가 반응하여 두 분자가 생성되지만, mevalonic acid의 고리화에서는 반응물은 한 분자이다. 엔트로피 변화에 가장 큰 영향을 미치는 것이 분자수의 변화임을 미루어볼 때, 물 분자가 제거되는 lactone으로의 고리화 반응은 분자수가 증가하므로 명백하게 이점이 있다. 이로 인하여 이 반응의 평형은 ester 쪽에 대단히 유리하다.

일반적으로 분자내 고리화 반응은 분자 간의 반응에 비해 엔트로피 면에서 이점을 갖는다. 두 분자 간의 에스터화 반응과 같은 반응은 두 분자가 접합되어야 하기 때문에 원천적으로 엔트로피 측면에서 불리하다. (이는 물 분자를 방출해 내면서 상쇄되기는 하지만) Lactone으로의 고리화는 반응하는 두 작용기가 한 분자 내에 있어 이러한 불리한 점은 없다.

실제로 고리화 반응에서도 약간의 엔트로피 면에서 불리한 점이 있는데, 이는 분자의

rotational freedom이 고리화로 제한을 받기 때문이다. 이 효과는 그러나 분자수의 변화와 비교하기엔 너무나 작은 것이다.

문제 6.18 본문의 다음 그림의 lactone은 mevalonic acid에서 생성 가능한 유일한 lactone이 아니다. 다른 가능한 lactone은 무엇이며, 이는 왜 생성되지 않는가?

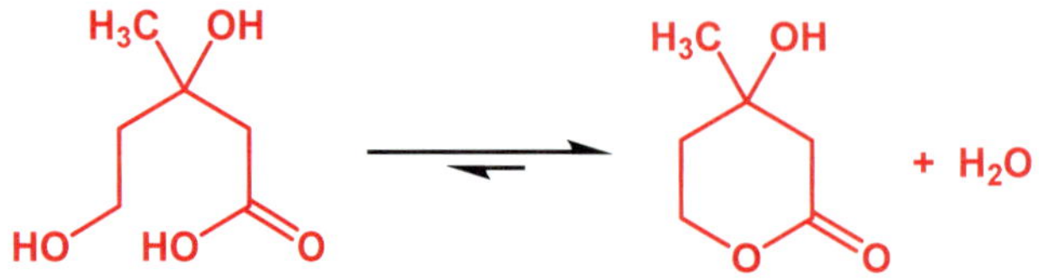

H_3C OH, HO, HO, O ⇌ H_3C OH, O, O + H_2O

문제 6.19 다음 두 반응 A와 B의 엔탈피 변화는 거의 같다고 할 수 있지만, 평형의 위치는 확연히 다르다. 다음 반응의 평형은 무엇에 의하여 어느 쪽으로 치우치게 되는가?

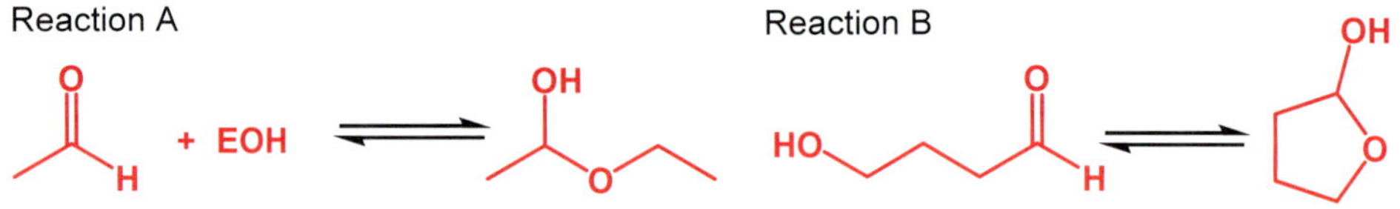

Reaction A

O, H + EOH ⇌ OH, O

Reaction B

HO, O, H ⇌ OH, O

6.9.4 Effect of Bond Strength

열역학적인 안정성에 영향을 미치는 요소 중에서 가장 중요한 것이 결합세기이다. 센 결합이 형성되면 열역학적으로 유리하게 된다. 결합세기는 어떤 요인에 의해서 결정되는가 하는 것은 상당히 복잡한 것이지만, 그렇게 염려할 일은 아니다. 몇 가지 간단한 규칙을 이해하면 많은 도움이 될 수 있다.

탄소–탄소 이중결합은 단일결합에 비해 센 것은 사실이지만 두 배로 센 것은 아니다. 이중결합의 π-결합 성분이 깨지면서 단일 결합이 형성되는 반응이라면 열역학적으로 유리하게 된다. 그러한 반응의 한 좋은 예가 Diels-Alder 반응으로, 2,3-dimethyl-1,3-butadiene과 maleic anhydride 간의 다음 반응은 거의 정량적인 수득률로 첨가 생성물을 얻을 수 있다.

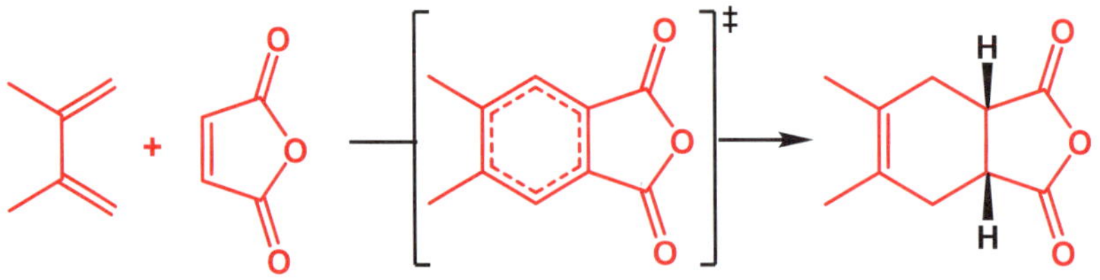

+ O, O, O → [O, O, O]‡ → H, O, O, O, H

반응물에 있던 세 π-결합이 생성물에서는 하나만 남게 되며, 단일결합은 두 개가 새로 형성된다. 총결합의 수는 변하지 않는다 해도 두 π-결합이 깨지는 대가로 두 σ-결합이 형성된다는 사실만으로 발열성 반응임을 짐작할 수 있다. 평균 결합에너지를 이용하여 계산한 $\Delta H°$ 값은 −40 kcal/mol로서, 이는 엔트로피가 불리함에도 불구하고 이 반응이 쉽게 일어나는 강력한 추진력이 된다.

원자들 간의 조합으로 이루어지는 결합 중 어떤 부류의 것은 다른 부류에 비해 더 센 것도 분명한 사실이다. 유기화학에 흔히 등장하는 원소의 원자 간의 개략적인 결합세기가 Table 6.2에 정리되어 있다. 이 값을 강제로 외우려 한다는 것은 어리석어 보이나 일반적인 경향은 기억해 두면 편리하다.

평균 결합에너지에 관하여 기억해 두면 편리한 몇 가지 특징이 있다. C=C π-결합을 제외하면 둘째 주기 원소 간의 π-결합은 일반적으로 예상한 것보다 강력한 결합이다. 특히 C=O π 결합은 어떤 π-결합보다 강력한 결합이며, 또한 C−O σ-결합보다도 더 센 결합이다. 할로젠을 포함하는 H−X 및 C−X σ-결합의 세기는 F > Cl > Br > I의 순으로 크게 감소한다.

또 다른 일반적인 경향 중 하나는 동종의 헤테로원자–헤테로원자 간의 결합은 헤테로원자–탄소 간의 결합에 비해 상대적으로 매우 약한 결합이며, 더 센 경우는 아주 드물다. 이상의 경향을 기억하는 것만으로도 어느 정도의 추측이 가능해 진다.

두 헤테로원자 간의 결합이 끊어지고 대신 탄소와 결합을 함으로써 반응의 추진력이 되는 반응 예 하나가 Beckmann 자리옮김 반응이다. 다음 보기 반응은 cyclohexanone의 oxime의 산 촉매 자리옮김으로 caprolactam을 얻는 반응으로 공업적으로도 대단히 중요한 공정의 하나이다.

H_2SO_4 migration of alkyl group $:OH_2$ $-H^{\oplus}$ $\pm H^{\oplus}$

이 반응에서 깨지는 결합은 C=N, C–C, N–O, O–H이며 새로 형성되는 결합은 C=O, C–N, C–N, N–H이다. N–O 결합은 Table 6.1 또는 chapter 끝의 부록에서 값을 찾아 계산하면, 전체 반응의 엔탈피 변화는 약 −22 kcal/mol 정도의 발열 반응으로 이 자리옮김 반응의 강력한 추진력을 제공한다.

문제 6.20 위의 Beckman 자리옮김을 두 단계로 하여 각 단계의 깨지는 결합과 형성되는 결합을 열거하고, 반응에 따르는 엔탈피의 변화를 Table 6.1 또는 부록의 평균 결합에너지 값을 이용하여 계산하라.

$H^{\oplus}$

문제 6.21 Table 6.1 또는 부록의 평균 결합에너지 값을 이용하여 다음 반응이 출발물에 유리한지 아니면 생성물에 유리한 반응인지를 결정하라.

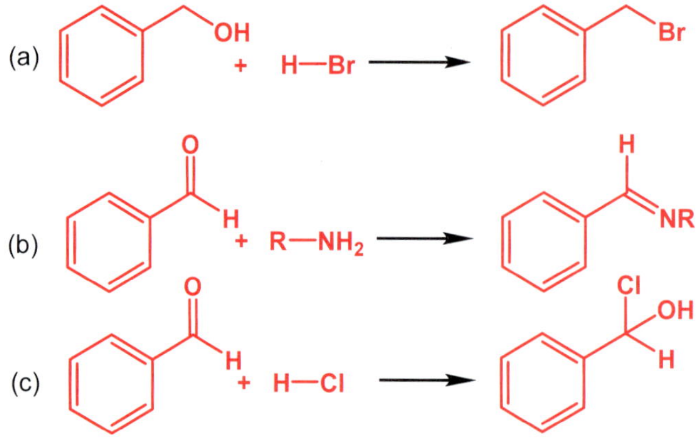

(a) + H—Br →

(b) + R—NH_2 →

(c) + H—Cl →

문제 6.22 Alkene과 bromine과의 반응은 다음과 같은 bromonium ion 중간체를 거쳐 진행된다. 중간체에 bromide가 첨가되면 전체적으로 첨가 반응이 양성자떼기가 일어나면 치환 반응이 일어난 셈이 된다. 평균 결합에너지 값을 이용하여 어느 쪽이 유리한지 가려보라.

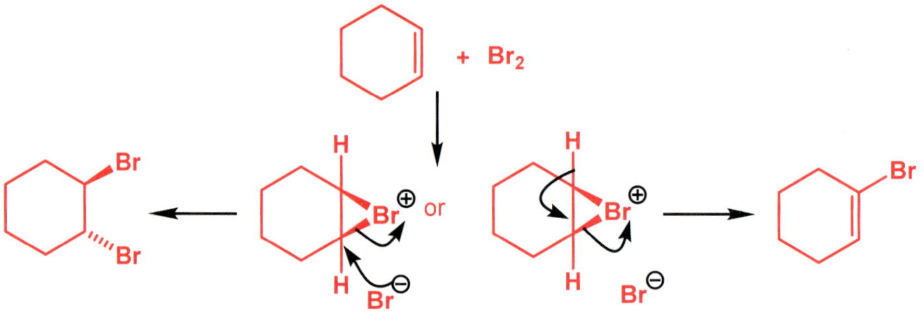

+ Br_2

6.10 Effects of Kinetics on Chemical Reactions

화학 반응속도는 무엇에 의하여 결정되는가? 이에 대한 실험적인 식인 Arrhenius 식에서 보는 바와 같이 반응속도는 활성화 에너지와 반응 온도의 함수이다.

$$k = A\exp\left(\frac{-Ea}{RT}\right)$$

실험실 반응에서는 높은 끓는점 용매를 사용하여 온도를 올려주면 반응속도는 증가하여 빠르게 진행된다. 최근에는 종래의 bath 가열식이 아닌 micro wave를 이용하여 계의 에너지를 공급하는 사례가 점점 증가하고 있다. 분자의 에너지 분포는 온도의 함수여서, 온도가 높아질수록 분자들 전체의 평균 에너지가 커진다. 상온과 100 °C에서의 분자 에너지 분포와 온도 사이의 수학적 관계를 나타내는 Boltzmann 분포곡선을 Figure 6.19에 나타내었다. 높은 온도일수록 Boltzmann 분포는 넓어지고 평균 에너지는 따라서 증가한다. 활성화 에너지 장벽을 극복하기에 충분한 최소한의 $\Delta G^{\ddagger}$만큼 에너지를 가지고 충돌하는 분자수가 각 온도에서의

Boltzmann 분포 곡선 아래의 면적으로 나타내게 된다.

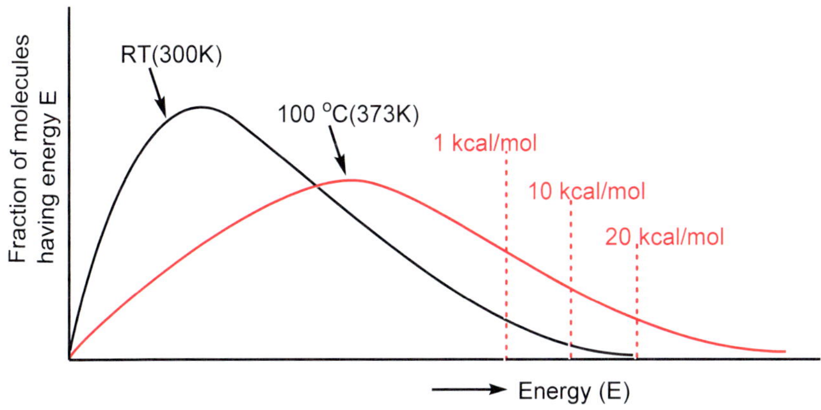

[Figure 6.19] Maxwell-Boltzman distributions of molecules at two different temperatures

비교적 낮은 활성화 에너지인 10.0 kcal/mol 정도조차 온도를 실온에서 100 °C까지 올리면 $\Delta G^{\ddagger}$보다 큰 에너지를 갖는 분자들의 분율은 극적으로 증가한다. 높은 활성화 에너지에서 반응속도에 미치는 온도의 효과는 훨씬 더 극적이다. 예컨대, 활성화 엔탈피($\Delta H^{\ddagger}$)가 20 kcal/mol인 반응에서(비교적 빠른 반응임) 온도를 실온에서 100 °C로 올리면 반응하는 분자들의 평균 에너지는 겨우 1.5에서 1.9 kcal/mol로 변하는데도 불구하고, 반응속도는 10^4배 이상 증가한다. 활성화 엔탈피가 40 kcal/mol 반응에서 (매우 느린 반응임) 온도를 위와 같이 변화시키면 반응속도는 10^7배로 증가한다.

온도가 결정되면 남은 변수는 반응의 활성화 에너지이며, 이에 따라 반응속도는 엄청나게 달라지게 된다. 반응의 활성화 에너지에 영향을 미치어 반응속도를 지배하는 여러 요인에 의한 것들을 일컬어 속도론적 효과라고 한다.

반응속도는 결국 전이상태의 에너지와 관련된다. 즉, 전이상태의 에너지를 높이는 여러 요인은 반응속도를 느리게 할 것이며, 더 낮은 에너지 전이상태를 거치는 반응은 더 빠르게 진행될 것이다. 전이상태의 에너지는 반응의 자유에너지 변화와는 원칙적으로 무관하다. 즉, 같은 $\Delta G°$ 값에 대해서도 반응에 따라 속도를 달리하는 것이다. 양성자전달 반응, 즉 Bronsted 산·염기 반응은 아주 빠른 반응이라고 알려져 있다. 질소와 산소간의 양성자전달 반응은 확산 속도에 비길 만큼 빠른 반응으로 $\Delta G^{\ddagger}$가 거의 0에 가깝다. 다단계 반응의 속도결정 단계 앞뒤에 오는 양성자전달 반응은 매우 빠른 가역과정인 것이다. 하지만 양성자전달에 의한 C–H 결합 생성이나 깨짐은 때로 상당한 에너지 장벽을 넘어야 하며, 느린 속도결정 단계가 될 수도 있다.

산성도가 엇비슷한 (pKa ~10) *o*-chlorophenol과 2-nitropropane의 hydroxide에 의한 양성자 떼기의 자유에너지 변화를 아래에 비교하였다. 두 반응의 전체 자유에너지의 변화는 −10

kcal/mol로 같지만 활성화 자유에너지는 한 반응에서는 거의 없다시피 하고 다른 반응은 15 kcal/mol이나 된다.

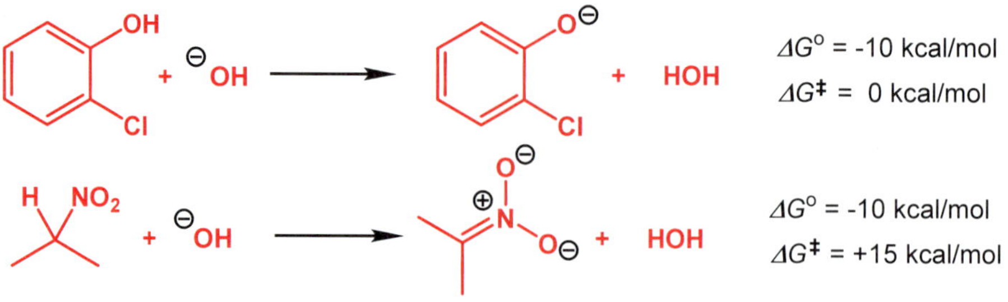

ΔG^{o} = -10 kcal/mol
$\Delta G^{\ddagger}$ = 0 kcal/mol

ΔG^{o} = -10 kcal/mol
$\Delta G^{\ddagger}$ = +15 kcal/mol

Free energy and activation parameters for proton transfer reactions

그렇다면 어떤 요인들이 전이상태의 에너지, 즉 활성화 자유 에너지 $\Delta G^{\ddagger}$에 영향을 미치게 되는가? 전자 효과, 엔트로피 효과, 입체 효과 등이 영향을 미치는 요인들이며, 이들을 차례로 검토하여 보기로 하자.

6.10.1 Electronic Effects

반응이 빠르게 진행되기 위해서는 반응물 오비탈 간의 효율적인 상호작용이 전제되어야 한다. Soft 친핵체와 soft 친전자체와 반응하면 반응은 빨라지며, 이는 hard 친핵체와 hard 친전자체 간의 반응도 마찬가지이다. 간단히 살펴보면 soft-soft 간의 반응은 orbital 겹침이 효과적으로 일어나서 빠른 것이고, hard-hard 간의 반응은 두 반대 전하의 화학종 상호 간의 정전기적인 attraction의 효과에 의한 것이다.

Hard 및 soft 친핵체와 친전자체 간의 반응성을 고려한다면 주어진 반응의 kinetics에 관한 예측이 가능하다. 이는 큰 범주 안의 이야기이고 각 분자마다 제각각 특성이 있음을 감안해야 한다. 주어진 분자의 반응성에 영향을 미치는 요인은 여러 가지가 있으며 각기 반응속도에 영향을 미친다.

예를 들어 보자. *α*-Haloketone의 S_N2 치환은 단순한 alkyl halide의 유사한 치환보다 상당히 빠르다. 그 이유는 반응 중심에 이웃한 카보닐 기는 음전하를 안정화할 수 있으며, 이 반응의 전이상태는 *α*-탄소에서 음전하가 build-up된다는 점이다. 이러한 안정화로 전이상태의 에너지는 낮아지고 전이상태 에너지가 낮아지는 만큼 반응속도는 빨라진다.

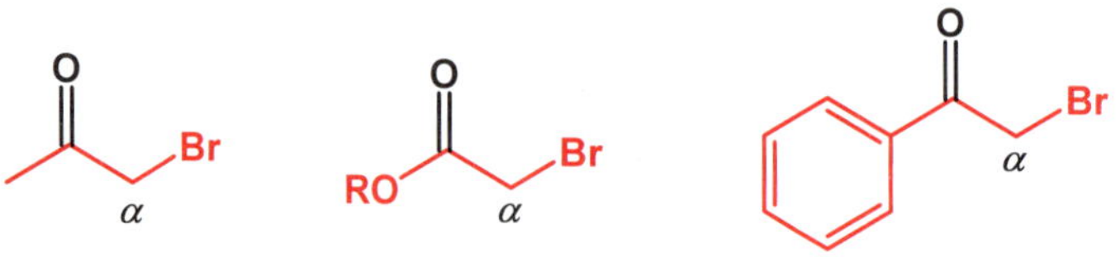

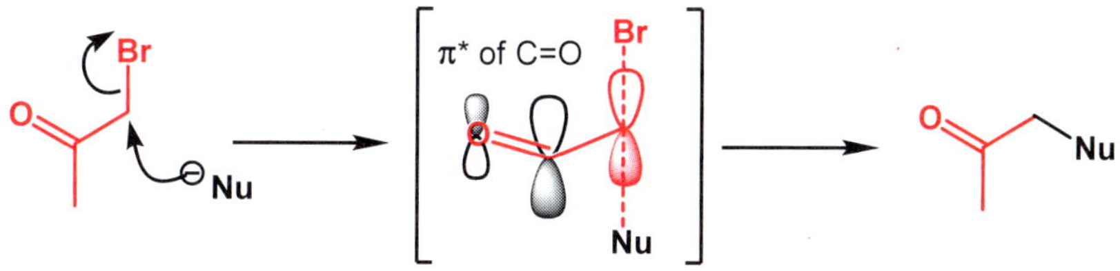

비슷한 이유로 이들 화합물의 S_N1 치환은 매우 느린데, 이는 중간체가 양전하를 갖게 되고 (전이상태에서도 마찬가지임) 이웃한 카보닐 기에 의하여 destabilized되기 때문이다. 이 중간체는 에너지 준위가 대단히 높으며, 이 높은 에너지 중간체에 이르는 전이상태의 에너지 또한 중간체의 높은 에너지를 닮는다. 따라서 중간체의 에너지 준위가 높아질수록 전이상태의 에너지는 높아지고, 따라서 반응은 느려지게 된다.

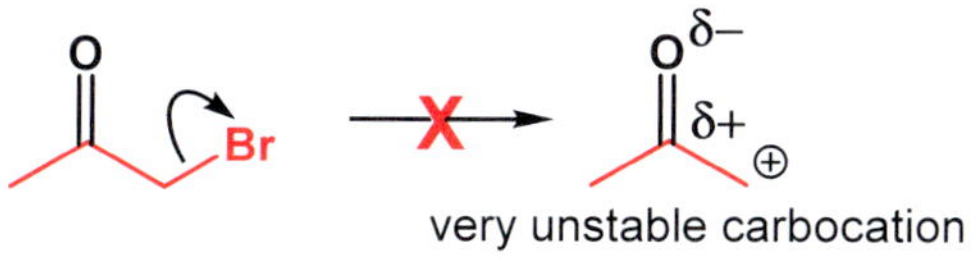

very unstable carbocation

반응성 정도의 차이는 있지만 α-haloketone과 마찬가지로 π-결합에 이웃하여 구조적으로 유사한 benzyl halide의 반응 또한 유사한 오비탈 상호작용으로 빠른 치환 반응을 하게 된다. 단, benzylic 자리에서는 다른 alkyl기에 비해 전이상태에서 양전하가 buildup되던 음전하가 buildup되던 간에 빨라지는데, 이는 양전하와 음전하 모두 고리에 의한 비편재화로 안정화될 수 있기 때문이다.

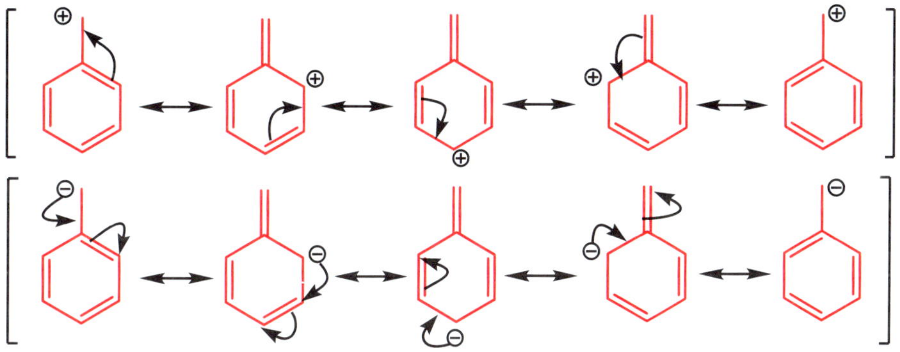

이 경우 benzene 고리에 nitro기와 같은 전자끌개 치환기가 존재하면 음으로 대전된 전이상태를 거치는 반응은 더 빨라지게 되고, alkoxy기, alkyl기 같은 전자주개 치환기가 고리에 존재하면 양으로 대전된 전이상태를 거치는 반응이 더 빨라지게 된다. *p*-Methoxy benzyl chloride는 S_N1 메커니즘을 거쳐 치환 반응을 한다. Methoxy의 고립쌍에 의한 중간체 양이온의 안정화에 기인한다. 반대로 강력한 전자끌개 치환기인 nitro기로 치환된 benzyl chloride는 어떤 조건에서도 S_N1 치환 반응을 일으키지 않는다. 그러나 중심 탄소에 약간의 음전하가 buildup되는 S_N2 치환 반응은 nitro기에 의한 음전하의 안정화에 기인하여, 전이상태 에너지를 낮춤으로 빠르게 치환 반응이 일어난다.

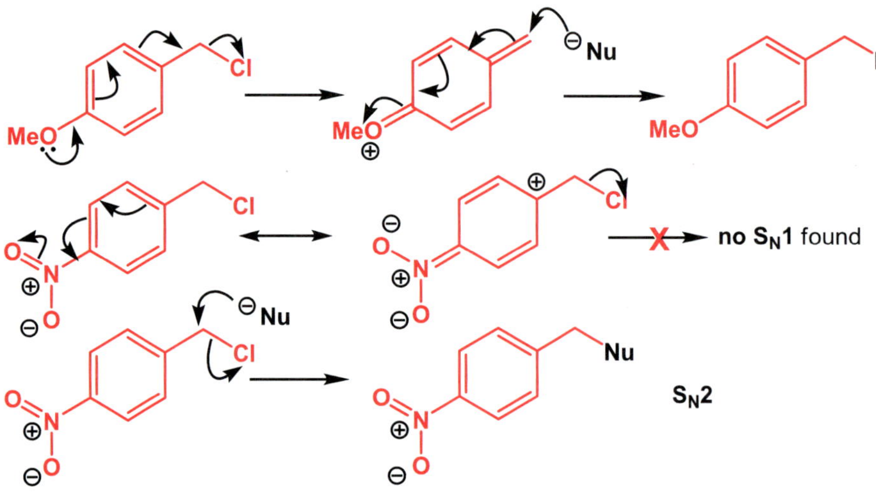

Phenyl 고리에 다양한 치환기를 도입하여 이들 치환기의 전자 효과를 정량화한 **Hammet equation**을 공부한다면 이해하기 쉽지만 이에 관한 논의는 생략하기로 한다.

문제 6.23 치환기의 전자 효과를 고려하여 다음 치환 benzoate ester의 가수분해 반응의 상대 속도는 무엇을 비교하면 알 수 있는가? 비교하여 순위를 매겨라.

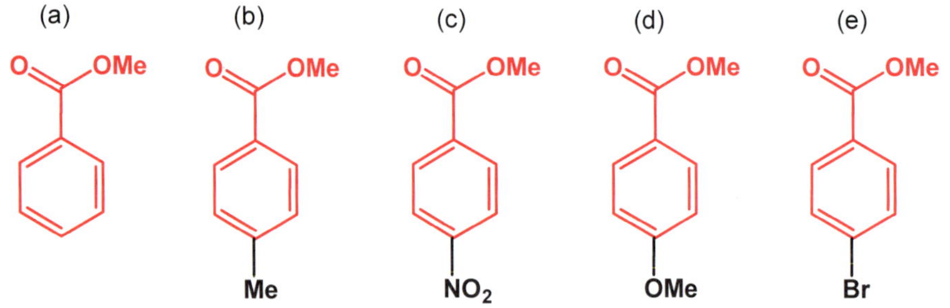

(a) (b) (c) (d) (e)

Me NO_2 OMe Br

6.10.2 Effect of Entropy of Activation

자유에너지의 변화에 미치는 엔트로피의 영향은 엔탈피의 영향에 비해 적어서 때로 무시하기도 한다는 설명을 한 바 있다. 활성화 에너지에 대한 엔트로피 효과는 반응의 자유에너지의 변화에 대한 효과보다 훨씬 더 크다. 전이상태 이론에서 유도된 반응속도 상수는 다음과 같은 식으로 표현된다. 상황에 따라서 활성화 엔트로피는 전이상태의 에너지와 반응속도에 큰 영향을 미칠 수 있다.

$$k = \frac{k_B T}{h} \exp\left(\frac{\Delta G^{\ddagger}}{RT}\right)$$

$$\Delta G^{\ddagger} = \Delta H^{\ddagger} - T\Delta S^{\ddagger}$$

반응이 일어나기 위한 특정 conformation을 취하는데 따른 전이상태 에너지의 영향을 몇 가지 살펴보았으나 그 보다 일반적인 현상 하나를 더 설명하기로 하자. 사슬형 화합물의 두 끝이 만나서 고리를 형성해야 하는 반응을 살펴보자. 사슬길이가 커질수록 분자들이 취할 수 있는 conformation은 훨씬 많아질 것이고 그만큼 자유도는 증가한다. 그 중의 한 특정 conformation을 취해야 반응에 이를 수 있다. 바닥상태에서 여러 더 안정한 conformation을 이룰 수 있는 화합물이 그보다 훨씬 불안정한 특정 conformation을 취하는데 따른 $\Delta S^{\ddagger}$는 상당히 큰 음의 값을 가지게 되며 반응 속도에 영향을 미치게 된다[3].

large $\Delta S^{\ddagger}$ as only one conformer can react

H_2N Br, NH_2 Br, Br, H_2N Br

Many other possible conformers

NH_2, Br, NH

no ring strain: small $\Delta H^{\ddagger}$

위의 일곱-원자 고리를 형성하는 친핵성 치환의 예를 보면 고리에 strain이 거의 없어 변화에 따른 $\Delta H^{\ddagger}$는 거의 변화가 없거나, 미미할 것으로 예상되나, 반응이 일어나기 위해서는 취할 수 있는 수많은 conformation 중에 하나를 취해야 되며, 그에 따르는 $\Delta S^{\ddagger}$는 상당히 큰 음의 값을 가질 것으로 예상할 수 있으며, $\Delta G^{\ddagger}=\Delta H^{\ddagger}-T\Delta S^{\ddagger}$에 따라 자유에너지는 증가하게 된다. 따라서 반응속도는 느려지게 될 것을 예상할 수 있다.

다음 세-원자 고리형 화합물이 생성되는 반응에서는 고리의 strain으로 인한 $\Delta H^{\ddagger}$의 증가는 꽤 클 것으로 예상되지만, 취할 수 있는 몇 안 되는 conformation에 반응을 위한 다음 conformation을 취하는데 따른 $\Delta S^{\ddagger}$는 상당히 적을 것으로 예상할 수 있으며, 이로 인한 $\Delta G^{\ddagger}$ 증가는 다른 안정한 고리를 형성하는 경우와 비교해서 전혀 불리하지 않다. 열역학적으로 불안정함에도 세-원자 고리형 화합물이 쉽게 생성되는 것은 바로 이러한 이유 때문이다.

H_2N Br, H_2N Br

fewer possible conformation

ring strain : large ΔH

Br, H_2N:, HN

small ΔS because of a few piossible conformation

3 열린 사슬 화합물이 고리형 화합물로 전환되면서 손해 보는 엔트로피 값을 나타내었다. 개략적으로 결합의 회전이 freeze되면 몰당 3에서 5 eu의 손해를 본다고 계산하면 된다. 일반적으로 둘 간의 엔트로피 차이는 cyclohexane의 경우를 제외하면 점점 늘어나는 경향이다. 엔트로피 손해가 얼마만큼 되는가를 짐작하는 데는 회전이 제한된 매 결합당 4.5 eu로 잡으면 개략치를 얻을 수 있다.

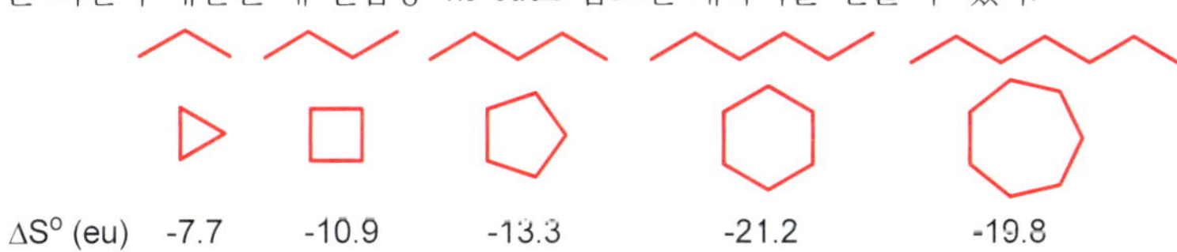

Conformation의 제약에 따른 반응속도에 영향을 미치는 예 하나를 보기로 하자. 고리가 형성되는 5-bromobutylamine의 다음 반응은 앞에서 본 것처럼 아주 큰 음의 $\Delta S^{\ddagger}$ 값을 보이게 된다. 하지만 다른 입체적인 요인 등으로 conformation의 제약이 있는 경우, $\Delta S^{\ddagger}$의 음의 값은 상당히 줄어들게 된다. 같은 분자인 5-bromobutylamine이 두 methyl기를 가지고 있는 경우에는 두 methyl 치환 탄소와 이웃 탄소를 축으로 하는 회전에 제약 요인이 발생한다. 따라서 치환기가 없는 분자와 비교하여 아주 낮은 엔트로피를 가지게 되며, 따라서 전이상태에서의 활성화 엔트로피는 훨씬 작은 음의 값을 보이게 된다.

H_2N Br
lowest energy conformer
many others are possible
high ΔS^{o}

H_2N: Br
large negative
$\Delta S^{\ddagger}$ for TS

H_2N: Br
fewer possible conformers
lower ΔS^{o}

H_2N: Br
$\Delta S^{\ddagger}$ less negative

이 활성화 엔트로피 값의 차이에 따른 반응 속도의 변화를 보면 그 영향이 무시 못 할 정도임을 알 수 있다.

$k_{rel} = 1$ $k_{rel} = 4\times10^4$

$k_{rel} = 1$ $k_{rel} = 400$

$k_{rel} = 1$ $k_{rel} = 2$

$k_{rel} = 160$

위의 모든 치환 반응은 일종의 fragmentation 반응으로 한 화학종의 반응물이 두 화학종으로 나뉜다. 정확한 ΔS^{o}나 $\Delta S^{\ddagger}$ 값이 주어지지 않았다 해도 상당한 정도의 양의 값을 예측할 수 있다. 다음 반응 예 또한 fragmentation으로 한 분자가 셋으로 쪼개지게 되며, 이로 인해 상당히 큰 값의 양(+)의 활성화 엔트로피를 예측할 수 있으며 실제 값도 그러하다.

$\Delta S = +8.8$ eu
fragmentation
CO_2 + $^{\ominus}O_2C{-}C{\equiv}C{-}Ar$ + $^{\ominus}O_3S{-}Ar$

아래 그림에 다른 유형의 다른 몇 가지 반응에 따른 활성화 엔트로피 값이 주어져 있다. 분자의 수가 감소하는 그림의 위쪽의 세 반응은 모두 음의 활성화 엔트로피 값을 보이며, 활성화 자유에너지의 증가 요인이 되고, 반응속도는 느려지게 된다. 아래 줄의 세 반응은 그러나 활성화 엔트로피 증가 반응으로 자유에너지 감소 요인이 되며, 반응속도는 빨라진다. 위의 세 반응은 모두 이분자 반응이고, 아래 세 반응은 모두 일분자 반응이다. 전이상태에서의 질서 또는 무질서도를 나타내는 활성화 entropy는 일분자 반응의 경우에는 양의 $\Delta S^{\ddagger}$ 값을, 이분자 반응의 경우에는 음의 값을 나타내게 된다.

Examples of Common Reactions and Representative $\Delta S^{\ddagger}$

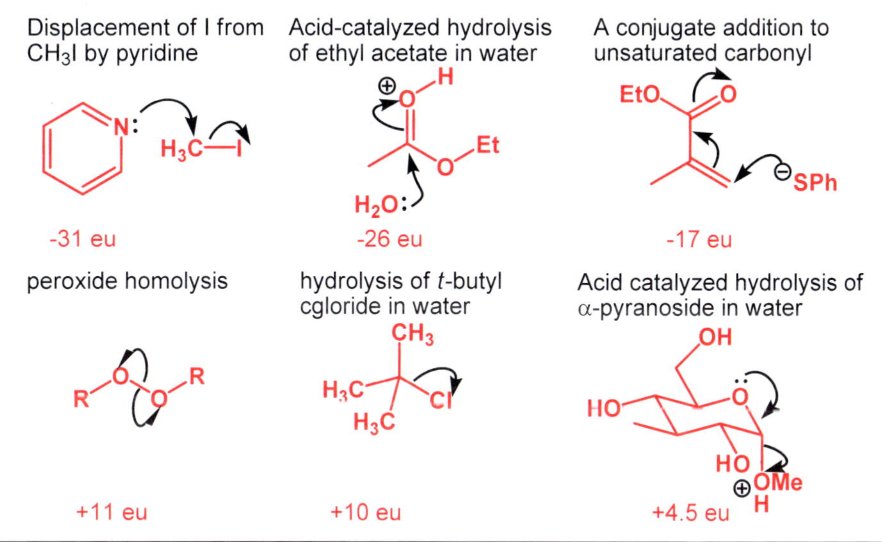

심한 자유에너지 감소(exergonic) 반응에서 전이상태는 반응물을 닮아서 전이상태에서 결합형성과 결합깨짐은 조금밖에 진행되지 않는다. 그럼에도 분자간의 Diels-Alder 반응과 같이 생성물 분자 하나를 생성하기 위해 두 분자가 만나야 할 뿐 아니라 아주 정확한 배향의 두 반응물 분자의 정렬 상태가 요구되며, 이는 전이상태에서 다 이루어지게 되므로 활성화 에너지에 대한 엔트로피의 음의 기여가 최대가 되어, 전체 반응에서 엔트로피와 같게 된다 ($\Delta S^{\ddagger} = \Delta S^{\circ}$).

cycloaddition

ΔS = - 35 eu

그만큼 엔트로피의 영향이 커진다는 뜻이고 여기에 큰 역할을 하는 것이 diene의 배열이다.

s-cis conformation이 buildup되어 있는가? 취하기 쉬운가? 어려운가? 아니면 불가능한가? 이에 따라 반응속도에 커다란 차이가 나타나는 것은 이 때문이다.

문제 6.24 다음 두 Diels-Alder 반응의 $\Delta S^{\ddagger}$는 같은가? 아니면 어느 한쪽이 더 큰 음의 값을 가지는가?

(a) (b)

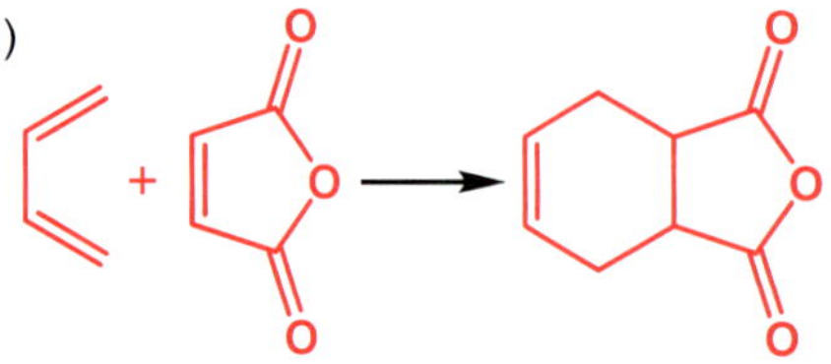

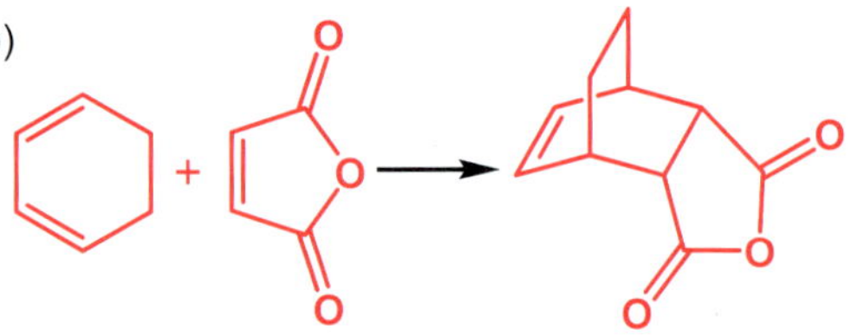

6.10.3 Steric Effects

전자 효과가 반응속도를 결정하는데 중요한 것은 사실이나 전자 효과면에서 유리한 반응이 반드시 빠른 반응이 아니며 때론 일어날 수 없는 경우도 생긴다. 입체 효과 또한 반응에서 중요한 역할을 한다. **Steric effect**이란 치환기들 간의 크기에 따른 반발에 의한 영향을 말하며, 크기로 인해 치환기가 겪게 되는 반발력을 일컬어 **입체장애(steric hindrance)**라고 한다. 이로 인해 반응이 일어날 수 없는 경우도 허다하다. 비슷한 유형의 반응이라면 일반적으로 큰 분자들이 작은 분자들보다 느리게 반응하게 된다. 입체장애에 의한 반응속도의 감소는 모든 유기 반응에 해당되며, 입체장애의 영향을 받지 않는 유기 반응은 없다 해도 전혀 틀린 말이 아니다.

카보닐기의 첨가 반응은 특히 친핵체의 크기에 민감하다. 삼각평면형의 120°의 결합각이 sp^3 결합각인 109.5°로 줄어들면서 치환기 간의 공간이 좁아지면서 생기는 현상이다. 염기 촉매 ester 가수분해 반응을 보자. Methyl ester는 쉽게 가수분해되는데 비해, *t*-butyl ester를 염기 조건하에서 가수분해하기란 지극히 어렵다. 물론 methyl과 *t*-butyl group 간에는 전자적인 차이가 있기는 하지만, 반응성 자리에서 산소 원자를 지나 충분히 멀기 때문에 반응에 미치는 전자 효과는 미미하다고 할 수 있다. 이와 같은 반응속도의 차이는 *t*-butyl group의 steric bulk에 기인한다. 들어오는(incoming) 친핵체가 너무 커서 카보닐기에 반응할 수 있을 만큼 접근하기가 어렵게 된다.

t-Butyl ester는 염기 또는 친핵체의 공격으로부터 카복시 기를 보호하는 카복시산의 보호기로 사용된다. *t*-Butyl ester의 생성도 가수분해도 모두 산성 조건하에서 반응이 일어나게 된다. 염기 조건하에서는 *t*-Butoxide에 의한 ester 생성도 어려우며, 알칼리 가수분해도 역시 대단히 어려운 반응이다. 산성 조건에서 일어나는 반응은 일반적인 정사면체형 중간체를 거치지 않는 다른 메커니즘일 것이라 추정이 가능하다.

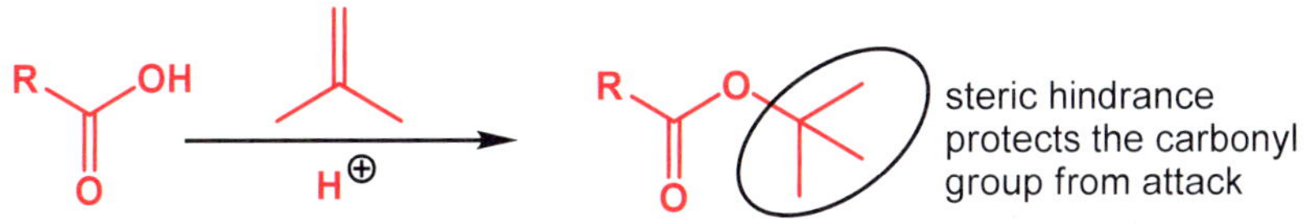

steric hindrance protects the carbonyl group from attack

t-Butyl기에 의한 입체장애로 정사면체형 중간체를 거치는 보통의 카복시산 유도체의 치환 반응과는 달리, 메커니즘이 바뀌어 정사면체형 중간체를 거치지 않고 카보닐기의 sp^2 혼성화 상태의 변화가 없이 반응이 진행되는 것이다. 산 촉매 존재하에 *t*-Butyl esters의 생성과 가수분해는 미시적 가역과정이다.

Formation of *t*-butyl ester

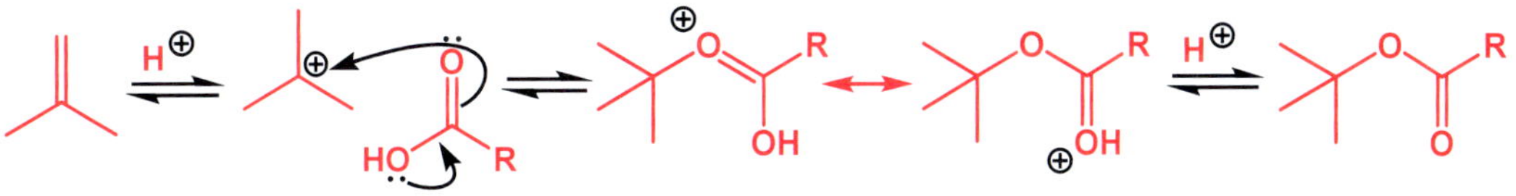

Hydrolysis of *t*-butyl ester

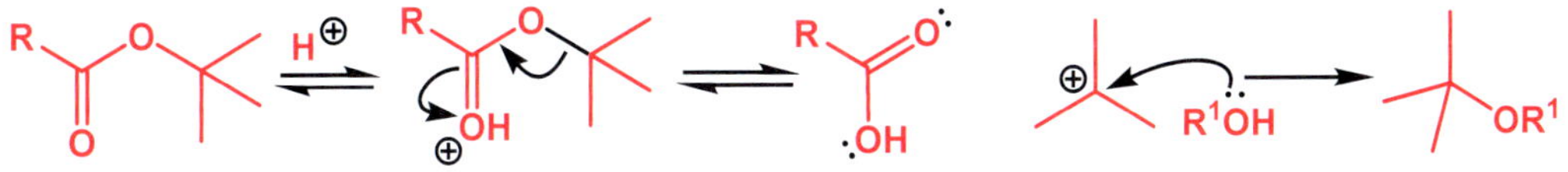

Ester 가수분해는 분자의 카복시산 쪽의 입체장애에 의해서도 느려진다. Pivalic acid의 ester는 alkyl기에 상관없이 특히 가수분해가 어렵다. 알데하이드가 케톤에 비하여 반응성이 큰 이유에는 전자 효과(electronic effect)가 큰 것은 사실이나, 상당한 정도의 입체장애에 의한 영향 또한 무시할 수 없다.

입체장애는 반응속도에만 영향을 미치는 것이 아니다. 입체 효과에 의해서 생성물의 입체화학이 결정되기도 한다. Camphor의 LAH 환원에서 hydride 친핵체는 *endo* preference를 보여서 결과적으로 *exo*-alcohol을 생성한다. C7에 두 methyl기가 제거된 norbornanone의 환원에서는 반대로 *endo*-alcohol이 주로 생성되는 것과 대비된다.

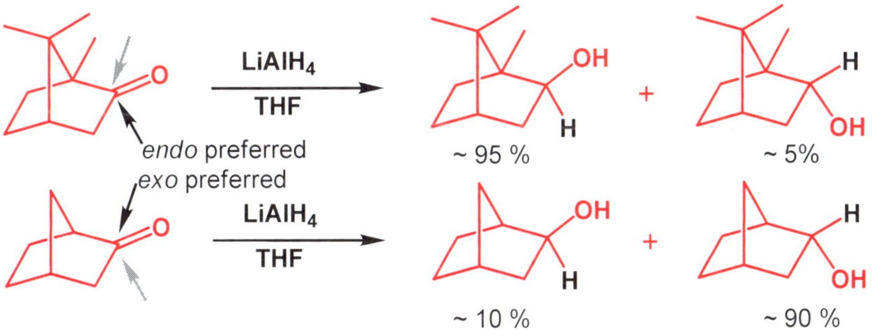

$LiAlH_4$, THF — *endo* preferred: ~ 95 % + ~ 5%

$LiAlH_4$, THF — *exo* preferred: ~ 10 % + ~ 90 %

입체효과는 E2 반응에서도 예외 없이 나타난다. *sec*-Butyl bromide의 *anti*-제거 반응에서는 이탈되는 H와 Br이 180°의 이면각을 이루어야 하며, 이것이 가능한 두 conformer 중에서 두 methyl기 간의 gauche interaction의 불리함이 없는 두 methyl기가 *anti*-periplanar인 conformer

가 더 안정하여 이를 거치는 *trans*-2-butene이 주생성물로 얻어지게 된다.

NaOEt
major minor
81 % 2-buene
plus 19 %

Br H Me H Me H Br Me H H Me H
minor major

위 반응과는 그 이유를 약간은 달리하지만 염기의 크기가 증가하면 전이상태에서의 steric crowdedness로 에너지가 증가하며 접근이 더 용이한 양성자가 제거된다. 다음 제거 반응에서 ethoxide에서 *t*-butoxide로 염기의 크기가 증가하면 접근이 더 용이한 methyl기에서 양성자가 제거되어 1-ene이 주로 생성됨을 볼 수 있다. Ethoxide와의 반응은 생성물 간의 상대적인 열역학적 안정성에 따른 생성물 비를 보이지만 *t*-butoxide와의 반응은 더 낮은 에너지 전이상태를 거치는 생성물이 주로 얻어지는 속도론적 지배하에 있다 하겠다.

base		
EONa	69 %	31%
t-BuOK	28 %	72%

염기인 alkoxide의 steric demand가 더 큰 3-ethylpentoxide의 경우에는 1-methylcyclohexyl chloride에서 좀처럼 만들기 쉽지 않은 methylenecyclohexane이 만들어 진다. Cl과 *anti*-periplanar인 제거될 수 있는 axial 양성자가 두 개나 있음에도 불구하고, 아예 endocyclic cyclohexene은 얻어지지 않는다. Bulky한 염기는 입체장애가 상대적으로 큰 고리의 수소보다는 입체장애가 적어 접근이 더 용이한 methyl 수소를 선택적으로 떼기 때문이다.

$KOCEt_3$ $KOCEt_3$ = $O^{\ominus}$ $K^{\oplus}$
Cl Me H H $^{\ominus}OCEt_3$ Cl H H H $^{\ominus}OCEt_3$

치환 반응의 경우도 예외가 아니다. S_N2 치환 반응은 치환이 일어나는 탄소의 alkyl기가 증가하면 반응속도는 엄청나게 느려지며 어떠한 3차 alkyl halide도 S_N2 유형의 치환 반응을 일으키지 못한다. 치환이 일어나는 탄소뿐만 아니라 이웃한 탄소의 치환기 또한 영향을 미친다.

다음 예는 neopentyl bromide의 S_N2 치환 반응이다. Ethoxide ion이 친핵체인 경우는 methyl bromide에 비해서 백만 분의 일 정도의 반응속도를 보인다. 물론 여기에서도 전자 효과가 다르기는 하지만, 덩치 큰 alkyl기의 입체 효과에 비하면 아주 미미한 수준이다.

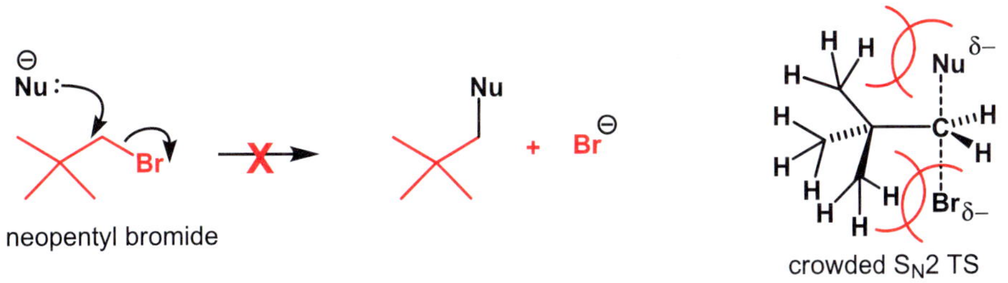

neopentyl bromide

crowded S_N2 TS

입체장애를 나타내는 대표적인 화합물의 예를 둘 들었다. 그중 하나는 BHT (butylated hydroxytoluene)라고 하는 산화 방지제이다. 일반적으로 산소 라디칼은 불안정하여 생성하기도 어렵지만 (열역학적으로 불안정) 입체적인 가로막기로 반응속도론적으로 안정화되는 BHT 라디칼은 persistent radical을 형성한다. 다른 한 예는 1,8-Bis(dimethylamino)naphthalene으로 이는 둘씩의 methyl기의 영향으로 덩치 큰 분자에서 양성자떼기가 느리지만 쉽게 떨어져 나오는 양성자를 흡수할 수 있으며, 그런 연유로 이를 '**proton sponge**'라고 부른다.

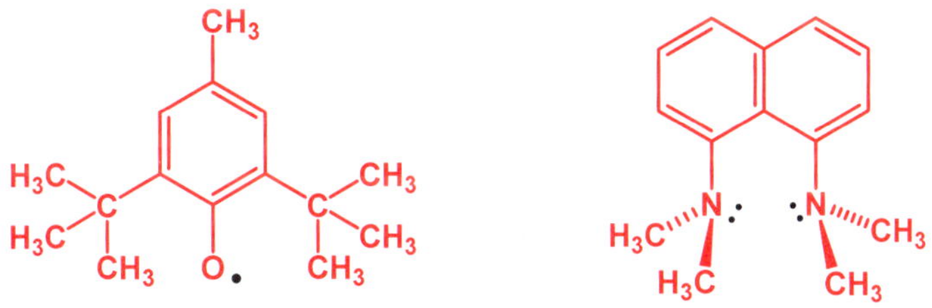

6.10.4 Orbital Overlap & Stereoelectronic Effect

분자의 특정 입체배열의 선호도는 분자의 모양을 결정할 뿐 아니라 반응성에도 큰 영향을 미치게 된다. 반응이 일어나기 위해서는 특정 입체배열을 취하지 않으면 안 되는 경우가 많다. 반응성에 영향을 미치는 이러한 입체배열 의존적인 오비탈 상호작용을 입체전자(stereoelectronic) 효과라고 부른다. 아주 잘 알려진 예 하나가 바로 S_N2 반응이다. 치고 들어오는 친핵체는 이탈기의 반대편 쪽에서 접근해야 한다. 이렇게 해야만이 σ^* 반결합성 오비탈에 전자를 공여할 수 있게 되며, 그 결과로 배열의 반전이 일어나게 된다. 그러나 새장 모양의 구조를 갖는 bicyclic 화합물에서는 이러한 뒤쪽에서 치고 들어오기가 불가능하며, 따라서 반응은 대단히 느리던지 아니면 전혀 일어나지 않게 된다.

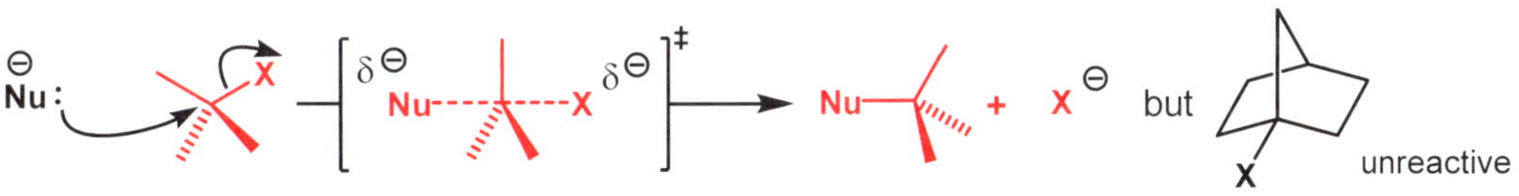

but

unreactive

이러한 입체전자 요구는 다른 반응에서도 마찬가지로 요구되며 특정 반응을 위한 입체배열은 에너지가 충분히 낮아서 이러한 배열을 반영하는 전이상태의 에너지를 낮추는 효과가 있어야 한다.

고전적인 예 하나가 염기-촉진 E2 mechanism이다. 염기에 의해 HBr 제거가 일어나려면 C–H와 C–Br 결합은 그림에서와 같은 periplanar 입체배열을 수용해야만 양성자가 떨어지면서 C–H 결합 전자들이 C–Br anti-bonding orbital을 점유하면서 결합이 끊어지게 된다. 이러한 두 가지 배열 중에서 C–H와 C–Br 결합이 서로간에 *anti*-periplanar인 경우의 제거반응이 압도적으로 빠르게 일어난다.

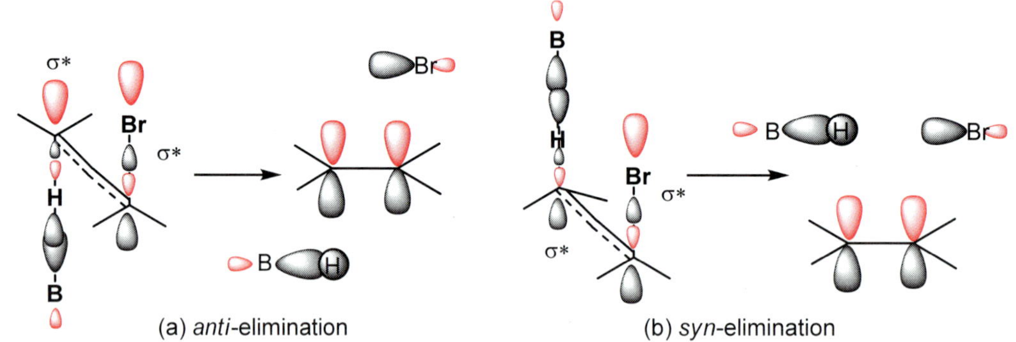

(a) *anti*-elimination (b) *syn*-elimination

열린 사슬 화합물에서는 C–C 결합 회전에 따른 에너지 장벽이 낮아서 반응에 필요한 배열을 하는 conformer의 수가 많으며, E2 반응이 일어나는 데 그리 큰 어려움이 없이 여러 제거 생성물을 얻게 된다. 그럼에도 다음 두 stilbene dibromide의 반응에서 보는 것처럼 이러한 anti-periplanar 입체전자 요구를 충족하는 배열은 각 한가지뿐으로 *dl*-과 *meso*-dibromide는 각기 두 phenyl기가 *trans*와 *cis*인 bromostilbene만이 얻어진다.

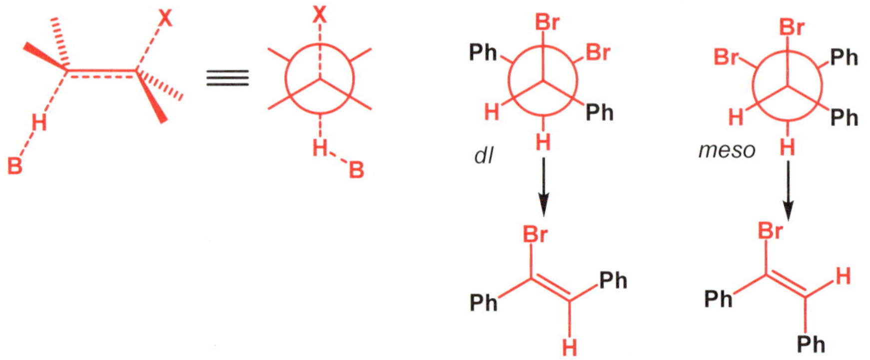

고리형 화합물에서는 회전이 제한되어 있다. Cyclohexane에서는 고리 뒤집힘에 의하여 제거 반응에서 요구되는 준평면 배열을 취할 수 있다. 그러나 특정 위치를 선호하는 group이 존재하여 고리 뒤집힘마저 더욱 어려워지면 반응성이 아주 떨어지거나 아니면 아예 일어나지 못하는 경우도 발생한다. *t*-Butyl기가 대표적인 예로 equatorial 선호도가 특히 높아

conformation locker라고 부른다. 다음 두 4-*t*-butylcyclohexyl tosylate의 제거 반응은 *anti*-periplanar E2 제거의 요구를 충족하기 위하여 축방향 배열이 필수적이지만, *trans*-이성질체에서는 이러한 배열의 conformer는 아주 낮은 농도로 밖에 존재하지 않아서 이 반응은 매우 느리거나 일어나지 않게 되고, 대신 반응하는 시약에 따라 제거 반응이 아닌 치환 반응 등 다른 반응 경로를 택하는 경우가 많다.

OTs
antiperiplanar H's
cis-isomer --- faster E2

OTs
no antiperiplanar H's
trans-isomer --- slower E2

아질산에 의한 amine의 deamination 반응은 아질산으로부터 생성되는 nitrosonium ion($N\equiv O^+$)이 amino기에 첨가되어 다음과 같은 여러 단계를 거쳐 만들어 진다. 이 책에서는 아직 다루지 않았지만 amino기가 아질산과의 반응으로 강력한 이탈기인 N_2^+로 바뀐다는 것만을 알고 진행하여도 무리가 없다.

2-Aminocyclohexanol은 아질산과의 반응으로 쉽게 diazonium ion으로 바뀐다. 반응성이 커서 diazo group은 생성 즉시 이탈된다. *t*-Butyl기가 존재하여 conformation이 locking된 다음 네 2-aminocyclohexanol 이성질체들의 반응을 살펴보자. OH와 NH_2의 적도방향 선호도가 비교적 큰 편이며, 그 중에서는 NH_2의 경우 약간 높은 정도이다.

$NaNO_2$ + HCl, 90 % yield → CHO
$NaNO_2$ + HCl, 98 % yield → CHO
$NaNO_2$ + HCl, 77 % yield → epoxide
$NaNO_2$ + HCl, 75 % yield → ketone

네 가지 isomer가 가능하며 넷 중에서 NH_2기가 equatorial이면 생성되는 diazonium ion을 거쳐 질소 분자는 equatorial 방향으로 떨어져 나가게 되며 이에 *anti*-periplanar인 원자는 탄소뿐이고 따라서 탄소–탄소 결합이 하나 끊어지면서 자리옮김 반응이 일어나서 cyclopentane-carboxaldehyde가 생성된다. NH_2기가 axial이면 *trans*-이성질체의 경우는 OH가 고립쌍을 이용하여 epoxide를 생성하게 되며 *cis*-이성질체의 경우에는 이에 *anti*-periplanar인 원자는 수소 원자이며 C–H 결합 전자쌍과 함께 hydride shift가 일어나서 cyclohexanone이 생성된다. 따라서 떨어지는 질소 이탈기가 axial인가 아니면 equatorial인가에 따라 다른 생성물이 생성된다. 눈 여겨 볼 것은 네 경우 모두 산소 원자의 고립쌍에서(electron source) 전자쌍 이동이 시작되어 양전하를 가지는 질소 원자가 electron sink가 된다는 점이다. 다음은 이 네 반응이 어떠한 전자쌍 이동으로 진행될 수 있는가를 보여주는 간단한 그림이다.

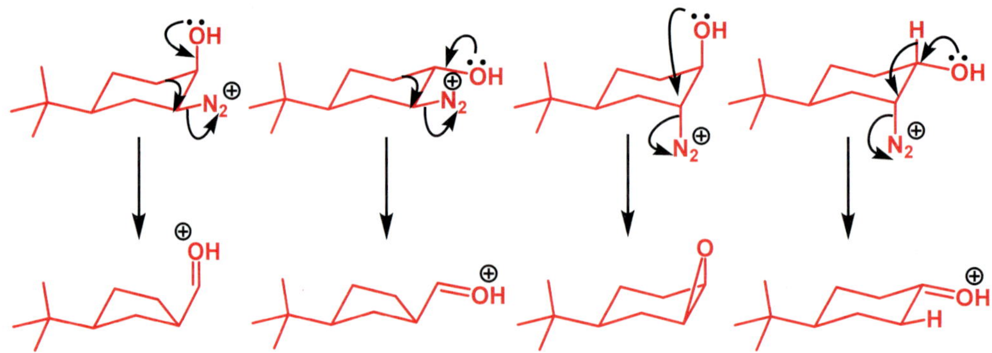

분자의 특정 conformer의 선호도는 꼭 반응할 때만 나타나는 것도 아니다. 한 분자 내에서 빈 오비탈과 채워진 nonbonding 오비탈 간의 상호작용에 의한 에너지 낮춤 효과로, 특정 conformer가 다른 conformer보다 에너지적으로 유리하여 존재비가 훨씬 높아지는 예는 아주 여러 화합물에서 관찰된다.

Tetrahydropyran의 2-위치에 전기음성 원소가 있으면 쉽게 이탈되어 다른 친핵체로 치환된다. 그러나 이 반응은 아무 conformer이든 가리지 않고 일어나는 것이 아니고, 이탈기가 axial 위치를 차지하는 conformer에서만 쉽게 일어난다. 고리의 ring-flipping이 자유로우면 염소 원자가 axial 자리에 위치하는 conformation을 취하게 되고 반응은 쉽게 일어난다.

O Cl ring flipping O Cl O$^{\oplus}$ $Cl^{\ominus}$

고리 뒤집힘으로 필요한 conformation을 취하게 되면 산소의 axial 위치의 채워진 sp^2 오비탈과 깨지는 C–Cl 결합의 빈 σ^* 오비탈과의 상호작용으로 C–Cl 결합깨짐이 진행된다. 고리 뒤집힘으로 염소가 equatorial 위치를 점하게 되면 C–Cl 결합의 빈 σ^* 오비탈과 상호작용이 가능한 산소 원자의 lone pair가 없어 반응은 잘 일어나지 않게 된다.

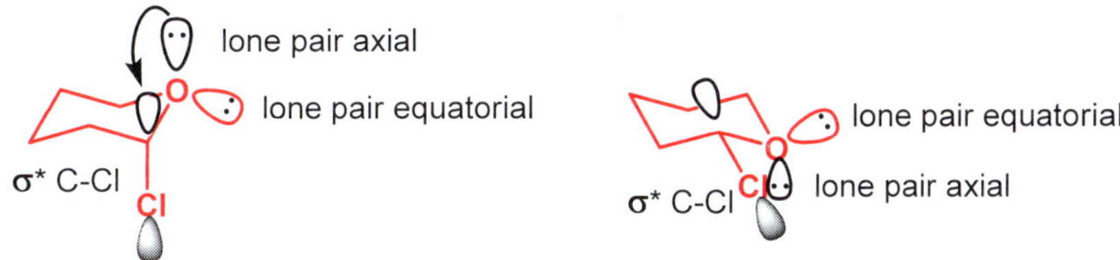

만약 *t*-butyl과 같은 bulky conformation locker가 존재하면 ring-flipping은 어렵게 되고, *t*-butyl기가 equatorial을 점하게 될 때 염소가 axial인가 아니면 equatorial인가에 따라 반응성에 크나큰 차이를 보이게 되는 것이다.

문제 6.25 다음 두 bromoalkene 중에서 염기와의 제거 반응으로 어느 것이 alkyne을 어느 것이 allene을 주로 생성하게 되는가?

(a) R, H, CH_3, Br

(b) H, R, CH_3, Br

문제 6.26 다음 두 반응의 생성물을 예측하여 어떻게 생성되는지를 보여라.

(a) OH, NH_2 → $NaNO_2$ + HCl

(b) OH, Br → $AgNO_3$

문제 6.27 Glycoside A는 glycoside B보다 몇 천배 더 빠르게 가수분해를 일으킨다. 이 반응 속도의 차이를 설명하여 보라.

Glycoside A: OH, HO, HO, O, OH, OCH_3

Glycoside B: OH, HO, HO, O, OH, OCH_3

6.11 Combined Effects of Thermodynamics and Kinetics

기본적으로 반응을 이해하는데 중요한 두 요소는 자유에너지($\Delta G°$)와 활성화 에너지 ($\Delta G^‡$)임을 이야기한 바 있으며, 이 두 가지 요소에 영향을 미치는 여러 인자에 관하여 알아 보았다. 그러나 열역학적 요인과 반응속도론적 요인을 함께 고려하여야만 이해가 가능한 반응이 많다. 어느 한 요인이 불리함에도 다른 요인이 유리하여 일어나는 반응도 있고, 둘 다 불리하여 잘 일어나지 않는 반응도 있다.

두 가지 기본 요인을 함께 고려하여야만 이해가 가능한 반응 예 하나가 친핵성 치환에 의하여 고리가 형성되는 반응이다. 분자내의 두 작용기간의 반응으로 고리가 형성되는 반응은 일반적으로 분자간의 반응에 비해 대단히 빠르고 유리한 반응이라 할 수 있다. 예를 들면, hexanediol을 산 존재하에서 가열하여 tetrahydropyran을 제조하는 방법은 유기화학 초창기에도 행하여졌던 반응임에 비하여 hexanol에서 dihexyl ether를 합성하기란 매우 어려워서 여간 해서 이루기 반응이다.

HO OH $\xrightarrow[100\ ^{\circ}C]{H_2SO_4}$ OH ⊕OH_2 → O

OH $\xrightarrow{H_2SO_4}$ X O

그러나 구체적으로 살펴보면 분자내의 고리화 반응이 모두 한결같이 분자간의 반응에 비해 유리한 것이 아니다. Alkyl bromide와 amine의 치환 반응을 통해 고리형 amine이 얻어지는 반응을 예로 들어보면 다음과 같이 형성되는 고리의 크기에 따라 천차만별로 반응속도의 차이를 보인다.

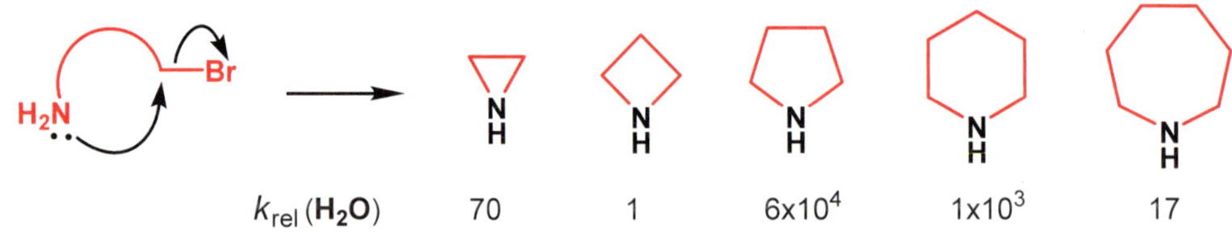

다섯-원자 고리형 화합물은 대단히 빠르게 생성되며, 여섯-원자 및 세-원자 고리형 화합물도 비교적 상당히 빠르게 진행된다. 그러나 네-원자 고리형 화합물의 생성은 상대적으로 대단히 느리게 진행된다. 이와 같은 반응속도의 차이는 두 가지 요인에 의해서 나타나게 되는데, 하나는 고리화 반응의 활성화 자유에너지에 차에 의한 것이고, 하나는 형성되는 고리의 열역학적 안정성과 관련된 것이다.

세-원자 및 네-원자 고리는 정사면체형 각인 109.5°에서 많이 벗어나게 되어 고리의 strain이 큰 탓으로 불안정하다. 다섯-원자, 여섯-원자, 일곱-원자 고리형 화합물은 비교적 고리 strain이 적으며, 그 중에서 의자형 배열을 하는 여섯-원자 고리형 화합물이 가장 안정하다. 그러나 반응속도는 이와 같은 안정도 순서와는 다르다. 세-원자 고리에 이르는 치환 반응은 빠른 반응이다. 큰 활성화 엔탈피에도 불구하고 친핵성 질소 원자가 친전자성 탄소를 바로 이웃하고 있어 후면 공격에 필요한 적절한 형태의 배열을 하고 있어 그에 따른 활성화 엔트로피가 대단히 낮기 때문이다.

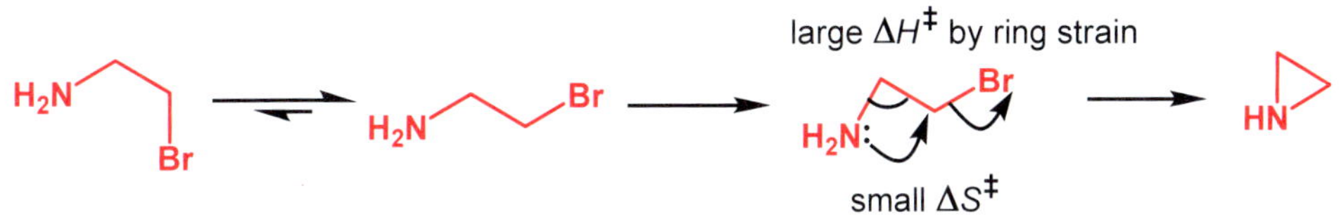

large $\Delta H^{\ddagger}$ by ring strain

small $\Delta S^{\ddagger}$

네-원자 고리를 생성하는 반응의 출발물은 가장 안정한 conformer로서는 고리화가 가능하지 않으며, 훨씬 불안정한 eclipsed conformation을 취해야 하며, 고리화 전이상태에서도 생성물에서도 큰 strain이 존재하여 쉽게 일어나기 어렵다.

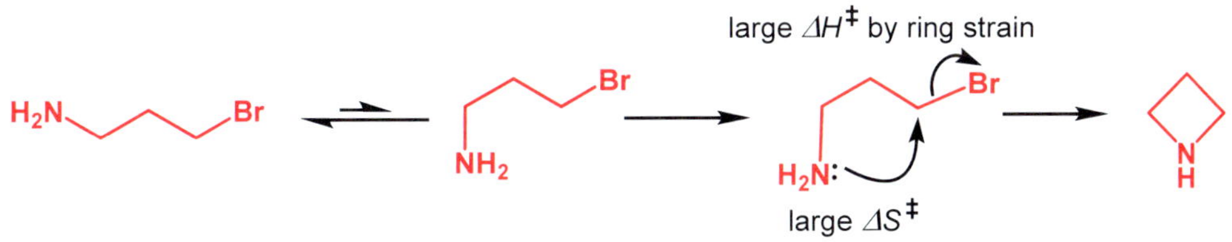

large $\Delta H^{\ddagger}$ by ring strain

large $\Delta S^{\ddagger}$

다섯-원자 고리 형성에는 고리화에 필요한 conformation이 합리적이며, 생성물에도 ring strain이 전혀 없다. 분자내의 반응에서 가장 쉽게 두 반응 site가 접근하기 가장 쉬운 경우는 1,5-관계에 있는 반응인 것이다.

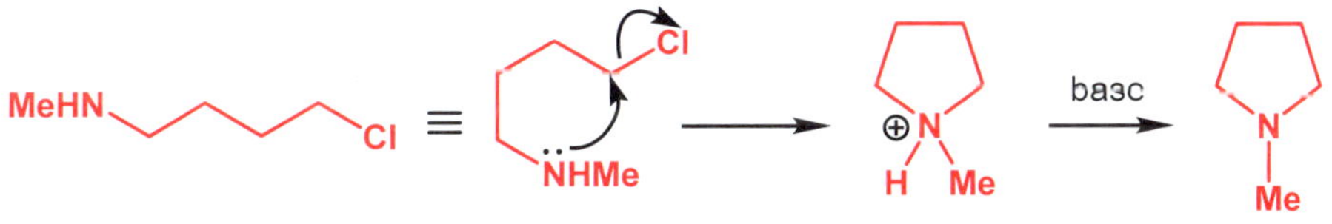

base

여섯-원자 고리의 형성에서는 사슬 화합물의 수없이 많은 conformer 중에서 어렵사리 접혀서, 한쪽 끝이 반응성 자리를 지나쳐 유사 의자형의 conformer에 이르러야 반응을 할 수 있는 배열에 이르게 된다. 그만큼 entropy 요인에서 불리하지만 일단 반응이 진행되면 생성물의 의자형은 거의 모든 고리형 화합물 중에서 가장 안정한 conformation을 취하게 된다.

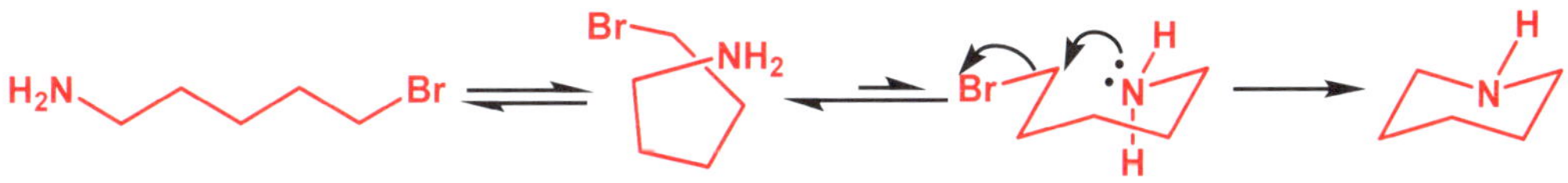

이와 같이 고리화 반응에서는 두 요인이 복합적으로 작용하게 된다. 이를 종합하여 고리의 크기에 따라 반응속도론적 영향과 열역학적인 효과를 정리하면 Table 6.5와 같이 정리할 수 있다.

열역학적인 안정도에서는 여섯-원자 고리를 따를 수 없으며, 다음이 다섯, 일곱 원자 고리이며, 네-원자 고리나 세-원자 고리는 열역학적으로 아주 불리한 반응이다. 거꾸로 세-원자 고리나 네-원자 고리의 고리열림은 아주 유리한 반응인 것이다. 속도론적인 요인만을 고려하면 고리의 형성 용이성은 3 >> 5 > 6 > 7 > 4의 순서를 따른다. 열역학적으로 대단히 불안정한 세-원자 고리형 화합물은 반응 속도론적으로는 대단히 유리한 반응으로 쉽게 일어날 수 있음은 꼭 기억해 둘 필요가 있다.

[Table 6.5] Kinetic and Thermodynamic Factors Affecting Cyclization

Ring Size	Kinetic Factors	Thermodynamic Factors
3	very favorable	unfavorable (strain)
4	unfavorable	unfavorable (strain)
5	favorable	favorable
6	moderately favorable	very favorable
7	moderately favorable	moderately favorable

열역학적인 효과는 다시 엔탈피 요인과 엔트로피 요인으로 나뉜다. 다섯-원자 고리와 여섯-원자 고리를 형성하는 반응에서 이 두 요인이 어떻게 작용하는가는 다음에 그려진 두 hydroxyacid로부터 다섯-원자 고리인 γ-lactone과 여섯-원자 고리인 δ-lactone의 형성 반응을 보면 알 수 있다. 활성화 엔탈피는 여섯-원자 고리에 이르는 전이상태에서 더 낮고, 유리하며, 활성화 엔트로피는 고리 형성에 유리한 conformation을 갖는 다섯-원자 고리형 전이상태에 더 유리하다.

$\Delta H^{\ddagger}$ 19 kcal mol^{-1} $\Delta S^{\ddagger}$ -11.5 J deg^{-1}mol^{-1} $\Delta H^{\ddagger}$ 14 kcal mol^{-1} $\Delta S^{\ddagger}$ - 26 J deg^{-1}mol^{-1}

고리에 크기에 따른 이와 같은 특성들은 실제로 반응을 행할 경우에도 그대로 적용되어 나타난다. 다음 두 chloroalkanol의 고리화 반응을 비교한다면 세-원자 고리는 열역학적인 불리함을 보상하기 위하여 높은 에너지 음이온을 형성하는 것이 필수이며, 중성인 알코올 상태에서는 반응이 일어나지 않는다. 이는 역반응인 세-원자 고리열림이 또한 쉽게 일어날 수 있음을 의미하기도 한다. 4-Chlorobutanol은 고리 형성이 유리하며, 생성물 또한 안정하므로 양성자떼기를 위한 약한 염기만 존재하면 된다.

Hydoxyl기를 둘 가지고 있는 다음 diol bromide는 NaH에 의한 양성자떼기로 alkoxide 음이온을 거쳐 어느 OH기가 alkoxide가 되는가에 따라 oxetane이 얻어질 수도 있고, oxirane이 얻어질 수도 있다. 실제로 열역학적인 안정성과는 무관하게 oxetane은 전혀 생성되지 않고 oxirane만이 얻어진다. 완전한 속도론적 지배반응의 예라 할 수 있다.

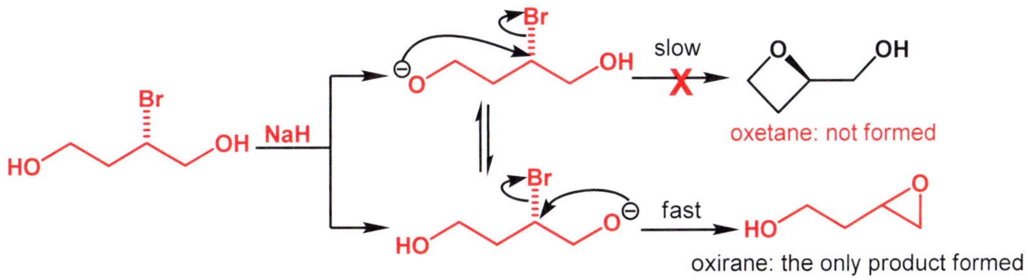

네-원자 고리 생성은 열역학적으로도 그리고 속도론적으로도 불리하고 느리다는 것은 상대적인 것이지, 그렇다고 네-원자 고리 화합물은 전혀 만들 수 없고 만들어지지 않는다는 뜻은 아니다. 다음 반응에서와 같이 반응 조건이 맞으면 생각보다 높은 수득률로 네-원자 고리형 화합물을 만들 수 있다.

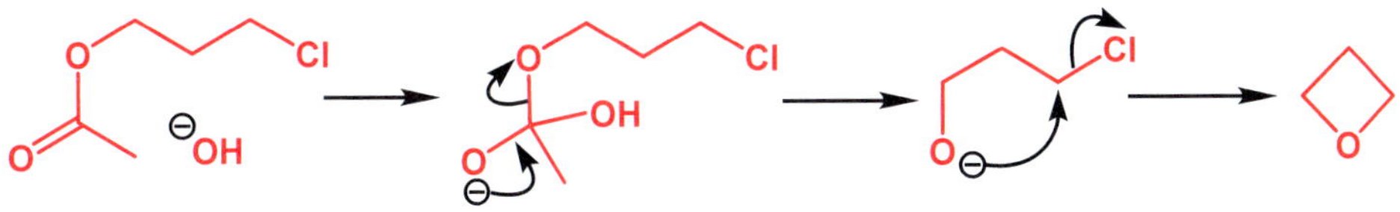

문제 6.28 다음 두 oxirane 생성 반응의 40,000배 이상의 차이를 보이는 상대 속도를 설명하여 보라. 참고로 malonic acid와 dimethylmalonic acid의 결합각은 각기 110°와 106.2°이다.

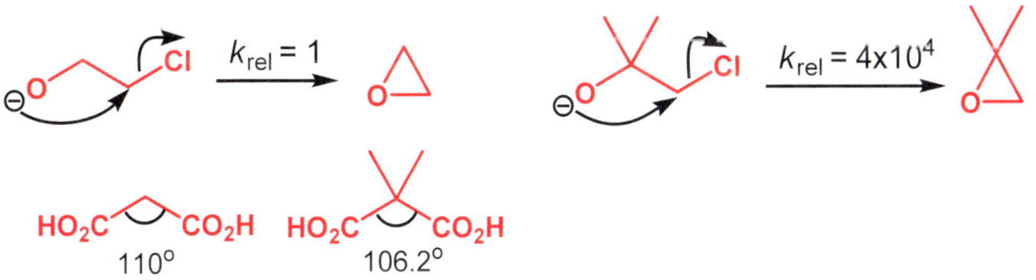

문제 6.29 다음 치환에 의한 고리 형성 반응에서 n = 2~5일 때의 상대 속도를 예측하여 보라.

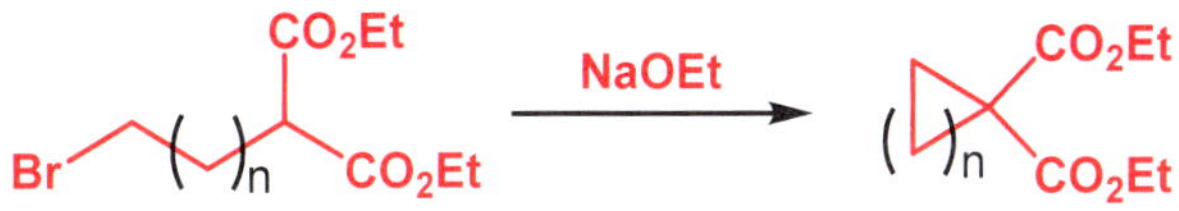

문제 6.30 다음 반응 A는 쉽게 일어나며, 반응 B는 일어나지 않는 이유를 설명하라.

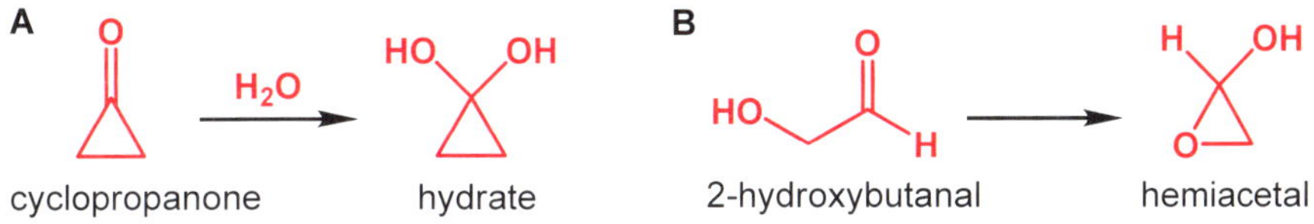

문제 6.31 Benzene의 친전자성 치환 반응은 거의 전부가 속도론적 지배 반응이며 치환 alkyl기는 *o,p*-director로 알려져 있다. 과량의 ethyl chloride와 장시간 반응시키면 다음과 같이 1,3,5-triethylbenzene이 주로 얻어진다. 어떻게 이와 같은 현상을 설명할 수 있을까? (1,3,5-Triethylbenzene은 가장 안정한 이성질체이다.)

excess Cl

$AlCl_3$

부록. More Data on Bond Energy(kcal/mol)

H–H	104.2	B–F	150	C=C	146
C–C	83	B–O	125	N=N	109
N–N	38.4	C–N	73	O=O	119
O–O	35	N–CO	86	C=N	147
F–F	36.6	C–O	85.5	C=O (CO_2)	192
Si–Si	52	O–CO	110	C=O (aldehyde)	177
P–P	50	C–S	65	C=O (ketone)	178
S–S	54	C–F	116	C=O (ester)	179
Cl–Cl	58	C–Cl	81	C=O (amide)	179
Br–Br	46	C–Br	68	C=O (halide)	177
I–I	36	C–I	51	C=S (CS_2)	138
H–C	99	C–B	90	N=O (HONO)	143
H–N	93	C–Si	76	P=O ($POCl_3$)	110
H–O	111	C–P	70	P=S ($PSCl_3$)	70
H–F	135	N–O	55	S=O (SO_2)	128
H–Cl	103	S–O	87	S=O (DMSO)	93
H–Br	87.5	Si–F	135	P=P	84
H–I	71	Si–Cl	90	P≡P	117
H–B	90	Si–O	110	C≡O	258
H–S	81	P–Cl	79	C≡C	200
H–Si	75	P–Br	65	N≡N	226
H–P	77	P–O	90	C≡N	213

CHAPTER 07

How to Draw Reaction Mechanisms

반응 메커니즘을 그린다는 것은 반응 전 과정을 통해 일어나는 결합의 변화 또는 전자의 이동을 단계별로 설명하는 일이다. 본 chapter에서의 메커니즘 그리기는 특별히 어떤 특정 반응 메커니즘을 숙지하고 익히는 데 목적이 있는 것이 아니다. 어떤 유기 반응을 보게 되면 기본적인 틀에 맞추어 그저 단순히 반응이 어떻게 진행되는가를 그려보고, 어느 것이 타당한가를 가려보는 것이 목적이다. 때로는 실험 결과에 의해 어떤 mechanism은 합리적이며, 또 어떤 mechanism은 불합리하다는 판단을 내릴 수는 있지만, 일반적으로 지켜야 할 규칙을 제대로 지킨 것이라면 우리는 마음대로 메커니즘을 그려 볼 수 있는 것이다. 제시된 메커니즘이 후에 추가적인 실험적 발견으로 옳지 않은 것으로 판명되면 그에 따라 다른 메커니즘을 그려야 하는 것이다. 미지의 반응이라도 얼마든지 메커니즘을 그려 볼 수 있고, 또 어떤 경우에는 복수의 메커니즘을 그릴 수도 있는 것이다. 메커니즘이란 어차피 반응을 이해하고 어떻게 일어나는가를 설명하는 도구이기 때문이다.

7.1 How Organic Reactions are Written?

교과서에서도 그렇지만 논문을 대하다 보면 반응을 표시하는 방법은 일정한 규약 없이 각양각색임을 알게 된다. 아직 숙달이 덜된 상태에서 반응식을 보고 유기 반응이 어떤 방식으로 행하여 졌는가를 이해하는데 있어 놓치기 쉬운 점이 몇 가지 있다. 유기 반응식에서 시약이나 용매, 반응 순서, 기타 반응 조건을 나타내는 방법은 여러 가지가 있기 때문이다.

첫째로 화살표 위 또는 아래쪽에 적힌 화합물이 때로는 화학양적으로 사용되는 시약이기도 하고, 때로는 촉매이기도 하고, 또 때로는 단순히 용매이기도 하다. 다음 식에는 반응 조건이 완전하게 명시되어 있지 않고 단순히 용매만이 적혀 있다. 암모늄 염이 수용성 염기 처리를 거친 후의 생성물이 표시된 것이다. 용매는 구조식을 그리는 대신에 CCl_4, Et_2O, toluene, DMSO 등과 같이 분자식, 화합물명, 또는 약어를 편의에 따라 골라 쓰는 경우가 많다.

NH + Br $\xrightarrow{Et_2O}$ N

둘째, 유기 반응에서는 양쪽의 계수나 균형 맞춤을 무시한다. 또는 화살표 오른쪽에 놓여야 하는 반응 후에 생성되는 무기 염, 물, 기체와 같은 사소한 생성물들은 생략하는 것이 보통이다. 그러나 반응물인 왼쪽에서 생략하는 일은 드물다. 화학 반응식에 빠진 것을 넣고 균형을 맞추는 것이 전체 반응을 이해하고 메커니즘의 선택폭을 좁혀 주기도 한다. 다음 두 식에서는 간단한 부생성물이 모두 빠져 있다. 다음 식에서는 물 분자 하나가, 그 다음 식에서는 이산화탄소 한 분자가 빠져 있다. 때로는 오른쪽에 빠진 생성물 중에서 간단한 화합물인 경우에는 ($-H_2O$)와 같이 화살표 아래에 표시해 넣기도 한다. 반응이 어떻게 일어나는가를 보려면 먼저 혹시 빠진 생성물이 없는가를 살피는 것이 크게 도움이 될 수 있다.

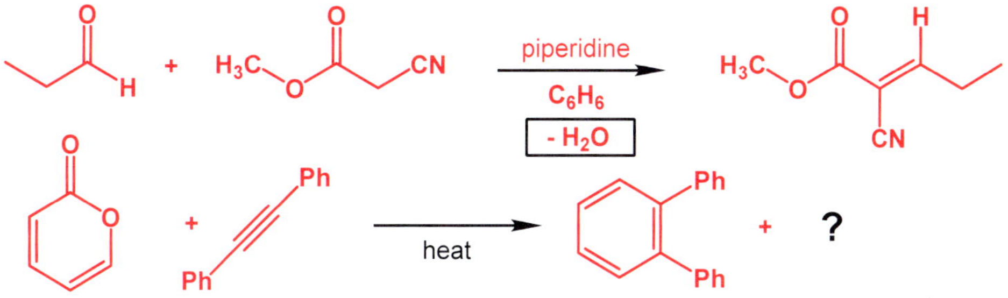

셋째, 반응식의 오른쪽에 적힌 생성물은 과정의 표시는 생략한 채 물 뒤처리(aqueous workup)를 거친 후의 생성물인 경우를 흔히 보게 된다. 다음 식은 물 뒤처리를 끝낸 후의 생성물이며, 그 과정에서 생성되는 무기 부산물은 그려 넣지 않는다. 다음 Grignard 반응은 반응 후에 수용성 산으로 처리를 끝낸 결과를 그린 것이지만, 그 표시는 생략되어 있다.

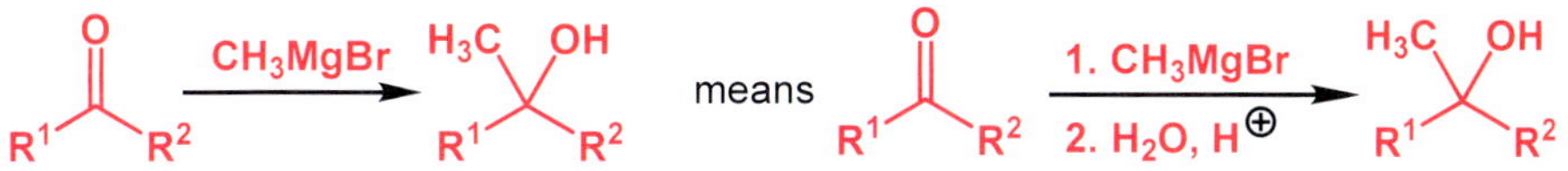

이와 같은 것들은 유기 반응을 기술하는데 있어서 오래된 관습이라 하겠으나, 이러한 관습을 숙지하지 않으면 상당한 어려움을 겪게 된다. 사용되는 시약을 세미콜론(;)으로 분리해 놓았다면, 이는 첫 번째 시약을 넣고 충분히 반응시키고 나서 두 번째 시약을 넣는다는 과정을 나타내는 식이다. (one pot reaction)

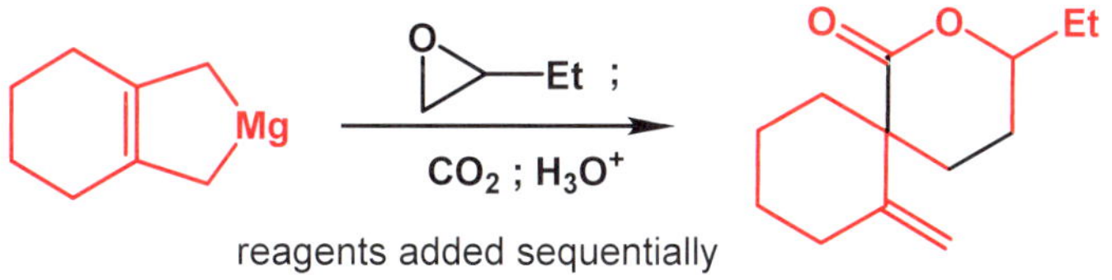

시약에 순서대로 번호를 붙여 놓았다면 위와 같은 의미일 수도 있으나, 또 각 단계에서 뒤처리 과정을 거쳐 생성물을 분리하여 순차적으로 다음 단계의 반응으로 넘어갔다는 의미일 수도 있다. 특히 유기 합성에 관한 논문에서 이와 같은 반응식을 더 많이 발견하게 된다.

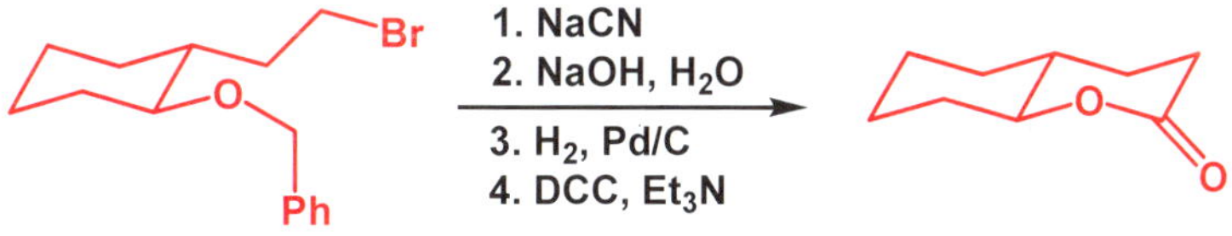

four sequential but independant reactions

위의 보기 반응은 최소한 친핵성 치환, nitrile 가수분해, 촉매 수소화 debenzylation, ester 형성의 네 단계로 나누어 메커니즘을 기술하여야 할 것이며, 그보다 더 많은 단계를 필요로 할 수도 있다.

7.2 Recognizing Bonds Broken and Formed by Numbering

화학 반응이란 결합 양상의 변화를 수반하기 때문에 메커니즘을 그려가기 시작할 때 가장 중요한 단계는 반응 과정을 통해 어떤 결합이 깨지고 어떤 결합이 형성되는가를 살피는 일일 것이다. 변화를 알아보기에 까다로운 반응은 반응물과 생성물에 번호 매기기로 반응 전후의 구조 관계를 쉽게 알 수 있다.

아래 보기 반응은 여러 단계를 거치는 반응이며 어느 단계는 조금 낯설거나 본 적이 없는 반응일 수도 있다. 그렇긴 하더라도 자세히 살펴보면 결국 이 반응은 반응물의 작은 일부에서만 변화가 일어나며 나머지 부분에는 아무 변화가 없다. 결국 여러 단계를 거치는 이 반응은 분자내의 CHO기가 CH_2NH_2로 바뀌는 간단한 반응인 것이다. 이런 경우에는 어렵지 않게 어떤 변화가 어떻게 일어나는지를 알고 있는 반응의 연속이고 까다롭고 모두에게 생소한 반응은 단계별로 거쳐가는 중간 생성물을 그려 넣게 된다. (아래의 변환은 한 단계로 일어나는 반응도 있다.)

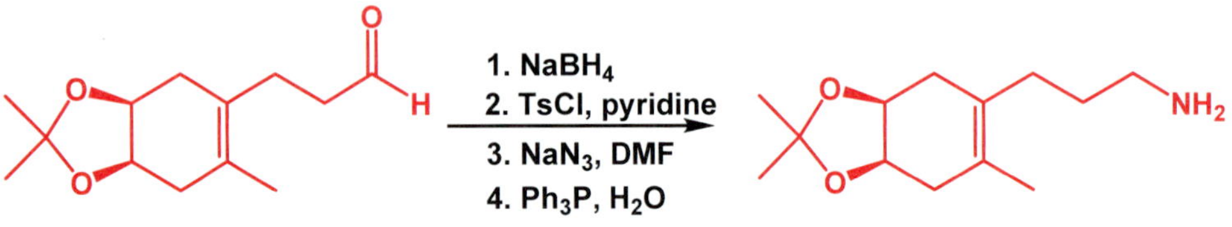
O
H
1. NaBH4
2. TsCl, pyridine
3. NaN3, DMF
4. Ph3P, H2O
NH2

reagents added sequentially
or reaction mixture worked up after each step

반응 중에서 가장 이해가 쉽지 않은 반응은 탄소 골격의 변화가 있는 반응이다. 골격의 변화 등을 수반하는 이러한 복잡한 반응은 다음과 같은 단계를 거치면 수월하게 이를 해결할 수 있다. 반응물의 수소를 뺀 다른 원자들에 순서대로 번호를 붙인다. 필요하면 카보닐 기와 ester의 두 O 원자에도 번호를 붙여야 한다. 그런 다음 앞에서 반응물에 매겨진 번호와 결합 pattern을 이용하여 같은 원자를 찾아 생성물에도 번호를 붙인다. 결합의 변화를 최소화하면서 같은 원자를 찾아내는 것이 key이다. 다음 반응은 반응물과 생성물에 번호 매기기를 한 예이다.

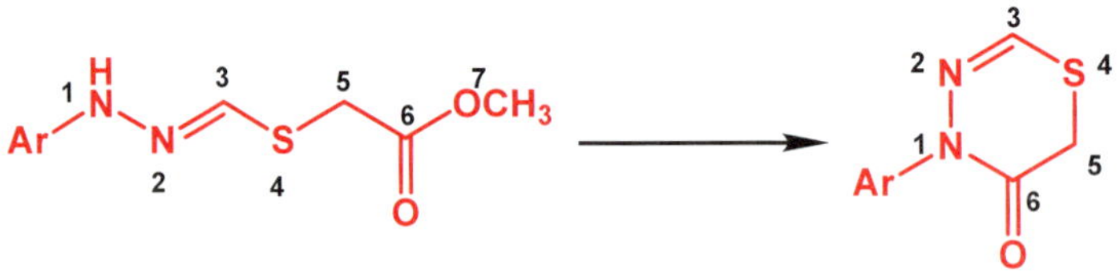
Ar
H
1 N
N 2
3
S 4
5
6
7 OCH3
O
Ar
1 N
2 N
3
S 4
5
6
O

반응물과 생성물의 특정 C 원자에 붙어 있는 H 원자의 수를 세는 것도 번호 매기기에 도움이 될 수 있다. 때로는 반응식의 계수 맞추기가 번호 매기기에 길잡이가 되기도 한다. 변화가 없는 aryl기까지 일일이 번호를 매길 필요는 없다.

의외로 화합물에 번호 매기기를 게을리 하는 경우가 많은데 번호 매기기의 중요성은 아무리 강조해도 지나치지 않는다. 자리옮김 반응과 같이 복잡한 반응일수록 경우 번호 매기기를 하지 않으면, 어떤 결합이 깨지고 형성되는지 알아내기 어렵고, 그것을 모른 채 반응 메커니즘을 그릴 수 있는 방법이 없다! 원자의 번호 매기기에 시간이 소요되지만 이는 어떤 결합이 형성되고 깨지는가를 알아내는데 걸리는 시간을 그 이상 단축하는 효과가 있다. 숙달되어 갈수록 번호를 붙여야 하는 원자의 수도 줄게 된다.

원자에 번호 매기기를 마친 다음에 해야 할 일은 수소를 제외한 원자간에 새로 형성되어야 하는 결합과 수소를 제외한 다른 원자간에 깨져야 하는 결합을 열거하는 일이다. 수소가 관여되는 결합은 형성되는 결합도 깨지는 결합도 열거하지 않는다! 이러한 절차를 거침으로써 반응물에서 생성물로 넘어가는 과정에서 일어나는 중요한 결합 양상의 변화에만 모든 주의를 집중할 수 있다. 반응물과 생성물의 모양이 다른 것에 집착하거나 두려워할 필요가 없다. 여기서 문제시해야 하는 것은 원자간 결합의 변화뿐이다. 한 두 개의 결합의 사소한 변화에도 생성물은 반응물과는 전혀 다르게 보일 수도 있다.

깨지는 결합과 새로 형성되는 결합을 열거할 때 π-결합은 제외시키는데, 이는 π-결합의 위치는 σ-결합이 깨지고 형성되는데 따라 자연스럽게 결정되기 때문이다. 이를 정확히 이해하기 위해서 염기성 조건하에서의 acetaldehyde의 enol tautomer로의 변환을 살펴보자.

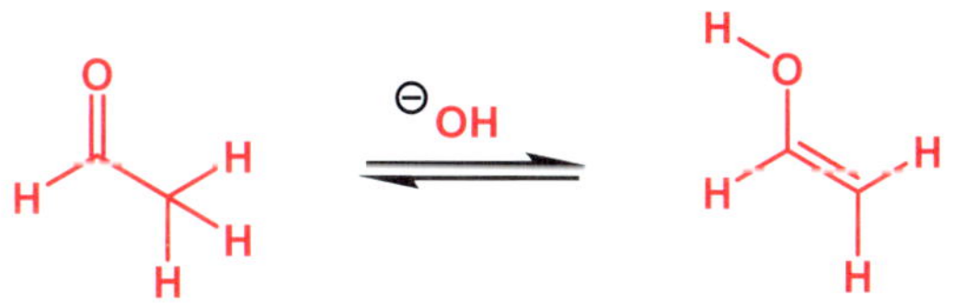

반응물에서 생성물로 이어지는 과정에서 가장 중요한 변화는 π-결합이 C=O에서 C=C로의 이동이라고 할지도 모른다. π-결합이 이동하는 것은 사실이지만 이 사실로부터 메커니즘 상에서 어떤 단계를 밟아 가는지를 알 도리가 없다. 그렇지만 σ-결합만을 고려한다고 하면 새로 O–H σ-결합이 형성되어야 하고 C–H σ-결합이 깨져야 한다는 점을 알아 볼 수 있다. 염기성 조건이므로 모르긴 해도 첫 단계는 염기가 산성인 C–H 결합에서 H^+을 떼내어 enolate가 얻어지는 것이다. 그런 다음 염기성인 O 원자가 OH_2에서 H^+을 떼내어 새로 O–H σ-결합을 형성하는 일일 것이다. 적절히 σ-결합이 깨지고 형성되면 π-결합은 순리적으로 적절한 자리로 이동하게 되는 것이다. 골격의 변화를 알아내는 데는 π-결합은 그리 중요치 않다.

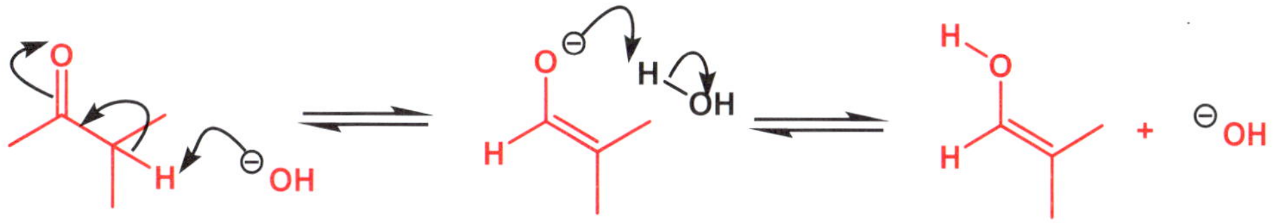

그러면 왜 깨지고 형성되는 결합을 열거할 때 원소–H 간의 σ-결합을 포함시킬 필요가 없는 것일까? 그 이유는 원소–H σ-결합은 다른 부류의 σ-결합에 비해서 깨지고 형성되는 것이

훨씬 쉽기 때문이다. 이는 극성 반응에서 더욱 그러하며, 수소가 아닌 다른 원자들 간의 결합을 깨지고 형성되는 과정에서 원소–H σ-결합이 자연스럽게 깨지고 형성될 수 있기 때문이다. 수소가 아닌 다른 원자들 간의 결합을 깨고 형성한 후에 필요하면 H를 포함하는 σ-결합을 살펴보면 되는 것이다.

문제 7.1 다음 반응식의 균형을 맞추고 반응물에 매겨진 번호에 따라 생성물의 모든 원자에 번호를 매겨라.

(a) EtO 1 2 3 N 4 — NaOEt, EtOH; 1/2 BrCH$_2$CH$_2$Br (5 6) → EtO, O, NH$_2$, C≡N + EtO OEt (O)

(b) O 1 2 3 4 5 6 7 O — HCl → O, O, Cl

(c) 6 OH 5, 7 1 2 4, 8 OH 3 — H$^{\oplus}$ →

문제 7.2 문제 7.1의 세 반응에서 H–원자 결합을 제외하고 깨지는 결합과 형성되는 결합을 모두 열거하라.

문제 7.3 다음 각 반응에서 반응물의 수소가 아닌 대부분의 원자에 번호가 매겨져 있다. 각 반응에서 생성물의 원자에 알맞은 번호를 매기고, 수소가 아닌 원자간에 형성되는 결합과 깨지는 결합을 열거하라. 물-뒤처리를 거친 생성물임을 가정하라.

(a) i-Bu, O, MeO$_2$C 4 N 5 NH 6, 3, 2, 1, 7 i-Pr, 8, 9 — Grubbs II → i-Bu, O, MeO$_2$C N NH, i-Pr + (ethylene)

(b) O O, Br 6, 5, 4, 3, 2, CO$_2$Me 1 — Bu$_3$SnH, cat. AIBN → O O, H, CO$_2$Me + Bu$_3$SnBr

(c) O 2, Ph 1 CN + O 5, MeO 3, 4, 6, 7, 8, 10 OMe, O 9 — cat. Ph$_3$P → O, O, OMe, NC, Ph, CO$_2$Me

(d)

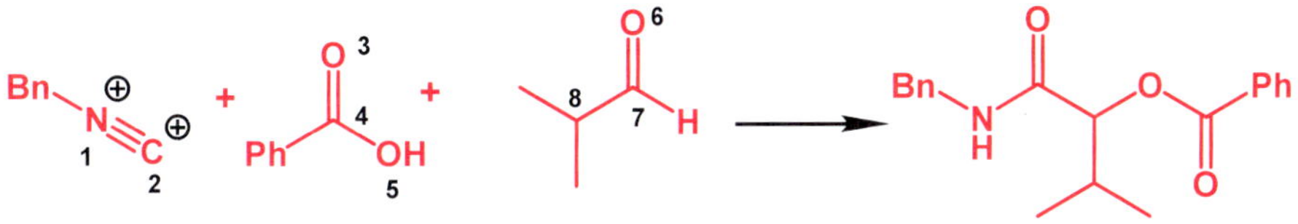

(e)

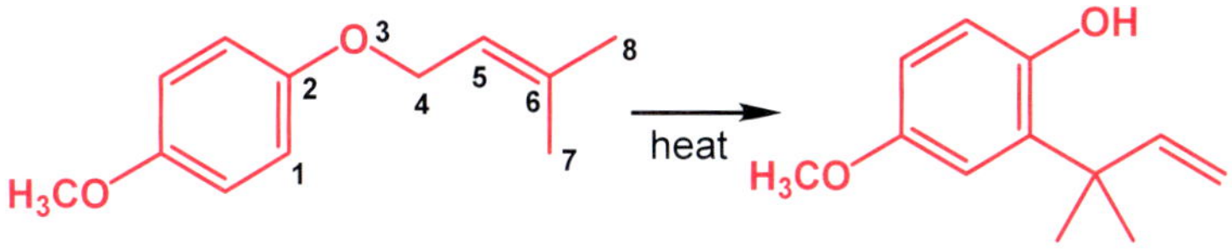

(f)

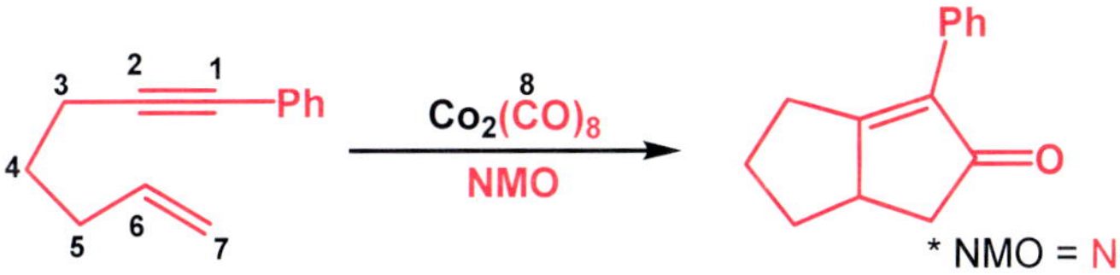

* NMO = N-methylmorphorine oxide

(g)

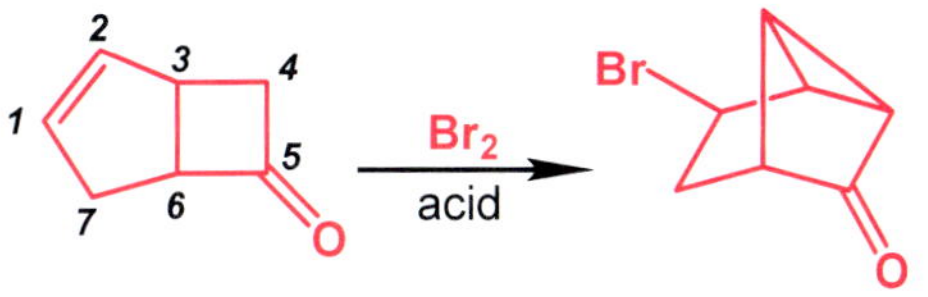

(hint: enol)

(h)

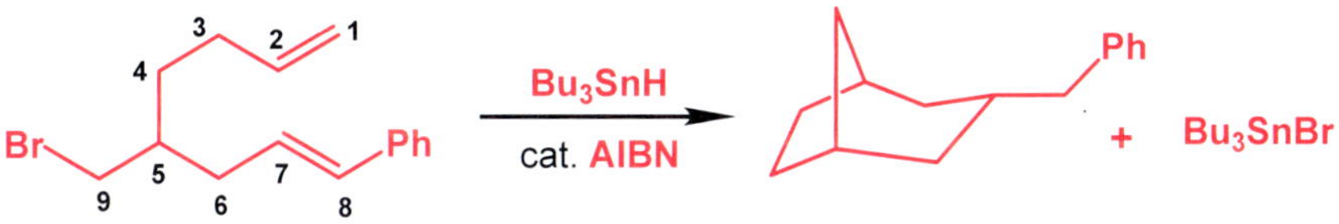

7.3 Electron Source and Electron Sink

반응 메커니즘이란 결합깨짐과 결합형성의 순서를 단계별로 표시해 놓은 것이라 할 수 있다. 결합깨짐과 결합형성은 이들 전자쌍의 이동에 의한 것이고, 메커니즘을 그릴 때는 구부린 화살표를 이용하여 이들 전자쌍의 이동을 표시해 넣어야 한다. 구부린 화살표로 반응 메커니즘을 그릴 때 항상 기억해야 하는 것이 전자는 **전자 공급원**(electron source)에서 출발하여 **전자 씽크**(electron sink)로 향하도록 그려야 한다는 점이다.

다음 Table 7.1에는 일반적으로 유기 반응에서 electron source가 될 수 있는 화학종을 분류하여 정리하였다. Electron source인 원자는 고립쌍을 갖는 경우가 대부분이다. 따라서 모든 anion은 electron source가 될 수 있다. 중성인 electron source는 대개의 경우 헤테로원자에 고립쌍을 갖고 있다. 위에서 열거한 화학종의 구조 전체가 아닌 바로 고립쌍에서 출발함을 잊지 않아야 한다. Table 7.1에 열거된 화학종은 기본적으로 친핵체들이다. 앞 chapter에서 설명한 친핵체들의 종류와 일치한다. 그러나 여기서 사용하는 electron source는 유기 메커니즘 그리기의 일환으로 본질적으로 다른 의미이다. 메커니즘 그리기에 사용되는 용어이며, 따라서 이들은 표에 이어 예시되어 있는 구부린 화살표와 함께 그려 있는 그림을 숙지하여야 한다.

[Table 7.1] Common Electron Sources (R= H, alkyl, aryl ; X = electronegative atom)

Nonbonding Electrons (lone pair)	The lone pairs on the heteroatoms on the following structures: X^-, RO^-, R_2O, NR_3, NR_2^-, RCO_2R, R(CO)R, $R(CO)NR_2$, R_2S, RS^-, CN^-, N_3^-, R_3P, R_2Se, and RSe^-
Electron Rich or Strained σ-Bonds	A. Organometallics : RMgX, RLi, R_2CuLi, and R_2Zn B. Hydride Reagents : $LiAlH_4$, $NaBH_4$, NaH, and BH_3 C. Cyclopropyl or cyclobutyl
Electron Rich π-Bonds	Alkenes, dienes, alkynes, allenes, and arenes Enols, enamines, enolates, anilines, and phenols

일차적인 electron source는 유기 분자내의 고립쌍이다. Lone pair를 갖는 원자는 음전하를 가질 수도 있고, 아닐 수도 있다. 주로 산소, 질소, 황, 인, 할로젠 등의 전기음성 원자들이 대부분을 이룬다. 메커니즘 상의 각 단계에서 electron source는 화살표 연속의 시작점이다. 전하가 있으면 전자쌍을 생략할 수 있지만 없는 경우에는 전자쌍을 그려 넣는 것이 좋다.

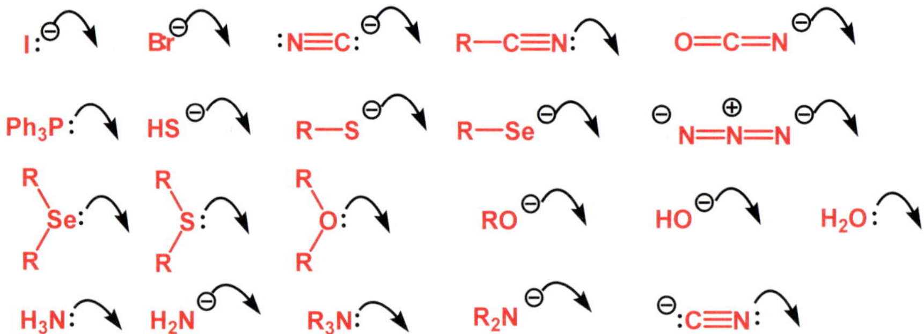

다음 경우와 같이 탄소와 π-결합을 이루는 헤테로원자는 또한 lone pair를 가지고 있으며, 이를 이용하여 양성자나 반응성이 큰 친전자체와 반응하게 된다. 메커니즘 그릴 때도 lone pair의 친전자체로의 이동을 먼저 그리는 편이 보고 이해하기에 훨씬 쉽다.

탄소 또는 수소 원자와 공유결합성이 강한 금속 원소 간에는 극성 공유결합을 이루게 되지만, 결합 극성이 커서 반응성이 큰 electron source가 된다. 이들은 비교적 작은 *pKa*를 가지는 Brönsted 산과 작용하면 양성자떼기를 쉽게 일으킨다. 또한 반응성이 큰 친전자성 탄소와 공유결합을 형성하기도 한다.

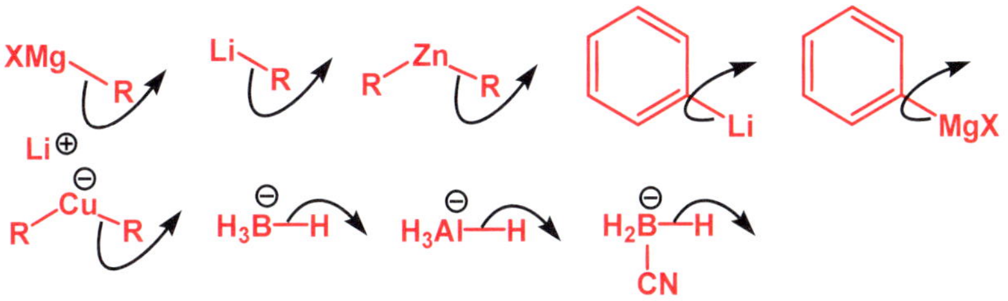

π-결합은 일반적으로 약하기는 하지만 전자쌍 주개이다. 따라서 일반적으로 센 친전자체와 반응하게 된다. π-결합이 electron source로서 작용하면 탄소-탄소 이중결합은 carbocation으로 바뀐다. 산소 원자에 이웃한 탄소-탄소 π-결합은 반응성이 증대되어 enol, enolate, phenol은 전자-풍족 electron source이다. 마찬가지로 enamine과 aniline 또한 구조적으로 유사한 전자-풍족 π-결합 electron source이다.

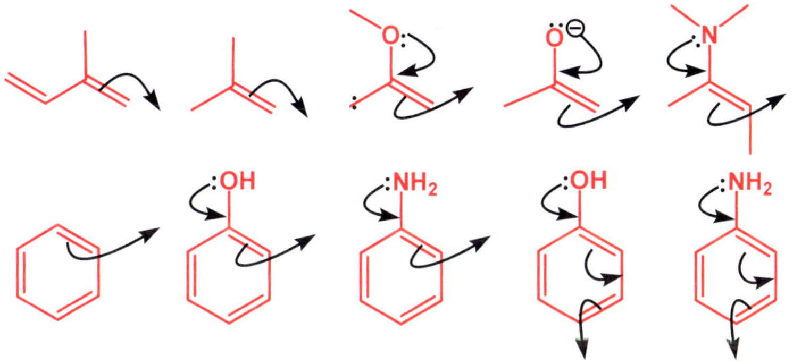

Electron push-pull을 이용하여 메커니즘을 그리는데 있어 까다롭고 자칫 잘못을 저지르기 쉬운 것은 electron source가 아니라 electron sink이다. <u>Electron source와 electron sink는 단지 electron pushing 또는 electron push-pull에 의하여 메커니즘을 그릴 때 사용되는 용어일 뿐이며</u>, 따라서 chapter 4에서 논의한 반응성 양상을 나타내는 용어인 친핵체나 친전자체와 유사한 점이 많이 있지만, 이를 확실히 구분하여 혼동하거나 착각하지 않도록 주의해야 할 것이다.

[Table 7.2] Common Electron Sinks (X = electronegative atom N,S,O, Halogen)

Species with Empty Orbitals and Lewis Acids	B and Al containing Lewis acids, All metal Lewis acids, Carbocations
Acidic H−X σ-Bonds	All mineral acids, All hydroxylic acids, Amines, Acetylenes
Polarized C−X σ-Bonds	Alkyl halides, Alkyl tosylates, Epoxides
Weak X−X σ-Bonds	Peroxides, Molecular halogens, Disulfides, Diselenides
C=X π-bonds and its protonated form	Aldehydes, Ketones, Nitriles, All carboxyl and carbonyl derivatives, α,β-Conjugated carbonyls
Protonated Electronegative X	Protonated heteroatom having formal (+) charge Oxygen and halogen atoms having formal (+) charge

일반적으로 Lewis 산으로 분류되는 다음 화합물들은 빈 p orbital을 이용하여 접근하는 전자쌍을 받아들일 수 있는 electron sink이다. 전하가 없는 금속 화합물의 경우 전자쌍을 수용하면 금속 원자는 음전하를 띠게 된다.

모든 양성자산은 알맞은 세기의 염기에 의하여 양성자떼기가 일어난다. 유기화학 반응에서 많이 그리는 H^+는 사실상 존재하지 않으며, 무언가와 결합되어 있다. 따라서 H^+가 electron sink가 되는 경우는 없으며, 양성자와 결합에 사용되었던 전자는 결합한 원자에 남겨 놓게 된다. 양성자와 결합하였다가 떨어지는 원자가 electron sink이다. 따라서 모든 화살표의 끝은 전기음성 원자를 향하게 됨에 유의하여야 한다.

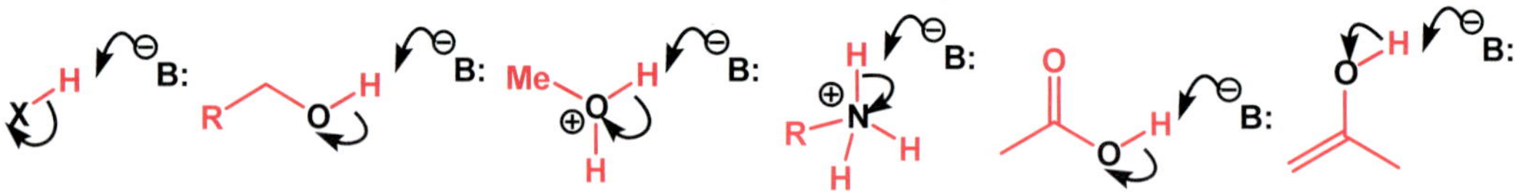

위에서와 같이 강력한 전기음성 원자가 아닌 다른 원자와 결합한 양성자떼기는 잘 일어나지 않으며, 대개의 경우 다음과 같이 이웃한 작용기가 강력한 electron sink가 될 수 있는 경우에라야 비교적 쉽게 일어난다.

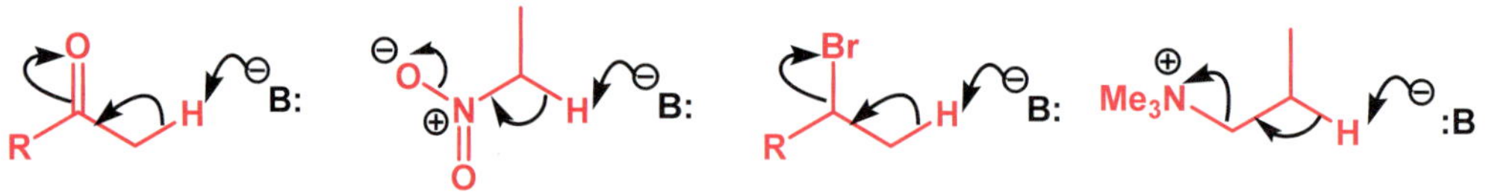

두 헤테로원자 간의 σ-결합은 결합에너지가 상당히 낮으며, 친핵체의 공격으로 쉽게 깨진다. 어디서나 마찬가지이지만 역시 화살표의 끝은 전기음성 원자로 향하게 된다.

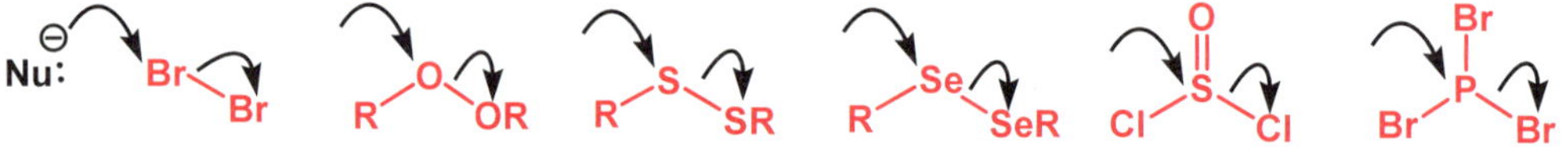

탄소와 이웃한 원자의 전기음성도가 커서 결합이 편극화되어 있는 σ-결합 화합물 또한 쉽게 깨진다. 역시 화살표의 끝은 전기음성 원자로 향하게 된다

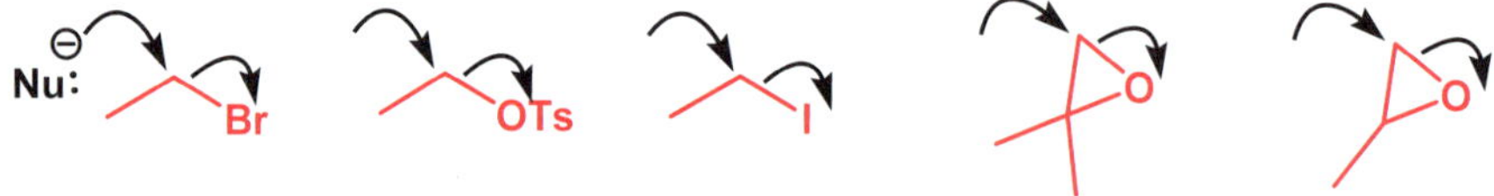

전기음성인 산소, 질소, 할로젠 등에 양성자붙임이 일어나거나 Lewis 산과 배위가 되어 있는 경우에는 더욱 쉽게 결합깨짐이 일어나게 된다. 마찬가지로 전기음성인 원자가 electron sink가 된다.

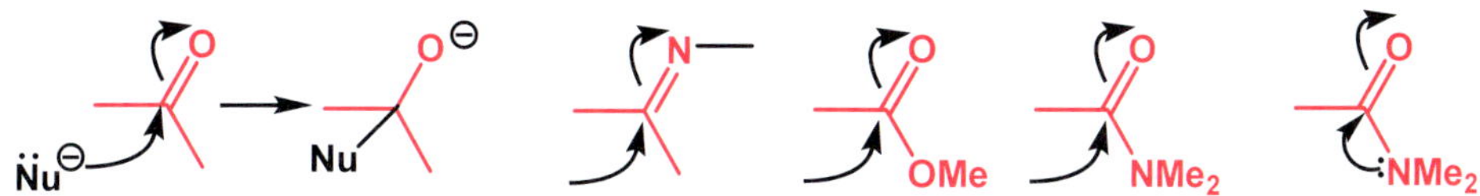

C=X double bond를 가지는 모든 화합물의 산소, 질소 등의 헤테로원자는 강력한 electron sink이다. 이들 헤테로원자는 반응 후에 음전하를 갖게 된다.

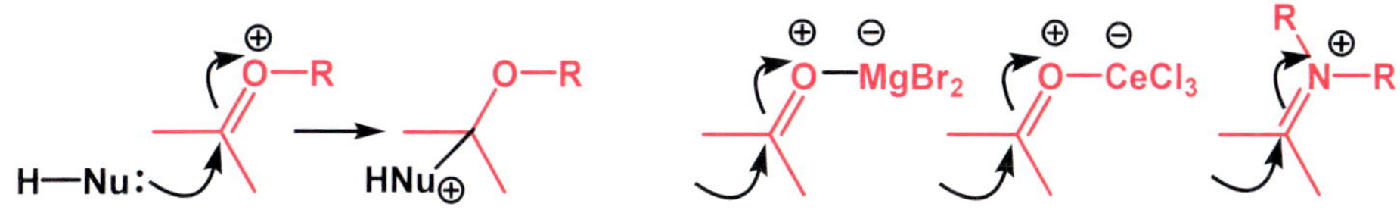

이들 원자가 다른 탄소, 양성자 또는 Lewis 산 등과 결합하여 양전하를 띠게 되면 더욱 강력한 electron sink가 되어 아주 약한 친핵체도 쉽게 공격할 수 있다.

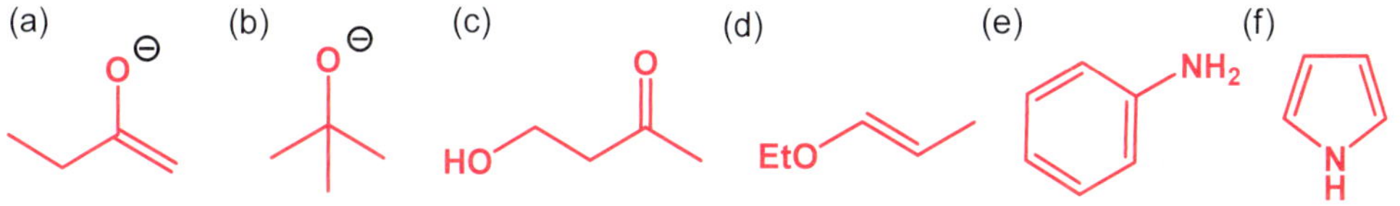

유기화학 반응 메커니즘을 그릴 때 보게 되는 electron sink는 결국 빈 오비탈을 가지고 있거나, 양전하를 띤 전기음성 원소들이며 C=O π-결합과 C−X σ-결합 등이 주류를 이룬다.

문제 7.4 다음 주어진 화학종에서 electron source를 찾아 표시하라. 친전자체 E^+와는 어떤 반응이 가능한지 그려 보라. 두 가지 이상 그릴 수 있는 것도 있다.

(a) (b) (c) (d) (e) (f)

문제 7.5 다음 주어진 화학종에서 electron sink를 찾아 표시하라. 친핵체 $Nu:^-$ 또는 염기 $B:^-$와는 어떤 반응이 가능한지 그려보라.

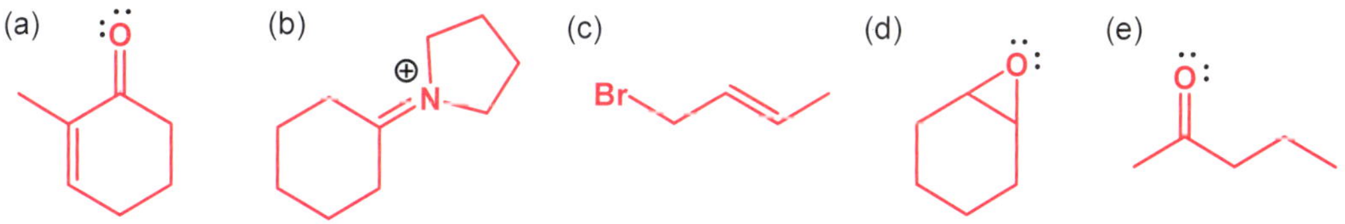

7.4 Arrows from Electron Source to Electron Sink

화살표는 전자쌍이 electron source에서 시작하여 electron sink에서 끝나도록 그려야 한다. 이는 철칙이다. 반드시 지켜야 한다. 다음에 그려진 화살표는 electron sink를 향하고 있지만 정확하게 electron source에서 출발하지 않고 있다. Imine에서 가장 좋은 electron source는 C–N π-결합이 아닌 질소의 lone pair이다.

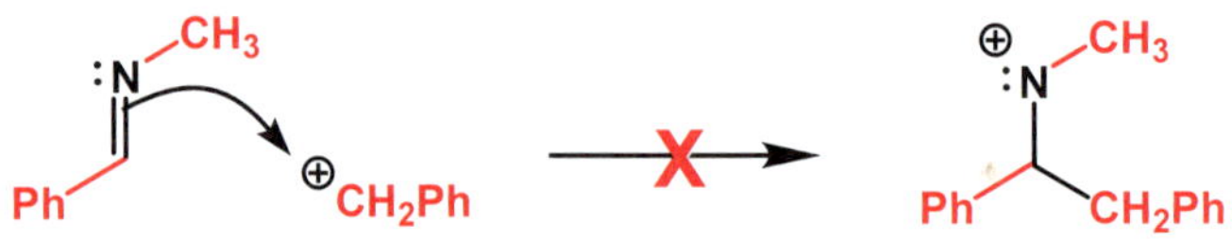

제대로 된 화살표 그리기로 생성되는 화학종을 그려 보자. 위의 경우 확실한 electron source는 정확하게 질소 원자의 고립쌍이므로 화살표는 여기서 출발하여야 한다. 결합깨짐 없이 결합이 형성될 수 있다면 에너지로 보아 대단히 유리한 반응이다.

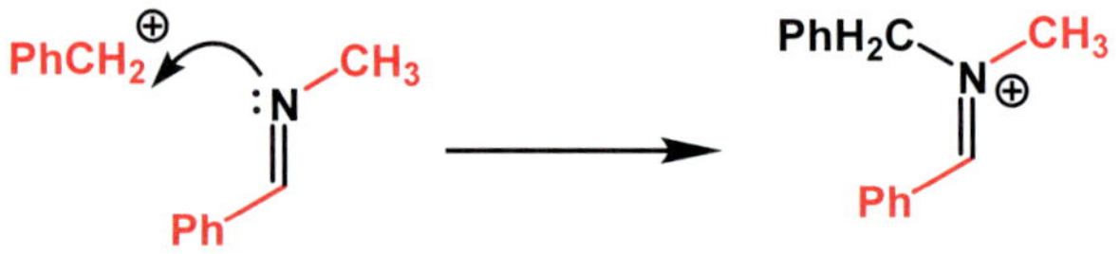

HBr에 의한 isobutylene에 양성자붙임을 다음과 같이 그렸다고 해 보자. HBr은 양성자 주개이고 alkene의 π-결합은 전자쌍 주개인 염기이다. 따라서 electron source는 π-결합이고, electron sink는 가장 전기음성인 Br이어야 한다. 둘째 단계의 carbocation의 빈 p 오비탈을 가지는 탄소는 강력한 electron sink이다.

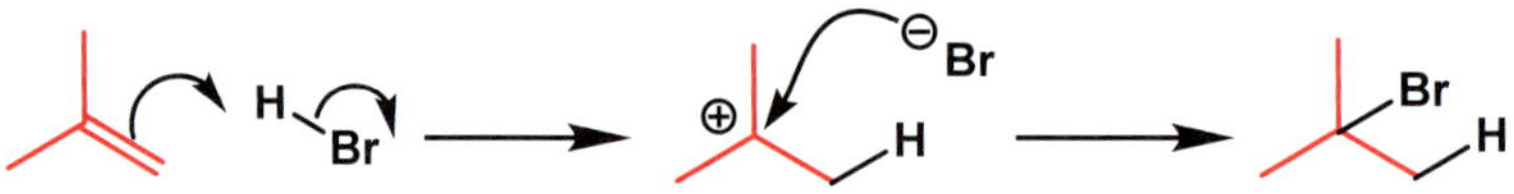

전자쌍의 이동이 복잡한 경우에는 여러 화살표가 꼬리에 꼬리를 물고 늘어서게 된다. 이때 어느 한 결합이라도 뛰어 넘거나 화살표의 흐름이 끊겨서는 안 된다. 도중에 화살표 하나가 빠져서 끊기면 어떤 결과가 되는지를 다음 예에서 볼 수 있다. 전자쌍 이동 화살표를 그렸다면 반드시 전자쌍 이동의 결과를 모두 그려 넣어야 한다. 결과를 그리지 않을 것이면 아예 화살표도 그리지 않는 편이 오히려 더 낫다.

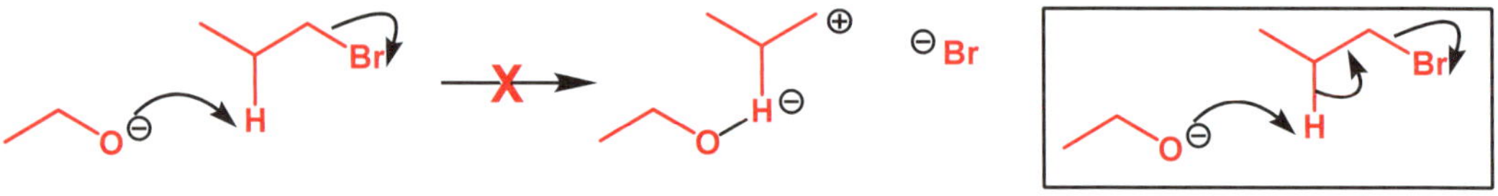

문제는 한 화합물 내에 전자쌍의 공격을 받을 수 있는 자리가 여러 개 있는 경우이다. 앞에서 살펴본 예 중에 enone의 경우가 그 한 예이다. 예로 2-cyclohexenone은 염기가 공격할 수 있는 산성 수소가 두 곳(II, III)이며, 친핵체의 공격을 받을 수 있는 친전자성 탄소 또한 두 곳(IV, V)이 있다. 복잡한 것처럼 보이지만 이 화합물에는 electron sink가 하나뿐이다. 모든 화살표는 최종적으로 카보닐 산소를 향하게 하면 문제를 해결할 수 있다. 염기나 친핵체가 어디를 공격하더라도 최종 화살표의 끝은 카보닐 산소로 (I)에서와 같이 표시되어야 한다.

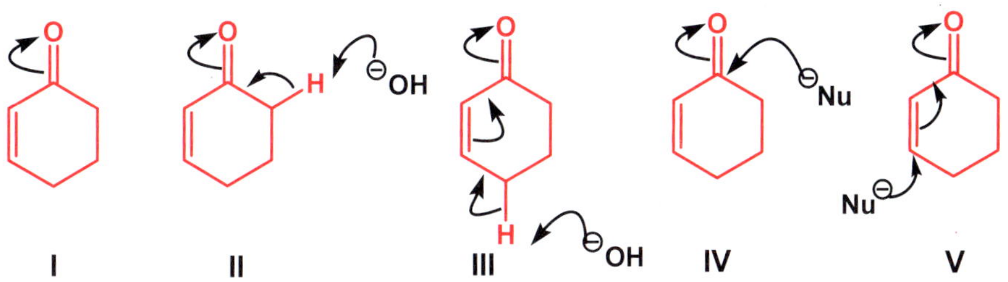

극성 반응의 경우 몇 단계 반응이던 간에 각 단계별로 전자쌍 이동을 표시하는 몇 개의 화살표를 그리는 경우가 많다. 몇 개를 그리더라도 각 단계의 제일 마지막 화살표의 끝은 항상 전기음성인 원자 또는 (+) 전하를 가진 전자결핍 원자로 향해야 한다. 일컬어 electron sink로 향해야 한다.

염기에 의한 케톤의 양성자떼기를 그릴 경우에도 이를 지켜 화살표의 끝이 산소가 되도록 하는 것이 훨씬 더 간결하다. 다음 그림에서 보는 바와 같이 π-결합의 이동까지를 한번에 표시하면 보다 더 안정한 공명 기여구조를 한번 더 그리지 않아도 될 뿐 아니라 보다 더 합리적인 전자쌍의 이동을 나타내게 된다.

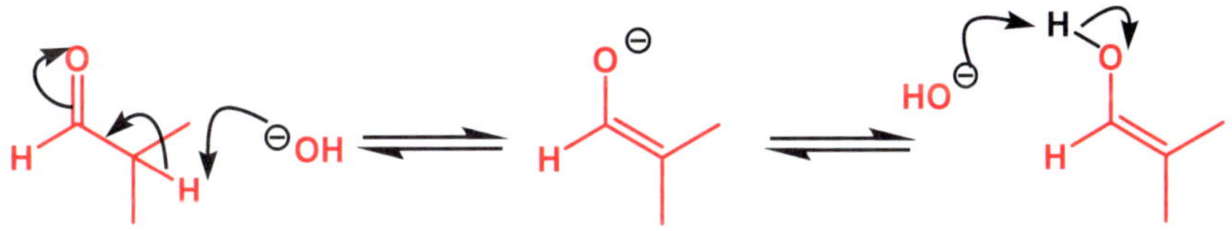

다음 식의 X 표한 방법으로 그린다면 틀렸다고 하지는 않겠지만 덜 효율적인 것은 틀림없으며 그렇게 그려야 할 이유가 하나도 없다.

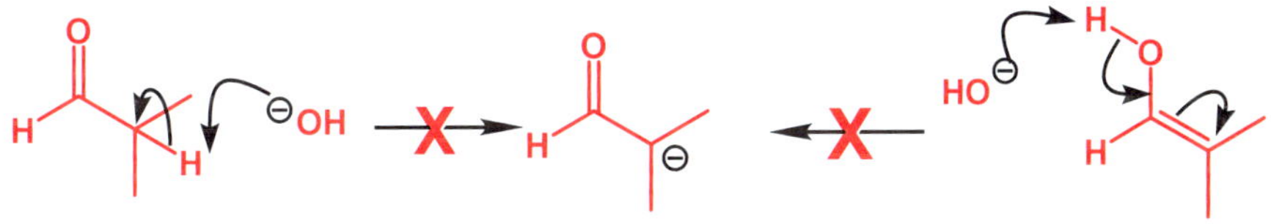

이는 다음과 같은 alkane의 양성자떼기를 고려하면 더 분명해 진다. 단순한 탄화수소의 양성자떼기로 nonstabilized carbanion이 형성되는 반응은 결코 쉽게 일어나지 않는다. 치환기에 의한 안정화 효과가 없는 탄소는 electron sink가 되기 어렵다. 하지만 전기음성인 할로젠이 치환된 경우 β-제거 반응이 일어나는 것은 익히 알고 있는 사실이다. 전자쌍 이동 화살표의 끝은 electron sink인 Br을 향하고 있음을 다시 한번 확인할 수 있다.

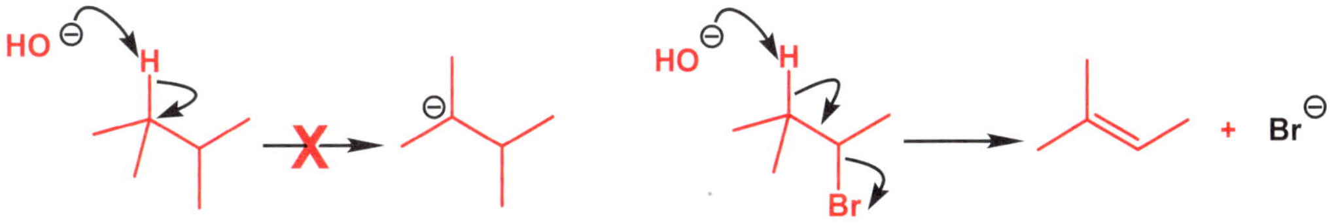

덜 불안정한 carbocation이라면 단순한 alkene의 protonation으로 어렵지 않게 형성하지만

아무리 센 친핵체라도 단순한 alkene에 첨가되는 것은 무리이다. Alkene의 protonation은 화살표 끝이 electron sink를 향하고 있지만, 두 번째의 친핵체의 첨가는 그렇지 않다. 그렇지만 alkene이 카보닐기와 같은 polar group을 이웃하고 있는 경우에는 어렵지 않게 반응이 일어나는 것을 볼 수 있다 (electrophilic alkene이라고 함). 이때도 화살표 끝이 역시 전기음성인 산소를 향하고 있다.

X—H H ⊕ + :X⊖

⊖Nu: ? Nu ⊖

O ⊖Nu: ⊖O Nu

다음 자리옮김 반응 메커니즘에서도 마찬가지이다. 두 전자쌍 이동 화살표는 둘을 그리나 셋을 그리나 마찬가지 결과를 낳는다고 할 수도 있다. 그러나 이 반응은 OH 기가 존재하므로 빠르게 일어나는 반응이며, 단순한 탄소 간의 σ-결합보다는 산소의 고립쌍이 더 좋은 electron source이다. 이 반응은 OH 기가 붙어 있지 않은 단순한 perester인 경우에는 잘 일어나지 않는다. 전자 공급원(electron source)인 산소의 전자쌍으로 출발하는 것이 보다 더 합리적인 메커니즘이라 할 수 있다.

HO O O O R :OH ⊕ O ⊕OH O - H⊕ O O

electron source ?

HO O O O R ⊕OH O - H⊕ O O

Much better!!

다음 반응도 마찬가지로 electron source인 산소의 고립쌍으로부터 화살표를 시작하는 것이 보기에도 좋을 뿐만 아니라 실제의 전자쌍 이동을 더 잘 표현한다고 할 수 있겠다. OH가 없는 단순한 alkyl cation이라면 에너지의 손해를 감수하고 일어날 수도 있으나 이러한 alkyl 기의 이동은 거의 일어나지 않을 것이라 예상할 수 있다.

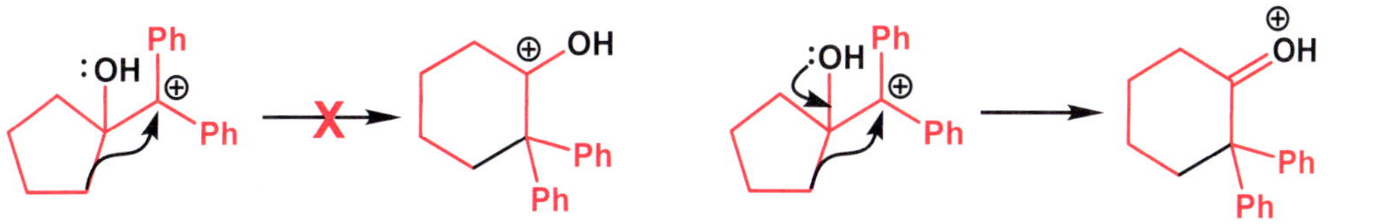

다음은 Mannich 반응이라고 부르는 반응의 mechanism을 그려 놓은 것이다. 여러 단계를 거치는 복잡한 반응이나 전자쌍의 이동이 나타나 있는 모든 단계에서 화살표의 시작은 모두 고립쌍이며, 화살표의 최종 끝은 모두 전기음성인 원자는 양전하를 띠고 있는 원자로 향하고 있음을 볼 수 있다. 양성자전달 단계에서는 전자쌍 이동 화살표가 생략되어 있으나, 이를 그려 넣는다 해도 위의 원칙은 변함없이 지켜지고 있음을 볼 수 있게 된다.

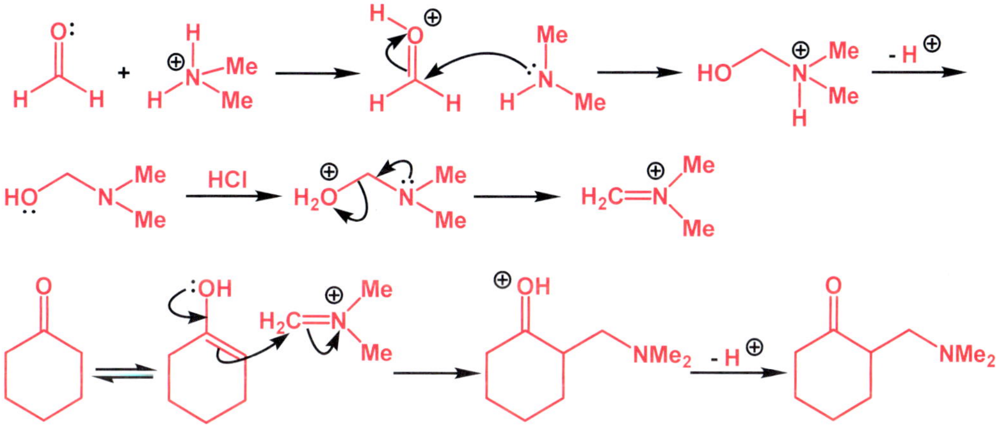

Mannich base

유기 화학 반응 중에서 전자쌍 이동 화살표의 끝이 electron sink를 향하지 않는 큰 부류의 반응이 있는데, 이름하여 pericyclic reaction이라고 한다. 이 부류의 반응에서는 모두 cyclic transition state를 거치며, 화살표가 꼬리에 꼬리를 물고 고리형으로 연결되는 특색을 가지며, 실제 어디가 시작점인지 어디가 끝인지를 알 수 없다. 다음 chapter에서도 이에 관한 간단한 설명을 보게 될 것이다.

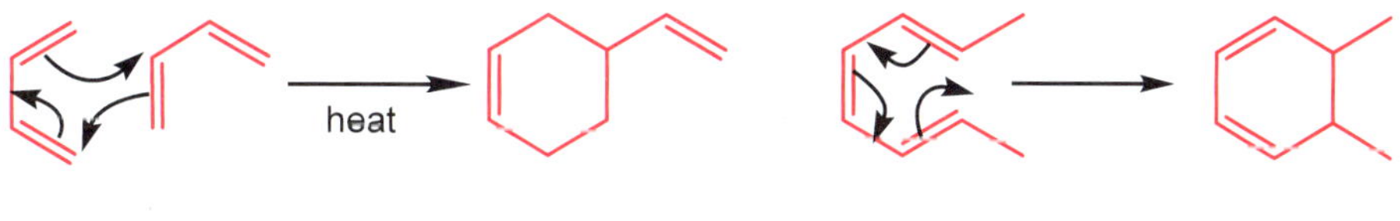

heat

문제 7.6 다음 화살표에 따른 전자쌍 이동의 결과를 그려 보라. 정확하게 electron source에서 출발하여 electron sink를 향하고 있는가? 그릴 수 있다면 어떤 중간체를 그려야 하는가? 중간체를 거치지 않고 그대로 그려도 되겠는가? 어떤 차이가 있는가?

(a) ?

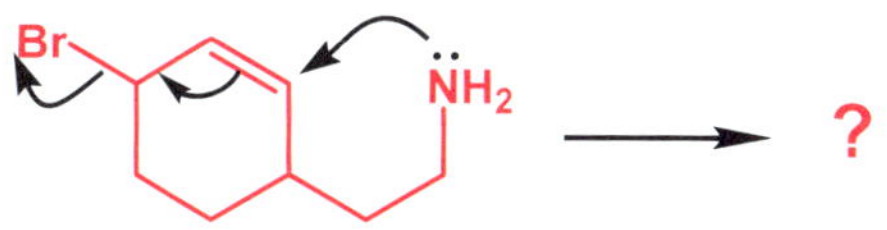

(b)  HO⊖ H–O–C(CH₃)₂–Cl ⟶ ?

문제 7.7 1-Chloro-3-butenone과 $^{-}$OH가 섞였을 때 일어나는 여러 가지 전자쌍 이동을 구부린 화살표를 사용하여 표시하여 보라. 지금 단계에서는 실제로 일어나는가에 관계없이 화살표 사용만 올바르면 된다. 화살표가 정확하게 electron source에서 출발하여 electron sink를 향하도록 전자쌍 이동이 일어나고 있는지를 확실히 해야 한다.

문제 7.8 다음 화학종은 B: 또는 Nu:와 반응할 수 있는 자리가 두 곳 이상이 있다. 가능한 모든 B: 또는 Nu:과의 반응을 그려 보라.

(a) 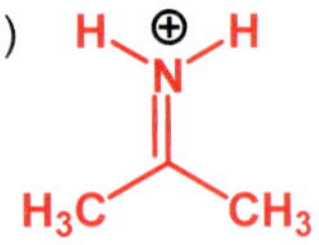 (b)  (c)

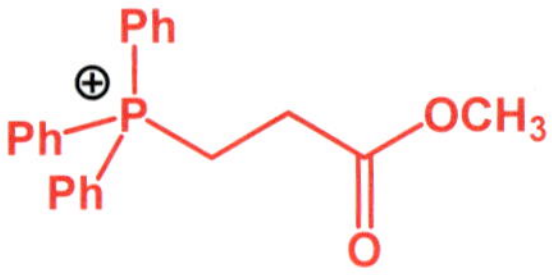

문제 7.9 본문의 Mannich 반응의 메커니즘에는 세 key step에서만 전자쌍 이동이 표시되어 있고 proton transfer step의 전자쌍 이동 화살표는 모두 생략된 채로 있다. 메커니즘을 다시 한번 그려보되 빠진 proton transfer step의 전자쌍 이동도 모두 그려 넣어라.

문제 7.10 아래 반응에서 반응물이 생성물로 변화하기 위하여 일어나는 모든 전자쌍 이동을 화살표를 그려 넣어 메커니즘을 완성하라. 모든 단계에서 전자쌍은 electron source에서 시작하여 electron sink를 향하도록 그려야 한다.

(a)

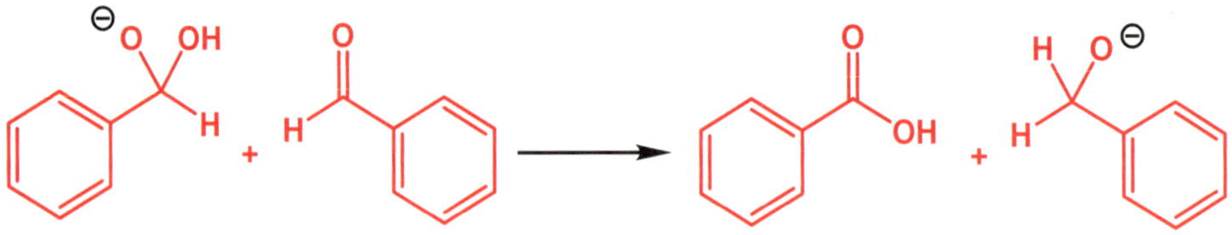

(b)

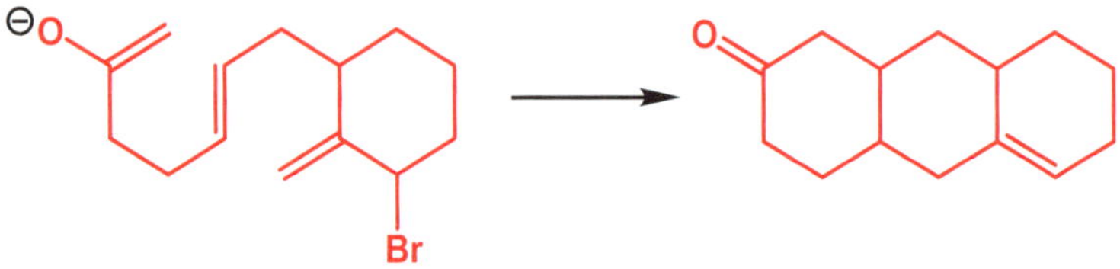

문제 7.11 지금까지 익힌 지식을 이용하여 다음 반응이 어떻게 진행될 수 있는가를 나타내는 두 단계 electron push-pull mechanism을 그려 보라. (염기가 들어가는 반응의 첫 단계는 거의 대부분 양성자떼기로 시작한다.)

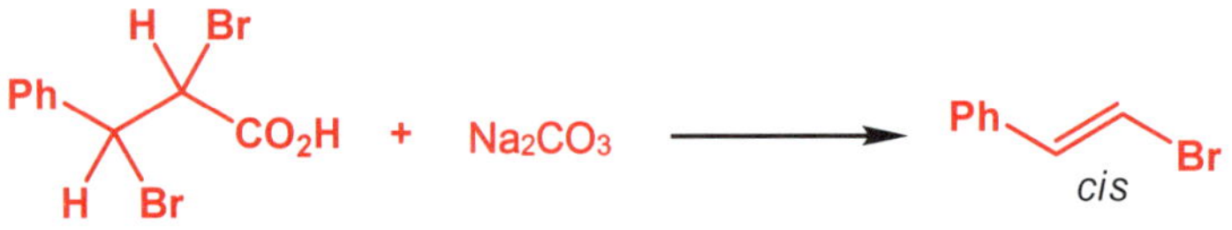

Ph–CH(Br)–CH(Br)–CO_2H + Na_2CO_3 ⟶ Ph–CH=CH–Br (*cis*)

7.5 Don't Make Trivial Errors

타당성 있는 메커니즘을 그리기 위한 선행 조건은 정확한 Lewis 구조를 그리는 일이다. Lewis 구조는 선형 구조를 간결하게 그려 넣어 꼭 필요한 것을 제외한 탄소, 수소 등은 생략함으로써 한결 쉽게 알아볼 수 있는 그림을 그릴 수 있다. 할 수 있는 최대의 결합수를 초과해서는 안 되며, 형식전하, 헤테로원자와 그에 붙은 수소 등 절대로 생략할 수 없는 것을 빼먹어서도 안 된다. 다음으로 중요한 것은 전자쌍 이동을 나타내는 구부린 화살표 그리기이다. 이 둘을 실수 없이 그린다면 쉽지 않은 반응의 메커니즘도 별 문제 없이 그릴 수 있게 된다.

7.5.1 Octet Rule: A Must under Any Circumstances

절대 그려서는 안 되는 Lewis 구조가 메커니즘 상에 나타나지 않도록 하여야 한다. 아주 중요한 것 중에 하나가 탄소를 포함한 둘째 주기 원자는 반드시 octet rule을 지켜 여덟 개 이상의 전자를 수용한 구조를 그리지 않아야 한다. 이는 철칙이며 반드시 지켜져야 한다. 따라서 다섯 개의 결합을 한 탄소 또는 질소도 있을 수 없고, 그려서도 안 되며, 세 개의 결합을 한 산소에는 어떤 이유로든 네 번째 결합을 그리면 안 된다. 이를 지키지 않으면 아주 엉뚱한 길로 가게 된다.

이는 반응 메커니즘을 그리는 도중에도 그렇고 중간체의 공명구조를 그릴 때도 똑같이 지켜야 하는 것이다. Lewis 구조를 그릴 때는 제대로 그려도 메커니즘을 적어내려 갈 때는 이런 오류를 종종 범하게 되는 것을 너무 자주 보게 된다.

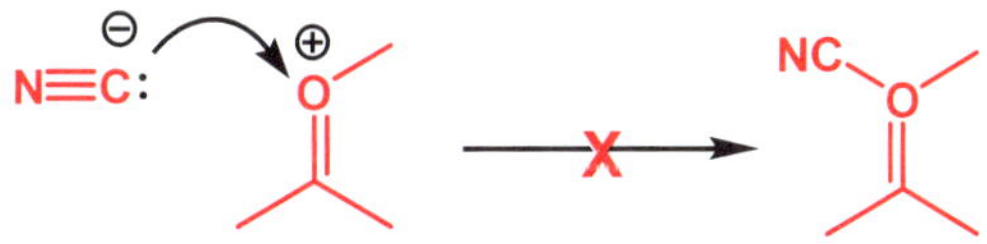

S_N2 치환 반응은 친핵체 첨가가 먼저 일어날 수가 없다. 그러기 위해서 탄소는 5개의 결합을 해야 하며, 열 개의 전자를 수용해야 한다. 이러한 반응은 실제로 일어날 수도 없을 뿐 아니라 또한 그려서도 안 된다.

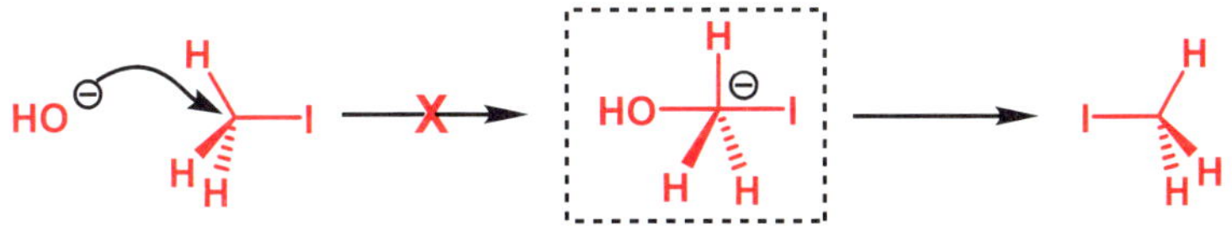

7.5.2 Formal Charges Cannot be Omitted

모든 Lewis 구조에서는 전자의 수납 상황을 정확하게 파악할 수 있어야 한다. 정확한 Lewis 구조에서는 어떤 경우라도 형식전하를 빠트리면 안 된다. 다음과 같이 *t*-butyl cation을 그려야 할 때 형식전하를 빠뜨리면 isobutane으로 보게 되며, 부호를 빠뜨린 것을 안다 해도 *t*-butyl cation인지 anion인지 알 도리가 없다.

다른 원자의 경우도 마찬가지이다. 다음 질소 화합물의 구조에서 형식전하가 빠졌다면 틀린 Lewis 구조가 되며, 빠뜨린 것이 수소인지 양전하인지 음전하인지 알 도리가 없으며, 이들의 반응성은 제각기 천차만별이기 때문이다.

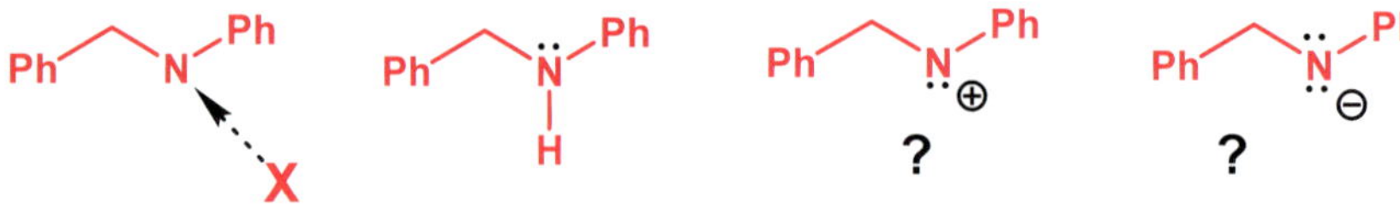

전하를 갖는 반응 중간체의 형식전하뿐 아니라 전하가 없는 화합물의 Lewis 구조에도 형식전하를 빠트리면 안 된다. 실제 전하를 갖지 않는 화합물에서의 형식전하는 특히 질소 화합물에 많으며 그밖에 황이나 인 화합물의 Lewis 구조에도 형식전하를 그리는 일이 자주 있다.

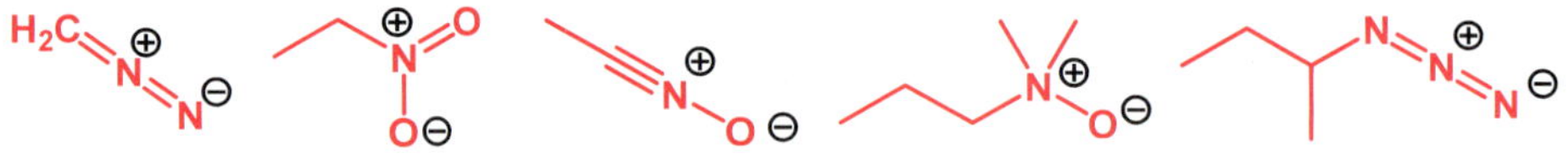

반응 메커니즘을 그리는 중간에 형식전하를 가지는 중간체를 그려야 하는 경우는 대단히 많으며 특히 산·염기가 들어가는 극성 반응에서는 아무데서나 나올 수 있다고 보면 될 정도이다.

7.5.3 From Electron Source to Electron Sink

다음은 carbocation의 자리옮김을 그려 보라는 실제로 유기화학 시험에 출제된 문제의 답안지에 있는 오답 예이다. 구부린 화살표는 전자쌍의 이동이라는 사실을 아직 파악하고 있지 못 한 예이다. 모든 구부린 화살표의 주체는 이도 저도 아닌 바로 전자쌍이다.

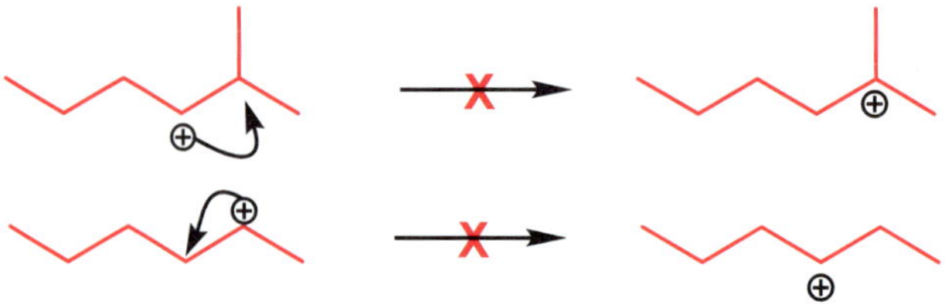

다음 또한 유기화학 시험 답안지에서 자주 발견되는 오류들이다. 이 또한 단일 단계 반응에서 화살표의 출발이 electron source가 아니고 또한 끝이 electron sink를 향하고 있지 않음을 알 수 있다. 이와 같이 electron source와 electron sink를 정확하게 구별하지 않고 그린 그림은 그저 그림일 뿐 아무 의미가 없게 된다. 화살표의 주체는 전하도 양성자도 아닌 전자쌍이다.

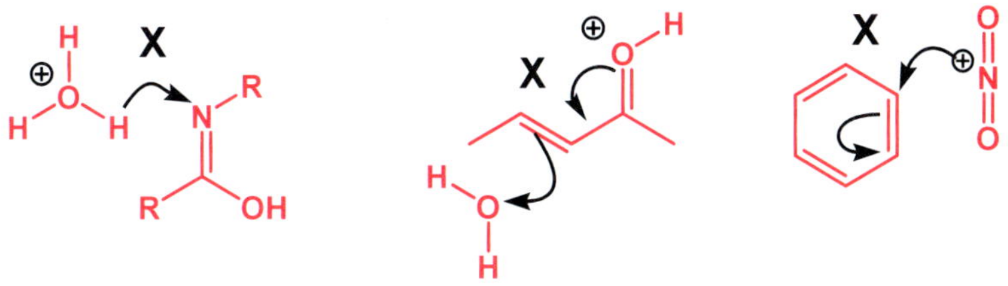

Common incorrect backwards electron flow

앞 절의 electron source에서 출발하여 구부린 화살표를 이용하여 electron sink로의 전자쌍 이동은 충분히 학습할 필요가 있다. 원칙적으로 어떠한 경우라도 화살표 맨 끝이 H 원자를 향하는 경우는 없다. 편의상 H^+는 예외적으로 자주 그려서 사용되기도 하지만, 사실은 H^+는 존재하지 않으며, 어딘가에 결합되어 있다. 정확하게는 형식전하가 있던 없던 간에 H가 결합되어 있는 원자가 화살표 연속의 맨 끝이다.

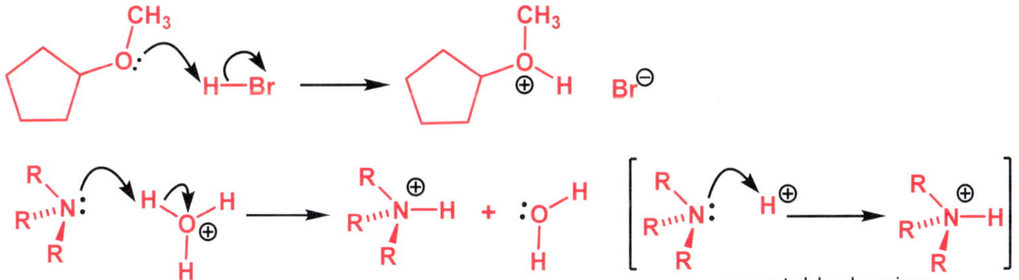

acceptable drawing

화살표가 여러 개 나타나는 경우에는 화살표가 꼬리에 꼬리를 물고 이어져야 한다. 하나라도 도중에 방향이 바뀌거나 어느 한 자리로 두 개의 화살표 머리가 향할 수는 없다. 책에 따라 다음과 같이 카복시산 유도체의 친핵성 치환에서 친핵체 공격 단계와 이탈기 떨어짐 단계를 겹쳐 그려서 한꺼번에 표시하는 경우를 가끔씩 보게 되는데, 이는 용인되고 있는 것은 사실이지만 학습 초기 단계의 학생들은 메커니즘 그리기가 충분히 숙달 된 후까지 흉내내지 않는 것이 좋다. 두 단계 반응은 두 단계로 나누어 그리는 것이 바른 길이다. 그렇다고 친핵성 치환 반응에서처럼 화살표 두 개만으로 표시하는 것 또한 올바른 표현이 아니다. 이는 그리기의 문제가 아니라 실제로 이런 방식의 결합의 변화는 없기 때문이다.

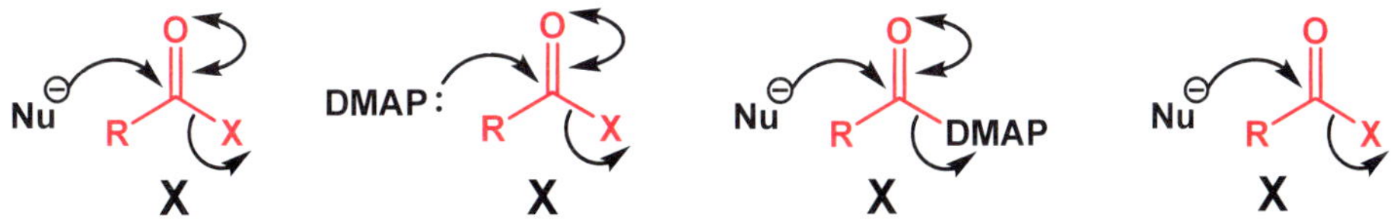

7.5.4 Don't Let Protons Fly Away

잘 못 그린 화살표의 많은 예가 양성자 이동에 관한 것이다. 양성자는 주고 받는 반응이지 버리고 줍는 반응이 아니다. 양성자(H^+)를 포함하여 친전자체 조각이 그냥 하늘로 날아가 버리는 것처럼 화살표를 사용하면 안 된다. 만약 H^+가 떠내려가는 것이 안타까우면 약한 염기를 하나 그려 넣고, X–Y 결합이 깨지는 동시에 Y^+와 새로운 결합이 형성되는 것을 표시해 주면 된다. Electron sink의 관점에서 보더라도 (관습상) H^+는 화살표의 끝이 될 수 있지만 시작은 될 수 없다. Br^- 또는 ^-OTs와 같은 이런 약한 염기는 그리지 않을 뿐이지 반응계에 엄연히 존재하는 것이다.

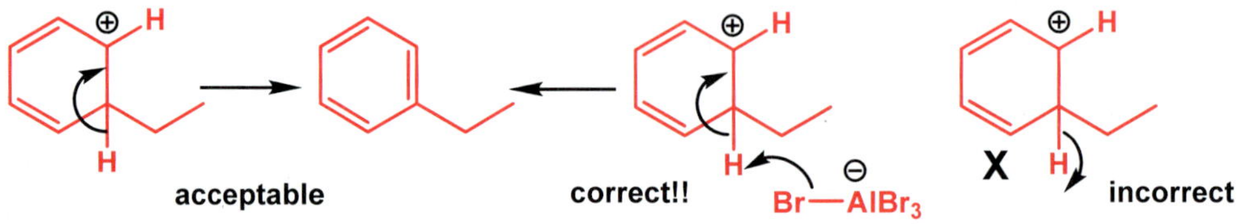

acceptable　correct!!　$Br—AlBr_3$　incorrect

복잡함을 피하기 위해 또는 편의상 약한 염기를 그려 넣지 않는 경우라면 구부린 화살표를 정확한 방향으로 그려 넣었는지 확인할 필요가 있다. 화살표는 C–H 결합의 전자쌍이 어떻게 이동하여 π-결합이 형성되는가를 보여 주고 있다. 절대로 H^+가 그냥 허공으로 날아가도록 그려서는 안 된다. 앞에서 한 말 다시 반복하면 화살표의 주체는 전자쌍이지 양성자가 아니라는 점이다.

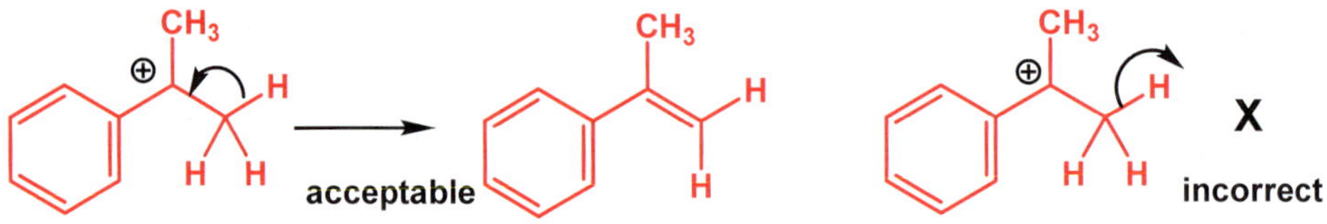

CH_3　acceptable　CH_3　CH_3　incorrect

고립쌍 친핵체인 H_2O, ROH, RCO_2H, RNH_2 등이 양이온 중심에 첨가되면, 양전하를 띠게 되면 곧바로 양성자떼기가 일어난다. 이 두 단계가 합쳐진 첨가-양성자떼기는 정확하게 산성 조건에서의 탄소–헤테로원자 결합의 이온화와 미시적 가역 과정인 것이다.

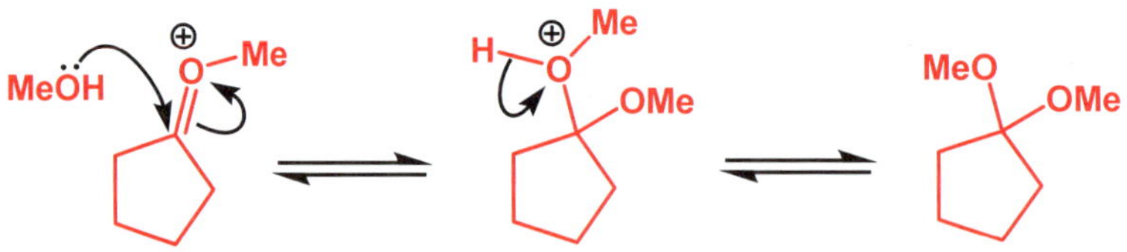

MeÖH　O–Me　H–O–Me　OMe　MeO　OMe

7.5.5 A Strong Acid and Strong Base Cannot Exist Together

만약 어떤 반응이 센 염기 medium 속에서 일어난다고 하면 그 안에 존재하는 모든 산이나 양이온은 모두 약한 산이어야 한다. 반대로 아주 센 산성 medium 속에 존재하는 음이온은 모두 약한 염기여야 한다. 센 산과 센 염기는 공존할 수 없기 때문이다. 약한 산성 또는 염기성 medium에서라면 (물 분자와 같이) 메커니즘의 일부에서 강한 산 또는 염기가 나타날 수도 있다.

이와 같은 것을 고려하여 몇 가지 특징적인 예를 들어보면 다음과 같다. 유기화학에서 흔히 사용되는 산의 *pKa* 값을 고려하면 (Table 3.1), 센 염기 용액인, 예컨대 5% NaOH 수용액 (*p*H ~14)이라면 그 안에 존재할 수 있는 양성자붙임한 양이온은 *pKa* > 12이어야 존재할 수 있다는 의미이다 (예; guanidine pKa_H = 13.4). 5% HCl 수용액과 같은 센 산성 용액인 경우라면 (*p*H ~ 0) 기껏해야 conjugate acid가 *pKa* < 2인 (예 $PhSO_3H$, *pKa* = −2.9) 산의 음이온만이 존재할 수 있다. 중성에 가까운 용액이라면 (예 5 % $NaHCO_3$ 수용액, *p*H 8.5) guanidinium ion (*pKa* = 13.4)과 아미노산 (*pKa* = 10.7)을 발견할 수 있게 되며, 중성인 방향족 amine (*pKa* ~ 4), acetate 이온(pKa_H =4.7), 2,4-dinitrophenoxide 이온(pKa_H = 4.1) 등도 존재할 수 있다.

산-촉매 ester화 반응은 모두 양성자붙임한 카복시산과의 반응으로 진행된다. HCl 존재하에서의 methanol과 propionic acid의 반응을 살펴 보자. 산 속에서 methanol은 존재할 수 있으나 methoxide는 존재할 수가 없다. 만약 methoxide가 공격하는 메커니즘을 그렸다면 이는 아주 터무니 없는 그림일 수밖에 없다. 양성자붙임한 propionic acid의 짝산에 methanol이 공격하는 메커니즘을 그리는 것이 더 타당성이 있다.

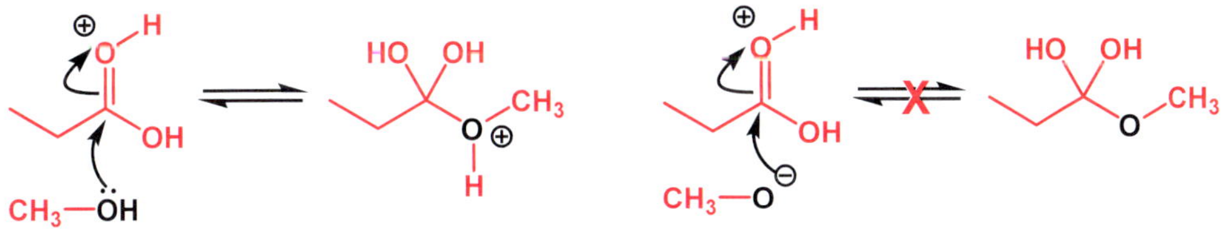

뒤이어 양성자떼기가 일어나게 되는데 이때도 methoxide와 같은 센 염기를 그려서는 절대 안 된다. 이 반응은 HCl 존재하에 일어나는 반응이며 methoxide는 산과 공존할 수 없다.

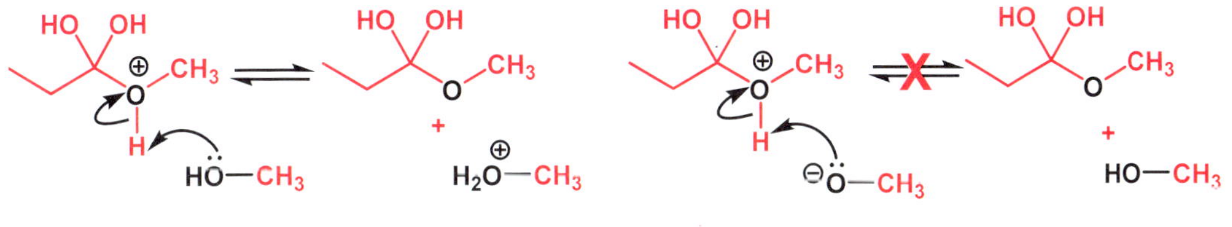

이는 위의 반응의 역반응인 methyl propionate의 가수분해 과정에도 똑같이 적용된다. 친핵체 물 분자가 카보닐 탄소를 공격하는 것은 지극히 타당하게 보인다. 하지만 그 결과 형성되는 zwitter ion은 대단히 센 산과 센 염기가 공존하는 것과 마찬가지가 되며, 이는 NaOH와 H_2SO_4가 공존하는 것과 같아서 이러한 반응은 거의 일어나지 않는다고 보면 된다. 실제로 물과 methyl propionate가 모두 녹는 용매에 둘을 혼합하여 놓는다고 해도 반응이 진행되는 것을 확인하려면 아마도 수년이 걸릴지도 모른다.

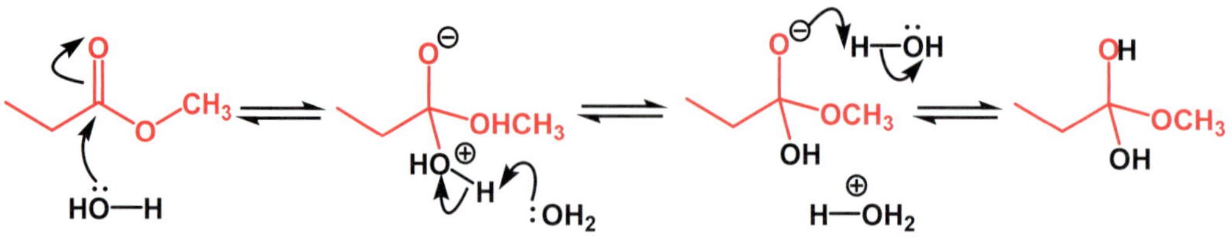

약한 산성 또는 약한 염기성인 medium에서의 반응에서 중간체는 알짜 양전하나 음전하를 가질 필요가 없다. 예를 들어, 카복시산 염화물의 물에 의한 가수분해에서는 다음과 같은 메커니즘이 용인되고 있다. 첫 단계에서는 약한 친핵체인 물이, 둘째 단계에서는 약한 염기인 chloride 음이온이 작용한다. (그러나 일단 HCl이 초기에 생성되면 대부분의 분자들은 카보닐 산소에 양성자붙임을 거치는 산 촉매 가수분해 반응으로 진행된다고 보아야 할 것이다.)

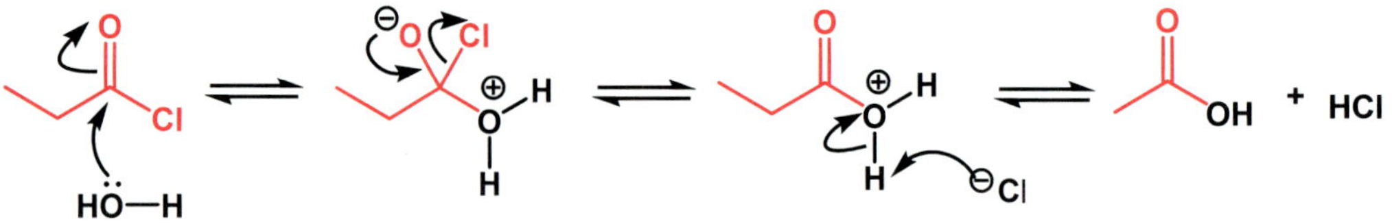

실제로 카복시산 염화물을 가수분해해야 하는 경우는 여간 해서 잘 없겠지만 염기성 수용액을 사용하던지 또는 유기 용매에서의 반응이라면 pyridine이나 triethylamine과 같은 염기를 첨가하여 반응시킨다.

다음 aldehyde와 amine과의 반응은 실제 pH ~5 정도의 약한 산성에서 진행된다. 전체를 두고 보면 alkoxide와 hydronium이 공존하여 어색한 메커니즘으로 보일 것이다. Aldehyde에 amine 첨가로 생성되는 zwitterion은 약한 산과 센 염기가 공존하는 중간체로 센 산과 센 염기가 공존하는 위의 경우와 비교하면 훨씬 더 합리적이고 효율적이라 할 수 있다. 이러한 zwitterionic 중간체를 경유하는 반응 예의 대부분은 아마도 amine과 이에 관련된 반응에서 뿐 일 것이다. (메커니즘상에 H^+는 실제로 암모늄 이온이나 물 분자일 수 있다.)

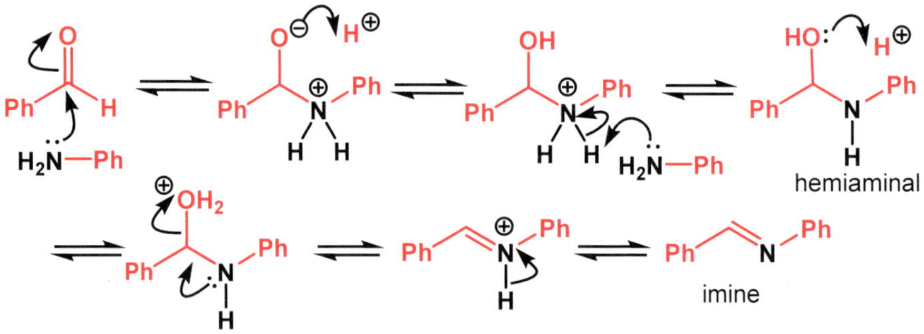

hemiaminal

imine

7.5.6 Too Many Arrows Spoil the Mechanism

설령 모든 분자와 중간체의 Lewis 구조 그리기와 화살표 이동이 완전하다 하더라도, 한 단계

이상이 요구되는 반응도 한 단계로 몰아 한꺼번에 많은 화살표를 그리고 끝내 버려서는 안 된다. 분자내의 전자쌍 이동은 그렇게 어렵지 않지만 분자간의 반응인 경우라면 세 분자 이상이 만나 한꺼번에 이러한 이동이 일어나는 일은 일어나기 어렵기 때문이다. 빠른 단계와 느린 단계가 연속해서 일어나면 중간체를 그리는 것이 합리적이다.

아래에 그려진 메커니즘이 그러하다. 너무 많은 분자와 너무 많은 화살표가 한꺼번에 그려져 있다. 양성자붙임이 먼저 일어나는 두 단계 메커니즘을 그리는 것이 훨씬 더 타당하다. 실제로 산 촉매 반응이나 센 산이 들어가는 반응의 첫 단계는 이도 저도 아닌 바로 proton transfer일 확률이 99%이다. 또한 헤테로원자간의 양성자 전달반응은 활성화 에너지가 거의 필요 없는 대단히 빠른 반응이며 다른 어려운 결합깨짐이나 결합형성과 같은 속도로 한꺼번에 일어나는 데는 무리가 있다.

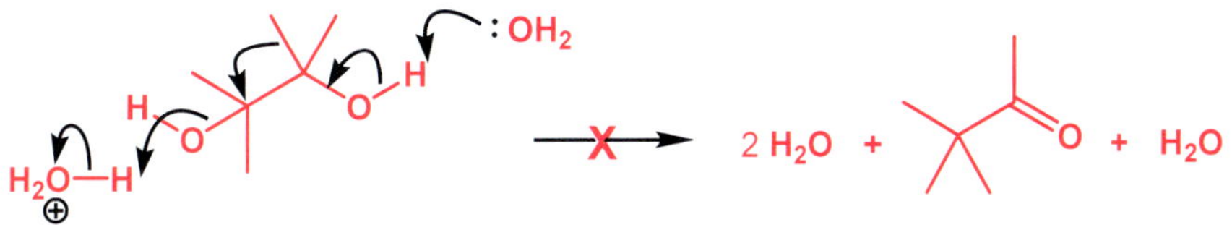

특히 대부분의 헤테로원자들 간의 빠른 양성자전달 반응은 느린 다른 단계들과 구분하여 다음 단계로 떼어 그리는 것이 현명하다. 양성자전달 과정인 첫 단계와 마지막 단계를 따로 그리면 다음과 같이 두 단계, 세 단계 또는 네 단계 메커니즘을 그릴 수 있다. 이렇게 그리는 것이 더 합리적인 메커니즘이 될 수 있다. 네 단계를 거치는 다음 세 번째 메커니즘이 가장 타당성 있는 메커니즘이라 할 수 있다.

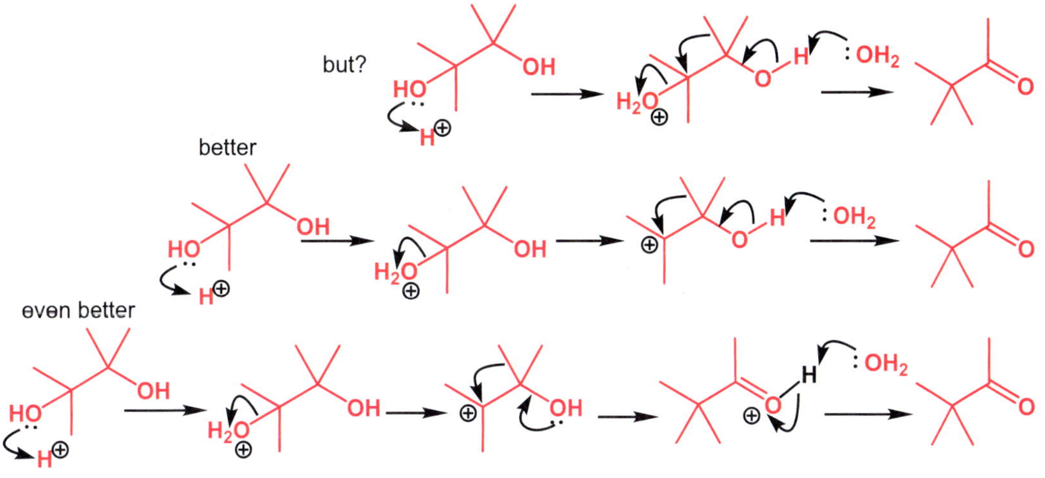

문제 7.12 물속에서 acetone의 enol form에서 keto form으로 변환되는 반응에 다음과 같은 메커니즘에 무엇이 문제인지를 살펴보라. 이 반응은 산 또는 염기 없이는 대단히 느리게 일어나는 이유를 설명하라.

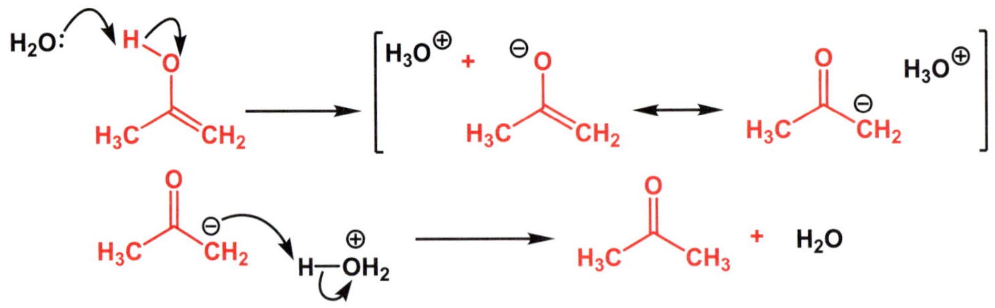

문제 7.13 다음과 같은 화살표가 그려진 메커니즘에는 어떤 문제가 있는가?

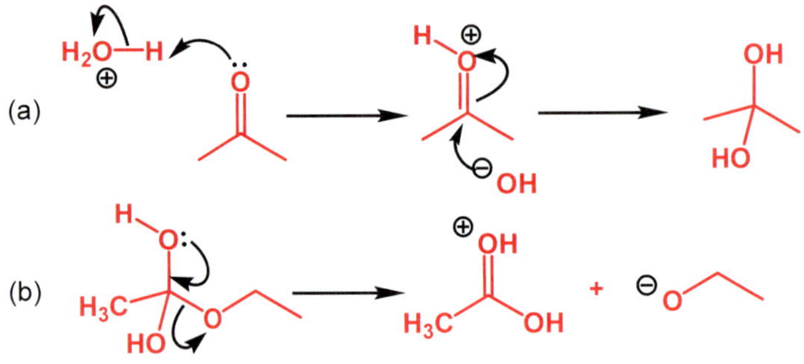

(a)

(b)

문제 7.14 다음 메커니즘에 무엇이 잘못되었는지 모두 지적하여 보라.

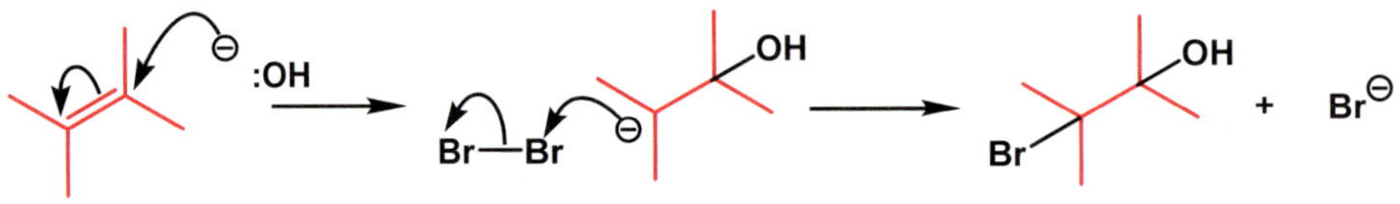

7.6 Tips for Drawing Better Mechanism

7.6.1 The Simpler, the Better < Occam's Razor >

반응 메커니즘을 설명할 때면 자주 등장하는 용어가 하나 있다. 바로 **Occam's Razor**라는 것으로 중세 영국의 철학자이자 수도사였던 William of Ockham(1285?-1349)이 도입한 원리이다. '불필요한 다수성(Plurality)을 가정해서는 안 된다. (*Pluralitas non est ponenda sine neccesitate*)'라는 원리인데, 절약의 원리(principle of parsimony)라고도 불려진다. '설명은 단순한 것일수록 뛰어나다', '불필요한 가정을 추가하지 말라' 등의 의미인 철학적 용어이다. 이를 반응 메커니즘 추정에 적용하면 다수의 메커니즘이 가능하다면, 그 중에 가장 단순한 것이 옳은 것일 확률이 높다는 것이며, 그보다 복잡한 메커니즘이 옳을 확률은 훨씬 낮아지게 된다. 유기 반응에서는 깨지는 결합의 수를 최소화하는 것이 이 원리를 지키는 바른 메커니즘을 찾는 첩경이다.

아주 간단한 예로 alkene의 *cis-trans* isomerization을 살펴보자. 실험적 사실을 전혀 고려하지 않는다면 이 변환은 어떻게 일어난다고 할 수 있겠는가? 반응물과 생성물을 비교하면 한 탄소의 C–H와 C–R 결합을 깨고 생성물의 구조에 맞추어 다시 C–H와 C–R 결합을 생성하는 방법을 제시할 수 있다. 두 결합을 깨고 다시 두 결합을 형성하게 된다.

bonds broken   bonds newly formed

더 적은 결합을 깨고 하는 방법은 없을까? 더 간단한 해결책은 π-결합 하나만을 깨는 것이다. 남은 C–C σ-결합은 축대칭으로 회전이 가능하다. 180° 회전이 일어난 후에 다시 π-결합을 생성하면 된다. 화학에 문외한에게 묻는다고 해도 후자가 더 나은 방법이라고 답할 것이다. 결합 하나만을 깼다가 다시 잇기만 하면 되는 매우 간단한 과정이기 때문이다. 실제로 이 반응은 π-결합을 깰 수 있는 적당한 파장의 빛을 쪼이면 일어난다. 평형은 열역학적으로 더 안정한 *trans*-isomer에 유리하게 놓이는 반응이다.

$h\nu$

아래 반응에서는 1번과 6번 원자간의 결합이 형성되었으며, 각 원자에 붙어 있던 원자 또는 원자단 하나씩이 떨어져 나간 형태이다. 이 반응의 메커니즘은 반응물과 생성물에 공통적으로 존재하는 모든 것을 제쳐두고 변화가 일어난 결합에만 주의를 기울이면 된다. 그렇게 한다고 해도 N–H, C–O의 결합깨짐과 C–N 결합형성의 시간차, 즉 어느 한 결합의 변화가 먼저 일어나는가 아니면 다른 것과 동시에 일어나는가의 문제는 여전히 남아있게 된다.

weak base
CH_3OH

여기에 염기나 산 촉매가 존재한다면 이들 촉매는 결합깨짐 또는 결합형성 과정을 더 용이하게 하는 mechanism을 거치게 될 것이다. 보기에도 아주 간단한 반응이지만 실험적 사실을 고려하지 않고 가능성만 본다면, 상기 반응에도 무수히 많은 메커니즘을 그릴 수 있다. 그중 가장 복잡한 것은 물론 반응물을 모두 원자 상태로 분해하여 재조합하는 것이다. 물론 가능성이 전혀 없다. 일부러 문제를 복잡하게 몰아갈 필요가 전혀 없음을 기억해야 할 것이다.

7.6.2 All the Given Information Have to be Considered

주어진 반응 조건을 모두 충실히 반영하는 메커니즘을 그려야 한다. 염기 조건하에서 acetone의 enol tautomer로의 변환을 고찰히여 보자.

가장 간단한 메커니즘을 그리라 하면 α-탄소에 붙어 있던 수소가 떨어지면서 동시에 산소와 결합하는 것이라고 할 수 있다. Occam's razor를 떠올린다면 이는 가장 간단하고 가능성이 큰 메커니즘에 틀림없다. 실제로 이런 반응은 일어나지 않을 뿐더러 일어날 수가 없다. 그러면 무엇이 문제인가? 주어진 반응 조건을 충실히 반영하지 않았다는 것이다.

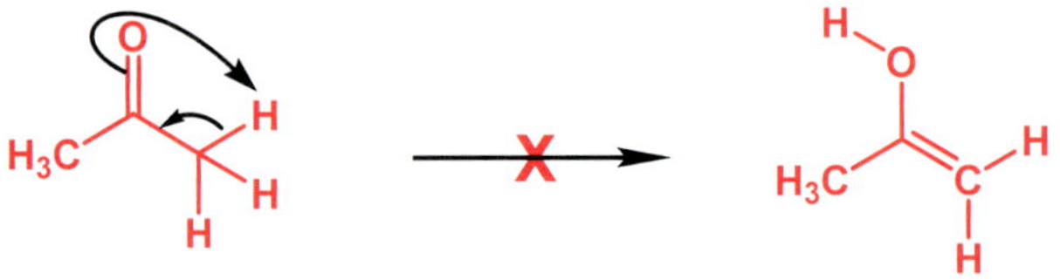

이 반응은 염기 촉매 존재하에서는 빠르게 진행되지만 촉매가 존재하지 않으면 빠르게 진행되지 않는다는 데 있다. 또한 hydride의 1,3-이동은 협동형(동시성) 메커니즘으로 절대로 일어날 수 없는 반응임을 차차 배우게 될 것이다.

염기에 의한 양성자떼기와 약산에 의한 양성자붙임 단계를 거치게 된다. 이 반응은 H_3O^+ 존재하에서도 빠르게 일어나는데, 물론 위의 메커니즘이 아닌 다른 타당성 있는 메커니즘을 거쳐 진행될 것이다. 아마도 산에 의한 양성자붙임이 먼저 일어나고, 이어서 약한 염기에 의한 양성자떼기를 거치게 될 것을 예상할 수 있다.

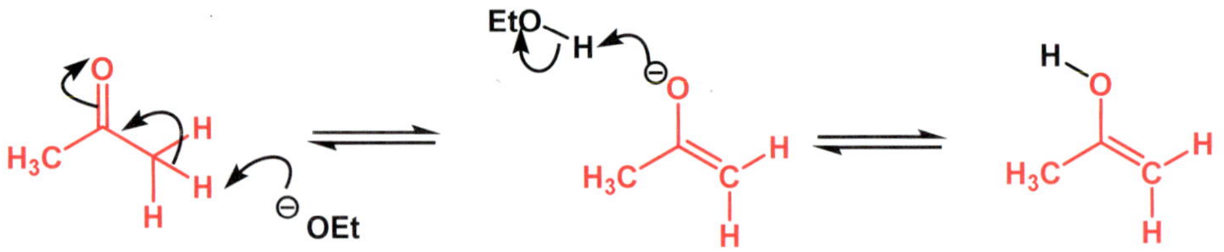

Brönsted 산이나 염기가 촉매로 들어가는 반응의 첫 단계는 십중팔구 양성자 전달 단계가 된다. 산 또는 염기 속에서 일어나는 다음 네 반응은 산에서의 반응은 모두 양성자붙임으로 그리고 염기 존재하에서의 반응은 모두 양성자떼기를 첫 단계로 경유하는 반응 예들이다. 한 번씩 그려보고 그 다음 어떤 반응이 일어날 수 있는가를 생각해 보고 지나는 것이 좋다.

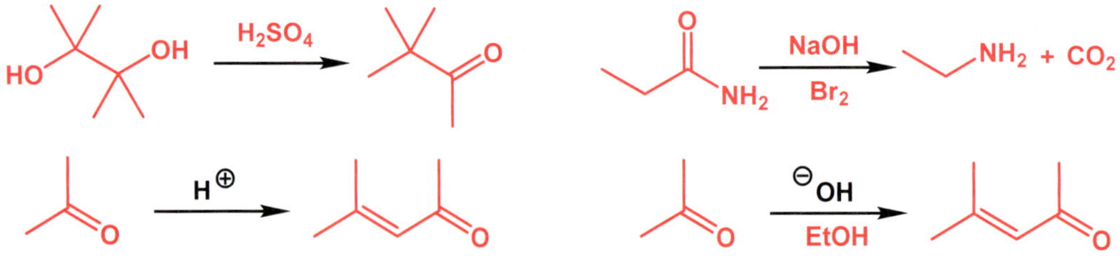

메커니즘을 그릴 때는 우선 양성자전달 과정을 그린 후에 생각하면 된다. 생성물을 볼 필요도 거의 없이 알코올의 OH는 양성자붙임이 일어난 후에 물 분자가 떨어지던지, 아니면 다른 결합에서의 반응과 같이 일어나게 되고, 케톤의 경우에는 양성자붙임 후에 반응이 일어나던지 아니면 enol을 거치게 된다.

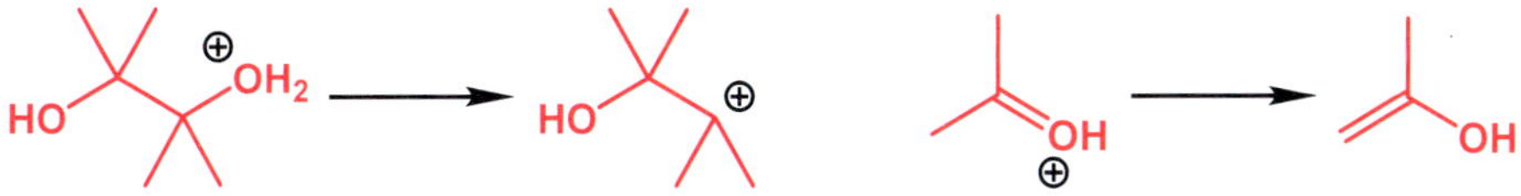

염기가 존재하면 amide는 α C–H가 아닌 더 낮은 *pKa* 값을 가지는 NH_2에서 양성자떼기가 일어나게 되며, 케톤은 거의 확실하게 enolate를 거치게 된다. 그 다음에 어떤 단계를 밟아 진행되는가는 생성물을 보고 진행시키면 된다.

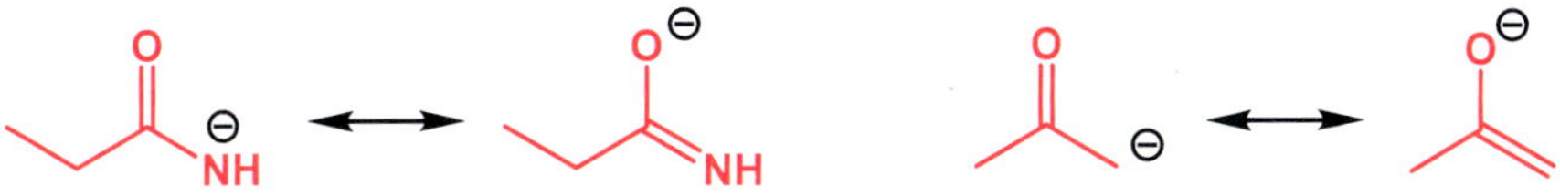

빛을 쪼여야 일어나는 반응에서 극성 메커니즘을 그리는 것은 거의 무의미하다. 반결합성 오비탈로 전자들뜸이 일어나서 결합이 깨지면서 라디칼이 형성되던지, 아니면 이 오비탈을 이용하는 고리협협동(pericyclic) 반응이 일어나게 된다. 주어진 실험 결과를 모두 충실하게 반영하는 메커니즘을 그리지 않으며 안 된다.

7.6.3 Avoid Termolecular Mechanism

Termolecular 반응은 거의 일어나지 않는다. 세 개의 분자가 모여 동시에 반응에 적당한 orientation을 하고, 동시에 결합형성이 이루어진다는 것은 사실상 일어나기 어려운 일이기 때문이다. 이러한 경우에는 두 단계로 나누어 생각하는 것이 더 타당하다. 아래의 반응은 termolecular reaction의 한 예인데, 이 반응은 이런 한 단계 반응으로 일어나지 않는다. 반응 중심인 탄소의 입체 환경에 따라 달라지기는 하지만, 우선 proton transfer가 일어나고 상황에 따라 물 분자가 떨어지고 Br–C 결합이 형성되던지(S_N1) 아니면 Br–C 결합이 형성과 C–O 결합 끊어짐이 동시에 진행된다 (S_N2). 여하튼 두 단계 이상을 거치는 것이 타당하다. Termolecular 반응 메커니즘은 거의 없다고 봐도 무방하다. 황산과 같이 짝음이온이 친핵성이 없으면 치환이 아닌 다른 부류의 반응이 일어날 수 있다.

다음 반응을 살펴보자. 먼저 번호 붙이기로 어느 결합이 깨지고 어느 결합이 새로 형성된 것인가를 살펴야 할 것이다.

HCl, H_2O

이 반응에 다음과 같은 메커니즘을 그렸다면 이는 아주 잘 못된 메커니즘이다. 산 촉매 존재하의 반응은 양성자전달 반응부터 시작하는 것이 더 확실한 방법이다. 양성자전달 단계는 매우 빠르게 진행되어 별개의 단계로 따로 그리는 것이 더 합리적이다.

양성자전달이 일어나고 뒤이어 물 분자가 첨가하는 두 step 또는 그 이상의 step으로 그리는 것이 더 정확한 메커니즘이다. 다음 메커니즘은 꽤 합리적으로 그려진 것 중의 하나이다. 전부 여섯 step으로 이루어진 다음 메커니즘은 그 중 step 2, 5를 제외한 나머지 네 step이 양성자전달 반응이다.

문제 7.15 황산 존재하에 trichloroacetaldehyde로부터 다음 생성물을 얻게 된다. 반응 경로를 나타내는 그림에서 무엇이 잘못 되었는가? 어떻게 그리면 더 합리적이겠는가?

7.6.4 Avoid Intermediates of Too High Energy

아마도 기질에 따라 생성되는 반응성 중간체의 안정성이 달라지고, 그에 따라 생성될 수도 있고, 생성될 수 없기도 한 반응이 carbocation을 경유하는 반응일 것이다. Alkyl 라디칼이나 탄소 음이온은 구조에 따라 안정성에는 차이가 있지만, 기본적으로 1차, 2차, 3차인 경우 모모두 생성 가능하지만 carbocation은 그렇지 못하다.

만약 그려놓은 메커니즘에 1차 alkyl 양이온이 중간체로 들어가 있다면 (methyl은 물론이려니와) 거의 틀림없이 옳지 않은 메커니즘이다! 만약 제안한 메커니즘에 alkenyl, alkynyl 또는 aryl 양이온이 중간체로 등장한다면, 십중팔구 틀린 메커니즘을 그린 것이다! 이들은 모두 유기화학에서 나올 수 있는 중간체 중에서 가장 불안정한 것들로, 보통 조건에서 반응 중간체로 형성될 확률은 영이라 할 수 있다.

Alkyl halide를 사용하는 방향족 화합물의 Friedel-Craft 알킬화 반응을 살펴보자. 3차 alkyl halide를 사용하는 다음 반응에서는 3차 carbocation을 거치는 메커니즘을 그릴 수 있다. 3차 carbocation은 비교적 덜 불안정하여 합리적인 메커니즘이라 할 수 있다.

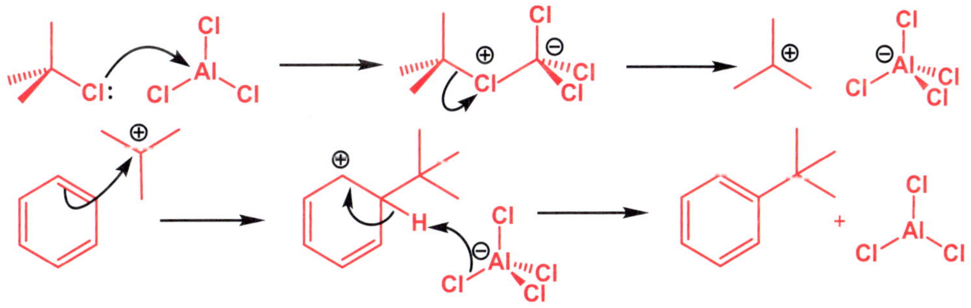

Methyl이나 ethyl halide를 사용하여도 benzene의 알킬화 반응은 일어난다. 다음과 같이 methyl 또는 ethyl 양이온은 높은 에너지 때문에, Friedel-Craft 반응은 위에서와 같이 methyl 또는 1차 alkyl 양이온을 생성하여 진행되지 않는다. 따라서 다음과 같은 생성될 수 없는 1차 alkyl 양이온을 중간체로 그리면 안 된다.

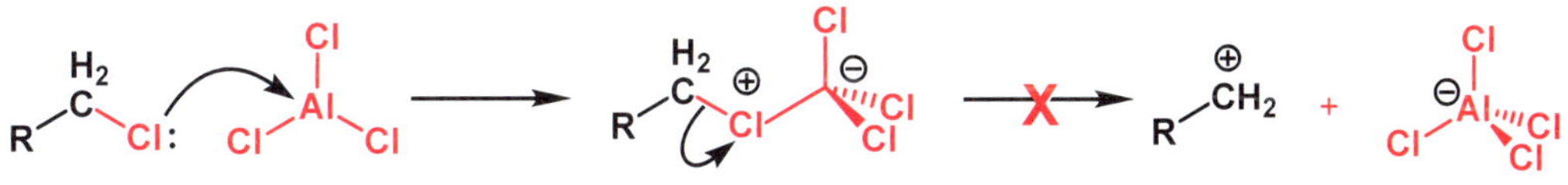

1° carbocations cannot be formed

Carbocation을 형성하지는 못 하더라도 다음과 같은 아주 편극화된 complex를 형성하게 되며, 이 것만으로도 반응성이 충분히 큰 친전자체로 작용하여 benzene과 같은 약한 친핵체도 halide를 치환할 수 있게 된다. Benzene에 Friedel-Craft 알킬화 반응은 carbocation이 훨씬 더 불안정한 methyl halide와도 일어날 수 있으며 상세한 것은 해당 반응을 다루는 극성반응편의 미지막 chapter에서 상세히 보게 될 것이다.

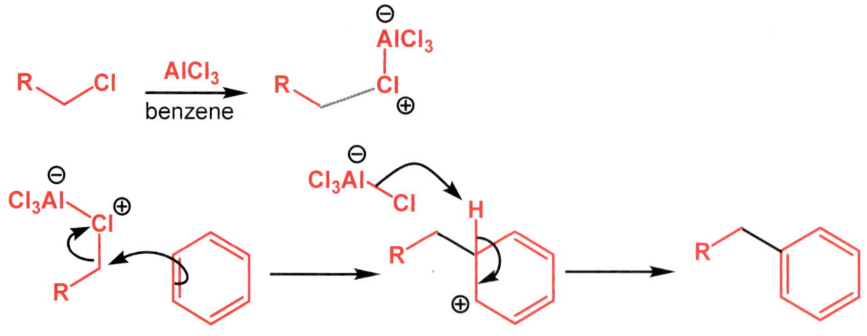

Friedel-Craft 반응은 일어나되 위의 두 반응 메커니즘으로 설명이 안 되는 것이 발견되면 또 다른 메커니즘을 찾아야 한다. 즉, 1차 또는 일부 2차 alkyl halide는 탄소–할로젠 결합이 깨지면서 이웃한 alkyl 또는 수소가 자리옮김하여 덜 불안정한 carbocation을 형성하며 반응이 진행된다. Alkyl기 또는 수소 이동으로 덜 불안정한 양이온 생성이 불가능한 vinyl halide는 어떤 조건에서도 Friedel-Craft 유형의 알킬화는 일어날 수가 없다. Aryl 및 alkynyl 양이온은 1° vinyl 및 methyl 양이온보다 훨씬 더 불안정한데, 이들 양이온은 모두 최상의 이탈기(예, N_2)를 갖는 아주 특별한 상황에서만 생성될 수 있다.

아래의 carbocation의 안정도 순서에서 아래 줄에 위치한 양이온은 메커니즘을 그릴 때 그려서는 안 되는 몹시 불안정한 양이온 중간체들이다. 그려놓은 메커니즘에 이러한 양이온이 들어 있다면 틀림없이 잘 못 그린 메커니즘이다.

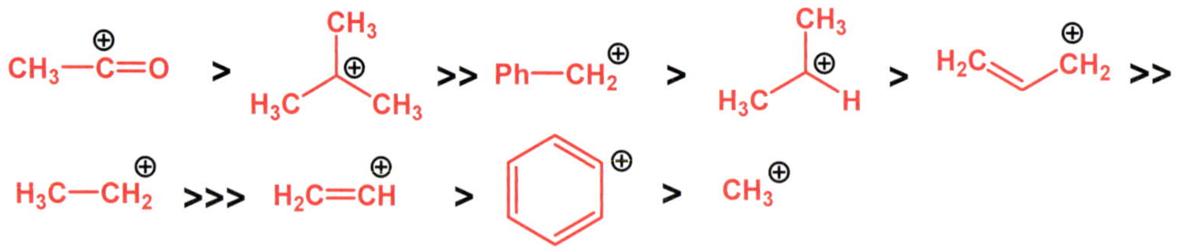

한 가지 예를 더 들어 보자. Alkene은 쉽게 HBr과 쉽게 첨가가 일어난다. Carbocation 중간체를 거쳐 진행된다. 그러면 alkyne은 어떠한가? Vinyl 양이온의 불안정성으로 이를 그리면 틀린 메커니즘이라 하였다. 여기서도 역시 마찬가지이다. 보통의 첨가와는 다른 메커니즘을 찾아야 한다. 앞에서 termolecular 메커니즘은 그리지 말자고 하였으나 여기서는 도리 없이 다음에서 보는 바와 같은 3분자 반응을 가정해야지만 불안정한 vinyl 양이온을 거치는 메커니즘을 피할 수 있다. (실제 실험 결과 이와 같은 3분자 반응으로 진행되는 반응임이 반응 속도식을 통해 입증되었다.)

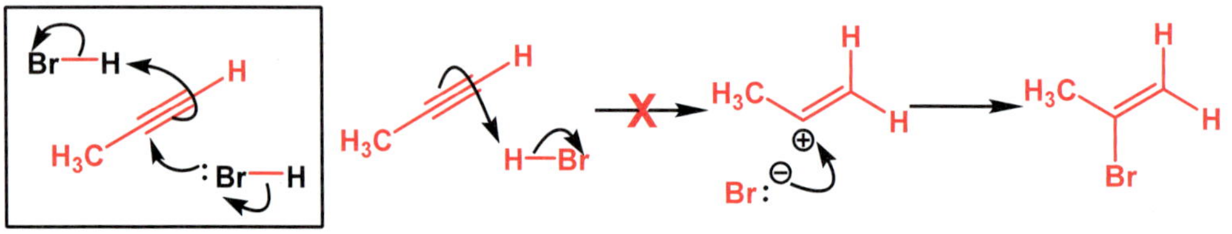

유기 반응 메커니즘 상에 aryl, vinyl, 1° alkyl 및 methyl cation은 절대로 그릴 수 없으며, 그려서는 안 됨을 다시 한 번 확인시켜 주는 예이다.

문제 7.16 Ethanol은 황산과 반응하면 조건에 따라 생성물 비는 다르지만 다음 세 가지가 생성될 수 있다. OH기의 이탈로 형성되는 양이온이 공통 중간체로 세 가지 생성물이 모두 생성될 수 있어, 다음과 같은 메커니즘을 그렸다. 잘 못 판단한 것은 무엇인가? 어떻게 바로 잡아 그려야 하는가?

$$CH_3CH_2OH \xrightarrow{H_2SO_4} CH_3CH_2OSO_3H + CH_3CH_2OCH_2CH_3 + H_2C{=}CH_2$$

$$CH_3CH_2{-}\ddot{O}H \xrightarrow{H^{\oplus}} CH_3CH_2{-}\overset{\oplus}{O}H_2 \longrightarrow \boxed{CH_3CH_2^{\oplus}}$$

$$HO_3SO^{\ominus} \; {}^{\oplus}CH_2CH_3 \longrightarrow HO_3SOCH_2CH_3$$

$$CH_3CH_2{-}\ddot{O}H \; {}^{\oplus}CH_2CH_3 \longrightarrow CH_3CH_2\overset{\oplus}{O}(H)CH_2CH_3 \longrightarrow CHCH_2OCH_2CH_3$$

$$CH_3CH_2{-}\ddot{O}H \; H{-}CH_2{-}CH_2^{\oplus} \longrightarrow CH_3CH_2{-}\overset{\oplus}{O}H_2 + H_2C{=}CH_2$$

7.6.5 Six-Membered Cyclic TS can be a Better Choice

유기 반응 중에는 여섯-원자 고리 전이상태를 거치는 반응이 많이 있다. 이 경우에는 마치 benzene의 공명구조 그리기에 나오는 구부린 화살표 세 개가 고리를 이루는 형태가 된다.

반응물과 생성물을 비교해 봐도 도대체 어디가 electron source이고, 어디가 electron sink인지가 불분명한 경우에 이러한 꼬리를 무는 세 구부린 화살표를 그리는 경우가 많으며, 또 이러한 경우에는 화살표가 어느 방향으로 돌게 되는지도 불분명한 경우가 많다. 다음 Diels-Alder 반응에서 보는 바와 같이 실제로 어느 쪽으로 그리던지 문제가 없다.

위의 고리화 첨가 반응을 포함한 pericyclic reaction으로 알려진 다음의 electrocyclization, sigmatropic 자리옮김 반응, ene reaction 등이 모두 이런 부류의 반응에 속한다.

electrocyclization

500 °C

or by $h\nu$

sigmatropic rearrangement

heat

[3,3]

ene reaction

β-Ketoester 또는 malonic acid의 열분해 decarboxylation 반응은 합성 과정에서 자주 보게 되는 반응이며, 이 또한 위의 ene reaction의 예와 같은 메커니즘을 거치는 것이다.

heat

Acetate pyrolysis와 다음 반응 예에서 보는 **Chugaev 제거 반응** 등도 모두 여섯-원자 고리형 전이상태를 거치는 협동형 반응이다. 위 반응의 decarboxylation 반응과 비교하면 거의 유사한 반응임을 알 수 있다.

CS_2

NaOH, MeI

heat

Chugaev reaction

여섯-원자 고리가 아닌 다섯-원자 고리형 전이상태를 거치는 협동형 반응도 다수 있다 (다섯 원자가 관여하지만 관여하는 전자의 수는 위에서와 같이 여섯 개이다). 이들의 공통적인 특색은 두 분자간의 반응인 경우 1,3-dipole이라 부르는 전하를 갖지만, 중성 화합물이 π-결합에 첨가되는 반응이 주류를 이룬다. 오존 첨가, manganate 또는 OsO_4 등의 산화제를 이용하는 alkene의 산화(dihydroxylation)는 모두 이 부류의 반응이며, 자주 보게 되는 반응이다.

(a) 1,3-dipolar cycloaddition (b) reverse 1,3-dipolar cycloaddition

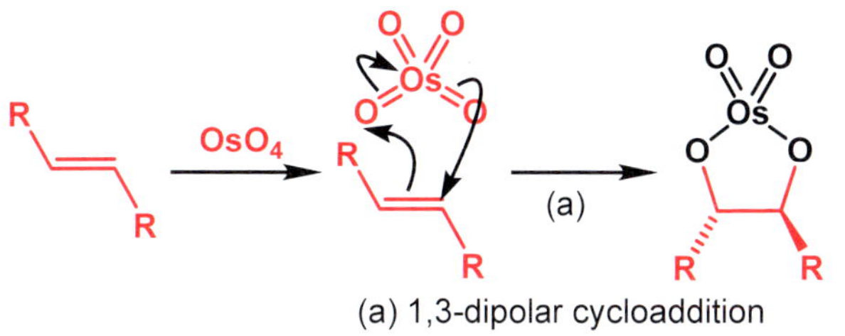

(a) 1,3-dipolar cycloaddition

그러나 이들 부류 말고도 다음과 같이 금속을 포함하는 여섯-원자 고리형 전이상태를 그려야 하는 반응도 상당수 있다. Lithium enolate와 카보닐 화합물의 반응이다.

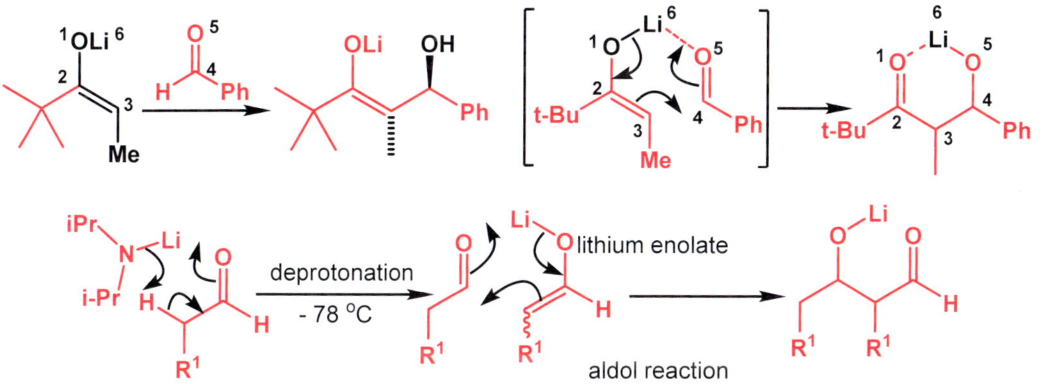

반응에서 electron source와 electron sink가 불분명한 경우에는 모두 꼬리를 무는 세 구부린 화살표를 그려(여섯- 또는 다섯-원자 고리형 전이상태) 메커니즘을 그리면 된다는 뜻은 아니다. 이들 반응은 대부분 한-단계인 협동형 반응이다. 즉, 단일 전이상태를 거쳐서 다수의 결합이 깨지고 형성되어 반응으로 이어지는 것이다.

이렇게 되기 위해서는 완벽한 오비탈 상호작용이 필수적이다. 어느 한 곳이라도 오비탈 겹침이 불리한 경우에는 이러한 고리형 전이상태를 거치는 메커니즘을 그리면 안 된다. 아무 근거도 없는 허무맹랑한 메커니즘은 어느 경우에나 그려서는 안 된다. 절대 그려서는 안 되는 몇몇 예를 표시해 보기로 하자.

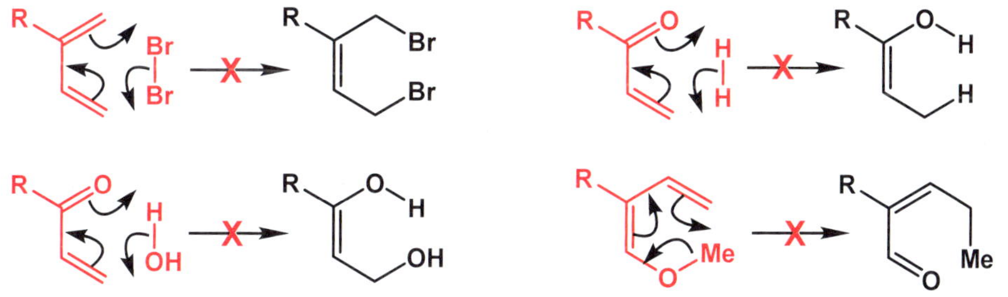

Conjugate 이중결합에 첨가되는 분자의 σ-결합이 깨지면서 협동형 첨가가 일어나는 반응은 없다. π-계의 HOMO와 σ*-반결합성 오비탈 간의 생산적인 동시성 상호작용이 가능하지 않기 때문이다.

문제 7.17 다음 몇 가지 메커니즘에서 그려서는 안 되는 것이 있는가를 살펴보라.

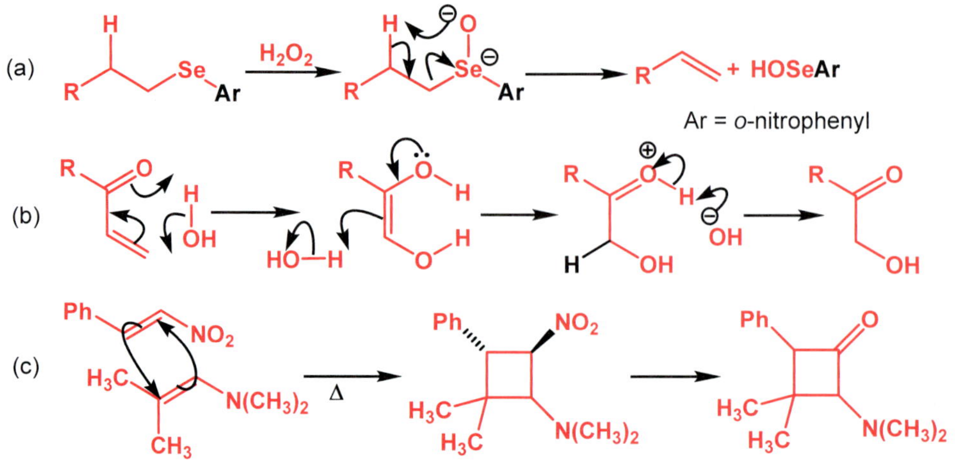

(a) H_2O_2 + HOSeAr

Ar = *o*-nitrophenyl

(b)

(c) Δ

문제 7.18 다음 산은 가열하면 쉽게 이산화 탄소를 잃는다. 이산화 탄소를 잃는 과정은 단일 단계 반응이며, 그 후속 반응으로 케톤이나 카복시산이 생성된다. CO_2를 잃는 협동형 반응 메커니즘을 그려보라.

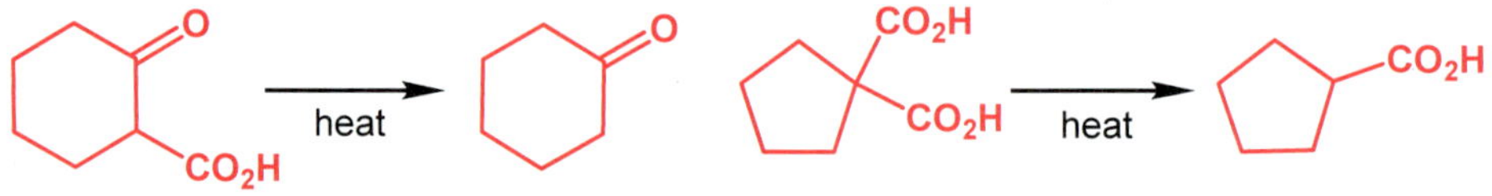

heat heat

7.6.6 Four-Membered Cyclic TS is Seldom a Good Choice

네-원자 고리형 전이상태를 거치는 반응은 일부에 국한되어 있다. 화살표 이동을 표시하여 그릴 수 있다고 무조건 그리면 안 된다. 한 가지 요령은 그려진 메커니즘에 이름을 붙일 수 있는가를 확실히 해 두는 것이다. 배워 알고 있는 반응에만 그릴 수 있다. 따라서 지금까지 본적이 없는 다음 반응에 π-결합과 다른 반응물의 σ-결합이 관여하는 네-원자 고리형 전이상태를 거치는 메커니즘은 실제와는 거리가 먼 전혀 가능성이 없는 그림일 뿐이다.

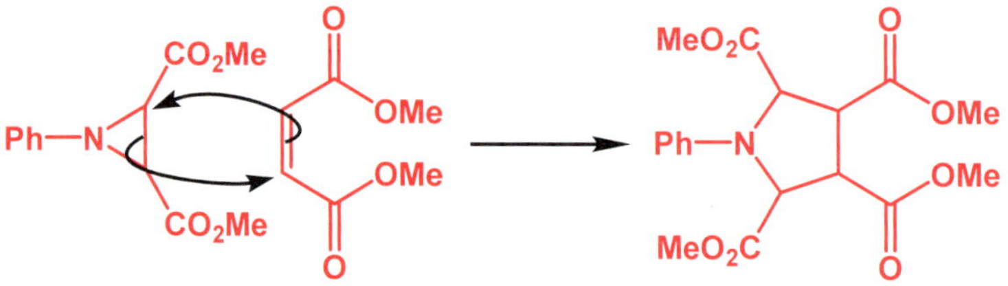

앞으로 배우게 될 몇몇 고리형 협동 반응의 경우에는 가능한 경우도 있으나, 모든 고리형 화합물 중에서 제일 만들어지기 어려운 것이 네-원자 고리형 화합물이며 특히 극성 결합이 있는 경우에는 고리형 전이상태를 그리면 백발백중 옳지 않은 메커니즘이다. 이러한 형태의 반응은 만약 일어난다고 하더라도 단계적으로 일어난다.

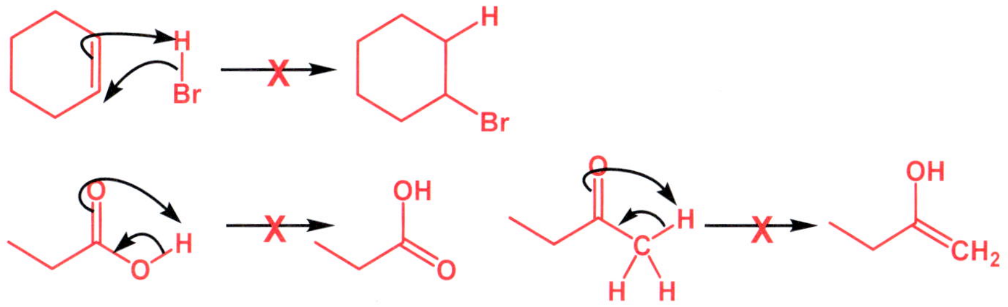

예를 들어, 다음과 같은 반응 메커니즘을 제안하라는 문제가 있다 하자.

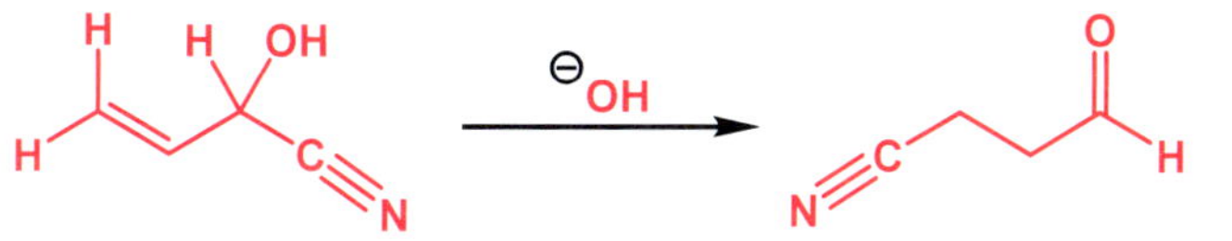

충동적으로 그리고 싶은 메커니즘은 (Occam's razor?) cyano기의 allylic shift가 먼저 일어나고, 이어서 tautomerization이 일어나는 것이다. 그러면 이런 mechanism을 그렸다고 할 때 문제가 되는 것은 무엇인가?

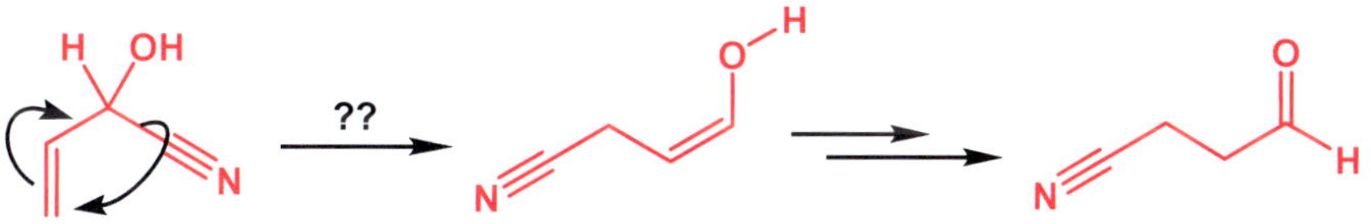

먼저 이름도 모르는 네-원사 고리형 전이상태를 거치는 polar mechanism을 그렸다는 것이다. 둘째로 주어진 반응 조건을 충실히 반영하지 않았다는 점이다. 이 반응은 $^{-}$OH의 존재하에 일어나는 반응으로 위의 메커니즘은 key step에서의 염기의 역할이 없다. 염기 존재하의 반응의 첫 단계는 염기에 의한 양성자떼기가 되는 경우가 대부분이다. 셋째 cyano group은 좋은 이탈기가 아니다. $^{-}$CN, $^{-}$OH, $^{-}$OR, $^{-}$F와 같은 열악한 이탈기는 이웃한 원자가 음전하를 갖는 경우를 제외하면 쉽게 떨어지지 않는다. 제대로 된 메커니즘을 그리면 다음과 같이 될 것이다. 염기성 매체에서 일어나는 반응의 첫 단계는 염기에 의한 양성자떼기이고 이로 인해 $^{-}$CN가 이탈기로 떨어질 요건이 갖춰지며, 염기는 반응이 진행되는 도중이나 거의 끝나는 시점에서 다시 재생된다.

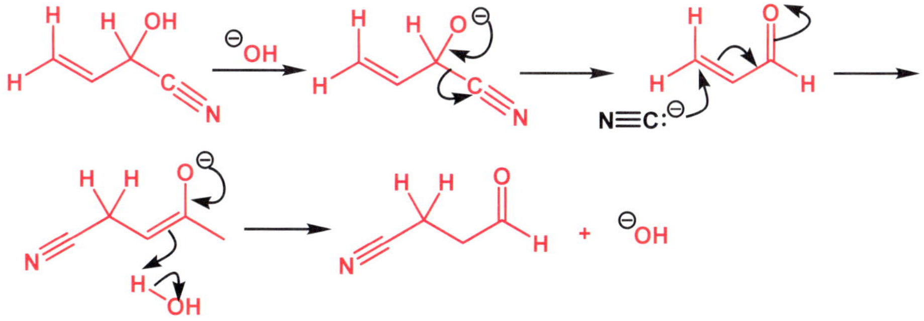

문제 7.19 다음 메커니즘은 합리적이라 할 수 있는가?

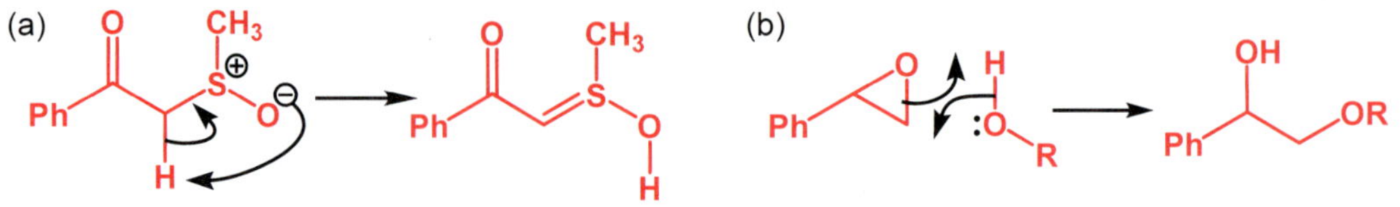

(a) (b)

문제 7.20 평범한 Nitrile의 가수분해는 산이나 염기 존재하에 카복시산으로 가수분해할 수 있다. Cyanohydrin은 가수분해하여 *α*-hydroxy carboxylic acid를 얻는 목적으로 가끔 사용된다. 산을 촉매로 사용하겠는가? 아니면 염기를 촉매로 사용하겠는가?

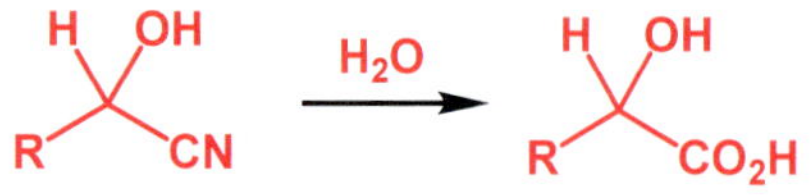

7.6.7 *π*-Nucleophile과 Lone Pair Nucleophile

π-결합을 하고 있는 원자에 고립 전자쌍이 있는 경우에는 *π* 전자가 아닌 고립쌍을 electron source로 하여 시작하라. 일반적으로 친전자체의 빈 오비탈(LUMO)은 높은 에너지 오비탈이며 이와 반응하는 친핵체 오비탈의 에너지는 높으면 높을수록 유리하다. 어떤 결합성 오비탈도 고립쌍이 점유하는 nonbonding orbital보다 더 높은 에너지 준위에 있지 않기 때문이다.

Esters, amides 및 carboxylic acid의 친전자체와의 반응은 카보닐 O에서 일어난다. 위에서와 같은 이유로 양성자를 포함하여 양이온(+) 화학종이 가장 좋아하는 전자쌍은 lone pair이다. Imine에 CH_3^+가 첨가되는 경우를 보면 *π*-결합이 깨지면서 질소 또는 탄소 원자와 결합하는 그림을 그린다면 어느 것도 올바른 방법이 아니다.

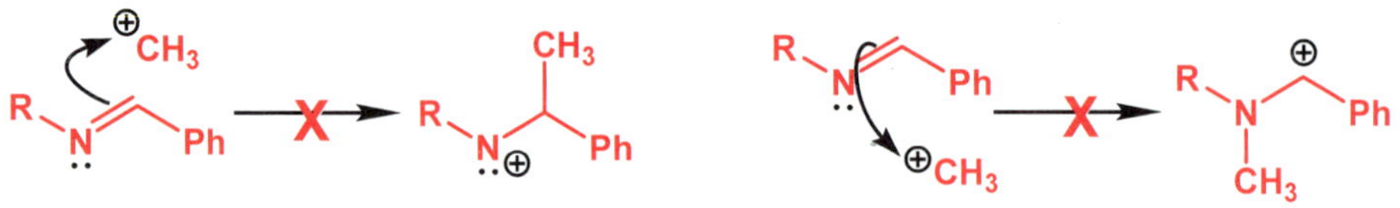

이는 결합깨짐 없이 질소의 고립쌍이 참여하여 새로운 결합이 형성되는 다음의 방법과 비교하면 쉽게 이해가 될 것이다.

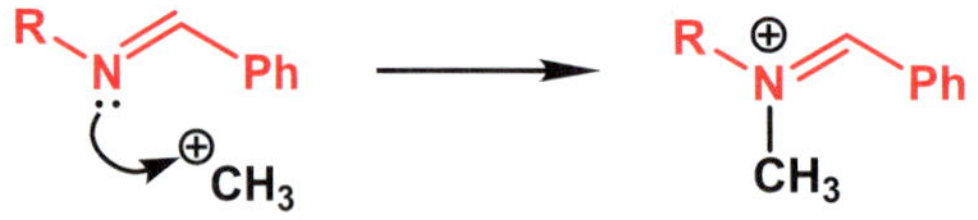

이는 카보닐 화합물의 protonation에도 마찬가지로 적용된다. 양성자붙임이 일어나는 단계에서는 *π*-결합을 깰 필요가 없다.

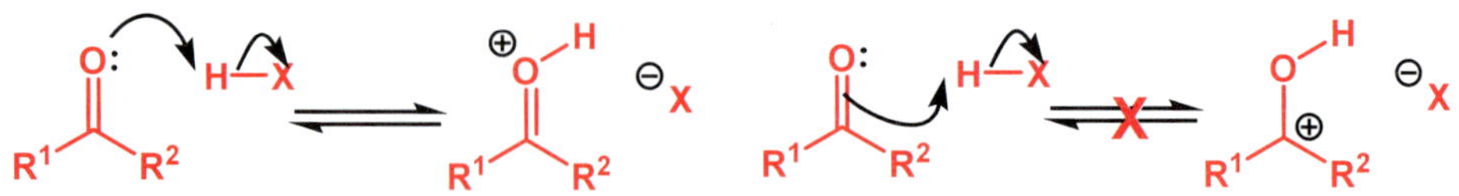

카복시산 유도체는 두 헤테로원자가 고립쌍을 가지고 있어 어디에 양성자붙임이 일어나는 것이 유리한가의 문제가 있다. 양성자붙임에는 카보닐 O에 양성자붙임이 다른 sp^3 헤테로원자에 양성자붙임이 일어나는 경우보다 더 많은 공명구조를 그릴 수 있다. 아래 예에서 만약 양성자붙임이 NMe_2나 OEt에 일어난다고 하면 공명 안정화는 기대하기 어렵다.

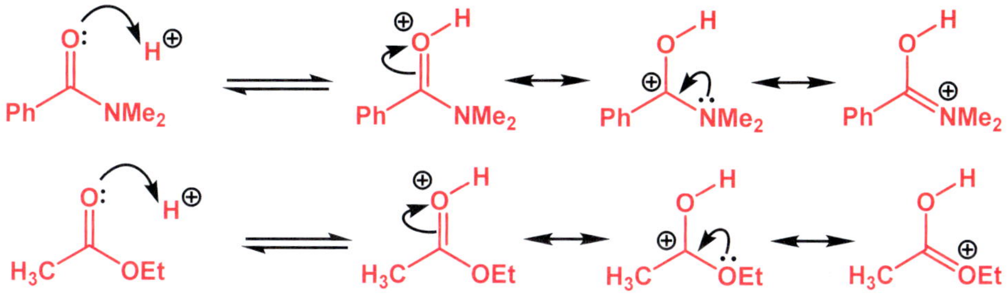

헤테로원자 또한 쉽게 내줄 수 있는 고립쌍을 가지고 있다면 이를 electron source로 하여 아예 카복시산이나 ester의 양성자붙임은 다음과 같이 그리는 것이 더 합리적일 수 있다.

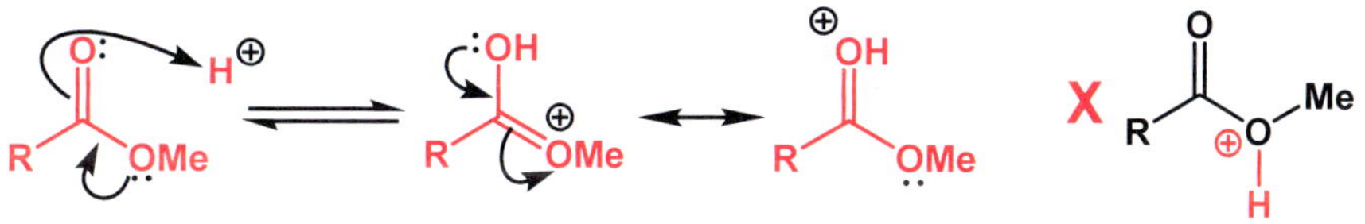

이는 양성자붙임에만 해당되는 것이 아니고 $FeCl_3$나 $AlCl_3$와 같은 Lewis 산과의 반응에서도 마찬가지이다. 카복시산 유도체와 Lewis 산과의 반응 또한 마찬가시로 카보닐 산소의 배위하는 것이 훨씬 더 유리하다. 공명구조를 그릴 수 있고 그만큼 안정화되기 때문이다.

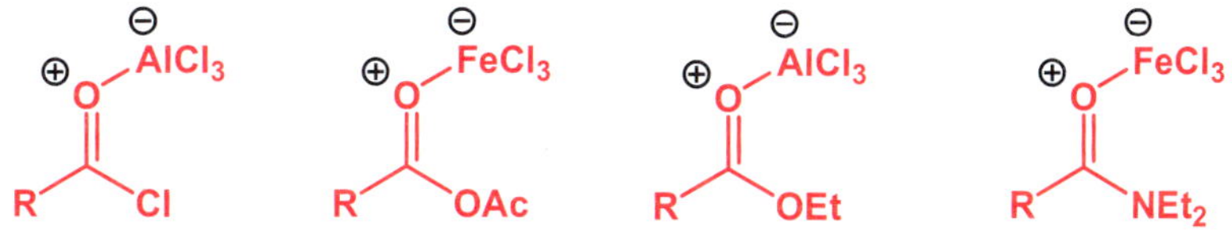

다음은 카복시산 무수물을 이용하는 benzene의 친전자성 치환 반응에서 친전자체인 acylium ion이 생성 되는 과정의 그림이다. 양성자붙임에서와 마찬가지로 $AlCl_3$는 카보닐 산소에 배위되어 진행된다.

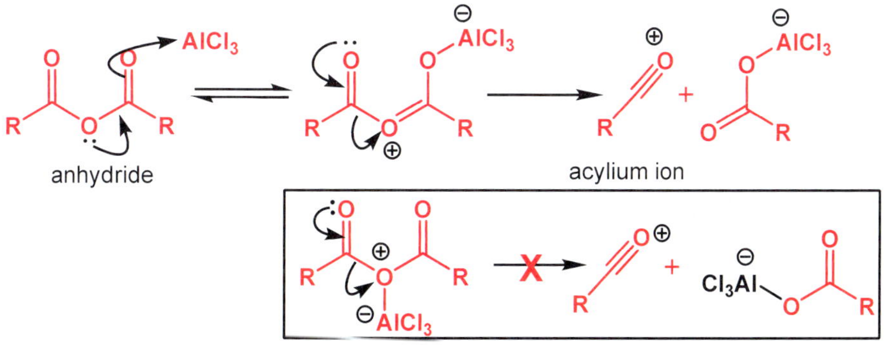

anhydride

acylium ion

카복시산 무수물 산소에 배위된다 하더라도 acylium ion을 생성하는 데는 별문제가 없는 것 같아 보이지만 공명에 의한 양전하의 분산에 다른 안정화를 포기하게 된다. 일부러 덜 안정한 중간체를 찾아 일어나는 반응도 없으며 그렇게 그릴 까닭이 없기 때문이다.

그렇다면 $AlCl_3$와 같은 Lewis산과 acyl chlorides (RCOCl)와의 반응에서는 어떻게 Cl이 떨어져서 acylium ion ($RC\equiv O^+$)이 생성되는 것인가? 분명한 것은 이 Friedel-Craft acylation은 한 당량 이상의 $AlCl_3$를 필요로 한다는 점이다. Cl과 배위하여 $AlCl_4^-$가 떨어져서 양이온을 생성하려면 먼저 한 당량의 $AlCl_3$가 카보닐 O와 배위하고 다른 $AlCl_3$가 이탈기 Cl^-를 건네받는 것으로 생각할 수 있고 이것이 더 타당성 있는 메커니즘이다.

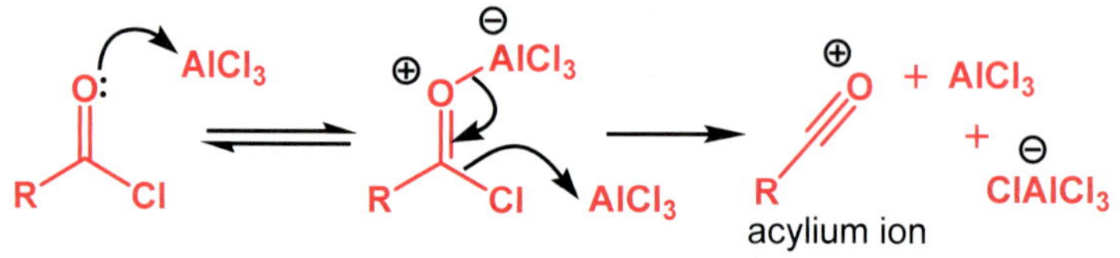

acylium ion

문제 7.21 다음은 카복시산과 thionyl chloride의 반응으로 산 염화물을 생성하는 반응의 첫 단계의 메커니즘을 그린 것으로, 양쪽 모두 맞는 중간체에 이른다. 어느 것이 왜 더 합리적이라고 할 수 있는가?

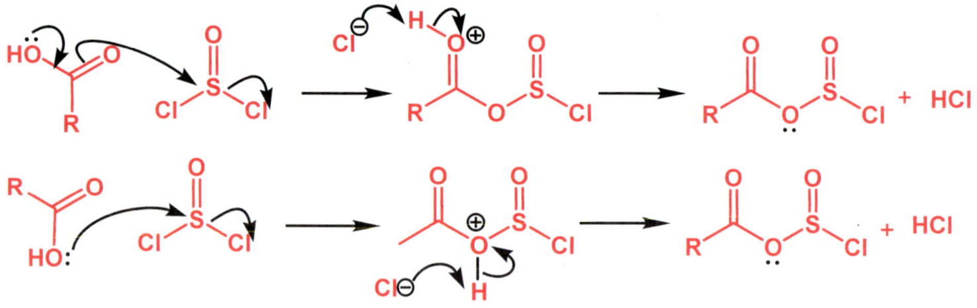

7.6.8 One-Step Substitution is NOT Possible at *sp*² Carbon

sp^2 혼성화 원자에 일어나는 모든 치환 반응은 단계적으로 일어난다. 어떤 상황 아래서라도 단 단계로 직접 치환이 일어나는 경우는 없다. 좋은 electron source에서 출발하여 좋은 electron sink를 향한다 하더라도 그려서는 안 된다.

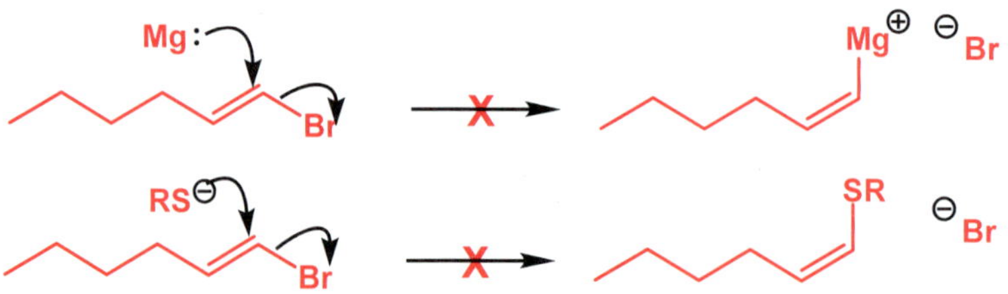

특히 카복시산 유도체의 치환 반응에서 주의해야 하는데, 아무리 반응성이 크다고 해도 절

대로 단일 단계로 일어나지 않는다. 모든 sp^2 탄소에서의 치환 반응에 공통적으로 적용된다.

다음 반응 예에서 DMAP(4-dimethylaminopyridine)는 **친핵성 촉매**(nucleophilic catalyst)라고 부르며, acyl chloride을 사용하는 알코올 ROH의 아실화를 가속화할 수 있다. DMAP는 RO^-보다 더 좋은 친핵체로 RO^-보다 더 빠르게 acyl chloride와 첨가-제거 반응을 일으켜 acyl-pyridinium 이온을 생성한다. 그런데 acylpyridinium ion은 acyl chloride보다 반응성이 커서 acyl chloride보다 더 빠르게 RO^-가 첨가될 수 있다. DMAP가 들어가서 첨가-제거 반응이 두 번 일어나는 것이 전체적으로 보아 DMAP 없이 첨가-제거 한 번 일어나는 것보다 훨씬 빠른 반응이다.

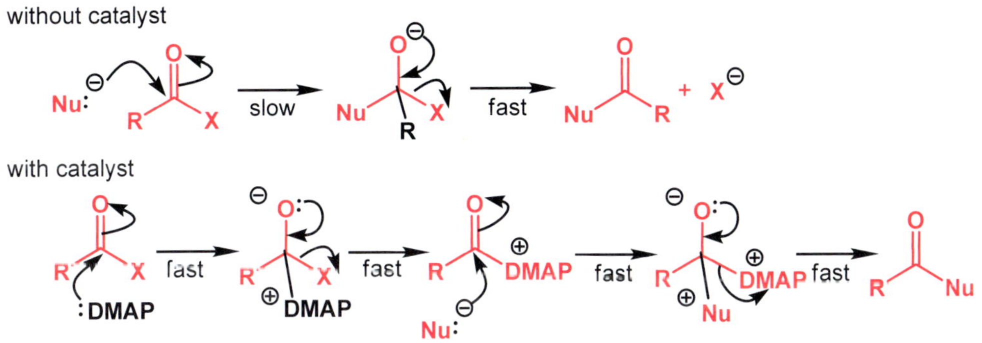

without catalyst

slow fast

with catalyst

fast fast fast fast

그러나 셋째 주기 원소인 황이나 인과 같은 화합물의 S=O나 P=O 이중결합은 관습적으로 그리기는 하지만, 매우 약한 π-결합을 형성하여 오히려 다음과 같은 zwitterionic 공명구조의 기여가 더 높다는 점은 chapter 1에서 DMSO의 Lewis 구조를 공부하면서 설명한 바 있다.

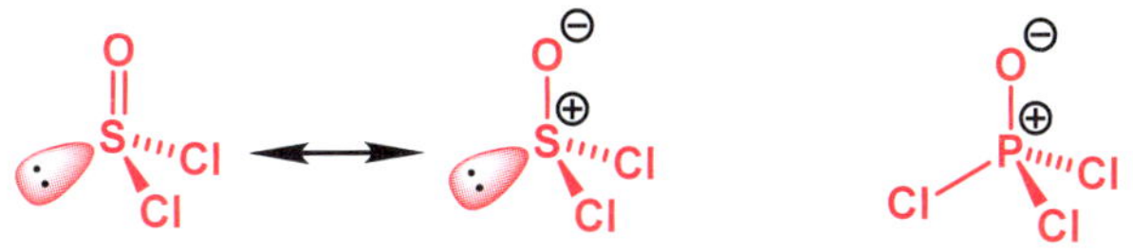

따라서 thionyl chloride를 이용하는 다음과 같은 알코올과의 반응을 그려도 무방하며, 이는 phosphorus oxychloride의 반응에서도 마찬가지이다. S=O 결합은 단단한 π-결합이 아니다.

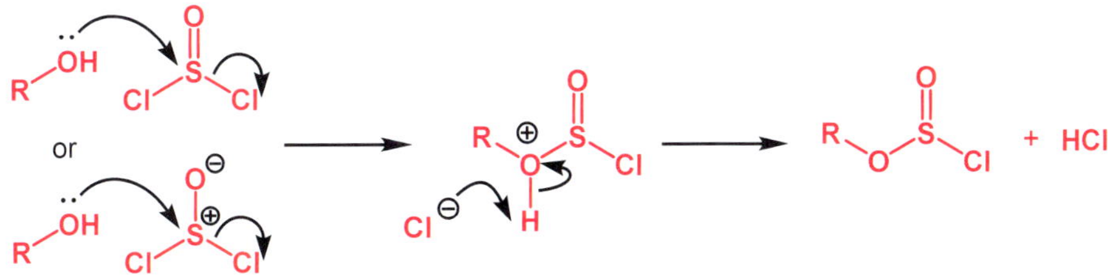

or

+ HCl

문제 7.22 다음 반응의 메커니즘은 보기에 완전한 것 같지만 지금껏 이야기했던 메커니즘 그리기와 배치되는 점이 있다. 무엇인지 찾아서 바르게 고쳐 넣어라.

R CO$_2$Me N O 1. NaH, DMF 2. H_2O R CO$_2$Me N OH

-H$^{\oplus}$ R CO$_2$Me N O R CO$_2$Me N O$^{\ominus}$ R CO$_2$Me N OH

7.7 Drawing more Reasonable Mechanism

1. 어렵고 복잡한 반응일수록 반응물과 생성물에서 번호 매기기를 게을리 하지 말자. 반응물의 어느 원자가 생성물에 어느 자리로 가는지를 알아 보는 것이 타당한 메커니즘 그리기에 기본이다. 메커니즘을 그리면서도 지금 무엇을 하고 있는지를 확인하자. 쓸데 없는 방향으로 가는지 아니면 생성물로 향하고 있는지를 몇 차례 확인하는 것이 좋다. 결합이 몇 개가 만들어졌고 어디에 몇 개가 더 만들어져야 하는가?
2. 특히 결합 순서가 바뀐 자리옮김에 유의해서 그리자. 자리옮김 반응은 제일 그리기 까다로운 메커니즘이다.
3. 생성물에 이르는 지름길을 택하여 한꺼번에 너무 많은 화살표를 그리지 말자. 공부해 나가는 대로 그때까지 알고 있는 또는 익숙했던 단계들의 연속을 그리자.
4. 위에서 열거했던 Lewis 구조 그리기에서 구부린 화살표를 이용하는 전자 밀기 등의 기본에 충실하여 위에 열거한 범하기 쉬운 여러 가지 error를 범하지 않아야 한다.
5. 그렇다고 너무 터무니 없이 높은 에너지 중간체를 그리지 말자. 가능한 한 주어진 조건에서 언제나 낮은 에너지 중간체를 그리는 것이 타당하다.

그러나 주어진 조건에서 그릴 수 있는 메커니즘은 모두 생각해 보고 그려 보아야 한다. 하나를 만족스럽게 그렸다고 다른 가능성을 모두 고려하지 않으면 옳은 메커니즘을 그리기 힘들다. 여러 가능성을 고려하고 하나씩 제거해 버리고 남은 메커니즘이 옳은 메커니즘이 될 것이다.

반응 예 하나를 들어보자. 산 촉매 반응으로 epoxide 고리열림뿐 아니라 cyclohexane의 고리열림도 일어나서 acyclic 화합물이 얻어진다. 무엇으로부터 접근해야 할까?

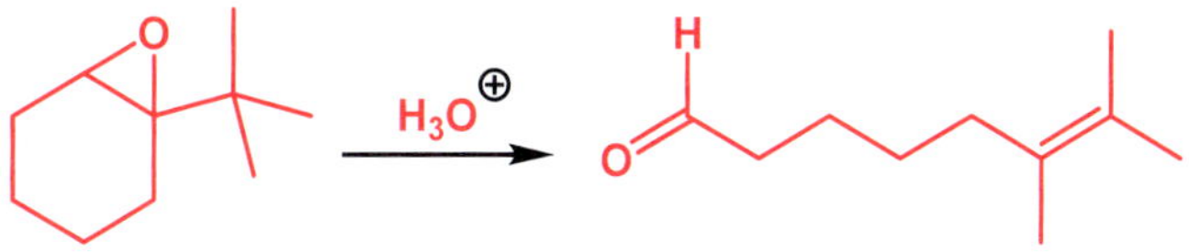

이럴 때 꼭 좋은 방법이 번호 붙이기이다. 반응물과 생성물의 번호 붙이기를 하면 반응에서 어떤 변화가 일어나는가를 쉽게 파악할 수 있다. 변화를 최소화하면서 번호를 붙이는 것이 요령이다. 반응물의 *t*-butyl 기의 세 methyl 탄소는 같은 번호를 붙였다. 둘을 비교해 보면 O1과 C7 간의 결합과 C2와 C3 간의 결합이 깨지고, 대신 C7과 C9 간의 결합이 새로 형성되었음을 알 수 있다. 모든 결합의 변화는 원자 1, 2, 7, 8, 9에서 이루어지며 원자 3, 4, 5, 6에서는 아무런 변화가 일어나지 않는다.

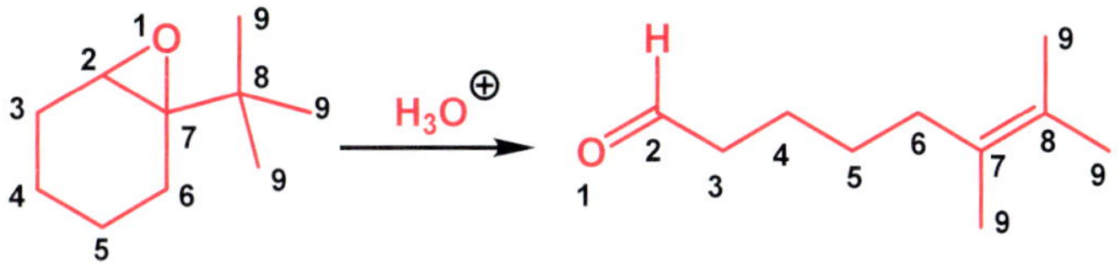

이 반응은 산 존재하에서 일어나는 반응이며 마땅히 양성자붙임이 가장 먼저 일어나는 단계일 것이며, 반응물에 양성자붙임이 일어날 수 있는 자리는 epoxide 산소 밖에 없다. 어느 단계에서든 C7에 양이온이 형성되어야 methyl 이동이 일어날 수 있을 것이며 이에 따라 epoxide 고리 열림은 다음 그림에서처럼 진행되어야 한다.

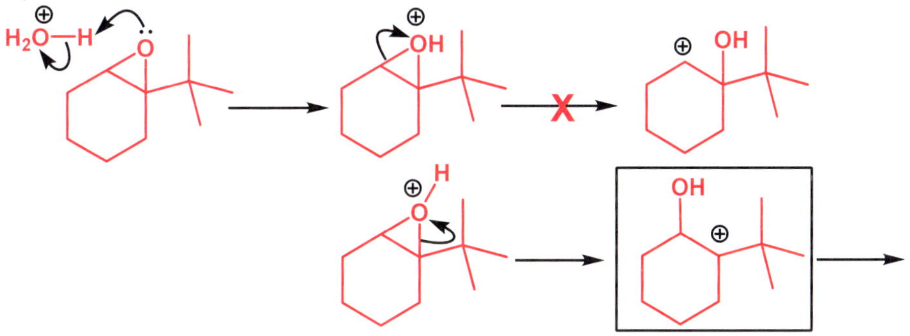

Epoxide 고리열림은 형성되는 carbocation이 더 유리한 쪽으로 진행되며, methyl migration이 일어나면 남은 과정은 C2와 C7 간의 결합깨짐이다. 이는 다음과 같이 hydroxy기의 lone pair가 전자쌍 공급원이고, C8의 carbocation이 electron sink가 되는 화살표 이동으로 쉽게 그릴 수 있다. 양성자떼기가 일어나면 생성물에 이르게 된다.

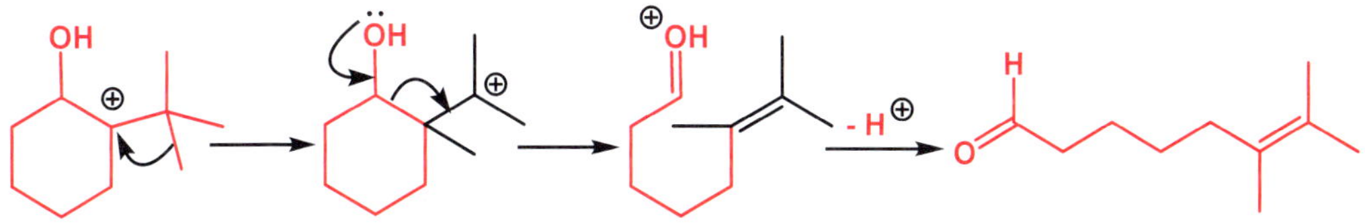

위의 반응 예에서와 같이 그려진 것 한 가지 이외의 다른 메커니즘을 그리기가 쉽지 않은 것도 있지만, 어느 경우에는 두세 가지 중에서 선택하기도 어려운 경우도 있다. 두세 가지 메커니즘이 지켜야 할 규칙을 충실히 따르므로 어느 것 하나가 배제되지 않는다.

친핵체에 의한 acyl 치환 반응 예를 하나 들어 보자. Acyl chloride는 alcohol과 반응하여 쉽게 ester로 전환될 수 있다. 이 반응은 주로 triethylamine이나 pyridine과 같은 염기 존재하에 행하는 것이 보통이다. 염기의 역할은 반응에서 생성되는 hydrogen chloride를 제거하는 이외의 역할을 부여할 수 있다. 다음에 그 역할에 따라 몇 가지 메커니즘이 제안되어 있다.

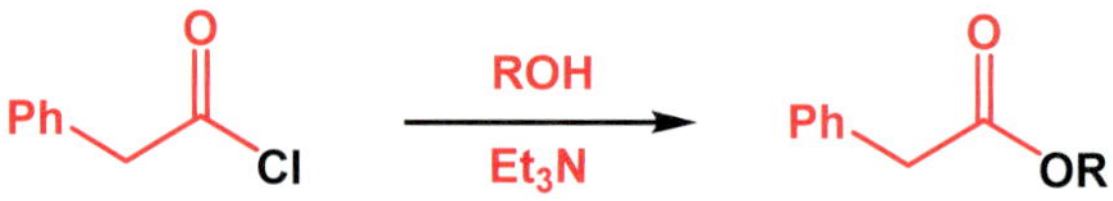

$$PhCH_2COCl \xrightarrow[Et_3N]{ROH} PhCH_2COOR$$

다음 메커니즘에서는 amine이 염기로 작용하여 제거 반응이 먼저 일어나고, 이어서 생성되는 ketene에 알코올이 첨가되는 형식의 반응 메커니즘이다. 다분히 타당성 있는 메커니즘의 하나이다.

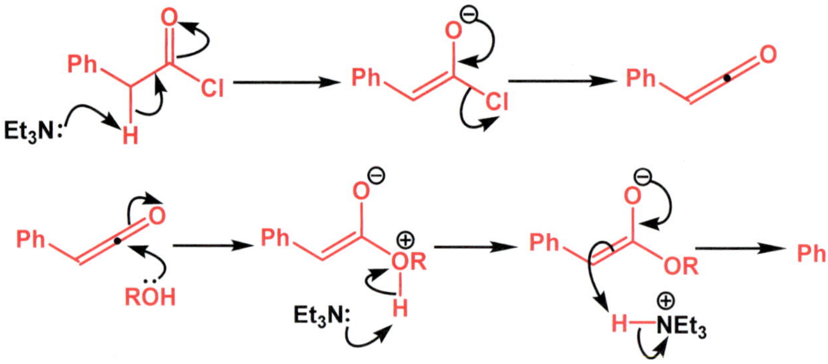

염기가 알코올에서 양성자를 먼저 제거하여 더 센 친핵체로 변환시킨 다음 정사면체형 중간체를 거치게 되는 메커니즘도 정상적으로 그릴 수 있는 합리적인 메커니즘이라 할 수 있다. 알코올 분자가 첨가되어 센 산과 염기가 동시에 생성되는 메커니즘과 비교하더라도 보다 타당성이 있다고 할 수 있다.

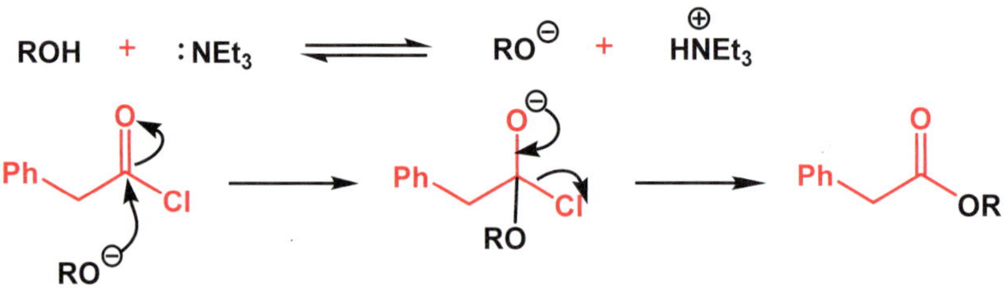

$$ROH + :NEt_3 \rightleftharpoons RO^{\ominus} + H\overset{\oplus}{N}Et_3$$

다음은 amine이 친핵체로 작용하여 chloride를 치환한 뒤에 다시 알코올과의 첨가-제거 메커니즘을 따라 진행되는 메커니즘이다. Amine이 친핵체로 작용하는 **친핵성 촉매**(nucleophilic catalysis) 반응이라 할 수 있다.

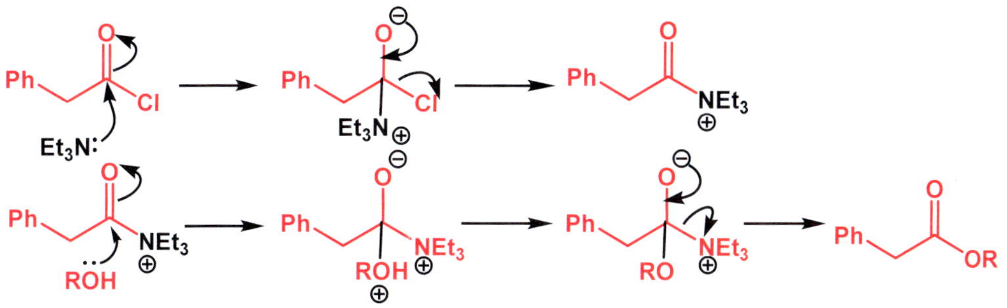

위에 열거한 세 메커니즘은 실험을 통해 어느 것이 진짜 메커니즘인지를 정할 수는 있지만, 지금 단계에서는 어떤 메커니즘을 그려도 된다. 각 단계에서는 합리적으로 electron source에서 출발하여 electron sink를 향하는 화살표 이동을 그렸기 때문에 잘못된 곳은 하나도 없다.

기본 원리에만 충실하면 바른 메커니즘을 그릴 수 있다. 어느 경우에는 하나 밖에 그릴 수 없는 경우도 있고, 어느 경우에는 여러 가능한 메커니즘을 그릴 수도 있다. 이와 같이 주어진 반응 조건을 반영하는 다수의 합리적인 메커니즘은 얼마든지 그려도 된다. 실험적 사실이 주어지거나 하여 그 중 어느 것은 맞지 않는 경우도 생기게 마련이다. 또 오랫동안 맞는 메커니즘으로 철석같이 믿어왔던 것이 어느 날 발견된 새로운 사실로 해서 수정이 되지 않으면 안 되는 경우도 생긴다. 지레 겁을 먹고 포기할 필요가 없다. 실제로도 둘 이상의 메커니즘을 그려보는 것이 큰 공부가 된다. 그 중에 하나가 덜 합리적인 과정을 포함한다면 고려 대상에서 세외하면 된다.

7.8 There are Mechanisms and There are Mechanisms

실험적 사실이 주어지지 않은 채, 반응물과 생성물만 보고 메커니즘을 얼마나 여러 개 그릴 수 있는가? 수없이 많을 것이다. 그러면 주어진 반응의 정확한 mechanism은 어떻게 알 수 있나? 간단히 대답한다면 '잘 모르겠다'이다. 자연 과학의 특성은 일어나는 현상을 어떤 이론을 제시하여 그 이론으로 설명하게 된다. 그 이론은 실험적으로 뒷받침되어야 하며, 실험 결과가 이론에 의한 예상과 다르게 나타나면 새로 이론을 다시 제시하고, 이를 증명하는 순서를 밟게 된다.

유기 반응 mechanism도 이와 다르지 않다. 반응을 설명하기 위한 mechanism이 제시되고, 그 mechanism으로 설명할 수 없는 실험 결과를 얻게 되면 다시 그에 맞는 수정된 mechanism을 제시하게 된다. 이러한 상황을 이해하는데 가장 알맞은 반응 중의 하나가 Cannizzaro 반응이다. 지금은 hydride 환원제($NaBH_4$, $LiAlH_4$)에 밀려나서 거의 사용하는 경우가 없어져서 대부분의 유기 교과서에서 자취를 감춘 반응이지만, 얼마 전까지만 해도 모든 유기 교과서에서 이 반응을 다루었다. 반응인즉, 아래 식에서와 같이 formaldehyde, arylaldehyde, pivalaldehyde

등의 α-수소를 갖지 않는 aldehyde가 NaOH와 반응하여 절반은 환원되고 절반은 산화되는 반응이다.

필요한 화합물을 절반밖에 얻을 수 없는 효율적이지 못한 관계로 이 반응은 다음 반응식에서와 같이 대개의 경우에는 formaldehyde와 짝지어 반응하여 formaldehyde는 산화되면서 방향족 aldehyde를 환원하는 환원제처럼 쓰였었다.

furfural furfuryl alcohol

이 반응 또한 어떤 mechanism이 제안되었다가 또 다른 실험적 사실이 밝혀지고 나서, 다시 수정 mechanism이 등장하였다가 설명할 수 없는 또 다른 사실이 밝혀지면 또 다시 수정을 거치는 과정을 여러 차례 반복해 왔다. 이에 대해 가장 잘 정리된 것이 Clayden의 유기화학 교재이다. 이 반응의 mechanism을 밝히기 위해 수행했던 실험들의 결과는 다음과 같다.

1. 라디칼 개시제나 라디칼 억제제를 넣어도 반응속도에 영향을 미치지 않는다.
2. 반응속도를 측정하면 대부분의 반응은 다음과 같이 3차 속도식을 갖는다. 이는 3차 속도식은 전이상태에서 관여하는 모든 화학종이 동시에 충돌이 일어나야 한다는 것은 아니다.

   $$\text{Rate} = k_3[\text{PhCHO}]^2[\text{OH}^-]$$

   Formaldehyde나 일부 방향족 aldehyde의 반응에서는 사용된 OH^-의 농도가 높은 경우에는 다음과 같은 4차 속도식을 보이지만 농도가 낮아지게 되면 3차와 4차가 복합된 반응 속도식의 형태로 나타난다.

   $$\text{Rate} = k_4[\text{HCHO}]^2[\text{OH}^-]^2 \quad \text{at high } [\text{OH}^-]$$
   $$\text{Rate} = k_3[\text{HCHO}]^2[\text{OH}^-] + k_4[\text{HCHO}]^2[\text{OH}^-]^2 \quad \text{at lower } [\text{OH}^-]$$

3. 동위원소 표지에 의한 실험으로 환원된 alcohol의 두 methylene 수소는 모두 aldehyde의 수소이며 물 분자나 hydroxide의 수소가 아니다.

4. 산소의 동위원소(O*)로 표지된 물 분자와 hydroxide를 사용하면 benzaldehyde의 산소

원자는 아주 빠르게 ^{18}O로 표지된다.

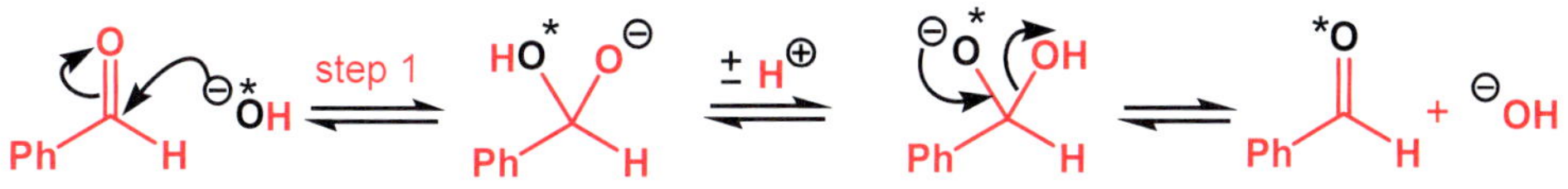

이에 따라 제시되었던 Cannizzaro 반응 mechanism을 차례로 살펴보면 다음과 같다.

Mechanism 1

이 반응이 발견된 초기에는 라디칼 사슬 반응 mechanism을 거친다고 믿었다. 그러나 라디칼 반응이라면 반응의 속도는 개시제를 넣으면 더 빨라져야 하고, radical 억제제를 넣으면 더 느려져야 하지만 이에 전혀 영향을 받지 않는다. 결국 이 라디칼 mechanism은 제대로 된 그림 한번 선보이지 못하고 자취를 감추게 되었다.

Mechanism 2

반응 속도식과 그 밖의 여러 실험적 사실을 고려하여 그 다음에 등장한 mechanism이 다음에 적혀 있는 식이다. 예전 대부분의 유기화학 교재에 실려있는 Cannizzaro 반응 mechanism이 모두 이러한 mechanism을 그렸었다. 동위원소 표지 실험으로 환원된 alcohol의 두 methylene 수소는 모두 aldehyde의 수소이며 물 분자나 hydroxide의 수소가 아님을 확인하였다. 어떤 형태로든지 간에 aldehyde 수소가 다른 aldehyde에 첨가되어야 한다. Hydride가 먼저 떨어져서 다른 분자에 첨가될 수도 없으며 두 화학종 간에 직접 건네 주고 받아야 함을 제대로 반영한 mechanism이라 할 수 있다. 빠른 hydroxide 첨가는 가역 과정이며 이에 이은 hydride 전달 과정이 속도결정 단계라면 위의 대부분의 실험적 사실을 반영한 mechanism이기도 하다.

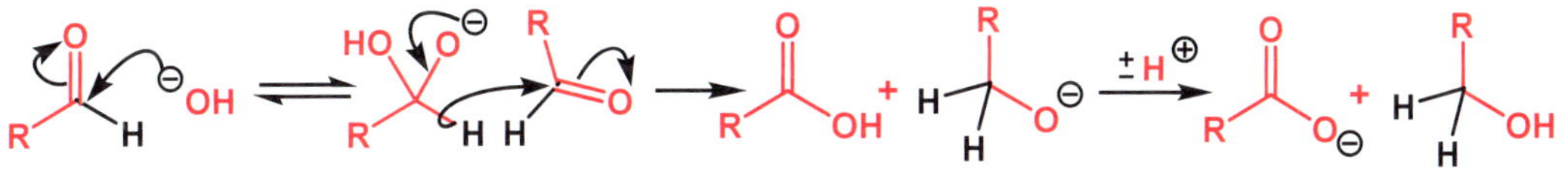

그렇다면 이 mechanism은 어떤 문제가 있는가? Aldehyde에 hydroxide가 공격하여 생성되는 정사면체형 음이온 중간체는 다른 반응에서도 상당히 자주 거치게 되는 중간체이며 '이 중간체에서 hydride(pK_{aH} 35)가 nucleofugal 이탈기로 떨어질 수가 있는가'의 문제이며 실제로 이 반응 이외에 그러한 사례가 발견되지 않는다는 점이다. (잠시 뒤에 언급할 amide의 알칼리 가수분해에서도 같은 문제가 생긴다.)

Mechanism 3

위에 기술된 모든 실험적 결과를 반영할 수 있는 또 다른 mechanism이 제안되었다. OH^-가 카보닐을 공격하여 얻어지는 정사면체형 음이온 중간체가 다른 aldehyde를 공격하여, 다음 식에서 보는 것과 같은 dimeric adduct를 형성하게 되고 이로부터 분자내의 hydride transfer가 일어난다는 것이다. 이는 결국 상기 mechanism의 첫 단계는 대단히 빠른 반응임이 밝혀졌고 그 다음 어느 단계가 속도결정 단계라 하더라도 최소 한도 위의 속도식에 부합하는 mechanism임에는 틀림없다.

terahedral intermediate

dimeric adduct

이 mechanism 또한 수정을 거치게 되는데, 그렇다면 이 mechanism으로 설명할 수 없는 어떤 실험적 사실이 발견되어 그를 설명하지 못하는가? 만약 sodium methoxide를 hydroxide 대신 사용하여 위에 나타낸 것과 같은 mechanism을 따른다면 아래 식에 따라 benzyl methyl ether를 생성하여야 한다.

step 1 step 2 step 3

terahedral intermediate

dimeric adduct

benzyl methyl ether

그러나 이 화합물은 전혀 생성되지 않는다. 또한 주어진 반응 조건에서 일차 생성물인 benzyl methyl ether는 benzyl alcohol로 변환되지도 않는다. 이로 인해 mechanism 3은 결국 퇴출되어 버리게 된다. 그러면 어찌 되는가? 또 다른 새로운 mechanism을 제시하게 된다.

Mechanism 4

terahedral intermediate

dimeric adduct

ester hydrolysis

위의 mechanism 4는 3에서와 같이 정사면체형 중간체가 카보닐 탄소를 공격하여 중간체를 형성하는 것까지 같으나, 다음 단계를 수정하여 hydride 이동에 따라 OH^-가 이탈되면 결국 ester인 benzyl benzoate를 생성하게 된다. Benzyl benzoate는 염기성 media에서는 가수분해가 일어나서 benzyl alcohol과 benzoate를 생성할 수 있다. 한 동안은 이 mechanism을 옳다고 인정하며 지나왔다. 그러나 benzyl benzoate는 반응의 중간체가 아니라 어떤 올바른 mechanism에 의하여 생성된 두 화합물과의 반응을 거쳐 부산물로 생성될 수도 있다는데 있다. 이 mechanism이 받아 들여지지 않은 이유는, Cannizzaro 반응에서 생성물의 생성속도가 되기 위해서는 '도대체 이 중간 생성물의 농도가 얼마나 되어야 하는가'이다. 정교한 실험 결과에 의하면 이 ester는 반응 생성물의 생성속도를 따라갈 수 있을 만큼의 농도로는 전혀 존재하지 않는다는 데 있다. 결국 이 mechanism도 파기되어야 한다는 결론에 이른다.

Mechanism 5

다음 mechanism 5는 지금까지 그나마 설득력 있는 mechanism으로 인정되고 있다. OH^-의 첨가로 생성되는 음이온성 중간체는 다음 염기에 의하여 양성자떼기가 한번 더 일어나서 dianion 중간체를 거치는 것이다. 이 mechanism은 위의 실험에서 얻은 속도식과 정확하게 일치하는 4차 속도식이 되며, 또한 methanol/water 혼합 용매에서의 sodium methoxide를 사용하는 경우 생성되는 일부 methyl ester는 쉽게 가수분해되어 지금까지 밝혀진 대부분의 실험적 사실을 모두 설명할 수 있는 최선의 mechanism으로 인정하고 있다.

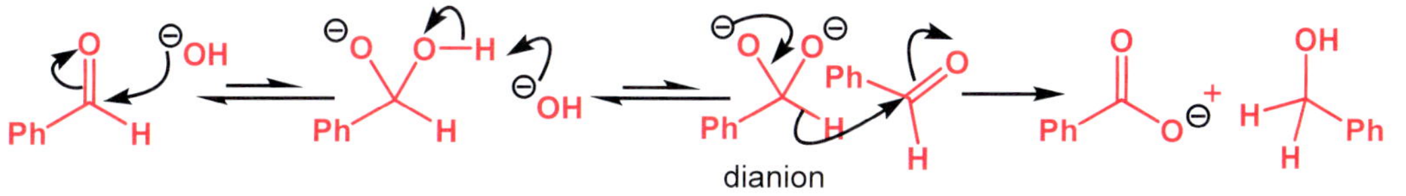

dianion

이와 유사한 문제로 amide의 알칼리 가수분해를 앞에서 언급하였다. 어떻게 hydroxide (pK_{aH} 16)의 공격으로 생성된 중간체에서 대단히 센 amide (pK_{aH} 35) ion이 떨어질 수 있는가의 문제이다. 이 반응 또한 위의 Cannizzaro 반응 mechanism 5와 거의 유사한 dianion을 중간체로 거쳐 진행되는 반응으로 인정하고 있는 상태이다.

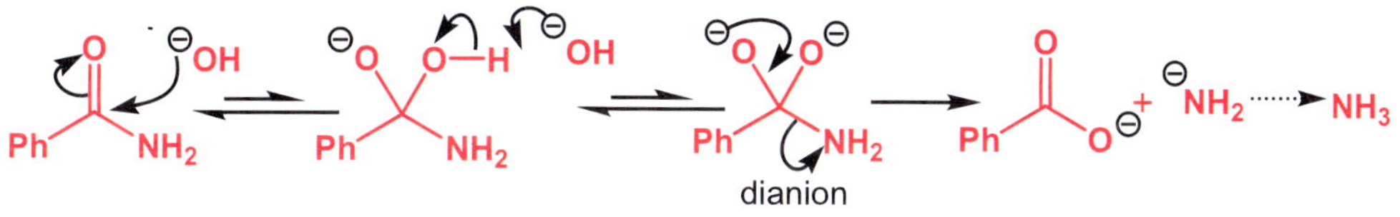

dianion

그러면 이 Cannizzaro 반응 mechanism 5는 정말로 완벽한 것인가? 이 Cannizzaro 반응을 benzaldehyde와 몇몇 치환 알데하이드를 사용하여 ESR spectrometer에서 행하면 라디칼이 검출된다는 점이다. 라디칼은 다음에서 보는 바와 같이 aldehyde와 metallic Na에서 생성되는 것과 정확하게 일치되는 ketyl radical anion으로 밝혀졌다. '그러면 다시 mechanism 1로 돌아가야 하는가?' '라디칼이 소량 검출되면 모두 라디칼 반응인가'하는 데는 부정적인 견해가 지배적이며, 아직은 극성 반응이라고 믿는 사람이 훨씬 많다는 사실이다.

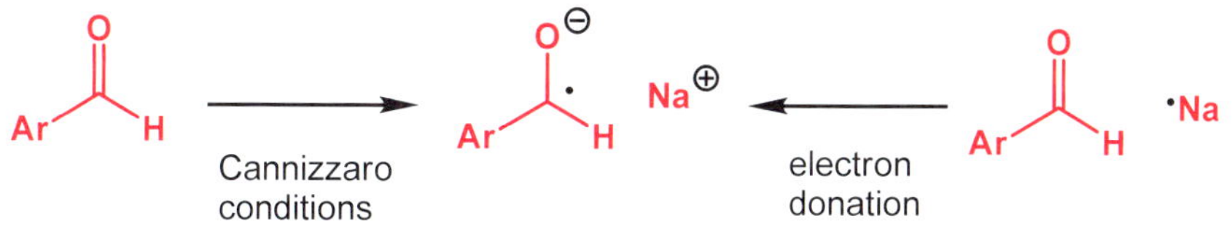

Cannizzaro conditions

electron donation

또한 비교적 최근에 발표된 다음 반응은 어떤 mechanism을 그려 합리적으로 설명하게 될 것인가? 이 반응은 위에서와 같은 dianion을 그릴 수 없음은 명백하다. 무수 상태에서 진행되는 이 반응은 아마도 acyltriethylammonium ion이 생성되었다가 methanol 처리 과정에서 methyl ester로 바뀌는 것으로 짐작할 수 있다.

1. 0.5 eq. LiBr
1.5 eq. NEt_3,
2 d, rt
2, MeOH

X= F or OMe

98 % yield (1;1 mixture)

Mechanism이란 이와 같이 반응을 어떻게 이해하고 그 mechanism으로 얼마나 많은 실험적 사실을 설명할 수 있는가에 따라 그대로 인정되기도 하고, 때에 따라 다른 mechanism으로 대치되기도 한다. 결국 mechanism을 그리는 문제의 해결은 주어진 실험적 사실을 설명할 수만 있다면, 복수의 mechanism을 제안할 수 있지만 또 다른 실험을 거쳐 그 중 하나는 퇴출되는 순서를 밟는 과정을 거친다는 점을 이해할 필요가 있다.

문제 7.23 다음 mechanism은 어딘가가 잘못되어 있다. 무엇이 잘못되어 있는지 지적하고 바르게 고쳐 적어보라.

(a)

(b)

(c)

(d)

HCl

문제 7.24 Alkyl methanesulfonate는 triethylamine이나 pyridine 존재하에 sulfonyl chloride와 alcohol을 반응시켜 얻는다. 최소한 두 가지 이상의 mechanism을 그려 보라.

$$MeSO_2Cl + ROH \xrightarrow{Et_3N} MeSO_2OR$$

문제 7.25 주어진 반응의 mechanism을 그리라는 문제에 어느 학생이 다음과 같은 mechanism을 그렸다고 하자. 맞는 것일까? 어떤 문제가 있는가? 보다 더 합리적인 mechanism은 어떻게 그리면 되는가?

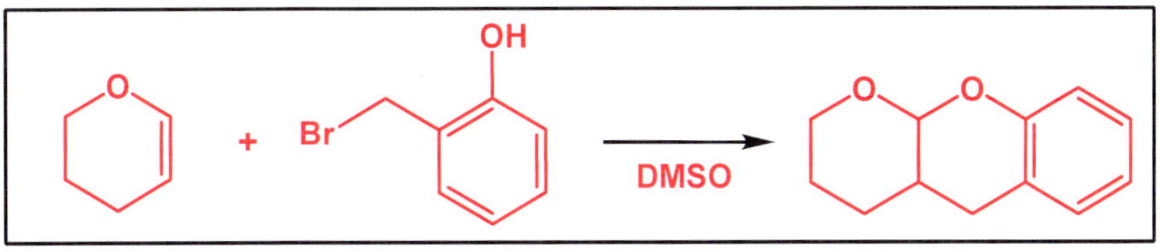

OH
+ Br
DMSO

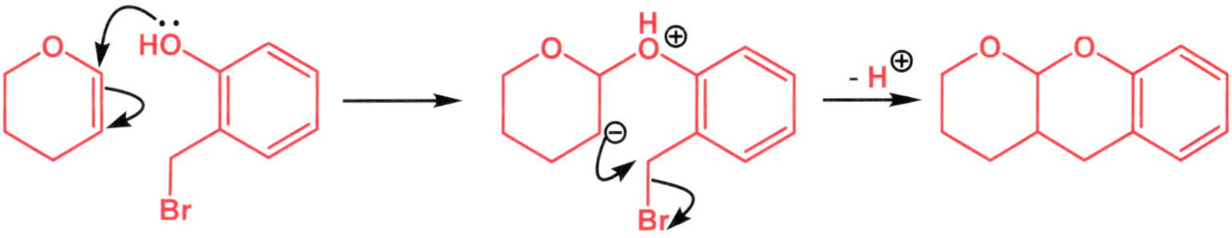

HO
Br
H
O
- $H^{\oplus}$
Br

문제 7.26 다음과 같은 화학종들이 섞여 있다. 어떠한 전자쌍 이동이 가능한지 마음껏 모두 그려 보라.

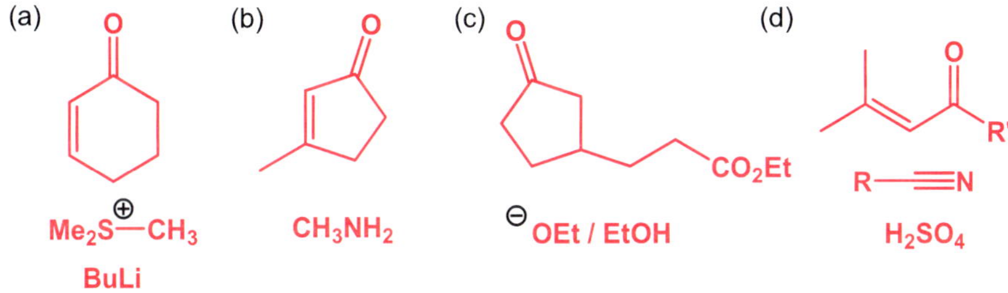

(a) O, $Me_2\overset{\oplus}{S}-CH_3$, BuLi

(b) O, CH_3NH_2

(c) O, CO_2Et, $^{\ominus}OEt$ / EtOH

(d) O, R', R—≡N, H_2SO_4

문제 7.27 위 문제의 반응물로부터 실제로 다음과 같은 생성물이 얻어졌다면 그려본 어떤 경로를 통해서 만들어질 수 있는가?

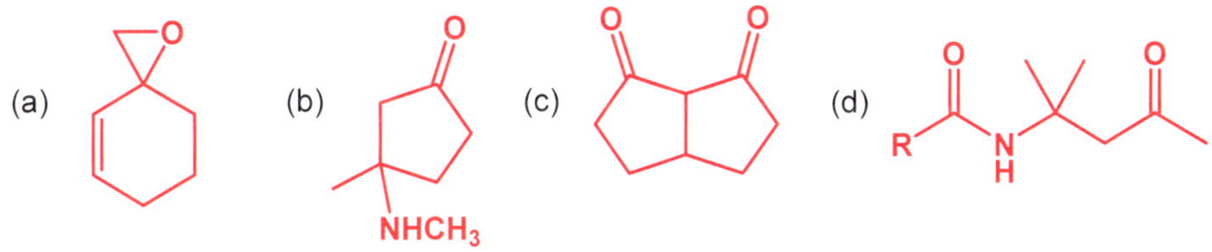

(a) O

(b) O, $NHCH_3$

(c) O O

(d) O O, R, N H

문제 7.28 다음 반응물과 생성물의 번호 매기기를 비교하여 얼핏 보기에 어느 것이 더 유리한 것인지 가려보라. 이 반응은 실제로 어느 방법의 번호 매기기도 옳은 것으로 판명되었다. 그렇다면 어떤 mechanism을 그리면 되겠는가? (hint; carbocation의 자리옮김)

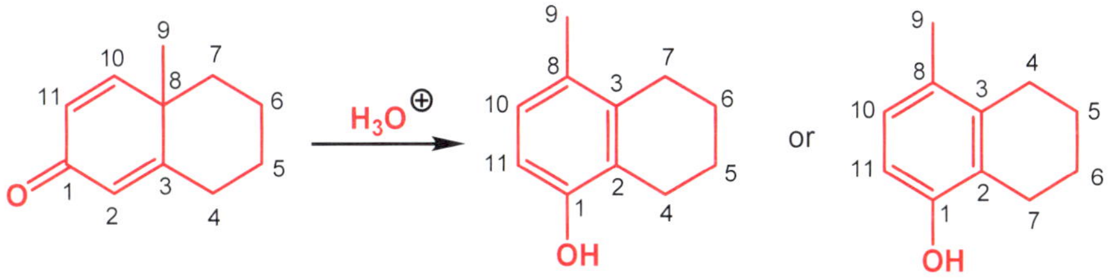

$H_3O^{\oplus}$

or

OH OH

문제 7.29 본문 마지막에 나온 다음 반응은 어떤 mechanism을 그리면 타당하다 하겠는가? Cannizzaro 반응에 관한 것을 다시 읽고 이 반응의 메커니즘을 유추하여 보라.

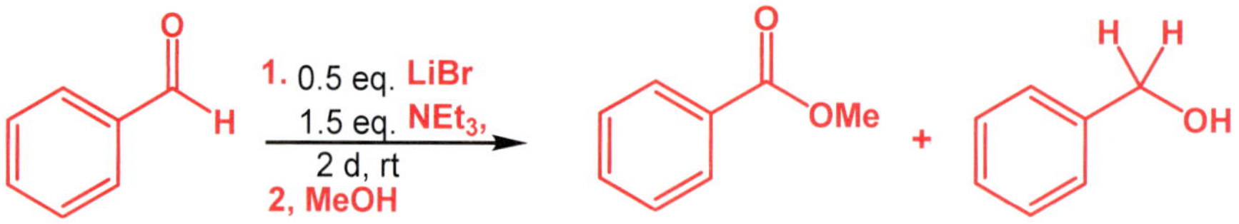
O
H
1. 0.5 eq. LiBr
1.5 eq. NEt3,
2 d, rt
2, MeOH
O
OMe
+
H H
OH

문제 7.30 문제 다음 반응의 메커니즘을 그려 보라. Cannizzaro 반응과 비슷한 disproportionation 반응인데 음이온이 hydride를 밀어내는 것이 아니고 양이온이 hydride를 떼어간다.

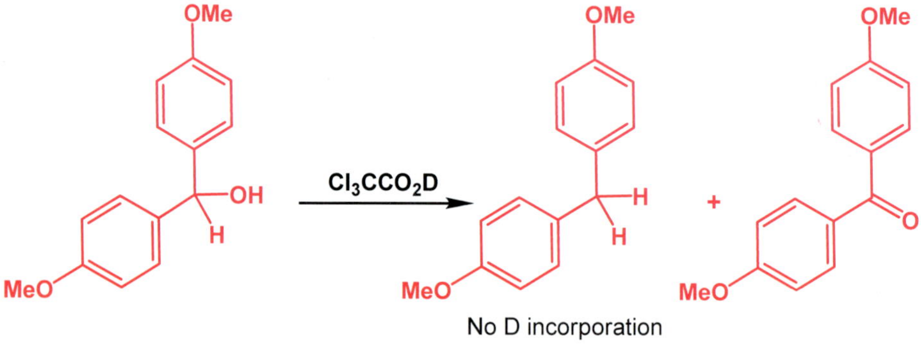
OMe
OH
H
MeO
Cl3CCO2D
OMe
H
H
MeO
+
OMe
O
MeO
No D incorporation

CHAPTER 08

Classification of Organic Reactions

지금까지 유기화합물의 구조와 결합, 결합깨짐과 결합형성, 반응성과 반응의 추진력 등에 관하여 살펴보았다. 이제 체계적으로 유기 반응을 공부하기에 앞서 반응에는 어떤 유형이 있고, 유형별로 어떤 특색들을 가지게 되는지를 종합적으로 간략하게 살펴보기로 한다.

유기화학을 처음 배우기 시작하면 엄청나게 많은 다양한 반응들을 두서 없이 배우게 된다. 이는 대부분의 유기화학 교재가 반응 유형으로 나누어 접근하기보다는 작용기 위주로 기술되다 보니, 같은 유형의 반응이 여러 단원에 되풀이해서 나오게 되기도 하며, 또한 특정 작용기를 다루는 한 단원에서 극성 반응과 라디칼 반응 등 메커니즘이 전혀 다른 여러 유형의 반응을 다루기도 한다. 기본적인 유기화학 학습을 한 차례 끝낸 상황에서 한 번 더 복습한다든지 아니면 조금 더 깊이 있게 공부하는 데는 많은 유기 반응을 어떤 기준으로 어떻게 분류하여 차례로 좀 더 체계적이고 수월하게 접근할 수 있을지를 생각해 볼 필요가 있다. 유기 반응은 워낙 다양하다 보니 어떤 기준으로 나눌 것인가는 생각보다 쉽지 않지만, 여기서와 유기 반응의 특색에 따라 몇 가지 방법으로 분류하면서 반응 특색을 익히고 같은 부류의 반응을 함께 다루는 편이 더 효율적일 수 있다. 이 단원에서는 반응을 분류해 보면서 반응 유형에 따라 어떤 점에 유의하면서 무엇을 살펴야 하는가를 알아보기로 한다.

8.1 Classification by Overall Transformation

유기 반응을 구별하는 방법으로 반응 경로(메커니즘)와는 상관없이 유기 반응물과 유기 생성물만을 놓고 구분하는 방법이 있다. 유기 화합물을 구성하는 결합은 기본적으로 σ-결합과 π-결합으로 대별된다. 반응물과 생성물을 비교하여 결합에 어떤 변화가 있는가에 따라 σ-결합이 깨지고 다른 σ-결합이 생성되는 **치환**(substitution) 반응, σ-결합이 깨지고 π-결합이 형성되는 **제거**(elimination) 반응, π-결합이 없어지고 대신 σ-결합이 형성되는 **첨가**(addition) 반응으로 나누는 것이 오래된 관습이며, 골격의 변화를 수반하는 **자리옮김**(rearrangement) 반응을 포함하여 이를 4대 유기 반응이라고 관습적으로 분류하여 왔다. 이들 반응 유형 말고도 **축합**(condensation) 반응, **이성질화**(isomerization) 반응, **토막내기**(fragmentation) 등 다양한 소부류의 유형으로 분류되는 반응들도 상당수 존재한다.

8.1.1 Addition Reactions

유기화학에서 가장 중요한 반응 중에 하나가 **첨가 반응**(addition)이다. 첨가 반응은 π-결합이 깨지고 σ-결합이 생성되는 반응이라고 정의할 수 있다. 일부 한 단계만을 거치는 협동형 첨가가 있으나 상당수의 첨가 반응이 단계적으로 진행되어 π-결합깨짐과 동시에 한 σ-결합이 생성되며, 반응성 중간체를 형성한다. 추가로 σ-결합 하나가 더 생성되면서 전체적으로 반응이 완결되는 순서를 밟는다. 탄소–헤테로원자 π-결합의 첨가와 탄소–탄소 π-결합의 첨가는 반응 성격이 크게 달라 작용기에 따라 구분할 때도, 메커니즘에 따라 구분할 때도 오히려 다른 점이 더 많다 할 정도여서 나누어 다른 곳에서 따로따로 취급하게 된다.

Addition to carbon-heteroatom π bond

$NaBH_4$ / MeOH

enantiomeric pair

Addition to carbon-carbon π bond

Br_2 / CCl_4

(Z)-2-butene

diastereomeric pair

주어진 첨가 반응이 어떤 메커니즘을 따라 일어날 것인가는 π-결합과 공격하는 화학종의 성질에 따라 달라지게 되지만, 반응 조건에 따라서도 약간의 차이를 보일 수 있다. 사실인즉 친핵성 메커니즘과 친전자성 메커니즘은 결국 같은 이온성 첨가로 어느 화학종이 π 계를 먼저 공격하여 σ-결합을 형성하는가의 문제로 순서만 다를 뿐이다.

단순한 C=C π-결합은 결합 평면의 위아래 π 진자밀도가 높은 영역이 존재하며 친전자체의 공격을 받게 되는 것이 보통이다. 그러나 C=C π-결합의 반응성은 이웃한 group이 무언가에 따라 많은 차이를 보이게 된다. 첨가 반응은 첨가되는 화학종에 따라 친전자체 첨가, 친핵체 첨가, 라디칼 첨가 반응으로 구분된다. 라디칼이라 할지라도 라디칼의 성격에 따라 약간의 친핵성을 가지는 라디칼과 친전자성을 가지는 라디칼은 다음 세 유형의 alkene에 다른 반응성을 보일 수도 있다. 이런 이유로 C=C π-결합은 유기화학의 chameleon이라 부르며, 이웃한 고립쌍을 안정화하기도 하며, 또한 이웃한 빈 오비탈을 안정화하기도 하고, 반응성 차이는 있으나 치환기에 따라 양이온과 반응하기도 하고 음이온과 반응하기도 한다.

nucleophilic alkene | electrophilic alkene (nucleophilic alkene) | electrophilic alkene

앞의 두 반응은 친핵성 및 친전자성 첨가 반응 예로 이러한 극성 첨가 메커니즘을 라디칼 첨가 메커니즘보다는 몇 배 더 자주 접하게 된다. 또한 극성 반응도 아니고 라디칼 반응도 아닌 어떤 중간체도 거치지 않고 협동형 반응으로 첨가가 종결되는 경우도 있는데, 이러한 반응들은 대부분 **고리형 협동반응**(pericyclic reaction)으로 분류된다.

Radical addition

Ph-CH=CH$_2$ —($BrCCl_3$, $h\nu$)→ PhCH(Br)CH$_2$CCl$_3$ 78 % yield

Cycloaddition (pericyclic reaction)

(cyclohexenone + 2-methylpropene —$h\nu$→ bicyclic cyclobutane product)

극성 반응인가? 라디칼 반응인가? 아니면 고리형협동 반응인가? 어떤 메커니즘이던지 간에 첨가 반응에서는 항상 두 가지 문제가 나타난다. 첫째가 regioselectivity이다. 치환기에 따라 탄소-탄소 π-결합의 두 탄소는 같지 않은 경우, 수소 첨가 또는 브로민 첨가에서와 같이 첨가되는 두 원자나 원자단이 같은 경우를 제외하고는 어느 원자 또는 원자단이 어떤 탄소와 결합하는가의 선택성 문제가 생겨나도록 되어 있다.

또 다른 특성 하나는 stereoselectivity의 문제이다. 평면형 구조를 하고 있는 sp^2 탄소가 삼차원 입체 구조의 sp^3 탄소로 바뀌면서 새로운 입체중심이 생겨나게 되는데, 많은 반응의 경우 새로 형성되는 두 σ-결합은 π-평면에 같은 쪽이거나 아니면 반대 쪽으로 첨가가 일어나게 되어 반응에 따라 *syn*- 또는 *anti*-stereospecificity를 보이게 된다. *syn*-첨가가 일어나는 경우에도 π-평면 위아래 둘 중 어느 한쪽으로의 첨가가 우세하게 일어나기도 한다.

다음 Diels-Alder 반응은 이러한 것들이 복합적으로 얽힌 완전한 이해가 쉽지 않은 반응으로, 다음 반응 예에서는 regioselective하게 A, B만 생성된다, 다른 regio-isomer인 C는 거의 생성되지 않는다. 같은 regio-isomer인 A와 B 중에서 A만이 stereoselective하게 생성된다.

OMe, O, H — A; NOT B; NOT C

또한 α,β-불포화 카보닐이나 conjugate π 계에서처럼 두 π 계가 이웃한 경우에는 첨가 반응에서 문제점이 하나 더 생겨난다. 다음 HCl의 첨가 반응은 1,2-첨가와 1,4-첨가 생성물이 모두 생성될 수 있고, 그 생성물 비는 반응 조건에 따라 달라진다. 이는 반응에 따르는 열역학과 반응속도론의 개념을 도입하여야만 이해할 수 있다. (Chapter 6)

H_3C-CH=CH-CH=CH-CH_3 —HCl→ H_3C-CH$_2$-CH(Cl)-CH=CH-CH_3 (1,2-addition) + H_3C-CH$_2$-CH=CH-CH(Cl)-CH_3 (1,4-addition)

1,2-첨가(direct addition)인가 아니면 1,4-첨가(conjugate addition)인가의 문제는 다음 α,β-불포화 카보닐 화합물에서도 어김없이 나타난다. 기질에 따라 또는 첨가되는 시약의 특성에 따라 또는 추가로 첨가되는 금속 염 등의 영향에 따라 특정 생성물만을 주로 얻게 된다.

MeNH₂ → (OMe, 1,4-addition) → H–N(Me)… OMe → (OMe, 1,4-addition) → … N(Me) … OMe, OMe 77 % yield

요약하자면 첨가란 π-결합이 없어지는 대가로 σ-결합 둘이 생겨나는 반응으로 일반적으로는 열역학적으로 유리한 반응이다. 반응 유형에 상관없이 첨가 반응을 보면 입체 특이성과 더불어 regio- 및 stereo-selectivity의 문제가 있음을 머리에 떠올려야만 한다.

8.1.2 Elimination Reactions (β-Elimination)

형식상으로는 제거 반응은 첨가 반응의 역반응이다. 대부분의 경우 이웃한 자리에서 두 치환기가 제거되면서 π-결합을 형성하게 되는데, 이를 β–제거(β–elimination)라고 한다. 드물게 같은 자리에서 두 치환기가 제거되는 α-제거 반응이나 (반응성이 큰 carbene을 생성) 두 원자 이상 떨어진 원거리의 두 치환기가 제거되는 반응도 있을 수 있다. 그렇지만 일반적으로 제거 반응이라 하면 이웃한 두 탄소에서 치환기가 제거되어 π-결합이 형성되는 β-제거를 지칭한다.

극성(이온성) β-제거에서는 떨어져 나가는 두 기 중에서 하나는 전자쌍을 남겨둔 채로 양성자 또는 다른 electrofugal(전자배척) 이탈기가 떨어지고, 다른 탄소에서는 결합 전자쌍과 함께 nucleofugal(핵배척) 이탈기가 떨어지는 경우가 대부분이다. 떨어지는 순서에 따라 양성자떼기가 먼저 일어나면 carbanion 중간체를 (E1cB 메커니즘) 핵배척 이탈기가 먼저 떨어지면 carbocation 중간체를 거치는 E1 반응을 거치게 된다.

E1: X, Y → ⊕, Y → $X^{\ominus}$, $Y^{\oplus}$

E2: X, Y → $X^{\ominus}$, $Y^{\oplus}$

E1cb: X, Y → X, $Y^{\oplus}$ ⊖ → $X^{\ominus}$

X; Nucleofugal leaving group

Y; Electrofugal leaving group

이탈되는 두 그룹이 동시에 떨어지는 협동형 반응인 E2 메커니즘으로 일어날 수도 있다. 염기가 존재하면 E2나 E1cB 메커니즘을 거치게 되고 산성이나 중성 매체에서는 E1 반응이 주로 일어나게 되지만, 이 또한 기질의 특성이기도 하다.

분자내에 β-수소가 여러 개 존재하는 경우에는 어느 C–H 결합이 깨지는가에 따라 생성되는 alkene의 geometry와 stereochemistry가 결정된다. 중간체를 거치는 대부분의 반응은 생성물의 열역학적 안정도에 따라 생성물의 비가 결정되지만, 협동형 반응인 E2는 입체특이성 반응으로 오비탈의 배향이 중요한 결정 요소가 된다.

E1 OH H⊕ ⊕OH₂ R R ⊕ R H R

anti-E2 Me Ph Ph Br ≡ Me Ph Br Ph H H HO⊖ NaOH Me Ph Ph H

Br Me Ph Ph H H

anti-periplanar

다음 예에서와 같이 구조상 특별히 산성도가 큰 C–H 결합을 가지는 화합물은 양성자떼기가 쉽게 일어나서 탄소 음이온을 거치는 E1cB 반응이 쉽게 일어난다. E1cB 반응에서는 보통 열악한 이탈기로 취급되는 OH나 OR과 같은 이탈기도 쉽게 떨어진다.

pKa 22 B:⊖ H OH Ph ⊖ Ph OH Ph

유기 분자에서 H–X를 제거하여 alkene을 합성하는 반응에서는 항상 다음과 같은 문제들이 발생한다. 첫째는 떨어질 수 있는 β-수소가 항상 여러 개 존재한다는데 있다. 이런 이유로 regioselective하게 H–X를 제거하여 특정 alkene을 생성하기 어려우며, 대개는 alkene의 혼합 생성물을 얻게 된다. 특히 E1 반응은 carbocation 중간체를 경유하게 되어 alkyl shift 또는 hydride shift에 따른 자리옮김으로 더욱 복잡한 양상으로 전개된다. 그렇지만 이러한 반응도 잘 이용하면 단일 생성물을 무리 없이 생성하는 반응이 될 수도 있다.

둘째 문제는 E1 및 E2 반응 모두에서 세던지 약하던지 간에 염기가 필요하며, 염기는 또한 친핵체일 수 있어 친핵성 치환이 경쟁적으로 일어나게 된다. 이 문제는 친핵성은 현저하게 낮지만 상당히 좋은 염기로 작용할 수 있는 몇 가지 염기를 개발하여 골라 쓰면 어느 정도 해결할 수 있다. 하지만 유기화합물의 합성이 목적이라면 이와 같은 양성자떼기를 수반하는 제거 반응은 별로 매력이 없으며, 위치선택성과 입체선택성을 동시에 갖춘 alkene 합성법을 더 많이 사용하게 된다.

앞에서 살펴본 양성자떼기를 포함하는 제거 반응 이외에도 실리콘을 포함한 금속 치환기가 제거 반응에서 electrofugal 이탈기가 될 수 있다. (Peterson 제거 반응) 이 반응은 입체특이성을 갖는 반응이다. 산성 또는 염기성 조건에서의 반응은 서로 다른 입체특이성을 보이는 반응으로 서로 다른 기하이성질체를 생성한다. β-자리의 이탈기는 꼭 OH일 필요가 없으며, 전자쌍을 거느리고 떨어지는 nucleofugal 이탈기이면 모두 반응이 일어난다. Fluoride ion은 silyl기를 떼는데 탁월하게 좋은 친핵체로 마치 염기가 양성자 떼듯 쉽게 일어난다.

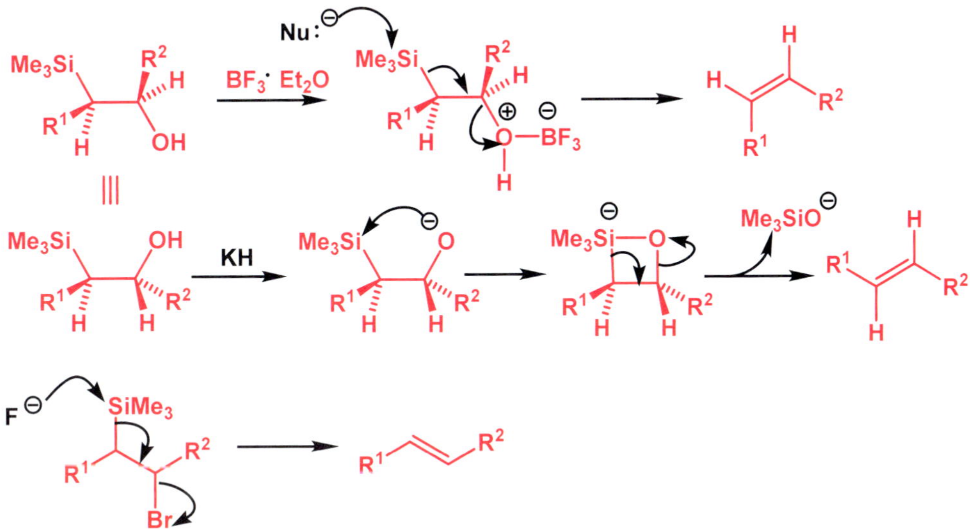

또한 활성이 큰 금속에 의한 환원성 제거도 일어날 수 있다. 예를 들어, vicinal dibromide를 zinc와 처리하면 쉽게 β-제거 생성물을 얻게 된다. 이 반응은 Zn뿐 아니라 Mg, Al 기타 반응성이 큰 어떤 금속도 사용할 수 있다. 이와 같이 두 이웃한 탄소 원자에 탄소보다 전기음성인 원소가 붙어 있는 경우 제거를 위해서는 환원제를 필요로 한다.

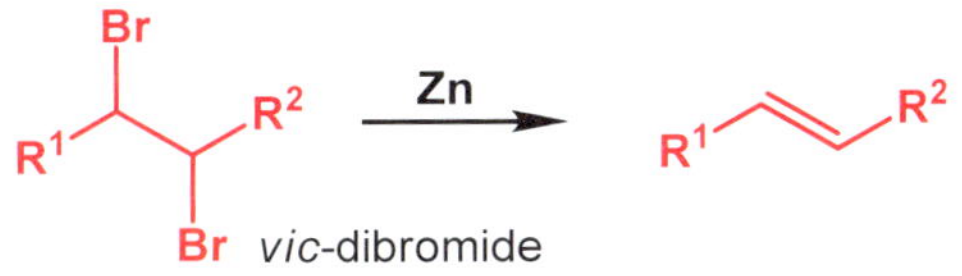

vic-dibromide

다음 보기 반응은 Julia olefin 합성법으로 비교적 자주 사용되는 환원성 제거 반응이다. 이러한 환원성 제거 반응으로 alkene이 생성되는 반응은 꼭 금속이 아니더라도 적당한 환원제의 존재하에서 일어나는 경우도 있다.

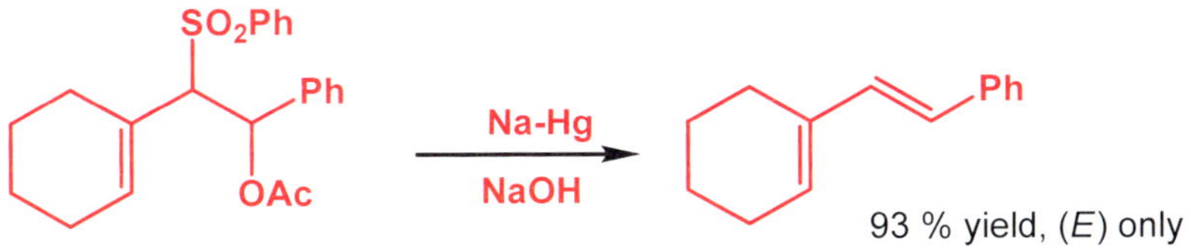

93 % yield, (E) only

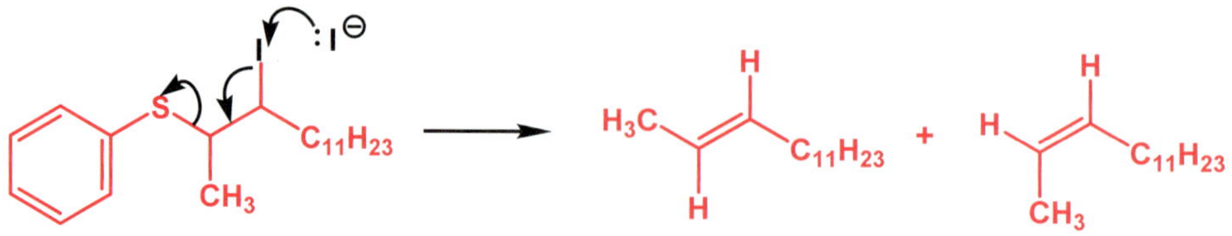

그 밖에도 고리형협동 과정을 통하는 제거 반응도 있을 수 있고, alkene의 촉매수소화 반응이 역으로 일어나서 두 이웃한 자리에서 수소 원자들이 떨어지는(dehydrogenation) 산화 반응도 얼마든지 있을 수 있으며 이들도 제거 반응임에 틀림 없다.

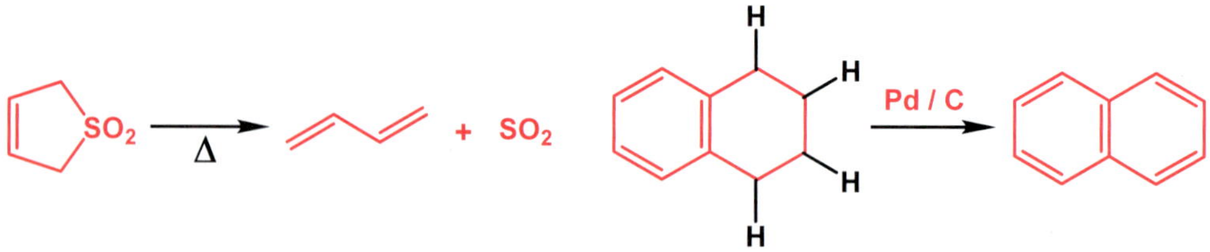

요약하면 제거 반응이란 σ-결합 둘이 깨지면서 π-결합이 형성되는 반응을 이르며, 열역학적으로 불리한 경우가 많아 일반적으로 더 높은 온도에서 반응이 행해진다. 이웃한 자리에서 σ-결합이 깨지더라도 regiochemistry의 문제는 있으며, *anti*-제거와 *syn*제거의 입체화학적인 문제도 항상 있음을 기억해야 할 것이다.

8.1.3 Substitution Reactions

치환(substitution) 반응이란 어느 한 그룹과의 σ-결합이 깨지고 다른 그룹과의 σ-결합이 형성되는 모든 반응을 일컫는다. 반응물과 생성물만을 비교하면 σ-결합 하나가 깨지고 새로 σ-결합 하나만 형성되기 때문에 가장 간단한 반응처럼 보인다. 그럼에도 이 반응을 첨가와 제거 반응을 먼저 언급하고 난 후에 다루는 것은 훨씬 다양한 방법으로 진행되기 때문이다.

치환은 방향족 고리에서도 일어날 수 있고, 카보닐기에서도 일어날 수 있고, 단순한 지방족 화합물의 탄소에서도 일어날 수 있으나, 제각기 더 유리한 다른 메커니즘에 의해서 일어나게 된다. 같은 부류의 화합물이라도 반응 조건에 따라 다른 메커니즘을 거쳐 일어나게 된다. 따라서 이들 각 반응은 라디칼 치환, 포화(sp^3) 탄소에서의 친핵성 치환, 친전자성 방향족 치환, 친핵성 방향족 치환, 친핵성 acyl 치환 등의 여러 가지 이름으로 부르게 된다.

주어진 반응의 메커니즘을 예측할 수 있으려면 반응이 일어나는 기질의 성질을 제대로 파악해야 한다. 치환 반응은 반응 자리가 sp^3 탄소인 경우와 sp^2 탄소인 경우가 너무 확연하게 다르기 때문에, 이를 아예 둘로 나누어 취급하는 것이 훨씬 쉽고 편리하다.

8.1.3.1 Substitution Reactions at sp^3 Carbon

포화 탄소(sp^3 C)에서의 치환 반응도 다른 유형의 반응과 마찬가지로 극성 반응도 있고, 라디칼 반응도 있으며, 중간체를 거칠 수도 있고, 협동형 반응으로 일어날 수도 있다. 대치되는 탄소–치환기 결합의 결합 특성이 우선적으로 고려해야 될 사항이다.

치환기 내의 탄소와 결합하는 원자가 전기음성이어서 (halogen, O, S, N, 등) 탄소가 부분 양전하를 띠는 경우에는 친핵성 치환 반응이 주로 일어나게 된다. 탄소에 비해 전기양성인 원자 (metal, Si, acidic H 등)인 경우에는 친전자성 치환이 주로 일어나게 되며, 결합 극성이 거의 없는 경우에는 (대부분의 경우 H) 라디칼 반응이 주로 일어나게 된다. 협동형 치환인 S_N2 반응은 잠시 후에 다시 다루기로 하고, 이를 제외하면 다음과 같은 세 가지 형태로 중간체를 거쳐서 일어나게 된다.

1. X → ⊕ —Nu:→ Nu

2. X → ⊖ —E⊕→ E

3. X → · —R•→ R

이들 세 가지 유형의 보기 반응을 각각 한둘씩 나타내 보면 다음과 같다. 양이온 중간체를 거치는 반응은 2차 3차 alkyl이거나 양이온을 안정화시키는 산소, 황 등의 이웃한 치환기를 가지는 경우에 쉽게 일어난다. 완전한 carbocation이 생성된다면 50 : 50의 racemate를 생성해야 하지만, 구조상의 특색이나 ion pairing 등의 영향으로 이에서 벗어나는 경우가 많다.

H—OAc, Ts, OAc

H_2O, EtOH

(*R*)-2-bromooctane → (*S*)-2-octanol 83 % + (*R*)-2-octanol 17 %

음이온 중간체를 거치는 경우에는 LDA와 같은 센 염기를 사용하여 완전한 음이온을 형성한 후에 친전자체를 첨가할 수도 있으나, 상간이동 촉매 등을 사용하는 2상계에서 평형량 생성되는 음이온 친핵체를 경유하여 친전자체와의 반응으로 반응을 진행할 수도 있다. 전체적으로 C–H 결합이 친전자성 질소, 황, 탄소 등과 결합을 형성하게 된다.

1. LDA 2. Me_2S_2 → OMe, SMe

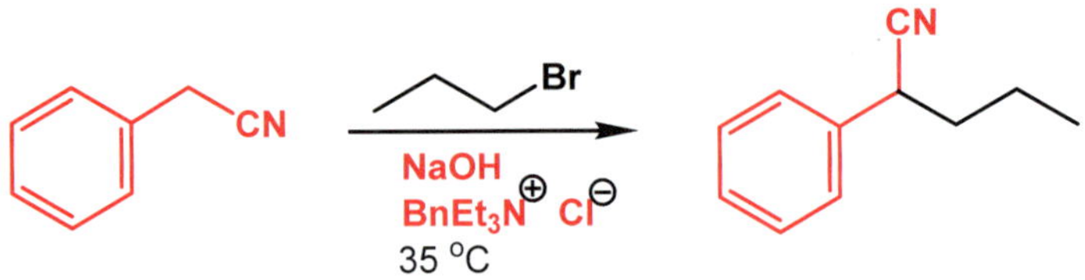

라디칼 치환에서 가장 먼저 접하게 되는 것이 탄화수소의 할로젠 치환 반응이다. 그러나 거꾸로 할로젠이나 셀렌늄, 황 등의 치환기들도 라디칼에 의하여 떨어지고 생성되는 alkyl 또는 다른 유기 라디칼은 수소떼기를 거쳐 전기음성 헤테로원자가 수소로 바뀌는 반응도 얼마든지 일어날 수 있다.

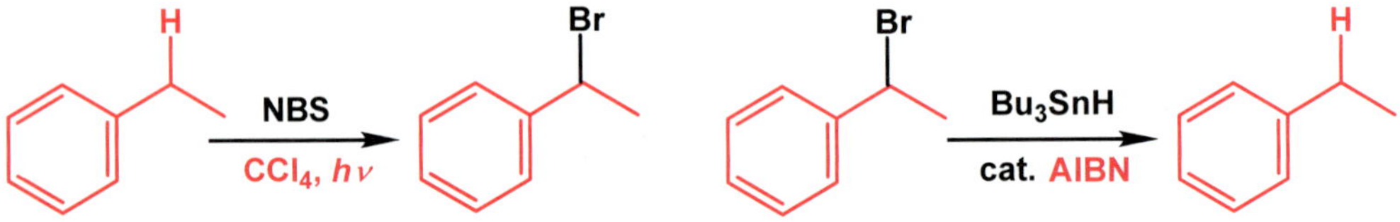

8.1.3.2 Substitution Reactions at sp^2 Carbon

Vinyl 또는 aryl 계의 치환 반응은 sp^3 탄소에서의 치환과는 달리 직접 치환은 일어나지 않는다. Electrofugal leaving group을 가지는 화합물은 electrophile이 첨가된 후에 이탈기가 떨어지고, nucleofugal leaving group을 가지는 화합물은 친핵체가 먼저 첨가된 후에 이탈기가 떨어지는 수순을 밟게 된다. 이는 다음과 같은 일반 식을 이용하여 나타낼 수 있지만, 전하를 갖는 중간체가 안정하거나 아니면 이를 안정화시키는 치환기가 이웃하고 있어야 한다.

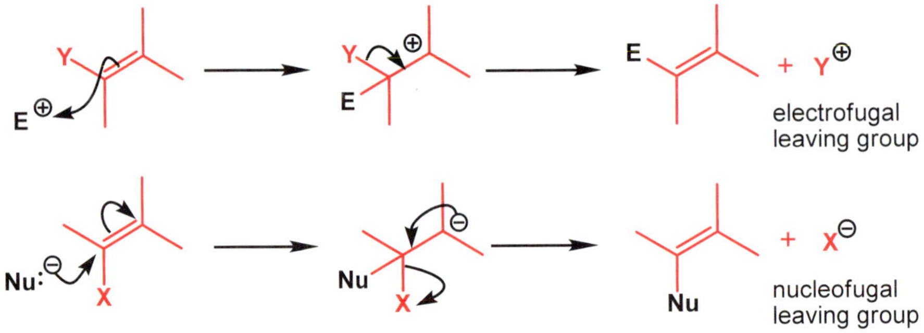

친전자성 치환 반응 중에서 가장 자주 보게 되는 반응이 방향족 고리에서 일어나는 **친전자성 방향족 치환 반응(S_EAr)**이다. 다음 그림에 나타나 있는 benzene의 nitration 반응이 그 한 예이지만, 그 이외의 많은 방향족 고리의 친전자성 치환 반응도 거의 같은 메커니즘을 거치게 된다. 형성된 cyclohexadienyl cation에서 방향족 고리가 복원되는 것은 이 고리의 특별한 안정성 즉, 방향족성 때문임은 말할 나위가 없다. 이 부류의 반응은 반응물이 benzene 자체가 아닌 치환기가 있는 화합물일 경우가 대부분이고 이때는 그에 따르는 반응성, regiochemistry 등 여러 가지 문제가 생겨난다.

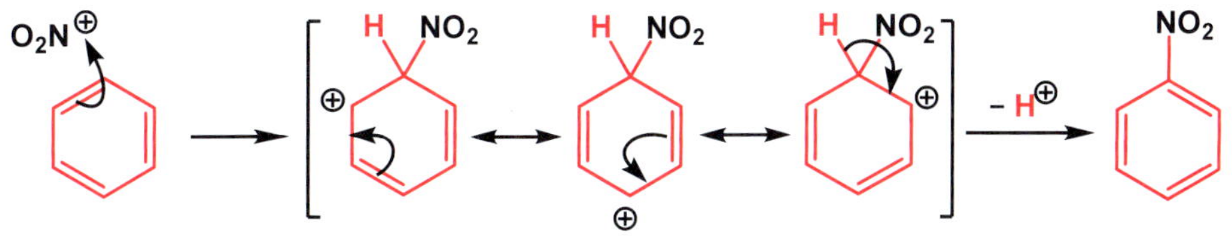

단순한 benzene이 아니고 치환기가 존재하는 방향족 고리인 경우, 치환기는 두 가지 면에서 반응에 영향을 미친다. 첫째는 반응속도이며, 둘째는 치환이 일어나는 자리의 선택성이다. 치환기는 반응속도를 증가 또는 감소시키는가에 따라 **반응성 높임기**(activating group)와 **반응성 낮춤기**(deactivating group)로 나누며, 지향성에 따라 *ortho,para*–director와 *meta*–director로 나눈다. 하지만 치환기의 전자 효과에 의해 모든 것이 결정되므로 결국 주어진 치환기가 전자주개인지 아니면 전자끌개인지를 알면 거의 모든 것이 해결된다.

친핵체와의 반응에 의하여 vinyl 또는 aryl 자리의 nucleofugal 이탈기를 치환하는 것은 일어나기 아주 어려운 반응이다. 그러나 π 계에 이웃하여 형성되는 carbanion을 크게 안정화할 수 있는 치환기가 존재하면 친핵체의 첨가가 가능하며, 다음 반응에서 보는 바와 같이 다음 단계에서 이탈기가 떨어져 반응이 일어날 수 있다. 보기 반응과 같은 친핵성 치환은 강력한 전자끌개인 nitro기가 거의 필수적이며, 동시에 nucleofugal leaving group이 *o*-, *p*-자리에 존재해야만 가능하다. Conjugate enone에 β-자리에 nucleofugal 이탈기가 있다면 이와 비슷한 치환 반응이 일어날 수 있다.

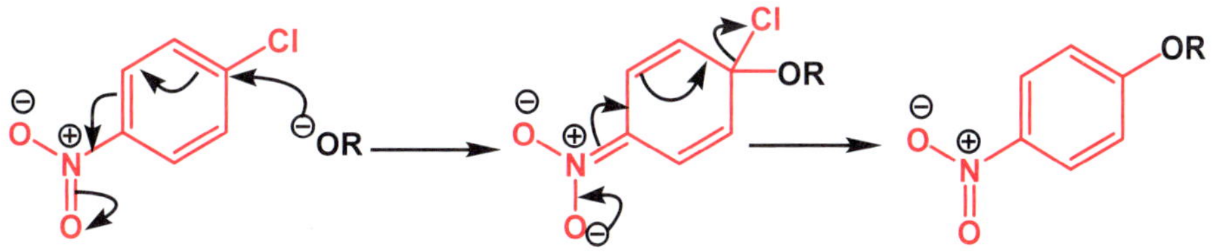

Silyl기와 같은 electrofugal 이탈기를 가지는 alkene은 다음 반응에서 보는 바와 같이 benzene의 친전자성 치환과 거의 흡사한 첨가-제거 메커니즘을 거쳐 진행된다.

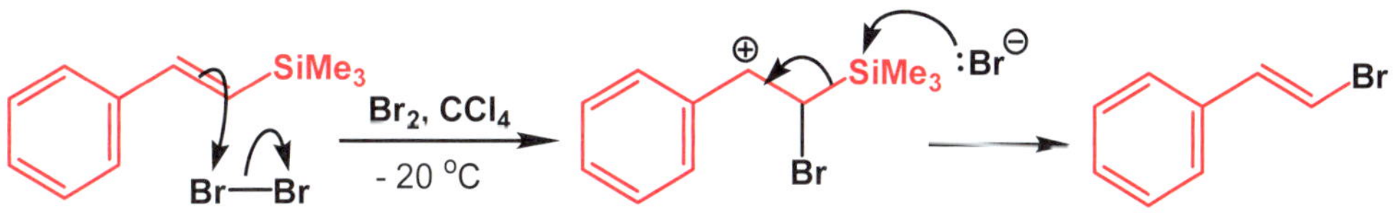

카보닐기의 sp^2 혼성화 탄소에서의 치환도 직접 치환의 형태로는 일어나지 않는다. 대부분의 치환은 카보닐 기에 결합된 nucleofugal 이탈기를 치환하는 반응이다. 카보닐 탄소에서의 두 단계 치환이 한 단계인 S_N2 메커니즘보다 훨씬 합리적인 이유는 여러 가지가 있다. C=O π*-오비탈은 C(sp^2)–X σ*-오비탈보다 에너지가 더 낮아 친핵체와의 오비탈 겹침에 유리하다. 게다가 C=O π-결합으로의 친핵체 첨가는 카보닐 기의 평면에서 벗어난 궤적을 따라 일어날 수 있음에 반해, S_N2는 붐비는 카보닐 평면 안에서 일어나야 하기 때문이다.

센 친핵체는 곧바로 첨가가 일어나서 정사면체형 음이온 중간체를 거쳐 진행된다. 음이온을 거치기 때문에 alkoxide처럼 이탈기의 능력이 낮아도 E1cB 형태로 반응은 쉽게 일어난다.

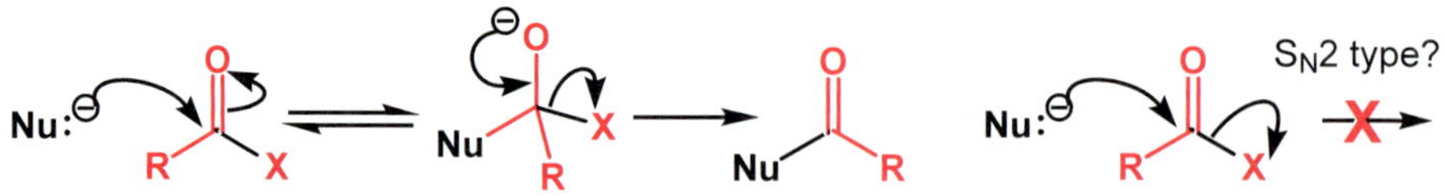

Amine 염기 존재하에 acyl chloride의 반응이 이러한 경우로서 ethoxide가 첨가되고 정사면체형 중간체에서 chloride가 이탈되는 전형적인 첨가-제거에 의하여 일어난다고 할 수 있다.

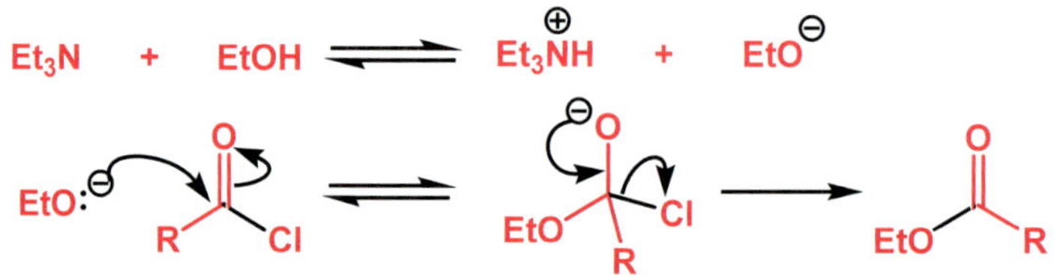

양성자산 존재하에서는 카보닐기에 양성자붙임으로 헤테로원자-안정화된 carbocation이 형성되어 중성인 카보닐기에 비해 반응성이 높아, 알코올이나 물과 같은 전하가 없는 중성인 약한 친핵체가 반응할 수 있다. 다음은 Fischer esterification으로 알려진 양성자산 촉매 ester 생성 반응이다. 산 촉매에 의해서 진행되는 이러한 유형의 대부분의 반응은 여러 단계를 거치는 가역 과정이며, **미시적 가역의 원리**에 의해서 반응물과 생성물 간에 평형이 이루어지는 것이 보통이다.

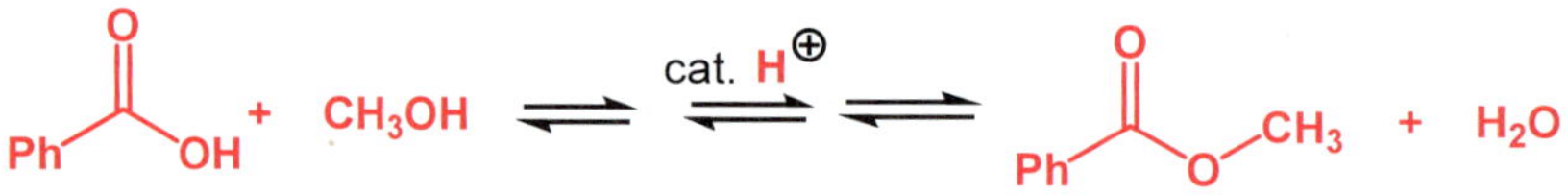

3차 alkyl halide에서 이탈기 떨어지므로 carbocation을 거쳐 치환이 일어나는 것처럼 아주 강력한 Lewis 산 존재하에서는 (때로는 polyphosphoric acid(PPA)와 같은 광산에 의해서도) nucleofugal 이탈기가 먼저 떨어져 반응성이 큰 acylium ion을 형성하여 치환이 일어난다 (Acylium ion은 산소에 양전하가 놓이는 것이 더 안정한 공명 구조이며 단순한 alkyl cation과 비교가 안되게 훨씬 안정하다).

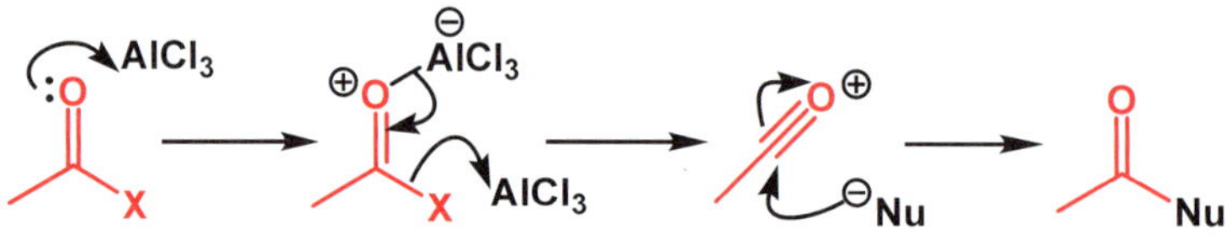

폴리인산(polyphosphoric acid)과 Lewis 산에 의하여 일어나는 Friedel-Craft acylation의 두 반응 예가 이러한 부류의 치환 반응이다. 이 반응은 방향족 화합물을 다룰 때 처음 대하게 되며 친전자성 방향족 치환이라고 배우게 되지만 다른 쪽에서 달리 보면 카복시산 유도체의 acyl 치환이라 할 수도 있다.

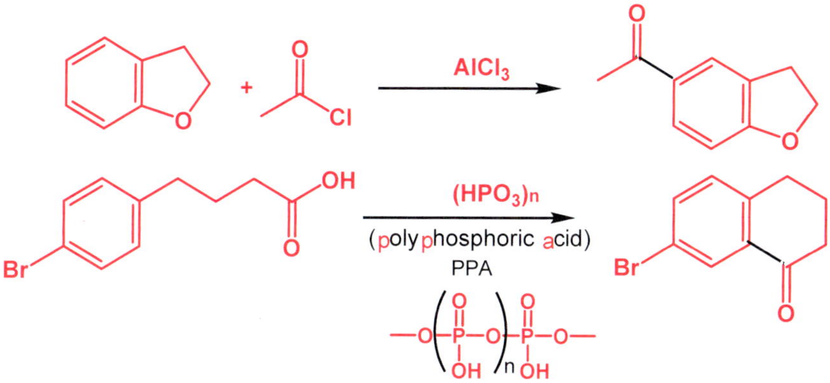

AlCl$_3$

(HPO$_3$)n
(polyphosphoric acid)
PPA

아주 불안정한 중간체를 거치기는 하지만 새로운 π-결합이 형성되는 완전한 제거가 일어난 후에 다시 첨가가 일어나는 유형의 반응도 있다.(앞에서 학습한 내용임)

엔올화가 가능한 α-수소가 있는 카복시산 염화물 또는 무수물은 염기가 존재하면 **제거-첨가(*elimination–addition*)**의 두 단계인 메커니즘을 거쳐 진행될 수도 있다. 제거 단계에서는 E1cb와 유사한 메커니즘을 따라 양성자떼기가 일어난 후 β-제거가 일어나서 케텐(ketene)이라고 하는 반응성이 큰 중간체가 생성된다. Ketene의 친핵체 첨가는 친전자성 카보닐 탄소에 alkoxide 등의 친핵체가 첨가되어 ester enolate가 생성되어 양성자붙임이 뒤따르게 된다.

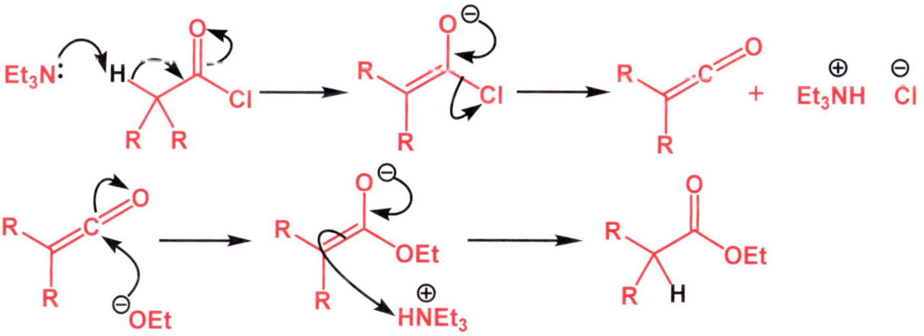

방향족 화합물에서 친핵성 치환이 일어나는 또 하나의 방법이 있는데, 이름하여 benzyne mechanism이라고 한다. 앞의 불안정한 ketene을 거치는 카복시산 유도체의 반응처럼 이 반응도 다음과 같이 불안정한 benzyne 중간체를 경유하는 **제거-첨가** 단계를 거쳐서 진행된다.

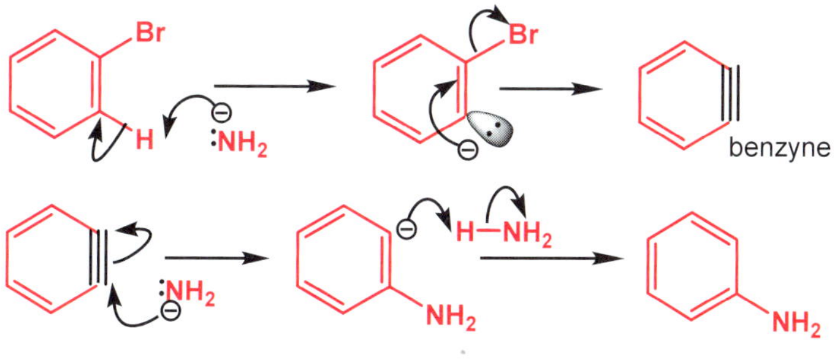

benzyne

중간체로 생성되는 benzyne은 매우 불안정한 화학종으로 반응성 또한 높아 쉽게 친핵체와 반응한다. 이 중간체의 특색은 동일한 반응성을 갖는 자리가 둘 있다는 점이다. 따라서 치환은 이탈기가 떨어지는 바로 그 자리에만 일어나는 것이 아니라 다음 반응에서처럼 생성물은 두 이성질체의 혼합물이 된다.

R–C₆H₄–Br —($NaNH_2$ / $NH_3(liq)$)→ [R-benzyne + $:NH_2^-$] → R–C₆H₄–NH_2 (para) + R–C₆H₄–NH_2 (meta)

ca. 50 : 50

이상에서 본 바와 같이 유기화학 과정에서 배우게 되는 치환 반응을 모두 한자리에 모은다면 엄청난 수의 반응 유형이 존재한다. 이들 반응은 각각의 특색에 따라 나누어 취급하게 된다. 여기에서 취급한 반응 이외에도 전이금속 화합물을 촉매로 하는 많은 vinyl 또는 aryl 치환이 가능하며, 극성 반응으로 행하기 어려운 여러 유형의 반응을 쉽게 이룰 수 있다. 하지만 전이금속 촉매를 이용하는 이들 반응은 여기서 취급하는 반응들과 공통점이 별로 없으며, 따라서 별개의 단원에서 따로 다룰 수밖에 없다.

Me, Cl, OH — Cs_2CO_3, cat. $ArP(t\text{-}Bu)_2$, cat. $Pd(OAc)_2$ → Me, O

$SiMe_3$, S, I + Ph$B(OH)_2$ — Na_2CO_3, cat. $Pd(OAc)_2$ → $SiMe_3$, S, Ph

문제 8.1 친핵체에 의한 acyl 치환은 잘 일어나는데 비해 ether의 alkyl 치환은 잘 일어나지 않는 까닭은 무엇인가?

$Nu:^{\ominus}$ + RC(=O)OR → NuC(=O)R + $^{\ominus}OR$

$Nu:^{\ominus}$ + R–CH₂–OR —✕→ Nu–CH₂–R + $^{\ominus}OR$

8.1.4 Rearrangements

자리옮김(rearrangement)이란 한 분자내에서 원자 또는 원자단이 이동하여 새로운 분자를 생성하는 반응을 일컫는다. 분자내의 σ-결합이 다른 σ-결합으로 대치되는 것이다. 친핵성 자리옮김에서는 이동하는 원자단이 전자쌍을 거느리고 전자결핍 원자를 찾아 이동한다. 친전자성 자리옮김은 결합 전자쌍을 모두 남겨두고 이동한다. 유기화학 초급 과정서 소개되는 자리옮김은 거의 대부분 전자결핍 원자로의 친핵성 자리 옮김이라고 보면 틀림 없다.

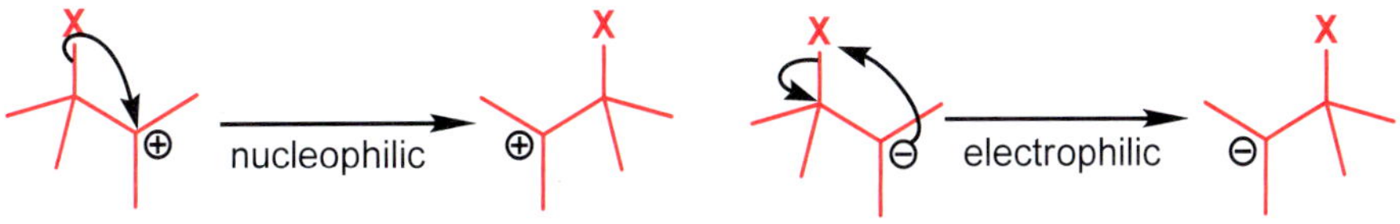

가장 자주 보는 **Wagner-Meerwein 자리옮김**은 carbocation이 덜 불안정한 carbocation으로 바뀌는 반응이다. 다음 예에서와 같이 수소나 alkyl기가 전자쌍과 더불어 이동한다. 어떤 그룹이 자리옮김 하는가를 눈 여겨 보아야 하며, 많은 경우 보다 덜 불안정한 양이온이 형성되는 쪽으로도 반응이 일어나게 된다.

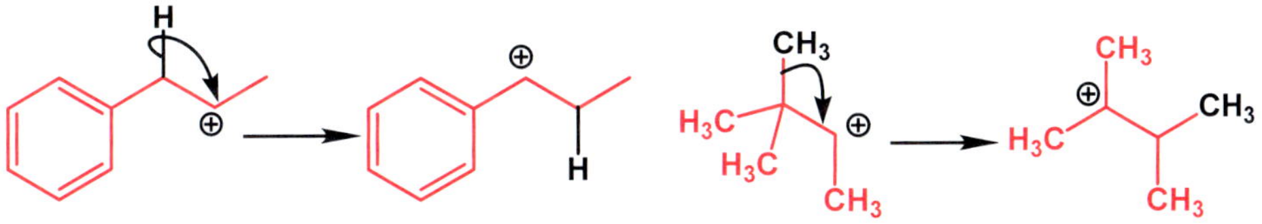

Carbocation은 E1과 S_N1 반응, alkene의 친전자성 첨가에서의 중간체이며, 이들 반응에서 예상치 않은 구조의 화합물이 주생성물이나 부산물이 얻어지면 Wagner-Meerwein 자리옮김 때문이라고 보아도 된다.

한 가지 유념해야 할 점은 자리옮김은 항상 더 안정한 양이온으로만 일어나는 것이 아니고, 에너지가 같거나 더 높은 중간체로도 일어날 수 있다는 점이다. 예를 들어, cyclopentyl cation은 쉼 없이 1,2-hydride 이동이 일어나서 모든 탄소가 동일한 조건을 갖게 된다.

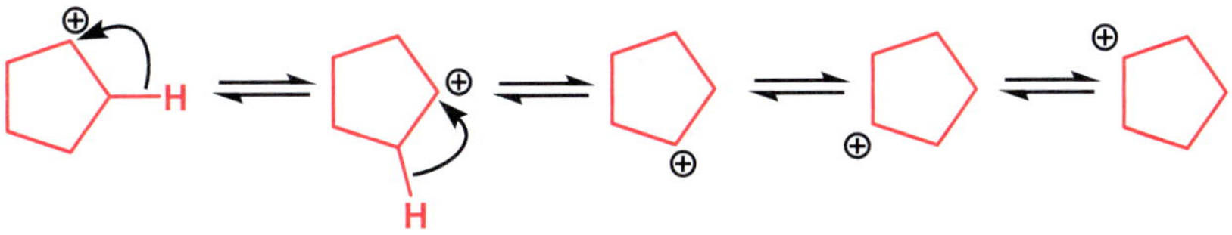

물론 carbocation의 자리옮김 생성물 역시 carbocation이기 때문에 carbocation에서 일어날 수 있는 모든 반응이 다 일어나게 된다. 또 다른 자리옮김으로 이어질 수도 있고, 양성자를 잃고 π-결합이 형성될 수도 있고, 친핵체와 결합하여 전체적으로 치환이 일어날 수도 있다.

Carbocation의 자리옮김의 대표적인 예 하나가 pinacol rearrangement이다[1]. 이 반응의 추진력은 양성자붙임한 oxonium을 거쳐 물 분자를 잃고 생성되는 carbocation이 안정한 탄소-산소 이중결합이 생성되면서 alkyl기 하나가 자리옮김을 하는데 있다. 이동 가능한 group이 여러 개 존재할 때는 항상 어느 group이 이동하는가의 문제가 발생하게 된다. 보다 덜 불안정한 양이온이 형성되는 탄소에서 물 분자를 잃게 되고, 오비탈 겹침이 용이하고 전자쌍을 거느리고 떨어져 나오기가 더 쉬운 group이 이동하여 더 안정한 생성물로 이어지는 자리옮김이라고 생각한다면 의외로 쉽게 해법을 찾을 수도 있을 것이다.

1 일반적으로 alkyl 치환기를 넷 가지는 1,2-diol을 pinacol이라고 부르며 자리옮김이 일어나서 생성되는 케톤을 pinacolone이라고 부른다.

이온성 중간체가 완전하게 형성된 후에야 자리옮김이 일어나는 것은 아니다. 1차 alkyl 양이온처럼 형성 자체가 불가능한 경우에는 이탈기가 떨어짐과 동시에 자리옮김이 일어나서 더 안정한 양이온이 생성된다. Friedel-Crafts alkylation으로 방향족 화합물에 긴 alkyl 사슬을 도입하는 경우에는 예외 없이 자리옮김이 일어나서 곧은 사슬 alkyl기가 도입되는 경우는 없다. 예를 들어, isobutyl chloride를 이용하는 Friedel-Crafts 알킬화는 거의 *t*-butyl 기만이 방향족 고리에 도입되는데, 1차인 isobutyl 양이온은 형성되지 않으며, 이온화와 자리옮김이 동시에 일어나서 *tert*-butyl 양이온 형성을 거쳐 진행된다.

탄소가 아닌 산소나 질소와 같은 전자결핍 헤테로원자로의 자리옮김 반응도 상당수 있다. 거의 모든 반응이 발견한 학자의 이름이 붙어 있는 이름 반응이다. Hofmann 자리옮김, Schmidt 자리옮김, Baeyer-Villiger 자리옮김, Beckman 자리옮김, Arndt-Eistert 자리옮김, 기타 자리옮김을 수반하는 이름 반응은 무수히 많다. 이들 중 많은 반응은 다음과 같이 carbene 또는 nitrene을 거쳐서 일어난다고 보는 견해가 지배적이다. Carbene이나 nitrene 또한 전자결핍 화학종이고, 결국 모두가 전자결핍 원자로의 자리옮김 반응이라고 할 수 있다.

carbene or nitrene induced rearrangement

다음은 양성자떼기와 halide 이탈이 같은 탄소에서 일어나서 생성되는 carbene으로 phenyl기가 자리옮김이 일어나는 예이다. Phenyl은 전자쌍을 수반하는 자리옮김에서 methyl보다 훨씬 유리함은 pinacol 자리옮김을 비롯한 전자결핍 원자로 이동하는 여러 자리옮김에서와 마찬가지이다. 전자결핍 원자는 산이 존재하는 경우에 생성되는 경우가 더 많은 것은 사실이지만 그렇다고 꼭 산이 존재하는 반응에서만 전자결핍 원자가 생겨나는 것은 아니다. 염기성 매체에서 일어나는 반응도 상당수 있다. 다음 반응이 그러한 예의 하나이며 염기에 의하여 생성되는 음이온 자리에서 음이온 이탈기가 떨어지면 다음 식에서와 같이 전자 결핍 화학종인 **carbene**이 생성된다.

t-BuOK
t-BuLi
CH
66 % yield

결국 친핵성 자리옮김이란 분자내의 전자결핍 원자로의 친핵성 공격임을 알 수 있다. 자리옮김에서의 친핵체는 분자내의 다른 원자단이며, 전자결핍 중심은 모두 좋은 nucleofugal 이탈기를 가지고 있다.

공업적으로도 대단히 중요한 반응인 **Beckmann 자리옮김** 반응을 예로 나타내었다. 이 반응에서는 oxime에서 amide가 얻어진다. 이 반응은 물 분자가 먼저 떨어지고 **nitrene**을 중간체로 경유하여 일어나는 반응으로도 볼 수 있다.

nitrilium ion
2° amide

Hydroboration을 거치는 알코올 합성 반응의 메커니즘도 alkylborane에 hydroperoxide 음이온이 첨가되어 hydroxide가 이탈되면서 전자결핍 산소로 alkyl 기의 이동이 일어나는 형태로 진행된다. 염기 존재하의 반응에서도 이동하는 기는 역시 전자결핍 원자로 이동하게 된다.

다음 benzil-benzilic acid 자리옮김은 명백하게 염기성 매체에서 일어나는 반응이지만 여기서도 이동기는 전자결핍 중심을 찾아 전자쌍을 거느리고 이동하는 것임을 놓쳐서는 안 된다.

benzil R_1, R_2 = aryl
benzilic acid

자리옮김 반응을 알아봄에 있어 항상 먼저 생각할 것은 전자결핍 원자로의 자리옮김인가 아니면 전자풍족 원자로의 자리옮김인가를 가려야 한다. 이로서 어느 group이 이동하게 되는가가 결정된다. 이들 반응을 완전하게 이해하는 데는 오비탈과 그 상호작용을 이해하는 것이 필요한 이해하기 까다로운 반옹임에 틀림 없다. 그럼에도 이들간에는 공통점이 많으며, 함께 단원을 구성하여 다루게 되면 전체적인 윤곽을 쉽게 이해할 수 있어 별개의 topic으로 따로 단원을 구성하는 것이 바람직하다.

또한 자리옮김이 중간체를 경유하지 않고 고리형협동 반응으로 진행되는 예도 상당히 많이 있다. 다음의 Cope 자리옮김과 Claisen 자리옮김이 대표적인 예이다. 이들 고리형협동 자리옮김 반응은 pericyclic reaction을 다루는 3편의 다른 단원에서 자세히 설명하기로 한다.

Cope rearrangement

Claisen rearrangement

문제 8.2 다음 반응을 첨가, 제거 치환 자리옮김으로 구분하라. 두 단계 이상으로 표시된 것은 각각의 단계의 반응 유형도 각각 명시하라.

(a) MeO, Br; CuCN, Δ; MeO, CN

(b) S; PBr_3, Et_2O; + $\overset{\ominus}{S}-\overset{\oplus}{P}Ph_3$

(c) O, CH_3; 150 °C; O, CH_3

(d) + O=C=C(R[1])(R[2]); H, O, H, R^2, R^1

(e) O; MgCl, cat. (Me_2S)-CuCl; O

(f) O; NaOH, heat; O, HO; $-H_2O$; O; 92 % yield

(g) Na, EtOH

(h) H_2SO_4

(i) 1. NaOEt/EtOH 2. HCl/H_2O

(j) OsO_4, $NaHCO_3$, H_2O

8.2 One-Step Concerted Reactions

다양한 유기 반응 메커니즘을 이해하기 위해서, 또는 미지의 반응을 접하게 되었을 때 어떻게 그런 반응이 가능한가에 접근하기 위해서는 특성에 따른 반응의 분류가 매우 중요하다. 반응을 분류함에 있어 메커니즘 상으로 가장 간단한 부류의 반응은 한 단계로 진행되는 **협동형**(concerted) 반응이라고 할 수 있다. 그러나 하나 또는 그 이상의 중간체를 경유하는 **다단계 메커니즘**(stepwise mechanism)을 거쳐 진행되는 유기 반응이 실제로는 훨씬 더 많다.

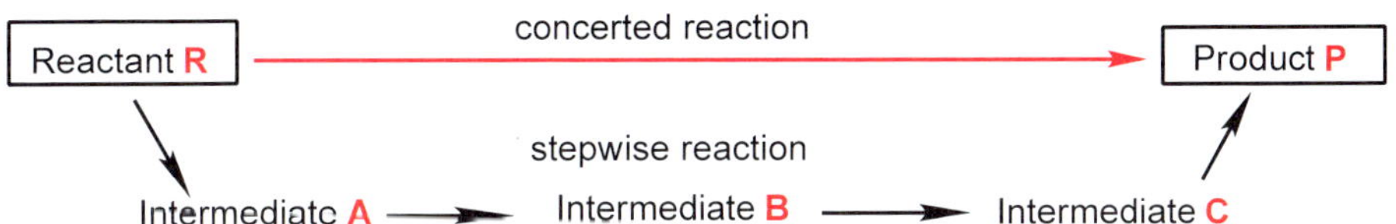

반응이 한 단계로 진행된다면 어떠한 중간체도 존재하지 않는다. 또한 여러 결합형성과 결합깨짐이 한 단계로 진행되려면 반응하는 분자들은 적절한 배향을 갖추어야만 한다. 반응의 모든 것이 전이상태 하나로 결정된다. 어떠한 요인에 의해서라도 조금이라도 전이상태 에너지가 낮아지게 되면 반응속도는 빨라지고, 또 어떠한 요인에 의해서라도 전이상태 에너지가 조금이라도 높아지게 되면 반응속도는 느려진다. 전이상태 에너지가 어느 수준 이상으로 높아지게 되면 그 반응은 일어나지 않게 되거나, 아예 경로를 바꾸어 다른 반응이 일어나는 경우도 종종 발생한다.

8.2.1 Polar Concerted Reactions

입문 과정에서도 배우는 반응 중에서 치환 반응에서는 S_N2, 제거 반응에서 E2 메커니즘을 거치는 반응들과 첨가 반응으로는 hydroboration, epoxidation 등이 결합깨짐과 결합형성이 동시에 진행되는 협동형 반응들이다. 이들은 모두 극성반응으로 분류되며, 결합깨짐과 결합형성이 동시에 진행되기 위해서는 그에 맞는 적절한 오비탈의 배향을 갖추는 것이 필수적이다. 다시 말하면 이들 반응에서 반드시 제기되는 문제가 입체화학인 것이다. **배열의 보존**(retention of configuration), **반전**(inversion of configuration), ***syn*– 또는 *anti*–elimination**, ***syn*–addition** 등 입체특이성, 입체선택성에 대한 논의와 설명을 덧붙이도록 되어 있다. 이들 반응을 완벽하게 이해하는 데는 오비탈 상호작용을 이해하는 것이 필수적이다.

가장 간단한 협동형 극성 반응은 σ-결합 하나가 깨지고 다른 σ-결합 하나가 형성되는 S_N2 반응이다. 다음 그림은 methyl halide의 친핵체와의 반응에서 일어나는 오비탈 상호작용과 그 변화의 그림이다. 친전자성 탄소와 친핵체 간의 오비탈 겹침이 일어나려면 이탈기가 있는 반대쪽에서 C–이탈기 간에 σ^* 반결합성 오비탈과 친핵체의 채워진 (비결합) 오비탈 간의 상호작용이 일어나야 한다.

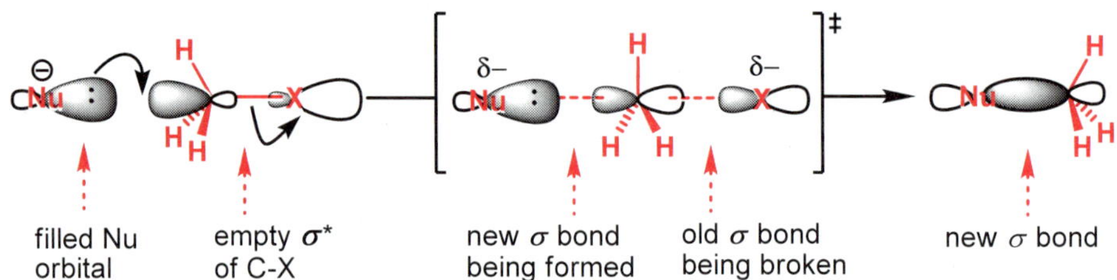

결과적으로 새로 형성되는 σ-결합은 이탈기의 반대쪽에서 형성되며, S_N2 치환은 다음과 같이 **배열의 반전**(inversion of configuration)을 수반하는 **입체특이성** 반응이다. 탄소 원자에서의 친핵성 치환은 다음 전이상태의 안정화에 따라 반응속도에 큰 차이를 나타내게 된다. 중심 탄소의 세 치환기가 모두 큰 3차 alkyl halide는 다음 그림에서와 같이 **입체 붐빔**(steric crowdedness)으로 전이상태 에너지가 높아져서 결코 일어날 수 없음은 주지하고 있는 사실이다.

Steric hindrance in the S_N2 reaction

R 109° X Nu⊖ ‡ 90° δ⊖ 120°

terahedral · trigonal bipyramid · terahedral

염기-촉진(base-promoted) E2 제거는 다음 dehydrobromination 반응에서 보는 것처럼 S_N2에서보다 더 많은 결합이 깨지고 형성되는 복잡한 반응이다. 염기(B)와 양성자 간의 B–H 결합형성, H–C 결합깨짐, C–C π-결합형성, C–Br 결합깨짐이 동시에 일어나면서 가장 낮은 에너지 전이상태를 거치려면, 다음 그림과 같은 오비탈 상호작용 또는 겹침이 필수적이며, 따라서 B–H–C–C–Br이 같은 평면에 배열되는 periplanar 전이상태를 거쳐야 한다. 그림에서와 같이 두 가능한 배열 중에서 *anti*-periplanar E2 제거가 *syn*-periplanar 제거보다 유리하며, 한 두 예를 제외한 대부분의 염기-촉진 E2 제거 반응은 *anti*-stereospecificity를 갖게 된다.

orbital overlap and change in (a) *anti*- and (b) *syn*-elimination

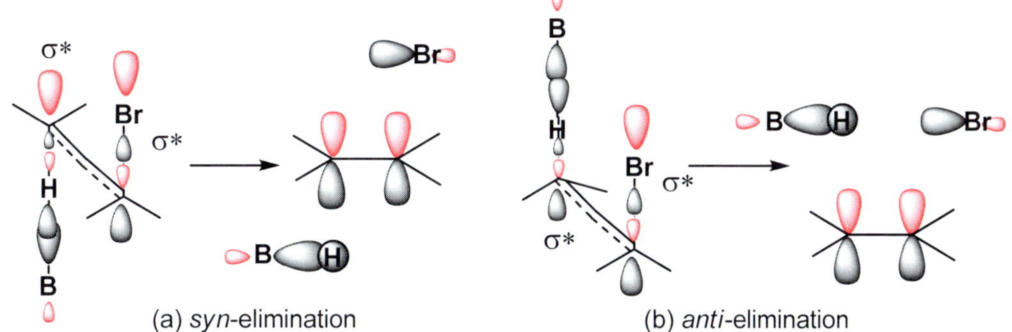

(a) *syn*-elimination (b) *anti*-elimination

협동형으로 진행되는 C=C π-결합에 첨가는 오비탈 특성상 모두 *syn*-addition으로 진행된다고 할 수 있다. Epoxidation도 그 중 하나이며 약한 산소–산소 결합의 σ* 반결합성 오비탈이 (낮은 에너지 LUMO) 채워진 π-결합성 오비탈에 접근하여 아래 그림에서 보는 바와 같은 조금은 복잡하게 보이는 전이상태를 거쳐 진행되는 반응이다. (산소 원자는 electrofugal 이탈기와 nucleofugal 이탈기를 모두 가지고 있다. 친핵성 중심이며 동시에 친전자성 중심이다).

HOMO filled π orbital — bonding interaction — LUMO empty σ* orbital — epoxide

TS for epoxidation

자주 이용되는 반응인 아래에 나타낸 hydroboration은 네-원자 고리형 전이상태를 거쳐야 하는 불리함에도 불구하고, 입체특이성 *syn*-첨가 반응으로 진행된다.

이와는 조금 다른 차원에서 접근하여야 하지만 alkene의 반응을 배울 때면 빠짐없이 등장하는 ozonolysis 반응의 첫 단계도 *syn*-첨가로 진행되는 반응이다. 이상의 협동형 반응과 더불어 앞으로 배워 나갈 모든 협동형 반응은 앞서 이야기한 바와 같이 모두 오비탈-지배 반응이며, 모두 입체특이성 반응이라고 보면 틀림이 없다.

8.2.2 Pericyclic reactions

앞에서 살펴본 몇몇 극성 협동형 반응과는 전혀 성격을 달리하는 굉장히 많은 한 무리의 협동형 반응들이 존재한다. 이들 반응에서 일어나는 모든 결합깨짐과 결합형성이 한 단계로 일어나게 되며, 깨지는 결합과 새로 형성되는 결합만을 표시하면 고리를 이루는 특성을 갖는다. 이와 같이 **고리형 전이상태**를 거치는 협동형 반응들을 **고리형 협동**(pericyclic) 반응이라고 부른다. 고리형협동 반응에도 첨가 반응, 제거 반응, 자리옮김 반응 등 다양한 반응이 있을 수 있다.

전이상태에서 깨지는 결합과 형성되는 결합을 모두 부분 결합으로 표시하면 고리를 이루게 된다. 또는 전자쌍 이동 화살표를 그린다면 이 또한 꼬리에 꼬리를 물고 어디가 시작인지 어디가 끝인지를 분간하기 어렵게 고리를 이룬다. Diels-Alder 반응이 가장 잘 알려진 이 부류의 반응임에는 틀림 없지만, 그밖에 특별한 언급 없이 배웠던 decarboxylation, carbene의 첨가 등도 모두 pericyclic reaction의 범주에 들어간다는 것을 알게 될 것이다.

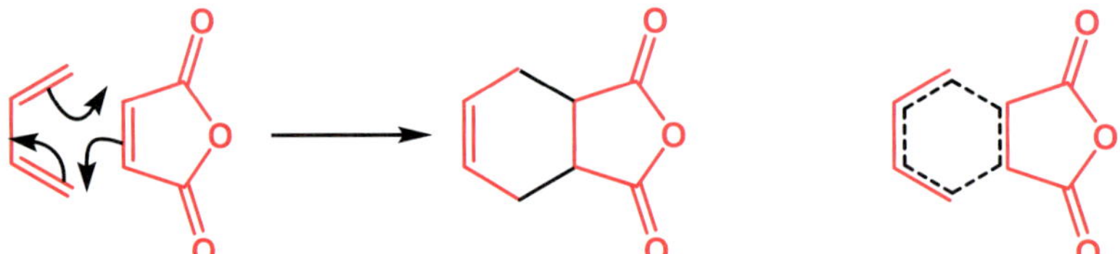

TS for Diels-Alder reaction

고리형 전이상태에 덧붙여 이들 반응이 다른 유기 반응들과는 독특하게 차별화되는 점들이 있다. 이 부류의 반응이 가지는 다음과 같은 몇 가지 특색에 항상 유의할 필요가 있다.

1. 고리형협동 반응의 중요한 특색 중 하나가 π-결합의 참여이다. 반응물에는 물론이려니와 생성물에도 하나 이상의 π-결합이 존재하는 경우가 대부분이며, π-결합이 관여가 없는 반응은 고리형협동 반응으로 분류될 수 없다. 역반응이 일어나는 경우에 π-결합을 갖지 않는 반응물을 보는 경우가 한두 번 있겠지만 이런 반응의 생성물은 반드시 π-결합을 갖게 된다.
2. 협동형 극성 반응에서도 오비탈에 관한 이해가 필수적인 것처럼 이들 고리형협동 과정을 이해하는데 필수적인 것이 오비탈과 이들의 상호작용 규칙이다. 고리형협동 반응은 거의 예외 없이 모두 오비탈-지배 반응이다.
3. 고리형협동 반응은 기본적으로 모두 가역과정이다. 누구나 알고 있는 반응 중의 하나가 Diels-Alder 반응인데, 이 반응은 고리화첨가(cycloaddition) 반응으로 분류하게 되는데, 이의 역반응도 같은 전이상태를 거쳐 일어날 수 있다. 반응이 거꾸로 일어나면 역고리화첨가(retro-cycloaddition)로 부르며, 고리열림 제거 반응이라 부르지 않는다.

8.2.3 Classification of Pericyclic Reactions

고리형협동 반응을 숙지하려면 오비탈에 관한 상당히 높은 수준의 지식이 필요하므로, 이곳에서는 주어진 반응이 고리형협동 반응인지 아닌지를 알아볼 수 있는 정도의 학습만으로 족하다. 앞으로 살펴 보게 되는 고리형협동 반응은 다음과 같이 **고리화 첨가**(cycloaddition), **전자고리화**(electrocyclization), **시그마 결합 자리옮김**(sigmatropic rearrangement), **엔 반응**(ene reaction) 등 네 가지 부류로 나눌 수 있다.

여섯 전자가 관여하는 이 네 부류의 반응에서 탄소 뼈대만을 그려서 반응에서의 결합 변화만을 나타내면 아래의 그림과 같이 된다. 여섯 전자가 관여하는 네 유형의 반응 모두를 한결같이 세 전자쌍의 이동을 세 구부린 화살표를 써서 나타내어 그리게 된다. 구부린 화살표로 반응 메커니즘을 그릴 때 항상 기억해야 하는 것이 전자는 electron source에서 출발하여 electron sink로 향하도록 그려야 한다고 여러 차례 강조한 바 있다. 그러나 고리형협동 반응에서는 어디가 전자 공급원(electron source)이고, 어디가 electron sink인지 분간하기가 쉽지 않지만, 실제로도 어디가 시작이고 어디가 끝인지 명확하지 않고 또한 알 필요도 거의 없다.

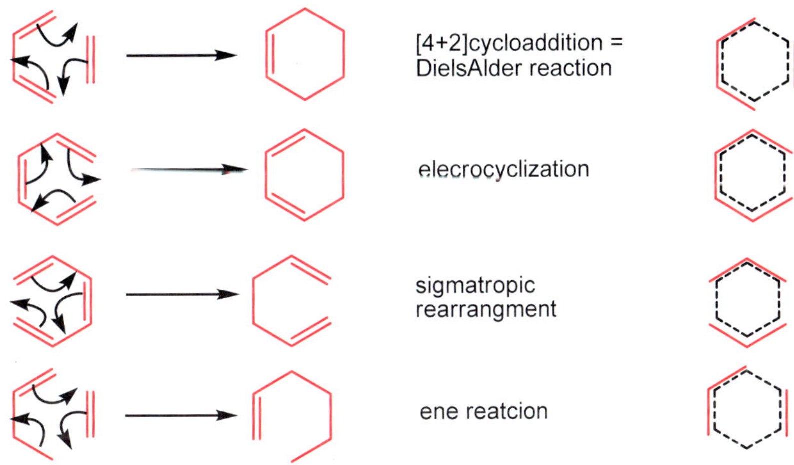

이들 각 반응에서 깨지고 형성되는 결합수로 나타내어 정리하면 다음 Table 8.1과 같이 정리할 수 있다. 전자고리화 반응에서는 전체적으로 π-결합 하나가 σ-결합으로 대치되며, 고리화첨가에서는 두 π-결합이 깨지고 새로 두 σ-결합이 생겨난다. 시그마결합 자리옮김 반응은 π-계가 관련되기는 하지만, 결국에는 σ-결합 하나만이 다른 σ-결합으로 대치되며 π-결합의 수 변화는 없다. Ene 반응에서는 π-결합 하나와 σ-결합 하나가 깨지고 두 개의 σ-결합이 새로 생겨나는 반응이다. 주어진 주어진 반응을 보고 이 반응이 고리형협동 반응인지 아닌지를 판별하는 것은 쉬운 일은 아니지만 앞의 chapter들을 확실하게 공부하였다면 모든 극성 반응은 electron source가 있고 또한 electron sink가 분명하게 드러나는 것을 찾을 수 있다. 아무리 보아도 electron source가 어디이고 electron sink가 어디인지 도저히 찾아지지 않는 경우라면 아마도 위의 네 가지 유형 중 하나의 pericyclic reaction일 것이라고 추정하면 거의 맞출 수 있을 것이다. 그러나 이는 여러 반응을 부딪쳐 보며 반응 유형을 판별하는 연습을 꾸준히 하지 않으면 안 된다는 것을 명심하여야 한다.

[Table 8.1] Bond Changes in Pericyclic Reactions

Reaction Class	Changes in Bond Types
Electrocyclic Reactions	one π-bond ⟶ one σ-bond
Cycloadditions	two π-bond ⟶ two σ-bond
Sigmatropic Rearrangements	one σ-bond ⟶ new σ-bond
Ene Reaction	one π-bond ⟶ one σ-bond and one σ-bond migration

위에서 살펴본 고리형협동 반응에서 공통적인 필수 요인 중의 하나가 분자의 모양과 conformation이다. 한꺼번에 오비탈 상호작용이 진행되어 한 단계로 모든 결합깨짐과 결합형성이 끝나려면 한 분자 반응이든지 두 분자 간의 반응이든지 필요한 배열을 갖추어야 한다. 예를 들어, Diels-Alder 반응에서 diene은 s-*cis* conformation으로 π-계의 두 말단이 같은 쪽을 향해야 한다. 그것이 어렵거나 불가능하면 반응은 일어날 수가 없다. 구조적으로 s-*cis*가 불가능한 다음 화합물 A는 conjugated diene이라 할지라도 반응을 할 수 없으며, 구조적으로 완전한 s-*cis*형을 갖춘 화합물 B는 Diels-Alder 반응에 대단히 유리하다.

이는 다른 유형의 반응에도 공통적으로 적용되는 사항이다. Triene 계의 전자고리화는 화합물 A에서는 가능하지만, 두 말단이 같은 방향으로 가까이 위치할 수 없는 B와 C에서는 불가능한 반응이다.

A B C

문제 8.3 지금까지 설명을 토대로 Table 8.1을 참조하여 다음 반응은 어떤 부류의 고리형협동 반응인지 네 가지 중 하나로 분류하여 보라.

(a) (b)

(c) H → H H H (d) OAc Me + CN Me → OAc CN Et Me

8.2.4 Cycloaddition (Diels-Alder 반응)

고리화첨가 반응 역시 고리형협동 반응의 모든 특색을 그대로 가지고 두 π계의 반응으로 새롭게 고리가 생성된다. σ-결합 둘이 새로 형성되며, 총 π-결합의 수는 둘 감소한다. 이름에서 의미하는 바와 같이 고리를 이루면서 전자들이 이동이 일어난다. 다음 예에 나타나 있는 반응은 Diels-Alder 첨가로 아마도 모든 고리형협동 반응의 대표라고 할 수 있다. 이 반응을 살펴보면 고리형협동 반응의 여러 가지 특색들을 살펴 볼 수 있게 된다. 전자들의 동시적인 이동이 고리를 이루며 한 단계로 일어난다. 기본 반응으로 중간체를 거치지 않는다. Electron source와 sink의 구분 없이 어느 방향으로 화살표를 그려도 무방하다.

화살표 그리는 방향이 문제되지 않는다고 해서 Diels-Alder 반응은 어느 것에서나 쉽게 일어나는 반응이 아니다. 반응이 이용 가능할 정도의 속도로 진행되는 반응에서는 대개 diene은 전자주개 치환기가 dienophile은 전자끌개 치환기가 존재하는 경우이다. 1,3-Butadiene과 ethene 간의 Diels-Alder 반응에서 cyclohexene을 얻는 것은 사실상 불가능에 가깝다. 이에 관한 상세한 논의는 해당 chapter에서 하기로 한다.

Diels-Alder 반응은 conjugate 4π 계(diene)와 2π 계(dienophile)의 반응이다. 이 반응은 일반적인 고리화첨가의 한 가지 유형이며, 일반적으로 이러한 반응은 참여하는 π-결합의 개수와 결합 유형을 함께 표기하여 $[m\pi+n\pi]$ 고리화 첨가라고 부른다. 예를 들면, Diels-Alder 반응은 $[4\pi+2\pi]$ cycloaddition이라고 분류한다. 다른 고리형협동 반응에서처럼 역반응이 일어날 수 있고, 역반응은 **retro-cycloaddition** 또는 **cycloreversion**이라고 부른다.

8.2.5 Electrocyclization

Conjugate polyene의 고리닫힘으로 고리를 형성하거나 고리열림으로 polyene이 생성되는 역반응을 일컬어 **전자고리화 반응**(electrocyclization)이라고 한다. 전자쌍의 이동은 모든 고리형협동 반응에서와 같이 구부린 화살표가 꼬리에 꼬리를 물고 이어져 고리를 형성하게 된다. 전자쌍의 이동은 한 방향으로 계속적으로 이동한다면 어디에서 출발하여 어느 방향으로 회전하던지 간에 상관이 없다.

기본 반응으로 정반응이나 역반응 모두 같은 전이상태를 거치므로 반응물과 생성물 간에는 평형이 존재하며, 둘 간의 에너지 차이에 의하여 평형의 위치가 결정된다. 6π 전자계의 1,3,5-hexatriene의 1,3-cyclohexadiene으로의 전자고리화 반응은 탄소–탄소 π-결합(bond energy 약 63 kcal/mol)이 하나 줄고, 탄소–탄소 σ-결합(bond energy 약 85 kcal/mol)이 하나 늘어나므로 열역학적으로 유리한 반응이다. 평형은 고리형 화합물 쪽으로 치우치게 된다.

4π 전자계인 1,3-butadiene이 고리화하면 다음과 같이 cyclobutene이 생성된다. 이 경우에는 ring strain으로 인하여 열린 사슬 화합물 쪽이 더 우세하게 된다.

결과적으로 π-결합의 수가 하나 줄고 σ-결합의 수가 하나 증가한다. 역반응인 고리열림이 일어나면 반대가 된다. 이를 기억하면 전자고리화 반응을 쉽게 인식할 수 있을 것이다.

8.2.6 Sigmatropic rearrangements

시그마결합 자리옮김(sigmatropic rearrangement)도 고리형협동 반응의 모든 특색을 그대로 가지고 있다. 분자내에 한 σ-결합이 깨지며 다른 자리에 σ-결합이 형성된다. 깨지는 결합을 중심으로 몇 번째 원자에서 결합이 형성되는가에 따라 분류한다. 아래 반응은 Claisen 자리옮김이라고 부르는 반응으로, σ-결합이 끊어지는 자리에서 각각 세 번째 원자들 간에 새로운 σ-결합이 형성된다. 이는 [3,3] 시그마결합 자리옮김 반응으로 분류한다. 그 다음 자리옮김 반응은 위와 같은 방식으로 분류하면 [1,5] 시그마결합 자리옮김 반응이 된다.

위의 두 자리옮김 반응이 가장 많이 보게 되는 반응이지만 그 밖에 [1,7], [2,3] 자리옮김도 있으며 극성 반응에서 자주 관찰되는 alkyl cation의 1,2-hydride shift 또는 1,2-alkyl shift 또한 크게 보아 시그마결합 자리옮김으로 분류할 수 있다.

8.2.7 Ene Reaction

제거 반응의 유형에서 보았던 합성에 유용한 다수의 반응이 산 또는 염기가 없어도 되는 가열조건에서 일어남을 보았다. 이들 제거 반응은 협동형 '*retro–ene*' 메커니즘에 의하여 진행된다. Ene reaction은 Diels-Alder 반응과 [1,5]시그마결합 자리옮김의 특성 일부를 공유하고 있다. Ene reaction은 여섯-전자 반응이다. Alkyl acetate에서 acetic acid가 가열 제거되는 반응은 상당한 고온(> 400°C)을 필요로 하는 반응이다. 이 반응은 산소가 황으로 대치된 alkyl xantate에서는 RSCOSH가 훨씬 낮은 200°C에서 가열 제거되는 데 (***Chugaev reaction***) 역시 retro-ene 반응으로 분류할 수 있다.

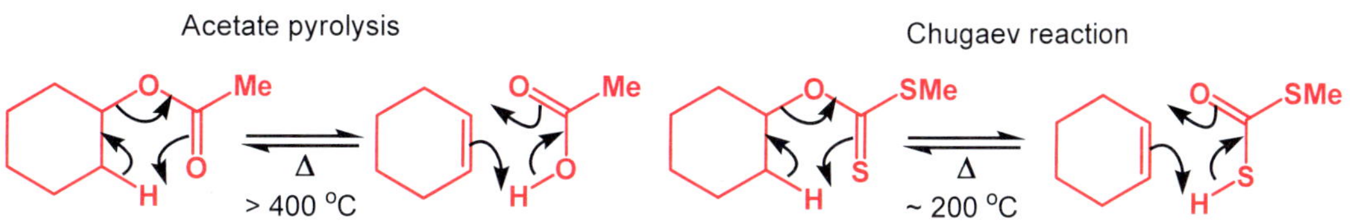

Acetate pyrolysis

Chugaev reaction

Retro-ene 반응은 부분적으로는 엔트로피 증가에 의해 추진된다. ($\Delta G°$에 대한 entropy의 기여도는 ene 반응과 같은 고온이 필요한 반응에서는 훨씬 더 중요하다.) Chugaev 반응에서는 C=S 결합을 대신하여 C=O 결합이 생김으로써 추가로 추진력을 얻는다. Acetic acid 제거 반응은 엔탈피 측면에서 불리한 반응이어서 온도를 높여 엔트로피 기여가 이를 상쇄하고 남도록 우세해져야 한다.

β-Keto acid나 malonic acid는 가열하면 이산화탄소를 잃는 decarboxylation 반응이 일어난다. 이 역반응을 살펴 보면 이 또한 retro-ene-reaction임을 알 수 있다.

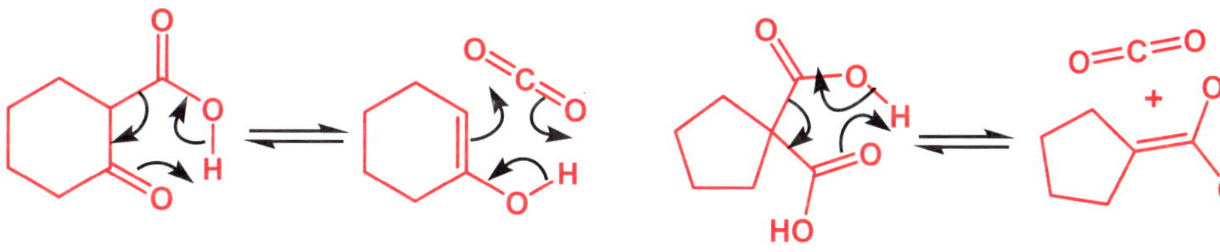

Diels-Alder ene 반응으로 불리는 다음 반응은 Diels-Alder 반응에서처럼 네-전자 성분인 ene과 두-전자 성분인 enophile을 갖고 있다. 두-전자 성분은 π-결합이다. 네-전자 성분은 π-결합 하나와 allylic σ-결합이다. σ-결합의 말단은 H인 경우가 대부분이며, 나머지 다섯 원자는 탄소이거나 아니면 다른 헤테로원자일 수 있다.

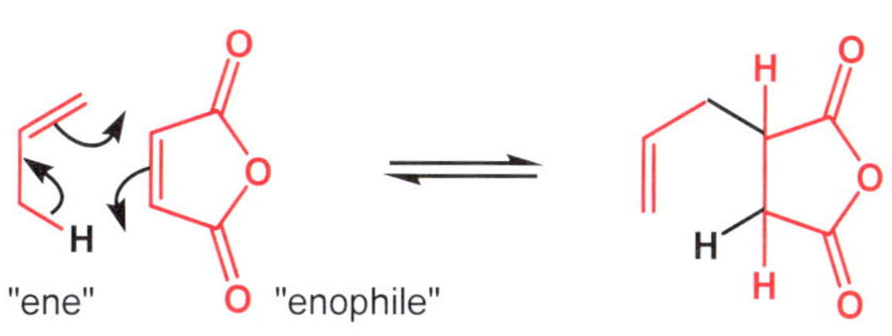

"ene" "enophile"

8.2.8 Tips for Recognizing Pericyclic Reactions

고리형협동 반응은 전하를 띠거나 전자결핍 중간체를 거치지 않는다. 우스갯소리처럼 들릴지 모르지만 "**no-mechanism reaction**"이라 부르기도 한다. 다음 carbene의 alkene으로의 첨가도 고리형협동 반응이다.

H Cl Cl H → H Cl Cl H via Cl Cl

고리형협동 메커니즘임을 알아보는 데는 다음과 같은 몇 가지 요점을 정리하여 기억해 두면 도움이 된다.

- 고리형협동 반응은 최소한 하나의 π-결합이 관여한다. 하나 이상의 π-결합이 관여하는 경우가 더 많으며, 출발물 또는 생성물에 conjugate π-결합을 갖는 경우도 흔히 있다.
- 고리형협동 반응은 입체특이성을 갖는다. *trans*-이중결합으로 시작한다면 정확하게 한 부분입체이성질(diastereomeric)인 생성물을 얻는다. 만약, *cis*-이중결합으로 출발한다면 다른 부분입체이성질체를 얻게 된다.
- 몇몇 고리형협동 반응은 빛을 쪼여야만 일어나거나 또는 빛을 쪼여야만 특정 입체화학적인 결과를 얻을 수 있는 경우도 있다. 따라서 빛을 사용한다면 이는 자유라디칼 반응이거나 고리형협동 반응일 확률이 높다. 하지만 라디칼 반응에는 개시제 또는 빛에 의해 아주 쉽게 깨지는 아주 약한 결합이 틀림없이 존재한다.

고리형협동 반응을 확인할 때 주의할 점이 여러 가지 있지만 다음 두 가지는 기억해 두자.

첫째 극성 반응처럼 이 반응들도 산 또는 염기 존재하에 행하여 질 수 있다는 점이다. Lewis 산을 촉매로 사용하는 경우가 많다. Lewis 산이 촉매 작용을 하는 반응이라고 무조건 극성 반응으로 분류하면 안 된다.

둘째 여러 단계를 거치는 반응에서 여러 극성 반응 단계를 거치는 도중 한 단계가 고리형협동 반응인 경우에는 찾아 이해하기가 쉽지 않은 경우도 있다. 또한 주어진 반응 조건하에서 다른 고리형협동 반응 두 세가지가 순차적으로 일어나서 결합 패턴이 많이 바뀌는 경우가 흔히 있으며, 때론 반응물과 생성물과의 관계만으로 어떤 고리형 협동반응인지 분류가 어려운 때는 한번이 아닌 여러 차례의 다른 고리형협동 과정을 거치는 경우가 있음을 기억하고, 다단계 고리형 협동 반응의 가능성을 타진해야 할 것이다.

문제 8.4 다음 고리형협동 반응에 전자쌍 이동 화살표를 그려 넣고 electrocyclization, sigmatropic rearrangement, cycloaddition, ene reaction의 네 가지 유형으로 분류하라.

(a) 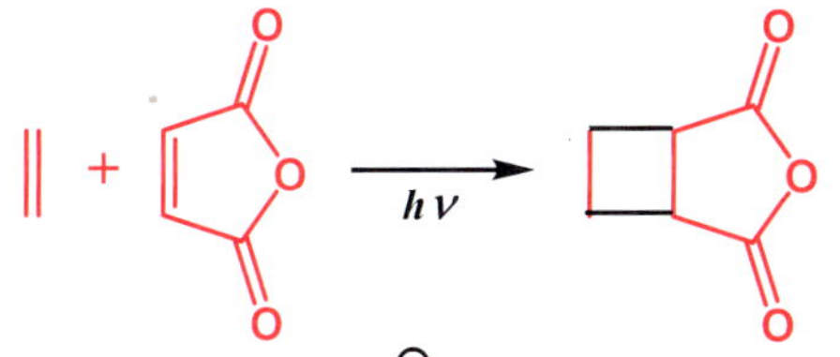 $h\nu$

(b)

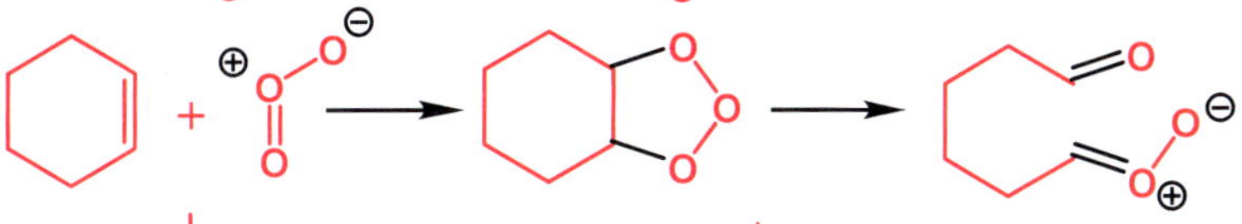

(c) 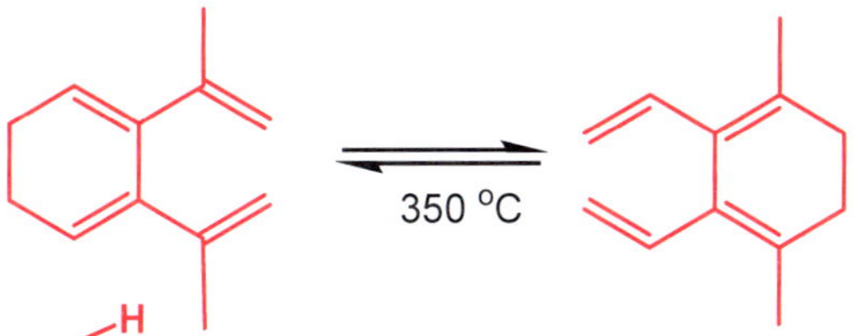 350 °C

(d) 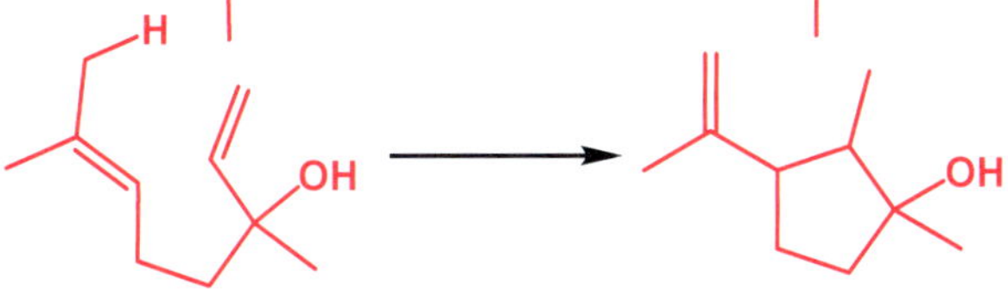 OH → OH

(e) 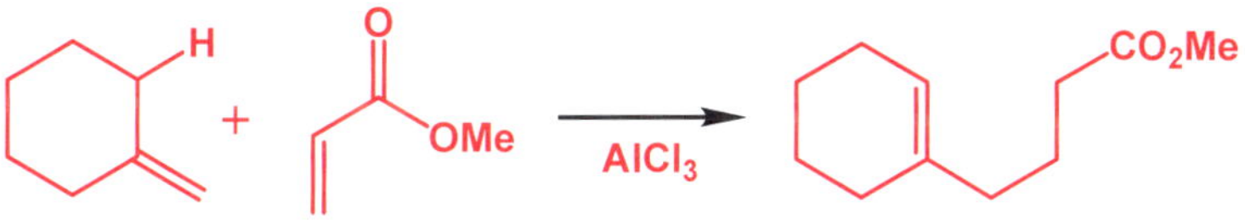 H + OMe → $AlCl_3$ → CO_2Me

(f) 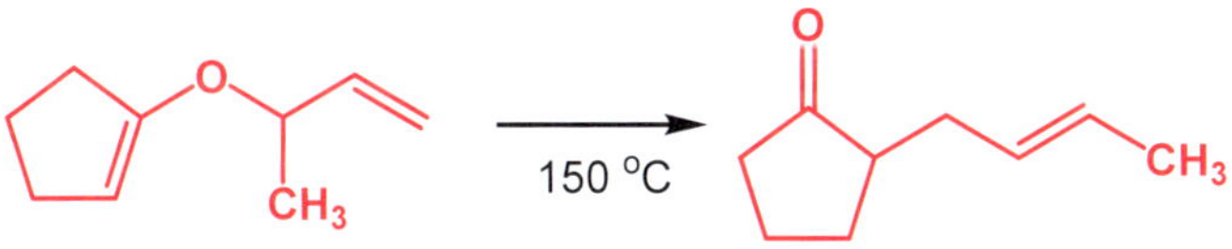 O, CH_3 → 150 °C → O, CH_3

문제 8.5 주어진 Diels-Alder 반응 둘 중에서 각기 어느 쪽이 더 유리한가? 어떤 이유로 더 유리하며 어떤 이유로 더 불리한가?

(a) 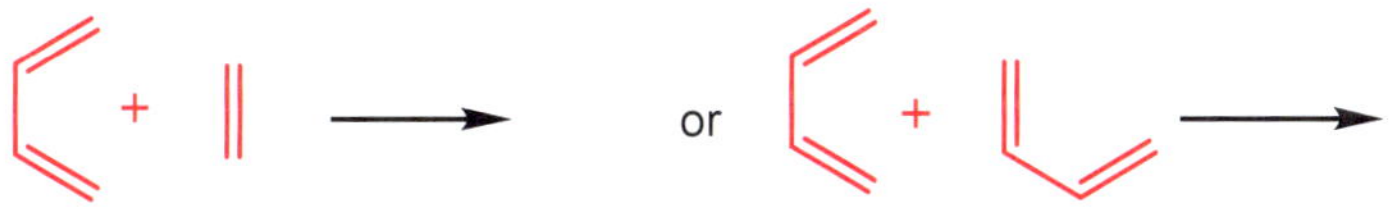 + → or + →

(b) 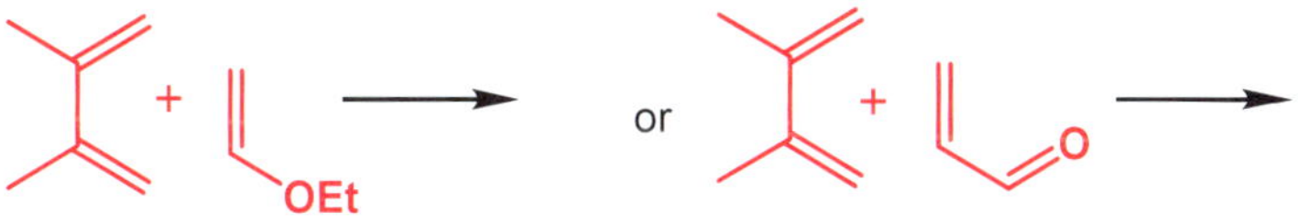 + OEt → or + O →

(c) 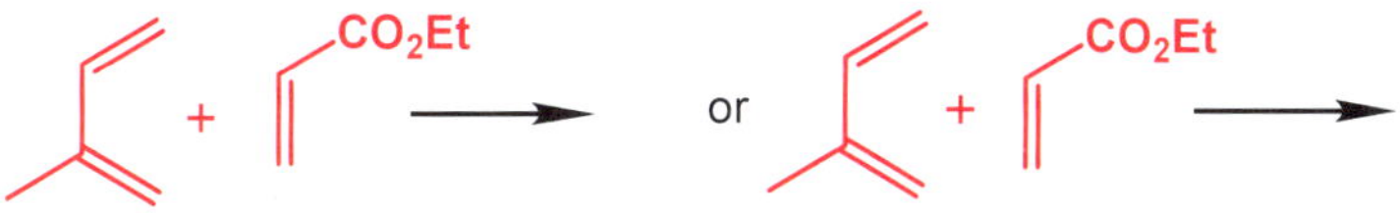 + CO_2Et → or + CO_2Et →

(d) 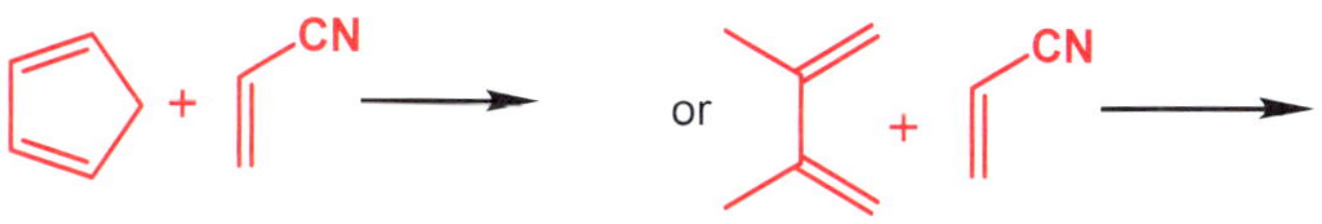 + CN → or + CN →

8.3 Reactive Intermediate I: Radicals

결합깨짐과 결합형성이 동시에 진행되지 않는 반응에서는 중간체를 경유하게 된다. 탄소와의 결합깨짐 양상에 따라 균등분해가 일어나는 반응의 경우에는 라디칼 중간체를 거치게 되며, 불균등분해를 거치는 경우에는 carbocation 또는 cabanion을 중간체로 경유하게 된다. 전하를 띠지 않는 반응성 중간체인 **카벤**(carbene)이나 **나이트렌**(nitrene)을 경유하는 반응도 있다. 이들을 순서대로 간단하게 살펴보기로 한다.

제일 먼저 살펴볼 **라디칼**(free radical)은 홀전자(unpaired electron)를 갖는 화학종이다. 자유라디칼은 전자결핍 화학종이지만 전하를 띠지 않는 경우가 많으며, 따라서 이들의 반응은 짝수 전자의 전자결핍 화학종인 carbocation과는 근본적으로 다르다. 자유라디칼이라는 용어는 'radical free of charge'라는 의미이며 이에 대비해 전하를 갖는 라디칼은 양이온 라디칼 또는 음이온 라디칼이라고 구분해서 부른다.

8.3.1 Reactions Involving Radical Intermediates

라디칼은 원자가전자 껍질에 전자 8 개를 채우지 못한 불안정한 화학종이다. 둘째 주기 원소의 라디칼은 alkyl (•CR_3) > aminyl (•NR_2) > alkoxyl (RO•)의 순으로 안정도가 낮아지는데 이는 양이온 생성이 어려워지는 순서와 일치한다. 할로젠의 경우는 I• > Br• > Cl• > F•의 순서인데 가장 전기음성이고 크기가 작은 F•가 가장 불안정한 라디칼이 된다. 자주 접하게 되는 탄소 라디칼을 안정도가 낮아지는 순으로 배열하면 다음과 같다. Carbocation의 안정도 순서와 비슷하며 보는 바와 같이 vinyl 및 phenyl 라디칼은 상당히 불안정하다.

benzyl > allyl > 3° alkyl > 2° alkyl > 1° alkyl > methyl > vinyl ~ alkynyl ~ phenyl

라디칼이 불안정한 중간체라 하더라도 전자가 일곱 개인 alkyl radical은 전자가 여섯 개뿐인 alkyl cation만큼 전자-결핍이 심각하지 않으므로 alkyl radical의 에너지 준위는 대응하는 alkyl cation만큼 높지 않다. 그러므로, 매우 불안정한 aryl 또는 1차 alkyl cation은 메커니즘 그리기에서 그려야 할 경우가 거의 없지만, radical 반응에서는 aryl 또는 1차 alkyl radical은 상당히 자주 보게 된다.

전자결핍종인 라디칼은 양이온과 마찬가지로 이웃한 전자주개 치환기에 의하여 안정화된다. 그러나 양이온과는 달리 carbonyl을 비롯한 nitrile 등 전자끌개 치환기에 의해서도 안정화된다는 점을 이해하여야 한다.

radicals are stabilized by adjacent lone pairs radicals are stabilized by carbonyls and nitriles

8.3.2 Radical Generation: Homolysis of Spin-Paired Molecules

라디칼 중간체를 경유하여 진행되려면 우선 라디칼이 먼저 생성되어야 한다. 대개의 경우 개시제의 열분해 또는 빛을 조사하여 라디칼이 생성되면 라디칼 사슬 반응으로 이어지게 된다. Alkyl peroxide, acyl peroxide 및 AIBN이 흔히 사용되는 개시제이다. 이들 화합물은 빛($h\nu$)을 쪼이거나 또는 가열에 의하여 쉽게 라디칼을 생성할 수 있다. 약한 σ-결합, 특히 헤테로원자–헤테로원자 σ-결합과(O–O, N–O 등) strain이 큰 σ-결합은 단순히 가열에 의해서도 균등분해를 일으킬 수 있다. 주의해야 할 일은 과산화 수소(H_2O_2) 및 alkyl hydroperoxide (ROOH)는 자유라디칼 개시제가 아니라는 점이다. H• 라디칼은 에너지가 너무 높기 때문에 웬만한 온도 조건에서는 이들 화합물의 불균등분해에 의해 생성될 수가 없다. 라디칼 반응에서 홀전자의 이동은 외쪽 화살표를 사용하게 되는데, 표시하지 않아도 이해하는데 문제가 없는 경우에는 모두 표시하지 않이도 된다[2].

benzoyl peroxide —(60 ~ 80°C, $\Delta G^\ddagger$ = 33 kcal/mol)→ Ph–CO–O• + •O–CO–Ph

AIBN —(66 ~ 72 °C, $\Delta G^\ddagger$ = 31 kcal/mol)→ + N≡N +

Br—Br —($h\nu$ or Δ, $\Delta G^\ddagger$ = 46 kcal/mol)→ 2 x Br•

열 또는 빛에 의하여 개시제에서 라디칼이 생성되고, 생성된 라디칼은 반응물과의 상호작용으로 반응에 관여하는 라디칼을 형성하게 된다.

2 불균등 결합깨짐은 외쪽 화살표로 표시하지만 아래에 표시한 것같이 모두 표시하지 않고 필요한 것만을 그려 넣는 것이 일반적인 추세이다.

R–O• H–Br → ROH + Br• R–O• H–Br → ROH + Br•
R–O• H–Br → ROH + Br• R–O• H–Br → ROH + Br•

8.3.3 Type of Reactions Radicals Undergo

라디칼은 라디칼이 아닌 다른 스핀-짝지음 유기 분자와 만나서 반응할 확률이 높다. 라디칼은 기본적으로 다음과 같은 몇 가지 반응을 하게 된다.

원자나 원자단 떼기

가장 자주 일어나는 반응이 **원자떼기**(atom abstraction)이다. 수소나 그의 원자 또는 원자단을 떼게 된다. **수소떼기**(hydrogen abstraction)가 가장 흔한 형태이지만, 할로젠떼기 또는 다른 원자단이 떨어지는 경우도 많다.

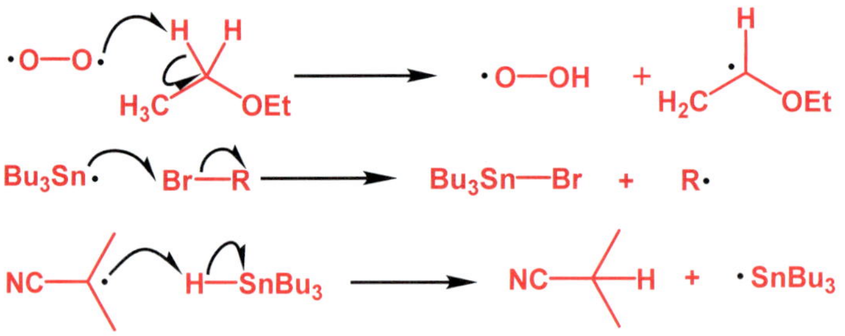

π -결합에 첨가

라디칼은 적당한 이중결합 화합물이 존재하면 **첨가**(radical addition) 반응을 하게 된다. Carbocation의 첨가와 거의 같은 양상으로 진행되는 반응이다.

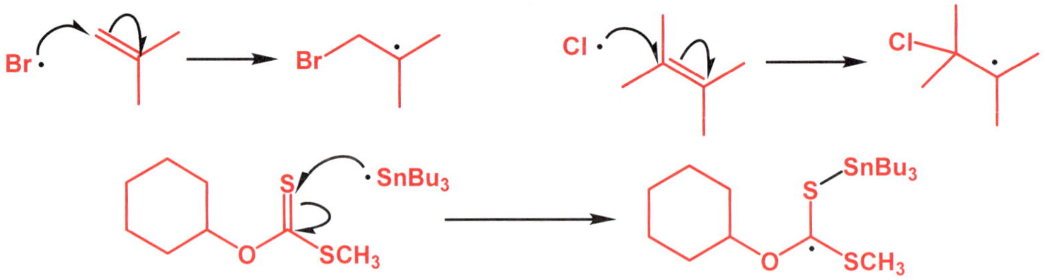

토막내기 (Elimination of spin-paired molecules)

토막내기(fragmentation) 반응은 라디칼에서 예를 들면 일산화 탄소, 이산화 탄소, acetone 등의 안정한 스핀-짝지음(spin-paired) 분자가 떨어져 나가게 된다. 스핀-짝지음 분자가 떨어지므로 역시 또 다른 라디칼이 생성된다.

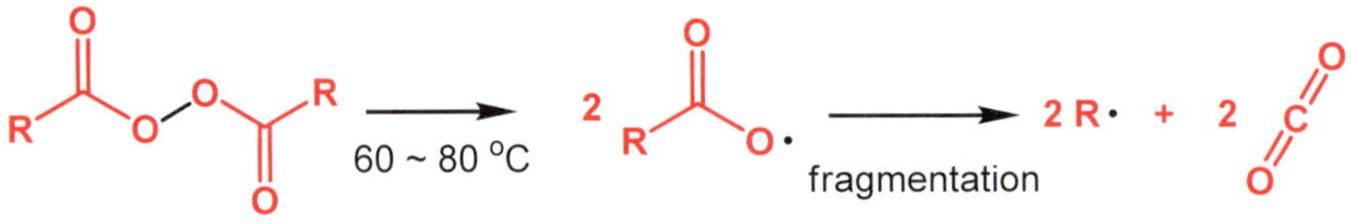

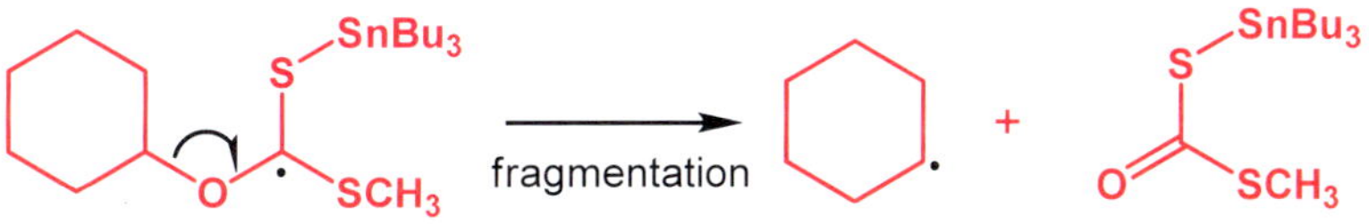

아무리 복잡한 라디칼 사슬 반응이라 하더라도 원자떼기, 첨가, 토막내기의 세 가지 유형이 연속해서 일어나서 라디칼 사슬 반응을 이루게 된다. 즉, 어떤 반응은 두 원자떼기의 연속으로도 이루어지며, 어떤 반응은 여기에 첨가 단계가 끼어들기도 하고, 때로는 fragmentation 단계를 포함하는 사슬 반응도 있다.

Radical coupling

라디칼 짝지음(radical coupling) 반응은 보통의 사슬 반응에서 극미량씩 밖에 생성되지 않는다. 그러나 라디칼의 생성속도는 빠르고 반응이 느리면 라디칼의 농도가 build-up되면서 coupling 생성물이 주로 생성되는 반응도 있다.

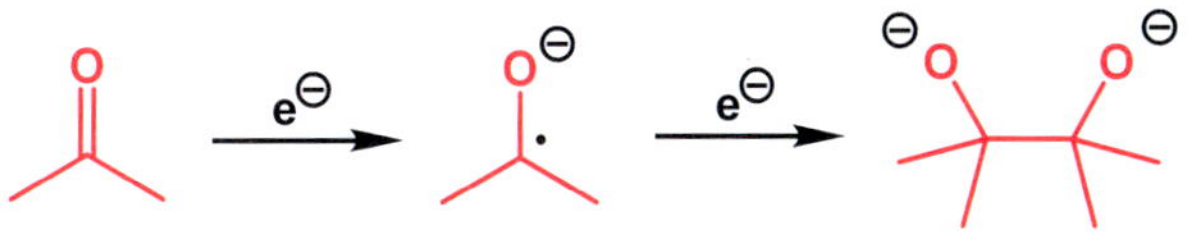

8.3.4 Radical Chain Reactions

생성된 라디칼이 스핀-짝지음 분사와 반응하게 되는 원자떼기 또는 π 결합에 첨가되는 반응에서는 반드시 라디칼이 또 생성되며, 이러한 과정이 연속해서 일어나게 되면 **사슬 반응**(chain reaction)으로 이어지게 된다. 유기화학 기초 과정에서는 적어도 염소 또는 브로민에 의한 탄소 화합물의 C–H 결합 라디칼 치환 반응과 탄소–탄소 이중결합으로의 HBr 첨가 반응을 학습하였을 것이다. 다음은 ethylbenzene의 브로민에 의한 라디칼 치환 반응의 예이다. 빛을 쪼이면 benzylic 수소 하나가 브로민으로 치환된다.

반응은 브로민의 빛에 의한 균등 분해로 생성되는 브로민 원자(라디칼)에서 개시된다. 사슬 반응으로 이어져서 브로민 원자에 의한 (선택적인) 수소떼기로 benzylic 라디칼이 생성되고, benzylic 라디칼은 브로민 분자로부터 브로민떼기가 일어나게 된다. 이 두 원자떼기 과정이 반복적으로 진행되어 반응 사슬을 이어가게 된다.

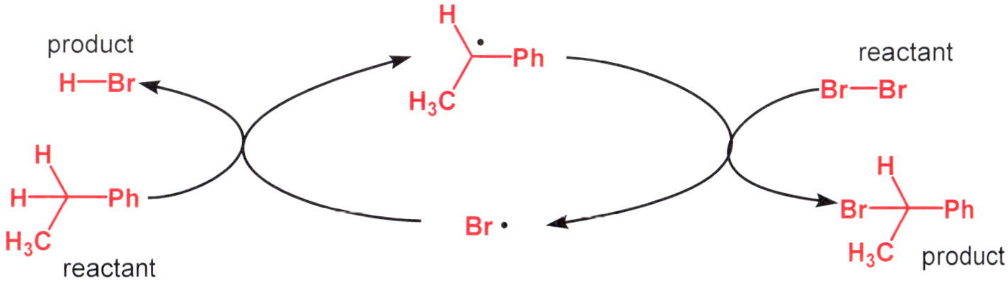

위 그림에서 보는 것처럼 사슬 반응의 각 단계에서는 라디칼이 하나 소비되면서 다른 라디칼이 하나 생성된다. 라디칼을 제외하고 각 단계에 관여하는 스핀-짝지음 분자는 모두 반응물이고, 각 단계의 라디칼을 제외한 모든 생성물이 최종 생성물이 되며, 이를 반응식으로 적으면 위와 같은 전체 반응식이 된다.

overall H Ph + Br_2 $h\nu$ Br Ph + HBr

라디칼 사슬 반응의 전파부는 여러 개의 사슬 전파 반응으로 구성되기도 한다. 틀림없는 사실은 모든 사슬 전파단계는 각각 열역학적으로 유리한 발열 과정이던지 아니면 열중성 반응일 필요가 있다. 그렇지 않으면 불리한 단계의 라디칼은 축적되고, 사슬은 끊어지며, 라디칼과 라디칼 간의 반응 생성물이 다량 생기게 된다.

안정한 1,2-biradical인 O_2는 유기화합물로부터 H•를 떼어내어 alkyl 라디칼을 생성할 수 있다. 이를 자동산화(autoxidation)라 하는데 다음 반응은 benzene과 propylene으로부터 생산되는 cumene을 거쳐 phenol과 acetone을 합성하는 공업적 합성(**Hock process**)의 핵심 단계이다.

O_2 cat. $(PhCOO)_2$ O—OH cumyl hydroperoxide cat. H_2SO_4 OH + O

이 process의 첫 단계에서는 cumene (isopropylbenzene)이 Friedel-Craft alkylation에 의하여 생성되며, 이어 둘째 단계에서는 cumene의 benzyl 자리에서 자동산화가 일어나 cumyl hydroperoxide가 만들어진다. 마지막 단계인 산 처리 단계에서 phenol과 acetone을 생성하게 된다. 첫 단계인 자동산화의 전파 단계만을 표시하면 다음과 같다.

·O—O· O—O·

O—O· H O OH +

높은 온도에서 산소가 충분히 공급되면 이러한 수소떼기는 무차별적으로 일어나게 되며 결국 모든 탄소–탄소, 탄소–수소 결합이 탄소–산소 결합으로 바뀌게 되어 이산화 탄소가 최종 생성물이 되는데 이를 연소라 한다.

위에서 살펴본 두 라디칼 반응은 수소떼기 과정을 거친다. 원자 떼기에는 꼭 수소떼기만이 있는 것은 아니며 라디칼에 따라 수소 이외의 할로젠, 황, 셀렌늄 등의 다른 원자나 원단의 떼기를 쉽게 하는 경우도 있다. Tributyltin 라디칼은 그중의 하나로 다음 반응에서 보는 바와 같이 n-Bu_3Sn–H(tributyltin hydride)나 $(CH_3)_3Si_3Si$–H[tris(trimethylsilyl)silane]은 개시제가 존재하면 이들 헤테로원자 치환기가 라디칼에 의한 원자떼기로 alkyl 라디칼이 생성되고, 이어서 다음 반응 예에서와 같이 수소떼기로 전체적으로 할로젠 또는 헤테로원자가 수소로 바뀌는 치환이 일어나거나 아니면 이중 결합에 첨가되는 등의 반응을 하게 된다.

n-Bu$_3$SnH, cat. AIBN

(Me$_3$Si)$_3$SiH, cat. AIBN

원자떼기 이외에 쉽게 일어나는 자유라디칼 반응은 이중결합으로의 첨가 반응이다. 라디칼 개시제 존재하에 HBr이 alkene에 첨가 반응되는 반응은 아마도 제일 처음 배우는 라디칼 첨가 반응일 것이다. 극성 첨가와 regiochemistry가 반대인 첨가 생성물을 얻게 된다. 탄소 라디칼이 생성되고 이중결합에 첨가되면 탄소–탄소 결합을 형성하게 되며 이는 중요한 합성 반응으로 개발되어 유기합성 반응에서 많이 사용된다. 다음 반응 예에서는 어떻게 고리화가 일어나는가를 살펴보자. 분자내의 수소가 아닌 특정 헤테로원자 떼기로 라디칼을 생성하게 되고 이어 분자내의 불포화 결합에 첨가가 일어나게 된다.

Br — *n*-Bu$_3$SnH, AIBN — > 98% + < 2%

Alkyl 라디칼의 생성은 stannyl 라디칼에 의한 브로민떼기로 이루어지고, 분자내의 탄소–탄소 이중결합에 첨가가 일어나서 고리가 형성된 후에 생성되는 라디칼은 stannyl hydride에서 수소떼기로 완결되는 사슬 반응이다.

Br, Bu$_3$SnBr, •SnBu$_3$, H—SnBu$_3$

다음 반응도 똑 같은 메커니즘을 거쳐 생성된다. 이렇게 라디칼이 생성되어 분자내에 불포화 결합에 첨가가 일어난 후에 수소떼기로 마무리되는 고리화 첨가 반응은 tin hydride 말고도 다른 시약을 써서 행할 수도 있다.

n-Bu_3SnH, AIBN

이 반응은 현대 유기합성에서 고리를 만드는 합성 반응에서 대단히 중요한 위치를 차지한다. 이에 관한 상세한 것들은 본서 셋째 권인 특수 반응 편에서 다루고 있다.

8.3.5 How to Recognize Radical Reactions

주어진 반응이 자유라디칼 사슬 메커니즘을 거치는지 어떻게 알아낼 수 있는가? 열쇠의 하나는 개시 부분에 있다. 거의 모든 라디칼은 매우 불안정하며 합성에 이들이 사용되려면 반응 상대가 존재하는 가운데 생성되지 않으면 안 된다. 가열에 의하여 쉽게 자유라디칼을 생성하는 물질은 AIBN이나 benzoyl peroxide와 같이 몇 개의 화합물에 국한되어 있다.

가시선($h\nu$)은 Br–Br 결합과 같은 약한 σ-결합을 깨거나 화합물 내의 π-결합의 HOMO 전자를 LUMO로 밀어 올려 결합이 homolysis를 일으키기에 충분한 에너지를 갖고 있다. 아주 약한 결합이 출발물에 존재하면(예, C–I) 주위의 빛만으로도 자유라디칼 사슬 반응을 개시할 수 있다. 일부 고리형협동 반응도 빛을 필요로 하므로 빛을 필요로 하는 모든 반응을 자유라디칼 메커니즘이라고 추정하지 않도록 주의해야 한다.

자유라디칼 메커니즘은 모두 사슬 반응이 아니며, 사슬 반응이 아닌 자유라디칼 반응은 개시제가 필요 없다. Li, Na 또는 SmI_2 (액체 NH_3에서)과 같은 금속과의 환원 및 카보닐 화합물의 광-촉진 자리옮김은 비사슬 자유라디칼 반응이다. 약한 σ-결합(전형적으로 헤테로원자–헤테로원자 σ-결합과 strain이 큰 σ-결합)을 갖고 있는 화합물은 가열하면 비사슬 자유라디칼 반응에 의하여 분자내 자리옮김 반응을 일으킬 수 있다.

문제 8.6 라디칼의 상대적인 안정도를 고려하여 다음 화합물에서 alkoxy 라디칼에 의한 수소떼기로 주로 생성되는 라디칼을 그려 보라.

(a) 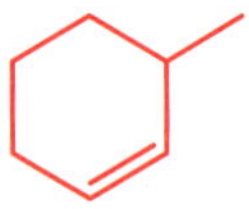 (b) 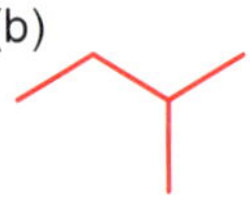 (c)  (d)

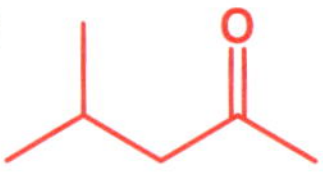

(e) 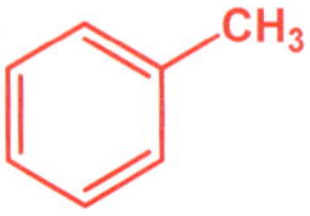 CH_3 (f) 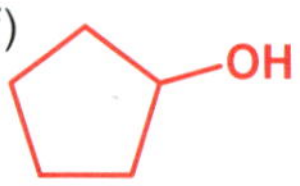 OH (g)  O (h) 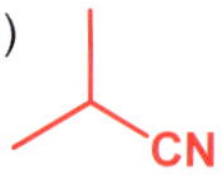 CN (i) 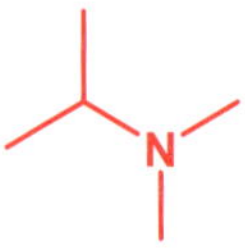 N

문제 8.7 Br• 라디칼은 propene과의 반응에서 첨가와 수소 떼기가 모두 가능하다. 어느 것이 열역학적으로 더 유리한지 결합 에너지를 참고하여 (Chapter 6 부록) 가려 보라.

8.4 Reactive Intermediate II: Carbocations

Carbocation은 세 공유결합으로 전자 여섯 개만을 거느리는 탄소 원자로 (+) 형식전하를 갖는 아주 불안정한 (중간체 중에서 가장 불안정한) 유기 화학종이다. 중심 탄소는 sp^2-혼성화되어 있고, 세 sp^2 오비탈이 이루는 평면에 수직하게 빈 p 오비탈 하나가 있다. carbocation은 전자-결핍이고, 그 만큼 쉽게 친핵체의 공격을 받는다. 모두는 아니더라도 산성 조건에서 일어나는 많은 유기 반응이 carbocation을 경유하거나 최소한 carbocation 형태의 공명구조를 그릴 수 있는 화학종을 경유하여 일어난다.

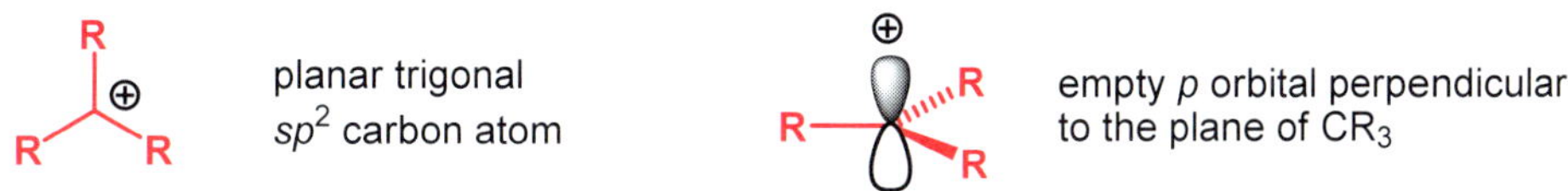

8.4.1 Very Unstable Carbocation Intermediates

Carbocation은 반응 축을 따라 잠시 나타나는 대단히 높은 에너지 중간체이다. 이들 대부분은 분리가 불가능할 정도로 높은 에너지 상태로 매우 불안정하다. 하지만 어느 것은 다른 것보다 조금 더 높은 에너지, 어느 것은 조금 덜 높은 에너지 상태에 있다. Carbocation의 불안정성이 조금이나마 경감되는 네 가지 길이 있다. 빈 C(p) 오비탈의 이웃한 비결합 고립쌍과의 상호작용, π-결합과의 상호작용, σ-결합과의 상호작용(hyperconjugation) 그리고 방향족 계의 일부가 되는 것이 그 네 가지이다. 양이온 탄소의 혼성화 또한 (불)안정도에 크게 영향을 미친다.

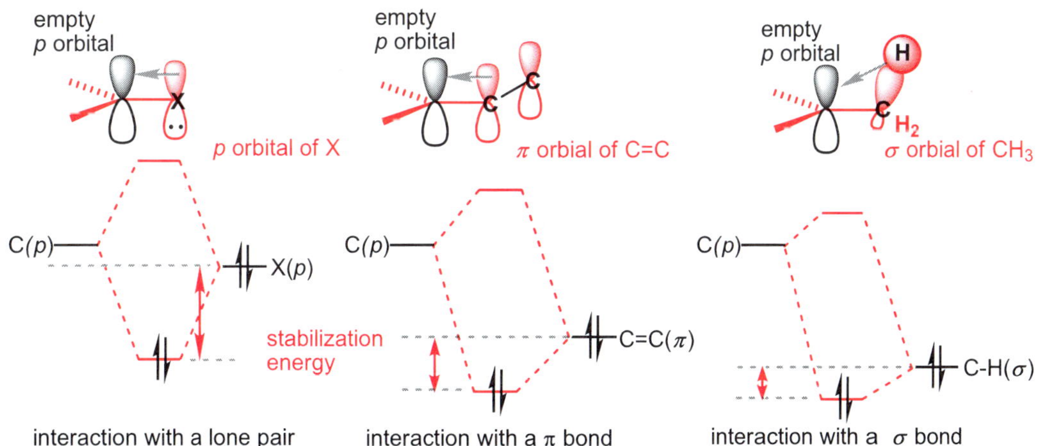

고립쌍, π-결합, σ-결합으로 인한 안정화 효과는 공통적으로 두 오비탈이 겹치면 결합 MO와 반결합성 MO가 형성되는 데 있다. 비결합성 오비탈(n), π-결합성 오비탈, σ-결합성 오비탈과 같은 채워진 오비탈이 빈 C(p) 오비탈과 겹치면, 새로 결합성 MO와 반결합성 MO가 생겨난다. 채워진 오비탈의 두 전자는 결합성 MO를 차지하게 되어 그만큼 에너지가 낮아지게 된다.

안정화의 순서가 $n > \pi > \sigma$인 것은 채워진 오비탈과 빈 C(p) 오비탈의 상호작용은 이 두 오비탈 간의 에너지가 근접한 경우 가장 효과적이기 때문이다. 비결합성 C(p) 오비탈의 에너지는 결합성 MO(π 또는 σ)나 헤테로원자의 비결합성 오비탈보다 높기 때문에, 채워진 오비탈의 에너지가 높을수록 안정화 효과는 그만큼 더 커지게 된다.

헤테로원자의 비결합성 고립쌍은 carbocation을 안정화 하는데 있어 다른 어느 상호작용보다 뛰어나다. 양으로 대전된 헤테로원자와 이웃한 양이온 중심간에 π-결합이 존재하는 공명 구조를 그릴 수 있다.

이러한 안정화가 이루어지려면 헤테로원자는 전자결핍 C에 바로 곁에 있어야 한다. 떨어져 있는 헤테로원자는 유발 효과에 의해 반대의 영향을 미치게 된다. sp^2 탄소의 vinyl 양이온 또한 이웃한 헤테로원자에 의하여 안정화 된다.

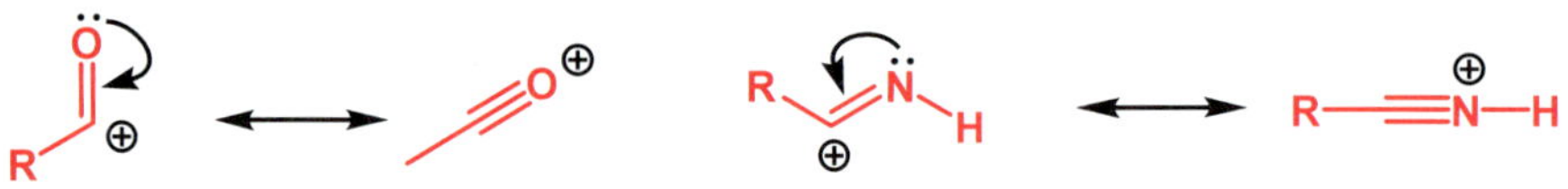

고립쌍에 의한 안정화는 주기율표에서 아래로 갈수록 (예, O > S) 또 오른쪽으로 갈수록 (N > O > F) 감소한다. 덜 효과적이긴 하지만 F는 높은 전기음성도에 비하면 믿어지지 않을 정도의 좋은 공명효과를 나타낸다.

C=C π-결합과의 공명이 carbocation을 안정화하는 두 번째 좋은 방법이다. C=O 및 C=N π-결합은 강한 유발효과로 이웃한 carbocation이 불안정하게 되며, 공명에 의한 기여는 거의 없다. 더 많은 π-결합이 공명에 참여할수록 더 나은 결과가 된다. 방향족 고리는 이웃한 양이온을 안정화시키는 데 매우 효과적이다.

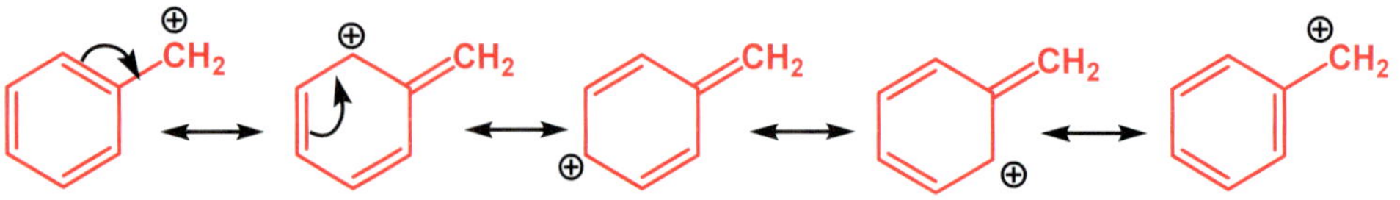

Carbocation의 불안정성이 완화되는 셋째 요인은 이웃한 σ-결합과의 상호작용에 의한 안정화 효과인데, 이를 일컬어 **하이퍼콘쥬게이션**(hyperconjugation)이라 한다. 별로 특별할 게 없는 현상임에도 별난 이름이 붙어 있다.

Hyperconjugation에 의한 안정화 효과의 정도는 이웃한 π 오비탈이나 고립쌍에 비하여 그다지 크다고 할 수는 없지만, 이웃하는 이러한 σ-결합의 수가 많아져서 효과가 누적되면 안정화 효과 또한 커진다. Me_3C^+의 빈 C(p) 오비탈은 겹쳐질 수 있는 C–H 결합을 9개 이웃하고 있는데 비해 (셋은 완전히 겹치고 여섯은 부분적으로 겹침), Me_2CH^+의 빈 C(p)은 여섯 개, $MeCH_2^+$는 세 개 밖에 이웃하고 있지 않다. 이런 이유로 인해 carbocation의 alkyl 치환 정도에 따라 3차 > 2차 > 1차 > methyl의 안정도 순위를 보이게 되며, 보다 더 불안정한 1차 alkyl 및 methyl cation은 일반 유기 반응에서는 중간체로 생성되지 않는다.

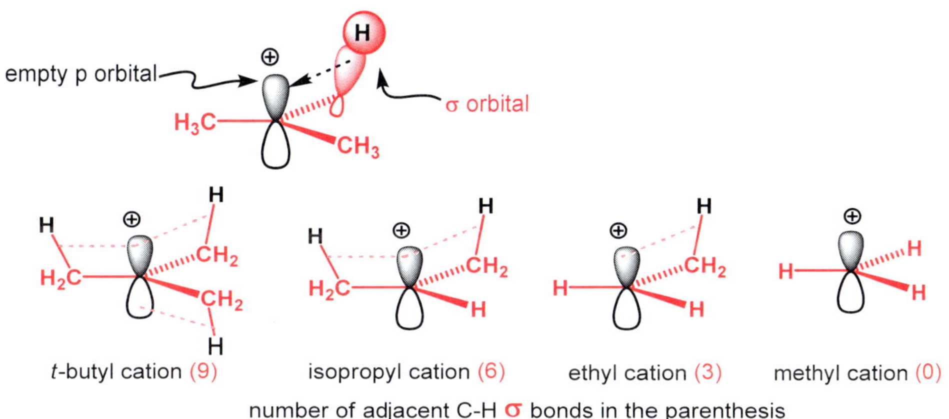

Carbocation에서 빈 C(p) 오비탈이 방향족 계의 일부분을 이루고 있으면 (Chapter 2), 공명 안정화에서 기대할 수 있는 것보다 훨씬 높은 안정성을 갖는다. 방향족성을 갖는 가장 안정한 carbocation은 tropylium ion(cycloheptatrienyl cation)으로 대단히 안정하여 salt 형태로 시약상으로부터 구입하여 사용할 수 있는 정도이다. 거꾸로 빈 C(p) 오비탈이 반방향족성 계를 이루는 경우는 (예; cyclopentadienyl cation) 대단히 불안정하여 이를 중간체로 경유하는 반응은 없다.

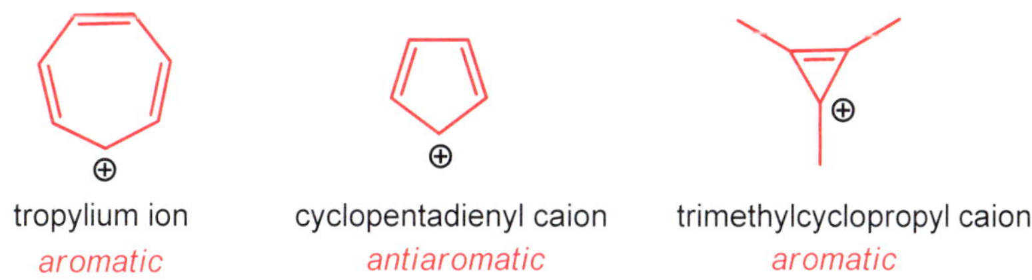

Aryl 및 vinyl cation은 1차 alkyl cation이나 methyl cation보다 훨씬 더 불안정한데, 이는 재혼성화로 빈 C(p) 오비탈을 만들어 내기 어렵기 때문이다. 사실인즉, aryl 및 alkenyl cation은 모두 최상의 이탈기(예; N_2)를 갖는 경우에 아주 특별한 상황에서만 생성될 수 있다.

Carbocation은 전자끌개 원자 및 원자단의 유도 효과로 인해 불안정하게 된다. 카보닐기에 α-인 carbocation($R_2C^+C{=}O$), β-hydroxycarbocation ($HOCR_2C^+R_2$) 및 β-halocarbocation들은 모두 치환기를 달가워하지 않는 화학종들이다.

8.4.2 Generation of Carbocations: Role of Proton and Lewis Acids

Carbocation을 생성하는 방법에는 세 가지가 있는데, C–X σ-결합의 이온화, C=X 결합의 헤테로원자의 고립쌍과 Lewis 산과의 반응, C=C π-결합과 H^+ 또는 carbocation과 같은 양이온의 첨가 반응 등이다. 여기서는 C–X σ-결합의 이온화에 의한 과정만을 설명하기로 한다.

$R_3C{-}^+X$ 결합은 자발적으로 R_3C^+과 : X로 이온화된다. 이온화가 일어날 것인지는 carbocation R_3C^+의 안정도와 이탈기 X 및 용매에 달려 있다. $Me_3C{-}^+OH_2$는 상온에서 H_2O를 잃지만, $RCH_2{-}^+OH_2$의 이온화는 매우 불안정한 alkyl cation이 생성되기 때문에 일어나기가 대단히 어렵다. X는 흔히 이온화되기 전에 형식양전하를 띠고 있음에 주목하라. 음이온성 이탈기 X^-가 자발적으로 이탈하는 경우는 자주 눈에 띠지 않지만, 용매의 극성이 대단히 크고 (특히 양성자성 용매), 생성물이 충분히 안정한 경우에는 가끔씩 일어날 수도 있다. 음이온성 이탈기 X^-는 쉽게 양성자붙임으로 종종 중성인 이탈기로 변환되기도 한다. 다음 반응에서 보는 것처럼 고작해야 약산인 AcOH나 pyridinium ion이 ($pyrH^+\,^-OTs$, PPTS) 필요한 전부이다.

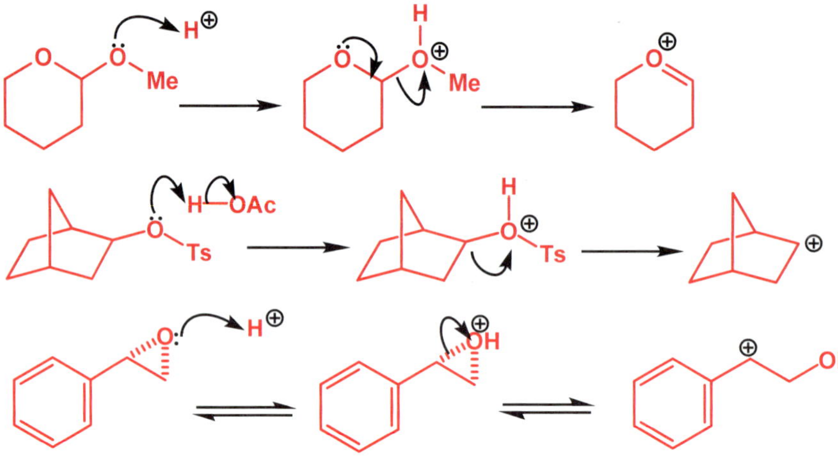

때로는 강력한 Lewis 산인 BF_3, $AlCl_3$, $FeCl_3$, $ZnCl_2$, $SnCl_4$ 또는 $TiCl_4$ 등을 사용하여 이온화를 촉진하기도 한다. Silver(I) 염($AgNO_3$, AgOTf Ag_2O)은 더욱 안정한 C–Cl과 같은 결합의 이온화를 촉진하기도 한다. Ag–X는 매우 강한 결합이고 AgX가 침전으로 분리되는 것이 이 반응의 주된 추진력이다. 비교적 덜 불안정한 carbocation을 생성되거나 아니면 다음 두 반응에서처럼 hydride 또는 alkyl shift를 수반하여 덜 불안정한 carbocation을 생성할 수 있는 경우에는 carbocation이 중간체로 생성될 수 있다. 이들은 Lewis 산이나 Ag ion에 의해 거의 강제적으로 halide 이탈기가 떨어지면서 생성된다.

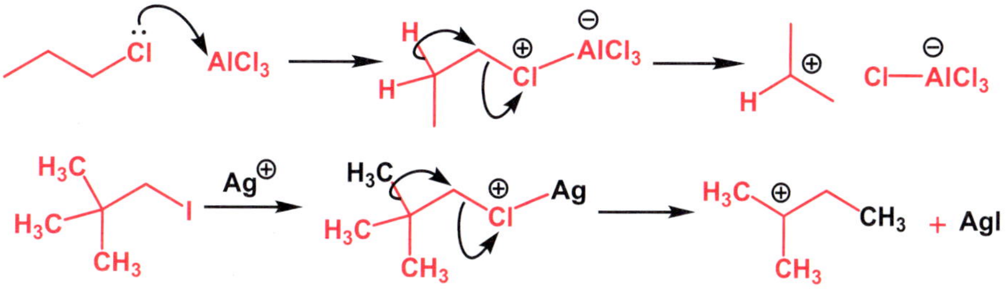

그러나 methyl, ethyl의 경우처럼 덜 불안정한 carbocation이 생성될 수 없는 경우에는 제아무리 센 Lewis 산이라 할지라도 해당 양이온은 생성되지 않는다. 대신 탄소-할로젠 결합이 크게 이완되어 S_N2 형태의 친핵체와의 반응이 일어나게 된다.

8.4.3 Typical Carbocation Rearrangements

Carbocation은 대단히 불안정하며 그 정도는 같은 골격의 라디칼과는 비교가 안될 정도로 불안정함은 앞에서도 언급되었다. 이러한 불안정성으로 인해 분자내의 자리옮김으로 조금이라도 덜 불안정한 양이온이 형성될 수 있으면 가차없이 반응이 일어나게 된다. Carbocation의 자리옮김 메커니즘은 1,2-수소화물 이동(1,2-hydride shift)이거나 1,2-알킬이동(1,2-alkyl shift)이 대부분이다. 다음과 같은 carbocation이 형성되었다고 가정하자. 이 반응 예에서 Wagner Meerwein 자리옮김이라고 알려진 1,2-hydride 이동이 일어나면 덜 불안정한 3차 alkyl cation이 생성된다. 어떤 경로로든 3-methyl-2-butyl cation이 만들어 진다면 분자내의 반응인 자리옮김이 번저 일어나고, 이어 친핵체와 또는 염기의 작용으로 치환 또는 제거 반응 생성물에 이르게 된다.

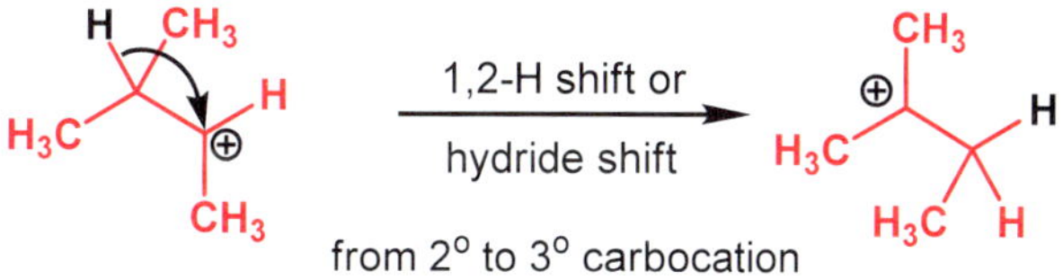

1,2-H shift or hydride shift

from 2° to 3° carbocation

아래의 보기 반응에서는 1,2-alkyl 이동(1,2-methyl shift)이 일어나며, 역시 덜 불안정한 3차 alkyl cation으로 변환된다.

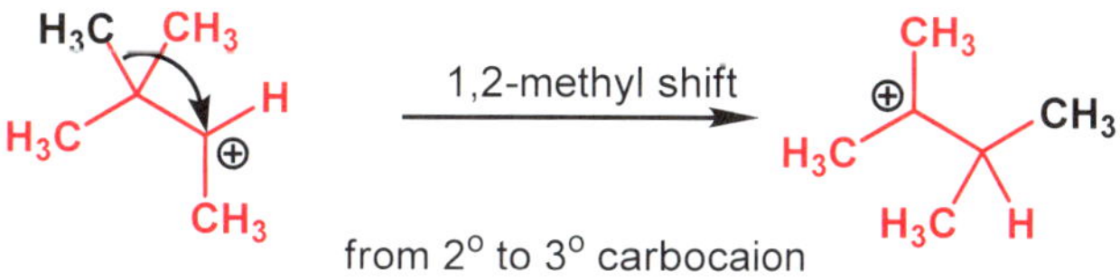

1,2-methyl shift

from 2° to 3° carbocaion

Hydride shift는 alkyl shift보다 빠르게 일어나며 alkyl shift에서 이동기의 입체화학은 그대로 보존된다. 그 이유는 pericyclic reaction을 다루는 Chapter에서 (3편) 설명하게 된다.

다음 cyclohexyl cation과 norbornyl cation에서 보는 것처럼 양이온성 자리옮김은 월등히 빠른 분자내의 반응으로 양성자 제거나 친핵체 첨가 반응 등의 모든 분자간의 반응보다 앞서 시 힌 step으로 빠르게 일어난다.

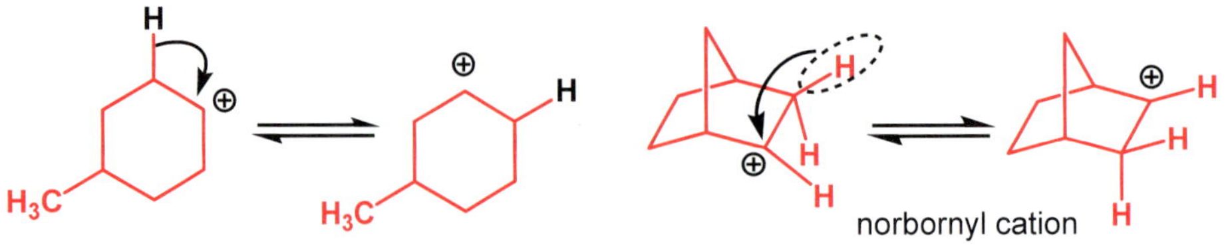

Cyclopentyl cation은 쉽 없이 1,2-hydride shift가 일어나서 모든 탄소가 동일한 조건을 갖게 된다. 이는 비단 이 반응에만 적용되는 것도 아니다.

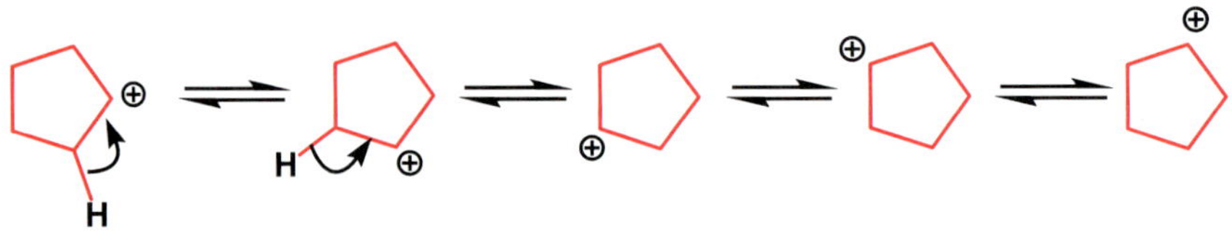

모든 alkyl cation의 자리옮김이 반드시 덜 불안정한 carbocation 쪽으로 일어나는 것은 아니다. Cyclohexyl 양이온(2° alkyl cation)이 1-methylcyclopentyl 양이온(3° alkyl cation)으로 바뀌는 다음 반응에서는 두 번의 자리옮김이 일어난다. Cyclohexyl 양이온의 C3–C2 결합의 C2에서 C1으로 1,2-alkyl 이동이 일어나면 cyclopentylmethyl 양이온 (1° 카보양이온)이 생성된다. 에너지 측면에서 이 과정만을 보면 아주 불리한 오르막길이다. 그렇지만 다음의 C1–H 결합의 C1에서 C2로 1,2-hydride 이동으로 훨씬 덜 불안정한 양이온이 얻어지게 되어 반응은 생각보다 쉽게 진행된다.

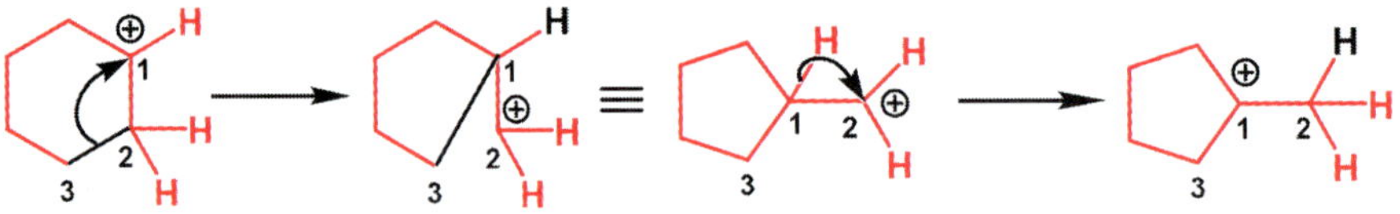

다음 반응은 epoxide에 Lewis 산이 배위하여 생성되는 carbocation이 위의 반응에서와 같은 자리옮김이 일어나지만, 이 경우에는 이웃하여 헤테로원자를 가지고 있어 더 불안정한 1차 carbocation이 생성되는 대신에 탄소–산소 π-결합이 형성되어 아주 수월하게 진행될 수 있다.

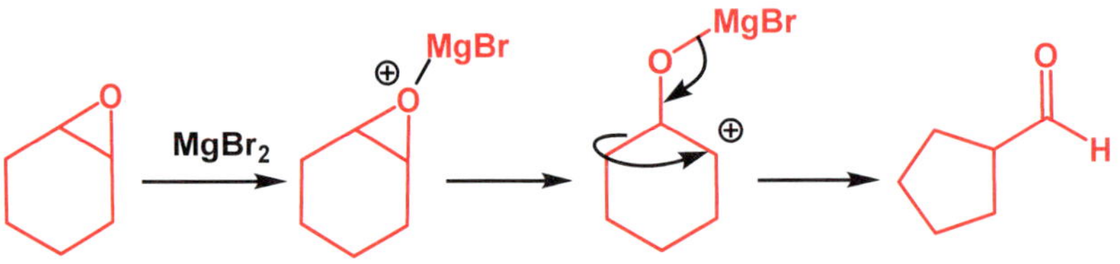

일반적으로 carbocation을 중간체로 거치는 많은 반응에서 잡다한 부생성물이 잔뜩 생기는 것은 이러한 양이온의 자리옮김이 쉽게 일어나는데 기인한다고 할 수 있다. 다음 반응에서 모든 생성물이 alkyl cation을 거쳐 생성된다고는 할 수 없지만, 부생성물인 3-bromopentane이 14 % 얻어지는 것으로 보아 S_N1 메커니즘을 배제할 수는 없다. 또한 적어도 3-bromopentane의 일부는 S_N2를 거쳐 얻어진다고 해도 주어진 데이터 만으로는 이를 부정하기도 어렵다.

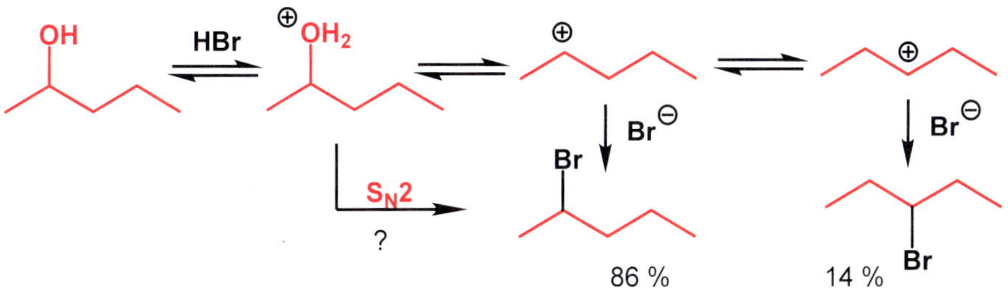

Phenyl기를 포함한 그 밖의 불포화 원자단들도 마찬가지로 1,2-이동이 일어나지만, alkyl 이동과는 메커니즘이 다르다. 다음 반응 예에서는 methyl 또는 hydride 이동으로는 생성물인 alkyl chloride에 이르는 방법이 없다. Phenyl 이동을 가정하면 쉽게 이를 설명할 수 있다. 그러나 1,2-phenyl 이동은 다른 alkyl 이동과는 좀 색다른 점이 있다.

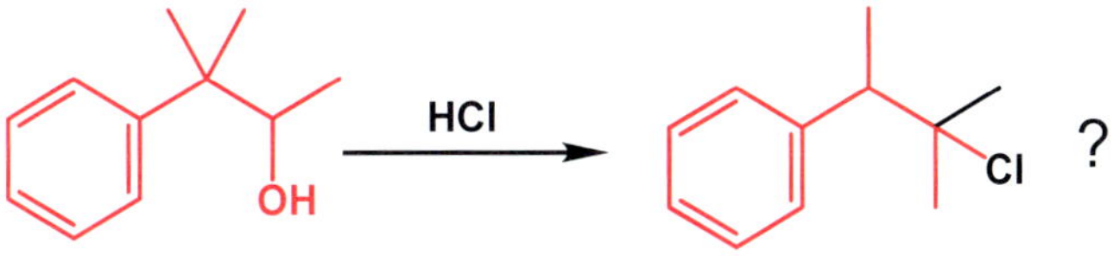

일차적으로 생성되는 양이온은 마치 benzene의 친전자체와의 반응 첫 단계처럼 π-결합에 첨가되어 phenonium 이온이라 부르는 세-원자 고리형 중간체를 형성하게 된다. 고리열림은 더 안정한 양이온이 형성되는 방향으로 일어나게 되고, 친핵체의 첨가로 반응이 완결된다. 고리는 다시 열려 처음의 양이온으로 돌아가던지 또는 자리옮김한 양이온으로 열림이 일어나게 된다. 자리옮김은 두-단계인 첨가-제거 메커니즘에 의하여 일어나는 것이다.

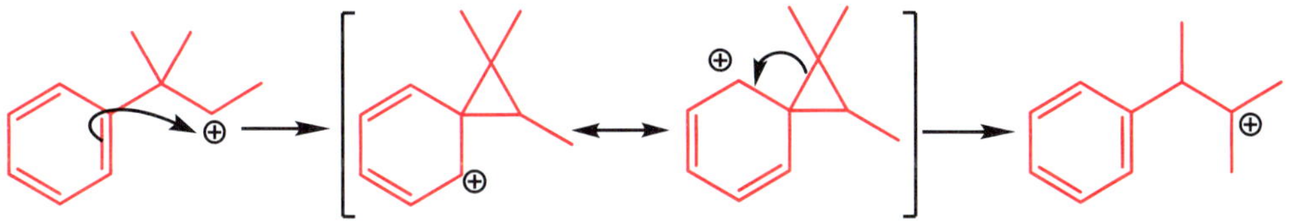

위에서와 같이 Ph기는 alkyl 이동과 같은 협동형이 아닌 두-단계를 거친다. 이는 TS에서 이동하는 원자의 C(sp^2) 오비탈이 다른 두 오비탈과 상호작용이 H(s)나 C(sp^3) 오비탈과의 상호작용처럼 강하지 않기 때문이다. 1,2-Phenyl 이동은 비협동형 과정으로 세-원자 고리형 중간체를 거침에도 불구하고 다른 1,2-alkyl 이동보다 빠르게 진행된다. 예에서 보듯 1,2-methyl 이동에 의하여 낮은 에너지 carbocation이 생성될 수 있음에도 불구하고, Ph기가 훨씬 빠르게 이동한다. Carbocation에서의 이동 속도는 대체로 H > Ph > alkyl > methyl 순을 따른다.

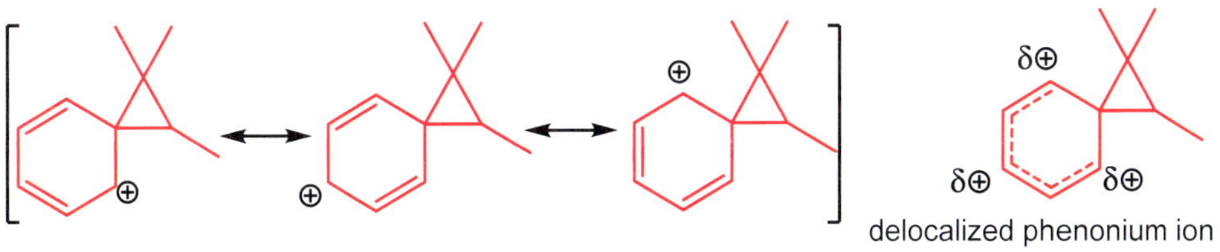

delocalized phenonium ion

Carbocation의 형성은 훨씬 덜 안정한 carbocation이 생성되는 경우, carbocation의 형성과 자리옮김이 동시에 일어나는 경우도 허다하다. 다음 neopentyl iodide를 질산은($AgNO_3$) 수용액으로 처리하면 자리옮김이 일어난 3차 알코올이 생성된다. 이 반응에서 C–I 결합의 불균등 분해로 생성될 alkyl cation은 1차이며, 1차 양이온은 매우 불안정하여 1차 양이온이 그려진 메커니즘은 대부분이 옳지 않은 메커니즘임은 이미 여러 번 강조한 바 있다.

1차 alkyl cation의 형성을 거치지 않는 메커니즘이란 결국 다음과 같이 이탈기 떨어짐과 alkyl 이동이 동시에 일어나서 3차 alkyl cation이 형성되어 반응이 진행되는 것이다.

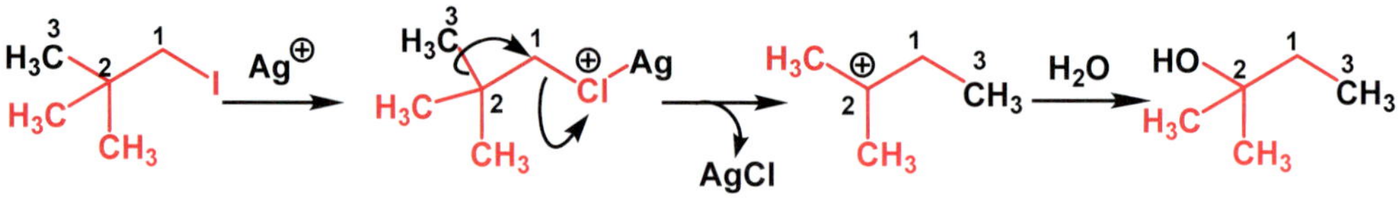

8.4.4 Types of Reactions of Carbocations

자리옮김을 제외한다면 carbocation은 생성 방법과는 무관하게 항상 다음 두 가지 중 한 가지 반응을 하게 된다: 한 가지는 친핵체와의 결합형성이고, 다른 하나는 토막내기(fragmentation)로 π-결합 생성물과 안정한 양이온을 생성하는 (주로 H^+이지만 아닌 경우도 있음) 반응이다. 이들 반응은 서로간에 경쟁하며, 구조상의 또는 반응 조건의 미묘한 변화만으로 한 반응의 우세가 다른 반응으로 넘어가는 사례가 종종 발생한다.

치환인가? 제거인가? 3차 alkyl cation의 반응인 경우를 예로 들면, 양성자성 용매가 친핵체이면 (EtOH, H_2O, RCO_2H) 첨가 반응이 우세하지만, 용매가 비친핵성이면 H^+를 잃고 π-결합 생성물이 얻어지게 된다. 산을 촉매로 하는 알코올의 반응은 benzene과 같은 비친핵성 용매를 썼다면 제거 반응이 알코올이나 물과 같은 친핵체인 양성자성 용매를 썼다면 첨가가 일어날 것으로 보면 거의 틀림없다. 반응 조건으로 보아 애매한 경우에는 어느 반응이 주로 일어날 것인가를 예측하는 것은 대단히 어려운 일이어서 그 대신 관찰되는 생성물이 어떻게 만들어 지는가를 논리적으로 설명하는 문제를 자주 접하게 된다.

그렇지만 carbocation의 자리옮김은 분자내의 반응으로 대단히 빨라서 나머지 다른 두 반응이 일어나기에 앞서서 일어나게 되므로 carbocation을 경유하는 반응은 단순한 치환 또는 제거 반응 생성물이 아닌 복잡한 생성 혼합물을 얻는 경우가 많다. Carbocation을 거치는 반응은 헤아릴 수 없이 많아 앞으로 본격적으로 반응을 공부하게 되면 여기저기서 자주 접하게 된다.

문제 8.8 다음 양이온 자리옮김은 어떻게 일어나는지 화살표를 그려 표시해 보라.

문제 8.9 다음 반응은 어떤 경로를 따라 일어나는가?

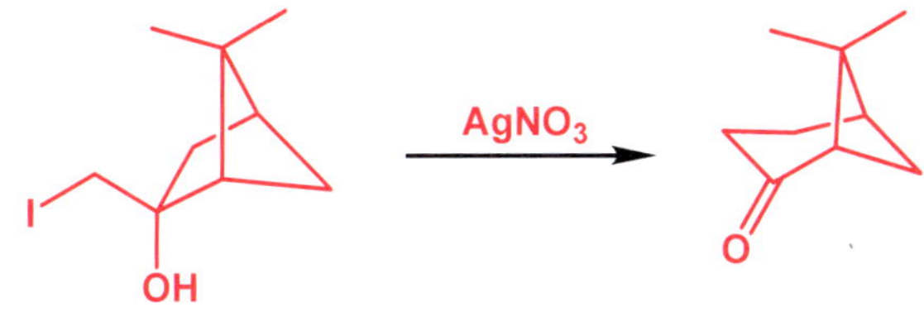

문제 8.10 다음 탈수 반응은 양이온 중간체가 다음 네 자리옮김 중 하나를 거쳐 진행된다. 생성물인 camphene에 이르는 메커니즘을 그려라. 다른 자리옮김은 어째서 일어나지 않는가?

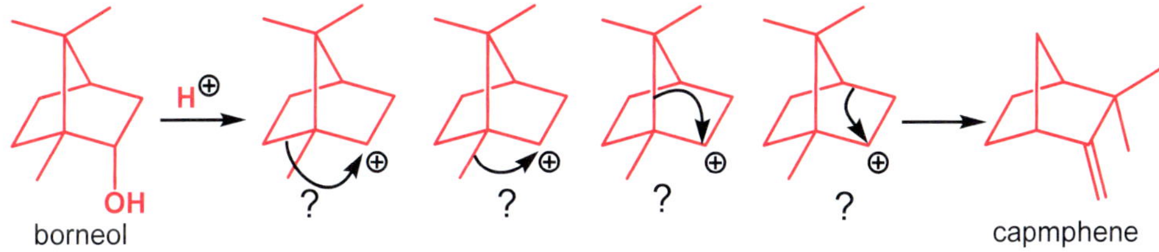

8.5 Reactive Intermediate III: Carbanions

8.5.1 Stability of Carbanions: Role of Metal Counterion.

탄소 음이온은 논리적으로 탄소보다 전기음성도가 낮은 수소나 기타 다른 electrofugal 이탈기를 가지는 화합물의 결합 불균등분해로 생성된다. 염기에 의해서 생성되는 경우 상대 양이온(counter cation)은 금속이며, 따라서 모든 carbanion은 유기금속 화합물이라고 할 수도 있다.

(Y = H or Metal)

비결합 전자쌍은 sp^3 혼성화 오비탈을 점유하게 되지만, 다음에서 보는 바와 같이 R–C–H 결합각은 109.5°보다는 작아지는 피라미드형 구조라 할 수 있다. 뒤집힘에는 작은 에너지만이 필요하여 쉽게 평면형 구조를 거치는 뒤집힘이 일어날 수 있다.

less than 109.5°   1 ~ 2 kcal/mol

C–H 결합을 가지는 탄소산의 *pKa*는 작은 값은 1~2에서 크게는 50이 넘은 것까지 아주 다양하다. 가장 약한 탄소산인 alkane의 완전한 이온 결합을 하는 화합물은 만들기도 쉽지 않다. 예를 들어, *n*-butyl sodium($C_4H_9^-$ Na^+)은 녹는점이 상당히 높으며, 탄화수소 용매에는 녹지 않으며 (다른 용매와는 반응함) 산화와 물에 엄청나게 반응성이 크다. 열역학적으로도 불안정하여 진공에서도 천천히 분해하여 butene과 NaH를 생성한다. 이는 **β–hydride elimination**이라고 하는 유기금속 화합물의 공통적인 반응이다.

$$CH_3CH_2CH(H)–CH_2^{\ominus}\ Na^{\oplus} \longrightarrow CH_3CH_2CH{=}CH_2 + NaH$$

이웃한 작용기의 영향 등으로 안정화되는 carbanion 중에는 Na나 K를 비롯한 알칼리 금속을 counter ion으로 하는 거의 완전한 이온성 화합물로 sodium acetylide와 같이 보관이 가능할 정도로 안정한 것들도 있다.

$CH_3CH_2C{\equiv}C^{\ominus}\ Na^{\oplus}$ $K^{\oplus}$ $2^{\ominus}$ $2\ Li^{\oplus}$

안정화 치환기가 없는 단순한 alkyl anion은 Li, Mg, Al 등의 상당한 공유결합성을 가지는 counter cation을 갖는 것만이 존재하게 된다. 따라서 counter ion이 어떤 금속인가에 따라 반응성뿐만 아니라 반응 경로 자체가 달라지는 경우를 많이 보게 된다.

8.5.2 Methods of Carbanion Generation

유기 반응에서 사용되는 탄소 음이온은 일차적으로 alkyl halide와 활성이 큰 금속 간의 반응으로 얻게 된다. 이러한 목적으로 가장 많이 사용되는 금속이 Mg와 Li이다. Alkyl chloride, bromide, iodide는 충분한 전자 공여 능력이 있고, 탄소와의 공유결합이 가능한 Li, Mg, Zn와 금속삽입 반응을 한다. 오랫동안 가장 잘 알려진 금속 삽입 반응은 Grignard 반응으로 금속 Mg를 사용한다. 형태상으로 보아 이 반응은 Mg 금속이 C–X 결합에 삽입되는 꼴이다

R = alkyl, or aryl or vinyl

$$R–X \xrightarrow{Mg,\ Et_2O} R–Mg–X$$

X = I, Br, Cl

alkyl magnesium halide
(Grignard reagent)

Lithiation은 2당량의 Li를 필요로 하는데 이는 각각의 Li이 전자 하나만을 제공하기 때문이다. Li 삽입 반응의 속도는 Grignard 시약의 생성에서처럼 X에 따라 달라지는데, I > Br » Cl의 순서이며, 이는 C–X 결합세기 또는 X의 이탈 능력과 일치한다.

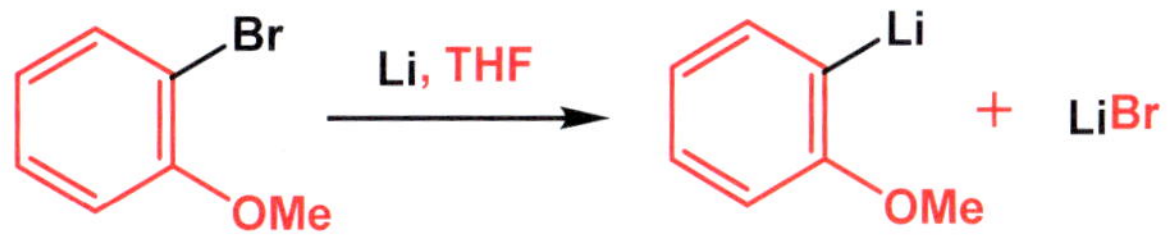

다음 몇 반응 예에서 볼 수 있는 것처럼 이 반응 또한 탄소의 오비탈 혼성화, 탄소의 골격 입체적인 요인 등에 구애 받지 않으며, 또한 C–X 결합의 X에 따른 반응성 차이가 있는 것은 사실이나 거의 모든 halide와 화합물과 반응하여 organolithium 시약을 생성한다. 다음 반응 예에서 alkyl halide는 물론이고 vinyl halide나 aryl halide와의 반응이 순조롭게 진행될 수 있음을 볼 수 있다. Grignard 시약이 ether 용매에서만 일어나는 것과는 달리 alkyllithium은 pentane이나 hexane과 같이 전혀 극성이 없는 용매를 사용할 수도 있다. 물론 반응성이 아주 낮다 하더라도 이웃하여 이탈기를 갖거나 분자내에 산성 수소나 반응성 친전자성 자리를 가지고 있는 화합물의 경우에는 제한을 받게 됨은 물론이다.

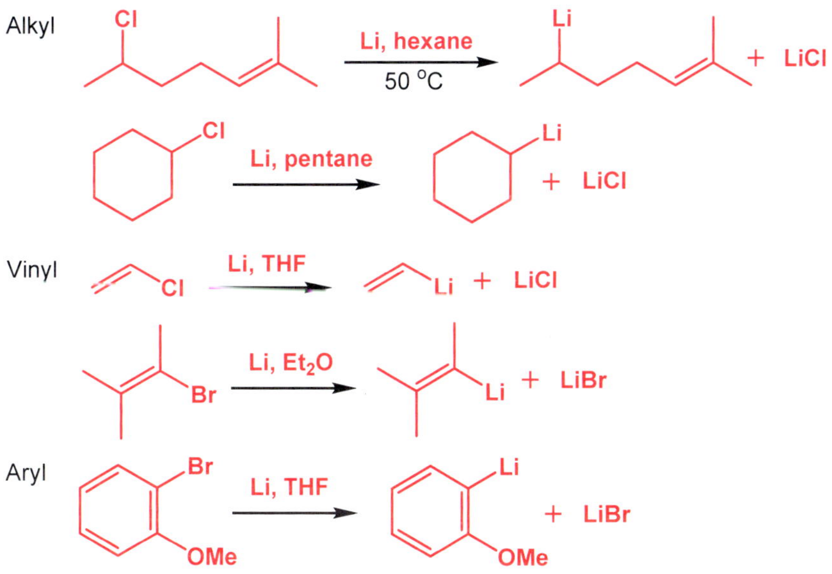

Alkyllithium을 포함하여 반응성이 큰 대부분의 organometallics는 아마도 우리가 얻을 수 있는 최고로 강한 염기라고 할 수 있다. 이론적으로 alkylmetal에 의해서는 alkane의 *pKa*보다 더 낮은 (산성인) 모든 화합물에서 양성자떼기가 가능하다. *n*-BuLi과 PhLi은 짝산의 *pKa*가 각각 50과 43인 초강력 염기인 셈이다.

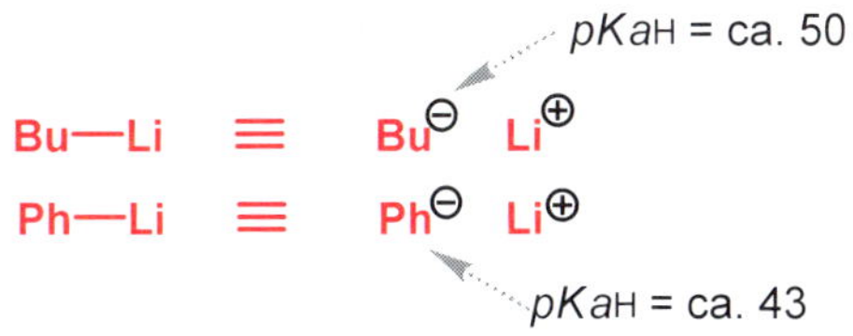

음이온을 안정화하는 치환기를 갖지 않는 C–H acid는 탄소의 혼성화에 따라 *pKa*에 많은 차이를 보인다. 탄소의 전기음성도(EN)는 C의 혼성화에 따라 sp^3 C는 EN(sp^3) = 2.5, sp^2 C는

EN(Csp^2) = 2.75, *sp* C는 EN(C*sp*) = 3.29로 높아지게 됨을 앞에서 간단히 언급한 바 있다. 혼성화에 따른 ethane, ethylene, acetylene의 C–H acidity는 앞선 산·염기 단원에서 상세히 다루었다. Alkynyllithium 또는 magnesium 시약은 거의 다른 포화 alkyllithium이나 Grignard 시약에 의한 양성자떼기로 얻는 것이 보통이다. 때로는 말단 acetylene을 $NaNH_2$ 또는 LDA와 같은 질소 염기로 처리하여 얻기도 한다.

Me—≡—H + Et—MgBr —(THF, 20 °C)→ Me—≡—MgBr + Et—H

이와 같은 혼성화에 따른 산성도의 차이를 잘 이용한다면 Bu–Li 등에 의한 양성자떼기로 allylic, vinylic 및 arylic lithium을 만들 수 있다고 추정할 수 있으며, 실제로 많은 Li 화합물이 이 경로에 의해 만들어진다.

n-BuLi, KO-t-Bu / TMEDA / hexane — 9 : 1

n-BuLi / TMEDA / hexane, reflux

TMEDA

n-BuLi / TMEDA — 91 % · 5 % · 2 % · 5 %

Sulfur, silicon 등 이웃한 음이온을 안정화하는 헤테로원자가 존재하거나 allyl, benzyl 자리의 C–H는 양성자떼기로 lithium 화합물은 어렵지 않게 만들 수 있다. Butyllithium에 의한 양성자떼기로 생성되는 헤테로원자에 의해서 안정화되는 organo-lithium 화합물의 몇몇 예를 다음에 나타내었다. 이들은 모두 butyllithium과 같은 단순한 alkyllithium보다 낮은 *pKa*를 갖는 화합물들이다.

~ 95 % *n*-BuLi · 40 % *s*-BuLi · 97 % *n*-BuLi, MEDA THF · good yield *n*-BuLi, THF · 38 % ($\alpha : \beta$ = 5 : 4) *n*-BuLi, THF

그렇지만 이들보다 *pKa*가 더 낮은 대부분의 카보닐 유도체나 nitrile의 경우에는 친핵체로서의 반응이 일어나서, alkyllithium에 의한 양성자떼기로 탄소 음이온을 얻는 것은 불가능하다. 이 목적으로는 LDA와 같은 친핵성이 없는 센 염기를 만들어 사용하게 된다.

8.5.3 Carbanions React with Electrophiles

생성된 탄소 음이온은 거의 모든 친전자성 중심을 가지는 유기 화합물과 반응한다. 가장 많이 접하게 되는 두 유형의 화합물이 카보닐 화합물과 alkyl halide이다.

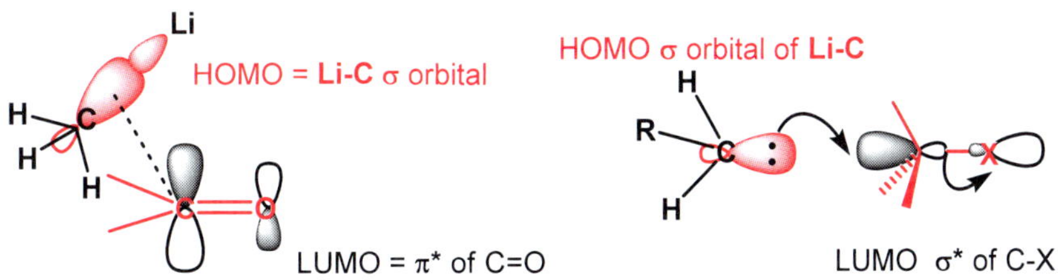

첨가는 탄소-금속 결합의 HOMO와 카보닐의 LUMO인 π^* 반결합성 오비탈의 상호작용으로 진행된다. 치환도 마찬가지로 C–X 결합의 σ^* 반결합성 오비탈을 사용하게 된다. 두 반응 모두에서 가장 심각하게 일어날 수 있는 부반응은 양성자떼기이다. 반응하는 분자내에 양성자떼기가 쉽게 일어날 수 있는 자리가 없어야 한다. Alkyl halide와의 반응은 제거 반응으로 이어지는 경우가 아주 많은 편이어서 상당한 제약 요인이 된다.

Epoxide는 alkoxide 이탈기를 가지는 ether 화합물이지만, 고리의 strain으로 인하여 반응성이 상당히 크다. 따라서 웬만한 반응성만 갖춘 친핵체라면 쉽게 공격하여 고리열림 반응이 일어난다. Alkylmetal과 가장 간단한 epoxide인 ethylene oxide와의 반응으로 탄소수가 둘 늘어나는 1차 알코올을 합성할 수 있다.

BuLi / THF — 63 % yield

Me_3SiCH_2MgBr + ethylene oxide → Me_3Si–$CH_2CH_2CH_2$–OH

Grignard 시약이나 alkyllithium은 친전자성 탄소 이외의 친전자성 헤테로원자를 가지는 많은 화합물과도 쉽게 반응한다. Grignard 시약은 산소와 반응하여 알코올을 생성한다. 다음 benzylmagnesium bromide의 반응이 그 예이다. 탄소가 아닌 황이나 인과 같은 다른 헤테로원자 친전자성 중심에서도 쉽게 반응이 일어난다.

MgBr —O_2→ OH

M —SCl_2→ S (M = MgBr or Li)

Li —PCl_3→ P

Grignard 시약과 alkyllithium은 다양한 탄소 친핵체를 제공하여 여러 탄소 친전자체와의 반응에서 새로운 탄소–탄소 결합을 형성하게 되며, 특히 카보닐기를 가지는 화합물과의 반응은 합성에서 중요한 몫을 차지한다. 이에 덧붙여 이들 시약의 금속은 다른 구리 등의 다양한 다른 유기금속 시약으로 바뀌어 alkyllithium 만으로 가능하지 않던 굉장히 많은 유기 반응이 가능하게 되며, 합성 반응에서 이들이 차지하는 비중은 점점 더 커지고 있다. 앞으로 체계적으로 유기 반응을 학습하게 되면 그야말로 엄청나게 많은 그리고 다양한 유기금속 화합물들의 반응 예들을 접하게 될 것이다.

8.6 Reactive Intermediate IV: Carbenes

8.6.1 Generation of Carbenes

카벤(carbene)은 두 개의 결합 전자쌍을 포함하여 여섯 전자를 거느리는 전자-부족 화학종이지만, 전하를 띠지는 않는다. 탄소의 결합에 참여하지 않는 두 전자가 쌍을 이루어 친핵성을 가질 수 있으나, carbene은 반응성으로 보면 친전자체라고 할 수 있다. CH_4에서 두 수소 원자를 제거한 꼴인 carbene($:CH_2$)은 methylene이라고도 부르며, $:CCl_2$은 dichlorocarbene 또는 dichloromethylene이라고 부른다.

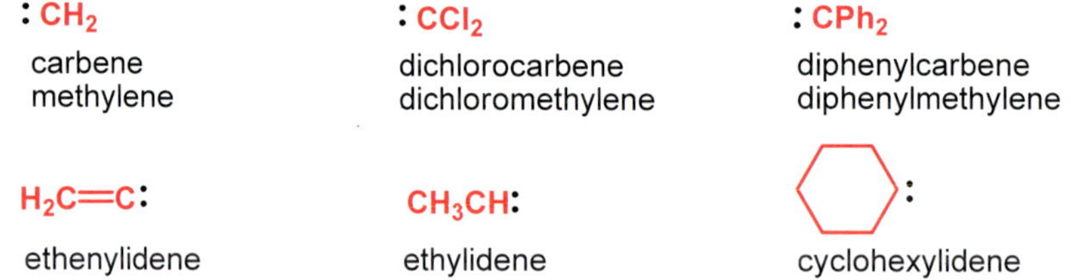

Carbene의 탄소 혼성화는 *sp*일 수도 있으나 보통은 sp^2 혼성화로 선형이 아닌 굽어진 형태이며, 전자는 *p* 오비탈과 sp^2 혼성화 오비탈에 배분된다. 결합에 참여하지 않은 두 전자가 스핀-짝지음을 이루게 되는 **단일항**(singlet) 상태가 용액 중에서 주로 존재하는 형태이다. 그러나 기체 상태에서는 두 전자가 짝을 이루지 않은 **삼중항**(triplet) 상태로 존재할 확률이 높다.

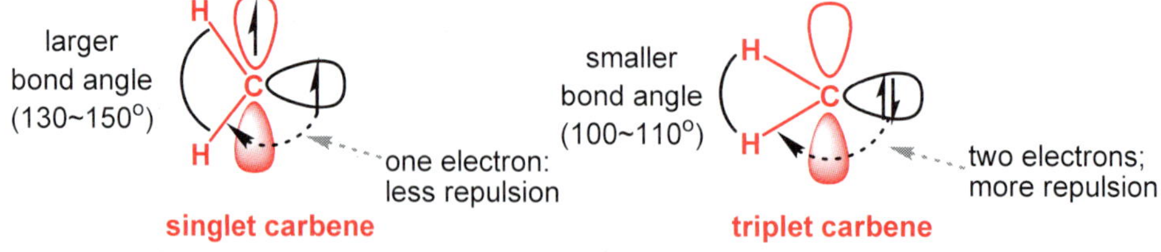

전자쌍 반발을 보이는 triplet carbene의 결합각은 정사면체 결합각보다 약간 작아지며, 전자 하나와 결합 전자쌍의 반발이 구조를 결정하는 singlet carbene은 정사면체 결합각보다 많이 벌

어져 130~150°의 결합각을 보이게 된다. Carbene은 diazo 화합물을 가열하거나 빛을 쪼여 분해하여 생성되는 것이 보통이다.

diazo compound — heat or light → carbene + N_2

Diazo 화합물을 얻는 방법도 여럿 있지만 tosylhydrazone을 염기 처리하여 생성되는 음이온을 가열하여 얻는 방법이 많이 사용된다.

TsNHNH₂ / NaOMe → carbene; tosylhydrazone → diazo compound

가장 많이 사용되는 diazomethane도 이와 같은 방식으로 만들며, 열이나 빛에 의하여 carbene을 생성하게 된다. Carbene의 또 다른 생성 방법은 α-제거 반응이다. Dihalocarbene은 오래 전부터 haloform을 염기로 처리하여 얻어 왔다. Haloform의 C–H 결합은 세 할로젠 치환기의 유도 효과에 의한 전자끌개 효과로 산성도가 높아 수용액 중에서 hydroxide에 의해서도 α-제거가 쉽게 일어난다.

dichlorocarbene

일부 carbene 또는 halocarbene은 haloalkane이나 *gem*-dihaloalkane을 낮은 온도에서 LDA나 phenyl sodium과 같은 센 염기를 사용하여 α-제거를 통해 얻기도 한다.

LDA; $Ph^{\ominus}Na^{\oplus}$

같은 탄소에 electrofugal 이탈기와 nucleofugal 이탈기를 동시에 가지는 화합물은 **carbenoid**라고 부르는데, 다음 반응에 의한 **Simmon-Smith 시약**이 대표적인 예이다.

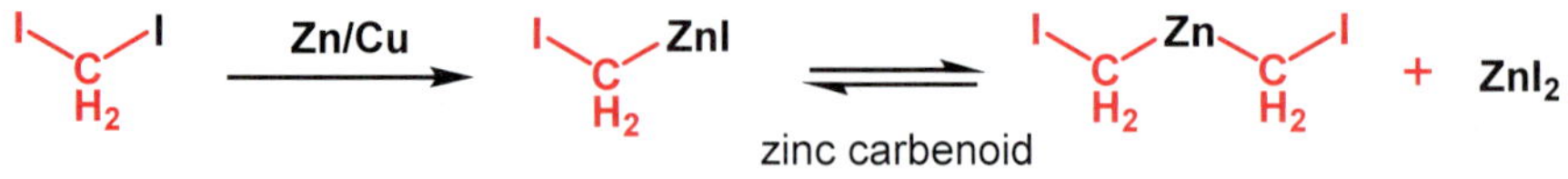

zinc carbenoid

8.6.2 Reactions of Carbenes

기본적으로 carbene은 π-결합에 첨가되어 cyclopropane 고리를 형성하는 반응을 하거나 (cyclopropanation), C–H σ-결합에 삽입되는 두 가지 반응 중 하나를 하게 된다. 첨가에 의한 cyclopropanation은 carbene에 따라 triplet state이면 biradical처럼 단계적인 라디칼 반응에 의하여 고리를 형성하며 singlet carbene은 두 결합형성이 동시에 이루어지는 일종의 고리형 협동 반응이다.

radical addition of triplet carbene to alkenes

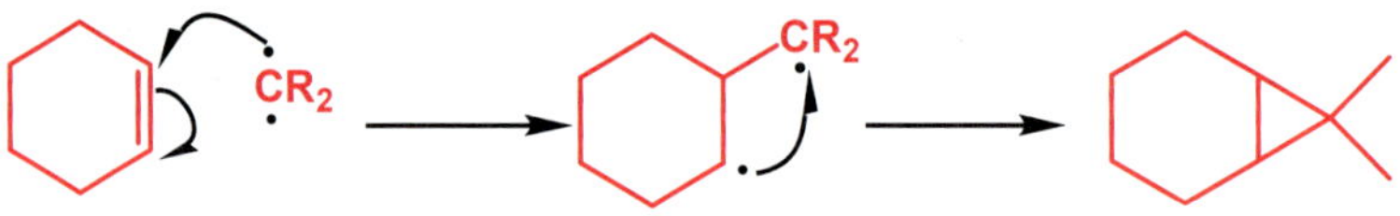

concered cycloaddition of singlet carbene

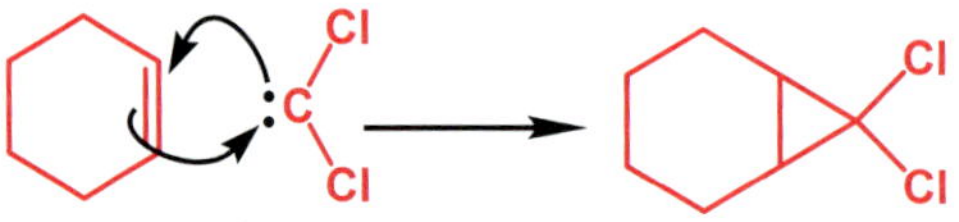

Dichlorocyclopropane은 다음 cyclohexene의 반응 예에서 보는 바와 같이 alkene 존재하에서 chloroform을 곧바로 염기로 처리하여 얻을 수 있다.

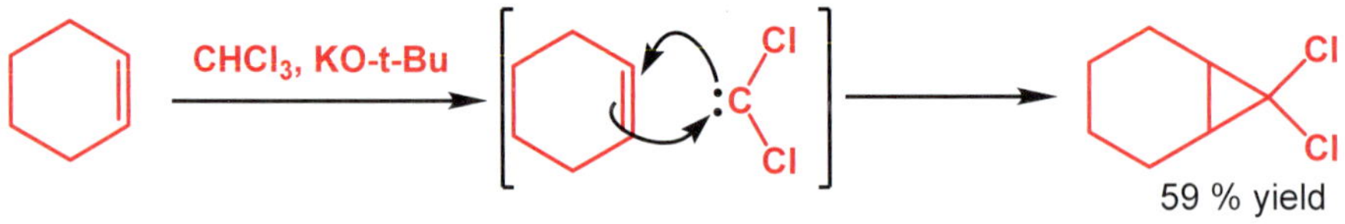

59 % yield

치환기 없는 carbene(methylene)의 첨가는 Simmons-Smith 시약을 사용하여 편리하게 만들 수 있다. 이 반응도 singlet carbene의 첨가에서처럼 한 단계로 진행되는 반응이다.

the Simmons-Smith reagent

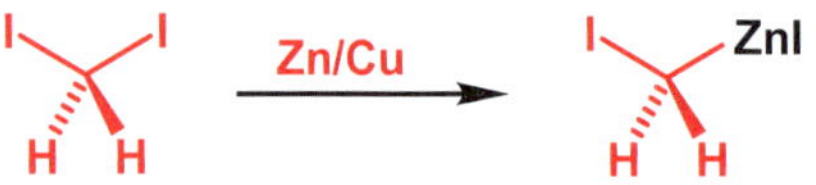

the Simmons-Smith reaction

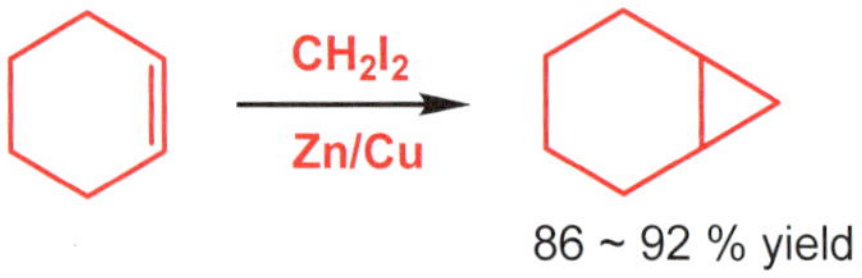

86 ~ 92 % yield

Carbene을 경유하는 삽입 반응, 자리옮김 반응 등도 있으나 여기서의 설명은 위의 반응 예들에서 본 cyclopropanation 반응과 실험실에서 종종 사용하는 diazomethane을 이용한 methyl ester 또는 ether 합성을 끝으로 마치기로 한다. 아주 간단한 화합물의 반응을 예로 들었지만, 많은 작용기를 가지는 복잡한 화합물에서 이 반응은 아주 유용하게 쓰인다.

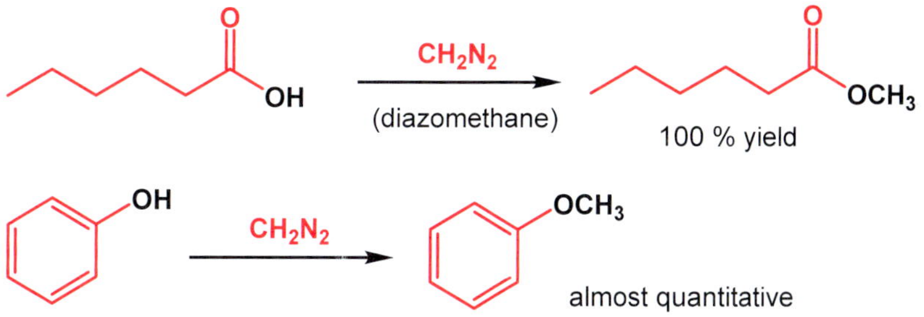

CH_2N_2 (diazomethane)

OCH3

100 % yield

OH

CH_2N_2

OCH3

almost quantitative

문제 8.11 다음 반응을 극성, 자유라디칼, 고리형 협동, 또는 금속-촉매 반응으로 분류하고, 극성 반응 조건이 산성인지 또는 염기성인지 결정하라. (번호 붙이기 등으로 결합의 변화를 알아보는 것이 key이다.)

(a) HBr, cat. t-BuO-O-t-Bu → Br

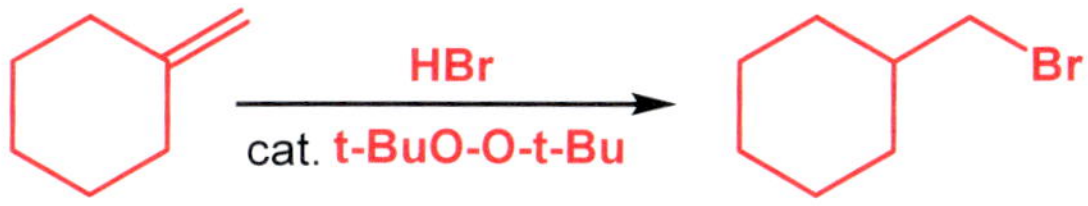

(b) cold $KMnO_4$ → OH, OH

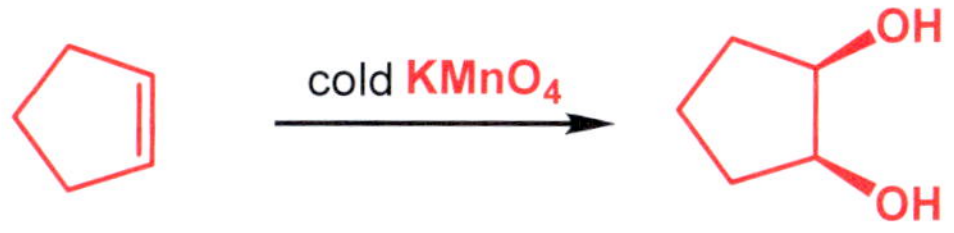

(c) H_3C → HNO_3 / H_2SO_4 → H_3C, NO_2, NO_2

(d) PhSH + CO_2Me → cat. $n\text{-}Bu_4N^{\oplus}F^{\ominus}$ → PhS CO_2Me

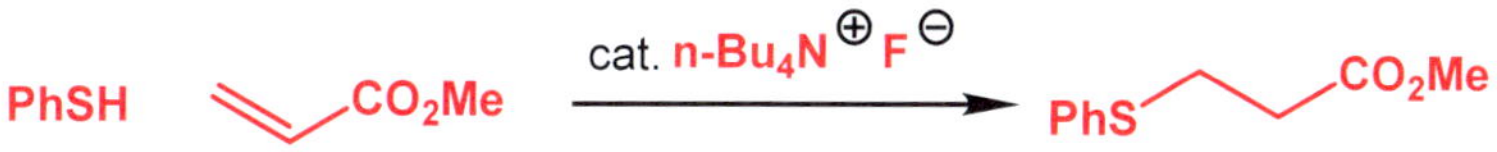

(e) + CCl_4 → AIBN / hν → CCl_3, Cl

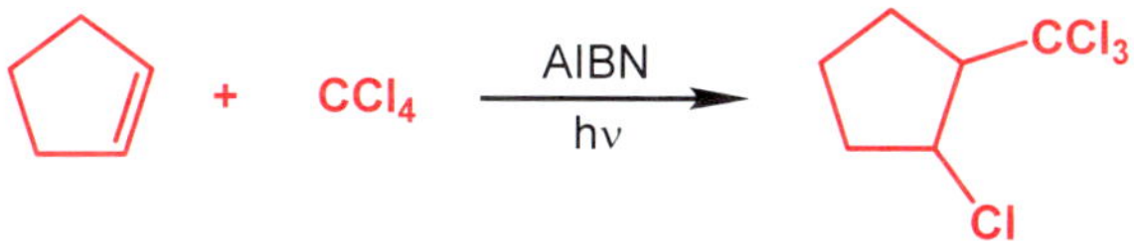

(f) O → 1. LDA 2. Ph Br → O, Ph

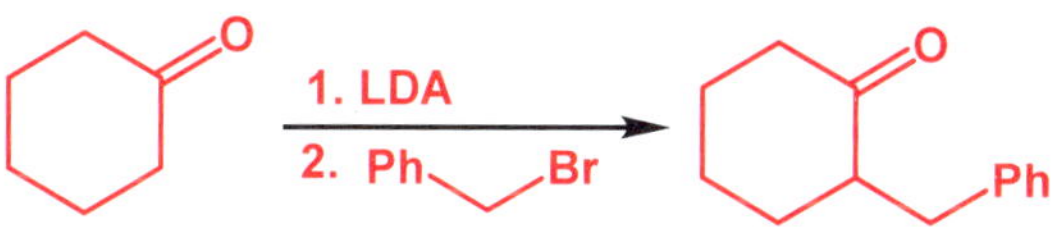

(g) HO → 1. KH 2, H_2O, $H^{\oplus}$ → O

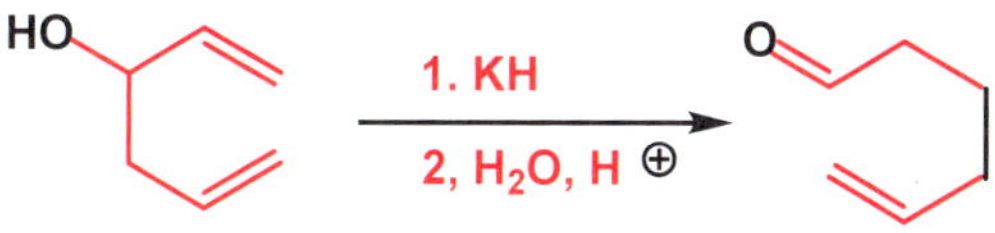

(h) Me → Cp_2ZrCl_2 / BuLi, CO → Me, O

(i) 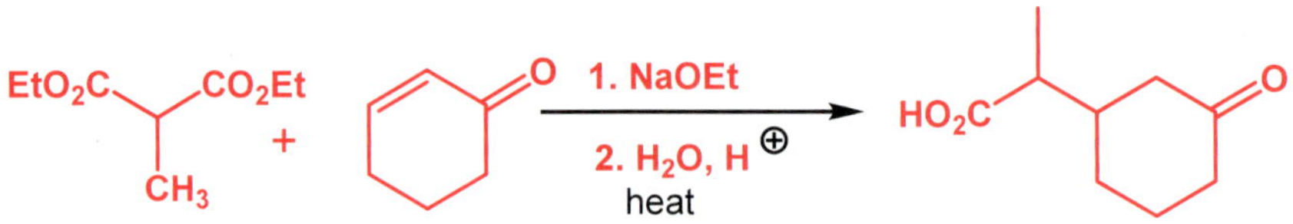 EtO_2C CO_2Et CH_3 + (cyclohexenone) → 1. NaOEt / 2. H_2O, $H^{\oplus}$ heat → HO_2C

(j) 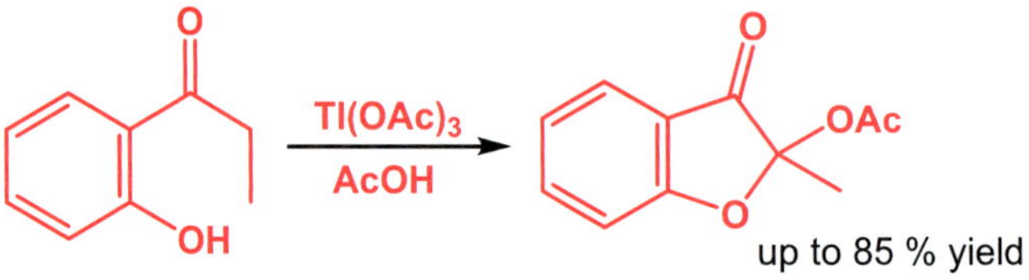 → $Tl(OAc)_3$ / AcOH → OAc, OH, up to 85 % yield

(k) 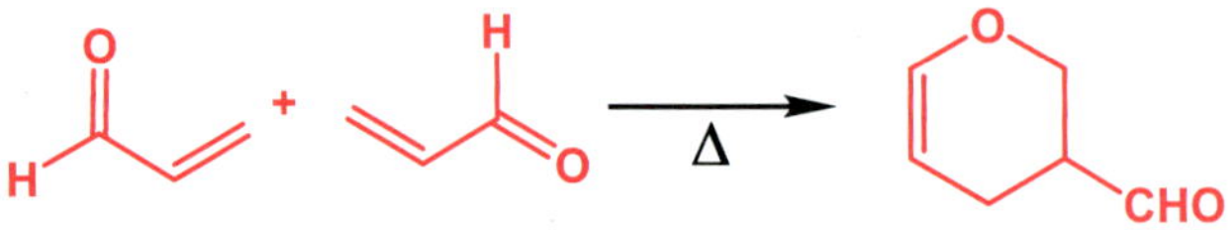 H, O + H, O → Δ → O, CHO

문제 8.12 Propene을 chloride ion 존재하에 브로민과 반응하면 mixed halide가 얻어진다. 어떤 화합물이 생성되는가? 또 왜 이 화합물만 생성되는가?

문제 8.13 2-Butene은 다음 두 변환 반응에 의해 2-bromo-2-butene으로 전환된다. 중간 생성물 A의 구조를 밝혀라. 메커니즘을 그리고 입체화학을 설명하라.

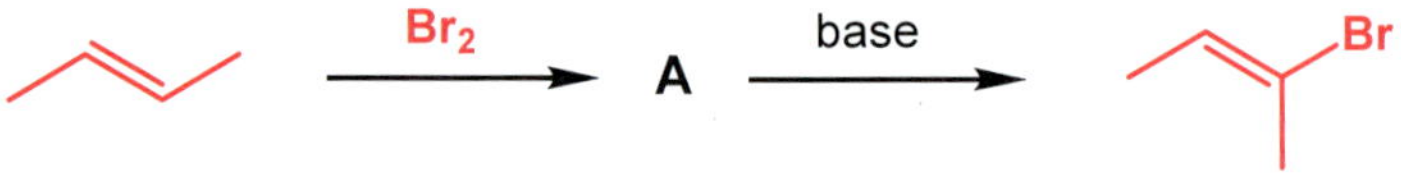

→ Br_2 → A → base → Br

문제 8.14 Cyclohexadienone은 산 촉매가 있으면 쉽게 phenol로 자리옮김이 일어난다. 이 반응의 메커니즘을 적어라.

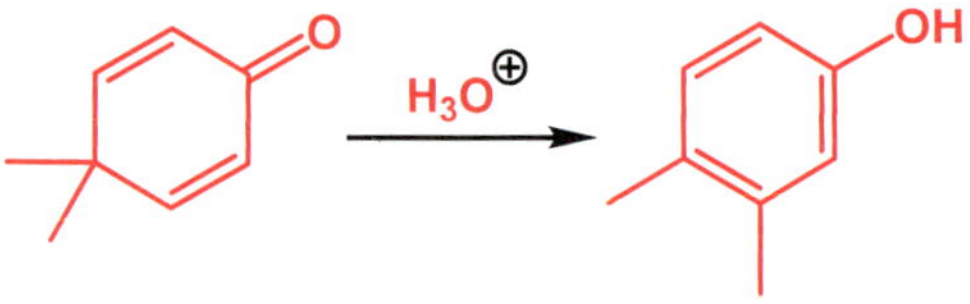

O → $H_3O^{\oplus}$ → OH

문제 8.15 다음 두 경로에 의한 최종 생성물 A와 C는 화학적으로 동일한 화합물이다. 이들 생성물의 구조를 그려라. 중간체 B의 구조를 포함하는 전 메커니즘을 그려라.

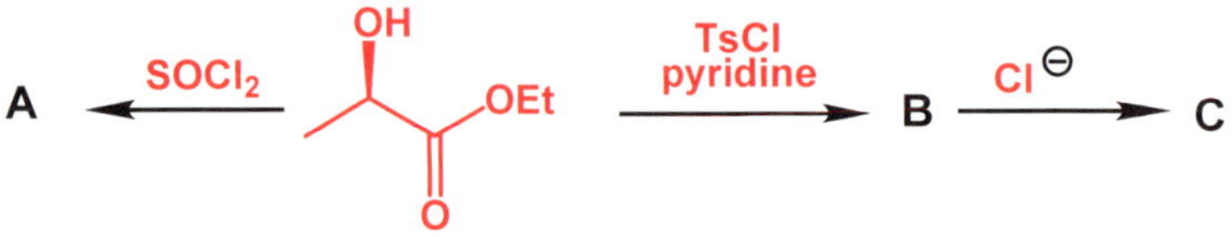

A ← $SOCl_2$ ← (OH, OEt, O) → TsCl pyridine → B → $Cl^{\ominus}$ → C

문제 8.16 다음 두 화합물을 sodium ethoxide로 처리하면 어느 것이 더 높은 비의 제거 생성물을 생성하게 되는가? 만약 sodium ethoxide 대신에 potassium *t*-butoxide를 사용한다면 생성물의 비는 어떻게 바뀌겠는가?

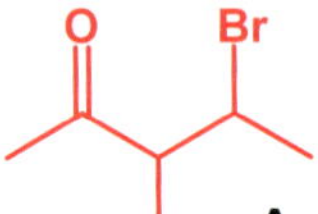

O, Br — A   Br — B

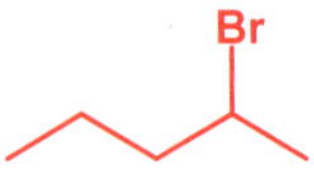

8.7 Oxidation and Reduction of Organic Functional Groups

유기 반응을 고찰함에 있어 다른 한 가지 중요한 부류의 반응이 산화·환원 반응이다. 모든 유기 반응은 크게 나누어 산화·환원 반응과 산·염기 반응으로 대별하기도 한다. 산화 환원은 반응물이 생성물로 변화되면서 산화 또는 환원 상태의 변화를 수반하게 된다. 다중결합의 수 또는 헤테로원자와의 결합수가 달라지는 반응은 거의 모두가 산화·환원 반응이며, 원자의 산화상태를 비교함으로써 메커니즘을 이해하거나 그 반응에 필요한 시약의 유형을 선택하는 데 도움이 될 수 있다. 화합물이나 원자가 전자를 얻게 되면 **환원**(reduction)되었다 하고, 전자를 잃으면 **산화**(oxidation)되었다고 한다. 산화 또는 환원을 일으키는 시약을 **산화 · 환원제**(redox reagent)라고 부른다.

8.7.1 Counting Oxidation Number in a Compound

유기 화합물에서의 산화수 계산은 공유결합 개념을 무시해 버리고, 전자의 배분이 어떻게 바뀌는가를 고려하여 분자내의 각 원자의 **산화수**(oxidation number)를 산출하게 된다. 형식전하를 산출할 때와는 달리 산화수 계산에서는 모든 결합의 전자쌍을 가상적으로 보다 더 전기음성인 원자에 배분한다. 만약 탄소가 H, B, Li, Mg, Al과 같은 전기양성 원자와 결합하고 있다면 전자는 모두 탄소로 배분되며, O, N, S, Cl, Br, I와 같은 전기음성인 원자와 결합하고 있으면 모두 이들 전기음성인 원자에 배분한다. 결합한 두 원자의 전기음성도가 같으면 전자를 균등하게 배분한다. 더 전기음성 원자에 결합된 원자는 양전하가 생겨나며, 덜 전기음성인 원자에 결합되어 있으면 음전하가 생겨나며, 전기음성도가 똑같은 원자에 결합되어 있으면 전하에 기여하지 못한다. 원자의 산출한 전하를 합하면 원자의 산화수가 된다.

예를 들면, methylamine은 더 전기음성인 질소와 한번, 전기양성인 수소와 세 번 결합하여 탄소 원자의 산화수는 –2가 되며, 질소의 산화수는 –3이 된다. 모든 수소는 더 전기양성인 탄소나 산소와 결합하고 있으므로 모든 수소 원자는 +1의 산화수에 있게 된다. 산화수를 결정하는 이러한 간단한 계산법은 전하를 가지고 있는 음이온이나 양이온에도 똑같이 적용된다. Methylammonium 양이온의 경우 N는 역시 –3의 산화수를 갖는다. 질소 원자가 가지고 있던 양전하 +1이 함께 고려해야 됨은 물론이다.

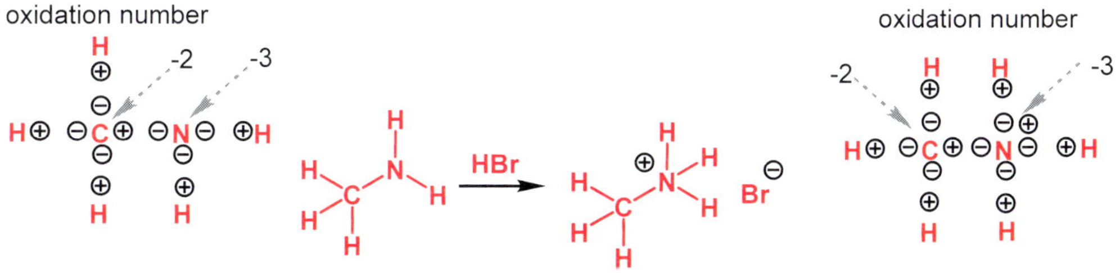

Ethane, ethene, ethyne(C_2H_2) 분자들의 산화상태를 비교해 보자. 모든 분자의 수소 산화수는 +1이다. Ethane, ethene, ethyne의 각 탄소는 수소와 각기 3, 2, 1개의 결합을 하며, 나머지는 모두 같은 탄소 간의 결합이다. 따라서 ethane, ethene, ethyne의 각 탄소의 산화수는 –3, –2, –1이 된다. 주어진 탄소 원자에 π-결합의 수가 많을수록 산화수는 높아진다. 실제로 모든 유기화합물에서 두 수소 원자가 떨어지고 그에 해당되는 π-결합을 도입하는 데는 산화제를 필요로 하며, π-결합의 수가 줄어들려면 환원제가 사용되어야 한다.

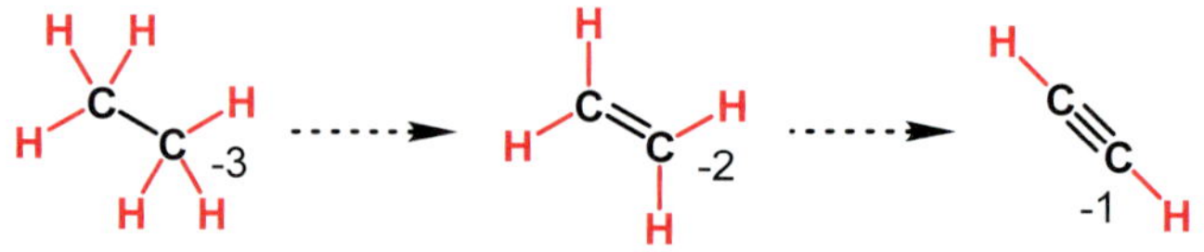

헤테로원자 함유 유기화합물에 대해서도 같은 식으로 계산한다. Ethane, ethanol, acetaldehyde, acetic acid의 계열도 같은 방식으로 산화수를 산출할 수 있다. 이 화합물 모두에서 수소는 전기음성인 원자에 결합되어 있으므로 +1의 산화수를 갖는다. 산소는 모두 전기양성인 원자에 결합되어 있으므로 –2의 산화수를 갖는다. 산소와 결합되지 않은 모든 탄소는 ethane에서와 같이 –3의 산화상태를 갖는다. 산소에 결합된 탄소는 결합한 산소 원자의 수와 π-결합수를 합하면 ethanol의 탄소는 –1, acetaldehyde에서는 +1, acetic acid에서는 +3으로 산화수를 산출할 수 있다.

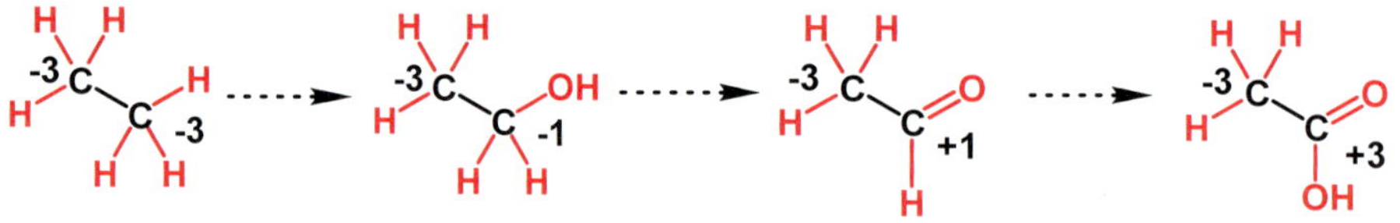

질소 작용기를 갖는 ethyl amine, acetaldehyde imine, acetonitrile의 경우에도 위의 산소 화합물과 유사하다. 세 화합물 모두에서 수소와 질소의 산화수는 각각 +1, –3으로 똑같다. 질소와 결합한 탄소는 질소가 하나씩 결합되어 있으나, 결합의 수가 증가하면서 탄소의 산화수는 –1, +1, +3으로 높아진다.

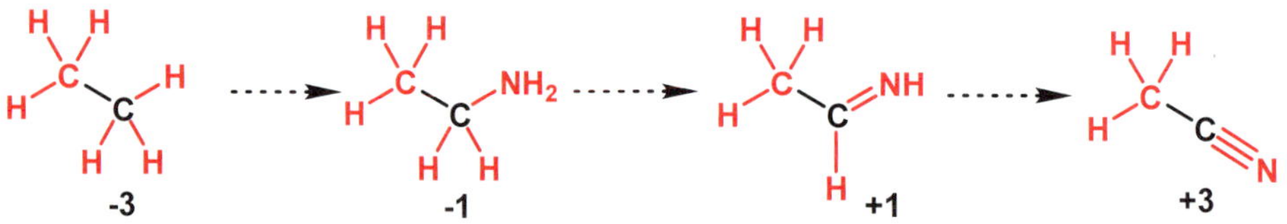

이상의 예들에서 볼 수 있는 것처럼 더 많이 산화된 작용기는 더 많은 π-결합을 갖거나, 전기음성 헤테로원자와 더 많이 결합되어 있는 것임을 알 수 있다.

위의 설명에 따라 유기화학에 자주 등장하는 몇몇 작용기에서 탄소 원자의 산화수를 정리하면 Table 8.2와 같이 된다. 여기서 주목해야 할 것은 각 열에 있는 작용기에서 탄소의 산화수는 같다는 점이다. Methanol과 chloromethane의 탄소의 산화수는 −2로 같으며, 또한 chloroform과 formic acid에서의 탄소의 산화수는 +2로 같다. Acetone의 카보닐 탄소와 acetone의 acetal

인 dimethoxypropane의 가운데 탄소의 산화수도 +2로 같다. 산화수가 같은 작용기 간의 변환은 산화·환원제가 필요 없으며, 단순한 산·염기 반응에 의하여 변환이 가능하다.

[Table 8.2] Oxidation Numbers for Common Functional Groups

	Oxidation Number								
Compound Class	−4	−3	−2	−1	0	+1	+2	+3	+4
Alkanes	CH_4	RCH_3	R_2CH_2	R_3CH	R_4C				
Alkenes,Alkynes			$CH_2{=}CH_2$	$HC{\equiv}CH$					
Alkyl Halides			CH_3X	RCH_2X	CH_2X_2	$RCHX_2$	CHX_3	RCX_3	CX_4
Alcohols			CH_3OH	RCH_2OH	R_2CHOH	R_3COH			
Carbonyl Compounds					H_2CO $CH_2(OR)_2$	$RCHO$	HCO_2H R_2CO $R_2C(OR)_2$	RCO_2H	CO_2

8.7.2 Reductive and Oxidative Reactions

종래에는 관습적으로 산화는 산소의 수가 증가하거나, 수소 원자의 수가 감소하는 것이며, 환원은 그 반대의 경우라고 정의해 왔다. 상기와 같은 산화수를 적용하면 산소나 수소수의 변화가 없는 산화 환원까지 개념을 확장하여 산화·환원 반응을 구분할 수 있다. 산화는 산화수의 증가되는 반응이며, 환원은 산화수의 감소를 수반하는 반응이다. 실제로 탄소보다 전기양성인 원자가 탄소보다 전기음성인 원자로 바뀌면 산화가 일어난다.

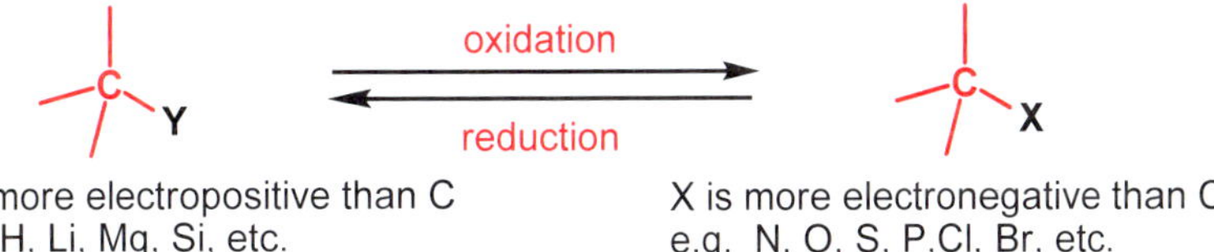

마찬가지로 π-결합에 전기음성인 두 원자가 첨가되면 산화되는 것이고, 제거되면 환원되는 것이다. 전기양성 원자인 경우는 반대로 π-결합에 첨가가 일어나면 환원, 제거가 일어나면 산화가 일어나는 것이다. 예를 들면, alkene에 Br_2 첨가는 산화이며, 반대로 debromination은 환원제를 필요로 하는 환원 반응인 것이다. 반대로 전기양성인 두 수소 원자의 첨가나 metal hydride의 첨가는 환원 반응이다.

Y　Y　oxidation / reduction　　oxidation / reduction　X　X

Y is more electropositive than C
e.g. H, Li, Mg, Si, etc

X is more electronegative than C
e.g. N, O, S, P,Cl, Br, etc.

다음 반응 예에서처럼 탄소와 전기양성인 원자 또는 탄소와 전기음성인 원자가 하나씩 첨가되면 각각의 상황을 모두 살펴야 한다. Grignard 시약의 첨가 반응에서 카보닐 탄소는 환원되며 산소는 산화 상태의 변화가 없다. Mg는 전기양성인 원소로 변화가 없다. Grignard 시약의 methyl 탄소는 –4의 산화수가 첨가가 일어난 후에는 –3으로 산화수가 증가하여 산화되는 것이다. Grignard 시약은 실제로 카보닐 화합물에 alkyl 기가 아닌 hydride를 전달하여 카보닐기의 환원제로 작용하는 경우도 있다.

oxidized
CH_3MgBr
H_3C OMgBr
reduced
CH_3
MgBr
oxidized
OMgBr
+
H reduced

Grignard 시약은 실제로 카보닐 화합물에 alkyl기가 아닌 hydride를 전달하여 카보닐기의 환원제로 작용하는 경우도 있다. Polyhalomethane의 라디칼 첨가는 탄소 첨가가 일어나는 쪽은 산화수의 변화가 없으나, 브로민 첨가가 일어나는 탄소는 산화수가 높아진다.

CBr_4
peroxide
$h\nu$
Br CBr_3
reduced
oxidized

여기서 주의해야 할 점은 첨가되는 두 원자 중 하나는 전기양성이고, 하나는 전기음성인 경우에 첨가가 일어나는 각 원자의 산화수 변화는 있지만, 전체적으로는 산화수의 변화가 없는 반응도 상당히 많이 있다. 다음 cyclohexyl iodide의 제거 반응을 보면 알 수 있다. 그렇게 보면 모든 탈수 반응이나 물 첨가 반응 또한 이 부류에 속한다.

0 C I, CH_2 -2 — - H I → -1 C H, C H -1
-2 CH_2, C 0 — + H_2O → HO -3 CH_3, C +1

+2 O, -2 ⇌ +1 OH, -1

어떠한 산화수의 변화를 수반하지 않는 반응도 있다. 전기음성 원자가 모두 전기음성인 원자로, 전기양성인 원자는 모두 전기양성 원자로 바뀌는 경우이다. 다음 예를 살펴보면 명확하게 알 수 있다.

$H_3C-C\equiv N$ (+3) —H_2O→ $H_3C-C(=O)-OH_2$ (+3) + NH_3
Ph–CH(Cl)–Cl (+1) —H_2O→ Ph–CH=O (+1) + 2 HCl

화학 반응의 분자내에서의 각 원자의 산화수가 바뀐다 하더라도 분자 전체로 보아 산화수의 증가 또는 감소를 수반하지 않는 반응은 산화·환원 반응으로 분류하지 않는 것이 보통이다. 이러한 경우에는 실제로 산화제 또는 환원제가 필요하지 않다. 분자 전체로 보아 산화수의 변화가 일어나는 경우에만 산화제 또는 환원제를 필요로 하며, 산화 환원제를 필요로 하는 반응만을 산화·환원 반응으로 분류한다.

산화·환원 반응을 구분해 내는데 있어 한 가지 특기할 사항은 산화·환원 반응은 반드시 화학량적으로 소비되는 산화제 또는 환원제가 있어야 한다는 사실이다. 따라서 단순한 촉매에 의한 반응은 모두 산화·환원 반응이 아니다. 산 촉매 탈수 반응이 그 한 예이지만, 이러한 부류의 반응은 수없이 많다. CO_2가 유리되는 다음 decarboxylation 반응에서는 틀림없이 몇 원자의 산화상태의 변화가 따르지만, 전체로는 산화·환원 반응이 아니다. 촉매량의 산과 가열하면 일어나며 어떤 시약도 소비되지 않는다.

OH —$H^{\oplus}$, heat→ + CO_2

다음 반응에서 Grubb catalyst는 촉매일 뿐이며 따라서 산화수를 계산하지 않고도 쉽게 산화·환원 반응이 아님을 알 수 있다.

O O —Grubbs catalyst→ O O + $H_2C{=}CH_2$

8.7.3 Common Reducing Agents

유기 분자 전체로 산화수의 감소가 일어나려면 반드시 환원제가 있어야 한다. 카보음이온의 첨가 반응이나 아니면 C–halogen 결합에 금속 삽입 반응 등과 같은 특수한 경우를 제외하면 유기 화합물의 환원은 수소 원자를 필요로 한다. 환원 반응이므로 전자가 반드시 필요하며, 따라서 양성자전달은 산화 환원과는 아무 관련이 없다. 따라서 환원제는 주로 hydride($H:^-$)이거나 hydrogen 분자 또는 원자 (H_2 or H• 라디칼), 양성자와 전자 둘($H^+ + 2e^-$)의 세 가지 유형으로 나눌 수 있으며 그밖에 몇 가지 화합물이 환원 반응에 사용된다.

Types of Reducing Agents Used in Organic Chemistry

Metal hydrides	**$LiAlH_4$, $NaBH_4$, BH_3**, etc.
H_2 + Catalyst	**Pt, Pd, Ni**, etc. metals and metallic compounds
Metal + HX	**Li, Na, Zn, Mg** + protic acids
Others	**NH_2NH_2, R_3P** etc.

Hydride 유형은 금속의 수소화물이며, 수소 라디칼은 수소 분자와 전이금속 촉매이며, 셋째

유형은 금속과 Bronsted 산의 조합으로 **용해금속 환원**(dissolving metal reduction)이라고 부른다.

유기화합물의 환원은 반응 형태로 보면 탄소와 결합한 탄소보다 전기음성 원소를 전기양성 원소로 바꾸는 반응이라고 할 수 있다. π-결합 화합물의 경우에는 첨가 반응으로 두 σ-결합이 형성되는데, 모두 탄소보다 전기양성인 원소로 첨가가 일어나게 된다. 수소는 탄소보다 전기양성인 원자이므로 산소나 할로젠, 질소, 황 등의 전기음성 치환기가 수소로 바뀌면 환원 반응이다. 위의 환원제들은 수소이거나 hydride이며, 양성자인 경우에는 따로 전자를 공급하여야 하며, 금속이 그 역할을 하게 된다.

환원제에 따라 다른 특성을 보이기도 하지만 원칙적으로는 특정 작용기의 환원에 이 세 가지 환원제를 모두 사용할 수 있다. 예를 들면, 카보닐 화합물은 촉매수소화로도, hydride 환원제로도, 용해금속 환원법으로도 환원이 가능하다.

8.7.4 Reduction of Organic Functional Groups

Reduction by Complex Metal Hydrides

수소화물에 의한 환원 반응은 대부분이 alane(AlH_3)과 borane(BH_3)에 기반을 둔 시약들이다. $NaBH_4$와 $LiAlH_4$와 같은 복합금속 수소화물은 중심 원자가 음이온이어서, 중성 화합물에 비하여 hydride donor로서의 반응성이 크게 개선된다. Si–H나 Sn–H 결합을 가지는 silane 또는 stannane도 유기 작용기 환원에 사용되기도 하지만 사용 빈도는 붕소나 알루미늄에 기초한 시약과는 비교가 되지 않는다.

$$4\,LiH + AlCl_3 \longrightarrow Li^{\oplus}\ [AlH_4]^{\ominus}$$

lithium aluminum hydride
LAH

$$4\,NaH + B(OH)_3 \longrightarrow Na^{\oplus}\ [BH_4]^{\ominus}$$

sodium borohydride

Alkyl halide나 epoxide, 기타 헤테로원자 치환기의 환원에도 사용되지만, $NaBH_4$와 $LiAlH_4$ 및 유도체들의 주된 사용처는 카보닐 화합물의 환원이라 할 수 있다. **$LiAlH_4$는 $NaBH_4$**에 비하여 반응성이 크며, 산성인 수소를 가지는 기질 또는 용매와 함께 사용할 수 없다. 둘 다 친핵체인 hydride donor로서 작용하여 전자결핍 원자를 공격하게 된다. Hydride 환원제의 카보닐 첨가에 의한 환원 반응의 몇 가지 요점을 다시 한 번 반복하면 다음과 같다. 카보닐 화합물에 따라 친핵체와의 반응성이 다양하므로 환원제를 선택하여 선택적 환원이 가능하다.

reduced by $NaBH_4$ [aldehyde, ketone]

aldehyde (RCHO) > ketone (RCOR) > ester (RCOOR) > amide ($RCONR_2$) > carboxylic acid (RCOOH)

reduced by $LiAlH_4$ [aldehyde, ketone, ester, amide, carboxylic acid]

반응성이 낮은 $NaBH_4$는 알데하이드 또는 케톤 작용기를 선택적으로 환원하는 데 주로 사용된다. 카복시산 유도체나 nitro기 등은 반응하지 않는다.

O, NO_2 —($NaBH_4$, EtOH)→ OH, NO_2

이들 화합물의 수소 일부를 다른 alkyl, alkoxy, amino, cyano 등의 다른 치환기로 바꾸어 넣어 반응성을 조절하여 선택적인 환원에 사용한다.

Catalytic Hydrogenation

촉매수소화는 가장 오랫동안 사용되어온 환원 반응이다. 특히 alkene을 비롯한 탄소-탄소 π-결합 화합물의 환원은 다른 환원법에 비해서 월등한 장점을 가진다. 지금도 계속하여 여러 새로운 촉매가 개발되고 있다.

촉매수소화에 가장 큰 반응성을 보이는 것은 acyl chloride와 nitro 화합물이다. 반면 가장 낮은 반응성을 보이는 것은 benzene 고리이며 carboxylate anion은 전혀 반응성이 없다. 아래 그림에 정리되어 있는 것과 같은 작용기에 따른 일반적인 반응성 순서를 익혀 두면 편리하다.

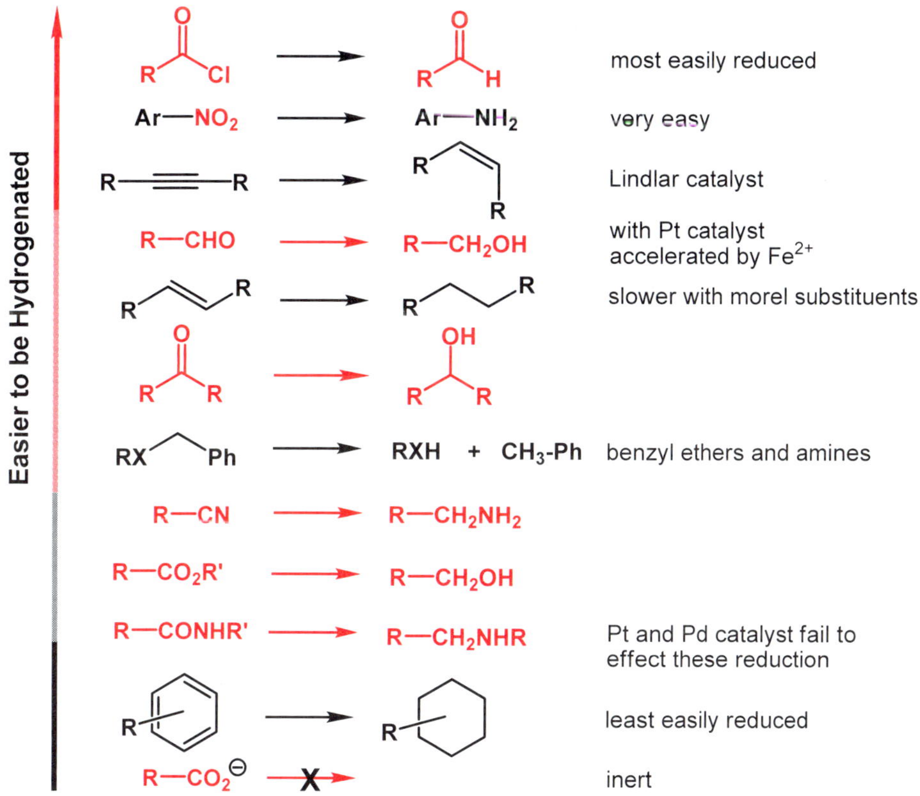

카보닐 기를 가진 화합물만의 반응성은 일반적인 카보닐 화합물의 반응성 순서와 크게 다르지 않으며, 탄소–탄소 π-결합을 가지는 화합물들도 alkyl 기에 따라 조금의 차이는 있지만

거의 비슷한 수준이며 Benzyl기와 nitrile이 조금 낮은 반응성을 가진다.

작용기의 이러한 반응성은 사용하는 촉매에 따라 다르고 같은 촉매라도 활성과 성질을 바꾸어 줌으로써 반응성과 선택성을 향상시키게 된다. 예컨대 촉매로 자주 사용되는 Raney nickel은 10여개의 등급으로 나뉘어 사용된다. 위 표의 반응성 순서는 일반적인 것이고 사용하는 촉매에 의하여 쉽게 순위 바꿈이 일어날 수 있다. 그밖에 온도, 압력 등의 반응 조건을 조절하여 여러 가지 다양한 작용기의 선택적 환원에 사용되고 있다. 아무리 반응성이 낮다고 하여도 공업적으로 행하여 지는 환원 반응은 거의 전부 촉매수소화에 의하여 이루어진다.

촉매수소화 반응의 가장 두드러진 특징은 **입체특이성 *syn*-첨가**라는 점이다. 여러 다양한 촉매를 사용하지만 촉매에 의하여 입체특이성이 바뀌는 일은 없다.

H_3C H_3C — H_2, Ni → H_3C H H_3C H

초창기부터 이 반응은 모두 불균일 촉매를 사용하여 행하여져 왔다. 이 반응의 메커니즘이 규명되기 시작한 것은 **Wilkinson catalyst** $[Rh(PPh_3)_3]^+Cl^-$라고 하는 균일 촉매가 개발되고 난 후이다. 모든 반응에서 그러하듯이 항상 선택성의 문제가 발생한다. 다음 몇 개의 예에서 보는 바와 같이 촉매의 선정과 반응 조건에 따라 아주 큰 선택성을 보이기도 한다.

H_2 Raney Ni

O — H_2, $[Rh(PPh_3)_3]^+Cl^-$, benzene → O

촉매의 활성을 낮추어 반응성이 낮은 작용기에 우선하여 높은 작용기를 환원하는 방법은 전부터 사용되어 온 반응이다. 다음 **Rosenmund 환원**과 **Lindlar 촉매**를 사용하는 acetylene의 선택 환원이 이에 해당되는 반응이다. 생성물인 aldehyde와 *cis*-alkene은 더 이상 환원되지 않고 최종 생성물로 얻게 된다.

O Cl — H_2, Pd-$BaSO_4$, sulfur, quinoline, Rosenmund catalyst → O H

79 ~ 85 % yield

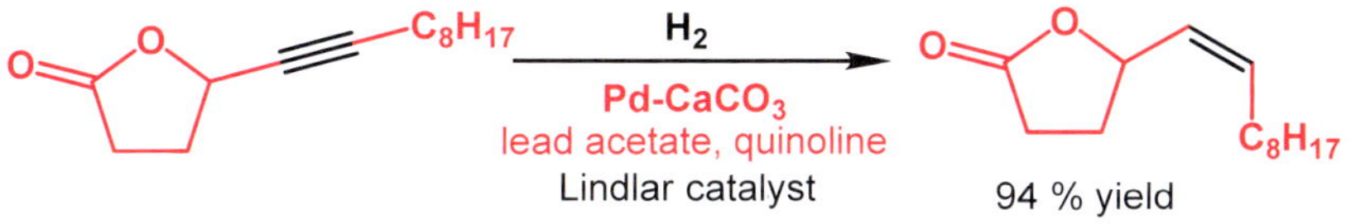

실험실에서 많이 사용하는 촉매수소화 반응 중에서 **desulfurization**과 **debenzylation** 반응을 들 수 있다. 촉매수소화 반응의 거의 대부분이 π-결합으로의 첨가임에 비하여, 이들 반응에서는 헤테로원자가 수소로 치환되는 치환 반응이다. 실제로 촉매수소화에 의하여 할로젠이 수소로 치환되는 반응도 상당수 알려져 있다.

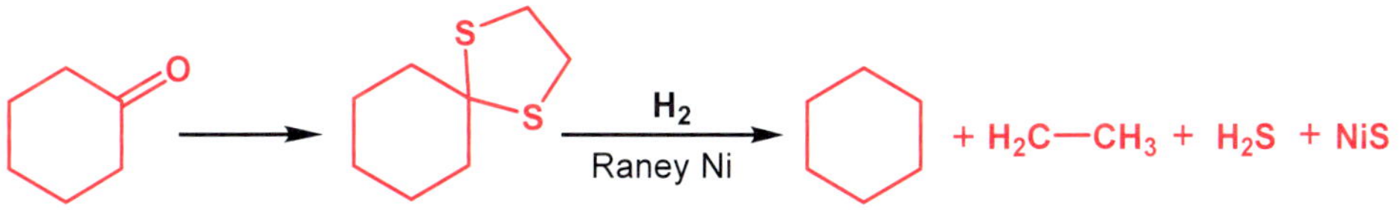

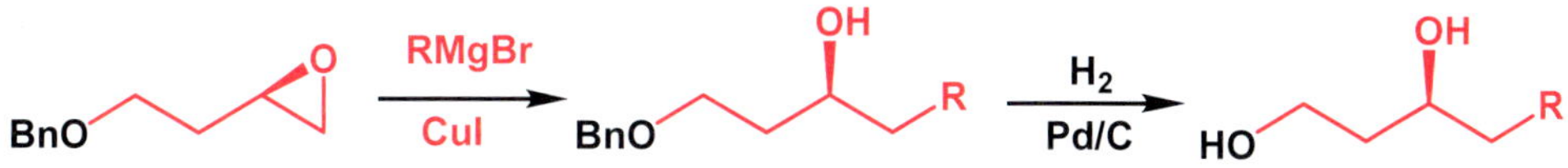

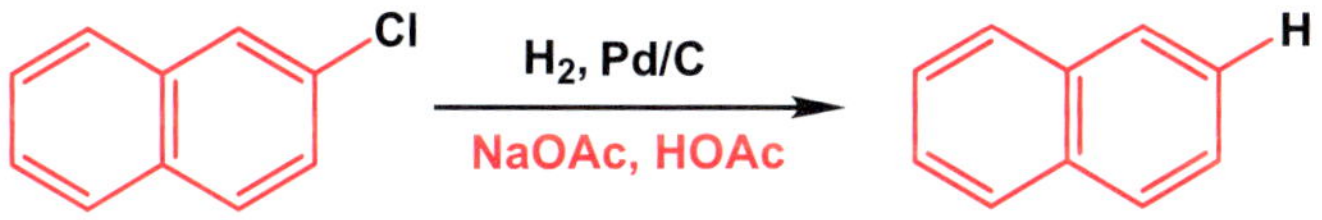

Dissolving Meal Reduction

용해금속 환원의 경우에는 사용하는 금속의 반응성과 양성자 공급원인 산의 세기를 맞추어 사용하게 된다. 예를 들어, Na와 암모니아, Mg와 물 또는 alcohol, Zn과 아세트산, Sn이나 Fe와 염산은 자주 환원에 사용되는 금속과 산의 짝이다.

용해금속 환원 반응은 모두 금속의 전자 전달에서 시작한다. 기본적으로 전자를 전달받을 수 있는 작용기는 반응성이 큰가 적은가만 관련되어 있을 뿐 모두 전자를 받아 반응이 시작될 수 있다. 스핀-짝지음 작용기에서 전자 하나가 추가되면 음이온 라디칼이 생성된다. 다음에 대표적인 작용기인 alkyl halide, carbonyl, enone, acetylene, benzene에 전자 하나가 추가된 중간체를 표시하였다.

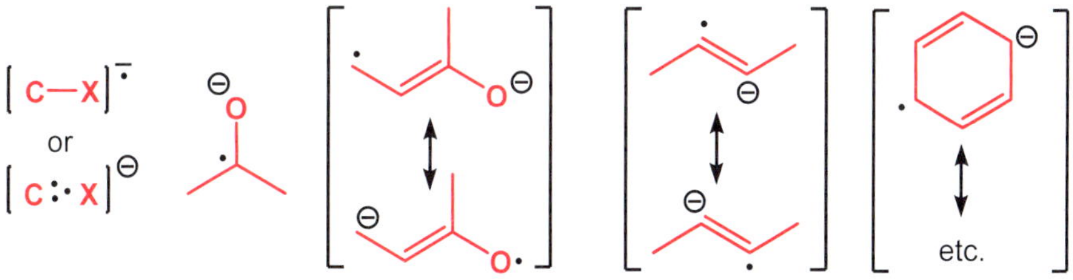

Alkyl halide의 라디칼 음이온은 halide를 잃고 라디칼이 형성되며, 전자 하나를 더 얻어 음이온올 형성한다.

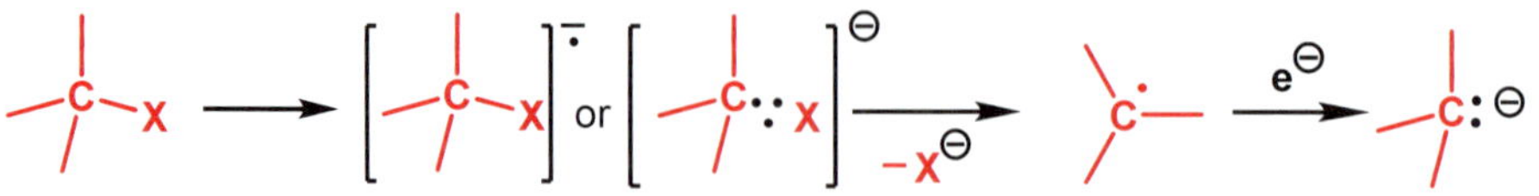

Grignard 시약을 비롯한 활성이 큰 금속을 사용하는 alkylmetal의 합성은 이러한 순서를 밟아 생성된다.

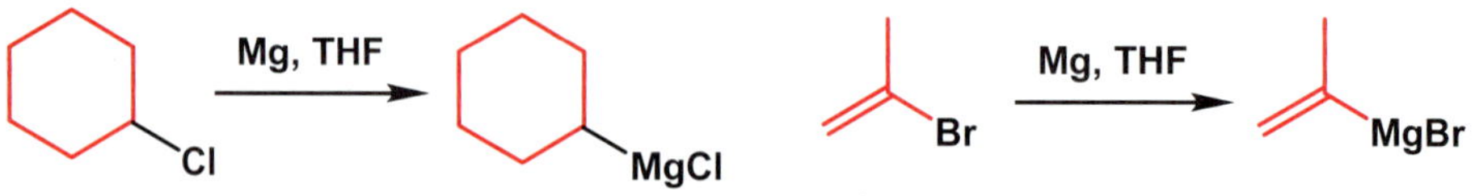

카보닐에 전자가 첨가된 ketyl 라디칼은 양성자붙임 후에 전자를 하나 더 공여 받아 탄소 음이온을 거쳐 다시 양성자붙임으로 카보닐 기가 알코올로 환원되는 반응도 있고, 경우에 따라서 라디칼 coupling에 의하여 pinacol을 생성하기도 한다.

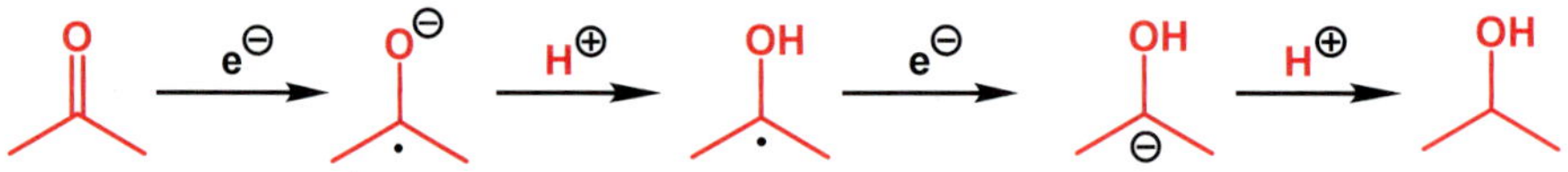

금속을 환원제로 이용하는 카보닐 환원(**Bouveault-Blanc 환원**)은 $NaBH_4$나 $LiAlH_4$와 같은 복합금속 수소화물에 그 자리를 내어주었으나, 복합금속 수소화물로 원하지 않는 비열역학적 생성물이 생성되는 경우에는 아직도 유용하게 사용되는 반응이다. 이웃한 고리의 탄소와 hydroxy 기가 *trans*를 유지하는 다음 반응은 아직도 유용하게 사용된다.

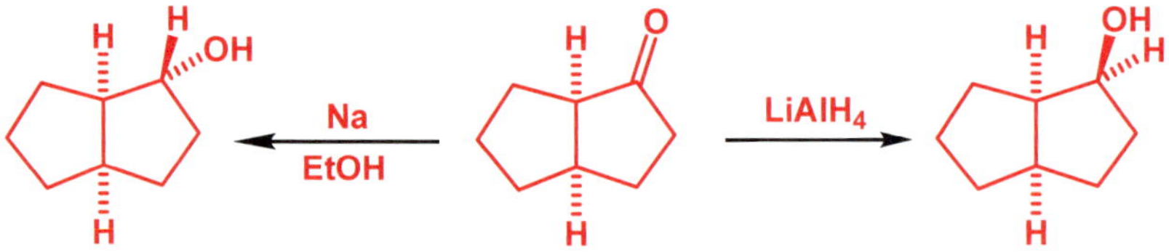

α,β-불포화 카보닐은 아래 식에서와 같이 전자, 양성자, 전자, 양성자가 차례대로 첨가되면 enolate를 형성하게 되며, 양성자성 용매에서는 카보닐 기의 변화 없이 탄소–탄소 이중결합만이 환원되는 결과가 된다.

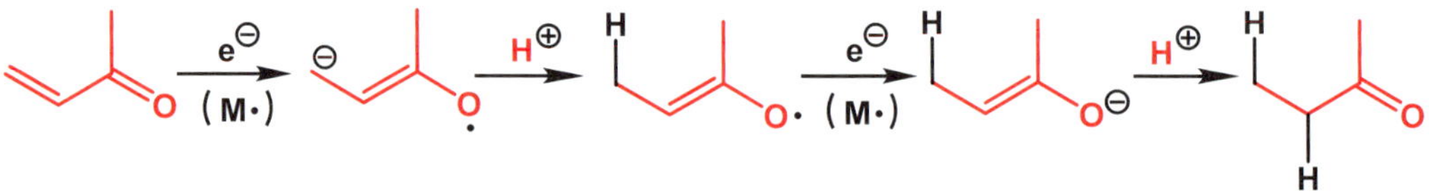

금속에 의한 α,β-불포화 카보닐의 환원은 확실하게 위치선택적으로 카보닐 화합물의 enolate를 얻는 방법을 제공한다. 적절하게 치환된 cyclohexenone을 콘쥬게이트 환원하면 어떤 enolate라도 위치특이성 생성이 가능하다. 고리 화합물이 아닌 다른 불포화 케톤도 마찬가지로 쉽게 위치선택적으로 lithium enolate를 생성할 수 있다.

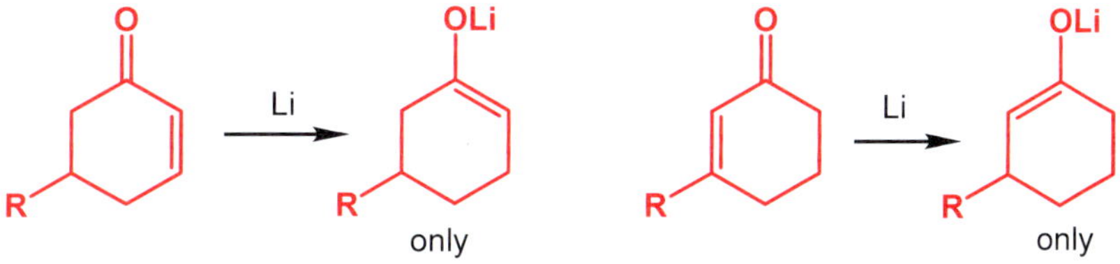

금속과 암모니아 조합을 사용하는 환원 반응은 **Birch 환원**으로 알려져 있다. 마찬가지로 전자, 양성자, 전자, 양성자의 순으로 첨가되면 수소 원자 둘이 첨가된 환원 생성물을 얻게 된다. Acetylene이나 방향족 고리의 환원 모두가 이 순서를 밟아 진행된다.

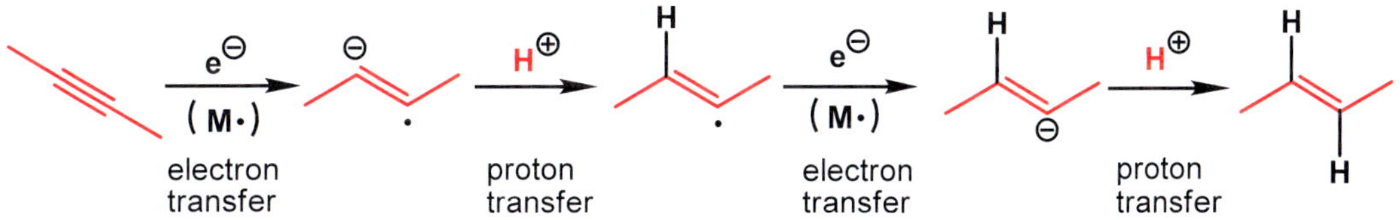

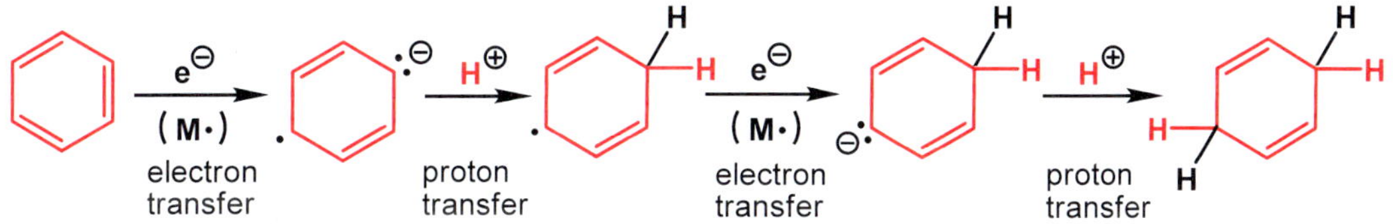

Alkyne의 부분 환원으로 alkene을 얻고자 할 경우, Lindlar 촉매를 사용하여 수소화하는 것이 보통이지만, 이 촉매수소화는 입체특이성 *syn* 첨가가 일어나는데 비해서 이 Birch 환원법에 따르면 *trans*-alkene이 생성되므로 상호보완적인 관계에 있다.

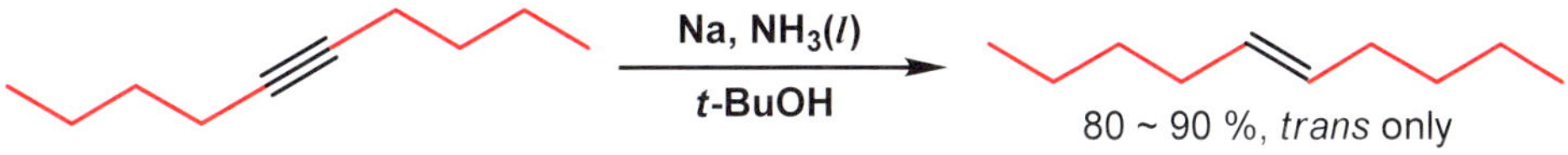

Birch 환원으로 arene은 1,4-cyclohexadiene으로 전환된다. Benzene은 1,4-cyclohexadiene으로, 그리고 naphthalene은 일차적으로 1,4-dihydronaphthalene으로 환원되지만, isomerization이 쉽게 일어나서 1,2-dihydronaphthalene으로 전환된다.

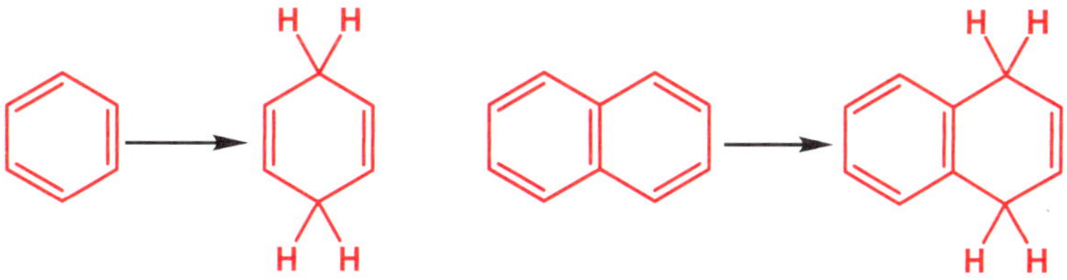

8.7.5 Common Oxidizing Agents

산화 반응에는 반드시 산화제가 필요하다. 전자 수용체로 작용하기 위해서는 높은 산화상태의 물질이 필요하다. 산화제는 우선 몇 기지로 나누어 정리할 수 있다. 가장 쉽게 먼저 구분해낼 수 있는 것은 아마도 산소-산소 결합을 가지고 있는 산화제라 할 수 있다. O–O 결합을 포함하는 산화제는 O_2, O_3(오존), H_2O_2(과산화수소), 카복시산에 산소가 하나 더 있는 percarboxylic acid, *tert*-butyl hydroperoxide, $(CH_3)_3COOH$ 등이 포함된다. 유기화합물에 존재하는 산소는 거의 모두가 –2의 산화상태에 있는데 비해, 이들 산소 화합물은 0이던가 아니면 +1의 산화상태에 있다. 산화제 역할을 하는 둘째 부류의 화합물로 산소산 및 그 염을 들 수 있다. 중심 원자의 산화상태가 가질 수 있는 최대의 산화수를 갖는 산소산과 염들이다. Permanganate MnO_4^-, chromate CrO_4^{2-}, periodate IO^{4-}, vanadate VO_4^{3-} 등이 여기에 속한다. 크게 나누어 이 부류가 주종을 이루는 유기화합물의 산화제이고, 그 밖에 다른 금속 산화물이나 (HgO, MnO_2, Ag_2O, OsO_4) 금속 염들이 ($Pb(OAc)_4$, $Hg(OAc)_2$, Ceric nitrate) 가끔씩 사용된다.

Some Oxidizing Reagents in Organic Chemistry

O_2	HNO_3	Ag_2O	MnO_4-
O_3	X_2	HgO	OsO_4
HOOH	R_3N^+-O^-	$Hg(OAc)_2$	IO_4^-
RC(O)OOH		$Pb(OAc)_4$	$Cr_2O_7^{2-}$

산화 반응은 환원에 비해 좀 더 까다로울 뿐 아니라 mechanism도 훨씬 더 복잡하다. 환원제들은 몇 개의 그룹으로 나누면 많은 공통점을 갖고 있어 설명하기도 이해하기도 쉽지만, 산화제들은 그룹별로 나누기도 쉽지 않고, 그룹별로 나눈다 해도 공통점이 별로 없다. 따라서 환원 반응과는 달리 산화 반응은 작용기에 따라서 분류하여 설명하는 경우가 많으며, 여기서도 자주 쓰이는 산소 함유 화합물의 산화·환원 반응에 이어, 탄화수소의 산화 반응, 기타 질소, 황 화합물로 구분하여 간단한 설명을 덧붙여 반응 예를 일부 소개하는 정도에 그칠 것이다.

8.7.6 Oxidation of Organic Functional Groups

Selective Oxidation of Alcohols and Aldehydes

유기화학 학습에서 가장 먼저 접하게 되는 산화 반응의 하나가 alcohol의 산화이다. 1차 alcohol의 산화는 카보닐 화합물을 거쳐 카복시산에 이르게 된다. 2차 alcohol의 산화는 ketone을 얻는 경우가 대부분이고 ketone을 더 이상 산화하는 데는 아주 강력한 산화제와 반응 조건을 필요로 한다.

OH → O, H → O, OH

OH → O

따라서 문제는 '어떻게 1차 alcohol을 선택적으로 aldehyde로 산화하는가'이다. $Na_2Cr_2O_7$를 황산을 포함하는 수용성 acetone에 녹인 시약을 **Jones reagent**라고 하는데, 예전에는 alcohol의 산화에 아주 많이 사용되었던 시약이다. 산성 조건이어서 1차 alcohol은 종종 카복시산까지로 산화가 일어나게 되어 최근에는 PCC(pyridinium chlorochromate)를 선호하게 된다.

PCC
CH_2Cl_2
93 % yield

Aldehyde의 산화는 아주 쉽게 일어나서 은(Ag+) 이온을 써서도 행할 수 있으며, silver mirror 반응이라고도 한다. 1차 alcohol과 2차 alcohol이 함께 존재하는 화합물에서 한 가지 알코올의 선택산화는 그리 쉽지 않으며, 대개는 보호기를 사용하여 blocking하는 방법을 쓰게 된다. Allylic 또는 benzylic alcohol은 반응성이 커서 아주 온화한 산화제를 사용하여야 한다. Manganese dioxide(MnO_2)를 사용하는 방법이 보편적으로 사용된다.

MnO_2
CCl_4

MnO_2
pentane
70 % yield

유기화학에서 카보닐기 다음으로 자주 접하게 되는 산화 반응은 alkene의 산화이다. 사용하는 산화제나 반응 조건에 따라 다양한 작용기로 환원될 수 있다. 다음은 cyclohexene을 예로 들어 적당한 산화제와 반응 조건을 써서 얻을 수 있는 산화 생성물의 몇 가지를 열거한 것이다. 이들 반응은 epoxidation, bishydroxylation, alkene cleavage 등으로 부르기도 한다.

or or or or

Epoxidation은 과산화산을 이용하여 행하게 되는 협동형 반응으로 이 단원의 앞에서도 간략하게 소개한 바 있다. 입체특이성 *syn*-첨가 반응으로 최근에는 enantioselective epoxidation도 가능해 졌다. Alkene의 bishydroxylation은 $KMnO_4$의 염기성 용액과 낮은 온도에서 반응시키거나, 다음 보기 반응에서와 같이 OsO_4를 사용하여 행하게 된다.

OsO_4
$NaHSO_3,H_2O$
81 % yield

두 반응 모두 π-결합에 금속 시약의 O=M=O 단위가 첨가되어 다섯-원자 고리형 중간체를 거치게 된다. 첨가의 입체화학은 여기서 결정되며 두 반응 모두 *cis*-diol이 생성되는 입체특이성 반응이다.

탄소–탄소 π-결합이 송두리째 깨지는 반응은 가오존분해를 사용하는 경우가 많다. Ozonide의 생성 과정은 고리형협동 반응인 [2+3] 고리화첨가, 역고리화 첨가, [2+3] 고리화첨가의 세 단계 연속에 의하여 생성된다.

molozonide

ozonide

오존과의 반응에서 생성되는 ozonide는 O–O 결합을 가지고 있어, 카보닐 화합물을 얻기 위해서는 dimethyl sulfide나 Zn+HCl과 같은 환원제를 사용하게 된다. Ozonide를 어떤 시약을 써서 어떻게 처리하는가에 따라 다양한 산소 작용기를 도입할 수 있다.

O_3, MeOH, - 60 °C; Me_2S; $NaBH_4$; H_2O_2

산화 반응에서 알아 둘 것은 같은 산화제라 하더라도 이를 어떻게 사용하는가에 따라 여러 선택 산화가 가능해 진다는 점이다. 예를 들어 $KMnO_4$는 naphthalene이 산화될 정도로 아주 강력한 산화제임에는 틀림없으나, 다음과 같은 여러 선택적인 산화 반응에도 사용될 수 있다는 것을 보이기 위해 몇 가지 보기 반응을 들었다. 이중결합과 염기 존재하에 낮은 온도에서 반응하면 *cis*-diol이 생성될 수도 있고, 조건의 변화에 따라 hydroxyketone, diketone이 생성될 수도 있다. 아예 탄소–탄소 결합이 통째로 깨져서 두 카보닐 화합물이 생성되기도 한다.

$KMnO_4$, KOH, H_2O, *cold and dilute* — 85 % yield

$KMnO_4$, acetone, H_2O, AcOH — 74 % yield

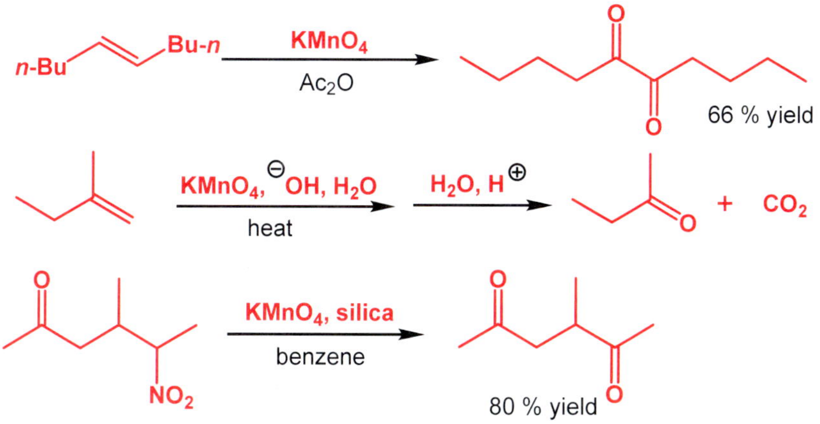

산화 반응은 독성이 크거나 비싼 시약의 경우 이를 촉매로 하여 다른 보조 산화제를 화학량 사용하는 반응이 점차 늘고 있다. OsO_4가 그 한 예이며, 다음 보기 반응에서는 ozonolysis-환원을 거치서 까다롭게 행하여야 하는 반응을 periodate와 촉매량만의 OsO_4만으로 손쉽게 행할 수 있다.

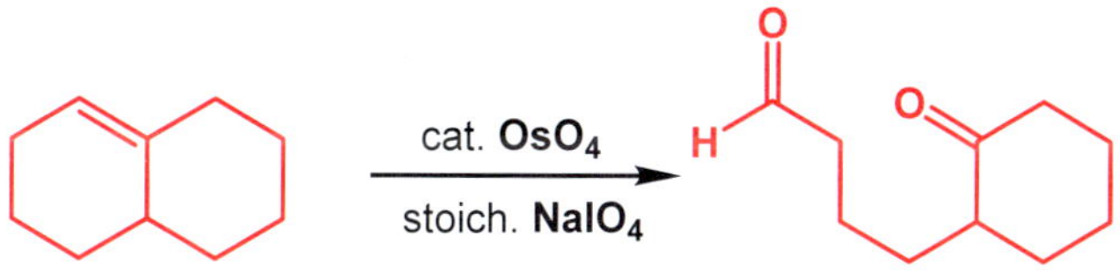

산화 반응도 다른 반응과 같이 작용기 선택성과 입체 선택성이 있는 경우에는 이를 유심히 살펴야 할 것이다. 유기화학에서 종종 보게 되는 질소나 황 등의 다른 헤테로원자 작용기들의 산화는 필요한 경우 간단 간단하게 설명하게 된다.

문제 8.17 다음 화합물의 수소를 제외한 다른 원자들의 산화수를 계산하라.

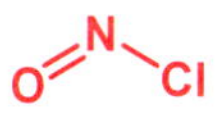

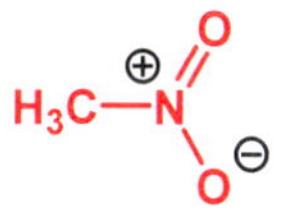

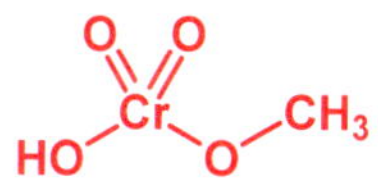

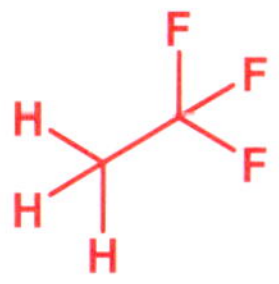

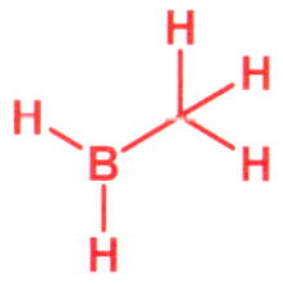

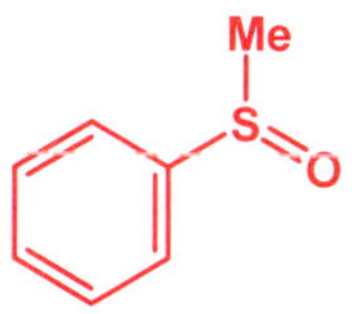

문제 8.18 다음 화합물 각 원자의 산화수를 계산하라.

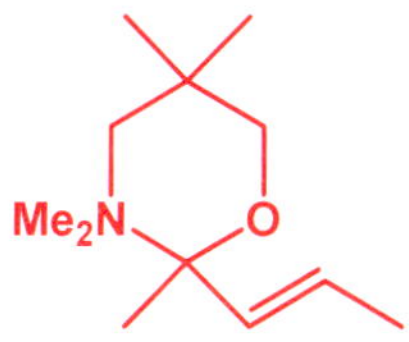

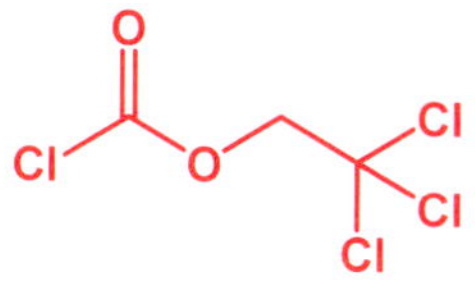

문제 8.19 다음 질소 화합물 N의 산화수를 결정하라.

(a) 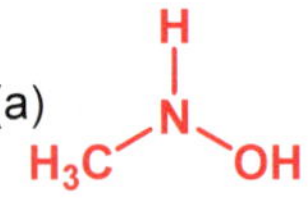 (b) 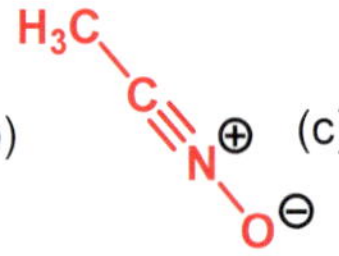 (c) 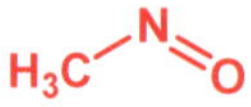 (d) 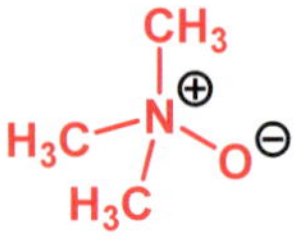 (e)

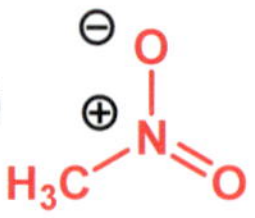

문제 8.20 다음 황 화합물의 각 황 원자의 산화수를 계산하라.

(a) 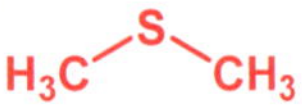 (b) 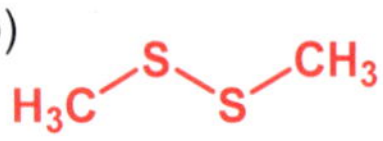 (c) 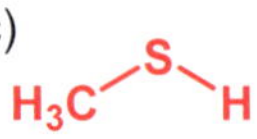 (d)

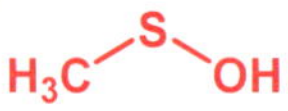

(e) 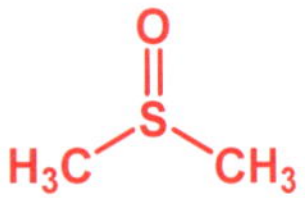 (f) 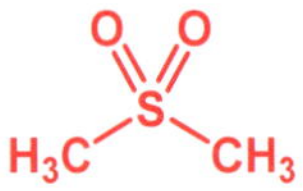 (g) 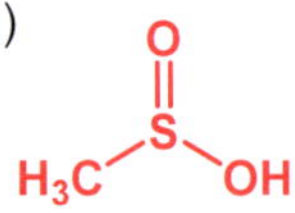 (h)

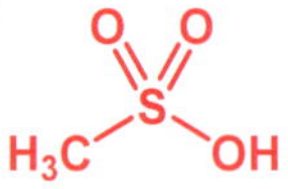

문제 8.21 다음 두 쌍의 화합물 산화수 변화를 검토하고 산화제 또는 환원제를 필요로 하는 반응인가를 밝혀라.

(a) 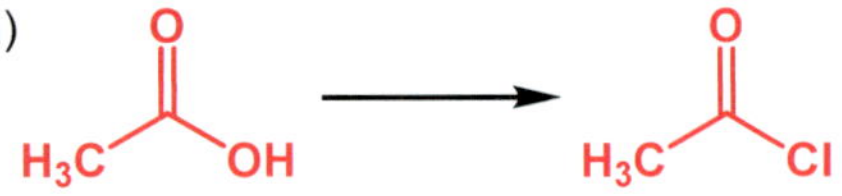 (b)

(c) 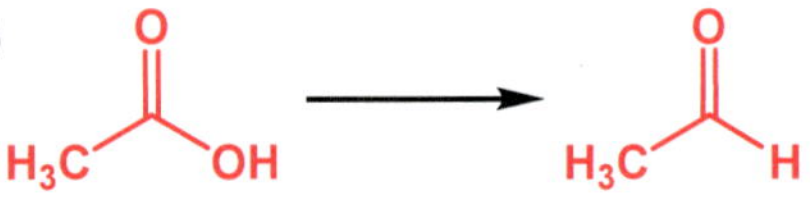 (d)

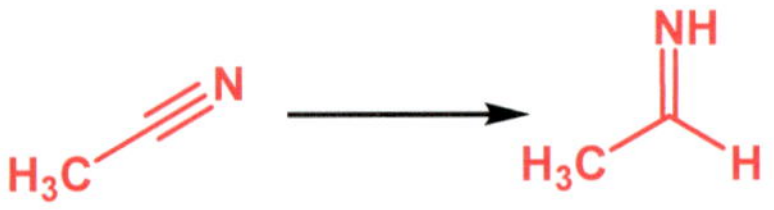

(e)

문제 8.22 다음 반응에서 산화상태의 변화가 있는가를 살펴보라.

(a) 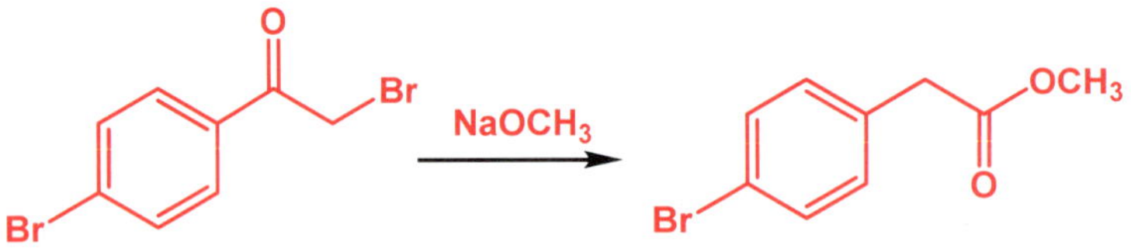 $NaOCH_3$

(b)

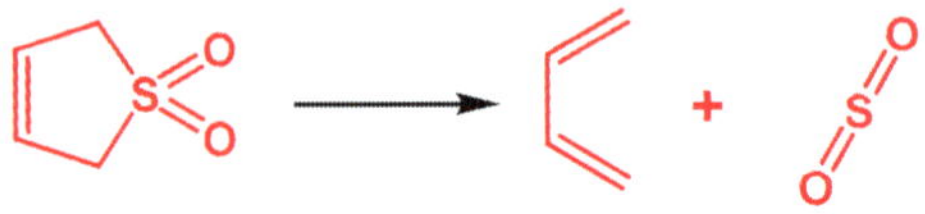

(c) 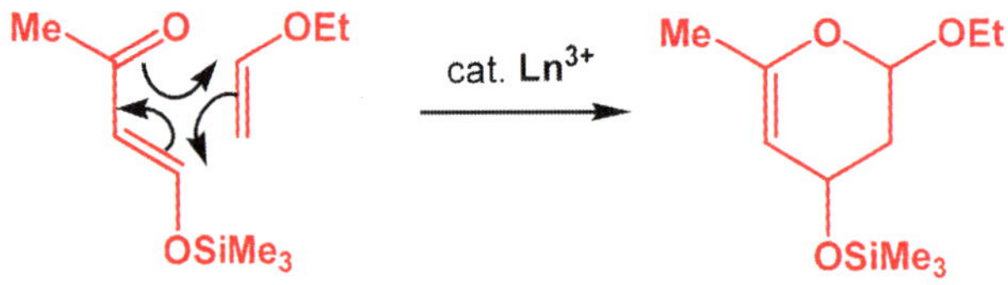 cat. Ln^{3+}

문제 8.23 화살표 위에 표시된 시약이 산화제인가? 환원제인가? 그냥 촉매인가?

(a) 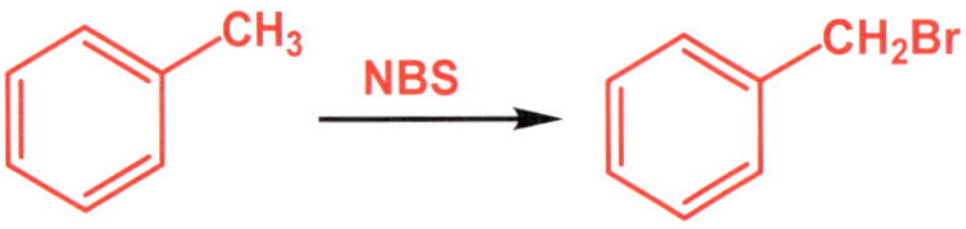 NBS

(b) 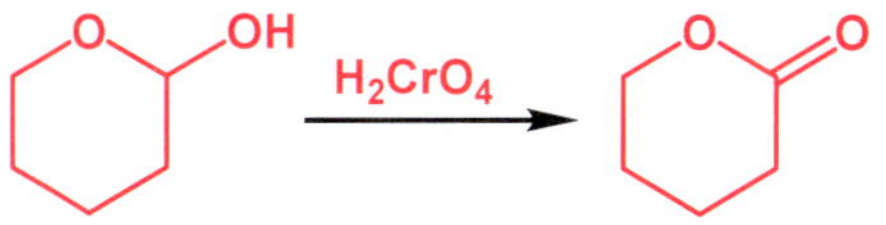 $\xrightarrow{H_2CrO_4}$

(c) 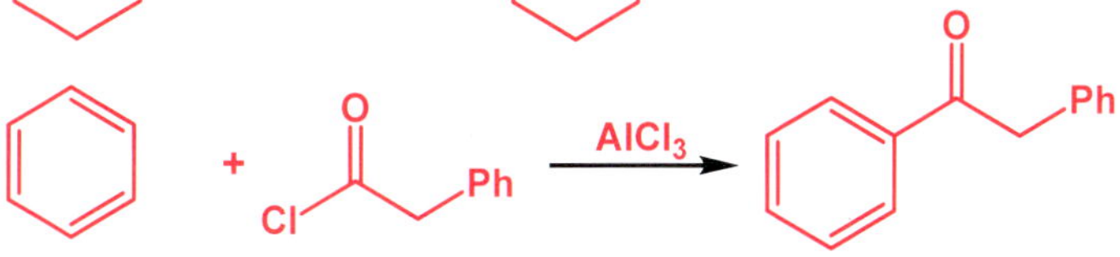 + $\xrightarrow{AlCl_3}$

(d) 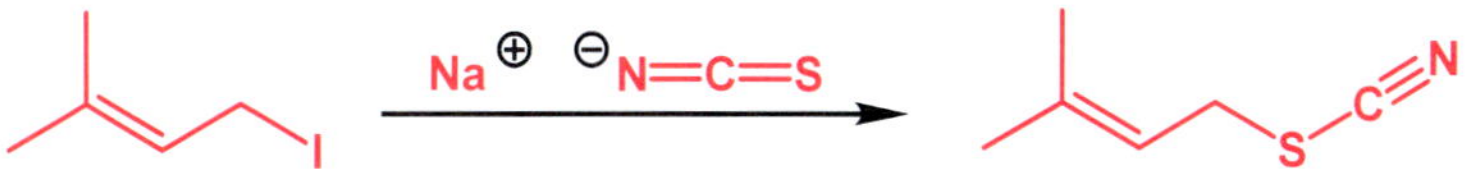 $\xrightarrow{Na^{\oplus}\ {}^{\ominus}N{=}C{=}S}$

(e)  $\xrightarrow{LiAlH_4}$

문제 8.24 다음은 모두 학부 교과서에 나오는 수준의 반응이다. 각 반응에서 필요한 경우에 함께 생성되는 부생성물을 그려 넣고, 산화수의 변화를 표시하여 문제 (a)에서와 같이 산화가 일어난 자리와 환원이 일어난 자리를 표시해 넣어라. 양쪽에 적힌 산화수의 합은 같아야 하지 않겠는가?

(a) 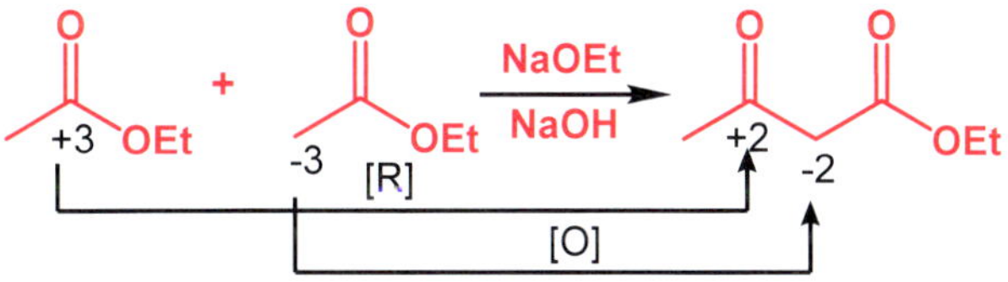 OEt + OEt $\xrightarrow[NaOH]{NaOEt}$ OEt

+3, -3, [R], +2, -2, [O]

(b) 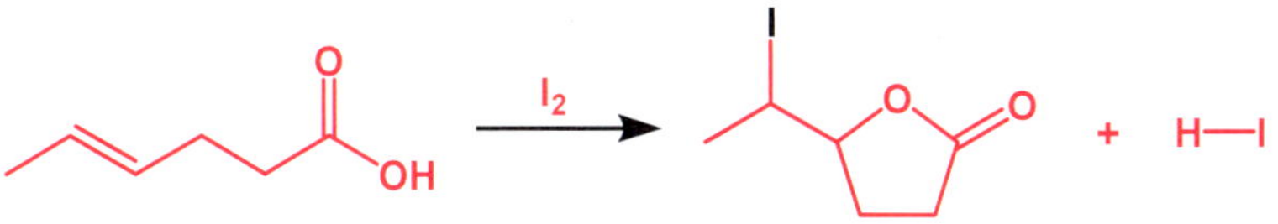 OH $\xrightarrow{I_2}$ + H—I

(c) 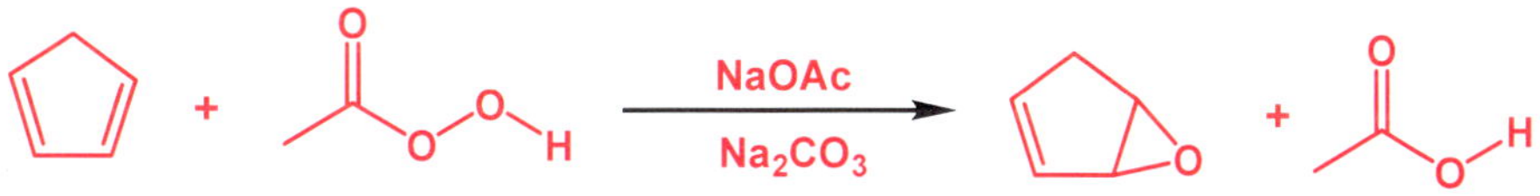 + $\xrightarrow[Na_2CO_3]{NaOAc}$ +

(d) 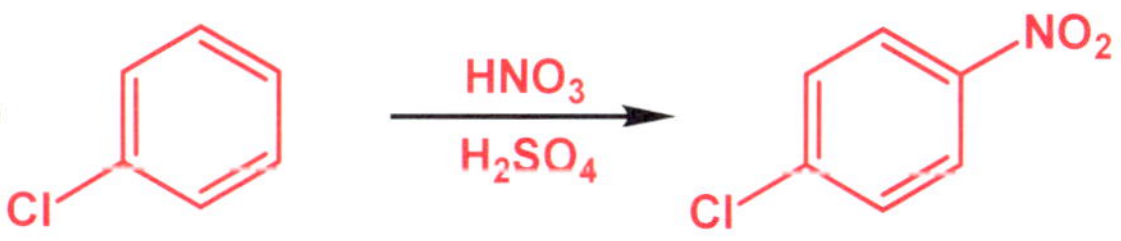 $\xrightarrow[H_2SO_4]{HNO_3}$ NO_2

(e) 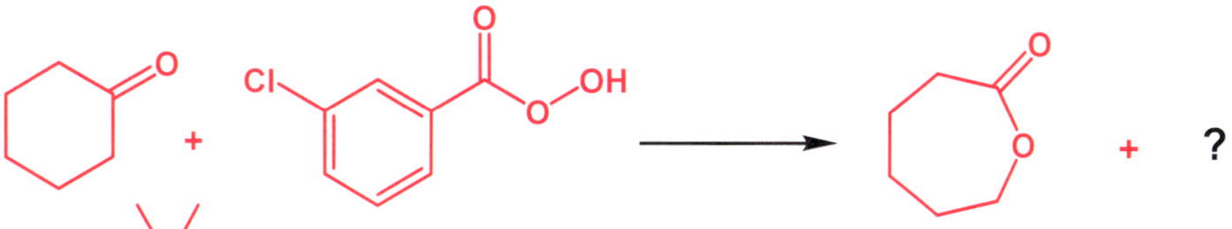 + $\longrightarrow$ + ?

(f) 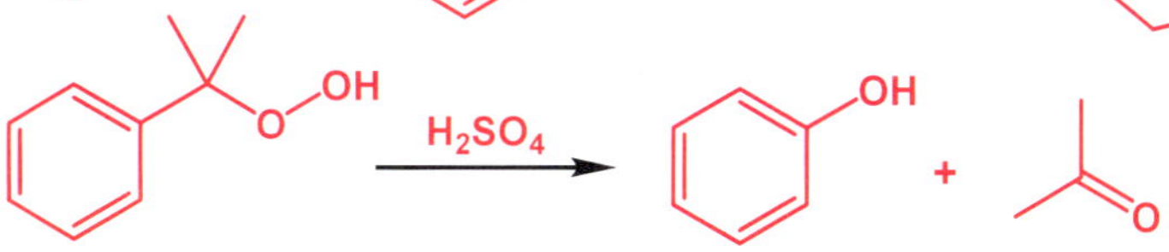 $\xrightarrow{H_2SO_4}$ +

(g) BR$_2$ $\xrightarrow[\text{NaOH}]{H_2O_2}$ OH + HO—BR$_2$

(h) O⊖ Na⊕ $\xrightarrow{O=C=O}$ OH O O⊖ Na⊕

(i) Br Br $\xrightarrow[Et_2O]{\text{Mg}}$ + ?

(j) ⊕ N≡N ⊖Cl $\xrightarrow{\text{CuCN}}$ C≡N + ?

(k) O $\xrightarrow[\text{cat. CuBr}]{\text{Ph MgBr}}$ OMgBr Ph

| 저자 소개 |

이종건
서울대학교 문리과대학 화학과, 이학사 (화학)
미국 Texas Tech University 화학과, 이학박사 (화학)
KIST 연구원
University of Washington(Seattle) Post Doc
현) 부산대학교 자연과학대학 화학과 교수

유기 반응의 이해

| 저 자 이종건
| 발행인 김지영
| 발행처 자유아카데미
| 주 소 경기도 파주시 회동길 37-42
파주출판도시
| 전 화 031-955-1321
| 팩 스 031-955-1322
| 홈페이지 www.freeaca.com
| 전자우편 main@freeaca.com(대표)
editor@freeaca.com(편집)
crm@freeaca.com(영업)
| 등 록 제406-2003-017호, 1980. 7. 12
| 제1판1쇄 2012년 2월 10일 발행
| 제1판2쇄 2022년 6월 25일 발행
| 정 가 28,000원

저자와의
협의하에
인지생략

ISBN 978-89-7338-928-5 93430